ELETRÔNICA II

CB046511

O autor

Charles A. Schuler recebeu o título de doutor em educação da Texas A&M University em 1966, onde foi membro da N.D.E.A. (*North Dakota Education Association*). Publicou muitos artigos e sete livros-texto sobre eletricidade e eletrônica, aproximadamente a mesma quantidade de manuais de laboratório, e ainda outro livro que aborda a norma ISO 9000. Ministrou disciplinas relacionadas às tecnologias da eletrônica e da engenharia elétrica na instituição California University of Pennsylvania por 30 anos. Atualmente, é escritor em tempo integral.

S386e Schuler, Charles.
    Eletrônica II / Charles Schuler ; tradução: Fernando Lessa Tofoli ; revisão técnica: Antonio Pertence Júnior. – 7. ed. – Porto Alegre : AMGH, 2013.
    xviii, 338 p. em várias paginações : il. ; 25 cm. – (Habilidades Básicas)

    ISBN 978-85-8055-212-6

    1. Engenharia Elétrica. 2. Eletrônica. I. Título.

    CDU 621.3

Catalogação na publicação: Ana Paula M. Magnus – CRB10/2052

CHARLES SCHULER

ELETRÔNICA II
›› 7ª EDIÇÃO

Tradução:
Fernando Lessa Tofoli
Engenheiro Eletricista
Doutor em Engenharia Elétrica pela
Universidade Federal de Uberlândia (UFU)
Professor do Departamento de Engenharia Elétrica (DEPEL) da
Universidade Federal de São João del-Rei (UFSJ)

Consultoria, supervisão e revisão técnica desta edição:
Antonio Pertence Júnior, MSc
Mestre em Engenharia pela Universidade Federal de Minas Gerais
Engenheiro Eletrônico e de Telecomunicações pela Pontifícia Universidade Católica de Minas Gerais
Pós-graduado em Processamento de Sinais pela Ryerson University, Canadá
Professor da Universidade FUMEC
Membro da Sociedade Brasileira de Eletromagnetismo

Reimpressão 2023

McGraw Hill

bookman

AMGH Editora Ltda.
2013

Obra originalmente publicada sob o título
Electronics: Principles and Applications
ISBN 0073316512 / 9780073316512

Original edition copyright © 2008, The McGraw-Hill Companies, Inc., New York, New York 10020.
All rights reserved.

Portuguese language translation copyright © 2013, AMGH Editora Ltda.
All rights reserved.

Gerente editorial: *Arysinha Jacques Affonso*

Colaboraram nesta edição:

Editora: *Verônica de Abreu Amaral*

Capa e projeto gráfico: *Paola Manica*

Leitura final: *Gabriela Barboza*

Editoração: *Techbooks*

Reservados todos os direitos de publicação, em língua portuguesa, à
AMGH EDITORA LTDA., uma empresa do GRUPO A EDUCAÇÃO S.A.
A série TEKNE engloba publicações voltadas à educação profissional, técnica e tecnológica.

Rua Ernesto Alves, 150 – Bairro Floresta
90220-190 – Porto Alegre – RS
Fone: (51) 3027-7000

É proibida a duplicação ou reprodução deste volume, no todo ou em parte, sob quaisquer
formas ou por quaisquer meios (eletrônico, mecânico, gravação, fotocópia, distribuição na Web
e outros), sem permissão expressa da Editora.

Unidade São Paulo
Av. Embaixador Macedo Soares, 10.735 – Pavilhão 5 – Cond. Espace Center
Vila Anastácio – 05095-035 – São Paulo – SP
Fone: (11) 3665-1100   Fax: (11) 3667-1333

SAC 0800 703-3444 – www.grupoa.com.br

IMPRESSO NO BRASIL
PRINTED IN BRAZIL

Agradecimentos

Por onde começar? Este livro é parte de uma série que começou com um projeto de pesquisa. Muitas pessoas contribuíram para este esforço… tanto no ramo da educação quanto da indústria. Sua dedicação e empenho ajudaram a lançar o que se tornou uma série de sucesso. Então, agradecemos a todos os instrutores e alunos que nos deram conselhos sábios e atenciosos ao longo dos anos. Além disso, há a equipe atenciosa e dedicada da editora McGraw-Hill. Finalmente, agradeço à minha família, que me apoiou e me encorajou. Agradecimentos também vão para os seguintes revisores da sétima edição:

Ronald Dreucci
California University of Pennsylvania (PA)

Robbie Edens
ECPI College of Technology (SC)

Alan Essenmacher
Henry Ford Community College (MI)

Surinder Jain
Sinclair Community College (OH)

Randy Owens
Henderson Community College (KY)

Andrew F. Volper
San Diego JATC (CA)

Apresentação

A série *Habilidades Básicas em Eletricidade, Eletrônica e Telecomunicações* foi proposta para promover competências básicas relacionadas a várias disciplinas do ramo da eletricidade e eletrônica. A série consiste em materiais instrucionais especialmente preparados para estudantes que planejam seguir tais carreiras. Um livro-texto, um manual de experimentos e um centro de produtividade do instrutor fornecem o suporte necessário para cada grande área abordada nesta série. Todas essas ferramentas são focadas na teoria, prática, aplicações e experiências necessárias para preparar o ingresso dos estudantes na carreira técnica.

Há dois pontos fundamentais a serem considerados na elaboração de uma série como esta: as necessidades do estudante e as necessidades do empregador. Esta série vai de encontro a tais requisitos de forma eficiente. Os autores e os editores utilizam sua ampla experiência de ensino aliada às experiências técnicas vivenciadas para interpretar as necessidades e corresponder às expectativas do estudante adequadamente. As necessidades do mercado e da indústria foram identificadas por meio de entrevistas pessoais, publicações da indústria, divulgações de tendências ocupacionais por parte do governo e relatos de associações industriais.

Os processos de produção e refinamento desta série são contínuos. Os avanços tecnológicos são rápidos e o conteúdo foi revisado de modo a abordar tendências atuais. Aspectos pedagógicos foram reformulados e implementados com base em experiências de sala de aula e relatos de professores e alunos que utilizaram esta série. Todos os esforços foram realizados no sentido de criar o melhor material didático possível, o que inclui apresentações em PowerPoint, arquivos de circuitos para simulação, um gerador de testes com bancos de questões relacionadas aos temas e diversos outros itens. Todo este material foi preparado e organizado pelos autores.

A grande aceitação da série *Habilidades Básicas em Eletricidade, Eletrônica e Telecomunicações* e as respostas positivas dos leitores confirmam a coerência básica do conteúdo e projeto de todos os componentes, assim como sua eficiência enquanto ferramentas de ensino e aprendizagem. Os instrutores encontrarão os textos e manuais acerca de cada assunto estruturados de forma lógica e coerente, seguindo um ritmo adequado na apresentação de conteúdos, por sua vez desenvolvidos sob a ótica de objetivos modernos. Os estudantes encontrarão um material de fácil leitura, adequadamente ilustrado de forma interessante. Também encontrarão uma quantidade considerável de itens de estudo e revisão, bem como exemplos que permitem uma autoavaliação do aprendizado.

Charles A. Schuler

Habilidades básicas em eletricidade, eletrônica e telecomunicações

Livros desta série:

Fundamentos de Eletrônica Digital: Sistemas Combinacionais. Vol. 1, 7.ed., Roger L. Tokheim
Fundamentos de Eletrônica Digital: Sistemas Sequenciais. Vol. 2, 7.ed., Roger L. Tokheim
Fundamentos de Eletricidade: Corrente Contínua e Magnetismo. Vol. 1, 7.ed., Richard Fowler
Fundamentos de Eletricidade: Corrente Alternada e Instrumentos de Medição. Vol. 2, 7.ed., Richard Fowler
Eletrônica I, 7.ed., Charles A. Schuler
Eletrônica II, 7.ed., Charles A. Schuler
Fundamentos de Comunicação Eletrônica: Modulação, Demodulação e Recepção, 3.ed., Louis E. Frenzel Jr.
Fundamentos de Comunicação Eletrônica: Linhas, Micro-ondas e Antenas, 3.ed., Louis E. Frenzel Jr.

Prefácio

Eletrônica I e II representa um texto introdutório a dispositivos, circuitos e sistemas analógicos. Além disso, são apresentadas diversas técnicas digitais muito utilizadas atualmente e que outrora eram consideradas domínio exclusivo da eletrônica analógica. O texto é direcionado para estudantes que possuem conhecimentos básicos acerca da lei de Ohm, leis de Kirchhoff, potência, diagramas esquemáticos e componentes básicos como resistores, capacitores e indutores. O conteúdo sobre eletrônica digital é explicado ao longo do livro, não representando um problema para os estudantes que não concluíram os estudos nesta área. O único pré-requisito necessário em termos de matemática consiste no domínio da álgebra básica.

O principal objetivo deste livro é fornecer conhecimentos fundamentais e desenvolver habilidades básicas necessárias em uma vasta gama de profissões nos ramos da eletricidade e eletrônica. Além disso, o material pretende auxiliar no treinamento e na preparação de técnicos que podem efetivamente diagnosticar, reparar, verificar e instalar circuitos e sistemas eletrônicos. O texto ainda apresenta uma base sólida e prática em termos de conceitos de eletrônica analógica, teoria dos dispositivos e soluções digitais modernas para profissionais interessados em desenvolver estudos mais avançados.

Esta edição combina teoria e aplicações mantendo uma sequência lógica dos conteúdos em ritmo adequado ao aprendizado. É importante que o primeiro contato do aluno com dispositivos e circuitos eletrônicos seja pautado na integração progressiva entre teoria e prática. Essa aproximação auxilia na compreensão do funcionamento de dispositivos como diodos e transistores. O entendimento desses princípios pode então ser aplicado na solução de problemas práticos e aplicações em sistemas.

Este é um texto extremamente prático. Os dispositivos, circuitos e aplicações são os mesmos tipicamente utilizados em todas as fases da eletrônica. São apresentadas referências a ferramentas auxiliares comuns como catálogos de componentes e guias de substituição, além de guias de solução de problemas práticos reais que são empregados de forma apropriada. Informações, teoria e cálculos apresentados são os mesmos utilizados por técnicos na prática. Os capítulos avançam de uma introdução ao amplo ramo da eletrônica à teoria de dispositivos de estado sólido, transistores e conceitos de ganhos, amplificadores, osciladores, rádio, circuitos integrados, circuitos de controle, fontes de alimentação reguladas e processamento digital de sinais. Como exemplo da praticidade do texto, tem-se um capítulo completo dedicado à solução de problemas em circuitos e sistemas; em outros capítulos, seções inteiras tratam desse tópico fundamental. Desde a última edição, a indústria eletroeletrônica tem continuado sua marcha em direção a soluções cada vez mais digitais e à combinação de sinais mistos com funções analógicas. A diferença entre sistemas analógicos e digitais começa a se tornar menos evidente. Este é o único livro-texto da área que busca evidenciar esta questão.

❯❯ Destaques

- Rejeição de modo comum
- ESD (descarga eletrostática)
- PUTs (transistores unijunção programáveis)
- DDS (síntese digital direta)
- Redes sem fio
- Abordagem de CIs
- Circuitos com tiristores
- Fontes de alimentação reguladas

❯❯ Características de aprendizado

Cada capítulo inicia com os *Objetivos do Capítulo*, que visam alertar o leitor sobre o que deve ser realizado. Diversos problemas *Exemplos* são apresentados ao longo dos capítulos para demonstrar a utilização de expressões e métodos empregados na análise de circuitos eletrônicos. Termos-chave são destacados no texto para que o leitor atente aos conceitos fundamentais. A seção *Sobre a Eletrônica* foi incluída para enriquecer o conhecimento e destacar tecnologias novas e interessantes. As seções de cada capítulo são encerradas com um *Teste*, permitindo que os leitores verifiquem o aprendizado dos conceitos antes de prosseguir com a leitura.

Todos os fatos críticos e princípios são revisados na seção de *Resumo e Revisão do Capítulo*. Todas as equações importantes são apresentadas de forma resumida ao final de cada capítulo nas *Fórmulas*. *Questões* são propostas ao final de cada capítulo; além disso, *Problemas* são propostos como desafio. Finalmente, cada capítulo e encerra com as *Questões de Pensamento Crítico* e *Respostas dos Testes*.

❯❯ Recursos para o estudante

No ambiente virtual de aprendizagem estão disponíveis vários recursos para potencializar a absorção de conteúdos. Visite o site loja.grupoa.com.br para ter acesso a jogos, diversos arquivos do MultiSIM relacionados aos circuitos descritos no livro; folhas de dados de semicondutores e muito mais.

❯❯ Recursos para o professor

Na Área do Professor (acessada pelo ambiente virtual de aprendizagem ou pelo portal do Grupo A) é disponibilizado um conjunto de materiais para o professor, como apresentações em PowerPoint com aulas estruturadas (em português), bancos de teste (em inglês) e o Manual do Instrutor (em inglês). Visite o site loja.grupoa.com.br, procure o livro no nosso catálogo e acesse a exclusiva Área do Professor por meio de um cadastro.

Segurança

Circuitos elétricos e eletrônicos podem ser perigosos. Práticas de segurança são necessárias para prevenir choque elétrico, incêndios, explosões, danos mecânicos e ferimentos que podem resultar a partir da utilização inadequada de ferramentas.

Talvez a maior ameaça seja o choque elétrico. Uma corrente superior a 10 mA circulando no corpo humano pode paralisar a vítima, sendo impossível de ser interrompida em um condutor ou componente "vivo". Essa é uma parcela ínfima de corrente, que corresponde a apenas dez milésimos de um ampère. Uma lanterna comum é capaz de fornecer uma corrente superior a 100 vezes este valor.

Lanternas, pilhas e baterias podem ser manuseadas com segurança porque a resistência da pele humana é normalmente alta o suficiente para manter a corrente em níveis muito pequenos. Por exemplo, ao tocar uma pilha ou bateria de 1,5 V, há uma corrente da ordem de microampères, o que corresponde a milionésimos de ampère. Assim, a corrente é tão pequena que sequer é percebida.

Por outro lado, a alta tensão pode gerar correntes suficientemente grandes de modo a ocasionar um choque. Se a corrente assume a ordem de 100 mA ou mais, o choque pode ser fatal. Assim, o perigo do choque aumenta com o nível de tensão. Profissionais que trabalham com altas tensões devem ser devidamente equipados e treinados.

Quando a pele humana está úmida ou possui cortes, sua resistência elétrica pode ser drasticamente reduzida. Quando isso ocorre, mesmo tensões moderadas podem causar choques graves. Técnicos experientes estão cientes desse fato e ainda têm consciência de que equipamentos de baixa tensão podem possuir uma ou mais partes do circuito que trabalham com altas tensões. Esses profissionais seguem procedimentos de segurança o tempo todo, considerando que os dispositivos de proteção podem não atuar adequadamente. Mesmo que o circuito não esteja energizado, eles não consideram que a chave esteja na posição "desligado", pois este componente pode apresentar falhas.

Mesmo um sistema em baixa tensão e alta corrente como um sistema elétrico automotivo pode ser perigoso. Curtos-circuitos causados por anéis ou relógios de pulso durante eventuais manutenções podem causar diversas queimaduras severas – especialmente quando esses dispositivos metálicos conectam os pontos curto-circuitados diretamente.

À medida que você adquirir conhecimento e experiência, muitos procedimentos de segurança para lidar com eletricidade e eletrônica serão aprendidos. Entretanto, cuidados básicos devem ser adotados, a exemplo de:

1. Sempre seguir os procedimentos de segurança padrão.
2. Consultar os manuais de manutenção sempre que possível. Esses materiais contêm informações específicas sobre segurança. Leia e siga à risca as instruções sobre segurança contidas nas folhas de dados.
3. Investigar circuito antes de executar ações.
4. Se estiver em dúvida, não execute nenhuma ação. Consulte seu instrutor ou supervisor.

›› Regras gerais de segurança para eletricidade e eletrônica

Práticas de segurança irão protegê-lo, assim como seus colegas de trabalho. Estude as seguintes regras, discuta-as com outros profissionais e tire as dúvidas com seu instrutor.

1. Não trabalhe quando estiver cansado ou tomando remédios que causem sonolência.
2. Não trabalhe em ambientes mal iluminados.
3. Não trabalhe em áreas alagadas ou com sapatos e/ou roupas molhadas ou úmidas.
4. Use ferramentas, equipamentos e dispositivos de proteção adequados.
5. Evite utilizar anéis, braceletes e outros itens metálicos similares quando trabalhar em áreas onde há circuitos elétricos expostos.
6. Nunca considere que um circuito esteja desligado. Verifique este fato com um instrumento próprio para identificar se o equipamento encontra-se operacional.
7. Em alguns casos, deve-se contar com a ajuda de colegas de modo a impedir que o circuito não seja energizado enquanto o técnico estiver realizando a manutenção.
8. Nunca modifique ou tente impedir a ação de dispositivos de segurança como intertravas (chaves que automaticamente desconectam a alimentação quando uma porta é aberta ou um painel é removido).
9. Mantenha ferramentas e equipamentos de testes limpos e em boas condições. Substitua pontas de prova isoladas e terminais ao primeiro sinal de deterioração.
10. Alguns dispositivos como capacitores podem armazenar carga elétrica por longos períodos de tempo, o que pode ser letal. Deve-se ter certeza de que esses componentes estão descarregados antes de manuseá-los.
11. Não remova conexões de aterramento e não utilize fontes que danifiquem o terminal terra do equipamento.
12. Utilize apenas extintores de incêndio devidamente inspecionados para apagar incêndios em equipamentos elétricos e eletrônicos. A água pode ser condutora de eletricidade e causar sérios danos aos equipamentos. Extintores à base de CO_2 (dióxido de carbono ou gás carbônico) ou halogenados são normalmente recomendados. Extintores com pó químico seco também são utilizados em alguns casos. Extintores de incêndio comerciais são classificados de acordo com o tipo de material incendiado a que se destinam. Utilize apenas os tipos adequados para suas condições de trabalho.
13. Siga estritamente as instruções quando lidar com solventes e outros compostos químicos, que podem ser tóxicos, inflamáveis ou causar danos a certos materiais como plásticos. Sempre leia e siga rigorosamente as instruções de segurança contidas nas folhas de dados.
14. Alguns materiais utilizados em equipamentos eletrônicos são tóxicos. Como exemplo, pode-se citar os capacitores de tântalo e encapsulamentos de transistores formados por óxido de berílio. Esses dispositivos não devem ser amassados ou friccionados, devendo-se lavar adequadamente as mãos após seu manuseio. Outros materiais (como tubos termorretráteis) podem produzir gases irritantes quando são sobreaquecidos. Sempre leia e siga rigorosamente as instruções de segurança contidas nas folhas de dados.
15. Determinados componentes do circuito afetam o desempenho de equipamentos e sistemas no que tange à segurança. Utilize apenas peças de reposição idênticas ou perfeitamente compatíveis.
16. Utilize roupas de proteção e óculos de segurança quando lidar com dispositivos com tubos a vácuo como tubos de imagem e tubos de raios catódicos.

17. Não efetue a manutenção em equipamentos antes de conhecer os procedimentos de segurança adequados e potenciais riscos existentes no ambiente de trabalho.
18. Muitos acidentes são causados por pessoas apressadas que "pegam atalhos". Leve o tempo necessário para proteger a si mesmo e a outras pessoas. Correrias e brincadeiras são estritamente proibidas em ambientes profissionais e laboratórios.
19. Nunca olhe diretamente para os feixes de diodos emissores de luz ou cabos de fibra ótica. Algumas fontes luminosas, embora invisíveis, podem causar dano ocular permanente.

Circuitos e equipamentos devem ser tratados com respeito. Aprenda o funcionamento desses dispositivos e também os procedimentos de manutenção adequados. Sempre pratique a segurança, pois sua saúde e sua vida dependem disso.

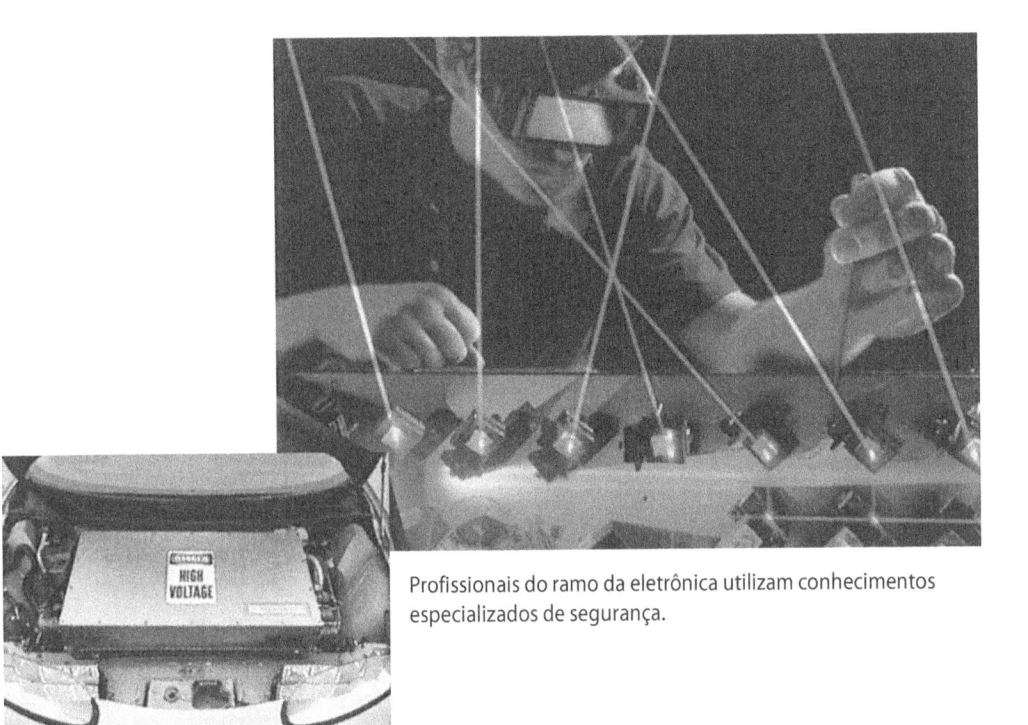

Profissionais do ramo da eletrônica utilizam conhecimentos especializados de segurança.

Sumário resumido

Eletrônica II é o segundo livro de Schuler. Além deste, está disponível o título *Eletrônica I*. Para conhecer os assuntos abordados em cada um deles, apresentamos o sumário resumido a seguir.

Eletrônica I

capítulo 1 INTRODUÇÃO

capítulo 2 SEMICONDUTORES

capítulo 3 DIODOS

capítulo 4 FONTES DE ALIMENTAÇÃO

capítulo 5 TRANSISTORES

capítulo 6 INTRODUÇÃO A AMPLIFICADORES DE PEQUENOS SINAIS

capítulo 7 MAIS INFORMAÇÕES SOBRE AMPLIFICADORES DE PEQUENOS SINAIS

capítulo 8 AMPLIFICADORES DE GRANDES SINAIS

Sumário

capítulo 1   AMPLIFICADORES OPERACIONAIS   1

O amplificador diferencial   2
Análise do amplificador diferencial   6
Amplificadores operacionais   11
Ajuste do ganho do Amp Op   16
Efeitos da frequência em Amp Ops   23
Aplicações de Amp Ops   26
Comparadores   44

capítulo 2   BUSCA DE PROBLEMAS   51

Verificações preliminares   52
Ausência de sinal de saída   58
Sinal de saída reduzido   63
Distorção e ruído   69
Dispositivos intermitentes   72
Amplificadores operacionais   75
Teste automatizado   78

capítulo 3   OSCILADORES   87

Características de osciladores   88
Circuitos RC   90
Circuitos LC   96
Circuitos do tipo cristal   100
Osciladores de relaxação   102
Oscilações indesejadas   106
Busca de problemas em osciladores   109
Síntese digital direta   111
Busca de problemas em DDS   113

capítulo 4   COMUNICAÇÕES   119

Modulação e demodulação   120
Receptores simples   126
Receptores super-heteródinos   128
Modulação em frequência e banda lateral simples   132
Redes sem fio   138
Busca de problemas   141

capítulo 5   CIRCUITOS INTEGRADOS   149

Introdução   150
Fabricação   153
Temporizador 555   158
CIs analógicos   164
CIs com sinais mistos   166
Busca de problemas   178

capítulo 6   CONTROLE ELETRÔNICO – DISPOSITIVOS E CIRCUITOS   *185*

Introdução   186
Retificador controlado de silício   187
Dispositivos de onda completa   194
Realimentação em circuitos de controle   200
Busca de problemas em circuitos eletrônicos de controle   207

capítulo 7   FONTES DE ALIMENTAÇÃO REGULADAS   *213*

Regulação de tensão em malha aberta   214
Regulação de tensão em malha fechada   220
Limitação de corrente e tensão   226
Reguladores chaveados   235
Busca de problemas em fontes de alimentação reguladas   242

capítulo 8   PROCESSAMENTO DIGITAL DE SINAIS   *253*

Visão geral de sistemas DSP   254
Filtros com média móvel   259
Teoria de Fourier   262
Projeto de filtros digitais   268
Outras aplicações de DSPs   280
Limitações do DSP   288
Busca de problemas em DSPs   290

APÊNDICES   *A1*

GLOSSÁRIO DE TERMOS E SÍMBOLOS   *G1*

CRÉDITOS DAS FOTOS   *C1*

ÍNDICE   *I1*

capítulo 1

Amplificadores operacionais

Graças à tecnologia dos circuitos integrados, amplificadores diferenciais e operacionais tornaram-se dispositivos de baixo custo, possuindo excelente desempenho e sendo facilmente utilizados. Este capítulo apresenta a teoria e as características de tais amplificadores, e algumas dentre as várias aplicações possíveis também são abordadas.

Objetivos deste capítulo

- » Prever as relações de fase em amplificadores diferentes.
- » Determinar o parâmetro CMRR de amplificadores diferenciais.
- » Calcular a largura de banda de potência de amplificadores operacionais.
- » Determinar o ganho de tensão de amplificadores operacionais.
- » Determinar a largura de banda de pequenos sinais de amplificadores operacionais.
- » Identificar várias aplicações de amplificadores operacionais.

» O amplificador diferencial

Um amplificador pode ser projetado para responder a uma diferença entre dois sinais de entrada. Este amplificador possui duas entradas e é denominado AMPLIFICADOR de diferença ou DIFERENCIAL. A Figura 1-1 mostra um arranjo básico, em que a tensão de alimentação $-V_{EE}$ fornece a polarização direta para a junção base-emissor e $+V_{CC}$ polariza os coletores reversamente. Essas fontes de alimentação são chamadas de DUAIS, BIPOLARES ou simétricas. Duas baterias podem ser empregadas para se obter uma fonte de alimentação bipolar, como mostra a Figura 1-2. Na Figura 1-3, tem-se um circuito retificador bipolar.

Um amplificador diferencial pode ser acionado a partir de apenas uma de suas entradas, como mostra a Figura 1-4, em que surge um sinal de saída em ambos os coletores. Considere que a entrada aciona a base de Q_1 no sentido positivo. A condução em Q_1 aumentará porque este é um dispositivo NPN. Haverá uma queda de tensão maior no resistor de carga de Q_1 em virtude do aumento da corrente. Assim, isso tornará o coletor de Q_1 menos positivo. Logo, uma saída invertida encontra-se disponível no coletor de Q_1.

Na Figura 1-4, Q_1 comporta-se como um *amplificador-emissor* comum e é por isso que surge um sinal invertido em seu coletor. Entretanto, o dispositivo também opera como um seguidor de emissor e aciona o emissor de Q_2. Por sua vez, Q_2 atua como um amplificador base comum porque o emissor é a entrada e o coletor é a saída. As configurações seguidor de emissor e base comum não produzem inversão de fase, de modo que o sinal do coletor de Q_2 encontra-se em fase como o sinal da fonte.

O amplificador diferencial da Figura 1-4 também pode ser acionado através do lado direito. Em outras palavras, a fonte do sinal pode ser desconectada da base de Q_1 e conectada à base de Q_2. Se isso ocorrer, um sinal em fase será verificado no coletor de Q_1, enquanto um sinal defasado surgirá no coletor de Q_2.

De acordo com a Figura 1-4, encontram-se disponíveis a saída invertida (defasada) e a saída não

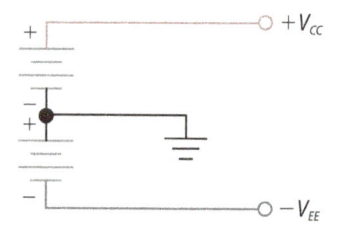

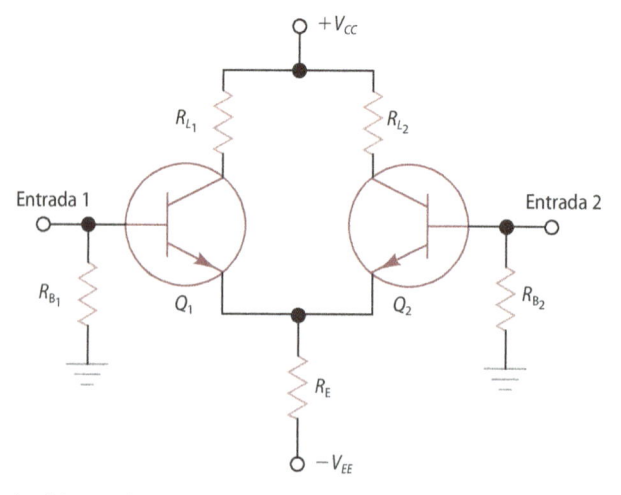

Figura 1-2 Fonte de alimentação dual com baterias.

Figura 1-1 Amplificador diferencial.

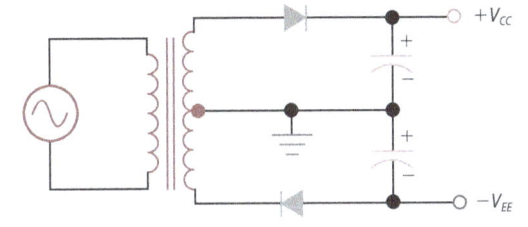

Figura 1-3 Fonte de alimentação dual com retificador.

invertida (em fase). Isso é verificado entre o terra e os terminais coletores, resultando em SAÍDAS COM TERMINAÇÃO SIMPLES. Há também uma SAÍDA DIFERENCIAL, existente entre o coletor de Q_1 e o coletor de Q_2. A saída diferencial possui uma oscilação de tensão que é o dobro daquela verificada em cada saída simples. Por exemplo, se a tensão no coletor de Q_1 se tornar -2 V e a tensão no coletor de Q_1 for de $+2$ V, a diferença é $(+2)-(-2) = 4$ V.

O amplificador também pode ser acionado de forma diferencial, como mostra a Figura 1-5. A vantagem dessa conexão reside na redução do ruído de baixa e alta frequência. O ruído proveniente da rede de alimentação CA (em 50 ou 60 Hz) é um problema comum em eletrônica, especialmente quando se trata de amplificadores de alto ganho. Os circuitos de potência de 60 Hz irradiam sinais que são captados por circuitos eletrônicos sensíveis. Se o ruído de baixa frequência for comum a ambas as entradas (mesma fase), ocorrerá a rejeição desse distúrbio.

A Figura 1-6 mostra como o ruído de baixa frequência pode afetar um dado sinal. O resultado é um sinal distorcido com baixa qualidade. Os ruídos de baixa e alta frequência podem se tornar mais expressivos que o próprio sinal.

Observe a Figura 1-7. Um sinal diferencial com ruído é apresentado. Observe que a fase do sinal de ruído de baixa frequência é comum; isto é, o ruído torna-se positivo em ambas as entradas simultaneamente. Posteriormente, é aplicado um sinal negativo em ambas as entradas, denominado SINAL DE MODO COMUM. Sinais de modo comum são atenuados (tornam-se menores) em amplificadores diferenciais.

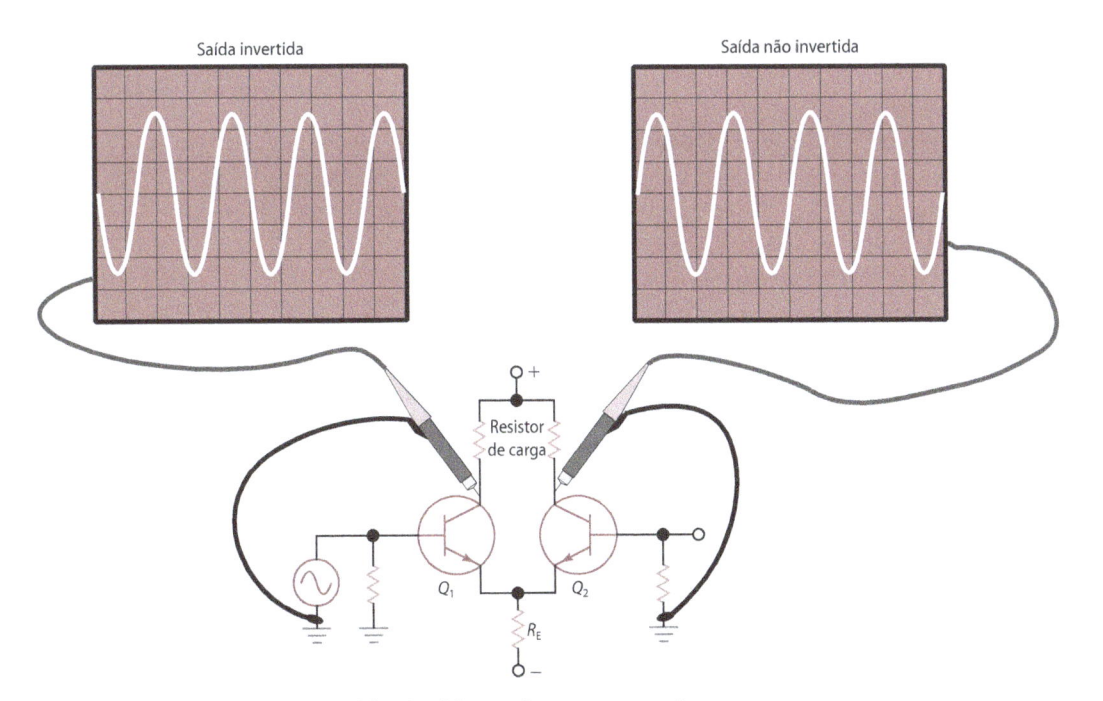

Figura 1-4 Acionamento de amplificador diferencial com uma entrada.

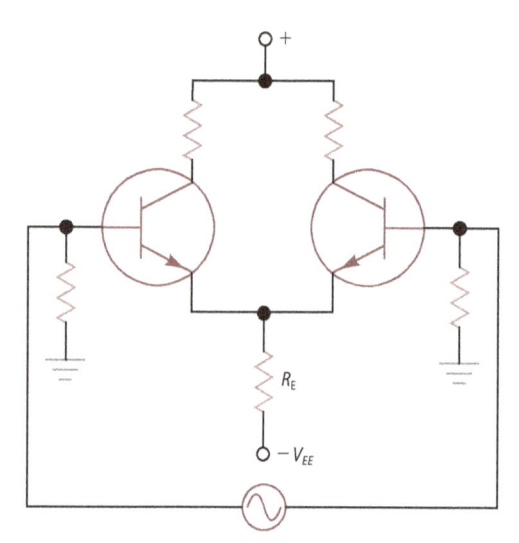

Figura 1-5 Acionamento de um amplificador de forma diferencial.

A seguir, explica-se o que ocorre se o sinal diferencial da Figura 1-7 for aplicado ao circuito da Figura 1-5. Os sinais em vermelho estão defasados e serão amplificados porque representam uma entrada diferencial para o amplificador. Os sinais de ruído (cor preta) estão em fase, mas não representam uma diferença para o amplificador, de modo que não serão amplificados. Como é mostrado na parte inferior da Figura 1-7, o ruído de modo comum será rejeitado.

A compreensão do conceito de rejeição de modo comum torna-se mais fácil quando se considera uma corrente total do emissor constante. Se a corrente total do emissor for constante, então ambos os transistores não possuem aumento simultâneo em suas respectivas correntes, pois isso implicaria o aumento da corrente total. Assim, sinais de modo comum não afetarão o amplificador nem produzirão sinal de saída, porque acionam ambas as entradas do amplificador simultaneamente no mesmo sentido. Por outro lado, um sinal diferencial pode afetar o amplificador e gerar um sinal de saída, pois a corrente de um transistor aumentará enquanto a outra diminuirá, ainda que a corrente total permaneça constante.

Observando novamente a Figura 1-5, constata-se que a corrente total do emissor circula em R_E e depende principalmente de R_E e $-V_{EE}$. Adotando-se valores aleatórios para esses parâmetros, tem-se:

$$I_{E(total)} = \frac{V_{EE}}{R_E} = \frac{10\,V}{5\,k\Omega} = 2\,mA$$

A mesma corrente total do emissor pode ser obtida empregando-se valores de V_{EE} e R_E muito maiores:

$$I_{E(total)} = \frac{V_{EE}}{R_E} = \frac{100\,V}{50\,k\Omega} = 2\,mA$$

Um valor tão alto de $-V_{EE}$ não é factível na prática, mas é útil para ilustrar o conceito.

Amplificadores diferenciais semelhantes ao da Figura 1-5 fornecem uma rejeição de modo comum maior quando valores altos de R_E são empregados. Por quê? Você deve recordar que uma fonte de corrente ideal fornece corrente constante e resistência infinita. A utilização de um resistor de 50 kΩ torna a corrente total do emissor mais estável, melhorando a rejeição de modo comum. Os esquemas de

> **Sobre a eletrônica**
>
> **Encapsulamentos Plásticos de Amp Ops**
> Amp ops acomodados em encapsulamentos plásticos não são adequados em algumas aplicações em áreas como aeroespacial, militar e médica. Encapsulamentos metálicos/cerâmicos são hermeticamente selados e possuem melhor transferência de calor.

Sinal + Ruído de baixa frequência = Sinal com ruído

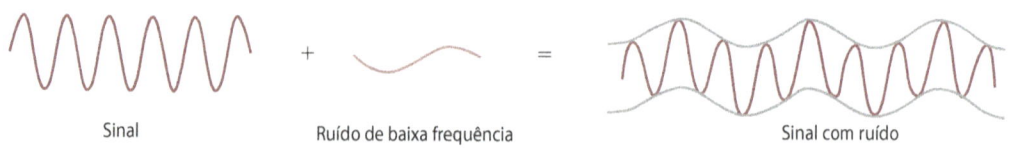

Figura 1-6 Uma tensão na forma de ruído de baixa frequência pode ser somada ao sinal.

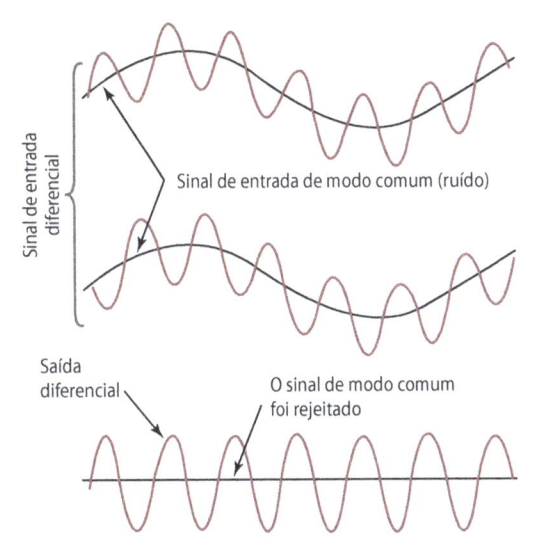

Figura 1-7 O ruído de modo comum pode ser rejeitado.

polarização com resistores de 5 kΩ e 50 kΩ foram testados com um simulador de circuitos. Usando a fonte de corrente com 5 kΩ, o ganho de modo comum obtido foi de 0,5, enquanto este parâmetro assume o valor de aproximadamente 0,05 quando a resistência de 50 kΩ é considerada. Assim, ambos os esquemas de polarização promovem a atenuação (rejeição) do sinal de modo comum, mas a melhor rejeição é obtida quando se emprega a fonte de corrente com a impedância mais alta. Isso quer dizer que a utilização de uma fonte de corrente ideal (com impedância infinita) para fornecer a corrente total do emissor fornece a rejeição completa do sinal de modo comum. A próxima seção deste capítulo mostra como isso pode ser feito sem a utilização de valores de V_{EE} absurdamente altos.

Um parâmetro importante relacionado ao desempenho do amplificador é a RAZÃO DE REJEIÇÃO DE MODO COMUM (do inglês, *common mode rejection ratio* – CMRR). Um valor elevado de CMRR é desejável, pois isso permite que o amplificador reduza os ruídos de baixa e alta frequência. Os condutores que interligam a fonte do sinal às entradas do amplificador podem atuar como antenas ao captar estes sinais indesejados. Se tais sinais surgirem nas entradas do amplificador como sinais de modo co-

mum, seus respectivos níveis podem ser reduzidos ou atenuados de acordo com a seguinte expressão:

$$CMRR = \frac{A_{V(dif)}}{A_{V(com)}}$$

onde: $A_{V(dif)}$ = ganho de tensão do amplificador para sinais diferenciais;

$A_{V(com)}$ = ganho de tensão do amplificador para sinais de modo comum.

Considere que um sinal de entrada de modo comum seja de 1 V, produzindo um sinal de saída de 0,05 V. Assim, o ganho de modo comum é:

$$A_{V(com)} = \frac{\text{sinal de saída}}{\text{sinal de entrada}} = \frac{0,05 \text{ V}}{1 \text{ V}} = 0,05$$

Além disso, considere um sinal diferencial de 0,1 V que produz uma saída de 10 V. Logo, o ganho de tensão diferencial é:

$$A_{V(dif)} = \frac{\text{sinal de saída}}{\text{sinal de entrada}} = \frac{10 \text{ V}}{0,1 \text{ V}} = 100$$

A razão de rejeição de modo comum é:

$$CMRR = \frac{100}{0,05} = 2000$$

O amplificador fornece um ganho de 2000 tanto para sinais diferencias quanto para de modo comum. O parâmetro CMRR é normalmente expresso em decibéis:

$$CMRR = 20 \times \log 2000 = 66 \text{ dB}$$

Alguns amplificadores diferenciais possuem razões de rejeição de modo comum maiores que 100 dB, sendo muito eficientes na rejeição de sinais dessa natureza.

EXEMPLO 1-1

Um amplificador possui ganho diferencial de 40 dB e ganho de modo comum de −26 dB. Qual é o valor de CMRR para esse amplificador? Quando os ganhos diferencial e de modo comum são expressos em decibéis, o valor de CMRR é determinado a partir da subtração dos valores:

$$CMRR = 40 \text{ dB} - (-26 \text{ dB}) = 66 \text{ dB}$$

> **Teste seus conhecimentos**

Acesse o site www.grupoa.com.br/tekne para fazer os testes sempre que passar por este ícone.

≫ Análise do amplificador diferencial

As propriedades dos amplificadores diferenciais podem ser demonstradas trabalhando-se com as condições CC e CA de um circuito típico. A Figura 1-8 apresenta um circuito com todos os valores necessários para se determinar tais condições.

A análise de circuitos semelhantes ao da Figura 1-8 torna-se mais simples a partir de algumas considerações iniciais. Primeiramente, considera-se que os terminais base dos transistores encontram-se no potencial de terra. Isso é razoável porque as correntes de base são muito pequenas, tornando as quedas de tensão em R_{B1} e R_{B2} aproximadamente iguais a 0 V. A próxima consideração consiste em assumir que ambos os transistores estejam em condução. Se as bases estão em 0 V, então os emissores devem possuir potencial de $-0,7$ V. Essa condição é necessária para polarizar as junções base-emissor diretamente e ativar os transistores. Afirmar que o potencial do emissor em relação à base é de $-0,7$ V é análogo a afirmar que o potencial da base em relação ao emissor é de $+0,7$ V, o que satisfaz as condições de polarização de transistores NPN.

Agora que as considerações foram feitas, é possível iniciar a análise CC. Conhecendo as tensões em ambos os terminais de R_E, pode-se determinar a respectiva queda de tensão:

$$V_{R_E} = -9\,V - (-0,7\,V) = -8,3\,V$$

Sabendo que a queda é de 8,3 V (desconsidera-se o sinal), é possível calcular a corrente no emissor:

$$I_{R_E} = \frac{V_{R_E}}{R_E} = \frac{8,\,V}{3,9\,k\Omega} = 2,13\,mA$$

Considerando que a corrente será igualmente dividida, metade do valor total circulará em cada transistor o que corresponde a:

$$I_E = \frac{2,13\,mA}{2} = 1,06\,mA$$

Como é de praxe, considera-se que as correntes nos coletores são iguais às correntes nos emissores. Assim, a queda de tensão em cada resistor de carga é:

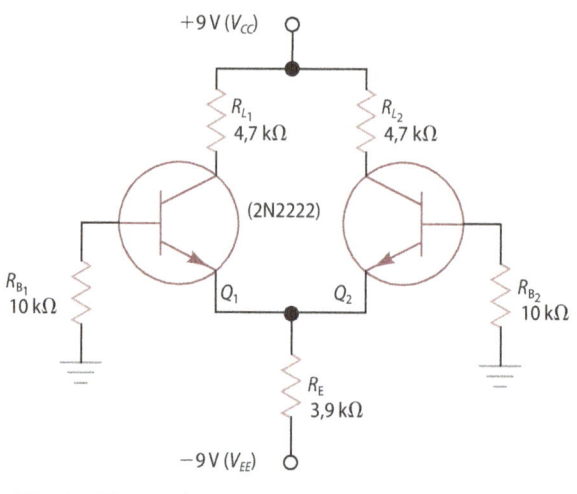

$$V_{R_L} = 4,7\,k\Omega \times 1,06\,mA = 4,98\,V$$

Figura 1-8 Circuito amplificador diferencial.

A tensão V_{CE} é determinada a partir da lei de Kirchhoff das tensões:

$$V_{CE} = V_{CC} - V_{RL} - V_E = 9 - 4{,}98 - (-0{,}7) = 4{,}72\,V$$

A análise CC realizada anteriormente mostra que as condições CC do amplificador diferencial da Figura 1-8 são adequadas para a operação linear. Note que a tensão entre coletor e emissor é aproximadamente igual à metade da tensão de alimentação do coletor. Antes de abandonar a análise CC, é necessário efetuar mais dois cálculos. Estima-se a corrente de base considerando $\beta=200$, sendo que este é um valor típico para transistores 2N2222. Assim, a corrente de base é:

$$I_B = \frac{I_C}{\beta} = \frac{1{,}06\,mA}{200} = 5{,}3\,\mu A$$

Essa corrente circula em ambos os resistores de base de 10 kΩ. A queda de tensão em cada resistor é:

$$V_{R_B} = 5{,}3\,\mu A \times 10\,k\Omega = 53\,mV$$

Cada base é 53 mV negativa em relação ao terra. Lembre-se de que a corrente de base circula para fora em um transistor NPN. O sentido da corrente torna as bases na Figura 1-8 ligeiramente negativas em relação ao terra. O valor de 53 mV é muito pequeno, de modo que a consideração inicial é válida.

Agora, é possível realizar a análise CA do circuito. O primeiro passo consiste em determinar as resistências CA dos emissores:

$$r_E = \frac{50}{I_E} = \frac{50}{1{,}06} = 47\,\Omega$$

Você deve recordar que a resistência CA do emissor pode ser estimada considerando uma queda de 25 ou 50 mV. A estimativa mais alta é mais precisa para circuitos semelhantes aos da Figura 1-8.

Conhecendo o valor de r_E, é possível determinar o ganho de tensão do amplificador diferencial. Na verdade, é necessário determinar dois ganhos: (1) o ganho de tensão diferencial e (2) o ganho de tensão de modo comum. A Figura 1-9 mostra um circuito equivalente CA que é apropriado quando o amplificador é acionado através de uma única entrada. O ganho de tensão diferencial (A_D) é igual à resistência de carga do coletor dividida por duas vezes o valor de r_E.

Na Figura 1-9, circula uma corrente da fonte muito pequena em R_E, a qual não aparece na equação do ganho de tensão. O transistor Q_1 é acionado na base pela fonte do sinal. A corrente do sinal no emissor deve circular em sua respectiva resistência CA de 47 Ω. Esse sinal no emissor também aciona

$$\frac{V_{saída}}{V_{entrada}} = 50$$

$$A_D = \frac{4{,}7\,k\Omega}{2 \times 47\,\Omega} = 50$$

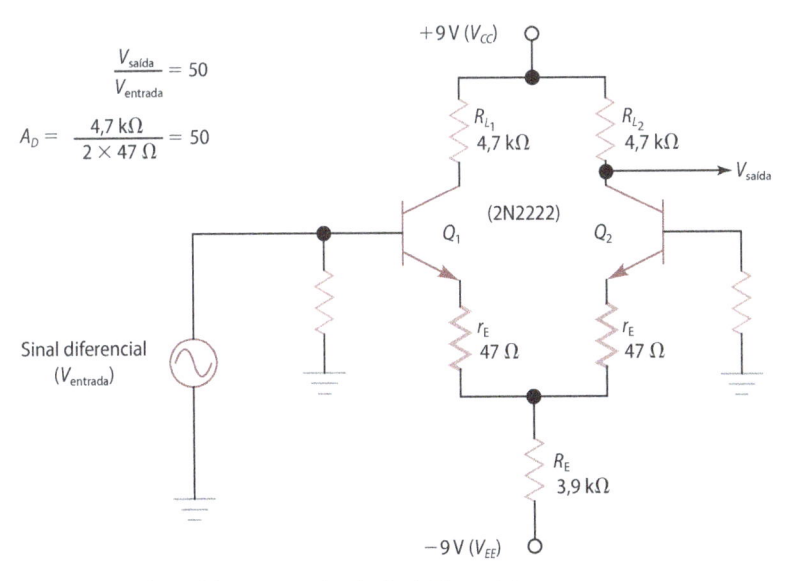

Figura 1-9 Circuito equivalente CA para o ganho do sinal diferencial.

o emissor de Q_2, que deve circular pela resistência CA do emissor de 47 Ω. O transistor Q_2 atua como um amplificador base comum no circuito, sendo que seu emissor é acionado pelo emissor de Q_1. É por isso que o denominador da equação do ganho contém o termo $2 \times r_E$ (as duas resistências de 47 Ω atuam em série no caso da corrente da fonte do sinal). O valor de R_E é muito maior que as resistências CA dos emissores, por isso, seu efeito pode ser desprezado. Em circuitos dessa natureza, a corrente da fonte em R_E é igual a aproximadamente 1% da corrente de sinal nos transistores.

Os resistores de polarização na Figura 1-9 também podem afetar o ganho de tensão diferencial. Quando essas resistências são pequenas, os componentes podem ser prontamente ignorados. Se os valores das resistências são elevados, o ganho será reduzido. A razão pela qual isso ocorre é a circulação da corrente de sinal no circuito base-emissor, de modo que o resistor de base também implica a redução da corrente. Quando visto por meio do emissor, o resistor da base aparenta ser menor para a corrente de sinal CA. Assim, se os resistores de base na Figura 1-9 forem relativamente grandes, isto é, da ordem de 10 kΩ, a resistência CA da base será:

$$r_B = \frac{R_B}{\beta} = \frac{10 \text{ k}\Omega}{200} = 50 \text{ }\Omega$$

A resistência CA da base reduz o ganho diferencial da seguinte forma:

$$A_{V(\text{dif})} = \frac{R_L}{(2 \times r_E) + r_B} = \frac{4,7 \text{ k}\Omega}{(2 \times 47 \text{ }\Omega) + 50 \text{ }\Omega} = 32,6$$

Essa resistência da base é empregada uma única vez na equação de ganho (não sendo multiplicada por dois) porque a fonte do sinal é aplicada diretamente a uma base. Na Figura 1-9, apenas o resistor de base à direita afeta a corrente da fonte.

A consideração da resistência CA da base pode fornecer uma estimativa mais precisa do GANHO DIFERENCIAL. Entretanto, isso pode não ser estritamente necessário. Como o valor conservativo de 50 mV foi empregado para calcular r_E, certamente o ganho será mais próximo de 50 na Figura 1-9. Os projetistas normalmente utilizam uma abordagem muito conservativa, em que o ganho real do circuito será menor ou igual ao valor calculado. Um ganho muito alto é um problema mais fácil de ser resolvido que um ganho muito baixo.

O ganho diferencial de 50 representa um valor aceitável. Como será visto posteriormente, o ganho de modo comum é muito menor. A Figura 1-10 mostra um circuito equivalente CA para o GANHO DE MODO COMUM. Nesse caso, as resistências dos emissores dos transistores de 47 Ω são eliminadas, pois são muito pequenas, se comparadas aos resistores de 7,8 kΩ. Fisicamente, R_E corresponde a um resistor de 3,9 kΩ. Entretanto, o dobro do valor é exibido porque engloba as correntes de ambos os transistores. Como foi discutido na primeira seção deste capítulo, a situação ideal corresponde a uma corrente total constante no emissor. Um sinal de modo comum modificará a corrente total do emissor porque a impedância não é infinita, o que não é o caso da Figura 1-10. No caso em que um sinal de modo comum aciona ambas as bases no sentido positivo, ambos os transistores operam com saturação forte. O valor de R_E deveria suportar o dobro do aumento da corrente caso houvesse um único transistor. O sinal de saída de Q_2 é obtido na Figura 1-10. No que se refere a este transistor, seu coletor apresenta uma carga de 7,8 kΩ. Esse alto valor de resistência torna o ganho de modo comum inferior a 1:

$$A_{CM} = \frac{4,7 \text{ k}\Omega}{7,8 \text{ k}\Omega} = 0,603$$

A análise CA do amplificador diferencial mostra um ganho diferencial de 50 e um ganho de modo comum de 0,603. Assim, a razão é:

$$\frac{50}{0,603} = 82,9$$

Espera-se que esse amplificador diferencial produza um ganho 83 vezes maior para um sinal diferencial do que para um sinal de modo comum. Assim, o ruído de baixa e alta frequência não será facilmente eliminado em muitas aplicações. O valor de CMRR em decibéis é:

$$\text{CMRR} = 20 \times \log 82,9 = 38,4 \text{ dB}$$

$$A_{CM} = \frac{4{,}7\ k\Omega}{7{,}8\ k\Omega} = 0{,}603$$

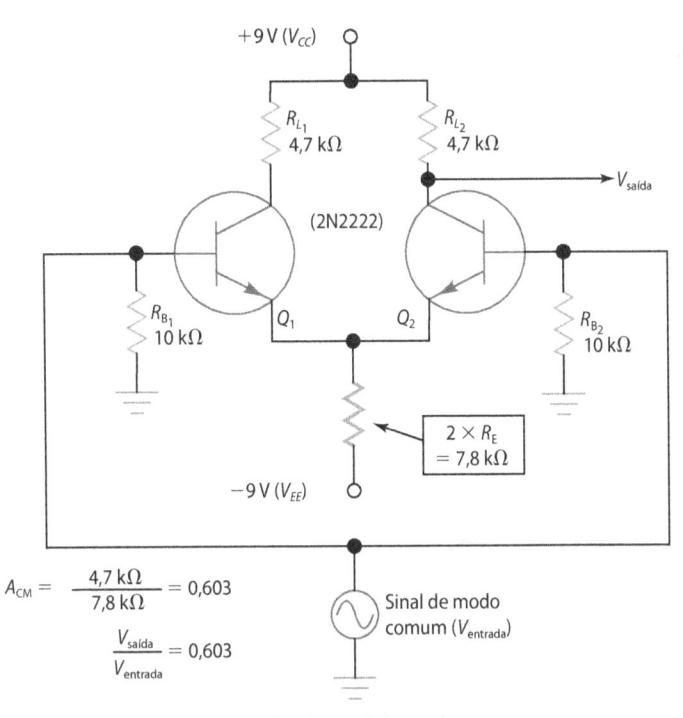

$$\frac{V_{saída}}{V_{entrada}} = 0{,}603$$

Figura 1-10 Circuito equivalente CA para o ganho do sinal de modo comum.

EXEMPLO 1-2

Qual será o valor de CMRR da Figura 1-10 sendo $V_{EE} = 95\ V$ e $R_E = 45\ k\Omega$? Inicialmente, deve-se determinar se isso modificará o ganho diferencial calculando-se a corrente total do emissor. Com um valor tão alto de V_{EE}, é razoável ignorar as quedas de 0,7 V nas junções base-emissor:

$$I_{RE} = \frac{V_{EE}}{R_E} = \frac{95\ V}{45\ k\Omega} = 2{,}11\ mA$$

Esse valor corresponde praticamente à mesma corrente total do emissor obtida anteriormente, de modo que r_E permanece o mesmo, assim como o ganho diferencial. Em seguida, determina-se o ganho de modo comum:

$$A_{V\ (COM)} = \frac{R_L}{2 \times R_E} = \frac{4{,}7\ k\Omega}{2 \times 45\ k\Omega} = 0{,}0522$$

Finalmente, o valor de CMRR é dado por:

$$CMRR = 20 \times \log \frac{50}{0{,}0522} = 59{,}6\ dB$$

Assim, a melhoria é de 59,6 dB − 38,4 dB = 21,2 dB. O aumento do valor de R_E implica o aumento de CMRR em 21,2 dB e permite que o amplificador melhore sua capacidade de rejeitar sinais de modo comum indesejados.

A Figura 1-11 mostra uma forma prática para obter um alto valor de CMRR. O resistor R_E é substituído por uma **FONTE DE CORRENTE** que consiste de dois resistores, um diodo zener e um transistor Q_3. O diodo zener é polarizado pela tensão de alimentação de −9 V. O resistor de 390 Ω limita a corrente no diodo zener. O catodo do diodo zener é 5,1 V positivo em relação ao anodo. Essa queda polariza diretamente o circuito base-emissor de Q_3. Subtraindo-se o valor de V_{BE}, é possível determinar a corrente no resistor de 2,2 kΩ:

$$I = \frac{50\ V - 0{,}7\ V}{2200\ \Omega} = 2\ mA$$

A corrente no emissor de Q_3 é de 2 mA. Pode-se adotar a consideração típica onde a corrente no co-

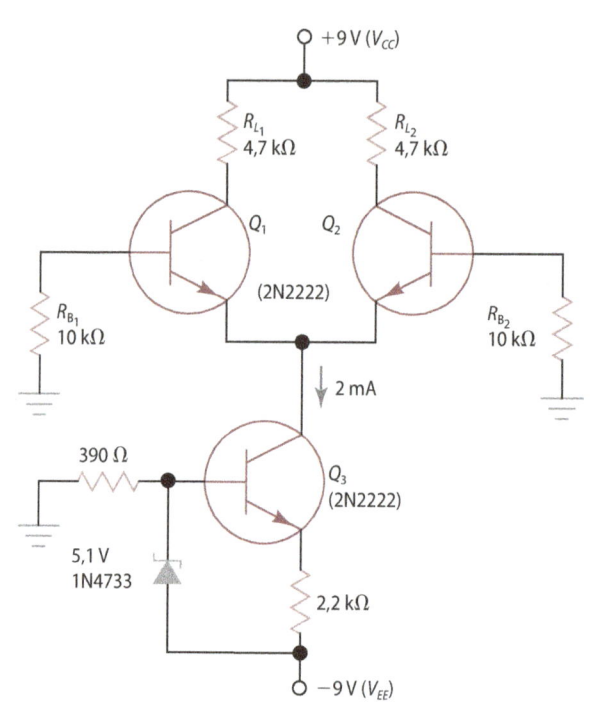

Figura 1-11 Amplificador diferencial com polarização por fonte de corrente.

letor é igual à corrente no emissor. Assim, o coletor de Q_3 na Figura 1-11 fornece 2 mA para os emissores do amplificador diferencial.

Uma fonte de corrente semelhante àquela mostrada na Figura 1-11 possui uma resistência CA muito alta, a qual é função das resistências CA do coletor e do emissor de Q_3, bem como do resistor do emissor de 2,2 kΩ.

A resistência CA do coletor em transistores pequenos varia entre 50 e 200 kΩ. De acordo com a Figura 1-12, a curva do coletor possui um aspecto relativamente plano. A corrente do coletor muda pouco ao longo da faixa de tensão de 20 V nesse gráfico. A resistência CA do coletor pode ser determinada a partir do gráfico utilizando-se a lei de Ohm. O gráfico mostra que a mudança na corrente do coletor é de 0,2 mA para uma mudança de 20 V na tensão entre coletor e emissor:

$$r_C = \frac{\Delta V_{CE}}{\Delta I_C} = \frac{20\ V}{0,2\ mA} = 100\ k\Omega$$

A resistência CA do emissor é estimada a partir da seguinte expressão:

$$r_E = \frac{50\ mV}{I_E} = \frac{50\ mV}{2\ mA} = 25\ \Omega$$

A equação a seguir pode ser empregada para estimar a resistência CA de uma fonte de corrente constante semelhante àquela da Figura 1-11:

$$r_{EE} = r_C \times \left(1 + \frac{R_E}{r_E}\right) = 100\ k\Omega \times \left(1 + \frac{2,2\ k\Omega}{25}\right)$$
$$= 8,9\ M\Omega$$

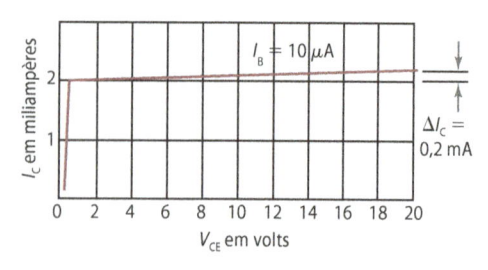

Figura 1-12 Curva do coletor típica para o transistor 2N2222.

Esse valor elevado de resistência CA torna o ganho de modo comum do amplificador da Figura 1-11 muito pequeno:

$$A_{V(com)} = \frac{R_L}{2 \times r_{EE}} = \frac{4{,}7\,k\Omega}{2 \times 8{,}9\,M\Omega} = 0{,}264 \times 10^{-3}$$

A fonte de corrente polariza o amplificador da Figura 1-11 com aproximadamente o mesmo nível de corrente do circuito da Figura 1-8. Portanto, o ganho diferencial é aproximadamente o mesmo, ou seja, 50. A razão CMRR para a Figura 1-11 é relativamente alta:

$$\text{CMRR} = 20 \times \log \frac{50}{0{,}264 \times 10^{-3}} = 106\,dB$$

Na prática, é difícil obter um valor tão alto de CMRR. Entretanto, o circuito da Figura 1-11 é significativamente melhor que o circuito da Figura 1-8. Quando a relação CMRR deve ser otimizada, componentes devidamente combinados e com ajuste a laser podem ser empregados. Amplificadores na forma de circuitos integrados (CIs) com entradas diferenciais normalmente possuem valores adequados de CMRR porque os transistores e os resistores tendem a ser devidamente combinados, obtendo-se assim boa resposta térmica (isto é, a temperatura dos dispositivos muda aproximadamente da mesma forma).

Teste seus conhecimentos

» Amplificadores operacionais

Amplificadores operacionais (amp ops) utilizam estágios diferenciais na entrada, possuindo características que os tornam muito úteis em circuitos eletrônicos, dentre as quais é possível citar:

1. Rejeição de modo comum: isso fornece a habilidade de reduzir ruídos de baixa e alta frequência.
2. Alta impedância de entrada: isso os torna incapazes de drenar uma corrente alta de uma fonte de sinal com alta impedância.
3. Alto ganho: o ganho é considerável, mas pode ser reduzido utilizando realimentação negativa.
4. Baixa impedância de saída: são capazes de alimentar uma carga de baixa impedância com um sinal de forma adequada.

Nenhum circuito amplificador sozinho é capaz de fornecer todas as características supracitadas. Na verdade, um amplificador operacional é uma combinação de diversos estágios amplificadores. Observe a Figura 1-13. A primeira seção deste circuito com múltiplos estágios é um amplificador diferencial, sendo que dispositivos dessa natureza possuem rejeição de modo comum e alta impedância de entrada. Alguns amplificadores operacionais podem empregar transistores de efeito de campo para obter uma impedância de entrada ainda maior. Amplificadores operacionais que combinam transistores bipolares e FET são denominados amp ops BIFET.

A segunda seção da Figura 1-13 corresponde a um estágio coletor comum ou seguidor de emissor. Esse arranjo é conhecido pela baixa impedância de saída. Note que a saída corresponde a um único terminal. Assim, não é possível obter uma saída diferencial. Assim, diz-se que o circuito possui SAÍDA COM TERMINAÇÃO SIMPLES, sendo que a maioria das aplicações em eletrônica exibe essa configuração.

Um terminal único possui uma única fase em relação ao terra. É por isso que a Figura 1-13 mostra uma ENTRADA COMO NÃO INVERSORA e a outra como INVERSORA. A entrada não inversora encontra-se em fase com o terminal de saída. Por outro lado, a entrada inversora será defasada do terminal de saída em 180°.

A Figura 1-14 mostra o amplificador de modo simplificado. Observe o triângulo, pois diagramas eletrônicos normalmente empregam esse símbolo para representar amplificadores. Note também

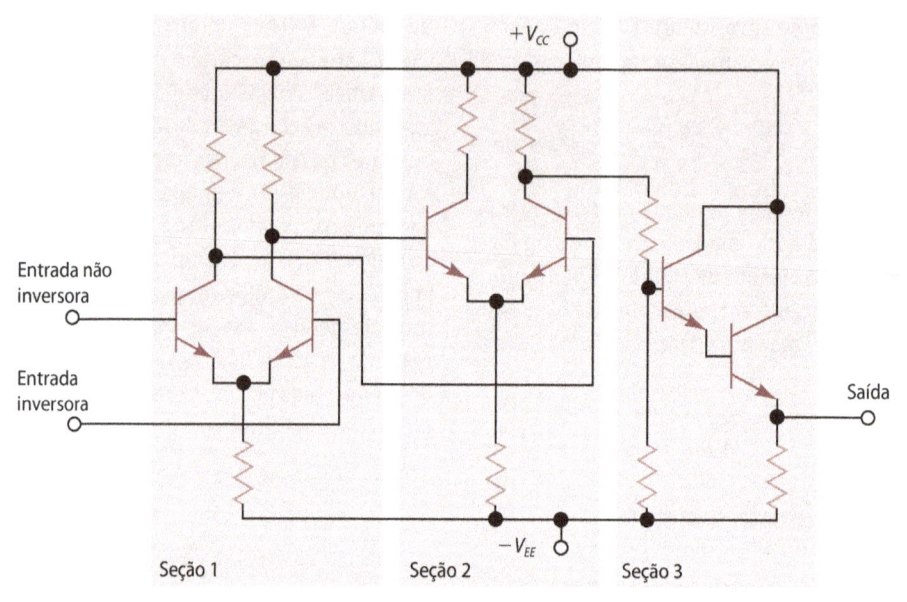

Figura 1-13 Seções principais de um amplificador operacional.

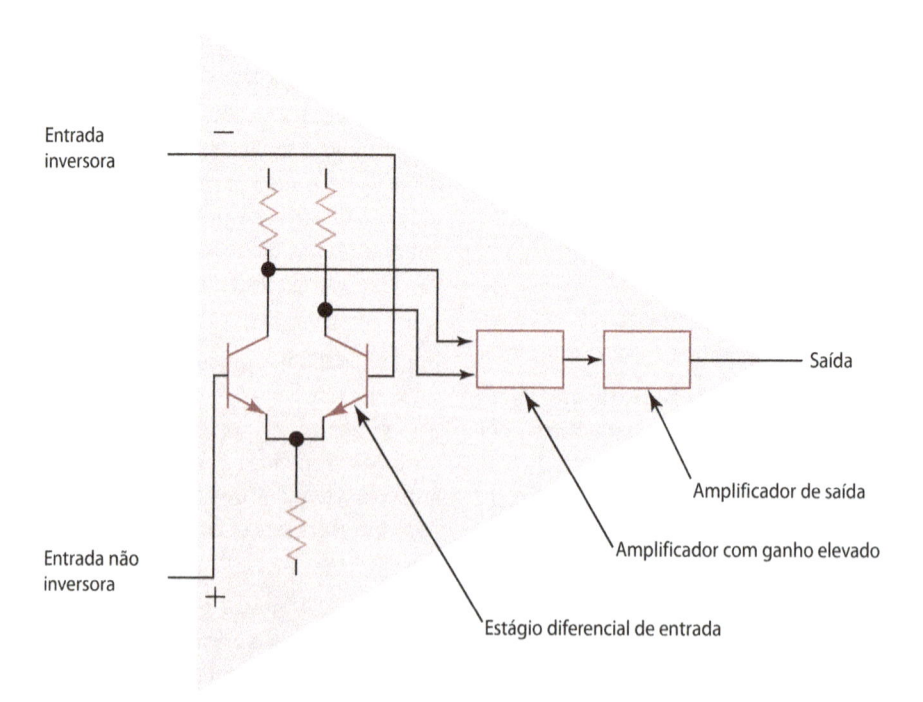

Figura 1-14 Forma de exibição simplificada de um amplificador operacional.

que a entrada inversora é marcada com um sinal negativo (−), enquanto a entrada não inversora é representada por um sinal positivo (+). Essa é a representação convencional empregada.

A Figura 1-15 mostra o diagrama esquemático de um amp op comum na forma de circuito integrado. Esse dispositivo possui uma entrada inversora, uma entrada não inversora e uma única saída. Há ainda dois terminais com a marcação de ajuste de OFFSET, que podem ser utilizados em aplicações onde é necessário ajustar o erro do nível CC (*offset*). Não é possível fabricar amp ops cujos transistores e resistores combinem perfeitamente entre si. Essa diferença nos componentes leva ao surgimento de um erro de *offset* CC na saída. Quando não se utiliza uma entrada diferencial CC, a saída CC de um amp op será idealmente igual a 0 V em relação ao terra. Qualquer desvio em relação a esse valor é denominado erro de *offset* CC. A Figura 1-16 mostra um aplicação típica onde o valor de *offset* é anulado (eliminado).

O potenciômetro da Figura 1-16 é ajustado de modo que o terminal de saída esteja no potencial CC do terra, sem que haja tensão de entrada CC diferencial. Esse potenciômetro apresenta faixa limitada. O circuito de anulação é projetado para eliminar um nível de *offset* interno da ordem de milivolts. Assim, o arranjo é inadequado para anular a saída quando há uma grande tensão de entrada CC diferencial aplicada no amp op por condições externas ao circuito. Em muitas aplicações, um valor reduzido de *offset* não representa problemas. Nesses casos, os terminais de ajuste de *offset* permanecem desconectados.

A maioria dos amp ops é fabricada utilizando-se a tecnologia de circuitos integrados. Um técnico é incapaz de enxergar o que há no interior de um circuito integrado ou mesmo realizar medições internas. Portanto, raramente é necessário apresentar os detalhes dos circuitos internos. A Figura 1-17 mostra uma forma padrão para representar um amplificador operacional em um diagrama esquemático. Os terminais de alimentação e de ajuste de *offset* também podem ser exibidos em alguns diagramas.

Há uma ampla variedade de amp ops na forma de circuitos integrados. As tecnologias utilizadas

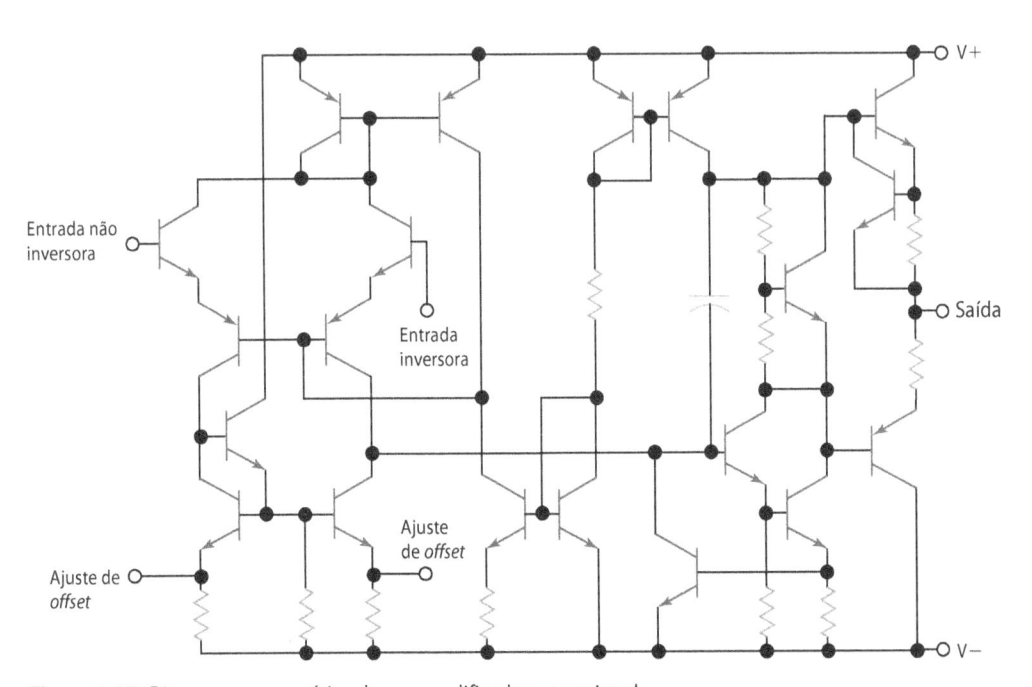

Figura 1-15 Diagrama esquemático de um amplificador operacional.

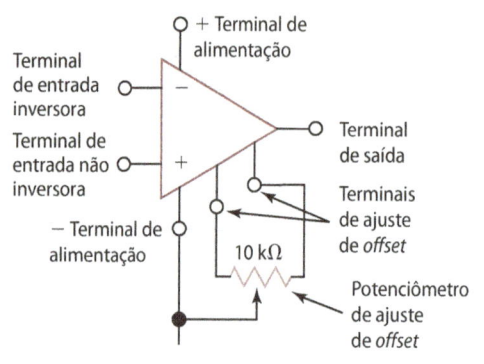

Figura 1-16 Utilização dos terminais de ajuste de *offset*.

> **Sobre a eletrônica**
>
> **Amp Ops e EMI**
>
> Existem dispositivos denominados amp ops programáveis. Alguns amp ops possuem ganho muito alto. Circuitos com ganho elevado são mais suscetíveis a problemas causados por EMI (do inglês, *electromagnetic interference* – interferência eletromagnética) do que outros circuitos.

na sua fabricação incluem transistores bipolares de junção (BJTs), transistores de efeito de campo (FETs) e semicondutores óxidos metálicos complementares (do inglês, *complementary metal oxide semiconductos* – CMOS). Alguns amp ops combinam diversos tipos de dispositivos, a exemplo dos amp ops BIFET (do inglês, *bipolar and field effect* – transistores bipolares e de efeito de campo) e BICMOS (do inglês, *bipolar* and *complementary metal oxide semiconductos* – transistores bipolares e semicondutores óxidos metálicos

complementares). Alguns amp ops são projetados para aplicações específicas, possuindo características especiais como baixo consumo de corrente para dispositivos alimentados por baterias ou ampla largura de banda para aplicações em alta velocidade. As especificações seguintes são válidas para um amp op de aplicações gerais como o CI LM741C:

- Ganho de tensão: 200.000 (106 dB).
- Impedância de saída: 75 Ω.
- Impedância de entrada: 2 MΩ.
- CMRR: 90 dB.
- Faixa de ajuste de *offset*: $\pm$15 mV.
- Variação da tensão de saída: $\pm$13 V.
- Largura de banda para pequenos sinais: 1 MHz.
- *Slew rate*: 0,5 V/μs.

A última característica da lista é o parâmetro SLEW RATE*. Ele corresponde à máxima taxa de mudança da tensão de saída de um amp op. A Figura 1-18 mostra o que ocorre quando a tensão de entrada muda repentinamente. A saída é incapaz de produzir uma variação instantânea da tensão. Dessa forma, a tensão é variada em uma taxa que corresponde a um certo número de volts em um dado período de tempo. A unidade de tempo empregada no caso dos amp ops é o microssegundo (1 μs = 1 $\times$ 10^{-6} s). Alguns amp ops possuem valores baixos de *slew rate*, da ordem de 0,04 V/μs, enquanto para outros dispositivos esse parâmetro pode assumir valores como 70 V/μs.

---

* N. de T.: Esse termo não possui tradução direta do inglês para o português, sendo normalmente utilizado dessa forma na literatura técnica referente a amp ops.

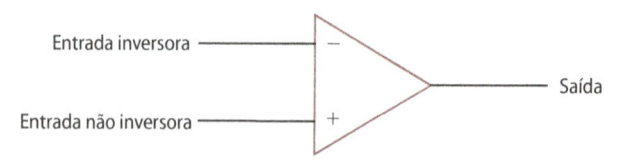

Figura 1-17 Representação padrão de um amplificador operacional.

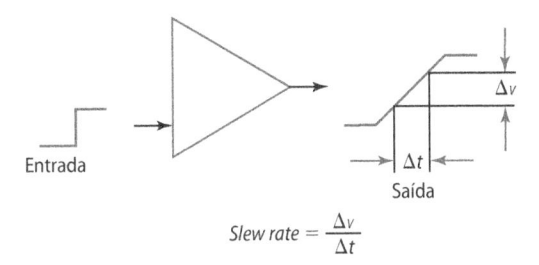

Figura 1-18 Resposta do amp op a uma súbita mudança na entrada.

$$\text{Slew rate} = \frac{\Delta v}{\Delta t}$$

O parâmetro *slew rate* é de grande importância para a operação em alta frequência, o que implica uma mudança rápida nas condições de operação. Um amp op pode não possuir *slew rate* alto o suficiente para permitir a reprodução do sinal de entrada. A Figura 1-19 mostra um exemplo de DISTORÇÃO causada por *slew rate*. Note que o sinal de entrada é senoidal e que o sinal de saída é triangular. O sinal de saída de um amplificador linear deve possuir a mesma forma de onda do sinal de entrada. Qualquer desvio na reprodução do sinal é denominado distorção.

Além de causar distorção, o parâmetro *slew rate* pode evitar que um amp op desenvolva a máxima variação de tensão na saída. Grandes sinais de saída serão mais facilmente limitados do que pequenos sinais. Assim, os fatores a serem considerados são a frequência do sinal, a variação da tensão na saída e a especificação de *slew rate* do amp op. A equação a seguir prevê a máxima frequência de operação para sinais de entrada senoidais:

$$f_{max} = \frac{SR}{6{,}28 \times V_p}$$

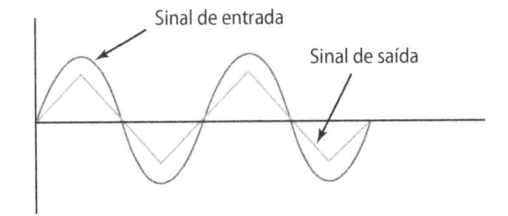

Figura 1-19 Distorção causada por *slew rate*.

onde SR é o *slew rate* em V/μs e V_p é o valor de pico da tensão na saída em V.

Um amp op para aplicações gerais como o LM741C pode produzir uma máxima oscilação de tensão na saída de 13 V quando alimentado com uma fonte de tensão de 15 V. Vamos determinar qual é a máxima frequência para uma onda senoidal considerando que o *slew rate* é de 0,5 V/μs:

$$f_{max} = \frac{0{,}5 \text{ V}/\mu s}{6{,}28 \times 13 \text{ V}} = \frac{1}{6{,}28 \times 13 \text{ V}} \times \frac{0{,}5 \text{ V}}{1 \times 10^{-6} \text{ s}}$$
$$= 6{,}12 \text{ kHz}$$

As unidades em volts são canceladas e a unidade da expressão é o inverso do tempo, que corresponde à frequência. O valor de 6,12 kHz pode ser chamado de LARGURA DE BANDA DE POTÊNCIA do amp op. Dois fatos ocorrerão se um sinal senoidal de entrada possuir frequência muito maior que 6,12 kHz e for grande o suficiente para produzir uma variação de tensão de 13 V na saída: (1) o sinal de saída apresentará distorção (de forma semelhante à Figura 1-19) e (2) a variação da tensão de saída será menor que 13 V.

EXEMPLO 1-3

Calcule a largura de banda de potência de um amp op de alta velocidade cujo *slew rate* é de 70 V/μs quando a variação da tensão de saída é de 20 $V_{p\text{-}p}$. Aplica-se a equação:

$$f_{max} = \frac{70 \text{ V}/\mu s}{6{,}28 \times 10 \text{ V}} = \frac{1}{6{,}28 \times 10 \text{ V}} \times \frac{70 \text{ V}}{1 \times 10^{-6} \text{ s}}$$
$$= 1{,}11 \text{ MHz}$$

Um amp op típico como o LM741C possui largura de banda de pequenos sinais de 1 MHz. Sinais grandes em alta frequência serão limitados pela taxa *slew rate*. A largura de banda de potência de um amplificador operacional é menor que a largura de banda de pequenos sinais. A Tabela 1-1 mostra diversos tipos de amp ops com algumas de suas especificações.

Tabela 1-1 Amostra de especificações de Amp Ops

Dispositivo	Descrição	A_V, dB	$Z_{entrada}$, Ω	CMRR, dB	Largura de banda	Slew Rate, V/μs
TL070	BIFET, ruído reduzido	106	10^{12}	86	3	13
TL080	BIFET, baixa potência	106	10^{12}	86	3	13
TLC277	CMOS	92	10^{12}	88	2,3	4,5
LM308	Elevado desempenho	110	40×10^6	100	1	0,3
LM318	Elevado desempenho	106	3×10^6	100	15	70
LM741C	Aplicação geral	106	2×10^6	90	1	0,5
TLC27L7	CMOS, polarização reduzida	114	10^{12}	88	0,1	0,04
MCP616	BICMOS	120	600×10^6	100	0,19	0,08
OPA727	CMOS	120	10^{11}	86	20	30

Teste seus conhecimentos

» Ajuste do ganho do Amp Op

Um amp op para aplicações gerais possui um ganho de tensão de MALHA ABERTA de 200.000. Malha aberta significa ausência de realimentação, sendo que amp ops normalmente operam em MALHA FECHADA. A saída, ou parte dela, é realimentada na entrada inversora (−). Isso corresponde a uma realimentação negativa, reduzindo o ganho e aumentando a largura de banda do amp op.

A Figura 1-20 mostra um circuito com amplificador operacional em malha fechada. A saída é realimentada na entrada inversora. O sinal de entrada aciona a entrada não inversora (+). O circuito pode ser facilmente analisado a partir de uma consideração: não há diferença entre as tensões nas entradas do amp op. Qual é a base dessa afirmação? Considerando um ganho típico de 200.000, essa consideração é razoável. Por exemplo, se a saída encontra-se no máximo valor positivo, como 10 V, a entrada diferencial é:

$$V_{entrada(dif)} = \frac{V_{saída}}{A_V} = \frac{10\ V}{2 \times 10^5} = 50\mu V$$

O valor de 50 μV é próximo a zero, de forma que essa consideração é válida. Esse é um ponto chave para entender o funcionamento de circuitos com amp ops. O ganho diferencial é tão grande que a tensão de entrada diferencial pode ser considerada nula em cálculos práticos.

Agora, vamos aplicar esse conceito ao circuito da Figura 1-20. A realimentação eliminará qualquer diferença de tensão nos terminais de entrada. Se o sinal de entrada possui variação de +1 V, o mesmo ocorrerá com o sinal de saída. Como a saída é realimentada na entrada inversora, ambas as entradas possuirão +1 V e a entrada diferencial será nula. Se o sinal de entrada possui variação de −5 V, o mesmo ocorrerá no terminal de saída. Novamente, a entrada diferencial será zero em virtude

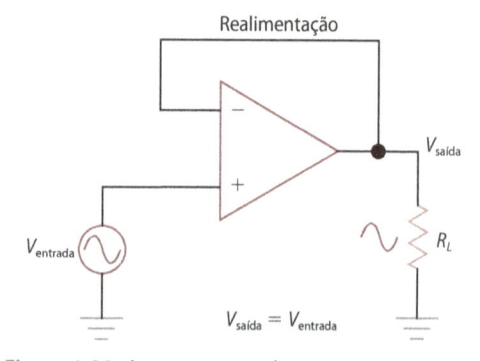

Figura 1-20 Amp op com realimentação negativa.

da realimentação. Deve estar claro que a saída segue o sinal de entrada na Figura 1-20. De fato, esse circuito é denominado SEGUIDOR DE TENSÃO. Como $V_{saída} = V_{entrada}$, o ganho é unitário.

À primeira vista, um amplificador com ganho 1 não parece ser melhor que um simples pedaço de fio. Entretanto, esse amplificador pode ser útil, caso possua alta impedância de entrada e baixa impedância de saída. A impedância de entrada do seguidor de tensão da Figura 1-20 é aproximadamente igual à resistência de entrada do amp op multiplicada pelo ganho de malha aberta: $Z_{entrada(CL)}$ ≈ 2 MΩ × 200.000 ≈ 400 GΩ (para um amp op 741). A impedância de saída de um seguidor de tensão é aproximadamente igual à impedância de saída básica do amp op dividida pelo respectivo ganho de malha aberta. Como esse ganho é muito alto, a impedância de saída pode ser considerada 0 Ω em aplicações práticas:

$$Z_{saída(CL)} \approx \frac{75\,\Omega}{200 \times 10^3} = 0{,}375\,m\Omega$$

Um amplificador que possui impedância de entrada de 400 GΩ e impedância de saída próxima a 0 Ω comporta-se como um excelente BUFFER. Amplificadores *buffer* são utilizados para isolar fontes de sinal de quaisquer efeitos de carga, sendo também úteis quando se trabalha com fontes de sinal que possuem impedâncias internas elevadas.

A Figura 1-21 mostra um circuito com amp op cujo ganho de tensão é maior que a unidade. O valor real do ganho pode ser facilmente determinado. O resistor R_1 e o resistor de realimentação R_F formam um divisor de tensão para a tensão de saída. A tensão de saída dividida deve ser igual à tensão de entrada para satisfazer a consideração onde a tensão de entrada diferencial é nula:

$$V_{entrada} = V_{saída} \times \frac{R_1}{R_1 + R_F}$$

Divide-se ambos os lados por $V_{saída}$, invertendo-se então a expressão:

$$A_V = \frac{V_{saída}}{V_{entrada}} = \frac{R_1 + R_F}{R_1} = 1 + \frac{R_F}{R_1}$$

Vamos aplicar essa equação do ganho à Figura 1-21:

$$A_V = 1 + \frac{R_F}{R_1} = 1 + \frac{100\,k\Omega}{10\,k\Omega} = 11$$

O circuito da Figura 1-21 é um AMPLIFICADOR NÃO INVERSOR. O sinal de entrada é aplicado à entrada + do amp op. Um sinal de saída CA estará em fase com o sinal de entrada. Um sinal de saída CC gerará um sinal de saída CC com mesma polaridade. Por exemplo, se a entrada é −1 V, a saída será −11 V (−1 V × 11 = −11 V).

A Figura 1-22 mostra outro modelo para amplificadores com realimentação negativa, o qual foi apresentado anteriormente no Capítulo 7*.

---
* N. de E.: Capítulo do livro SCHULER, Charles. *Eletrônica I*. 7 ed. Porto Alegre: AMGH, 2013.

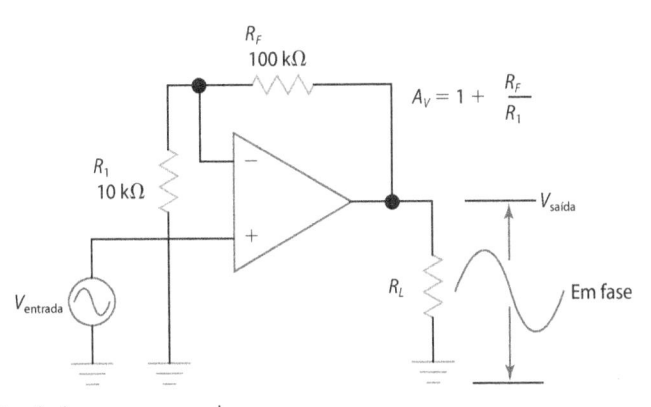

Figura 1-21 Circuito não inversor com ganho.

Amplificador com realimentação negativa

$V_{entrada}$ — Conexão de soma (+/−) → A → V_{saida}

A = Ganho de malha aberta
B = Razão de realimentação

Realimentação ← B

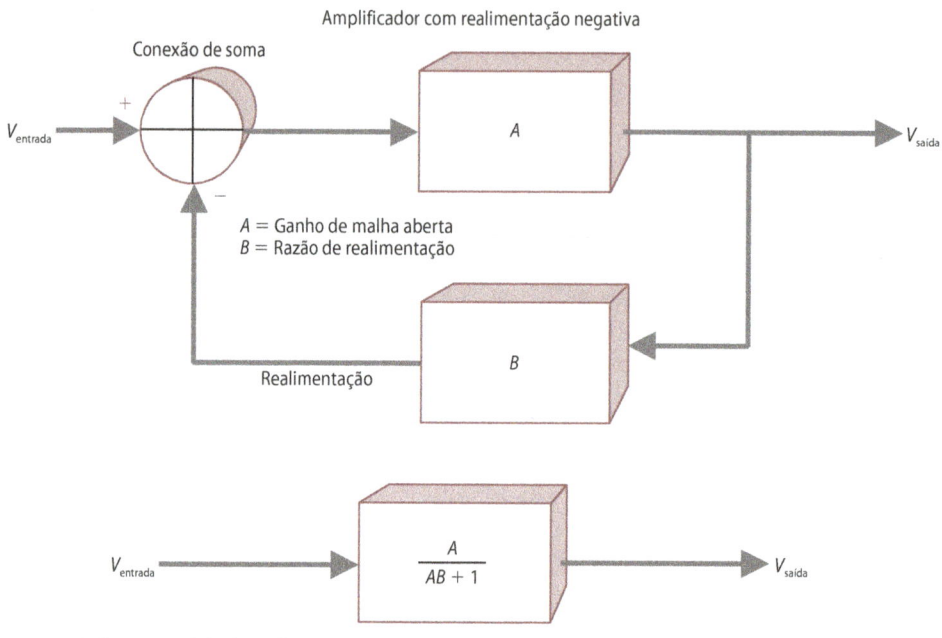

$V_{entrada}$ → $\dfrac{A}{AB+1}$ → V_{saida}

Figura 1-22 Outro modelo de realimentação negativa.

EXEMPLO 1-4

Calcule o ganho de malha fechada na Figura 1-21 utilizando o outro modelo, considerando valores para o ganho de malha aberta de 200.000 e 50.000. A taxa de realimentação B na Figura 1-21 é determinada por R_F e R_1, que formam um divisor resistivo:

$$B = \frac{R_1}{R_F + R_1} = \frac{1\,k\Omega}{10\,k\Omega + 1\,k\Omega} = 0{,}091$$

Aplicando-se o outro modelo para um ganho de malha aberta $A_V = 200.000$, tem-se:

$$A_{CL} = \frac{A}{AB+1} = \frac{200.000}{(200.000)(0{,}091)+1} \approx 11$$

Aplicando-se o outro modelo para um ganho de malha aberta $A_V = 50.000$, tem-se:

$$A_{CL} = \frac{A}{AB+1} = \frac{50.000}{(50.000)(0{,}091)+1} \approx 11$$

Note dois fatos importantes: (1) ambos os modelos produzem o mesmo resultados e (2) o circuito não é sensível ao ganho de malha aberta devido à realimentação negativa.

EXEMPLO 1-5

Determine o sinal de saída (amplitude e fase) para a Figura 1-21 se o valor de R_1 for alterado para 22 kΩ e $V_{entrada} = 100$ mV$_{p-p}$. Inicialmente, determina-se o ganho do amplificador:

$$A_V = 1 + \frac{R_F}{R_1} = 1 + \frac{100\,k\Omega}{22\,k\Omega} = 5{,}55$$

O sinal de saída estará em fase com a entrada e sua amplitude é:

$$V_{saida} = V_{entrada} \times A_V = 100\,mV_{p-p} \times 5{,}55 = 555\,mV_{p-p}$$

A Figura 1-23(a) mostra um **AMPLIFICADOR INVERSOR**, onde o sinal é realimentado na entrada − do amp op. O sinal de saída será defasado de 180° em relação à entrada.

A equação do ganho é um pouco diferente para o circuito inversor. De acordo com a Figura 1-23(a), a entrada não inversora encontra-se no potencial do terra. Portanto, a entrada inversora também

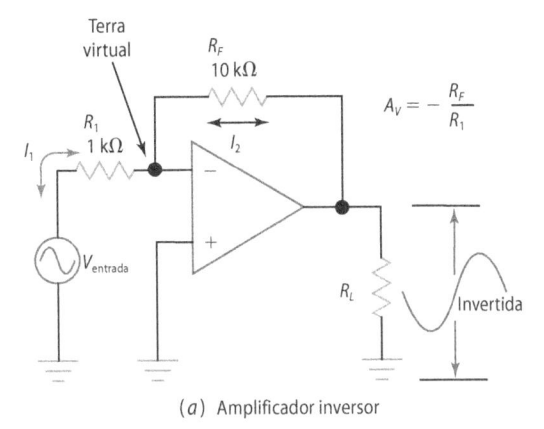

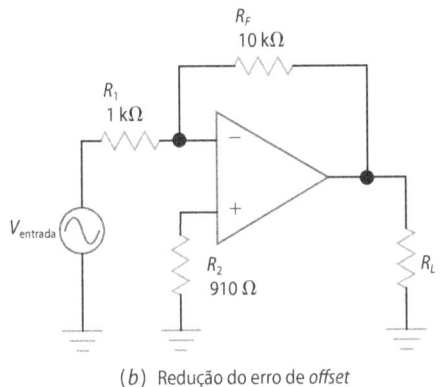

Figura 1-23 Circuitos amplificadores inversores.

(a) Amplificador inversor

(b) Redução do erro de *offset*

possuirá o mesmo potencial, pois novamente assume-se que não há diferença de tensão entre as duas entradas. A entrada inversora é conhecida como um TERRA VIRTUAL. Com o terminal direito de R_1 efetivamente aterrado (conectado ao terra virtual), qualquer sinal aplicado à entrada provocará a circulação de corrente em R_1. De acordo com a lei de Ohm, tem-se:

$$I_1 = \frac{V_{entrada}}{R_1}$$

Além disso, qualquer sinal de saída provocará a circulação de corrente em R_F:

$$I_2 = \frac{-V_{saída}}{R_F}$$

A tensão $V_{saída}$ é negativa na equação anterior porque o amplificador realiza a operação inversora. A corrente que entra ou sai do terminal – do amp op é tão pequena que pode ser efetivamente considerada nula. Assim, $I_2 = I_1$ e, por substituição, tem-se:

$$\frac{-V_{saída}}{R_F} = \frac{V_{entrada}}{R_1}$$

Rearranjando a expressão, tem-se:

$$A_V = \frac{V_{saída}}{V_{entrada}} = -\frac{R_F}{R_1}$$

Aplicando-se a equação do ganho do amplificador inversor à Figura 1-23(a), tem-se:

$$A_V = -\frac{R_F}{R_1} = -\frac{10\,k\Omega}{1\,k\Omega} = -10$$

Um ganho de −10 significa que um sinal de saída CA possuirá amplitude 10 vezes maior que o sinal de entrada, mas com fase oposta. Se o sinal de entrada for CC, então o sinal de saída também será CC, mas com polaridade oposta. Por exemplo, se o sinal de entrada for de −1 V, a saída será +10 V ($-1\,V \times (-10) = +10\,V$).

A Figura 1-23(b) mostra um amplificador inversor com um resistor adicional. Nesse caso, R_2 foi incluído para reduzir o erro de *offset* que pode ser provocado pela corrente de polarização do amplificador. O valor desse componente deve ser igual ao resistor equivalente da associação em paralelo dos resistores conectados à entrada inversora. A partir da equação do produto dividido pela soma, tem-se:

$$R_2 = \frac{R_1 \times R_F}{R_1 + R_F} = \frac{1\,k\Omega \times 10\,k\Omega}{1\,k\Omega + 10\,k\Omega} = 909\,\Omega$$

O valor comercial mais próximo desse resistor é de 910 Ω. As correntes de polarização do amplificador encontrarão a mesma resistência efetiva em ambas as entradas. Isso equalizará as quedas de tensão CC resultantes, eliminando qualquer diferença CC entre as entradas causadas pelas correntes de polarização. Um fabricante do amp op 741 estabelece a corrente de polarização típica em 80 nA, sendo que seu valor máximo é de 500 nA na temperatura ambiente.

A inclusão de R_2 na Figura 1-23(b) não afeta o ganho de tensão ou o terra virtual significativamente.

A corrente que circula em R_2 é muito pequena, de forma que a queda de tensão nesse componente é efetivamente nula. Por exemplo, empregando-se 80 nA e 910 Ω, tem-se:

$$V = 80 \times 10^{-9}\,A \times 910\,\Omega = 72{,}8\,\mu V$$

Portanto, a entrada não inversora ainda se encontra efetivamente no potencial do terra, e a entrada inversora ainda se comporta como um terra virtual.

A Figura 1-24 mostra um amplificador não inversor com ACOPLAMENTO CA. Essa condição requer a utilização de R_2 para fornecer um caminho CC para a corrente de polarização de entrada. Para minimizar os efeitos do *offset*, novamente escolhe-se um valor de R_2 igual ao resistor equivalente à associação em paralelo dos componentes conectados à outra entrada do amp op. Na Figura 1-24, R_2 é responsável por ajustar a impedância de entrada do amplificador. Assim, a fonte do sinal enxerga uma carga de 9,1 kΩ. A resistência de entrada do amp op é da ordem de megaohms, de modo que seu efeito pode ser ignorado.

Em um amplificador inversor, a entrada − do amp op é um terra virtual. Portanto, a IMPEDÂNCIA DE ENTRADA desse tipo de amplificador é igual à resistência conectada entre a fonte do sinal e a entrada inversora. Assim, a fonte do sinal na Figura 1-23 enxerga uma carga de 1 kΩ.

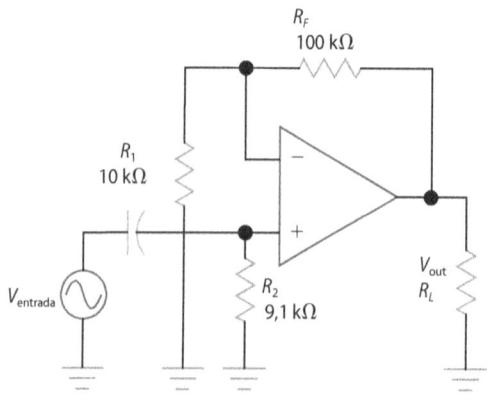

Figura 1-24 Amplificador não inversor com acoplamento CA.

EXEMPLO 1-6

Determine o sinal de saída (amplitude e fase) para a Figura 1-23 considerando que a fonte do sinal possui resistência interna de 600 Ω e $V_{entrada} = 100\,mV_{p\text{-}p}$ na condição de circuito aberto. Circuito aberto significa que não há carga conectada à fonte. Por inspeção, verifica-se que o amplificador possui resistência de entrada de 1 kΩ. O efeito de carga n entrada deve ser considerado. Utiliza-se a expressão do divisor de tensão:

$$V_{entrada(circuito\,fechado)}$$
$$= V_{entrada(circuito\,aberto)} \times \frac{R_{amp}}{R_{amp} + R_{fonte}}$$
$$= 100\,mV_{p\text{-}p} \times \frac{1\,k\Omega}{1\,k\Omega + 600\,\Omega}$$
$$= 62{,}5\,mV_{p\text{-}p}$$

O amplificador possui ganho de −10, produzindo um sinal de saída defasado de 180° em relação à entrada cuja amplitude é:

$$V_{saída} = 62{,}5\,mV_{p\text{-}p} \times 10 = 625\,mV_{p\text{-}p}$$

O ganho negativo foi contabilizado ao mencionar que o sinal de saída está defasado de 180°.

Todos os amp ops possuem limites. Dois desses limites dizem respeito às tensões de alimentação. Se um circuito for alimentado com ±12 V, isso quer dizer que a tensão positiva é +12 V e a tensão negativa é −12 V. A saída não pode exceder tais valores. Na verdade, normalmente a tensão de saída é limitada em um valor pelo menos 1 V menor que a tensão de alimentação. Assim, a máxima tensão de saída que se pode esperar em um amp op alimentado por ±12 V é aproximadamente ±11 V.

Suponha que se deseje calcular a tensão de saída de um amplificador inversor com ganho de −50 e sinal de entrada de 500 mV_{cc}. A tensão de alimentação é ±15 V:

$$V_{saída} = V_{entrada} \times A_V = 500\,mV \times -50 = -25\,V$$

Esse valor não pode ser obtido na saída. O amplificador estará SATURADO em uma tensão aproximadamente 1 V acima do valor da tensão de alimentação negativa. Assim, a saída será de aproximadamente $-14V_{cc}$.

Como outro exemplo, determine a tensão de saída de pico a pico para um amp op com ganho de 100. Considere uma alimentação de ± 9 V e um sinal de entrada CA 250 mV de pico a pico:

$$V_{saída} = V_{entrada} \times A_v = 250\ mV_{p-p} \times 100 = 25\ V_{p-p}$$

Esse valor também não será obtido na saída. A máxima oscilação da tensão de saída será de -8 V a $+8$ V, correspondendo a 16 V de pico a pico. O sinal de saída será CEIFADO em situações como essa.

O gráfico da Figura 1-25 mostra o ganho em função da frequência para um CI amp op típico. Gráficos desse tipo são conhecidos como DIAGRAMAS DE BODE. Note na Figura 1-25 que a curva do desempenho em malha aberta apresenta uma FREQUÊNCIA DE QUEBRA de aproximadamente 7 Hz, designada por F_B. O ganho decrescerá com uma taxa uniforme à medida que a frequência aumenta depois do valor de quebra. A maioria dos amp ops possuirá uma redução no ganho de **20 dB POR DÉCADA** em frequências acima de f_b.

Verifique o ganho de malha aberta na Figura 1-25 em 10 Hz e constate que esse valor é de 100 dB. O aumento de uma década corresponde a um aumento de 10 vezes. Agora, verifique o ganho em 100 Hz, o qual foi reduzido para 80 dB. A perda no ganho é de 100 dB–80 dB=20 dB. Além de f_b, o ganho é reduzido em 20 dB.

Diagramas de Bode são aproximados. A Figura 1-26 mostra que o desempenho real de um amplificador é 3 dB menor em f_b. Esse é o ponto que exibe o maior valor de erro, sendo que os diagramas de Bode são suficientemente precisos em frequências maiores ou menores que f_b. Para determinar o ganho real, deve-se subtrair 3 dB.

O ganho em malha aberta mostrado na Figura 1-25 indica uma frequência de quebra menor que 10 Hz. Esse é um diagrama de Bode, de modo que se sabe que o ganho efetivamente é 3 dB menor nesse ponto. O ganho de um amp op para aplicações gerais começa a decrescer em torno de 5 Hz. Naturalmente, não se trata de um amplificador com ampla largura de banda quando se tem a operação em malha aberta. Amp

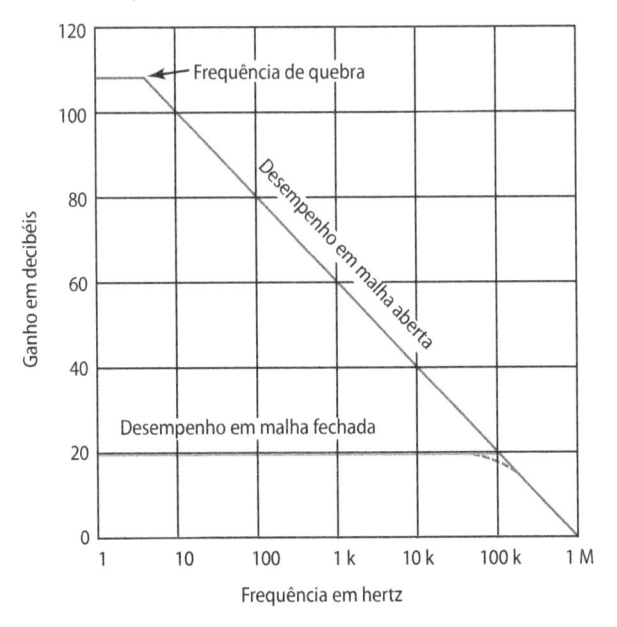

Figura 1-25 Diagrama de Bode típico de um amp op.

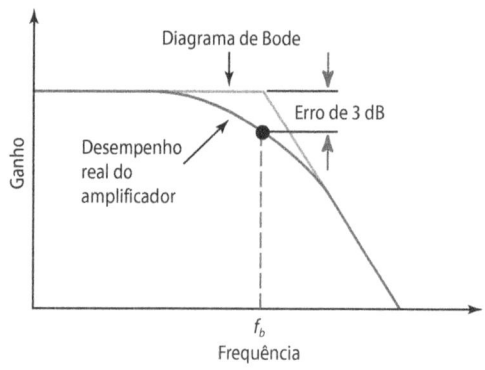

Figura 1-26 O erro no diagrama de Bode é maior na frequência de quebra.

ops normalmente operam em malha fechada, de modo que a REALIMENTAÇÃO NEGATIVA AUMENTA A LARGURA DE BANDA do amp op. Por exemplo, o ganho pode ser reduzido a 20 dB. Nesse caso, a largura de banda aumenta para 100 kHz. Esse desempenho em malha fechada também é representado na Figura 1-25.

Diagramas de Bode facilitam a tarefa de prever a largura de banda de um amp op que opera com realimentação negativa. A Figura 1-27 mostra um exemplo disso. O primeiro passo consiste em determinar o ganho de tensão em malha fechada. A devida equação é:

$$A_V = -\frac{R_F}{R_1} = -\frac{100 \text{ k}\Omega}{1 \text{ k}\Omega} = -100$$

O ganho negativo indica que o amplificador é inverso. O sinal negativo é eliminado quando se determina o ganho em dB:

$$A_v = 20 \times \log 100 = 40 \text{ dB}$$

O ganho em dB está localizado no eixo vertical do diagrama de Bode. A projeção desse valor para a direita intercepta a curva do desempenho em malha aberta fornecendo uma frequência de 10 kHz. Isso corresponde a f_b (frequência de quebra), de modo que a largura de banda do amplificador é de 10 kHz. Acima de f_b, o ganho é reduzido a uma taxa de 20 dB por década. Assim, o ganho será de 40 dB − 20 dB = 20 dB em 100 kHz.

O ganho em f_b é 3 dB e, assim, tem-se 40 dB − 3 dB = 37 dB em 100 kHz.

Anteriormente neste capitulo, foi determinado que a largura de banda de potência do amp op é estabelecida pelo valor de *slew rate* e pela amplitude da saída. Neste ponto, descobriu-se que outra largura de banda é definida pelo diagrama de Bode do amp op. Para evitar a confusão com os termos, esta será chamada de largura de banda de pequenos sinais, podendo ser determinada a partir do diagrama de Bode ou do produto ganho-largura de banda, que é chamado de $f_{unitário}$. Essa é a frequência na qual o ganho do amplificador é unitário ou 1, correspondendo a 0 dB. Conhecendo-se o valor de $f_{unitário}$ para um amp op, é possível determinar a largura de banda de pequenos sinais sem a necessidade de plotar o diagrama de Bode. A frequência de quebra pode ser definida dividindo-se $f_{unitário}$ pelo ganho:

$$f_b = \frac{f_{unitário}}{A_V}$$

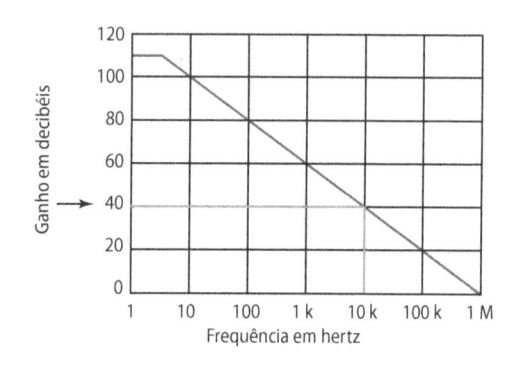

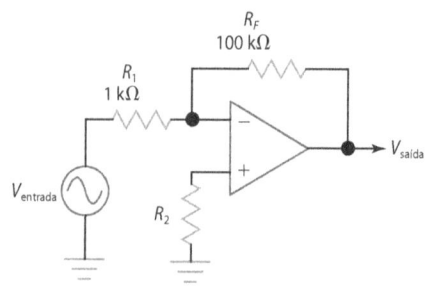

Figura 1-27 Determinação da largura de banda de um amplificador em malha fechada.

EXEMPLO 1-7

Determine a largura de banda de pequenos sinais de um amp op cujo produto ganho-largura de banda é de 1 MHz se o ganho de tensão de malha fechada for de 60 dB. O primeiro passo consiste em converter 60 dB na relação de ganho:

$$60 \text{ dB} = 20 \times \log A_v$$

Divide-se ambos os lados da equação por 20:

$$3 = \log A_v$$

Aplica-se o logaritmo inverso em ambos os lados:

$$A_v = 1000$$

Determina-se a frequência de quebra:

$$f_b = \frac{1 \text{ MHz}}{1000} = 1 \text{ kHz}$$

A largura de banda de pequenos sinais do amplificador é 1 kHz. Observe a Figura 1-27 e verifique que isso está em concordância com o diagrama de Bode para um ganho de 60 dB.

Teste seus conhecimentos

❯❯ Efeitos da frequência em Amp Ops

Aprendemos que o ganho de malha aberta de amplificadores para aplicações gerais começa a decrescer com uma taxa de 20 dB por década em uma frequência relativamente baixa. Isso é causado por uma REDE DE ATRASO RC que existe no interior do amp op. Observando a Figura 1-15, constata-se a existência de um único capacitor no diagrama, o qual constitui parte da rede de atraso que determina a frequência de quebra f_b. Esse capacitor também é um dos principais fatores que determinam o valor de *slew rate* do amp op.

A Figura 1-28 resume as características de redes de atraso RC. O circuito RC é mostrado na Figura 1-28(a) e consiste de um resistor série com um capacitor aterrado.

Uma rede de atraso desempenha dois papéis: (1) provoca a redução da tensão de saída com o aumento da frequência e (2) atrasa a tensão de saída em relação à entrada. A Figura 1-28(b) mostra o diagrama vetorial de uma rede de atraso RC que opera na frequência de quebra f_b. A resistência R e a reatância capacitiva X_C são iguais nesse caso, e o ângulo de fase do circuito é $-45°$. A Figura 1-28(c) mostra dois diagramas de Bode para a rede de atraso RC. O diagrama na parte superior

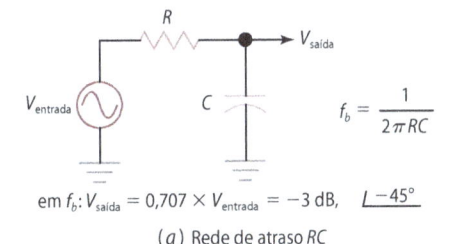

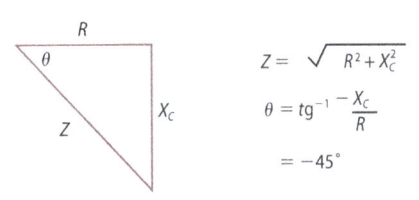

$$f_b = \frac{1}{2\pi RC}$$

em f_b: $V_{\text{saída}} = 0{,}707 \times V_{\text{entrada}} = -3 \text{ dB}, \quad \angle -45°$

(a) Rede de atraso RC

$$Z = \sqrt{R^2 + X_C^2}$$

$$\theta = \text{tg}^{-1} \frac{-X_C}{R}$$

$$= -45°$$

(b) Diagrama vetorial para a rede de atraso na frequência f_b

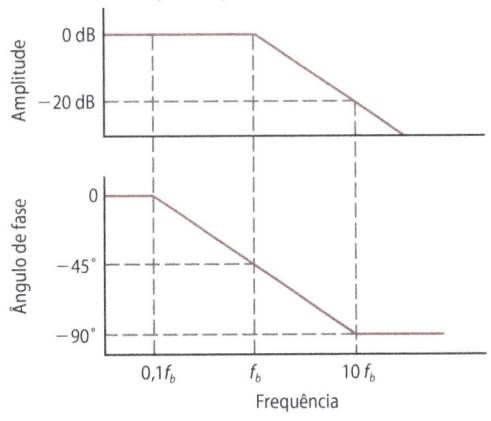

(c) Diagramas de Bode para a rede de atraso

Figura 1-28 Rede de atraso RC.

é o mesmo mostrado na seção anterior. A mudança da amplitude na frequência de quebra em relação a uma frequência 10 vezes maior ($10f_b$) é de -20 dB. O diagrama de Bode inferior mostra a resposta do ângulo de fase para a rede. Agora, é possível verificar que o ângulo é $-45°$ em f_b. Além disso, constata-se que o ângulo é $0°$ para frequências menores ou iguais a $0{,}1f_b$, assumindo também o valor de $-90°$ para frequências maiores ou iguais a $10f_b$. Como foi estabelecido anteriormente, diagramas de Bode são aproximados. Os pontos com erro máximo ocorrem em $0{,}1f_b$ e $10f_b$, onde o ângulo assume os valores de $-6°$ e $-84°$, respectivamente.

Redes de atraso RC são inerentes a todos os amplificadores. Transistores possuem **CAPACITÂNCIAS INTERELETRODOS** que formam redes de atraso com certa resistência no interior dos amplificadores. A Figura 1-29 mostra como a carga capacitiva afeta o circuito de entrada de um amplificador com transistor NPN. De acordo com a Figura 1-29(a), há um capacitor entre a base e o coletor (C_{BC}) e um capacitor entre a base e o emissor (C_{BE}). Todos os dispositivos possuem capacitâncias intereletrodos.

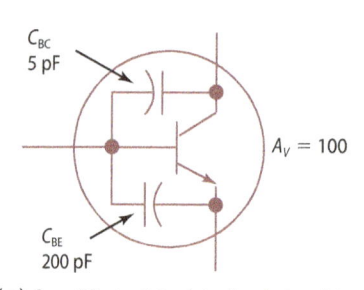

(a) Capacitâncias intereletrodos do transistor

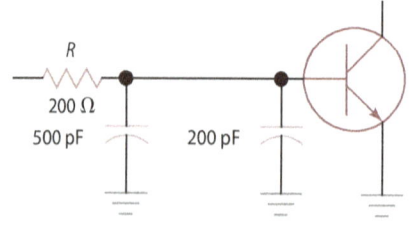

(b) Circuito de entrada equivalente de Miller

Figura 1-29 Carregamento capacitivo em um amplificador a transistor.

Devido ao ganho de tensão, o capacitor entre coletor e base aparenta ser maior no circuito de entrada, o que é conhecido como **EFEITO MILLER** e é mostrado na Figura 1-29(b). Considerando um ganho de tensão de 100 (40 dB) entre base e coletor, a capacitância intereletrodos de 5 pF aparenta ser 100 vezes maior no circuito da base. Assim, a capacitância total no circuito equivalente de entrada é de 500 pF + 200 pF = 700 pF. Considerando que a resistência de entrada equivalente é de 200 Ω na Figura 1-29(b), pode-se analisar o circuito como uma rede de atraso e determinar a respectiva frequência de quebra:

$$f_b = \frac{1}{2\pi RC} = \frac{1}{6{,}28 \times 200\,\Omega \times 700\,\text{pF}} = 1{,}14\,\text{MHz}$$

Conhecendo-se f_b, é possível prever a resposta em frequência do amplificador. Utilizando o último exemplo, sabe-se que o ganho será de 100 (40 dB) em frequências menores que 1 MHz. Sabe-se também que o ganho é de 37 dB em 1,14 MHz e de 20 dB em 11,4 MHz e 0 dB em 111 MHz. Entretanto, foi considerado apenas o circuito de entrada do amplificador. A frequência de quebra real pode ser menor, dependendo do circuito de saída.

Como pode ter passado algum tempo desde a última vez que você trabalhou com circuitos CA, vamos verificar os números de outra forma. Utilizaremos os dados do último exemplo: 700 pF, 200 Ω e 11,4 MHz. Determina-se então a reatância capacitiva:

$$X_C = \frac{1}{2\pi fC} = \frac{1}{6{,}28 \times 1{,}14\,\text{MHz} \times 700\,\text{pF}} = 200\,\Omega$$

Determina-se a impedância:

$$Z = \sqrt{R^2 + X^2} = \sqrt{200^2 + 200^2} = 283\,\Omega$$

Agora, observe novamente a Figura 1-28(a), onde se verifica que o capacitor e o resistor formam um divisor de tensão. Pode-se empregar a equação do divisor de tensão juntamente com a impedância e a reatância capacitiva:

$$V_{\text{saída}} = \frac{X_C}{Z} \times V_{\text{entrada}} = \frac{200\,\Omega}{283\,\Omega} \times V_{\text{entrada}}$$
$$= 0{,}707 \times V_{\text{entrada}}$$

Isso demonstra que a tensão de saída é 0,707 ou −3 dB em f_b. O ângulo de fase pode ser determinado da seguinte forma:

$$\phi = \text{tg}^{-1}\frac{-X_C}{R} = \text{tg}^{-1}\frac{-200\,\Omega}{200\,\Omega} = -45°$$

O diagrama vetorial da Figura 1-28(b) mostra que tanto X_C como o ângulo de fase são negativos, o que representa o atraso.

De acordo com o diagrama esquemático do amp op (Figura 1-15), existem alguns transistores que possuem capacitâncias intereletrodos. Assim, há muitas redes de atraso em qualquer amplificador operacional, de forma que haverá vários pontos de quebra. O ganho será reduzido a 20 dB por década entre f_{b1} e f_{b2}. Novamente, haverá redução para 40 dB por década entre f_{b2} e f_{b3}. Então, haverá redução para 60 dB por década para frequências superiores a f_{b3}. Esse efeito das **MÚLTIPLAS REDES DE ATRASO** é cumulativo.

O ângulo de fase em múltiplas redes de atraso também sofre acúmulo, podendo ser −100°, −150° ou −180°. Isso representa um problema quando o amplificador emprega realimentação negativa. Se os atrasos inerentes chegarem a −180°, o amplificador pode se tornar instável, como mostra a Figura 1-31. O amp op emprega uma conexão da saída com a entrada inversora, o que normalmente fornece realimentação negativa. Entretanto, se os atrasos internos se acumularem até −180°, a realimentação total chega a 0°. Um ângulo de fase de 0° implica a ausência de defasamento e corresponde à **REALIMENTAÇÃO POSITIVA**.

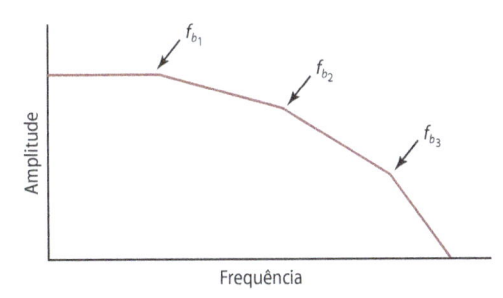

Figura 1-30 Diagrama de Bode com diversos pontos de quebra.

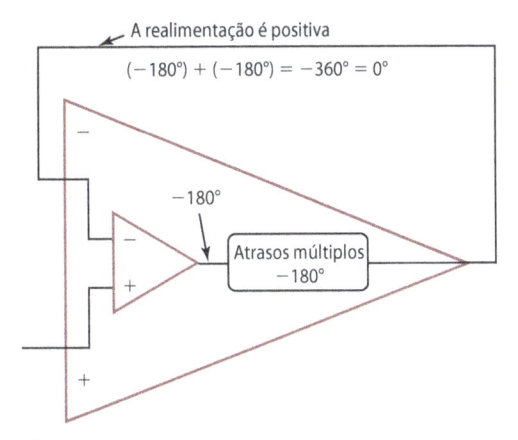

Figura 1-31 Forma como a realimentação negativa pode se tornar positiva.

É isso que pode ocorrer com a realimentação positiva. Um sinal de entrada aciona o amplificador. Se o amplificador possui ganho, um sinal maior surge na saída. O sinal amplificado retorna à entrada − (inversora) com um ângulo de fase que reforça o sinal de entrada. A entrada e fase da realimentação se somam, gerando um sinal de entrada efetivo maior. A saída responde, aumentado ainda mais, o que também provoca um novo aumento na entrada em virtude da realimentação. Assim, o amplificador não é mais controlado pelo sinal de entrada, mas por sua própria saída. O arranjo se torna instável e inútil como amplificador.

A **INSTABILIDADE** é inaceitável em qualquer amplificador. Uma solução reside no fato de que os amp ops são **INTERNAMENTE COMPENSADOS**, os quais possuem uma rede de atraso dominante que começa a reduzir o valor do ganho a partir de uma frequência baixa. Quando as demais redes de atraso (em virtude das capacitâncias dos transistores) começam a atuar, o ganho já assumiu um valor menor que 0 dB. Quando o ganho é inferior a 0 dB, o amplificador não se torna instável independentemente do valor da fase na realimentação. Agora, você sabe porque o diagrama de Bode em malha aberta possui valores tão baixos de f_b em amp ops para aplicações gerais.

Infelizmente, a compensação de frequência interna limita o ganho em altas frequências e o valor de *slew rate*. Por esse motivo, há alguns amp ops que possuem COMPENSAÇÃO DE FREQUÊNCIA EXTERNA. O projetista deve ser capaz de compensar o amplificador de modo que ele se torne estável, mas este é um arranjo mais complexo que requer um maior número de componentes. A Figura 1-32 mostra um exemplo de amp op compensado externamente.

EXEMPLO 1-8

O diagrama de Bode de um amp op de alto desempenho mostrado na Figura 1-33 indica $f_{unitário} = 10$ MHz. Determine a largura de banda de pequenos sinais desse amplificador quando o ganho de malha fechada é de 40 dB. A utilização da Figura 1-33 como uma solução gráfica é simples. Projeta-se o valor de 40 dB à direita até interceptar a curva, descendo até o eixo da frequência, determinando-se o valor de 100 kHz. Outro método consiste na determinação da taxa de ganho, dividindo-se o valor por $f_{unitário}$:

$$40 \text{ dB} = 20 \times \log A_V$$
$$2 = \log A_V$$
$$A_V = 100$$
$$f_b = \frac{10 \text{ MHz}}{100} = 100 \text{ kHz}$$

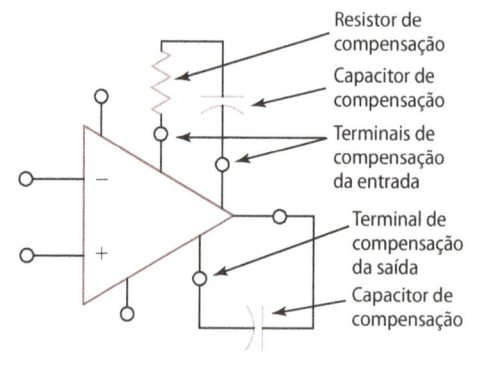

Figura 1-32 Amp op compensado externamente.

Outra possibilidade consiste no uso de um amp op de alto desempenho. Esse dispositivo possui maior custo, mas possui maior valor de *slew rate* e maior largura de banda em malha aberta que os amp ops para aplicações gerais. Note que o ganho de malha aberta não chega a 0 dB até que a frequência assuma o valor de 10 MHz. A largura de banda de pequenos sinais do dispositivo é 10 vezes maior que no casos de amp ops para aplicações gerais.

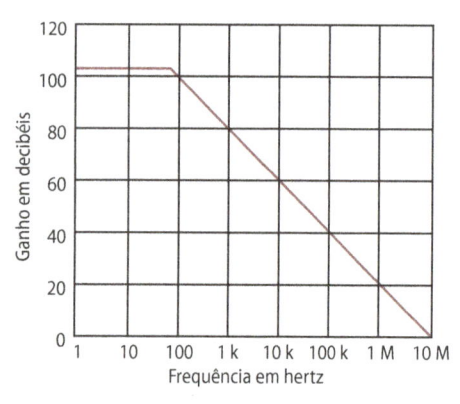

Figura 1-33 Diagrama de Bode para um amp op de alto desempenho.

Teste seus conhecimentos

›› Aplicações de Amp Ops

Amp ops são amplamente utilizados. Esta seção apresenta algumas das aplicações mais populares dos amp ops.

›› Amplificadores somadores

A Figura 1-34 mostra um amplificador operacional utilizado em modo somador. Dois sinais de entrada V_1 e V_2 são aplicados na entrada inversora. A saída será a soma invertida dos dois sinais. Esse arranjo

$$V_{saída} = -R_F \left(\frac{V_1}{R_1} + \frac{V_2}{R_2} \right)$$

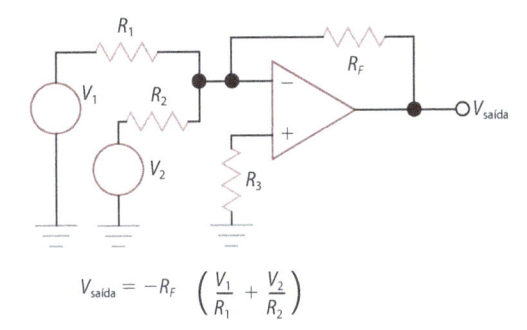

Figura 1-34 Amplificador somador utilizando amp op.

pode ser utilizado para somar sinais CA ou CC. O sinal de saída é dado por:

$$V_{saída} = -R_F \left(\frac{V_1}{R_1} + \frac{V_2}{R_2} \right)$$

Na Figura 1-34, suponha que todos os resistores sejam de 10 kΩ, $V_1 = 2$ V e $V_2 = 4$ V. A saída será:

$$V_{saída} = -10\,k\Omega \left(\frac{2\,V}{10\,k\Omega} + \frac{4\,V}{10\,k\Omega} \right)$$

$$= -\left(\frac{2\,V \times 10\,k\Omega}{10\,k\Omega} + \frac{4\,V \times 10\,k\Omega}{10\,k\Omega} \right)$$

$$= -(2\,V + 4\,V) = -6\,V$$

A tensão de saída é negativa porque as duas tensões são somadas na entrada inversora.

O circuito da Figura 1-34 pode ser modificado para ajustar as tensões de entrada. Por exemplo, o valor de R_1 pode ser modificado para 5 kΩ. Agora, a tensão de saída será:

$$V_{saída} = -10\,k\Omega \left(\frac{2\,V}{5\,k\Omega} + \frac{4\,V}{10\,k\Omega} \right)$$

$$= -(4V + 4V) = -8\,V$$

O amplificador aumentou o valor de V_1 duas vezes, somando-o então com V_2.

A Figura 1-34 pode ser expandida de modo a incluir mais duas entradas. Uma terceira, uma quarta e mesmo uma décima entrada pode ser somada na entrada inversora. É possível ajustar algumas ou todas as entradas selecionando-se os resistores de entrada adequados juntamente com o resistor de realimentação.

AMPLIFICADORES SOMADORES com amp ops também são chamados de *MIXERS* (misturadores). Um pode ser utilizado para somar as saídas de quatro microfones durante uma sessão de gravação. Uma das vantagens dos *mixers* de áudio inversores é a ausência de interação entre as entradas. Isso evita que um sinal de entrada surja nas demais entradas. A Figura 1-35 mostra que o terra virtual isola as entradas.

» Amplificadores subtratores

Amp ops também podem ser utilizados no **MODO SUBTRATOR**. A Figura 1-36 mostra um circuito capaz de fornecer a diferença entre duas entradas. Se todos os resistores forem iguais, a saída corresponde à diferença dos dois sinais não ajustados. Se $V_1 = 2$ V e $V_2 = 5$ V, então:

$$V_{saída} = V_2 - V_1 = 5\,V - 2\,V = 3\,V$$

É possível obter uma saída negativa se a tensão da porta inversora for maior que a tensão da porta não inversora. Se $V_1 = 6$ V e $V_2 = 5$ V, tem-se:

$$V_{saída} = 5\,V - 6\,V = -1\,V$$

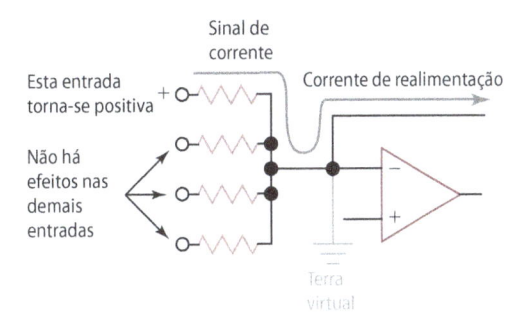

Figura 1-35 O terra virtual isola as entradas entre si.

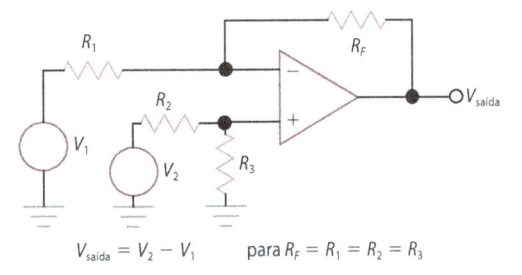

$$V_{saída} = V_2 - V_1 \quad \text{para } R_F = R_1 = R_2 = R_3$$

Figura 1-36 Amplificador subtrator utilizando amp op.

A Figura 1-36 pode ser modificada para ajustar as entradas, o que pode ser obtido por meio da modificação do valor de R_1 ou R_2.

» Filtros ativos

Um filtro é um circuito ou dispositivo que permite a passagem e bloqueio (atenuação) de determinadas frequências. Os filtros que empregam apenas resistores, capacitores e indutores são denominados FILTROS PASSIVOS. O desempenho dos filtros pode ser melhorado incluindo dispositivos ativos como transistores ou amp ops. Dessa forma, estes arranjos são chamados de FILTROS ATIVOS. Amp ops na forma de circuitos integrados possuem custo reduzido e tornaram os filtros ativos muito populares, especialmente em frequências inferiores a 1 MHz. Filtros ativos eliminam a necessidade de indutores de alto custo nessa faixa de frequência.

A Figura 1-37 mostra gráficos que descrevem a resposta em frequência de filtros diversos. A Figura 1-37(a) mostra um filtro passa-baixa ideal. Um filtro ideal normalmente é chamado de filtro *brickwall**. A banda passante inclui todas as frequências que circulam no filtro sem atenuação (onde a amplitude é máxima). A banda de corte inclui todas as frequências que não passam pelo filtro (e a amplitude é nula e a atenuação é infinita). A transição entre as bandas supracitadas é imediata. Em outros termos, diz-se que a largura da banda de transição é nula.

* N. de T.: O termo *brickwall* traduzido literalmente para português significa "parede de tijolos". Entretanto, o termo em inglês é usualmente empregado para descrever um filtro ideal.

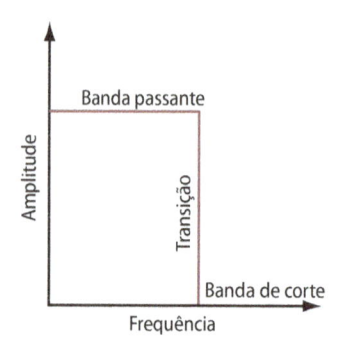

(a) Resposta em frequência do filtro passa-baixa ideal

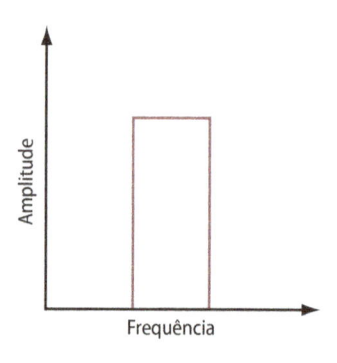

(b) Resposta em frequência do filtro passa-faixa ideal

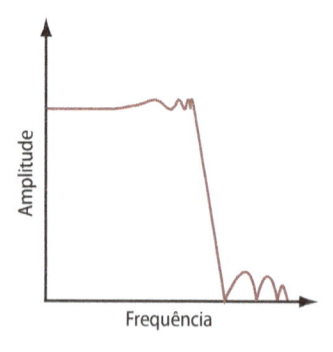

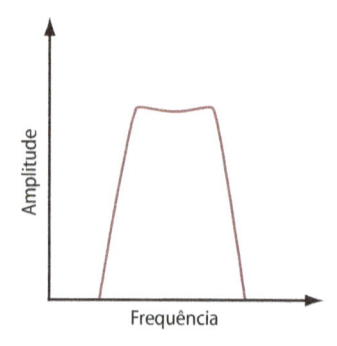

(c) Resposta em frequência do filtro passa-baixa real

(d) Resposta em frequência do filtro passa-faixa real

Figura 1-37 Curvas de resposta em frequência de filtros.

A Figura 1-37(b) mostra um filtro passa-faixa ideal. Não é possível construir filtros ideais na prática. Entretanto, é possível obter respostas próximas à do filtro *brickwall* com a utilização de filtros elaborados ou processamento digital e sinais.

A Figura 1-37(c) mostra a resposta em frequência de um filtro passa-baixa real. Filtros reais diferem de filtros ideais (*brickwall*) nos seguintes aspectos:

- Possibilidade de existência de ondulação na banda passante.
- Possibilidade de existência de ondulação na banda de corte.
- Possibilidade de ocorrência de perda na banda passante (especialmente em filtros passivos).
- A largura da banda de transição é maior que zero (o que sempre ocorre).
- A atenuação na banda de corte não é infinita (o que sempre ocorre).

Normalmente, quando se diz que o filtro é aguçado, isso quer dizer que a largura da banda de transição é pequena e se aproxima da condição ideal. Filtros aguçados são mais elaborados e possuem maior custo.

No que tange à banda de corte, a largura torna-se ampla de acordo com a aplicação em questão. A largura e a atenuação da banda de corte são melhoradas aumentando a ordem do filtro, como será apresentado a seguir.

A rede de atraso *RC* que foi anteriormente estudada neste capítulo representa um filtro passa-baixa básico. Não se trata de um filtro muito aguçado, mas um arranjo em cascata pode ser empregado para aumentar a ordem e o aguçamento do filtro. Observe a Figura 1-38, onde é mostrado um filtro *RC* em cascata utilizando amp ops. Qual é o papel dos amp ops? Esses dispositivos atuam como *buffers* para evitar que as seções *RC* seguintes absorvam corrente e comprometam o desempenho dos arranjos anteriores. Agora, observe a Figura 1-39. Como é possível constatar, a largura de banda torna-se mais estreita à medida que novas seções *RC* são incluídas. A ordem do filtro aumenta da saída A para a saída D. Observe que a inclinação da saída A (filtro de primeira ordem) é de 20 dB por década, enquanto a inclinação da saída D (filtro de quarta ordem) é de 80 dB por década. Se uma resposta próxima a do filtro *brickwall* for necessária, deve-se empregar um filtro de ordem elevada.

EXEMPLO 1-9

Determine a frequência de quebra na Figura 1-38 na saída A e determine a amplitude na saída D para o valor de frequência supracitado. Como foi mostrado anteriormente, a frequência de quebra é dada por:

$$f_b = \frac{1}{2\pi RC} = \frac{1}{6{,}28 \times 10k\Omega \times 100\ nF} = 159\ Hz$$

Quando aplicada a um filtro, a frequência de quebra ou frequência de -3 dB também é denominada frequência de corte. Assim, a frequência de corte para a saída A na Figura 1-38 é 159 Hz. Na saída D, determina-se que o efeito cumulativo de quatro seções *RC* em cascata resulta no mesmo valor de frequência de corte. Assim, a amplitude na saída D em 159 Hz é $4 \times (-3\ dB) = -12\ dB$. Isso significa que a frequência de corte para a saída D é menor que a frequência de quebra de uma das seções *RC*, sendo de 70 Hz.

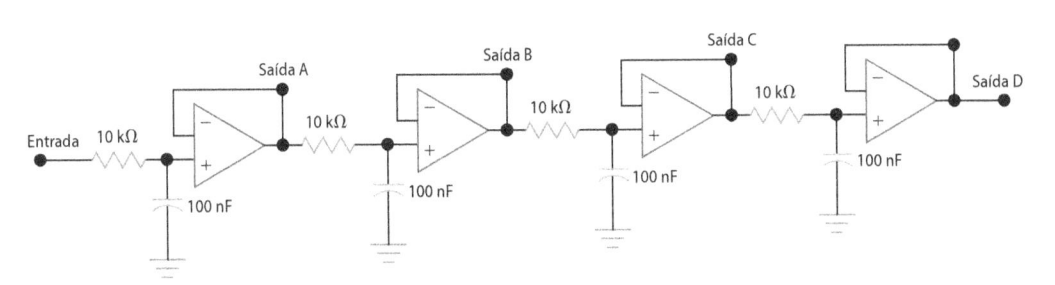

Figura 1-38 Filtro passa-baixa *RC* em cascata.

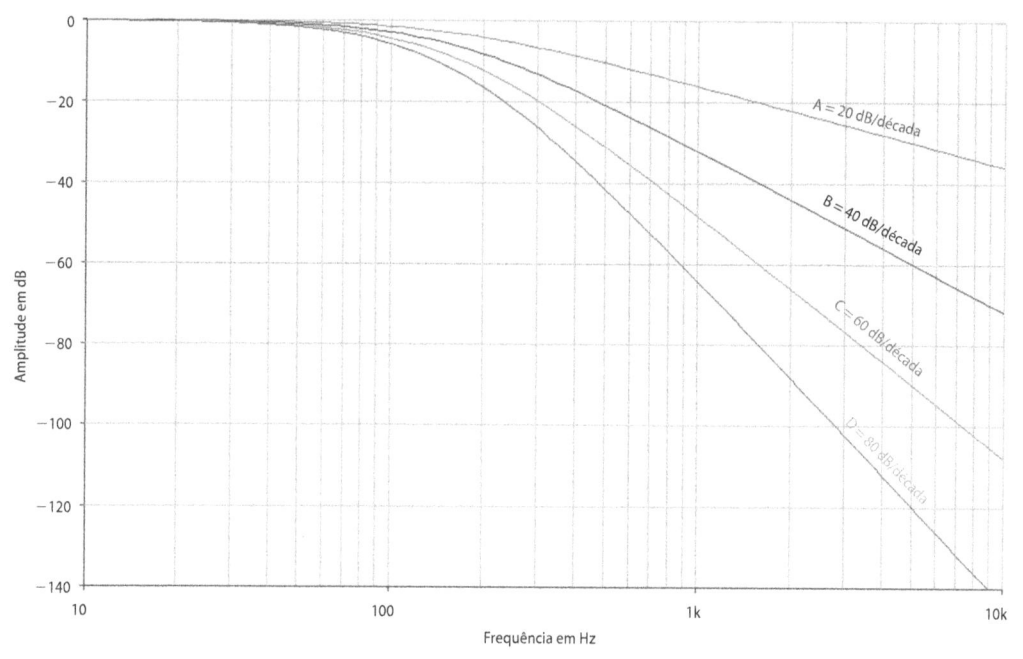

Figura 1-39 Curvas de resposta de filtros RC.

Filtros *RC* em cascata não são populares, porque pelo mesmo custo é possível obter um joelho da curva com formato mais adequado. A Figura 1-40 mostra dois exemplos. Ambos os filtros empregam realimentação para atenuar o joelho da curva. Para entender como isso funciona, considere o capacitor C_1, que não afetará o sinal que passa pelo filtro quando a saída do amp op possuir as mesmas fase e amplitude do sinal de entrada. Assim, se C_2 for ignorado e o ganho do amplificador for próximo à unidade (o que de fato ocorre), então há uma pequena corrente em C_1 em qualquer frequência, pois a diferença de tensão em seus terminais é pequena. Considerando o ganho do amplificador aproximadamente um e ignorando C_2, o filtro não atua. Quando a presença de C_2 é considerada, a situação muda. O sinal na porta não inversora do amp op começa a ser reduzido em frequências mais altas em virtude de C_2. O mesmo ocorrerá na saída do amp op. Agora, existe uma diferença de tensão entre os terminais de C_1, que representa uma carga considerável para a entrada. A realimentação atenua o joelho da curva. Quando C_2 entra em ação, o capacitor C_1 também se torna ativo devido à realimentação.

Projetistas de filtros podem escolher diversos tipos de resposta do filtro ajustando a realimentação e a frequência de quebra para cada seção do arranjo.

O filtro de Chebyshev mostrado na Figura 1-40(*b*) possui um joelho atenuado, mas também apresenta uma ondulação de 0,5 dB na banda de corte. A ondulação não aparece no gráfico de resposta em frequência da Figura 1-41 porque 0,5 dB é um valor insignificante diante da escala utilizada no eixo vertical. O filtro de Butterworth não possui ondulação na banda de corte. Esses filtros são conhecidos como "totalmente planos" (do inglês, maximally flat filters), sendo utilizados quando este tipo de resposta é importante.

A Figura 1-41 compara as respostas em frequência dos três filtros ativos apresentados até o momento. Observe que o joelho da curva do filtro RC é suave em comparação com os demais filtros que possuem realimentação. Além disso, note que o filtro de Chebyshev possui um joelho mais aguçado que

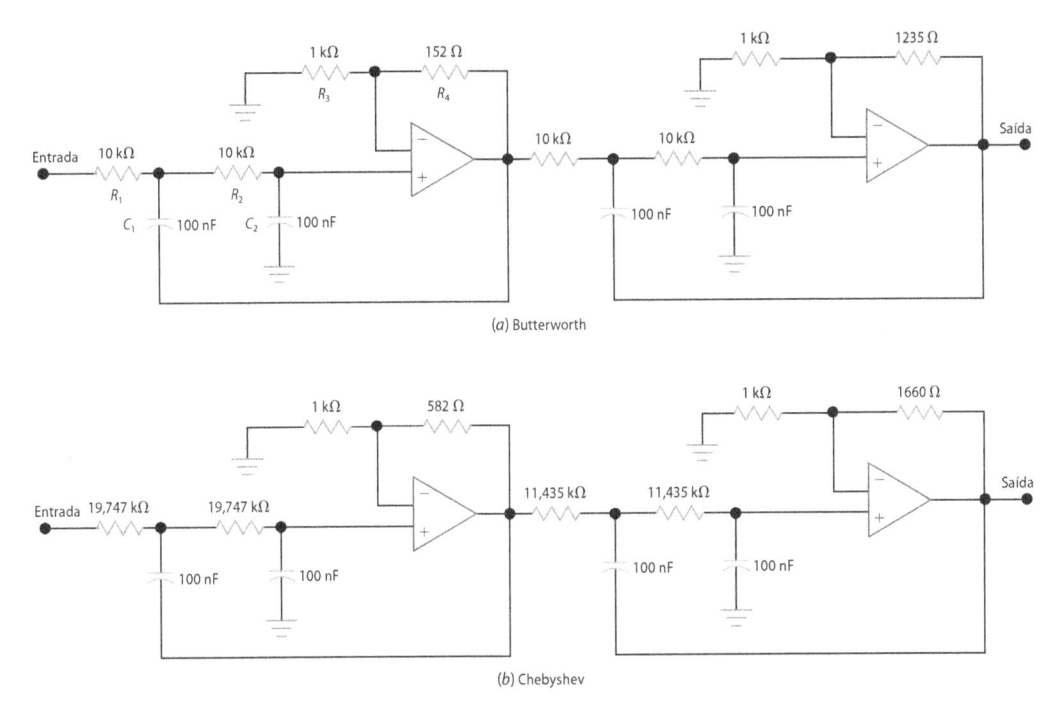

Figura 1-40 Filtros passa-baixa de quarta ordem.

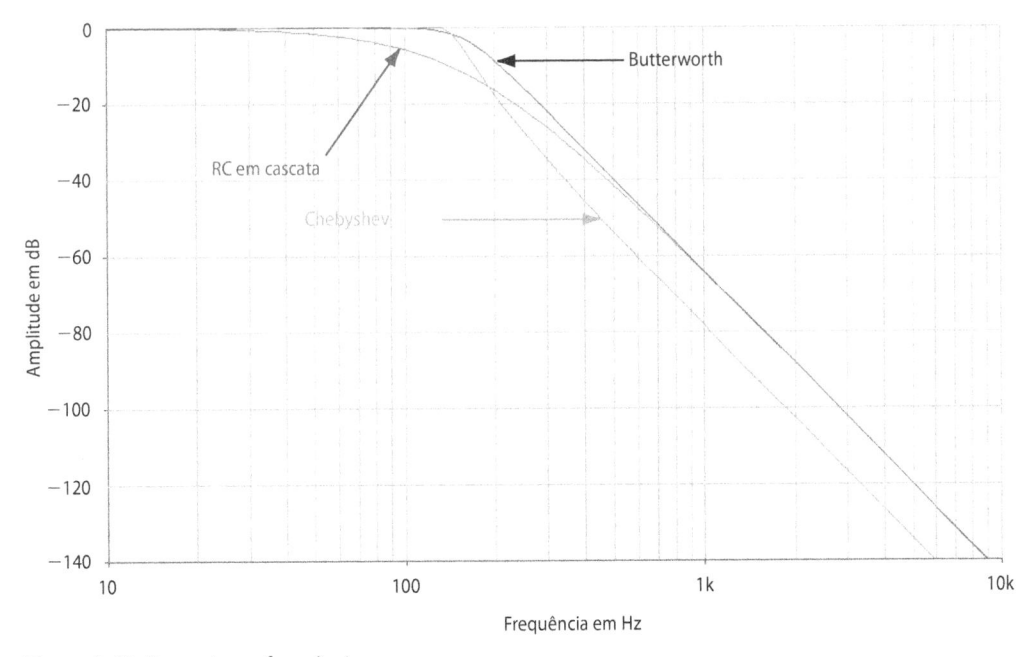

Figura 1-41 Resposta em frequência.

o filtro de Butterworth, exibindo ainda maior atenuação na banda de corte.

A Tabela 9–2 compara alguns tipos de filtro populares. O filtro RC em cascata não é incluído porque é raramente utilizado na prática. A tabela também analisa os arranjos em termos das respostas de fase e do pulso. Quando a fase é importante, geralmente a resposta linear é a melhor possível. Quando sinais digitais (pulsos) são filtrados, a resposta ao pulso normalmente é mais importante que a resposta em frequência.

Profissionais que projetam filtros empregam tabelas com valores dos componentes do filtro, projeto auxiliado por computador e simulação computacional. Observe a Figura 1-40 novamente. Os valores dos resistores de ajuste do ganho ($R_3 - R_4$) e as frequências de quebra das redes RC ($R_1 - C_1$ e $R_2 - C_2$) podem ser determinados consultando-se tabelas. Assim, se um projetista escolher uma resposta do tipo Chebyshev com ondulação de 1 dB e determinar que um filtro de oitava ordem é adequado, a consulta de tabelas fornecerá as informações adequadas para o projeto. O uso de tabelas e uma calculadora é eficaz, mas aplicativos computacionais são mais práticos porque fornecem gráficos de resposta em frequência, resposta de fase e resposta ao pulso durante a etapa de projeto. Esses programas também permitem que sejam realizados ajustes sem a necessidade de implementação prática, evitando a utilização de componentes de alto custo.

Filtros passivos também são capazes de fornecer uma curva com joelho atenuado. A Figura 1-42 mostra um filtro LC, cujo desempenho é superior ao do filtro de Chebyshev da Figura 1-40(*b*). O problema dos filtros LC reside no alto valor da indutância em henries, implicando a utilização de componentes com elevado custo, peso e volume. Atualmente, filtros ativos (e outras tecnologias) praticamente eliminaram a utilização de filtros LC em aplicações de baixas frequências. Esses arranjos ainda são empregados em aplicações onde há a circulação de altas correntes. Também são utilizados em frequências maiores ou iguais a 1 MHz, pois nesse caso o valor da indutância é da ordem de microhenries. Esses pequenos valores de indutância

Tabela 1-2

Tipo	Joelho da curva	Ondulação na banda de passagem	Ondulação na banda de rejeição	Resposta de fase	Resposta ao pulso
Butterworth	Bom	Não	Não	Boa	Boa
Chebyshev	Acentuado	Sim	Não	Ruim	Ruim
Elíptico	Acentuado	Sim	Sim	Ruim	Ruim
Bessel	Suave	Não	Não	Melhor	Melhor

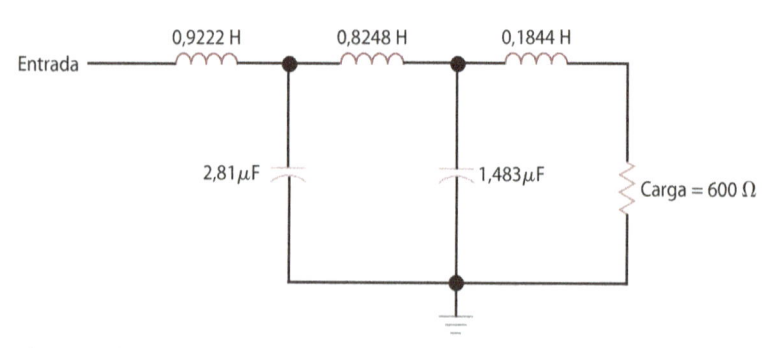

Figura 1-42 Filtro passa-baixa LC.

implicam na utilização prática de componentes com custo, peso e volume reduzidos.

Filtros passa-alta podem ser implementados mudando os resistores e os capacitores da forma mostrada na Figura 1-43. Compare este filtro com o arranjo da Figura 1-40 e verifique que a frequência que determina os resistores e capacitores foi modificada.

Note que no caso dos filtros de Butterworth (Figura 1-40(a) e Figura 1-43(a)) todos os valores dos componentes são os mesmos. Entretanto, isso não funcionará para os filtros de Chebyshev, como é possível constatar na Figura 1-40(b) e Figura 1-43(b). A Figura 1-44 mostra as curvas de resposta em frequência dos filtros passa-alta. A escala do gráfico foi modificada para exibir a ondulação de 0,5 dB na resposta do filtro de Chebyshev.

Um FILTRO PASSA-FAIXA pode ser implementado combinando-se filtros passa-baixa e passa-alta. De acordo com a Figura 1-45, isso é possível utilizando-se realimentação resistiva e capacitiva em cada estágio. Os capacitores de realimentação fornecem atenuação em frequências baixas, enquanto os resistores de realimentação atenuam as altas frequências. Esse arranjo é chamado de circuito com realimentação múltipla. A Figura 1-46 mostra a resposta em frequência do filtro passa-banda resultante. Uma resposta mais aguçada pode ser obtida conectando dois filtros em cascata.

A Figura 1-47 mostra um FILTRO REJEITA-FAIXA de 60 Hz, que também pode ser chamado de filtro *notch* ou armadilha. O filtro fornece atenuação máxima (ou ganho mínimo) em uma única frequência (neste caso, 60 Hz). Frequências significativamente maiores ou menores que 60 Hz passarão pelo filtro *notch* sem atenuação. Filtros rejeita-faixa são úteis quando o sinal em uma frequência específica causa problemas. Por exemplo, o filtro *notch* de 60 Hz pode ser usado para eliminar o ruído de baixa frequência proveniente da rede elétrica CA.

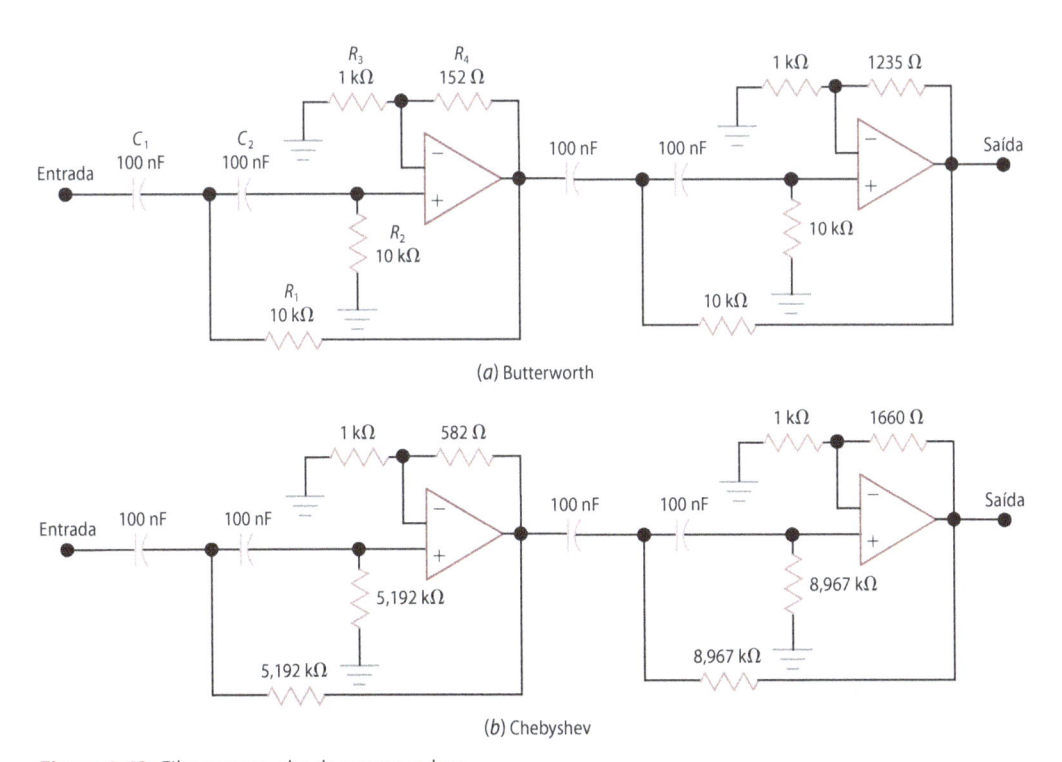

Figura 1-43 Filtros passa-alta de quarta ordem.

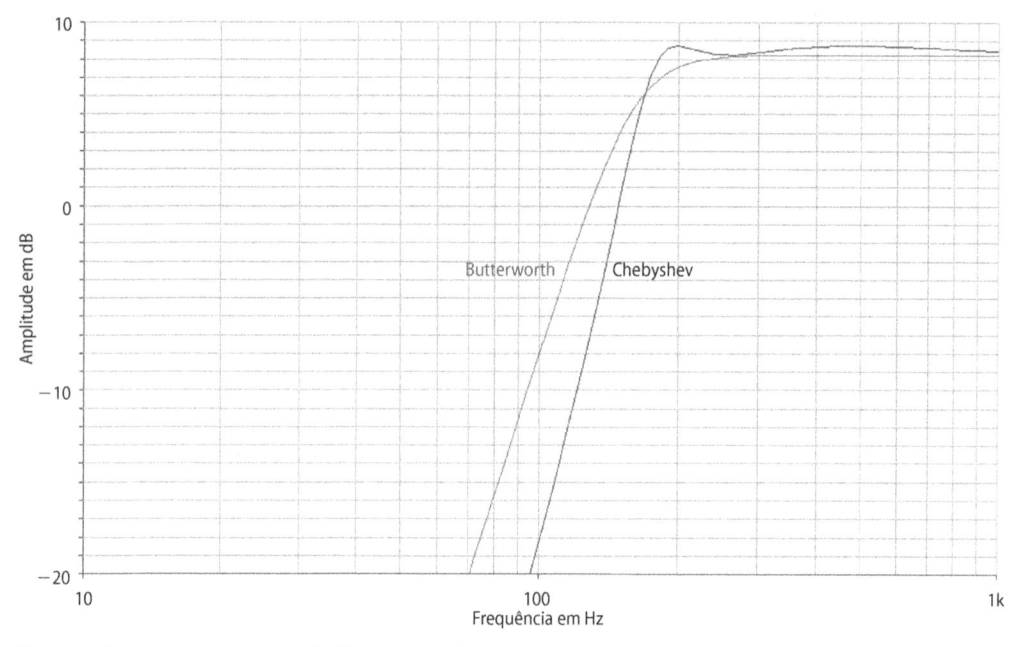

Figura 1-44 Curvas de resposta de filtros passa-alta.

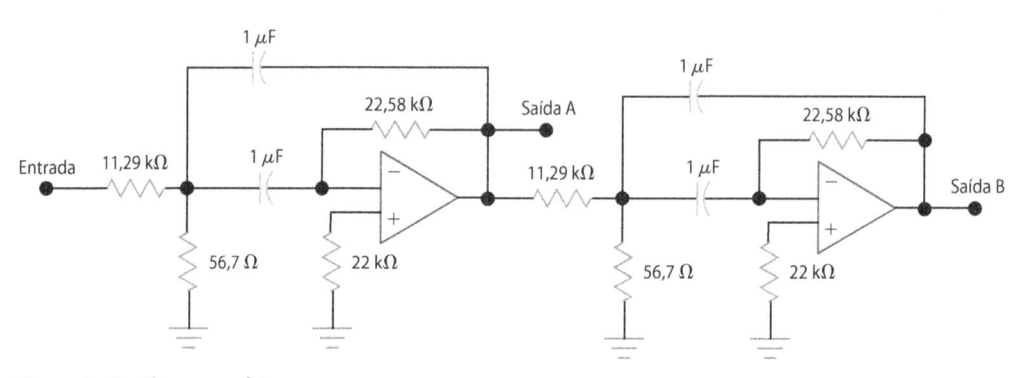

Figura 1-45 Filtro passa-faixa.

Como esse dispositivo funciona? Note que o sinal de entrada é aplicado em ambas as entradas do amp op. Na frequência onde as entradas enxergam o mesmo sinal, a saída será muito pequena em virtude da rejeição de modo comum do amplificador. No filtro da Figura 1-47, a realimentação resistiva e capacitiva é ajustada de modo a ocorrer em 60 Hz. Em frequências muito superiores ou inferiores a 60 Hz, há uma entrada diferencial e o ganho é próximo à unidade.

A Figura 1-48 mostra a resposta em frequência de um filtro *notch* de 60 Hz. A curva com resposta ótima mostra um afundamento intenso na frequência de 60 Hz. Infelizmente, esse filtro não é prático. As outras curvas apresentadas na Figura 1-48 mostram as variações esperadas no desempenho quando os filtros são produzidos com diferença de 1% no valor dos componentes empregados. Ainda há uma variação significativa na intensidade e no ponto de ocorrência do afundamento. Mesmo

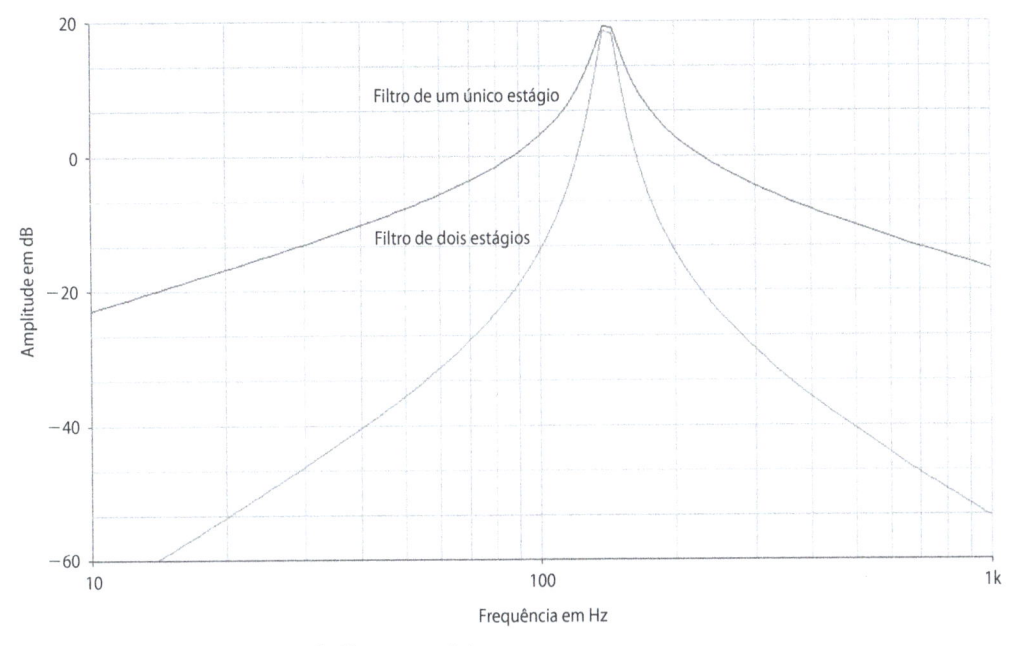

Figura 1-46 Curvas de resposta de filtros passa-faixa.

se componentes muito precisos (e de custo elevado) forem utilizados, circuitos reais são sensíveis à temperatura e os componentes sofrem mudanças nas especificações ao longo do tempo. Uma forma de atenuar os problemas em filtros dessa natureza consiste em reduzir a sensibilidade do projeto básico e utilizar vários estágios em cascata para obter a rejeição desejada. Em aplicações onde se deseja elevado desempenho e estabilidade, o custo pode ser menor ao se empregar DSP (do inglês *digital signal processing* – processamento digital de sinais). Esse aspecto é reforçado quando são necessárias diversas funções, as quais podem ser desempenhadas por um único CI DSP. Filtros DSP são abordados no Capítulo 8.

» Retificadores ativos

Retificadores a diodos não operam quando se trabalha com sinais da ordem de milivolts. É ne-

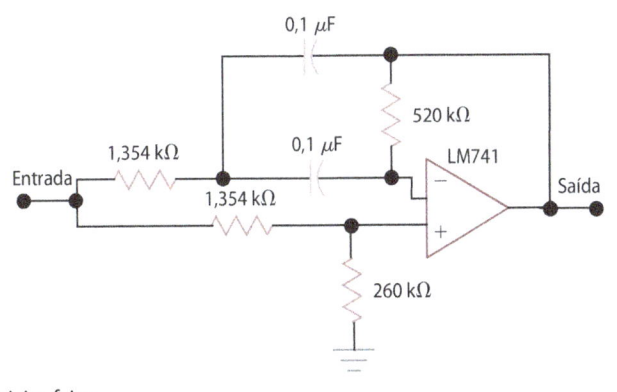

Figura 1-47 Filtro rejeita-faixa.

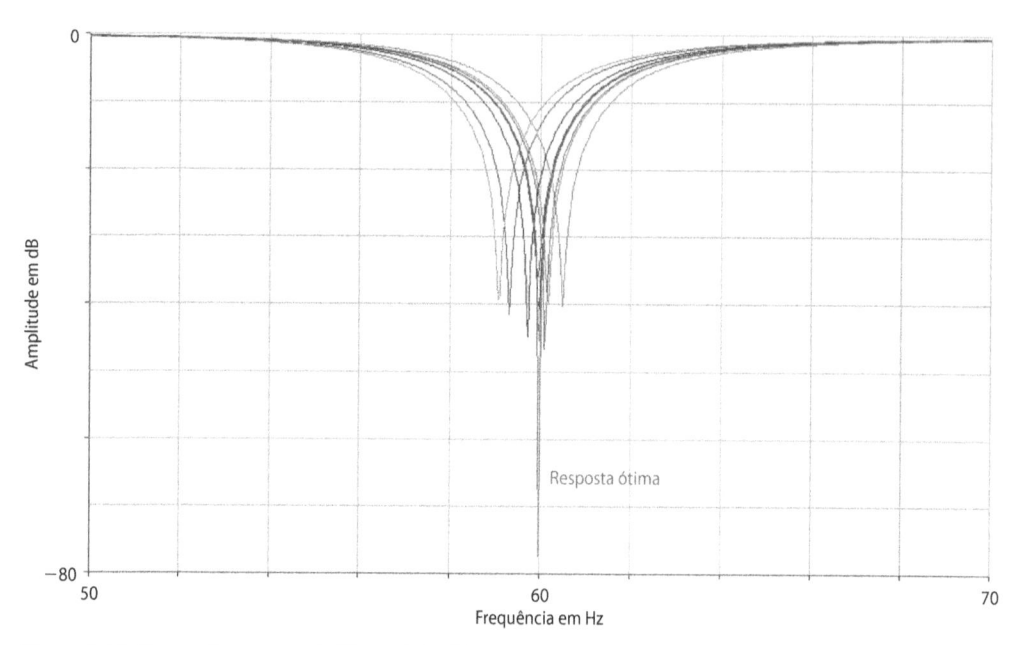

Figura 1-48 Curvas de resposta do filtro rejeita-faixa.

cessária uma tensão de 0,6 V para polarizar diodos de junção e 0,2 V para polarizar diodos Schottky. É possível utilizar amp ops como retificadores ativos, os quais efetivamente são acionados em zero volt. Esses arranjos também são chamados de retificadores de precisão.

O amp op 1 da Figura 1-49 fornece retificação de meia-onda. Quando a retificação de onda completa não é necessária, o amp op 2 e os resistores R_3, R_4 e R_5 podem ser retirados do circuito. Quando a saída do amp op 1 é nula ou aproximadamente nula, o dispositivo opera em malha aberta porque ambos os diodos estão bloqueados e não há realimentação. Quando o sinal de entrada se torna positivo, a saída do amp op 1 torna-se negativa e aciona D_1. Isso fecha a malha de realimentação através de R_2,

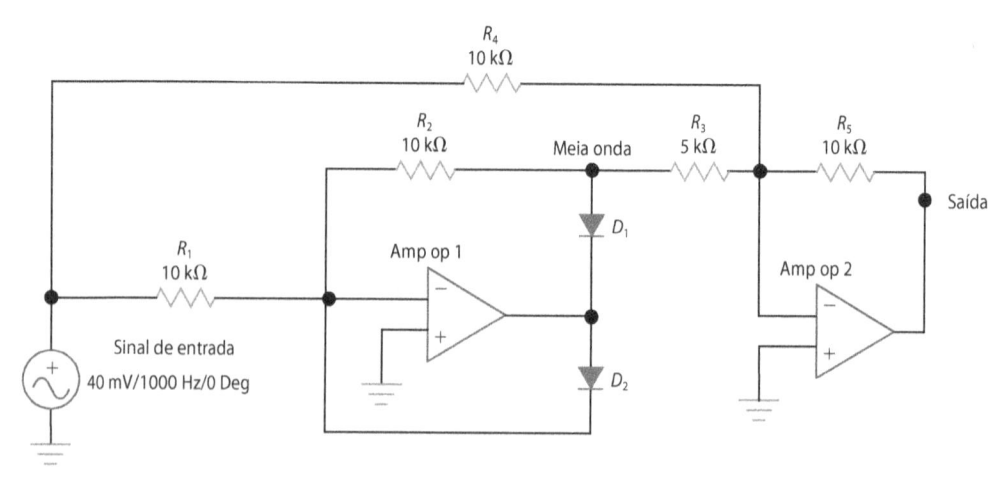

Figura 1-49 Retificador ativo.

sendo que o ganho do circuito é reduzido para -1. A resistência do diodo D_1 em condução é pequena e o ganho é determinado pela relação R_2/R_1. Assim, espera-se uma meia senóide negativa no ponto de meia-onda, como mostra a Figura 1-50(b).

Quando o sinal de entrada na Figura 1-49 torna-se negativo, a saída do amp op 1 torna-se positiva e D_2 é acionado. A saída permanecerá com pequena amplitude durante toda a meia senóide negativa porque a resistência do diodo D_2 em condução é muito menor que R_1. O diodo D_1 permanece desligado durante a meia senóide negativa, e a tensão no ponto de meia-onda é nula durante esse intervalo de tempo, como mostra a Figura 1-50(b).

O amp op 2 na Figura 1-49 é um somador inversor, responsável por somar o sinal de meia-onda com o sinal de entrada. O sinal de meia-onda é multiplicado por um fator de -2 ($R_5/R_3 = 2$) e o sinal de entrada é multiplicado por um fator de -1 ($R_5/R_4 = 1$). O resultado da multiplicação e da soma é o sinal de onda completa da Figura 1-50(c).

» Comparadores

Às vezes, amplificadores operacionais são utilizados como comparadores. Além disso, há CIs comparadores especiais disponíveis, os quais serão abordados na seção final deste capítulo. Um comparador opera em malha aberta, o que torna o ganho muito alto, de modo que a saída permanece saturada em um estado alto ou baixo. Portanto, o sinal na saída do comparador é digital (possuindo apenas dois estados possíveis). Assim, os comparadores são circuitos não lineares.

Os comparadores são empregados para fornecer uma indicação do estado relativo das duas entradas. Se a entrada + (não inversora) for mais positiva que a entrada − (inversora), a saída do comparador estará saturada positivamente. Caso o contrário ocorra, a saída do comparador estará saturada negativamente. Geralmente, uma tensão de referência fixa é aplicada em uma das entradas. A saída então será uma indicação da magnitude relativo do sinal aplicado na outra entrada. Os comparadores são normalmente utilizados para determinar se um sinal possui nível maior ou menor que a referência. Diversas aplicações de comparadores dessa categoria são apresentadas posteriormente nesta seção.

Quando a tensão de referência é nula, o comparador pode ser chamado de detector de passagem por zero, podendo ser empregado para converter um sinal senoidal em uma onda quadrada. Dois comparadores podem ser utilizados em um circuito "janela" que detecta se um sinal se encontra nos dois limites pré-definidos, como mostra a última seção deste capítulo.

Normalmente, deseja-se que a saída de um comparador mude de estado da forma mais rápida possível. Outro ponto de destaque é a compatibilidade da saída do comparador com entradas lógicas. Uma entrada de *strobe* especial pode ser necessária em algumas aplicações, de modo que a saída do comparador esteja ativa apenas em determinados instantes. CIs comparadores especiais possuem melhor desempenho e características adicionais que os amp ops, substituindo tais dispositivos em algumas aplicações. Normalmente, esses comparadores operam com uma única tensão de alimentação.

» Integrador

Outra aplicação de amp ops consiste nos CIRCUITOS INTEGRADORES. A integração é uma operação matemática, sendo um processo de soma contínua. Os integradores eram empregados em computadores analógicos, embora haja outras aplicações possíveis.

Um INTEGRADOR COM AMP OP é mostrado na Figura 1-51. Observe o capacitor no circuito de realimentação. Suponha que um sinal positivo seja aplicado na entrada. A saída deve se tornar negativa porque a entrada inversora é utilizada. A realimentação negativa mantém a entrada inversora no terra virtual. A corrente no resistor R é fornecida carregando o capacitor de realimentação da forma mostrada.

Se o sinal de entrada na Figura 1-51 encontra-se em um valor positivo constante, a corrente de realimentação também será constante. Pode-se consi-

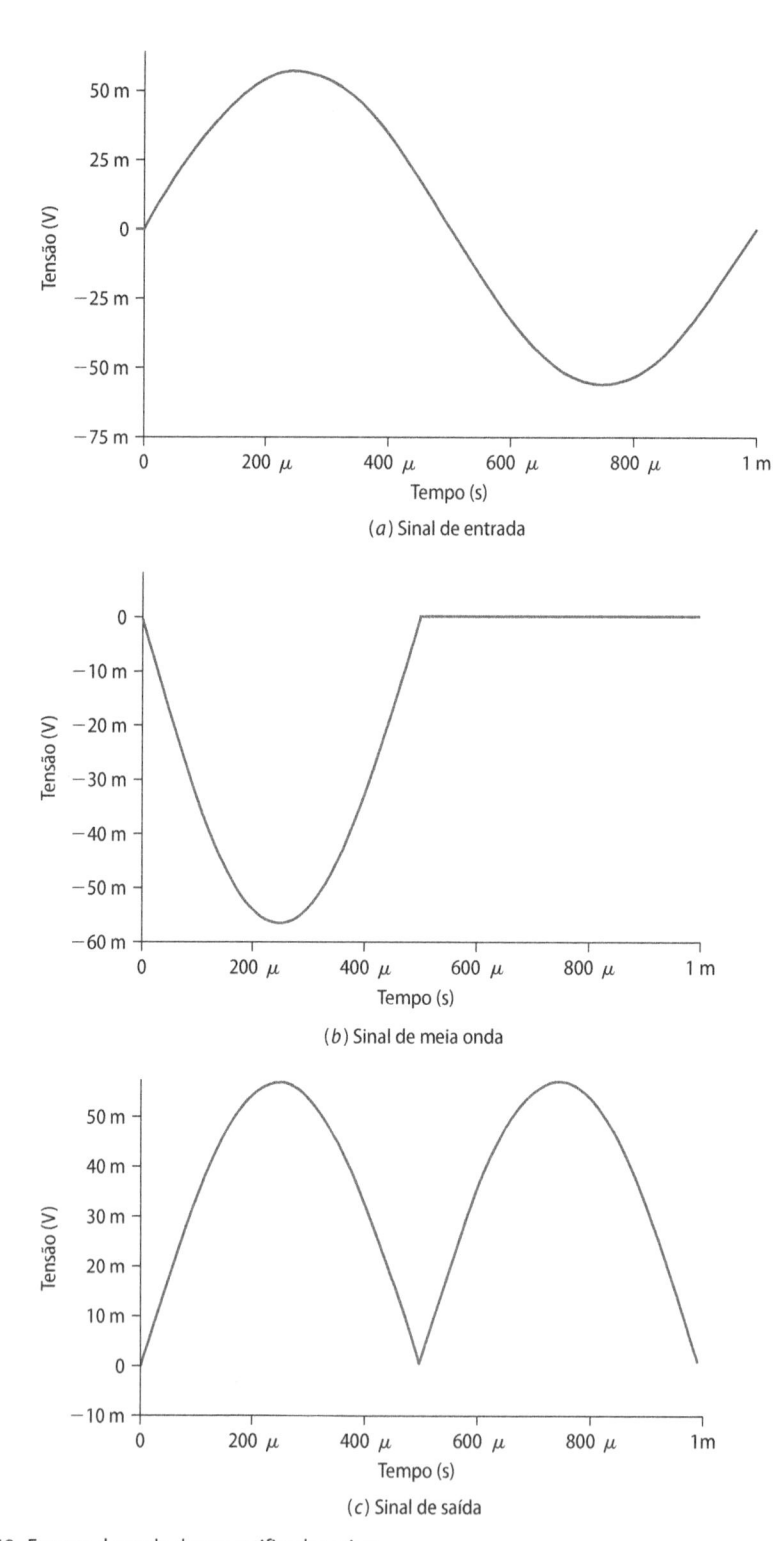

Figura 1-50 Formas de onda de um retificador ativo.

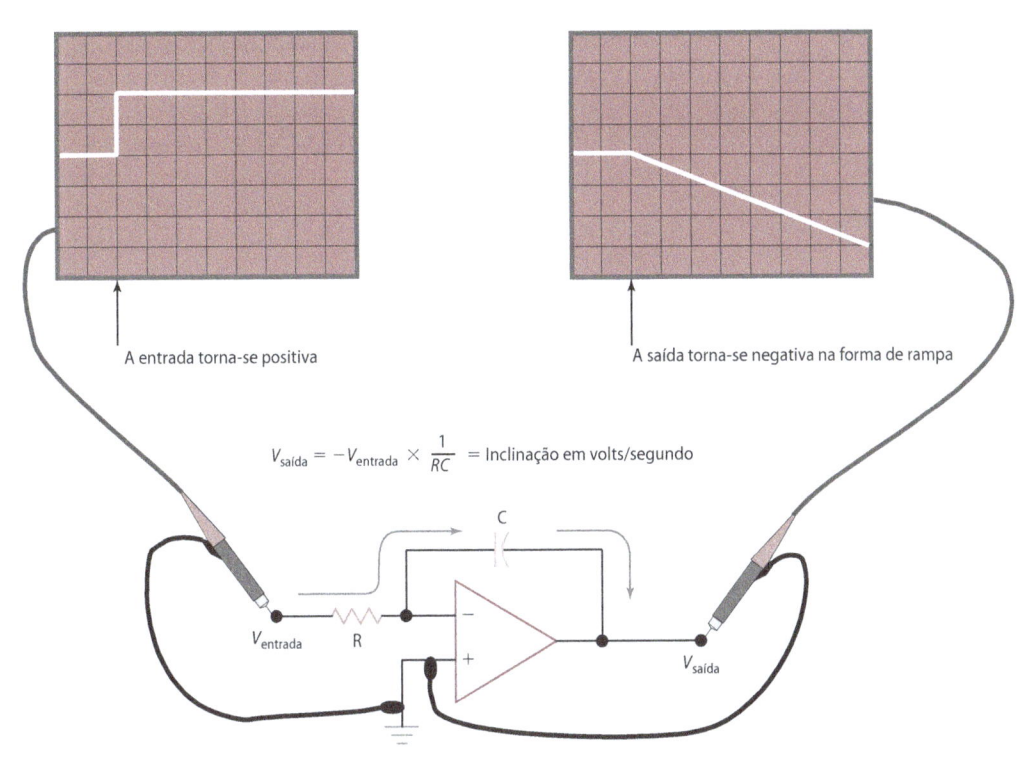

$$V_{saída} = -V_{entrada} \times \frac{1}{RC} = \text{Inclinação em volts/segundo}$$

Figura 1-51 Integrador com amp op.

derar que o capacitor é carregado por uma corrente constante. Quando isso ocorre, a tensão no capacitor aumenta linearmente. A Figura 1-51 mostra que a saída torna-se negativa linearmente. Note que a inclinação em volts por segundo pode ser determinada por $V_{entrada}$ e pelos valores dos elementos do circuito integrador.

Agora, observe a Figura 1-52. Esse circuito é um CONVERSOR DE TENSÃO EM FREQUÊNCIA, sendo um tipo de arranjo muito útil que emprega um amp op para converter tensões positivas em uma frequência. Se a frequência é enviada a um contador digital, tem-se um voltímetro digital como resultado. Se a tensão $V_{entrada}$ representa a temperatura, obtém-se um termômetro digital. Conversores de tensão em frequência constituem a base de muitos instrumentos de medição digitais utilizados atualmente.

O que ocorre quando uma tensão CC é aplicada ao circuito da Figura 1-52? Se a tensão é positiva, sabe-se que o integrador gerará uma rampa decrescente negativa. Note que a saída do integrador é aplicada em um segundo amp op que atua como COMPARADOR, responsável por comparar duas entradas. Uma das entradas é uma tensão fixa de $-7,5$ V, proveniente do divisor de tensão formado pelos dois resistores de 1 kΩ.

A saída do integrador na Figura 1-53 continua a decrescer negativamente na forma de rampa até que o valor exceda $-7,5$ V. Isso tornará a saída do comparador positivo, que então é responsável por acionar Q_1.

Como o emissor de Q_1 é negativo, a entrada do integrador agora passará a se tornar negativa rapidamente. Finalmente, o comparador novamente enxerga uma tensão negativa maior em sua entrada não inversora. A saída do comparador torna-se negativa, desligando Q_1.

As formas de onda da Figura 1-52 explicam o processo de conversão de tensão em frequência. Quando uma tensão CC positiva é aplicada na

A Figura 1-52 mostra um tipo de CONVERSOR ANALÓGICO-DIGITAL. O dispositivo converte uma tensão analógica CC de entrada positiva em uma saída retangular (digital). Idealmente, circuitos como este exibem uma resposta linear entre a entrada analógica e a saída digital. Por exemplo, se a tensão de entrada CC dobra, o mesmo ocorre com a frequência de saída. Isso significa que a frequência de saída é uma função linear da tensão de entrada.

Por que a frequência de saída dobra quando a tensão de entrada dobra na Figura 1-52? A tensão de entrada provoca o surgimento de uma corrente que circula no resistor de 12 kΩ. Se a tensão de entrada aumenta, o mesmo acontecerá com a corrente de entrada. A entrada − (inversora) do amp op é o terra virtual, e esta corrente é fornecida carregando-se o capacitor de 0,01 μF do integrador. Considera-se agora que a corrente de entrada é o dobro do valor anterior (porque a tensão de entrada analógica dobra). Isso significa que a tensão no capacitor aumentará com uma taxa duas vezes maior. Será necessária apenas metade do intervalo de tempo para atingir −7,5 V, ativando o comparador. Isso efetivamente dobra a frequência de saída. A Figura 1-53 mostra o gráfico da frequência de saída em função da tensão de entrada no conversor de tensão em frequência. Note que esta é uma reta, indicando uma relação linear.

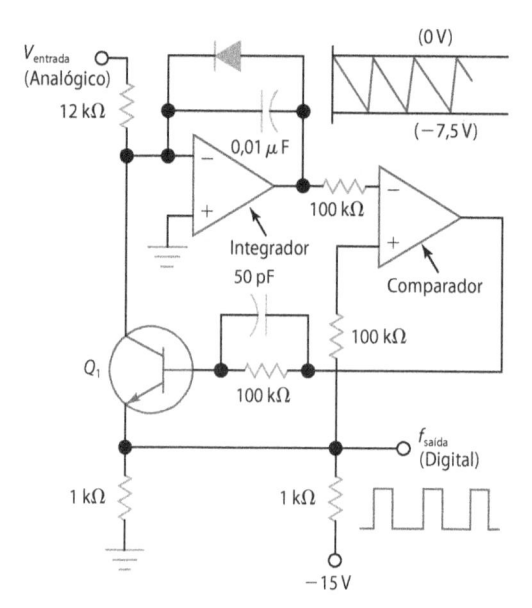

Figura 1-52 Conversor de tensão em frequência.

entrada, uma série de rampas negativas surge na saída do integrador. Quando cada rampa excede o valor de −7,5 V, o transistor Q_1 é ligado. A corrente no transistor provoca uma queda de tensão nos resistores do emissor. O transistor permanece em condução por um período muito curto. A saída corresponde a uma série de pulsos estreitos.

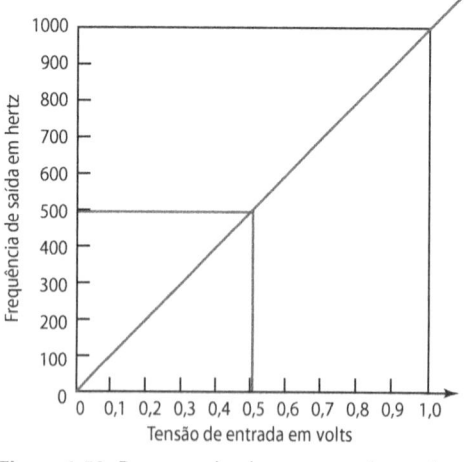

Figura 1-53 Desempenho do conversor de tensão em frequência.

EXEMPLO 1-10

Em um integrador com amp op, a taxa na qual a tensão de saída muda é proporcional à tensão de entrada e 1/RC. Utilize essa informação para determinar a frequência de saída para o circuito da Figura 1-52 quando a tensão de entrada é +1 V. A inclinação da saída é negativa porque este é um integrador inversor:

$$V/s = \text{inclinação} = -V_{entrada} \times \frac{1}{RC} =$$

$$-1 V \times \frac{1}{12 k\Omega \times 0,01 \mu F} = -8330 \text{ V/s}$$

Como a saída em rampa do integrador varia de 0 V a −7,5 V, a frequência de saída pode ser determinada:

$$f_{saída} = \frac{-8330 \text{ V/s}}{-7,5 \text{ V}} = 1,11 \text{ kHz}$$

Esse valor encontra-se razoavelmente em concordância com o gráfico da Figura 1-53.

A Figura 1-54 mostra outra aplicação de um integrador com amp op seguido de um comparador com amp op. Esse circuito é chamado de INTEGRADOR DE LUZ, pois é utilizado para somar a quantidade de luz captada em um sensor para se obter a exposição à luz desejada. Integradores de luz possuem aplicações em áreas como a fotografia, onde a exposição à luz é fundamental. Um temporizador comum pode ser empregado para se controlar a exposição, mas há problemas nesse caso quando a intensidade luminosa varia. Por exemplo, a intensidade de uma fonte luminosa pode variar com a tensão de alimentação e com a temperatura e envelhecimento de uma lâmpada. Outro problema reside na utilização de filtros em determinados níveis de exposição, que por sua vez reduzem a intensidade luminosa. Quando tais variações na luz podem ocorrer, um temporizador simples pode não ser um dispositivo de controle adequado.

O resistor da Figura 1-54 utiliza um RESISTOR DEPENDENTE DE LUZ (do inglês, *light-dependent resistor* – LDR) para medir a intensidade luminosa e sua resistência diminui à medida que o brilho aumenta. O LDR e o resistor de 100 Ω formam um divisor resistivo para a fonte de −12 V. A tensão negativa dividida é aplicada na entrada do integrador. A saída do integrador é uma rampa positiva proporcional à intensidade luminosa. Um segundo amp op é utilizado como comparador na Figura 1-54. A saída inversora possui tensão de +6 V fornecida pelo divisor de tensão formado pelos dois resistores de 1 kΩ. À medida que a tensão cresce na forma de uma rampa positiva no integrador, a saída do comparador será negativa até que o limite de referência de +6 V seja atingido. Note na Figura 1-54 que a saída do comparador é aplicada na base de um amplificador PNP a relé. Enquanto a saída do comparador for negativa, o transistor estará em condução e os contatos do relé estarão fechados. Assim, isso mantém a lâmpada acesa. Entretanto, depois que o limite de referência de +6 V é alcançado, o comparador mudará sua saída repentinamente para um valor positivo (sua saída inversora agora é negativa em relação à entrada não inversora) e os contatos do relé abrirão. A lâmpada permanecerá desligada até que o botão de reinicialização seja pressionado, o que descarrega o capacitor do integrador e dá início a outro ciclo de exposição.

O circuito da Figura 1-54 é capaz de fornecer taxas de exposição à luz muito precisas. As alterações na intensidade luminosa são compensadas pelo

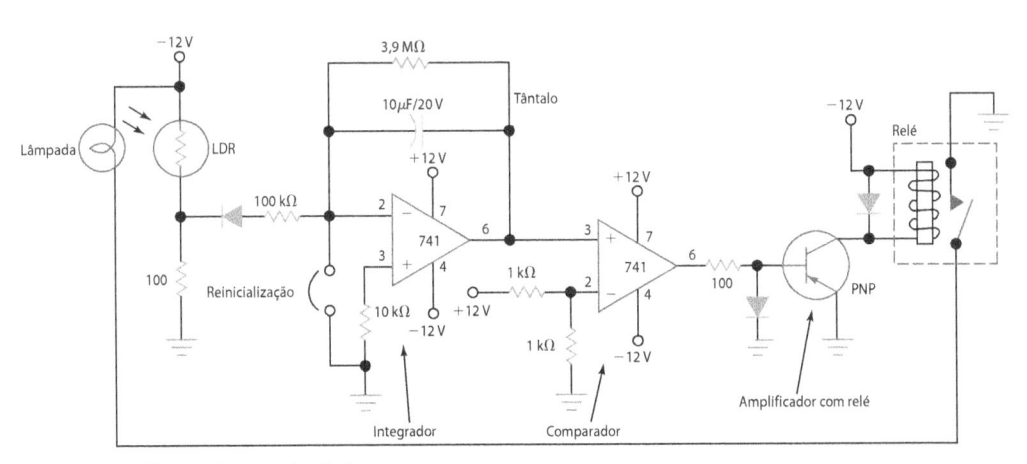

Figura 1-54 Circuito integrador de luz.

intervalo de tempo durante o qual o relé permanece com os contatos fechados. Por exemplo, se a fonte luminosa for removida temporariamente, ainda será possível obter uma exposição precisa. O integrador para de produzir a saída em rampa no instante da interrupção. O nível da tensão de saída é mantido até que a luz incida no LDR novamente.

O diodo no circuito de entrada do integrador da Figura 1-54 evita que o integrador seja descarregado se a intensidade luminosa variar. O diodo no circuito da base protege o transistor quando a saída do comparador é positiva. O diodo será ativado, evitando que a tensão de base assuma valores maiores que +0,7 V. O diodo em paralelo com a bobina do relé evita que o transitório que ocorre durante o desligamento do circuito indutivo danifique o transistor.

» Schmitt *Trigger*

Há alguns circuitos com amp ops que empregam REALIMENTAÇÃO POSITIVA. Por exemplo, a Figura 1-55 mostra um circuito de condicionamento de sinais conhecido como SCHMITT TRIGGER. O circuito é semelhante a um comparador, mas a realimentação positiva fornece dois VALORES LIMITES. Considere que o amp op seja alimentado com uma tensão de ± 20 V e que a máxima variação da tensão na saída seja ± 18 V. Os resistores R_1 e R_2 dividem a saída e estabelecem a tensão que é aplicada na entrada não inversora do amp op.

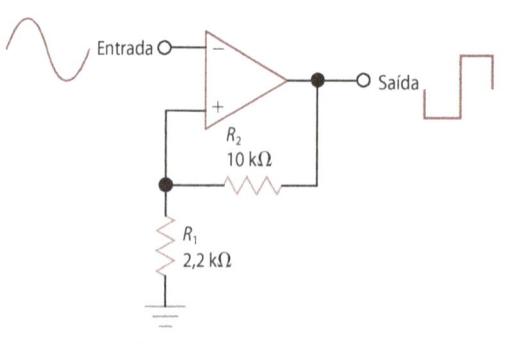

Figura 1-55 Utilização de um amp op como um dispositivo Schmitt *trigger*.

Quando a saída da Figura 1-55 possui o máximo valor positivo ($V_{máx}$), o divisor de tensão fornecerá o ponto do limite superior (do inglês, *upper threshold point* – UTP):

$$UTP = V_{max}\left(\frac{R_1}{R_1 + R_2}\right)$$
$$= +18\,V\left(\frac{2,2\,k\Omega}{2,2\,k\Omega + 10\,k\Omega}\right)$$
$$= +3,25\,V$$

Quando a saída da Figura 1-55 possui o máximo valor negativo (V_{min}), o divisor de tensão fornecerá o ponto do limite inferior (do inglês, *lower threshold point* – LTP):

$$LTP = V_{min}\left(\frac{R_1}{R_1 + R_2}\right)$$
$$= -18\,V\left(\frac{2,2\,k\Omega}{2,2\,k\Omega + 10\,k\Omega}\right)$$
$$= -3,25\,V$$

A Figura 1-56 mostra o circuito Schmitt *trigger* operando com um sinal de entrada que excede os pontos dos limites superior e inferior. À medida que o sinal de entrada torna-se positivo, o valor limite superior de +3,25 V é eventualmente alcançado.

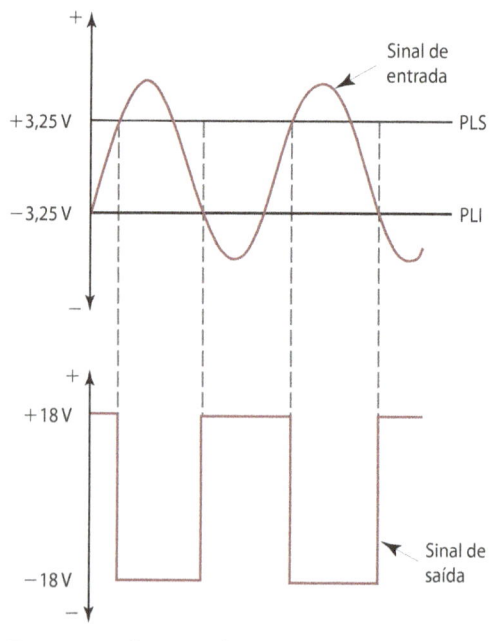

Figura 1-56 Operação do dispositivo Schmitt *trigger*.

Agora, a entrada inversora do amp op é mais positiva que a entrada não inversora. Portanto, a saída muda rapidamente para -18 V. Posteriormente, o sinal de entrada torna-se negativo e eventualmente atinge o limite inferior de $-3,25$ V. Nesse momento, a saída do circuito Schmitt *trigger* assume o valor positivo de $+18$ V, restabelecendo o valor de UTP. A diferença entre os dois limites é denominada HISTERESE, e neste exemplo corresponde a:

$$\text{Histerese} = \text{UTP} - \text{LTP} = +3,25 - (-3,25)$$
$$= 6,5 \text{ V}$$

EXEMPLO 1-11

Calcule a tensão de histerese para a Figura 1-55 se o amp op é alimentado por uma fonte bipolar de 9 V. Considera-se que a saída oscilará em ± 8 V. Os pontos limite são

$$\text{UTP} = +8\text{V} \times \frac{2,2\,\text{k}\Omega}{2,2\,\text{k}\Omega + 10\,\text{k}\Omega} = 1,44\,\text{V}$$

$$\text{LTP} = -8\text{V} \times \frac{2,2\,\text{k}\Omega}{2,2\,\text{k}\Omega + 10\,\text{k}\Omega} = -1,44\,\text{V}$$

A histerese corresponde à diferença entre os dois limites:

$$\text{Histerese} = 1,44\,\text{V} - (-1,44\,\text{V}) = 2,88\,\text{V}$$

A Figura 1-57 mostra o símbolo esquemático de um Schmitt trigger. Provavelmente, você reconhece o símbolo da histerese no interior do triângulo que corresponde ao amplificador.

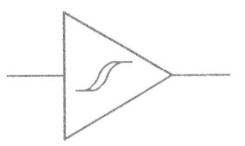

Figura 1-57 Símbolo do dispositivo Schmitt *trigger*.

A histerese é importante quando se CONDICIONA SINAIS com ruído para utilização em um circuito ou sistema digital. A Figura 1-58 mostra o porquê, onde a saída de um Schmitt *trigger* difere da saída de um comparador convencional. O circuito Schmitt *trigger* possui histerese, de modo que o ruído do sinal não provoca um disparo inadequado e a saída possui a mesma frequência da entrada. Entretanto, a saída do comparador encontra-se com uma frequência maior que o sinal de entrada porque ocorre o disparo indevido provocado pelo sinal com ruído. Note que o comparador possui um único ponto limite (do inglês, *threshold point* – TP). O ruído no sinal provoca cruzamentos adicionais do sinal em TP, de modo que surgem pulsos adicionais na saída.

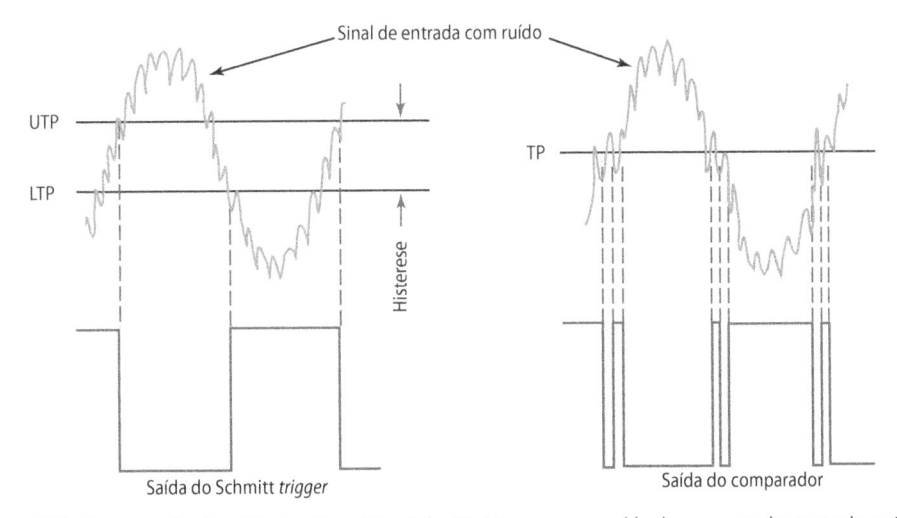

Figura 1-58 Comparação da saída do dispositivo Schmitt *trigger* com a saída do comparador quando o sinal de entrada apresenta ruído.

❯❯ Circuitos com uma única fonte de alimentação

Amp ops normalmente precisam de uma fonte de alimentação bipolar. Entretanto, esses dispositivos podem ser alimentados por uma ÚNICA FONTE em algumas aplicações. A Figura 1-59 mostra um circuito típico, onde dois resistores de 10 kΩ dividem a tensão de alimentação de +15 V em +7,5 V, por sua vez aplicada às entradas inversoras dos amp ops. O pino 4 de cada amplificador, que normalmente é conectado à fonte de alimentação negativa, é aterrado. Quando não há sinal de entrada, ambas as saídas dos amplificadores encontram-se em +7,5 V. Quando há sinal de entrada, as saídas podem variar de aproximadamente +14 V a +1 V. O capacitor de 4,7 μF desvia qualquer ruído na fonte de alimentação para o terra.

Circuitos com uma única fonte de alimentação normalmente são utilizados em amplificadores CA. De acordo com a Figura 1-59, a fonte do sinal possui acoplamento capacitivo. Como as entradas não inversoras encontram-se em +7,5 V, as entradas inversoras também estão em +7,5 V. O capacitor de acoplamento da entrada evita que a fonte do sinal modifique o valor da tensão CC.

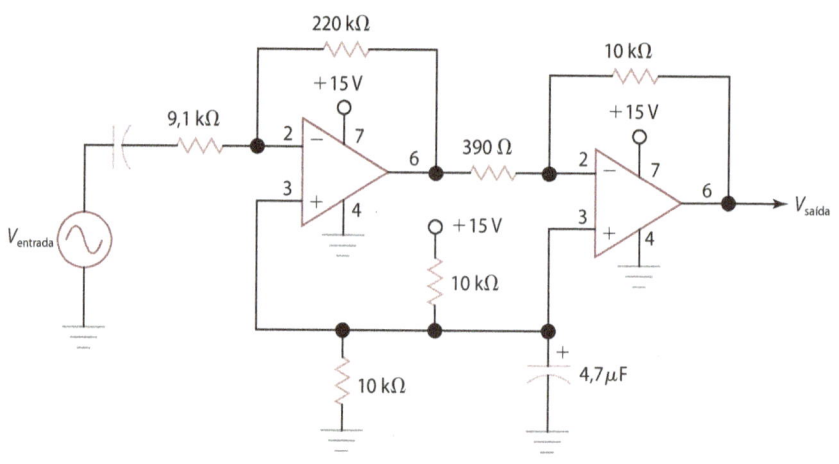

Figura 1-59 Operação do dispositivo Schmitt *trigger*.

Teste seus conhecimentos

❯❯ Comparadores

Como foi discutido anteriormente neste capítulo, amp ops podem ser utilizados como comparadores. Entretanto, isso não funciona em alguns casos. Por exemplo, quando uma saída compatível com circuitos digitais é necessária, um amp op utilizado como comparador pode ser incapaz de fornecer as especificações desejadas. Atualmente, o número de aplicações eletrônicas HÍBRIDAS cresce continuamente, consistindo em uma combinação de circuitos e dispositivos analógicos e digitais. Um comparador normalmente representa um ponto de convergência entre dispositivos analógicos e digitais.

Há CIs COMPARADORES especiais disponíveis no mercado, os quais são adequados para a combinação de elementos analógicos e digitais. Esses componentes fornecem um estado de saída lógico que indica o estado relativo de duas tensões de entrada analógicas, sendo que uma destas consiste em uma tensão de referência fixa. Os comparadores são capazes de indicar quando uma tensão excede o valor de referência, ou quando uma tensão se encontra dentro de uma faixa específica. CIs comparadores devem ser capazes de alterar o estado da saída rapidamente, sendo dispositivos otimizados que possuem elevado ganho, ampla largura de banda e valor de *slew rate* alto. O tempo de chaveamento de um sinal digital normalmente deve ser muito pequeno. De acordo com a Figura 1-60, as tensões críticas para circuitos digitais são 0,8 V e 2 V. Qualquer transição entre esses dois valores deve ocorrer de forma rápida. O sinal do osciloscópio na cor branca possui tempo de chaveamento elevado, enquanto o sinal na cor vermelha encontra-se com a especificação desejada para esse parâmetro. O CI LM311 é um tipo de comparador muito popular.

A fonte de sinal que aciona um comparador representa um aspecto crítico. Se a fonte do sinal possui tempo de chaveamento alto, a utilização de uma configuração Schmitt *trigger* pode ser necessária. Essa configuração utiliza realimentação positiva e foi discutida na seção anterior deste capítulo. Outro fator de suma importância é a impedância da fonte do sinal que aciona o comparador. No caso de fontes com alta impedância, pulsos de saída adicionais denominados *glitches* podem surgir. Novamente, o arranjo Schmitt *trigger* é a solução.

Alguns CIs comparadores podem operar tanto com fontes de alimentação simples como duais de 5 a 30 V (ou ± 15 V). Outros dispositivos requerem fontes de alimentação duais como os amp ops. Alguns componentes, como o CI LM311, possuem um transistor de saída independente, onde os terminais coletor e emissor encontram-se acessíveis. Isso torna a saída do dispositivo muito flexível, a qual pode ser empregada para acionar muitos tipos de circuitos lógicos. A Figura 1-61 mostra o diagrama de pinos do CI LM311. As entradas de balanço

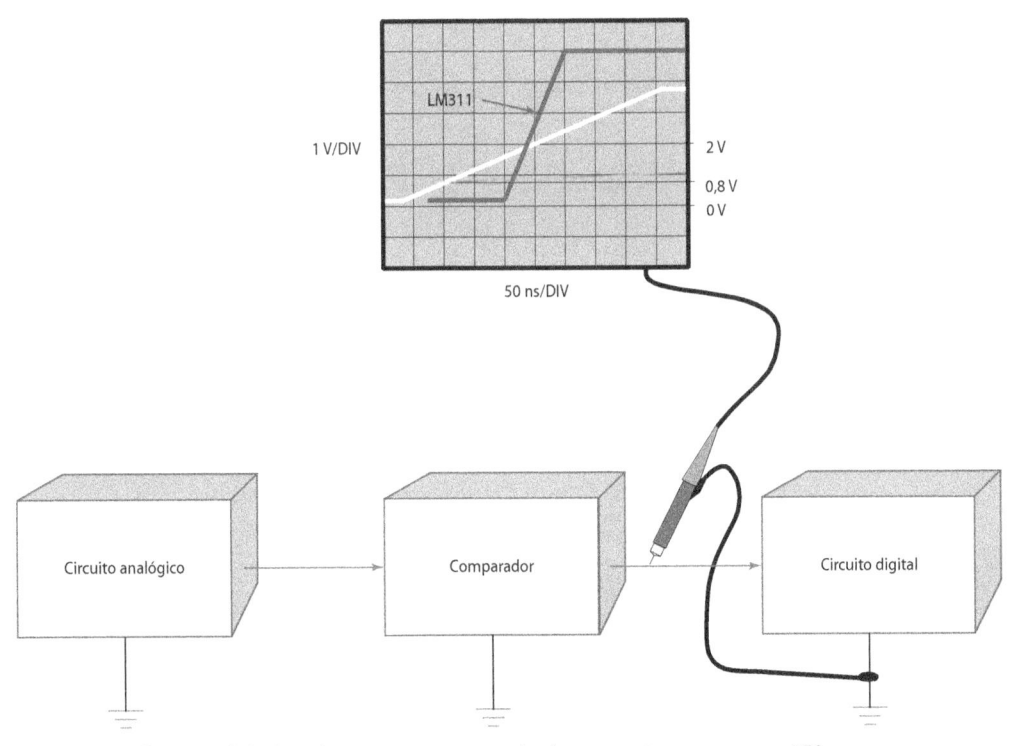

Figura 1-60 Circuitos digitais podem requerer tempos de chaveamento menores que 150 ns.

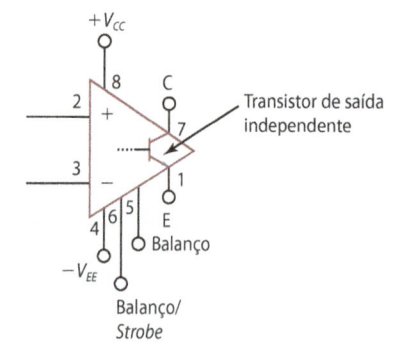

funcionam de forma semelhante aos terminais de ajuste de *offset* existentes em alguns amp ops. A entrada de *strobe* é utilizada em casos onde a saída deve estar ativa durante um intervalo de tempo específico, denominado INTERVALO DE STROBE. Note na Figura 1-61 que um resistor *pull-up* pode ser necessário em virtude do transistor independente na saída desse dispositivo.

A Figura 1-62 mostra um comparador de janela. O circuito determina se a tensão do sinal encontra-se dentro de um intervalo denominado JANELA. Tais circuitos são úteis no teste ou produção de componentes ou dispositivos onde é necessário verificar se eles atendem a determinadas faixas de tensão. Além disso, também são úteis em equipamentos automáticos, como carregadores de baterias. Os diodos na Figura 1-62 combinam as duas saídas do comparador de forma lógica. Quando $V_{entrada}$ encontra-se entre os limites superior (V_{UL}) e inferior (V_{LL}), então a saída $V_{saída}$ é zero (nível lógico BAIXO). Se $V_{entrada}$ for maior que V_{UL} ou menor que V_{LL}, então a saída $V_{saída}$ é aproximadamente igual a 5 V (nível lógico ALTO).

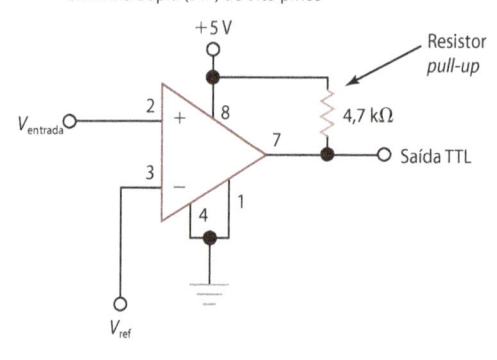

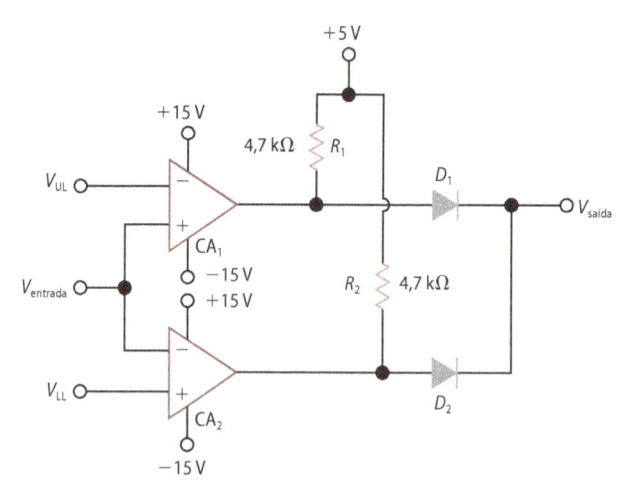

Figura 1-61 Comparador LM311 ou TLC311.

Figura 1-62 Comparador de janela.

Teste seus conhecimentos

RESUMO E REVISÃO DO CAPÍTULO

Resumo

1. Um amplificador diferencial responde à diferença entre dois sinais de entrada.
2. Uma fonte de alimentação dual (bipolar) fornece tensões positiva e negativa em relação ao terra.
3. Um amplificador diferencial pode ser acionado através de apenas uma de suas entradas.
4. É possível utilizar um amplificador diferencial com um amplificador inversor ou não inversor.
5. Um amplificador diferencial rejeita sinais de modo comum.
6. A razão de rejeição de modo comum é a relação entre o ganho diferencial e o ganho de modo comum.
7. Um amplificador diferencial pode apresentar valor alto de CMRR para uma saída com terminação simples se a resistência da fonte de alimentação do emissor for muito alta.
8. Fontes de corrente podem possuir elevada impedância de saída.
9. A maioria dos amp ops possui saída com terminação simples (um único terminal de saída).
10. Amp ops possuem duas entradas: inversora e não inversora. A entrada inversora é marcada com o sinal −, enquanto a entrada não inversora é representada pelo sinal +.
11. Os terminais de ajuste de *offset* de um amp op podem ser empregados para reduzir o erro CC na saída. Quando não há entrada CC diferencial, o terminal de saída é ajustado em 0 V em relação ao terra.
12. O parâmetro *slew rate* pode limitar a amplitude da saída de um amp op e provocar distorção da forma de onda.
13. Amp ops para aplicações gerais funcionam melhor com sinais CC e CA de baixa frequência.
14. O ganho de malha aberta (sem realimentação) dos amp ops é muito alto em 0 Hz (frequência da corrente contínua). O valor do ganho é reduzido bruscamente à medida que a frequência aumenta.
15. Amp ops operam em malha fechada (com realimentação).
16. A realimentação negativa reduz o ganho de tensão e aumenta a largura de banda de um amplificador.
17. O ganho de um amp op na configuração inversora é ajustado pela relação entre os resistores de realimentação e de entrada.
18. A realimentação negativa torna a impedância da entrada inversora muito pequena. Esse terminal recebe o nome de terra virtual.
19. A impedância da entrada não inversora é muito alta.
20. O diagrama de Bode de um amp op padrão mostra que o ganho é reduzido a uma taxa de 20 dB por década acima da frequência de quebra.
21. O ganho real na frequência de quebra é 3 dB menor que o valor exibido no diagrama de Bode.
22. O desempenho em alta frequência de um amp op é limitado tanto pelo respectivo diagrama de Bode quanto pelo *slew rate*.
23. Uma rede de atraso RC provoca uma redução na amplitude de 20 dB por década acima da frequência de quebra.
24. Uma rede de atraso RC provoca um defasamento de 45° na saída em relação à entrada na frequência de quebra, sendo esse valor de 90° em frequências maiores.
25. Em virtude da capacitância intereletrodos dos dispositivos, as redes de atraso RC são inerentes a qualquer amplificador.
26. Em virtude das redes de atraso intrínsecas, o erro de fase total será de −180° em uma dada frequência. Isso provocará a instabilidade em um amplificador operando com realimentação negativa, a menos que o ganho seja inferior à unidade.
27. A maioria dos amp ops é internamente compensada para evitar a instabilidade.
28. Alguns amp ops empregam a compensação externa para permitir que os projetistas de circuitos possam obter um ganho maior em altas frequências, além de maior valor de *slew rate*.

29. Amp ops internamente compensados são mais facilmente utilizados e são mais populares.
30. Amp ops podem ser empregados como amplificadores somadores.
31. Através do ajuste dos resistores de entrada, um amplificador somador é capaz de multiplicar o sinal existente em uma entrada, ou os sinais em todas as entradas.
32. Amplificadores somadores também são chamados de *mixers*. Um *mixer* é capaz de somar diversos sinais de áudio.
33. Amp ops podem ser empregados como amplificadores subtratores. O sinal na entrada inversora é subtraído do sinal na entrada não inversora.
34. Amp ops são utilizados em circuitos de filtros ativos. Uma das vantagens desses arranjos é a eliminação do uso dos indutores.
35. Filtros ativos podem ser conectados em cascata (conectados em série) para se obter um corte mais aguçado.
36. Integradores com amp ops utilizam realimentação capacitiva. A saída de um integrador possui uma rampa linear em resposta a um sinal de entrada CC.
37. Um comparador é um circuito que analisa dois sinais de entrada e muda o estado da saída de acordo com o sinal maior.
38. Um integrador com amp ops e um comparador com amp ops podem ser combinados de modo a formar um conversor de tensão em frequência. Essa é uma forma de se obter a conversão analógica-digital.
39. Um dispositivo Schmitt *trigger* é um circuito de condicionamento de sinais que possui dois pontos limites.
40. Em um Schmitt *trigger*, a diferença entre dois pontos limites é denominada histerese.
41. A histerese pode evitar que o ruído provoque o disparo indevido de um circuito.
42. Amp ops podem ser alimentados a partir de uma única fonte de alimentação utilizando um divisor de tensão para polarizar a entrada com metade da tensão de alimentação.

Fórmulas

Razão de rejeição de modo comum (dB):
$$\text{CMRR} = 20 \times \log \frac{A_{V(dif)}}{A_{V(com)}}$$

Corrente no emissor de um amplificador diferencial:
$$I_{E(total)} = \frac{V_{EE} - 0{,}7}{R_E}$$
$$I_E = \frac{I_{E(total)}}{2}$$

Resistência CA da base: $r_B = \frac{R_B}{\beta}$

Ganho diferencial: $A_{V(dif)} = \frac{R_L}{(2 \times r_E) + r_B}$

Ganho de modo comum: $A_{V(com)} = \frac{R_L}{2 \times R_E}$

Largura de banda de potência do amp op: $\frac{SR}{2\pi \times V_p}$

Ganho da configuração em cascata: $A_V = 1 + \frac{R_F}{R_1}$

Admitância de transferência direta: $A_V = -\frac{R_F}{R_1}$

Ganho em malha fechada: $A_{CL} = \frac{A}{AB + 1}$

Largura de banda de pequenos sinais (frequência de quebra): $f_b = \frac{f_{unitário}}{A_V}$

Frequência de quebra de um circuito RC: $f_b = \frac{1}{2\pi RC}$

Inclinação da rampa de um integrador:
$$V_{saída} = -V_{entrada} \times \frac{1}{RC}$$

Pontos de disparo de um dispositivo Schmitt *trigger*:
$$\text{UTP} = V_{max}\left(\frac{R_1}{R_1 + R_2}\right) \text{ e}$$
$$\text{LTP} = V_{min}\left(\frac{R_1}{R_1 + R_2}\right)$$

Histerese em um dispositivo Schmitt *trigger*:
Histerese = UTP − LTP

Questões de revisão do capítulo

Problemas

1-1 Determine o valor de CMRR em dB para um amplificador diferencial onde o ganho diferencial é 0,5 e o ganho de modo comum é 35.

1-2 Observe a Figura 1-8. Considere que os transistores possuem um ganho de corrente de 250 da base para o coletor e utilize 25 mV para estimar a resistência CA do emissor. Mude todos os valores dos resistores para 1 kΩ e determine o valor de CMRR em dB.

1-3 Qual é a queda de tensão nos resistores de base do Problema 1-2?

1-4 Qual é o valor de V_{CE} para o Problema 1-2?

1-5 Observe a fonte de corrente mostrada na Figura 1-11. Determine a corrente total fornecida ao amplificador diferencial se a queda de tensão no diodo zener for de apenas 4 V.

1-6 Determine a largura de banda de potência de um amp op cujo *slew rate* é de 20 volts por microssegundos quando o valor do sinal na saída é de 10 V de pico a pico.

1-7 Observe a Figura 1-21. A fonte do sinal fornece 3 mV e o valor do resistor de realimentação é modificado para 470 kΩ. Determine a amplitude do sinal de saída.

1-8 Observe a Figura 1-23. Determine a amplitude do sinal de saída se o resistor de entrada é de 220 Ω e a fonte do sinal possui uma amplitude de 20 mV e impedância de 100 Ω na ausência de carga.

1-9 Determine a largura de banda de pequenos sinais de um amp op com o produto ganho-largura de banda é 20 MHz e o ganho de tensão é 50.

1-10 Qual é a frequência de quebra para um resistor de 560 Ω e um capacitor de 5 nF?

1-11 Observe a Figura 1-34. Qual é o valor ideal de R_3 se os demais resistores são de 10 kΩ?

1-12 No Problema 1-11, considere $V_1 = -2,5$ V e $V_2 = +2,5$ V. Qual é o valor de $V_{saída}$?

1-13 Observe a Figura 1-51. Qual é a inclinação de $V_{saída}$ se $V_{entrada} = -150$ mV, o resistor é de 680 kΩ e o capacitor é de 4,7 nF?

1-14 Observe a Figura 1-52. Determine a frequência de saída se $V_{entrada} = 200$ mV.

1-15 Observe a Figura 1-54. Considere a condição inicial onde a saída do integrador é zero volt (o circuito foi reinicializado). Calcule o intervalo de tempo durante o qual a fonte de luz permanece ligada e sua intensidade se o componente LDR possuir resistência de 900 Ω. Utilize 0,6 V como o valor da queda de tensão no diodo na entrada do integrador.

1-16 Observe a Figura 1-55. Modifique o valor de R_1 para 1500 Ω e calcule a tensão de histerese considerando que a saída satura em ±12 V.

Questões de pensamento crítico

1-1 Por que o parâmetro CMRR é uma especificação crítica em alguns equipamentos eletrônicos aplicados em medicina?

1-2 Qual é a vantagem fornecida pela conexão de amplificadores em cascata?

1-3 Um amplificador emprega três estágios amp op conectados em cascata. A frequência de quebra de cada estágio individual é 10 kHz. Por que a largura de banda de pequenos sinais do circuito em cascata é inferior a 10 kHz?

1-4 Profissionais que trabalham próximos a fontes de radiação podem ser obrigados a usar um distintivo de filme. A finalidade desse distintivo é registrar uma medição da dose total da radiação a qual esses profissionais foram expostos. Você consegue substituir esse elemento por um dispositivo eletrônico?

1-5 Quais seriam as vantagens do equipamento eletrônico eventualmente empregado na Questão 1-4?

1-6 Quais seriam as desvantagens do equipamento eletrônico eventualmente empregado na Questão 1-4?

1-7 A saída de um dispositivo Schmitt *trigger* apresenta algum ruído? Por quê?

Respostas dos testes

capítulo 2

Busca de problemas

Às vezes, componentes eletrônicos falham e parte do processo de identificação de problemas envolve tais elementos defeituosos. Isso pode ser obtido com a utilização da lógica associada ao conhecimento de circuitos em conjunto com equipamentos de teste. Atualmente, parte desse processo de busca de problemas deve-se basear no ponto de vista do sistema, devendo ser iniciado após a realização de algumas verificações preliminares muito importantes.

Objetivos deste capítulo

- Identificar sistemas do funcionamento inadequado de equipamentos e sistemas.
- Executar verificações preliminares e eliminar problemas óbvios.
- Localizar defeitos em circuitos empregando a injeção de sinais e o traçado de sinais.
- Determinar defeitos em nível de componente empregando a análise de tensão.
- Encontrar problemas em sistemas intermitentes.
- Encontrar problemas em circuitos com amplificadores operacionais (amp ops).
- Explicar como funciona o teste automatizado.

≫ Verificações preliminares

Quando estiver buscando problemas, lembre-se do objetivo desta prática, que envolve:

1. Observar os sintomas.
2. Analisar as causas possíveis.
3. Limitar as possibilidades.

Não seja precipitado ao limitar as possibilidades, pois a busca de problemas requer uma VISÃO GERAL DO SISTEMA. Há varias chances de um problema não ser encontrado exatamente no local onde os sintomas ocorrem. Médicos, que devem encontrar e determinar a causa de um dado problema de saúde em pacientes, sabem disso, isto é, a dor existente em um dado local pode ter origem em um ponto completamente distinto.

Observe a Figura 2-1, onde é mostrada parte de um equipamento que requer assistência técnica porque não funciona adequadamente. Um bom técnico sabe utilizar a visão do sistema da forma correta. Há vários tipos de problemas que podem ocorrem em sistemas desse tipo:

- Fontes de alimentação defeituosas (incluindo baterias descarregadas).
- Conectores com defeito ou mal encaixados.
- Cabos em circuito aberto ou conectados incorretamente.
- Ausência de sinais de entrada.
- Controle ajustado inadequadamente.
- Falhas nos componentes.
- Problemas na rede.
- Problemas de *software*.

Os últimos dois itens supracitados têm se tornado mais comuns nos dias atuais do que antigamente. Os equipamentos normalmente "comunicam-se" com outros dispositivos, de modo que o *software* também atua nos "bastidores", controlando as ações executadas. É muito importante possuir uma visão geral do sistema no que tange ao seu funcionamento, de modo que algumas verificações preliminares devem ocorrer antes do descarte de um dado equipamento que apresente problemas. A verificação nos problemas de *software* representa uma grande economia de tempo e dinheiro.

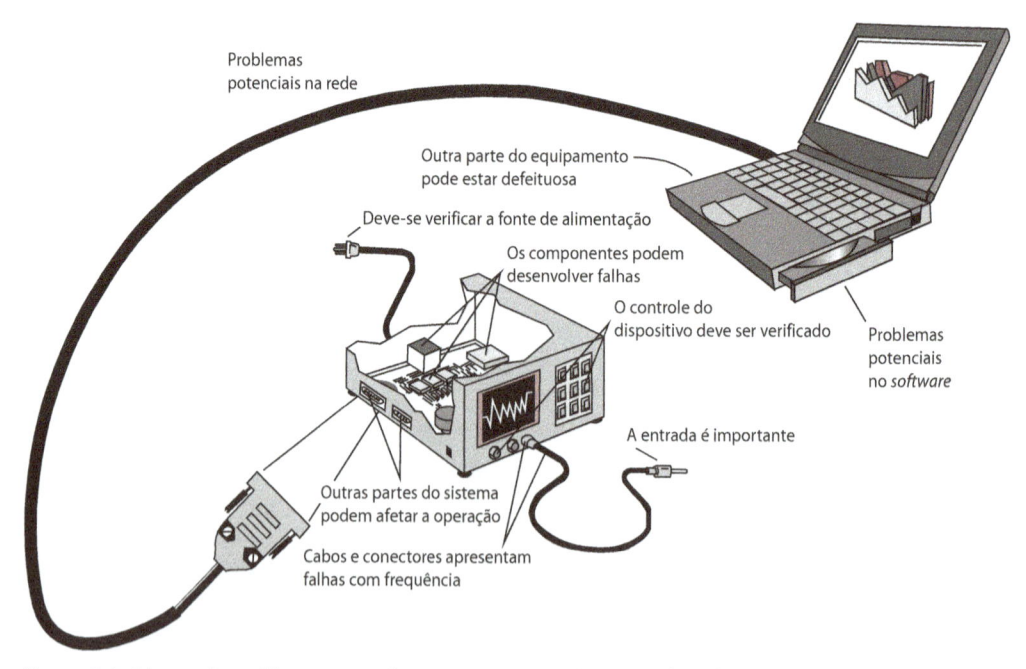

Figura 2-1 A busca de problemas normalmente requer uma visão completa do sistema.

Nem todo equipamento está interligado em rede com outros dispositivos, mas ainda assim a visão geral do sistema é interessante. Profissionais em busca de defeitos que utilizam esta filosofia conhecem a importância da verificação preliminar. Parece absurdo, mas muitos técnicos às vezes chegam à conclusão que um dado dispositivo encontra-se "defeituoso" simplesmente porque cabos de alimentação e/ou componentes estavam detectados. Não chegue a conclusões precipitadas quando estiver procurando defeitos. Não se esqueça de verificar a parte traseira de painéis, sinais luminosos de indicação, porta-fusíveis, chaves de ajuste e energização do equipamento, conectores, cabos e outros pontos. Verifique todos os componentes necessários e sempre inicie o processo nos itens mais óbvios. Essa ação pode levar algum tempo, mas se pode perder mais tempo caso essa verificação preliminar deva ser realizada posteriormente à eliminação de outras causas mais complexas.

A experiência é extremamente valiosa. Muitos técnicos acreditam na chamada REGRA DOS 10%, que diz que 10% das possibilidades ocasionam 90% dos problemas. Não se deve ter receio de fazer perguntas. Faça perguntas diretas a seus colegas de trabalho e supervisores do tipo: "O que pode estar errado com um modelo 360L que não passa no teste de verificação número 4?". Faça perguntas indiretas aos usuários do tipo: "Algum problema desse tipo já ocorreu anteriormente?". Outra pergunta relevante é: "Algo mudou ou aconteceu algo estranho após a verificação do defeito?"

Encontre material técnico de referência e o utilize. Embora isso pareça óbvio, características do ser humano como a pretensão e a preguiça representam perdas de tempo e dinheiro. Aprenda a utilizar a tabela de conteúdos para localizar seções relevantes nos manuais. Aprenda a utilizar o índice (caso exista um) e não se esqueça do material contido no apêndice, pois é onde muitas vezes serão encontradas as melhores informações sobre a busca de problemas.

A ignorância pode ser mortal na questão da busca de problemas. O velho ditado "o que os olhos não vêem, o coração não sente" é totalmente equivocado. O que você não conhece, mas deveria conhecer, pode feri-lo seriamente. Eis alguns pontos que os técnicos devem conhecer ao procurar problemas:

- Todos os procedimentos de segurança relevantes.
- Todas as leis regulatórias relevantes (leis de impacto ambiental, códigos, entre outros).
- Qual é o comportamento normal esperado.
- Conhecimentos sobre os eventuais modos de operação diversos (modos automáticos, modos de programação, entre outros).
- Finalidade das diversas partes de um sistema.
- Finalidade dos dispositivos de controle.
- Propósitos das entradas e saídas e como estas devem ser conectadas.
- Como um dispositivo pode ser testado após ser removido do sistema.
- Qual é o papel do *software* no desempenho.

Quando as verificações preliminares e os testes do sistema são encerrados, mas ainda assim o dispositivo não funciona, uma inspeção interna deve ser realizada. Não tente remover o dispositivo de seu receptáculo até que todos os cabos de alimentação estejam desconectados da rede elétrica CA. Tenha cuidado com os capacitores de filtro carregados, que devem ser devidamente testados com um voltímetro.

Siga os procedimentos do fabricante ao testar componentes isoladamente. Normalmente, a LITERATURA TÉCNICA de manutenção mostra exatamente como o procedimento pode ser realizado. Muitos técnicos a ignoram, simplesmente retirando os componentes aleatoriamente. Isso pode provocar o mau funcionamento do dispositivo ao se repor os componentes, resultando em grande consumo de tempo. A longo prazo, a observação da literatura técnica representa economia de tempo.

Utilize as ferramentas adequadas. A chave de fenda ou o alicate incorreto pode danificar parafusos ou componentes. Um painel frontal arranhado é esteticamente inadequado, sendo que pode ser necessária uma espera de semanas para receber um painel novo e horas de serviço para trocá-lo. O velho ditado "a pressa é inimiga da perfeição" reflete muito bem aspectos da manutenção eletrônica.

Separe e guarde todos os parafusos e demais componentes. Não há nada mais desagradável para o consumidor ou supervisor que encontrar um equipamento caro onde faltam parafusos, proteções e outros componentes. Os fabricantes utilizam todos esses itens por uma simples razão: porque são necessários para a operação segura e adequada do equipamento.

O próximo passo na verificação preliminar consiste na INSPEÇÃO VISUAL do interior do equipamento. Observe os seguintes aspectos:

1. Componentes queimados ou descoloridos.
2. Fios e componentes com conexões rompidas.
3. Placas de circuito impresso quebradas ou queimadas.
4. Presença de objetos estranhos (como grampos de papel e outros).
5. Pinos de transistores tortos que podem estar em contato entre si ou com outros elementos (o que também inclui outros terminais não isolados).
6. Componentes desconectados ou parcialmente acomodados em soquetes.
7. Conectores soltos ou totalmente desencaixados.
8. Dispositivos com fuga (principalmente capacitores eletrolíticos e baterias).

Defeitos óbvios podem ser corrigidos nesse ponto. Entretanto, não energize o equipamento imediatamente. Por exemplo, suponha que um resistor queimado seja identificado. Em muitos casos, o mesmo ocorrerá com o novo componente. Verifique o diagrama esquemático para descobrir qual é o papel desse resistor no circuito. Tente detectar quais tipos de problema podem ter ocasionado a sobrecarga.

Observe a Figura 2-2. Suponha que uma inspeção visual tenha revelado que o resistor R_1 foi severamente queimado. Quais são os tipos de problemas possíveis? Há várias possibilidades, dentre as quais é possível citar:

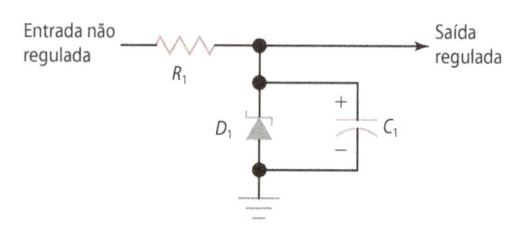

Figura 2-2 Regulador *shunt* com diodo zener.

1. O capacitor C_1 pode estar em curto-circuito;
2. o diodo zener D_1 pode estar em curto-circuito;
3. existe um curto-circuito em algum ponto do circuito de saída regulado;
4. a tensão de entrada não regulada é muito alta (este não é um problema comum, mas consiste em uma possibilidade).

Quando a inspeção visual preliminar está completa, uma VERIFICAÇÃO ELÉTRICA preliminar deve ser realizada. Lembre-se de utilizar um transformador de isolação onde isso é necessário. Lembre-se de que muitos transformadores variáveis na verdade são autotransformadores, os quais efetivamente não fornecem a isolação da rede primária CA. Em alguns casos, é possível realizar medições flutuantes, embora sejam necessários equipamentos de teste devidamente projetados para essa finalidade. A isolação da rede CA e as medições flutuantes foram abordadas no Capítulo 4 (observe as Figs. 4-25 e 4-26).*

O primeiro passa da verificação elétrica preliminar envolve alguns sinais de SUPERAQUECIMENTO, sendo que o olfato é fundamental nesse caso. Componentes eletrônicos superaquecidos normalmente exalam um odor diferente do normal. Muitos técnicos utilizam o toque com os dedos para identificar tais componentes, mas isso deve ser feito com extremo cuidado. Esse procedimento nunca deve ser realizado em casos onde há a possibilidade da presença de altas tensões. Há ponteiras eletrônicas de medição de temperatura que fornecem uma indicação precisa do aquecimento. Ponteiras de medição de

---

* N. de E.: Capítulo do livro SCHULER, Charles. *Eletrônica I*. 7 ed. Porto Alegre: AMGH, 2013.

temperatura que não requerem contato possibilitam a medição da temperatura em uma área geral ou componente simplesmente apontando um feixe de luz infravermelha e apertando um gatilho.

O passo seguinte na VERIFICAÇÃO elétrica reside nas TENSÕES da fonte de eliminação. Problemas nas fontes de alimentação podem produzir uma grande variedade de sintomas, sendo esta a razão pela qual essas tensões devem ser prontamente verificadas. Consulte as especificações do fabricante, os níveis de tensão adequados normalmente são indicados no diagrama esquemático. Normalmente, uma dada margem de erro no valor dessas tensões é aceitável, e uma variação de até 20% não é incomum. Naturalmente, se um regulador de tensão muito preciso for utilizado, essa variação tão alta não será permitida. Lembre-se de verificar todas as tensões de alimentação, pois níveis de tensão inadequados podem provocar o mau funcionamento do sistema.

Danos causados por descargas eletrostáticas (do inglês, *electrostatic discharge* – ESD) representam um problema sério sobre o qual engenheiros e técnicos devem estar cientes. Uma carga estática representa um desequilíbrio de elétrons. Muitos elétrons provocam uma carga estática negativa e poucos elétrons representam uma carga positiva. Cargas estáticas podem ser provocadas pelo atrito entre objetos ou pela remoção do um invólucro isolante de um dado elemento. O atrito provoca o ganho de elétrons em uma superfície, enquanto a outra os perde. Quando a carga estática é muito alta, pode ocorrer uma descarga eletrostática. A maioria das descargas é de baixa intensidade e muitas vezes não é detectada. A Tabela 2-1 cita diversos tipos de cargas estáticas geradas em diversos tipos de atividades. A Tabela 2-2 mostra a susceptibilidade de diversos tipos de dispositivos a ESD. Note que os danos podem ocorrer em tensões baixas da ordem Ed 10 V.

Os dispositivos podem ser danificados das seguintes formas:

- Quando um corpo carregado toca o dispositivo [Figura 2-3(*a*)].

Tabela 2-1 *Cargas eletrostáticas geradas por técnicos de manutenção*

Ação	Carga gerada em volts	
	Umidade elevada	Umidade baixa
Caminhada em carpete	1500	35.000
Remoção de um componente de um saco plástico	1200	20.000
Sentar-se ou levantar-se de uma cadeira plástica	1500	18.000
Caminhada em chão de vinil	250	12.000
Deslizamento de luva em uma bancada laminada	100	6000

- Quando o dispositivo toca um objeto ou superfície aterrada.
- Quando uma máquina ou ferramenta carregada toca o dispositivo.
- Quando o campo nas imediações do dispositivo carregado induz uma carga no dispositivo.

Há três tipos de danos a dispositivos, sendo que o primeiro item a seguir é o mais relevante:

- Fugas e curtos-circuitos ocasionados por aquecimento local.
- Oxidação por contato.
- Condutores rompidos (em circuito aberto).

Tabela 2-2 *Susceptibilidade à ESD para vários tipos de dispositivos*

Tipo de dispositivo	Susceptibilidade a ESD
Microprocessadores em *chips*	Baixa, da ordem de 10 V
Dispositivos EPROM	100 V
Dispositivos lógicos CMOS	De 250 a 3000 V
Resistores de filme	De 300 a 3000 V
Transistores bipolares	De 380 a 7000 V
Dispositivos lógicos TTL	De 1000 a 2500 V

Descargas estáticas e a indução estática normalmente causam o que é chamado de **defeito latente da ESD**. Nesse caso, o dispositivo é danificado, mas continua a funcionar dentro dos limites normais. Entretanto, sua integridade foi comprometida e falhas posteriores podem ocorrer. Não há testes que possam ser utilizados na detecção de defeitos latentes. A "morte súbita" ocorre em apenas 15% das descargas eletrostáticas que efetivamente provocaram defeitos.

O símbolo da susceptibilidade a ES mostrado na Figura 2-3(b) consiste em um triângulo, uma mão estendida e uma tarja sobreposta à mão. O triângulo significa "cuidado", enquanto a tarja sobre a mão estendida significa "não toque". O símbolo é aplicado diretamente a circuitos integrados, placas e componentes que são sensíveis a descargas. Isso indica que o manuseio de um dado componente pode provocar o dano por ESD se os cuidados adequados não forem tomados. O símbolo de proteção contra ESD é mostrado abaixo do símbolo da susceptibilidade e também consiste em uma mão estendida desenhada no interior de um triângulo. Um círculo ao redor do triângulo substitui a tarja supracitada, representando uma área de proteção. Assim, esse símbolo denota a proteção contra ESD, sendo utilizado em tapetes, cadeiras, pulseiras antiestáticas, roupas, embalagens e diversos outros itens que efetivamente fornecem proteção contra ESD. Também pode ser utilizado em equipamentos como ferramentas manuais, correias transportadoras ou dispositivos de manuseio automático especialmente projetados ou modificados para fornecer proteção contra ESD.

A proteção contra ESD em áreas de trabalho inclui:

- As superfícies de trabalho devem ser aterradas; materiais com dissipação estática e pisos constituídos de superfícies dissipativas podem ser necessários [Figura 2-4(a)].
- Os técnicos devem empregar pulseiras antiestáticas [Figura 2-4(b)].
- Pulseiras antiestáticas devem ser testadas com frequência.

(a) A ESD pode danificar componentes

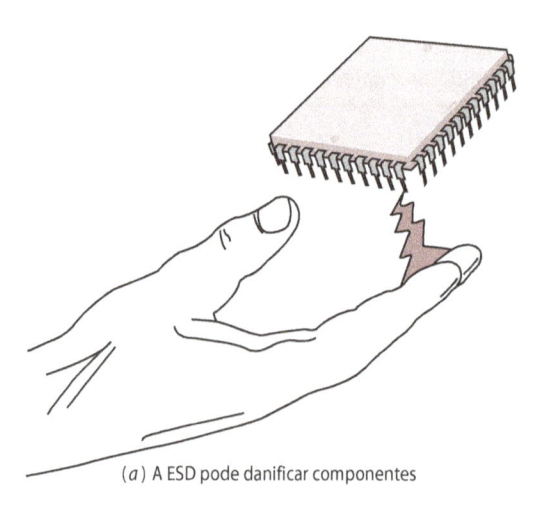

Sensível a ESD: não toque!

Material ou componente com proteção contra ESD.
(b) Símbolos de ESD

Figura 2-3 Descarga eletrostática (ESD).

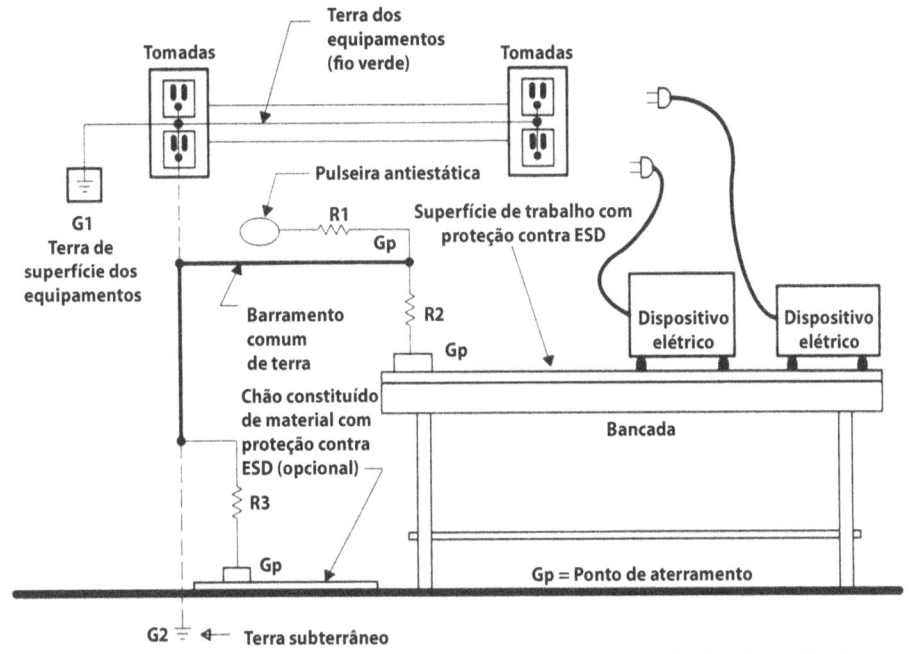

Notas:
A. O terminal G1 (terra de superfície dos equipamentos) ou G2 (terra subterrâneo) pode ser utilizado como terra para ESD. Quando ambos os terras são utilizados, os terminais devem ser conectados (soldados) entre si.
B. O uso de R1 é obrigatório para todas as pulseiras antiestáticas.
C. Os componentes R2 (para superfícies de trabalho com dissipação de carga estática) e R3 (para chão constituído de material com proteção contra ESD) são opcionais. O chão com proteção contra ESD é diretamente conectado ao terra ESD sem R3.
D. A estação de trabalho com proteção contra ESD encontra-se de acordo com a Norma JEDEC No. 42.

(*a*) Estação de trabalho com proteção contra ESD

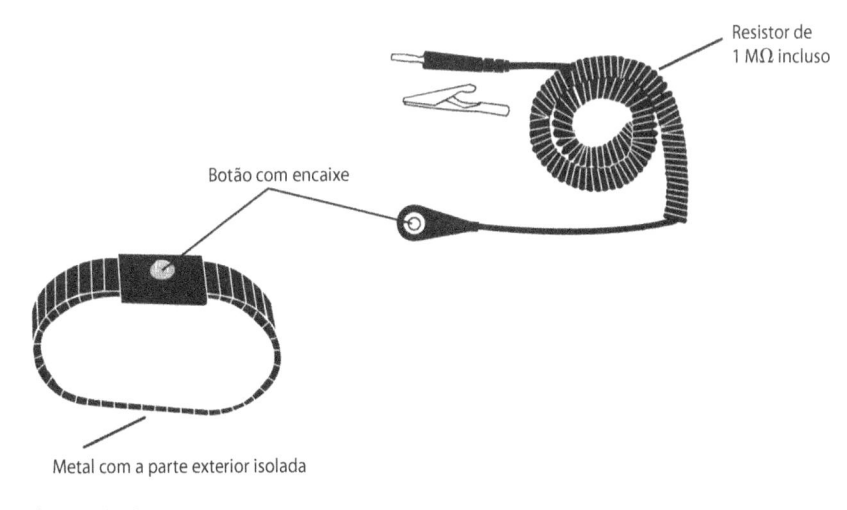

(*b*) Pulseira antiestática

Figura 2-4 Prevenção de ESD no local de trabalho.

- Muitas vezes, os técnicos devem utilizar calçados e jalecos especiais constituídos de material com proteção contra ESD.
- Materiais isolantes devem ser removidos da área de trabalho ou neutralizados com um ionizador. Gases ionizados (como o ar) são capazes de transportar a carga estática.
- Deve-se manter a umidade relativa do ar em aproximadamente 50% (Tabela 2-1).
- Deve-se manter CIs e placas de circuito impresso em invólucros protetores ao transportá-los, enviá-los ou armazená-los.

E como deve ser o serviço de campo quando uma área de trabalho protegida não se encontra disponível? A maioria dos técnicos emprega as seguintes regras:

- Considere que todos os componentes e placas de circuito sejam susceptíveis a danos por ESD.
- Movimente-se o mínimo possível (Tabela 2-1).

- Utilize uma pulseira antiestática.
- Desligue todos os equipamentos antes de tocar circuitos equipamentos ou componentes.
- Toque um encapsulamento, carcaça ou chassi aterrado antes de entrar em contato com qualquer parte do circuito.
- Ao conectar instrumentos ou equipamentos, primeiramente utilize os terminais de terra.
- Manuseie os componentes e placas de circuito o mínimo possível. Mantenha-os nos invólucros protetores até o momento de serem utilizados. Encoste a superfície de transporte em um encapsulamento, carcaça ou chassi aterrado antes de remover o componente.
- Coloque os componentes removidos imediatamente no interior de invólucros protetores.
- Utilize ferramentas de solda aterradas.
- Utilize pulverizadores e produtos químicos antiestáticos.

Teste seus conhecimentos

Acesse o site www.grupoa.com.br/tekne para fazer os testes sempre que passar por este ícone.

❯❯ *Ausência de sinal de saída*

Há diversas causas para a ausência de sinais na saída de um circuito. Provavelmente, a mais óbvia é a AUSÊNCIA DE SINAIS DE ENTRADA e isso deve ser verificado inicialmente. Assim, pode-se descobrir que um dado fio ou conector está solto. Quando não há sinal de entrada, não é possível que haja sinal na saída.

O dispositivo de saída pode estar defeituoso. Por exemplo, em um amplificador de áudio, a saída é enviada a um alto-falante ou mesmo fones de ouvido. Esses dispositivos podem apresentar falhas facilmente constatadas. Uma célula com dois terminais de teste consiste em uma forma simples de energizar um alto-falante temporariamente. Se estiver em perfeito estado, esse dispositivo apresentará um som de clique quando os terminais de teste entrarem em contato com seus respectivos terminais. Ohmímetros analógicos na escala $R \times 1$ terão o mesmo efeito quando conectados a um alto-falante. Qualquer uma dessas técnicas indica se o alto-falante é capaz de converter energia elétrica em som. Esse teste é simples, mas não pode ser utilizado para analisar a qualidade do alto-falante.

Se não há nada errado com o dispositivo de saída, a fonte de alimentação ou o sinal de entrada, então há uma ruptura na CADEIA DO SINAL, o que é ilustrado na Figura 2-5. O sinal deve se deslocar ao longo da cadeia estágio por estágio até chegar à carga. Uma ruptura em qualquer ponto da cadeia normalmente provocará a ausência de sinal na saída.

Um amplificador de quatro estágios contém muitos componentes, de modo que há muitas medições para serem realizadas. Portanto, uma forma eficiente de busca de problemas consiste em restringi-los a um estágio. Uma forma de desenvolver esse procedimento é a utilização da INJEÇÃO DE SINAIS, mostrada na Figura 2-6. Um gerador de sinais é empre-

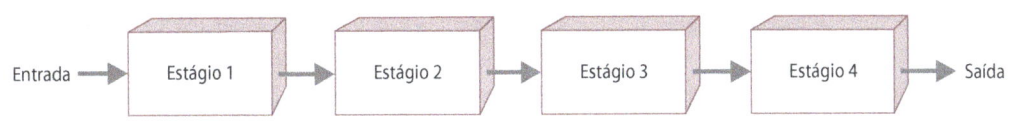

Figura 2-5 Cadeia do sinal.

gado para gerar um sinal de teste. Se um sinal surge na saída, então o último estágio encontra em perfeito estado. O sinal de teste é então aplicado no estágio anterior ao último, repetindo o procedimento como os demais estágios até que se chegue à entrada. Quando o sinal for injetado na entrada do sinal defeituoso, não haverá sinal na saída. Isso elimina a possibilidade de defeito nos demais estágios, de modo que se pode isolar o circuito defeituoso.

A injeção de sinais deve ocorrer de forma cuidadosa. Por exemplo, um amplificador pode ser acionado com sinais de grandes amplitudes, danificando outros componentes. É comum danificar um alto-falante injetando um sinal muito grande no amplificador de áudio. Um amplificador de áudio de alta potência deve ser tratado de forma adequada.

Outro problema na injeção de sinais é a conexão imprópria. Para evitar isso, deve-se ter em mãos um diagrama esquemático. O terra comum geralmente é utilizado para se conectar o terminal de terra do

> **Sobre a eletrônica**
>
> **Sensores/CETs**
> Um sensor com mau funcionamento pode provocar o aumento da emissão de gases poluentes em um automóvel e mesmo assim não representar uma mudança perceptível no desempenho do veículo. CET, em inglês, significa *certified electronic technician* (técnico certificado em eletrônica).

gerador. Considerar que a carcaça do equipamento seja sempre comum nem sempre funcionará. Se a conexão comum for incorreta, um ruído de baixa frequência de alta intensidade pode ser injetado no sistema, resultando em eventuais danos.

Muitos amplificadores podem ser testados com sinais CA. O sinal deve estar ACOPLADO de forma capacitiva para evitar a interferência na polarização do transistor ou no circuito integrado. Se o gera-

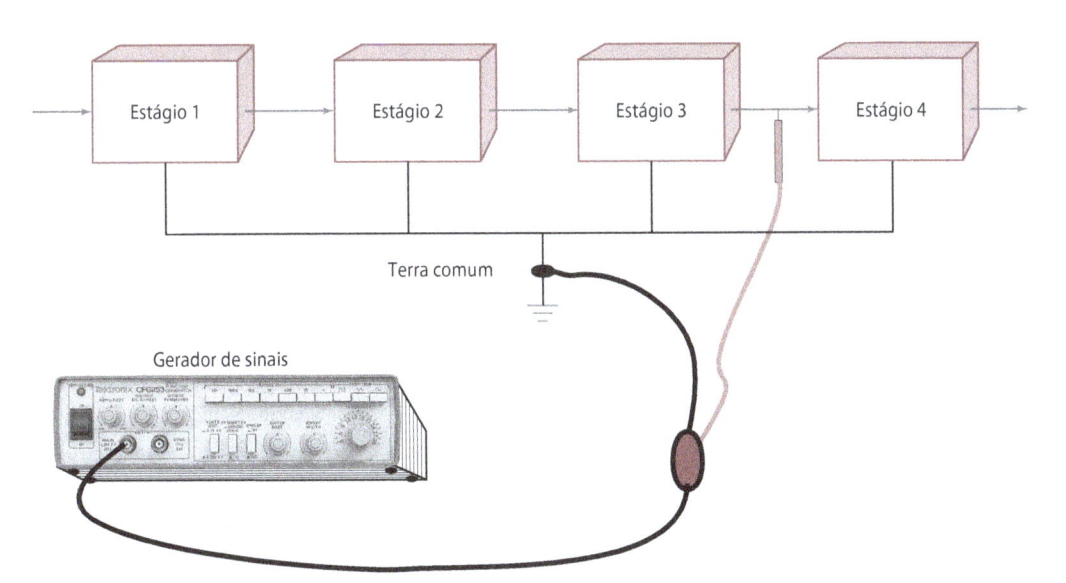

Figura 2-6 Utilização da injeção de sinais.

dor possui acoplamento CC, um capacitor deve ser utilizado em série como terminal energizado, bloqueando a componente CC e permitindo que o sinal CA seja injetado. Um capacitor de 0,1 μF normalmente é adequado para aplicações de áudio, ao passo que um capacitor de 0,001 μF pode ser empregado para radiofrequências (verifique o nível da tensão suportada pelo capacitor).

A frequência de teste varia dependendo do amplificador sob teste. Um valor de 400 a 1000 Hz é normalmente comum em aplicações de áudio. Um amplificador de radiofrequência deve ser testado em sua frequência de projeto, o que é especialmente importante em amplificadores de largura de banda. Em alguns casos, a banda é tão estreita que um erro de alguns quilohertz causará o bloqueio do sinal. Pode ser necessário variar a frequência do gerador para observar a presença de sinais na saída.

A injeção de sinais pode ser realizada sem um gerador de sinais em muitos amplificadores. Um resistor pode ser empregado para injetar um clique na cadeia do sinal. Na verdade, esse clique é um sinal de pulso ocasionado pela mudança súbita na polarização do transistor. Um resistor é conectado momentaneamente entre os terminais coletor e base na Figura 2-7, o que provocará uma queda súbita na tensão coletor e a geração de um pulso que viaja ao longo da cadeia até a saída. Quando se tem um estágio onde o clique não chega à saída, o problema é isolado. Da mesma forma que outros tipos de injeção de sinais, comece com o último estágio, deslocando-se em direção ao primeiro.

O TESTE DE CLIQUE deve ser utilizado cuidadosamente. Utilize apenas um resistor da ordem de vários milhares de ohms. Nunca utilize uma chave de fenda ou um fio, pois isso pode danificar o equipamento de forma severa. Nunca utilize o teste de clique em equipamentos de alta tensão/alta potência, pois esse não é um procedimento seguro para o técnico ou o próprio técnico. Sempre tenha cuidado ao utilizar ponteira em circuitos energizados. Se acidentalmente dois pontos forem colocados em curto-circuito, danos severos podem ocorrer.

O TRAÇADO DE SINAIS é outra forma de isolar um estágio defeituoso. A técnica pode utilizar um medidor, um osciloscópio, um traçador de sinais ou outro dispositivo correlato. O traçado de sinais começa no primeiro estágio da cadeia do amplificador. Então, o instrumento de traçado é empregado no segundo estágio, e assim por diante. Suponha que um sinal seja encontrado na entrada do terceiro estágio, mas não na entrada do quarto estágio. Isso significa que o sinal é perdido em algum ponto do terceiro estágio, o qual provavelmente se encontra defeituoso.

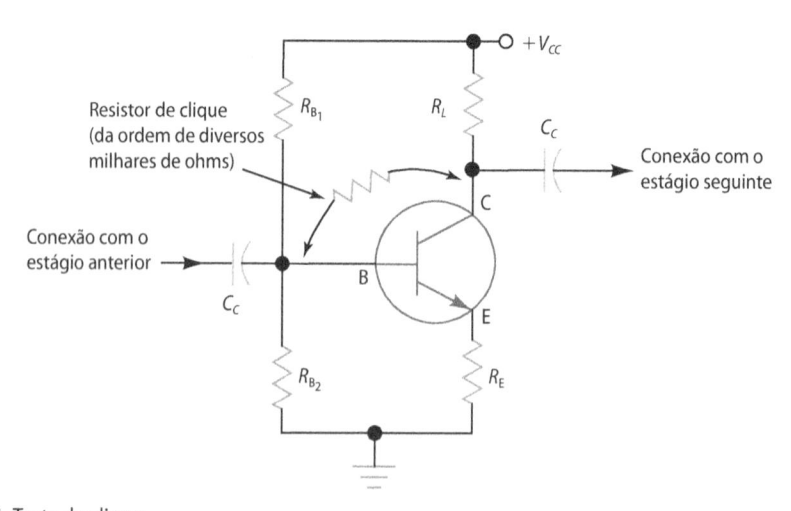

Figura 2-7 Teste de clique.

Um ponto importante que deve ser lembrado no traçado de sinais reside no ganho e na resposta em frequência do instrumento sob uso. Por exemplo, não espere a presença de um sinal de áudio de nível baixo ou voltímetro CA convencional. Além disso, não espere ver em um osciloscópio um sinal RF de nível baixo. Mesmo que o sinal esteja dentro da faixa de frequência de um osciloscópio, o sinal deve ser da ordem de milivolts para que possa ser detectado. Alguns sinais de áudio são da ordem de microvolts. O fato de não conhecer as limitações do seu equipamento de testes pode levá-lo a falsas conclusões!

Uma vez que a falha seja identificada em um estágio em particular, é hora de determinar que componente que falhou. Naturalmente, é possível que mais de um elemento esteja defeituoso. De forma mais frequente, apenas um componente defeituoso será encontrado.

Muitos técnicos utilizam a ANÁLISE DE TENSÃO e os respectivos conhecimentos sobre os circuitos. Analise a Figura 2-8. Suponha que o coletor de Q_2 apresente tensão de 20 V. O diagrama esquemático do fabricante indica que o coleto de Q_2 deve possuir 12 V em relação ao terra. O que pode ocasionar um erro tão grande? Tipicamente, o transistor Q_2 deve estar em corte. A medição de 20 V no coletor indica que a tensão é quase a mesma existente nos terminais de R_6. A lei de Ohm diz que uma pequena queda de tensão implica uma pequena corrente. Assim, provavelmente Q_2 encontra-se em corte.

Agora, quais são as possíveis causas para o corte de Q_2? Primeiro, o transistor pode estar com defeito. Segundo, o resistor R_7 pode estar em circuito aberto, sendo este componente responsável por fornecer a corrente de base de Q_2. Se o circuito estiver aberto, não há corrente na base, o que provoca o corte do transistor. Isso pode ser verificado medindo-se a tensão na base de Q_2. Com R_7 aberto, a tensão na base será nula. Terceiro, o resistor R_9 pode estar em circuito aberto, de modo que não haverá corrente no emissor, levando o transistor ao corte.

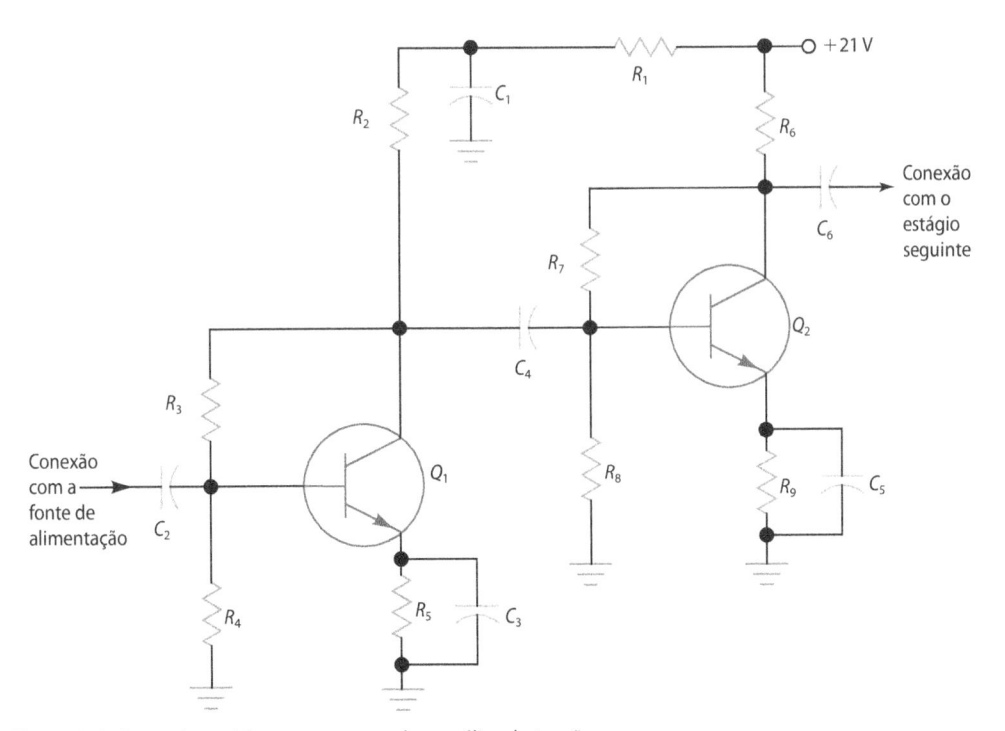

Figura 2-8 Busca de problemas empregando a análise de tensão.

A verificação da tensão no coletor de Q_2 mostra um valor ligeiramente inferior a 21 V. A tensão real será determinada pelo divisor formado por R_6, R_7 e R_8. Quarto, o resistor R_8 pode estar em curto-circuito. Isso raramente ocorre, mas um técnico deve considerar todas as possibilidades. Nesse caso, não haverá corrente na base e o transistor estará em corte. A tensão na base também será nula.

Vamos tentar outro sintoma. Suponha que a tensão no coletor de Q_1 seja 0 V. A verificação das notas de manutenção do fabricante indica que essa tensão deveria ser de 11 V. O que pode estar errado? Primeiro, o capacitor C_1 pode estar em curto-circuito. A associação de R_1 e C_1 consiste em um filtro passa-baixa que evita que ruídos de baixa frequência e outros sinais CA indesejados cheguem a Q_1. Se C_1 estiver em curto circuito, a tensão de alimentação de 21 V será aplicada em R_1. Isso pode ser verificado medindo-se a tensão na junção entre R_2 e C_1, a qual será nula na condição de curto-circuito. Segundo, o resistor R_2 pode estar em circuito aberto, o que também pode ser constatado medindo-se a tensão na junção entre R_2 e C_1. A medição de 21 V indica que R_2 pode estar aberto. O transistor Q_1 pode estar em curto-circuito? A resposta é não, pois a queda de tensão no resistor R_5 seria pequena e a tensão no coletor seria maior que 0 V.

Às vezes, o fato de se perguntar o que ocorreria ao circuito se um dado componente estivesse defeituoso ajuda a resolver problemas. Esse jogo de perguntas e respostas é utilizado por muitos técnicos. Novamente, observe a Figura 2-8. O que ocorreria caso C_4 estivesse em curto-circuito? Nesse caso, o potencial CC do coletor de Q_1 seria aplicado à base de Q_2. Há uma possibilidade de que isso aumente a tensão na base e leve Q_2 à saturação. A tensão no coletor de Q_2 será reduzida a um valor pequeno.

O que aconteceria se C_2 estivesse em curto-circuito na Figura 2-8? O transistor Q_1 pode ser levado ao corte ou à saturação. Se a fonte do sinal possui um terra ou potencial negativo, o transistor estará em corte. Por outro lado, se o potencial da fonte do sinal for positivo, o transistor será levado à saturação.

A vantagem da análise de tensão é facilidade da realização de medições. Normalmente, os valores esperados para as tensões são indicados nos diagramas esquemáticos. Um pequeno erro nesses valores não é um sinal de problemas. Muitos diagramas esquemáticos indicam que as tensões encontram-se dentro de uma faixa de tolerância de $\pm 10\%$.

A ANÁLISE DE CORRENTE não é simples. Os circuitos devem ser rompidos para que a corrente possa ser medida. Às vezes, um técnico pode encontrar uma resistência conhecida no circuito onde se deve medir a corrente. A medição da tensão pode ser convertida em corrente por meio da lei de Ohm. Entretanto, se o valor da resistência estiver incorreto, o valor da corrente calculada também o será.

A ANÁLISE DE RESISTÊNCIA também pode ser empregada para isolar componentes defeituosos. Entretanto, às vezes isso pode ser complexo. Caminhos múltiplos podem fornecer valores confusos para as medições. Por exemplo, observe a Figura 2-9, em que a verificação com um ohmímetro é realizada em um resistor de 3,3 kΩ. A leitura está incorreta porque a fonte de alimentação interna ao ohmímetro polariza a junção base-emissor do transistor diretamente. A corrente circula tanto no resistor como no transistor. Isso torna a leitura inferior a 3,3 kΩ. A polaridade do ohmímetro pode ser invertida, de modo que o transistor será polarizado reversamente e o valor do resistor de 3,3 kΩ será efetivamente medido. A maioria dos MDs quando utilizada como ohmímetro não será capaz de polarizar junções semicondutoras.

Mesmo que uma junção não seja polarizada pelo ohmímetro, em muitos casos, é ainda impossível obter medições úteis de resistências. Haverá outros componentes no circuito que absorverão corrente a partir do ohmímetro. Sempre que estiver utilizando a análise de resistência, lembre-se de que um valor medido reduzido pode ser causado por múltiplos caminhos.

Remover os componentes dos circuitos e placas de circuito impresso com um ferro de solda visando a utilização da análise de resistência não consiste

O valor exibido é muito baixo

3,3 kΩ

O ohmímetro polariza a junção base-emissor diretamente

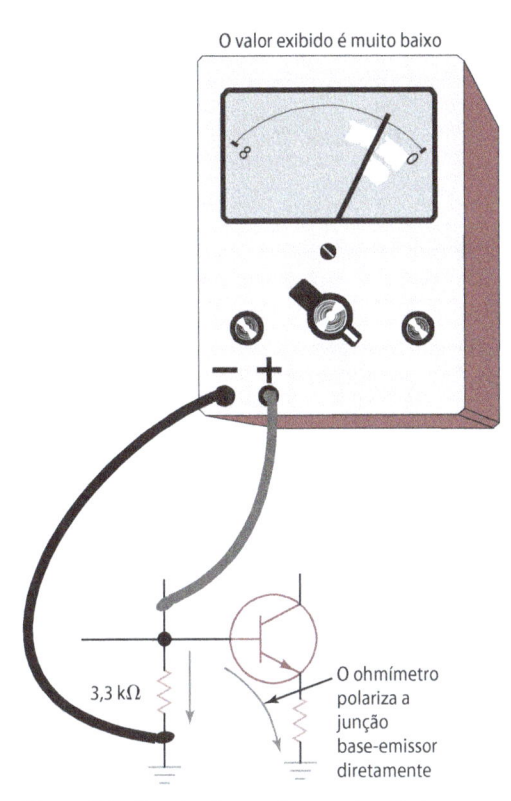

Figura 2-9 Um ohmímetro é capaz de polarizar a junção base-emissor diretamente.

em um procedimento prático, a menos que se tenha certeza de que o componente está defeituoso. Nesse caso, tanto a placa de circuito impresso como outros elementos podem ser danificados. Além disso, este é um procedimento oneroso em termos de tempo.

Como foi mencionado anteriormente, a maioria dos técnicos utiliza a análise de tensão para localizar elementos defeituosos. Isso é prático e eficiente, pois a maioria das falhas nos circuitos provocará a mudança do valor de pelo menos uma tensão CC. Entretanto, ainda há a possibilidade de uma falha CA capaz de romper a cadeia do sinal sem qualquer alteração nas tensões CC. Alguns tipos de falha CA são:

1. Capacitor de acoplamento em circuito aberto.
2. Bobina ou transformador de acoplamento defeituoso.
3. Ruptura na placa de circuito impresso.
4. Conector torto ou coberto com poeira e sujeira (módulos encaixados normalmente apresentam este problema).
5. Chave ou elemento de controle aberto, como um relé.

Para determinar esse tipo de falha, o traçado de sinais ou a injeção de sinais pode ser empregada. Condições diversas serão encontradas em cada extremidade do local onde há a ruptura da cadeia. Alguns técnicos empregam um capacitor de acoplamento para desviar o sinal do componente suspeito. O valor do capacitor é de 0,1 μF para aplicações de áudio, ou de 0,001 μF para circuitos de rádio. Não utilize essa abordagem em circuitos de alta tensão. Nunca utilize um fio, pois o circuito pode ser severamente danificado ao conectar dois pontos incorretos através de um condutor com baixa impedância.

Teste seus conhecimentos

» Sinal de saída reduzido

Um sinal reduzido na saída indica que há ausência de ganho no sistema. Por exemplo, em um amplificador de áudio, o volume normal não pode ser atingido ajustando-se o botão de controle na posição máxima. Não procure problemas relacionados a sinais de saída reduzidos antes de realizar os passos descritos na Seção *Verificações Preliminares*.

Um sinal de saída reduzido em um amplificador pode ser ocasionado por um sinal de entrada de baixa amplitude. Por um dado motivo, a fonte de alimentação produz um sinal fraco. Um microfone pode apresentar deterioração ao longo do tempo e em virtude da má utilização. O mesmo pode ocorrer com alguns sensores. Para verificar isso, utilize uma nova fonte de sinal ou substitua o gerador de sinais.

Outra possível causa para o problema é o mau desempenho do dispositivo de saída. O defeito do alto-falante ou conexões inadequadas podem causar a redução do volume normal. Em um sistema de vídeo, pode haver problemas no tubo de raios catódicos (tubo de imagem) que resultem em um contraste ruim. Isso pode ser verificado ao substituir o dispositivo de saída por um novo componente ou uma carga conhecida, de modo que o sinal possa então ser medido.

Na Figura 2-10, substituiu-se um alto-falante por um resistor de 8 Ω para medir a potência de saída do amplificador de áudio. Esse resistor deve ser compatível com a potência de saída do amplificador. Normalmente, o gerador de sinais é ajustado de modo a fornecer uma saída senoidal de 1 kHz. O nível do sinal é ajustado cuidadosamente de modo que um sinal excessivo não seja aplicado ao amplificador sob teste.

Suponha que se deseje verificar a potência nominal de um amplificador com um osciloscópio e um gerador de sinais. A potência de saída do amplificador CA é de 100 W. Como é possível verificar se o amplificador de fato apresenta esta potência e não possui sinal reduzido na saída? A expressão da potência mostra a relação entre a tensão de saída e a resistência de saída:

$$P = \frac{V^2}{R}$$

Nesse caso, o valor de P é conhecido a partir das especificações, enquanto o parâmetro R corresponde ao resistor substituto. Quando é necessário determinar a tensão de saída, tem-se:

$$V^2 = PR \quad \text{ou} \quad V = \sqrt{PR}$$

A partir dos dados conhecidos, tem-se:

$$V = \sqrt{100\,W \times 8\,\Omega} = 28{,}28\,V$$

O amplificador de 100 W deve apresentar uma tensão de saída de 28,28 V aplicada ao resistor de 8 Ω. O osciloscópio mede valores de pico a pico. Logo, é necessário converter 28,28 V em seu valor de pico a pico correspondente:

$$V_{p-p} = V_{rms} \times 1{,}414 \times 2 = 80\,V$$

Para testar o amplificador de 100 W, o controle do ganho deve ser ajustado até que o osciloscópio mostre uma onda senoidal com 80 V de pico a pico. Não deve haver sinal de ceifamento nos picos da forma de onda. Se o amplificador passar nesse teste, suas especificações de saída estarão corretas.

A Figura 2-11 mostra outra forma de testar amplificadores que normalmente é empregada na indústria das comunicações de rádio. Normalmente, o rádio bidirecional entrega sua potência de saída RF a uma antena. Para fins de teste, a antena é substituída por uma CARGA FANTASMA, que se trata de uma resistência não associada em série com uma indutância de 50 Ω. Assim, tem-se uma forma de teste sem que seja produzida interferência, garantindo a carga adequada para o transmissor. O wattímetro RF indica o valor da potência de saída.

Se o sinal de entrada e o dispositivo de saída são normais, o problema deve se encontrar no próprio amplificador, de modo que um ou mais estágios forneçam um ganho menor que o esperado. Pode-se esperar que o problema seja restrito tipicamen-

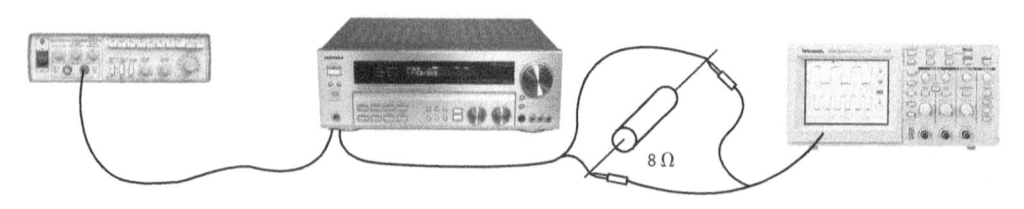

Figura 2-10 Substituição do alto-falante por um resistor.

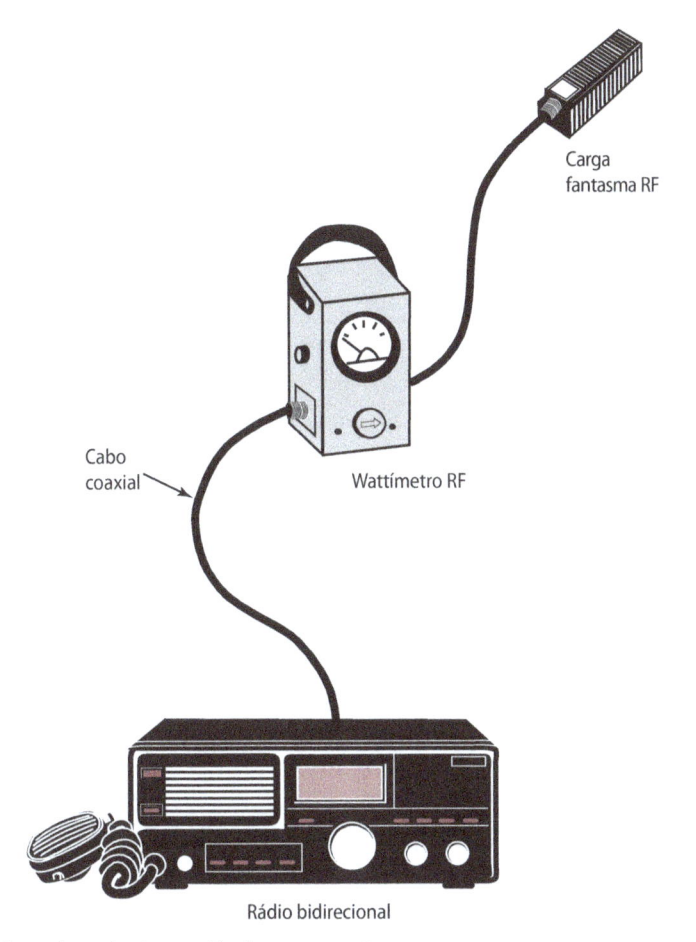

Figura 2-11 Medição da potência na saída de um transmissor.

te a um estágio na maioria dos casos. É mais fácil isolar um estágio com ganho reduzido do que encontrar um rompimento em toda a cadeia do sinal. O traçado de sinais e a injeção de sinais podem fornecer resultados inconclusivos.

Suponha que seja necessário encontrar problemas no amplificador de três estágios mostrado na Figura 2-12. O osciloscópio mostra que o sinal de entrada do estágio é de 0,1 V e que a saída é de 1,5 V. Um cálculo simples é capaz de fornecer o valor do ganho:

$$A_V = \frac{1,5\ V}{0,1\ V} = 15$$

Este valor parece aceitável, de modo que a ponteira agora será utilizada no estágio 2. A tensão nesse estágio também é de 1,5 V. Isso é estranho, porque aparentemente o estágio 2 não está fornecendo ganho de tensão. Entretanto, a verificação do diagrama esquemático mostra que este é um estágio do tipo SEGUIDOR DE TENSÃO. Lembre-se de que este circuito não produz ganho de tensão. Talvez, o problema esteja no estágio 1. O conhecimento do circuito é fundamental para encontrar falhas relacionadas ao sinal de saída reduzido.

Alguns iniciantes acreditam que um circuito que não funciona totalmente é mais difícil de ser consertado que outro que opera de forma parcial. Na verdade, ocorre justamente o contrário. É mais fácil encontrar um elo rompido na cadeia do sinal porque os sintomas são mais definidos.

Sobre a eletrônica

Dicas para a busca de problemas
Alguns equipamentos podem ser diagnosticados com o uso de um modem. Alguns equipamentos realizam uma série de testes de autodiagnóstico quando energizados. Diagramas de blocos podem ser mais importantes que diagramas esquemáticos na busca de problemas em alguns sistemas.

Com a experiência adquirida, o problema relacionado ao sinal de saída reduzido não se torna muito complexo porque o técnico sabe exatamente o comportamento esperado em cada estágio. Além da experiência, notas de manutenção e diagramas esquemáticos são de grande valia, pois normalmente incluem desenhos representando as formas de onda esperadas nos vários pontos do circuito. Se um osciloscópio mostra o sinal de saída reduzido em um dado estágio, então a entrada pode ser verificada. Se o sinal de entrada está normal, é razoável assumir que o estágio com ganho reduzido foi encontrado.

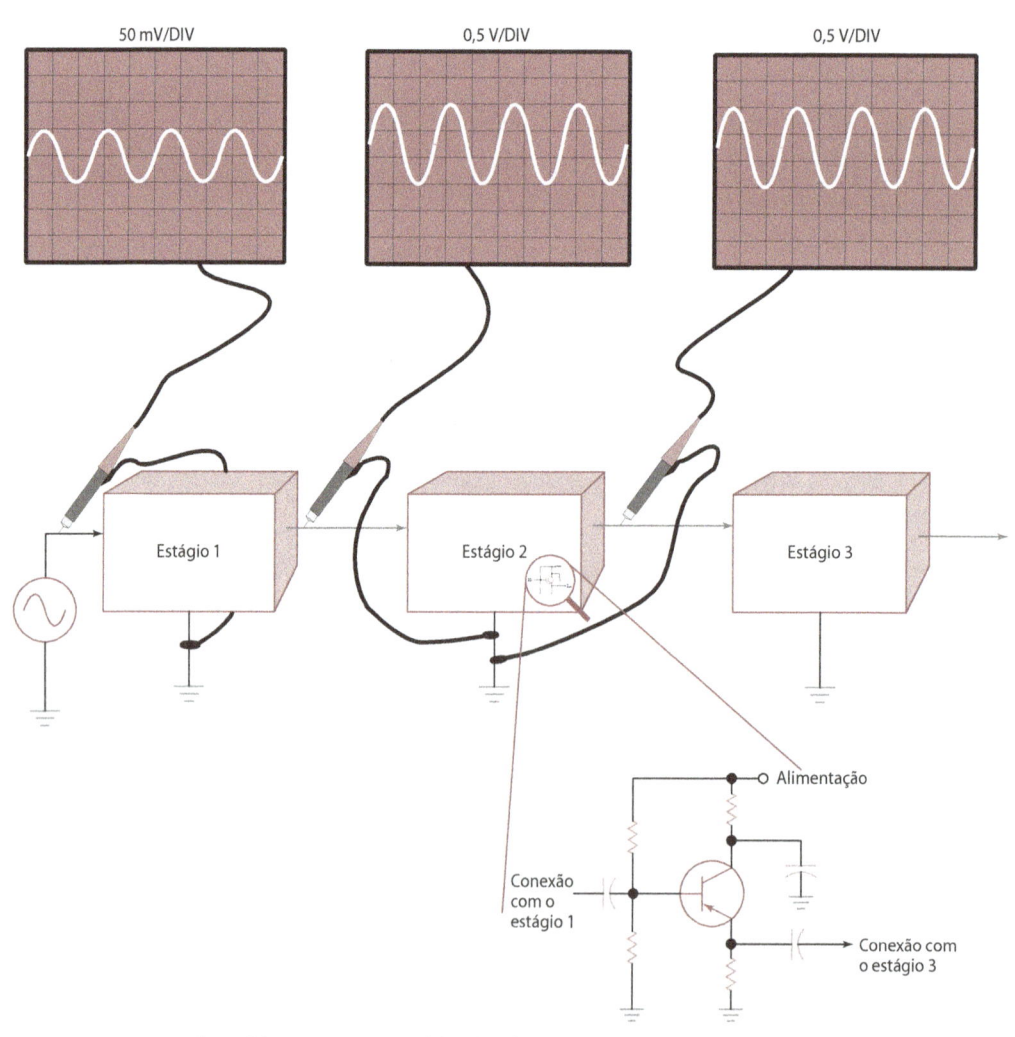

Figura 2-12 Busca de problemas em um amplificador de três estágios.

Às vezes, as informações necessárias podem ser encontradas no próprio equipamento. Um exemplo consiste no amplificador estéreo da Figura 2-13. Considere que o canal esquerdo apresenta volume baixo. A verificação alternada entre os canais direito e esquerdo permite que o estágio com ganho reduzido seja isolado.

Lembre-se de que é necessário seguir em direção à saída quando se trabalha com o traçado de sinais.

Uma vez que o estágio defeituoso é localizado, a falha pode ser normalmente restrita a um único componente. Algumas causas possíveis para o ganho reduzido são:

1. Tensão de alimentação reduzida.
2. Capacitor de desvio em circuito aberto.
3. Capacitor de acoplamento parcialmente em circuito aberto.
4. Polarização inadequada do transistor.
5. Transistor defeituoso.
6. Transformador de acoplamento defeituoso.
7. Circuito sintonizado desajustado ou defeituoso.

As tensões de alimentação devem ser verificadas logo no início do processo de busca de falhas. Entretanto, ainda assim um estágio pode não ser alimentado com o valor de tensão adequado. Observe o resistor e o capacitor existentes na conexão de alimentação do circuito. Essa rede de desacoplamento RC pode estar defeituosa. O valor de R_3 pode ter aumentado ou C_2 pode apresentar fuga. Tais defeitos podem reduzir a tensão no coletor significativamente, provocando a redução do ganho.

A Figura 2-14 também mostra que o capacitor de desvio do emissor pode estar em circuito aberto. Isso pode provocar a redução do ganho de 100 para um valor inferior a quatro. Os capacitores de acoplamento podem apresentar redução na capacidade de armazenamento, provocando a redução do sinal. A verificação das tensões CC nos terminais do transistor na Figura 2-14 indicará se a polarização está correta, mas não se há algum capacitor em circuito aberto.

No amplificador RF a MOSFET com gatilho dual da Figura 2-15, o sinal de entrada é aplicado ao gatilho 1 do transistor. O gatilho 2 é conectado à

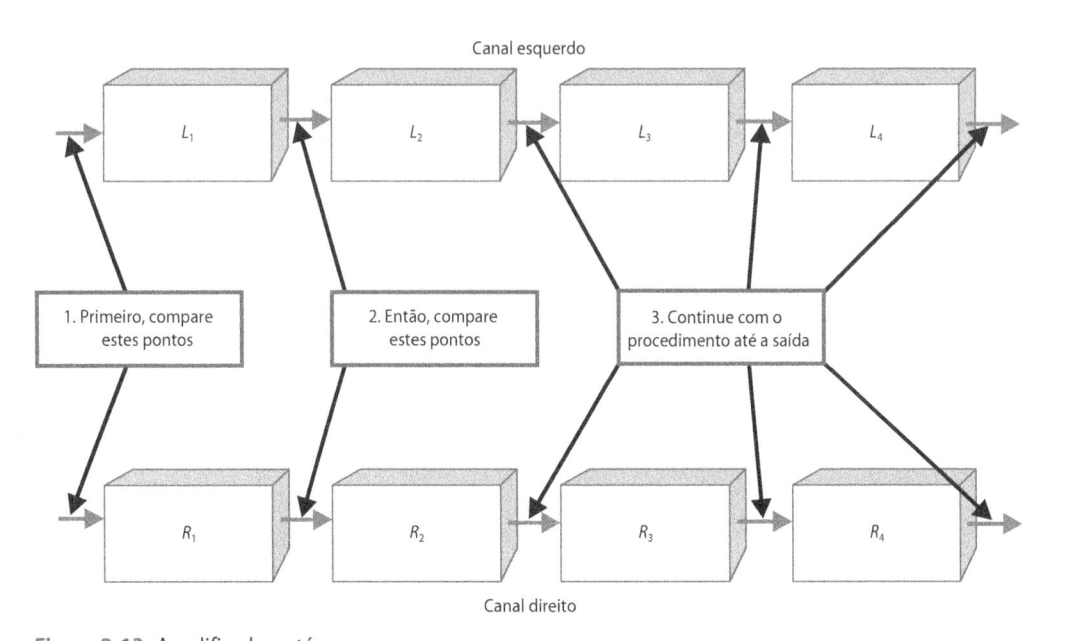

Figura 2-13 Amplificador estéreo.

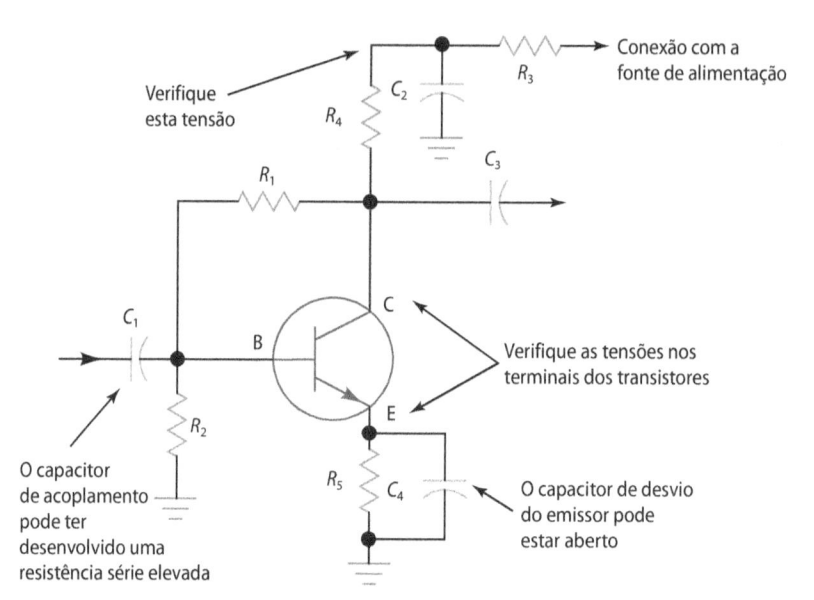

Figura 2-14 Verificação da causa de obtenção de um ganho reduzido.

fonte de alimentação por meio de um resistor e de um CIRCUITO AGC separado. As letras AGC significam controle de ganho automático (do inglês, *automatic gain control*). Uma falha nesse circuito normalmente provocará a redução do ganho do amplificador, que pode ser superior a 20 dB. Assim, se o amplificador é controlado de forma AGC, a tensão de controle correspondente deve ser medida para determinar se seu respectivo valor está normal.

A Figura 2-15 mostra que a carga no dreno corresponde a um circuito sintonizado. Esse circuito é ajustado na frequência de ressonância correta ajustando-se devidamente o transformador. Existe a possibilidade de que este ajuste possa ter sido alterado, provocando uma redução intensa no ganho na frequência de operação do amplificador. Nesses casos, consulte notas de manutenção para verificar o procedimento de ajuste correto.

A busca de problemas no que tange à redução do ganho em amplificador pode ser complexa, pois muitas podem ser a causa do distúrbio. A análise de tensão é capaz de localizar algumas dessas causas, além disso, outras podem ser determinadas a partir da substituição. Por exemplo, um capacitor em bom estado pode substituir temporariamente outro elemento que eventualmente pode estar em circuito aberto. Se o ganho reassume o valor desejado, a suspeita do técnico de que o capacitor original estava com defeito é confirmada.

Figura 2-15 Amplificador RF com MOSFET.

Teste seus conhecimentos

>> Distorção e ruído

A distorção e o ruído em um amplificador indicam que um sinal de saída contém informação distinta daquela existente no sinal de entrada. Um amplificador linear não deve alterar a qualidade do sinal, mas apenas provocar o aumento da respectiva amplitude.

O ruído pode produzir uma grande variedade de sintomas, sendo que alguns tipos encontrados em amplificadores de áudio são:

1. Sons semelhantes a silvos ou sons de fritar;
2. sons semelhantes a estouros ou arranhados;
3. ruído de baixa frequência;
4. ruído de lancha (do inglês, *motorboating*).

Problemas relacionados ao ruído normalmente podem ser rastreados até a fonte de alimentação. Ao buscar as causas desse sintoma, é interessante utilizar um osciloscópio para verificar as várias conexões de alimentação do equipamento. Um osciloscópio é capaz de exibir características que um medidor convencional não é. Por exemplo, ele mostra a forma de onda de uma tensão de alimentação com ONDULAÇÃO CA EXCESSIVA. O valor médio CC dessa forma de onda está correta. Isso quer dizer um medidor típico indicaria que a tensão está normal.

É possível ter uma noção do conteúdo CA de uma tensão de alimentação sem a utilização do osciloscópio. Muitos volt-ohm-miliamperímetros possuem um conector ou função separada designada como "saída". Assim, um capacitor de bloqueio CC é inserido em série com os terminais de teste, permitindo a medição apenas da componente CA da tensão de alimentação. Outros dispositivos de medição possuem uma chave seletora. A Figura 2-17 mostra ambas as possibilidades. A maioria dos MDs é capaz de bloquear a componente CC quando a faixa CA é selecionada, a qual também pode ser utilizada para a realização desse teste. Tipicamente, é preferível utilizar o osciloscópio, que é capaz de fornecer mais informações.

O problema mais comum é o RUÍDO DE BAIXA FREQUÊNCIA, que consiste na inserção de um sinal de 60 Hz no amplificador. Esse termo também pode representar uma interferência de 120 Hz. Se o ruído de baixa frequência é proveniente da fonte de alimentação, a frequência será de 60 Hz para fontes de meia-onda e 120 Hz para fontes de onda completa. O ruído também pode ser ocasionado por uma conexão com a terra rompida. Amplificadores com ganho elevado normalmente utilizam CABOS BLINDADOS onde a frequência da rede CA é capaz de induzir sinais no circuito. Um cabo blindado é utilizado em um sistema amplificador estéreo na conexão de diversos componentes (Figura 2-18). Verifique todos os cabos blindados quando houver problemas relacionados a ruído de baixa frequên-

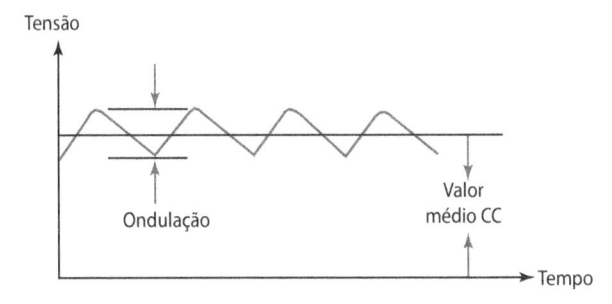

Figura 2-16 Ondulação excessiva.

cia. Verifique os conectores, pois normalmente é onde se encontra a falha na blindagem do terra.

Alguns amplificadores com ganho elevado utilizam blindagem metálica em torno dos circuitos para evitar a presença de ruídos. Essas placas metálicas devem se encontrar na posição adequada, sendo devidamente parafusadas.

Outra causa do ruído de baixa frequência é o aterramento inadequado em placas de circuito impresso. Em alguns equipamentos, os parafusos desempenham uma função dupla. Além de prover a sustentação mecânica da placa, realizam a conexão com a carcaça. Verifique todos os parafusos, que devem estar devidamente fixos.

Às vezes, o ruído nos amplificadores pode ser restrito a seções gerais do circuito verificando-se o efeito dos vários dispositivos de controle. A Figura 2-19 mostra o diagrama de blocos de um amplificador de quatro estágios. O controle de ganho localiza-se entre os estágios 2 e 3. É interessante operar este controle para constatar se o ruído na saída é afetado. Se isso ocorrer, tipicamente o ruído é originado no estágio 1, no estágio 2 ou na fonte do sinal. Naturalmente, se o controle não afeta o nível do ruído, então sua origem provavelmente está no estágio 3 ou 4.

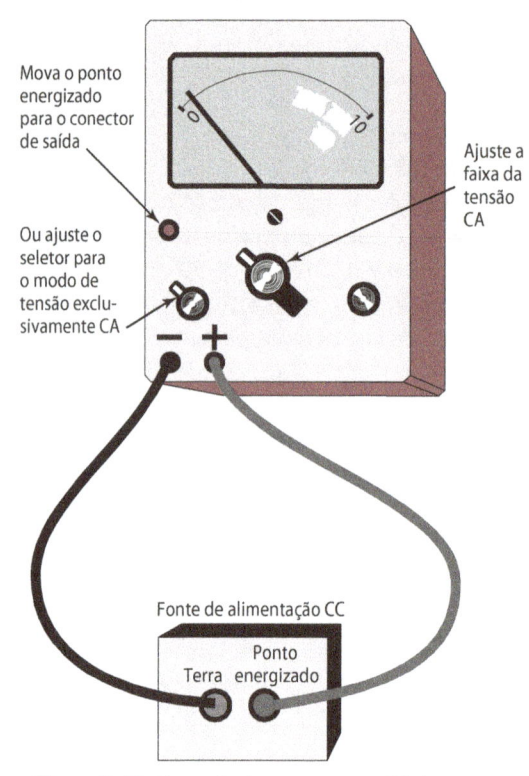

Figura 2-17 Bloqueio da componente CC de uma tensão de alimentação.

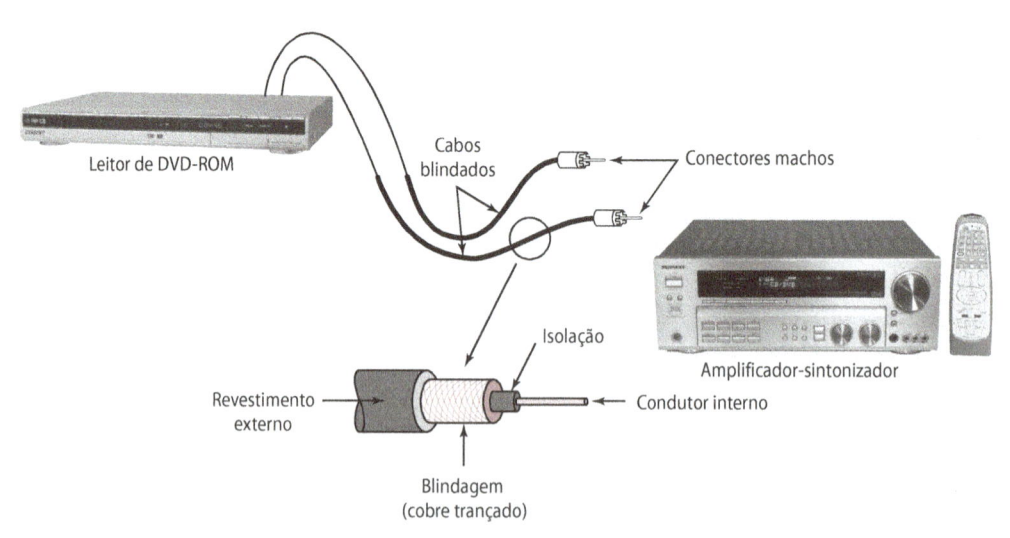

Figura 2-18 Circuitos de sinais normalmente empregam cabos blindados.

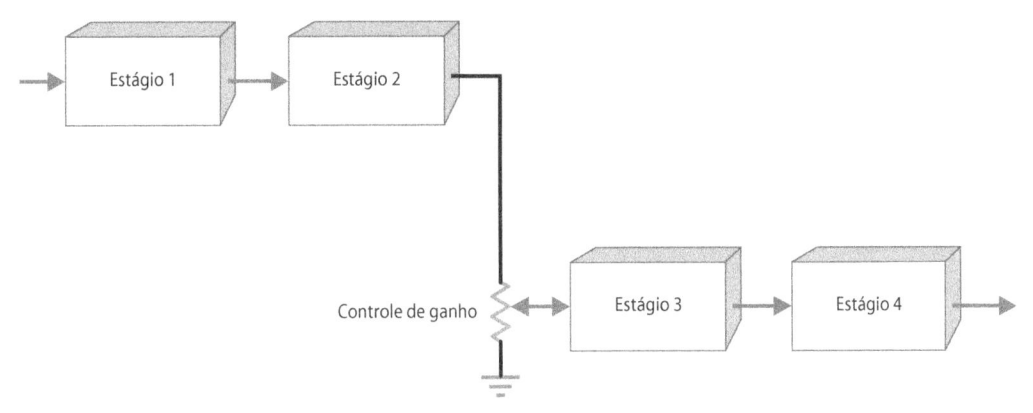

Figura 2-19 Amplificador de quatro estágios.

Outro bom motivo pelo qual se deve verificar os dispositivos de controle consiste no fato de que estes normalmente são a fonte do ruído. Os ruídos do tipo estouro e arranhado normalmente podem ser provocados por resistores variáveis. Há pulverizadores especiais para limpeza que permitem reduzir ou eliminar o ruído em dispositivos de controle. Entretanto, o ruído muitas vezes torna a ocorrer. A melhor prática consiste em substituir os arranjos que desenvolvem o ruído.

Um silvo ou som de fritar constante normalmente indica um transistor ou circuito integrado defeituoso. O traçado de sinais é eficiente no sentido de determinar a origem do ruído. Os resistores também podem provocar ruído, sendo que o problema é gerado nos estágios iniciais da cadeia do sinal. Em virtude do alto ganho, não é necessário um sinal de grande amplitude para provocar problemas na saída.

Deve-se mencionar que o ruído pode ser proveniente da própria fonte do sinal. Pode ser necessário empregar outra fonte ou desconectar o sinal. Se o ruído desaparecer, então a causa foi localizada.

O RUÍDO DE LANCHA (*motorboating*)* também é um problema que normalmente indica a presença de um capacitor de filtro ou um capacitor de desvio em circuito aberto, ou ainda um defeito no circuito de realimentação do amplificador. Um amplificador pode se tornar instável ou se comportar como um oscilador (gerando seu próprio sinal) sob certas condições. Este tópico é abordado na Seção que trata das oscilações indesejadas do próximo capítulo.

A distorção no amplificador pode ser ocasionada pelo ERRO DE POLARIZAÇÃO em um dos estágios. Lembre-se de que a polarização é responsável pelo ajuste do ponto de operação do amplificador. A polarização inadequada pode deslocá-lo para uma região não linear, provocando a distorção. Naturalmente, um transistor ou circuito integrado pode estar defeituoso e produzir distorção intensa.

O fato de determinar se a distorção existe sempre ou apenas na presença de determinados sinais pode ser de grande importância. Uma distorção de grande amplitude pode indicar a existência de defeitos no estágio de potência (grandes sinais). De forma semelhante, a distorção que é mais perceptível em níveis reduzidos do sinal pode indicar problema de polarização em um estágio de potência *push-pull*. Caso seja necessário, reveja o conceito da distorção de cruzamento no Capítulo 8**.

Outra forma de isolar o estágio que provoca a distorção é aplicar um sinal de testes no amplifi-

---

* N. de T.: Esse distúrbio recebe este nome porque o ruído gerado se assemelha ao som provocado pelo motor de um barco ou lancha.

** N. de E.: Capítulo do livro SCHULER, Charles. *Eletrônica I*. 7 ed. Porto Alegre: AMGH, 2013.

cador e percorrer o circuito com o auxílio de um osciloscópio. Muitos técnicos preferem utilizar uma ONDA TRIANGULAR (Figura 2-20) para realizar esse teste.

Os picos achatados da onda triangular permitem localizar o ceifamento de forma simples. Os patamares retos permitem a detecção da distorção de cruzamento ou outros tipos. Nesse teste, é interessante utilizar diversos níveis do sinal. Alguns problemas surgem em níveis reduzidos, enquanto outros são verificados apenas em níveis maiores. Por exemplo, (1) a distorção de cruzamento em um amplificador *push-pull* é mais perceptível em níveis reduzidos, enquanto (2) um erro no ponto de operação em um amplificador classe A inicial é constatado mais facilmente em níveis elevados.

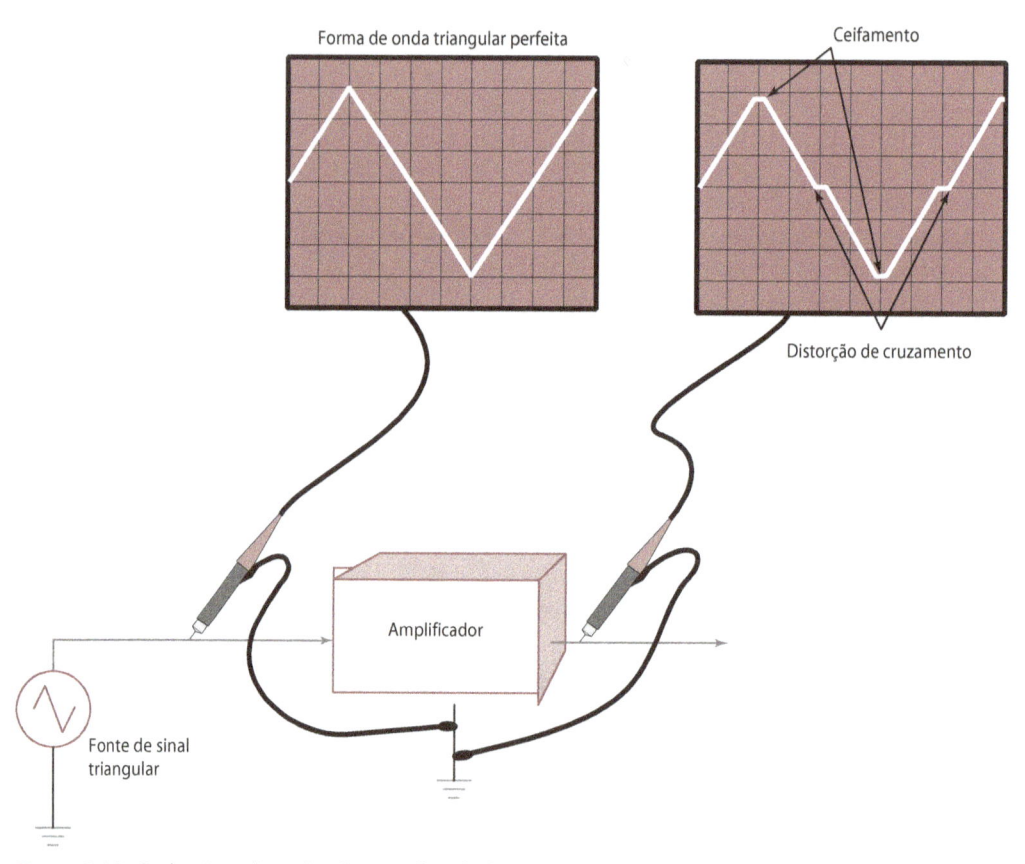

Figura 2-20 Onda triangular utilizada na análise da distorção.

Teste seus conhecimentos

›› *Dispositivos intermitentes*

Um dispositivo eletrônico é intermitente quando opera apenas de vez em quando. O dispositivo pode apresentar defeito após permanecer ligado por alguns minutos. A fonte desses tipos de problema pode ser difícil de localizar. Normalmente, é consenso entre os técnicos que os defeitos intermitentes são os mais difíceis de serem encontrados.

Há duas formas básicas para determinar a causa de um problema defeituoso. Um método consiste em deixar o equipamento funcionando até que surja o problema, de modo que então é possível utilizar as técnicas convencionais de busca de falhas para isolá-las. A segunda forma consiste em utilizar vários procedimentos para provocar o surgimento do problema, dentre os quais é possível citar:

1. Aquecimento de várias partes do circuito;
2. resfriamento de várias partes do circuito;
3. alteração da tensão de alimentação;
4. provocação de vibrações em várias partes do circuito.

A técnica efetivamente empregada dependerá dos sintomas e do intervalo de tempo necessário para a realização da manutenção do equipamento. Alguns defeitos intermitentes não surgirão mesmo ao longo de uma semana de funcionamento ininterrupto. Nesse caso, é mais conveniente provocar o aparecimento do problema.

Muitos DEFEITOS INTERMITENTES são de NATUREZA TÉRMICA, isto é, surgem em dado valor extremo alto ou baixo de temperatura. Se o problema ocorrer apenas em altas temperaturas, pode ser difícil localizá-lo quando o invólucro é removido. Nesse caso, a temperatura de operação é reduzida e o problema não aparecerá. Assim, pode ser necessário empregar uma fonte externa de calor para aquecer o equipamento.

A Figura 2-21 mostra algumas formas para a verificação de defeitos intermitentes de origem térmica em equipamentos eletrônicos. A luminária de mesa é útil quando se deseja aquecer muitos componentes simultaneamente. Com uma lâmpada de 100 W posicionada próxima ao equipamento, os circuitos se aquecem em alguns minutos. Tenha cuidado para não superaquecê-los, pois determinados materiais plásticos podem ser danificados. Uma ferramenta de dessoldagem a vácuo consiste em uma fonte de aquecimento adequado para áreas pequenas. Um soprador térmico é útil para aquecer componentes maiores, bem como vários elementos simultaneamente. Tenha cuidado ao utilizar sopradores térmicos, pois esses dispositivos podem danificar placas de circuito impresso e componentes. Finalmente, um ferro de solda convencional pode ser empregado ao encostar a ponta do dispositivo no terminal do componente em um encapsulamento metálico.

(a) Luminária de mesa

(b) Ferramenta de dessoldagem a vácuo

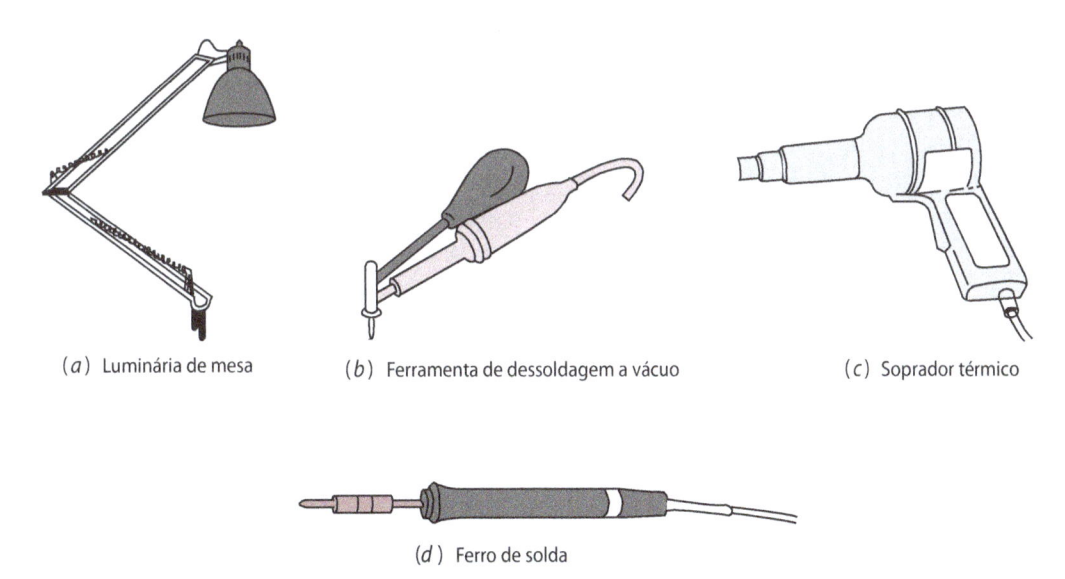

(c) Soprador térmico

(d) Ferro de solda

Figura 2-21 Métodos para o aquecimento de circuitos e componentes.

Figura 2-22 Resfriador de circuitos com tubo para pulverização.

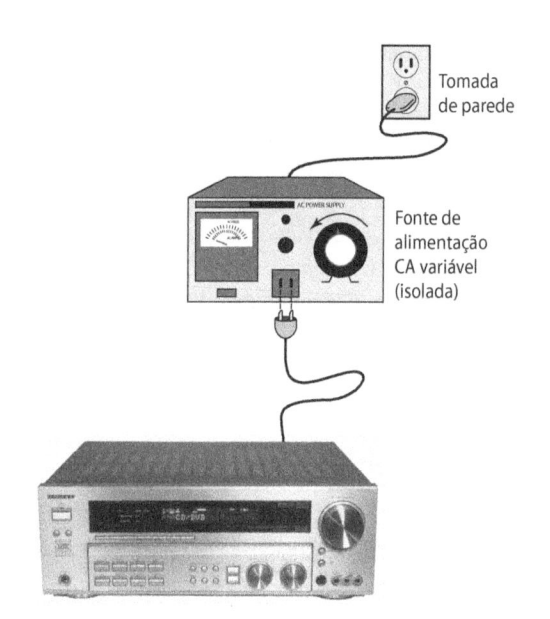

Figura 2-23 Verificação de um dispositivo intermitente sensível à tensão.

Resfriadores em jato podem ser utilizados para localizar defeitos térmicos intermitentes. Um tubo pulverizador é incluído de modo a controlar a aplicação do produto químico de forma cuidadosa. Tenha cuidado para não utilizar um produto resfriador inadequado. Alguns tipos podem provocar descargas estáticas da ordem de milhares de volts durante a aplicação, enquanto outros podem danificar a superfície de aplicação. Dispositivos sensíveis podem ser danificados por descargas estáticas, como foi discutido anteriormente.

Alguns defeitos intermitentes são provocados pelo nível de tensão. A tensão da rede CA de alimentação é tipicamente de 127 V ou 220 V, mas este valor pode variar ao longo do dia. Muitos equipamentos eletrônicos são projetados de modo a operar ao longo dessa faixa de variação da tensão sem problemas. Em alguns casos, um circuito ou componente pode assumir a operação crítica e se tornar sensível à tensão. Este tipo de situação pode ocorrer de forma intermitente. A Figura 2-23 mostra um arranjo de teste, onde o equipamento é conectado à fonte de alimentação CA, forçando o aparecimento do problema.

Defeitos intermitentes também podem surgir em virtude de VIBRAÇÕES, que por sua vez podem afetar pontos de solda fria, conectores defeituosos ou componentes com problemas. A única forma de localizar esse tipo de falha é utilizar vibração ou pressão física. O toque cauteloso com uma ferramenta isolada também pode ajudar a isolar o defeito. Além disso, pode-se tentar flexionar as placas de circuito impresso e os conectores. Esses testes devem ser realizados com o equipamento energizado, de modo que se deve ter muito cuidado.

Pode ser impossível restringir um defeito intermitente a um único ponto do circuito. Desligue o dispositivo e utilize solda para reforçar todas as conexões existentes em uma área suspeita. As junções de solda podem apresentar falhas de natureza elétrica e ainda assim estar aparentemente intactas. A ressoldagem é a única prática confiável nesses casos.

Não ignore os soquetes. Tente conectar e desconectar os componentes várias vezes para limpar os contatos deslizantes. O equipamento deve estar desligado, de modo que nunca se deve conectar ou desconectar cabos, componentes ou placas de circuito quando os dispositivos estão energizados. Isso pode provocar danos sérios ao equipamento.

Os conectores em placas de circuitos devem ser limpos. Pode-se utilizar uma borracha simples capaz de apagar riscos de lápis para limpar os contatos metálicos das placas que se encaixam em soquetes. Não utilize uma borracha para apagar traços de caneta, pois esse tipo de material é muito abrasivo. Utilize apenas a pressão necessária para tornar os contatos brilhantes. Limpe quaisquer restos deixados pela borracha antes de reconectar a placa.

Outro tipo de defeito intermitente interessante pode ocorrer com um dos tipos de dispositivos de proteção mais recentes. Alguns sistemas de amplificação de áudio utilizam fusíveis com reinicialização automática conectados em série, como os dispositivos *PolySwitch* fabricados pela empresa Raychem Corporation. Tais elementos fornecem a comutação suave para um estado de alta impedância na ocorrência de um distúrbio, retornando automaticamente uma condição de baixa impedância quando o circuito é desligado. Trata-se de componentes constituídos de polímeros condutores que se expandem com o calor gerado quando há circulação de alta corrente. A expansão causa a separação dos caminhos de condução, implicando o drástico aumento da resistência que protege o alto-falante. Esses componentes também podem ser empregados em paralelo a dispositivos com coeficiente de temperatura positivo como lâmpadas. Nessa condição, quando o elemento *PolySwitch* atua, a corrente no alto-falante passará a circular na lâmpada, a qual se aquece e apresenta o aumento da respectiva resistência. Assim, o sintoma neste caso corresponde à redução do volume do alto-falante. Sem a lâmpada conectada em paralelo, o sintoma seria a perda total do volume. Em ambos os casos, o volume retorna ao normal quando o amplificador é desligado e a temperatura do fusível é reduzida.

Defeitos intermitentes podem ser complexos, mas sua localização não é impossível. Utilize cada pista e teste possível para localizar o problema. É mais fácil verificar alguns pontos do que cada junção, contato e componente do sistema.

Teste seus conhecimentos

» *Amplificadores operacionais*

As técnicas empregadas na busca de problemas em circuitos com amp ops são semelhantes àquelas apresentadas anteriormente neste capítulo. Como sempre, verifique inicialmente os detalhes óbvios. Amp ops utilizam fontes de alimentação bipolares, as quais devem ser primeiramente verificadas no processo de identificação de erros.

De forma geral, as falhas nos componentes seguem um padrão. A lista a seguir é apresentada como um guia conservativo para as TAXAS MÉDIAS DE FALHAS. Muitos dispositivos como os resistores possuem taxas de falhas reduzidas e não são mencionados. Além disso, componentes como células e baterias não são mencionadas porque normalmente esses dispositivos são substituídos regularmente. Os itens são citados em ordem decrescente de taxas de falhas:

1. Dispositivos de alta potência e sujeitos a transitórios.
2. Lâmpadas incandescentes.
3. Dispositivos complexos como circuitos integrados.
4. Dispositivos mecânicos como conectores, chaves e relés.
5. Capacitores eletrolíticos.

Dispositivos de alta potência normalmente apresentam aquecimento. Se o equipamento não permanece energizado todo o tempo, pode haver um grande número de ciclos de aquecimento e resfriamento. O processo repetitivo de dilatação e contração tende a enfraquecer as conexões internas dos componentes eletrônicos. A maioria dos amp ops consiste em dispositivos de pequenos sinais. Entretanto, alguns desses componentes dissipam potência suficiente para se tornarem sobreaquecidos. Além disso, outros elementos podem se encontrar próximos a dispositivos que geram calor. Lembre-se de que o aquecimento é uma das principais causas de falhas em sistemas eletrônicos.

Um TRANSITÓRIO consiste em uma tensão breve e tipicamente alta. Os transitórios provocam danos severos aos dispositivos de estado sólido porque as junções PN podem ser degradadas e eventualmente rompidas. Os amp ops normalmente são conectados a sensores por meio de condutores longos. Por sua vez, esses elementos podem atuar como antenas e captar transitórios causados por dispositivos de iluminação ou surtos que ocorrem em outros condutores nas adjacências. Fique atento a falhas repetitivas nesses casos, as quais podem indicar a necessidade um novo arranjo dos condutores ou mesmo a inclusão de dispositivos de proteção contra transitórios.

Amp ops comportam-se praticamente da mesma forma que os circuitos integrados, o que os torna dispositivos complexos com elevadas taxas de falha. Assim, caso se esteja verificando um circuito defeituoso que possui transistores e CIs, tipicamente o problema será encontrado CI (a menos que os transistores sejam de alta potência e estejam sujeitos a transitórios). Lembre-se de que o guia anterior representa apenas uma estimativa. Técnicos experientes sabem que qualquer dispositivo está sujeito a falhas, que eventualmente ocorrerão cedo ou tarde. A experiência obtida com o passar do tempo é extremamente valiosa, pois assim é possível determinar quais itens devem ser primeiramente verificados.

Entretanto, não se deve pensar que os circuitos integrados não são confiáveis diante do exposto. Pelo contrário, esses são dispositivos mais confiáveis do que outros circuitos equivalentes obtidos a partir de componentes separados. O circuito equivalente de um amp op pode conter até 40 componentes, o qual não é tão confiável quanto um único CI porque possui muitas partes suscetíveis a falhas. Lembre-se de que um dispositivo complexo está mais sujeito a falhas que um dispositivo simples.

Ocasionalmente, um amp op pode sofrer travamento (do inglês, LATCH-UP). Quando um amp op permanece travado, a saída permanece constante no valor máximo (positivo ou negativo). A única forma de obter o funcionamento normal do dispositivo é desligá-lo e ligá-lo novamente em seguida. A operação será normal se a causa inicial for removida (como a aplicação de um sinal de entrada anormal com grande amplitude). Amp ops possuem uma faixa de modo comum máxima, o que corresponde à máxima amplitude do sinal que pode ser aplicada a ambas as entradas sem provocar a saturação ou o corte do amplificador. O travamento normalmente é verificado em estágios seguidores de tensão onde a saturação pode eventualmente ocorrer.

Quando um amplificador sem realimentação é levado à saturação, a operação será normal após a remoção do sinal de entrada anormal. Isso sempre ocorrerá, a menos que o sinal de grande amplitude tenha danificado o amplificador. Quando a realimentação é utilizada, a situação pode ser diferente. Um estágio saturado não é capaz de atuar como amplificador, comportando-se então como um resistor que permite a passagem de parte do sinal para o estágio seguinte. Se o estágio saturado for um amplificador inversor, a inversão efetivamente não ocorrerá. Quando isso ocorre em um amplificador com realimentação negativa, a realimentação torna-se positiva e o amplificador pode ser mantido em saturação. Amp ops são suscetíveis ao travamento porque normalmente operam com realimentação negativa.

O travamento em amplificadores operacionais não ocorre de forma tão provável como antigamente. Os projetistas de CIs lineares incluíram mudanças nos circuitos que os tornam menos suscetíveis a este fenômeno. Tente desligar o equipamento e religá-lo em seguida quando houver a suspeita de travamento. Se os sintomas realmente indicam esse problema, então será necessário investigar o sinal de entrada para determinar se a faixa de modo comum do dispositivo é efetivamente excedida. Além disso, verifique se a fonte de alimentação está normal e se as tensões positiva e negativa são aplicadas simultaneamente quando o circuito está energizado.

A saída de um amp op normalmente pode chegar a níveis iguais a 1 V abaixo dos valores das tensões de alimentação. Se o amp op é alimentado com ± 12 V, então a saída pode assumir valores de até $+11$ V ou -11 V. Normalmente, há um problema quando a saída de um amp op assume valores próximos aos extremos (a menos que o dispositivo atue como comparador). Pode ocorrer o travamento, mas tipicamente haverá um erro CC em sua entrada ou no estágio anterior. Um erro moderado existente nos estágios iniciais pode levar a saída do estágio de saída aos valores extremos. Utilize um medidor e verifique as tensões CC. Quando os estágios possuem acoplamento CC, verifique também os estágios iniciais. Realize este procedimento mesmo que o problema aparentemente esteja no sinal CA. Lembre-se sempre de que um amplificador próximo à saturação ou ao corte pode fornecer uma variação não linear da tensão de saída para qualquer sinal aplicado.

Não se esqueça de verificar todos os níveis de tensão CC relevantes. Amp ops são capazes de somar e subtrair diversos sinais CC distintos, basta que um desses sinais esteja ausente ou apresente erro para comprometer o balanço CC de todo o circuito. Observe a Figura 2-24, onde é mostrado um circuito com dois estágios. A fonte do sinal possui um nível CC de $+1$ V que deve ser eliminado. Isso ocorre no primeiro estágio, onde uma referência de -5 V é somada com o sinal da fonte. Considerando que o potenciômetro de 10 kΩ seja ajustado em 5 kΩ, é possível determinar a tensão CC na saída para o primeiro estágio:

$$V_{saída} = -100 \text{ k}\Omega \left(\frac{+1 \text{ V}}{1 \text{ k}\Omega} + \frac{-5 \text{ V}}{5 \text{ k}\Omega} \right) = 0 \text{ V}$$

Esse cálculo demonstra que o amplificador é adequadamente projetado para eliminar o nível CC existente na fonte do sinal.

O que ocorrerá na Figura 2-24 se o potenciômetro de 10 kΩ estiver em circuito aberto? Isso efetivamente removerá o segundo termo no interior dos parênteses, de modo que a expressão torna-se:

$$V_{saída} = -100 \text{ k}\Omega \left(\frac{+1 \text{ V}}{1 \text{ k}\Omega} \right) = -100 \text{ V}$$

Naturalmente, o amplificador é incapaz de assumir esse nível de tensão de saída, assumindo a saturação em -14 V. O segundo estágio é um seguidor de tensão e sua saída também possuirá valor aproximado de -14 V.

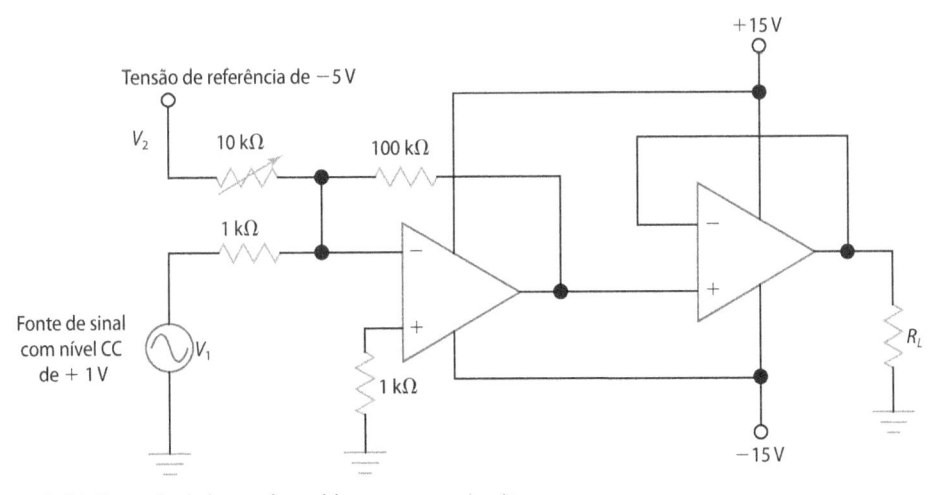

Figura 2-24 Exemplo de busca de problemas em um circuito com amp op.

Quando há a busca de problemas em comparadores, os sintomas devem ser cuidadosamente observados. Se não existir sinal na saída, deve-se ter certeza de que a fonte de alimentação está em perfeito estado e que um sinal normal seja aplicado na entrada do comparador. Outras possibilidades para este problema incluem cabos em curto-circuito na saída, CIs comparadores defeituosos ou resistores *pull-up* em circuito aberto.

Se o sintoma é o ruído existente na saída ou pulsos de saída adicionais, o sinal de entrada deve ser verificado. Muitos comparadores não funcionam bem com fontes de sinal de alta impedância, de modo que a própria fonte e a conexão adequada dos cabos devem ser verificadas. Finalmente, pode ser necessário utilizar a realimentação positiva em um comparador para eliminar o ruído na saída. Verifique se há um resistor que realimenta a saída na entrada + e se este componente não se encontra em circuito aberto.

Teste seus conhecimentos

Teste automatizado

O teste automatizado foi originalmente desenvolvido para verificar se peças que acabaram de ser fabricadas funcionam adequadamente. Atualmente, a nova tecnologia permite a expansão dos testes automatizados a todas as etapas do produto. É importante saber que a busca de falhas é fundamental nas seguintes etapas distintas do produto:

- Pré-produção (etapa de projeto);
- produção (etapa de manufatura);
- pós-produção (etapa do consumidor).

Os técnicos em busca de problemas na etapa de projeto encontram um grande número de possibilidades. No caso de um novo produto, pode haver milhares de razões pelas quais o desempenho é insatisfatório. Em alguns casos, em virtude de erros de projeto de *hardware** ou erros de *software***, um protótipo não funciona da forma adequada como deveria ser (nesse caso, a busca de problemas por si só é insuficiente para otimizá-lo).

A busca de problemas na produção entra em cena quando produtos falham em testes criados para verificar a operação adequada dos dispositivos. No caso de elementos de custo elevado, as unidades defeituosas são diagnosticadas, reparadas, novamente testadas e despachadas. Quando se trata de elementos de baixo custo, as unidades que apresentam falhas ainda devem ser diagnosticadas antes do descarte. A informação que normalmente é obtida nesses casos é valiosa para a realização de melhorias nas etapas de projeto e/ou manufatura.

A busca de problemas na etapa de pós-produção lida com produtos que funcionaram por um dado período de tempo e depois apresentaram falhas. Os técnicos podem diagnosticar e reparar tais produtos diretamente no consumidor ou na assistência técnica.

O teste automatizado assume várias formas. Partes do equipamento como placas de circuito impresso devem ser colocadas em uma superfície de testes com conectores adequados onde seja possível aplicar tensões de alimentação e sinais. No passado, uma superfície de testes do tipo "cama de pregos" era utilizada para testar placas de circuito impresso. Esse nome era dado porque o dispositivo consistia em um conjunto de pontas de metal afiadas que entravam em contato elétrico com vários pontos de teste nas placas de circuito. O método da cama de pregos tornou-se inadequado à

---

* N. de T.: Em informática, o termo *hardware* normalmente é empregado para representar a parte física do computador, como CPU, monitor, periféricos e outros dispositivos em geral. De forma mais ampla, pode representar um equipamento ou sistema que desempenha uma determinada função.

** N. de T.: Em informática, o termo *software* refere-se ao conjunto de programas e aplicativos que permitem o funcionamento adequado do computador.

medida que surgiram as placas de alta densidade e com múltiplas camadas. Como este era um problema comum a diversos fabricantes, foi criado o Grupo de Ação de Teste Conjunto (do inglês, *Joint Test Action Group* – JTAG). O resultado da cooperação conjunta foi a produção de uma tecnologia de teste automatizado denominado BOUNDARY SCAN*. O grupo original foi formado na Europa, mas o trabalho se tornou uma norma internacional e acabou sendo adotado por várias organizações como o IEEE** (do inglês, *Institute of Electrical and Electronics Engineers* – Instituto de Engenheiros Eletricistas e Eletrônicos).

O barramento de testes IEEE 1149.1 e a arquitetura *boundary scan* permitem que um CI, uma placa ou um produto completo seja controlado e verificado por meio de uma interface padrão a quatro fios. Cada CI compatível com o formato IEEE 1149.1 permite que cada pino do CI seja controlado e monitorado através da interface de quatro fios. Padrões de teste, depuração ou inicialização podem ser carregados de forma serial (1 *bit* por vez) no(s) CI(s) apropriado(s) através do barramento de testes. Isso permite que funções do circuito integrado, da placa ou do sistema sejam observadas ou controladas sem a necessidade do acesso físico que antes era fornecido pela cama de pregos.

A Figura 2-25 mostra como o padrão *boundary scan* funciona. Um conector JTAG fornece um caminho (representado na cor preta na Figura 2-25) para os dados seriais através dos dispositivos. O caminho dos dados seriais também é chamado de cadeia de varredura. Note a presença dos "pregos virtuais", que não existem fisicamente, embora a informação seja fornecida da mesma forma que se houvesse o contato de ponteiras com os pinos. Assim, justifica-se o uso do termo "virtual". À medida que os dados entram e saem do sistema através do conector JTAG, dois tipos distintos de informação são produzidos:

- As trilhas da placa de circuito impresso existentes entre os dispositivos e os conectores (mostrados na cor amarela na Figura 2-25) podem ser verificadas. Tanto circuitos abertos como curtos-circuitos podem ser detectados.
- As funções lógicas do núcleo do CI podem ser verificadas. Assim, dispositivos defeituosos podem ser identificados.

A Figura 2-26 mostra o funcionamento interno de um *chip boundary scan*. Cada pino é conectado a uma célula que determina se os pinos de saída serão acionados pela lógica contida no núcleo do *chip* (NO – do inglês, *normal output* – saída normal) ou pelos dados seriais provenientes do conector JTAG (SO – do inglês, *serial output* – saída serial). De forma análoga, os pinos de entrada são intercambiáveis entre NI (do inglês, *normal intput* – entrada normal) e SI (do inglês, *serial intput* – entrada serial). Na operação normal, o CI desempenha sua função como se os circuitos *boundary scan* não estivessem presentes. Durante o teste ou a programação, a lógica de varredura é ativada. Os dados podem ser enviados para o CI e lidos a partir dele através do conector JTAG. Esses dados podem estimular o núcleo do dispositivo, enviar sinais saindo da placa de circuito impresso e atuar como sensores nos pinos de entrada da placa ou nas saídas dos dispositivos. O resultado é a redução considerável do número de pontos de teste necessários na placa. A porta JTAG também pode ser chamada de porta de acesso de teste (do inglês, *test access port* – TAP).

A Figura 2-27 mostra uma forma de incluir o padrão *boundary scan* em produtos e circuitos. Na Figura 2-27(*a*), um *chip* comum do tipo *buffer/driver* é exibido, e a versão *boundary scan* desse dispositivo é representada na Figura 2-27(*b*). Quatro pinos adicionais foram incluídos:

- TDI (do inglês, *test data in*) ... entrada de teste de dados ... entrada serial de dados;
- TDO (do inglês, *test data out*) ... saída de teste de dados ... saída serial de dados;

---

* N. de T.: Este termo em inglês significa "varredura de fronteira", sendo que sua tradução para português não é usualmente empregada na literatura técnica.

** N. de T.: O IEEE é uma instituição dos Estados Unidos, sendo a maior organização profissional do mundo em número de membros. Um de seus papéis mais importantes é o estabelecimento de padrões para formatos de computadores e dispositivos.

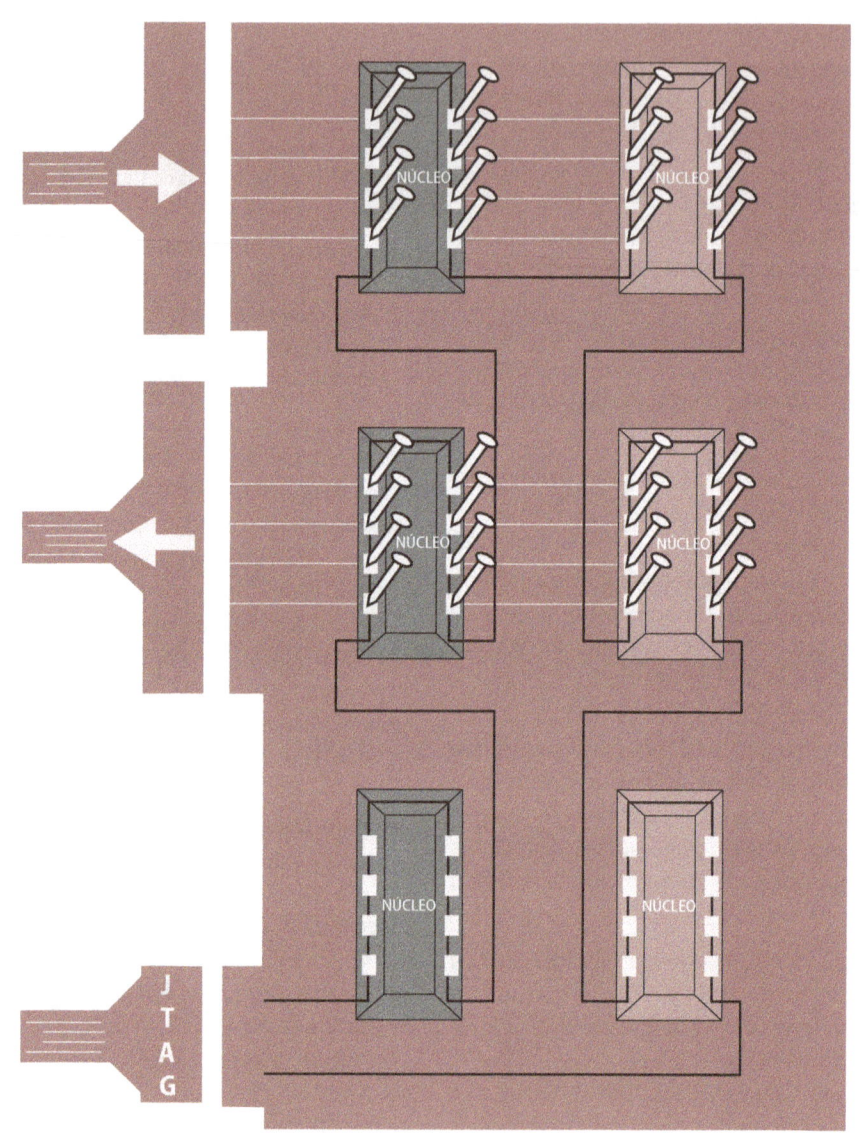

Figura 2-25 Pregos virtuais.

- TCK (do inglês, *test clock*) ... sinal de *clock* de teste... os dados entram e saem na forma de um sinal de *clock*;
- TMS (do inglês, *test mode select*) ... seleção do modo de teste... vários modos de teste podem ser selecionados.

Além disso, os fabricantes atualmente produzem chips DSP, microprocessadores e ASICs (do inglês, *application specific integrated circuits* – circuitos integrados para aplicações específicas) com os mesmos pinos. Alguns desses componentes possuem um quinto pino para a reinicialização da seção *boundary scan* contida no *chip*.

Além do uso em teste de placas, a tecnologia *boundary scan* permite a programação de praticamente todos os tipos de dispositivos lógicos programáveis complexos (do inglês, *complex programmable integrated circuits* – CPLDs) e memórias flash, inde-

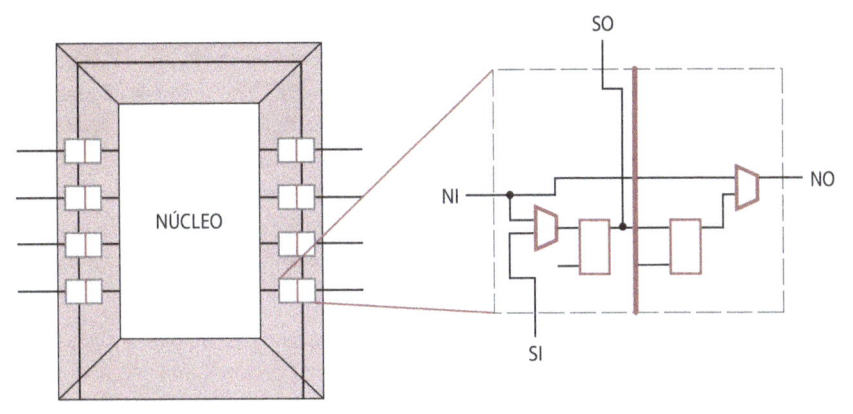

Figura 2-26 Célula *boundary scan*.

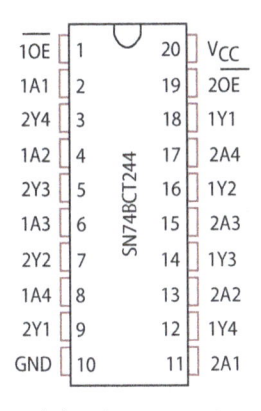

(*a*) Buffer/Driver Octal

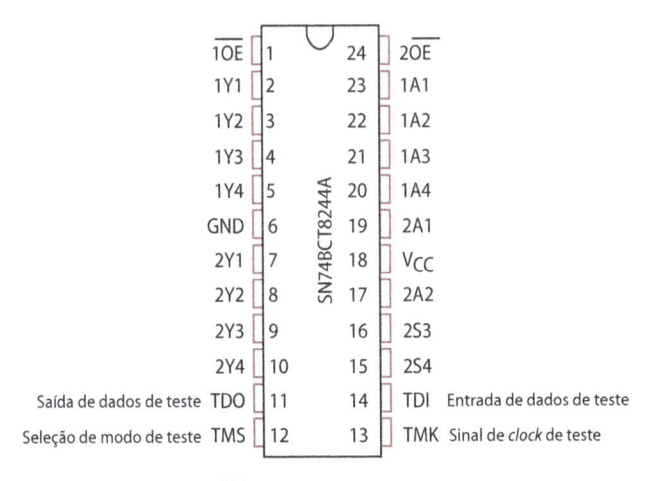

(*b*) Versão *boundary scan*

Figura 2-27 CI com e sem a tecnologia *boundary scan*.

pendentemente do tamanho e do tipo de encapsulamento. A programação pode ocorrer na própria placa, após a montagem da PCI. A programação *on-board* ("a bordo") representa a redução de custos e o aumento da produtividade através da redução da necessidade do manuseio de dispositivos, simplificando o gerenciamento de estoque e integrando a programação à própria linha de produção da placa. A Figura 2-28 mostra algumas aplicações da tecnologia *boundary scan*.

O que se pode dizer sobre o teste de circuitos analógicos? Essa área é de responsabilidade da norma IEEE 1149.4, sendo também compatível com a versão digital (1149.1). Observe a Figura 2-29, onde cada pino dos CIs analógicos é controlado por cinco chaves internas. Essas chaves de estado sólido permitem o acesso seletivo à função lógica do núcleo de cada *chip*, bem como a dispositivos externos e redes conectadas aos CIs. Por exemplo, suponha que seja necessário realizar uma medição no dispositivo Z5. As chaves podem ser ajustadas de modo que Z5 seja isolado do núcleo analógico e que a fonte no canto inferior esquerdo forneça uma corrente circulando em Z5 através do barramento analógico 1. Então, outras chaves operam de modo a permitir que a tensão em Z5 seja aplicada ao detector através do barramento analógico 2. Uma vez determinados os valores da tensão e da corrente, a resistência pode ser obtida por meio da lei de Ohm.

Como funciona a tecnologia *boundary scan* de testes placas de circuitos analógicos no que se refere a circuitos abertos e curtos-circuitos? Essa é a função dos blocos DR mostrados na DR, que são chamados de digitalizadores e convertem os sinais analógicos nos pinos dos dispositivos em sinais digitais para a realização dos testes de interconexão.

Seja em termos de circuitos analógicos ou digitais, a tecnologia *boundary scan* requer o uso de sinais de teste complexos, os quais são fornecidos por computadores. O aplicativo normalmente é executado em computadores pessoais ou *notebooks*.

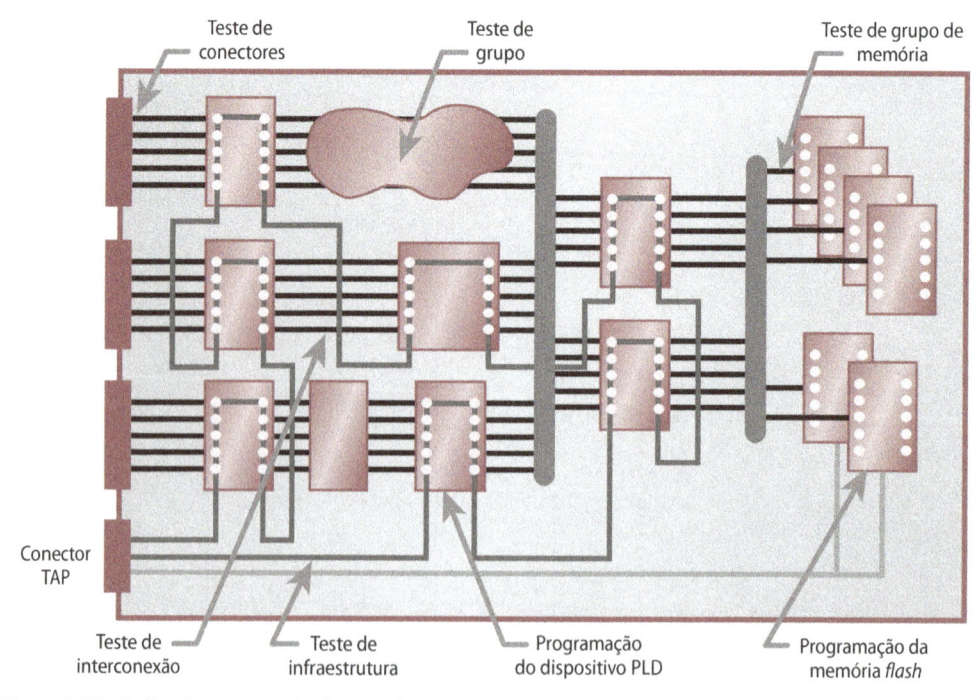

Figura 2-28 Aplicações da tecnologia *boundary scan*.

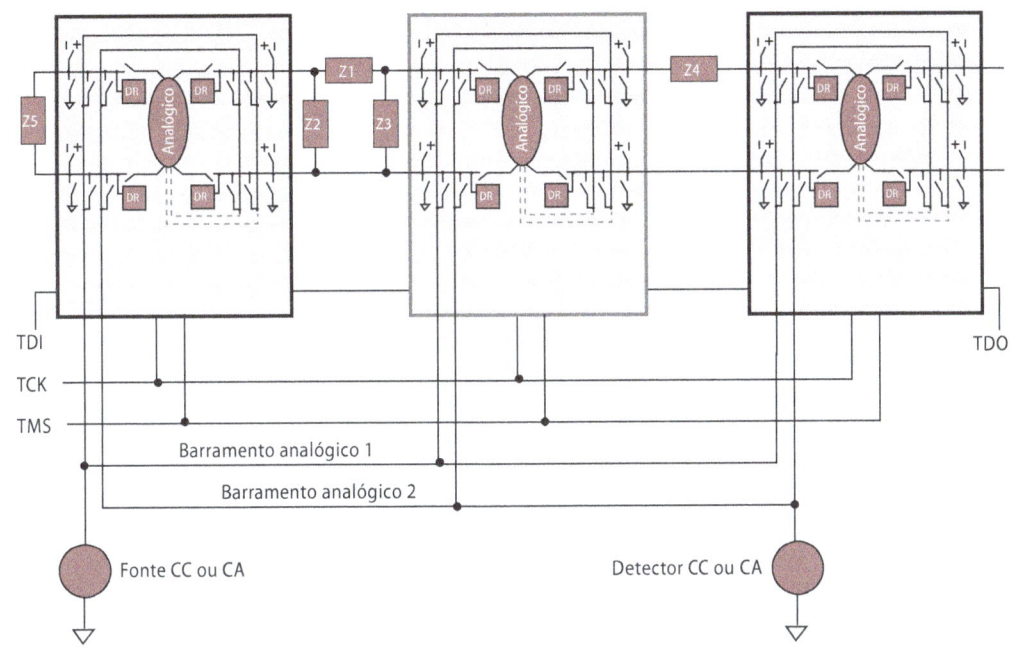

Figura 2-29 Sistema *boundary scan* analógico.

Uma porta JTAG ou um adaptador correspondente fornece a interface necessária.

O teste automatizado outrora foi aplicado apenas na etapa de manufatura dos produtos. Atualmente, este procedimento é adotado em todas as etapas. Evidentemente, não se sabe por quanto tempo os técnicos ainda serão responsáveis pela busca de falhas em produtos e sistemas cuja complexidade é cada vez maior. Entretanto, esses profissionais estarão munidos de ferramentas poderosas para auxiliá-los. Juntamente com os conhecimentos sobre circuitos, estas ferramentas tornam a realização das tarefas interessante e recompensadora.

Teste seus conhecimentos

RESUMO E REVISÃO DO CAPÍTULO

Resumo

1. Durante a busca de problemas, utilize sempre uma abordagem do ponto de vista do sistema. Não ignore outros equipamentos e/ou *softwares* que podem afetar o desempenho, e sempre verifique os pontos mais óbvios.
2. Se o dispositivo operar com tensão CA, desconecte-o da rede elétrica antes de iniciar sua verificação.
3. Utilize a literatura técnica de manutenção e ferramentas adequadas.
4. Guarde todos os tipos de parafusos, botões e outros componentes pequenos.
5. Realize uma inspeção visual no interior do equipamento.
6. Tente determinar por que o componente apresentou falha antes de energizar o dispositivo.
7. Verifique a existência de sobreaquecimento.
8. Verifique todas as tensões de alimentação.
9. A ausência de sinal na saída pode ser um problema externo ao amplificador. Pode haver um dispositivo de saída defeituoso ou ausência de sinal de entrada.
10. Um amplificador com múltiplos estágios pode ser considerado uma cadeia de sinais.
11. A injeção de sinais é iniciada na extremidade da cadeia que corresponde à carga.
12. O traçado de sinais é iniciado na extremidade da cadeia que corresponde à entrada.
13. A análise de tensão geralmente é utilizada para limitar as possibilidades a um componente defeituoso.
14. Alguns defeitos em circuitos não podem ser determinados por meio da análise CC. Esses defeitos normalmente são causados por um componente de acoplamento ou dispositivo em circuito aberto.
15. Um sinal de saída reduzido em um amplificador pode ser causado pelo sinal de entrada reduzido.
16. Um resistor de carga fantasma normalmente é utilizado para substituir o dispositivo de saída quando se analisa o desempenho do amplificador.
17. Tanto o traçado quanto a injeção de sinais podem fornecer resultados inconclusivos quando se analisa estágios com ganho reduzido.
18. A análise de tensão permite diagnosticar algumas causas do ganho reduzido.
19. Quando se suspeita que um dado capacitor está em circuito aberto, pode-se utilizar outro componente em paralelo para a verificação do eventual defeito.
20. Um amplificador linear deve ser incapaz de alterar quaisquer características do sinal, com exceção da amplitude.
21. O ruído pode se originar na fonte de alimentação.
22. O ruído de baixa frequência corresponde a uma componente de 60 Hz ou 120 Hz existente no sinal de saída.
23. O ruído de baixa frequência pode ser provocado por uma fonte de alimentação defeituosa, problemas na blindagem ou aterramento inadequado.
24. Empregue todos os dispositivos de controle no intuito de verificar se o ruído ocorre antes ou após esta utilização.
25. O ruído do tipo *motorboating* (ruído de lancha) corresponde a oscilações existentes no amplificador.
26. A distorção pode ser provocada por erro de polarização, transistores com defeito ou um sinal de entrada com amplitude muito grande.
27. Defeitos intermitentes de natureza térmica podem surgir algum tempo após a energização do aparelho.
28. Utilize o calor ou o frio para localizar defeitos de natureza térmica.
29. Defeitos intermitentes causados por vibração podem ser isolados utilizando uma ferramenta isolada para mover os componentes cuidadosamente.

30. As taxas de falha estão diretamente relacionadas à temperatura e complexidade do dispositivo.

31. Os transitórios normalmente provocam falhas em dispositivos de estado sólido.

32. Um amplificador com realimentação negativa pode sofrer travamento caso seja levado à saturação.

33. *Boundary scan* é um procedimento de teste automatizado que pode ser aplicado em qualquer fase do ciclo de vida de um produto.

Questões de revisão do capítulo

Questões de pensamento crítico

2-1 Você está visitando um amigo e nota que o som proveniente do alto-falante esquerdo de um rádio está distorcido. Você não possui nenhum equipamento de teste disponível. Há algo que você possa fazer para ajudá-lo nesse caso?

2-2 Seu automóvel nunca consegue partir às segundas-feiras de manhã, mas funciona normalmente em outros dias da semana. Este é um tipo de estranha coincidência?

2-3 Você consegue pensar em alguma razão pela qual amplificadores estéreo costumam falhar durante festas?

2-4 Técnicos normalmente trocam as baterias em equipamentos portáteis antes de realizar testes adicionais, mesmo que os consumidores aleguem que elas são novas. Os técnicos pensam que seus clientes são loucos?

2-5 Qual é a seção analisada em um equipamento reparado por um técnico sabendo que este apresentou falhas durante uma tempestade?

2-6 Você consegue pensar em aplicação de amp ops onde seja normal a existência da saída saturada?

2-7 O reparo em nível de componentes não é um prática amplamente difundida nos dias atuais. Ainda vale a pena aprender como os circuitos eletrônicos operam?

Respostas dos testes

» capítulo 3

Osciladores

Um amplificador requer um sinal de entrada CA para produzir um sinal de saída CA. Isso não ocorre com o oscilador, que é um circuito que cria um sinal CA. Osciladores podem ser projetados de modo a gerar muitos tipos de formas de onda, como ondas senoidais, retangulares, triangulares ou dentes de serra. A faixa de frequências na qual os osciladores são capazes de trabalhar varia de menos de 1 Hz a mais de 10 gigahertz (10 GHz = 1×10^{10} Hz). Dependendo do tipo de forma de onda e da frequência, os osciladores podem ser projetados de diversas formas. Este capítulo aborda alguns dos circuitos mais populares e ainda discute a questão das oscilações indesejadas.

Objetivos deste capítulo

- » Identificar circuitos osciladores.
- » Aplicar os conceitos de ganho e realimentação aos osciladores.
- » Prever a frequência de operação de osciladores.
- » Citar as causas de oscilações indesejadas.
- » Identificar técnicas utilizadas na prevenção de oscilações indesejadas.
- » Procurar problemas em osciladores.
- » Explicar e resolver problemas em sintetizadores digitais diretos.

» Características de osciladores

Um oscilador é um circuito que converte um sinal CC em um sinal CA, como mostra a Figura 3-1(a). A única entrada do oscilador corresponde a uma fonte de alimentação CC, sendo que a saída é CA. A maioria dos osciladores consiste em amplificadores com REALIMENTAÇÃO, de acordo com a Figura 3-1(b). Se a realimentação for positiva, o amplificador poderá oscilar (produzindo corrente alternada).

Muitos amplificadores oscilarão nas condições corretas. Por exemplo, provavelmente você sabe o que acontece quando alguém ajusta o controle de volume em um nível muito alto em um sistema de alto-falantes. Os ruídos e ecos que são ouvidos são as oscilações. A realimentação nesse caso corresponde às ondas sonoras (acústicas) dos alto-falantes que são inseridas no microfone (Figura 3-2). Embora a realimentação acústica possa produzir oscilações, praticamente todos os osciladores empregam a realimentação elétrica. O circuito de realimentação utiliza componentes como resistores, capacitores, bobinas ou transformadores para conectar a entrada do amplificador à sua respectiva saída.

A realimentação por si não garante a geração de oscilações. Observe a Figura 3-2 novamente. Certamente, você sabe que a redução do volume nos alto-falantes interromperá as oscilações no siste-

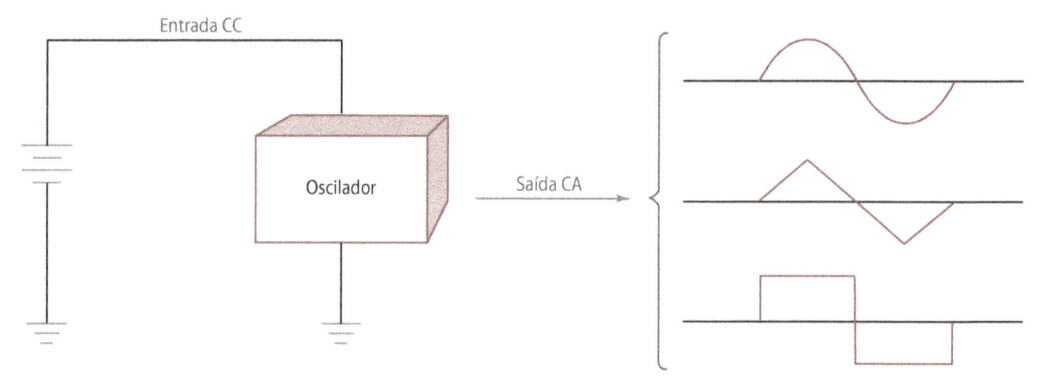

Algumas formas de onda de saída possíveis

(a) Osciladores convertem corrente contínua em alternada

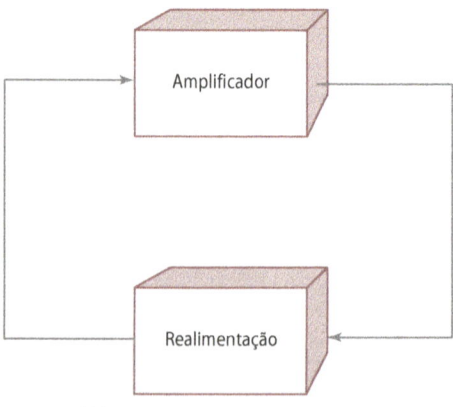

(b) Amplificador com realimentação

Figura 3-1 Princípios básicos dos osciladores.

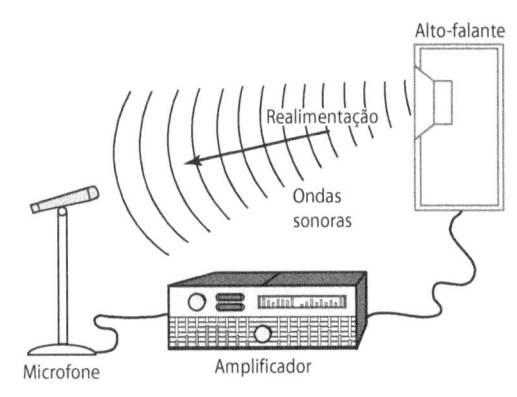

Figura 3-2 A realimentação pode provocar a oscilação em um amplificador de forma não intencional.

ma. A realimentação ainda está presente, mas nessa condição o ganho é insuficiente para superar a perda. Este é um dos dois critérios básicos que devem ser obedecidos para que um oscilador oscile: o GANHO do amplificador deve ser maior que a perda no caminho de realimentação. O outro critério estabelece que o sinal realimentado na entrada do amplificador deve estar EM FASE. Assim, o amplificador encontra-se em modo de realimentação positiva ou regenerativa. Quando a entrada e a saída do amplificador estão normalmente defasadas, o circuito de realimentação deverá produzir uma inversão de fase. A Figura 3-3 mostra as condições necessárias de forma resumida. O defasamento total é de 180° + 180° = 360°, sendo que esse valor corresponde efetivamente a 0°. O circuito de realimentação possui o defasamento necessário na frequência de oscilação desejada (f_o).

Os osciladores são amplamente utilizados, como por exemplo:

1. Muitos dispositivos digitais como computadores, calculadoras e relógios utilizam osciladores para gerar formas de onda retangulares para temporizar e coordenar os diversos circuitos lógicos.

2. Geradores de sinal empregam osciladores para produzir as frequências e formas de onda necessárias para o teste, calibração ou busca de falhas em outros sistemas eletrônicos.

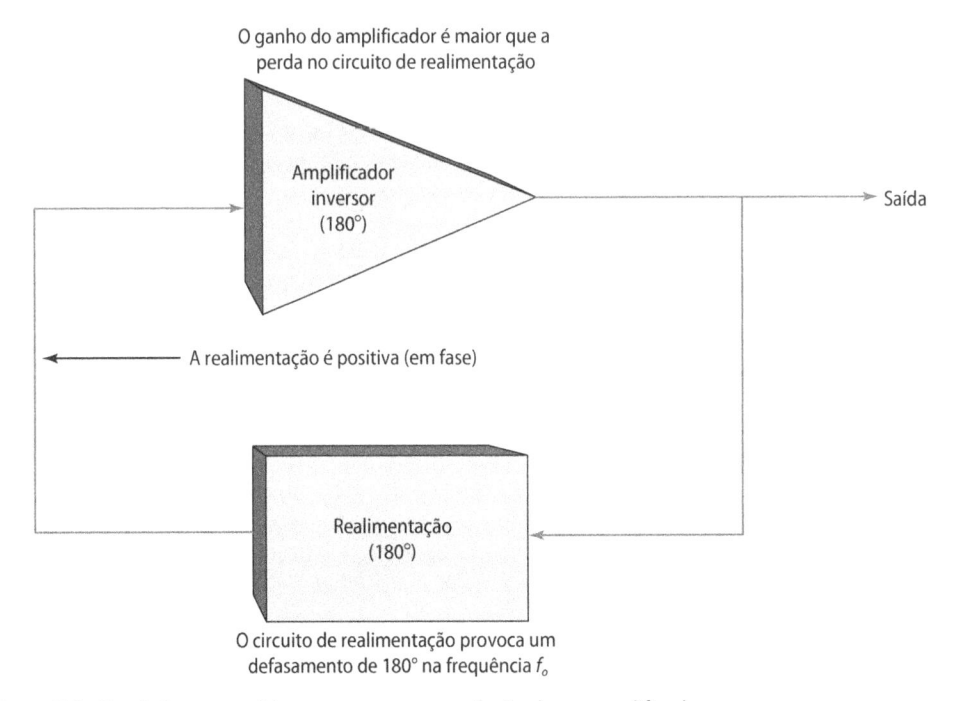

Figura 3-3 Condições necessárias para provocar a oscilação de um amplificador.

3. Telefones convencionais, instrumentos musicais e transmissores com controle remoto podem utilizar os osciladores para produzir as diversas frequências desejadas.

4. Transmissores de rádio e televisão empregam osciladores para gerar os sinais básicos que são enviados aos receptores.

As várias aplicações de osciladores possuem requisitos diferenciados. Além da frequência e da forma de onda, há a questão da ESTABILIDADE. Um oscilador estável produzirá um sinal de amplitude e frequência constantes. Outra característica necessária para alguns osciladores é a capacidade de produzir uma determinada faixa de frequências. OSCILADORES COM FREQUÊNCIA VARIÁVEL (do inglês, *variable frequency oscillators* – VFOs) possuem esta característica, bem como OSCILADORES CONTROLADOS POR TENSÃO (do inglês, *voltage-controlled oscillators* – VCOs).

Teste seus conhecimentos

Acesse o site www.grupoa.com.br/tekne para fazer os testes sempre que passar por este ícone.

Circuitos RC

É possível controlar a frequência de um oscilador utilizando componentes resistivos e capacitivos. Um circuito que pode ser utilizado no controle de frequência em osciladores é apresentado na Figura 3-4. Esse arranjo é denominado REDE DE AVANÇO-ATRASO e exibe sinal de saída máximo e defasamento nulo em uma dada frequência, isto é, na frequência de ressonância, f_r, que é dada por:

$$f_r = \frac{1}{2\pi RC}$$

Os valores dos componentes R e C série e *shunt* são idênticos na Figura 3-4.

A Figura 3-5 ilustra a resposta de amplitude e fase gerada em computador para uma rede de avanço-atraso de 1,59 kHz. A curva da amplitude cresce à medida que a frequência aumenta a partir de 100 Hz até que a frequência de ressonância seja atingida. A curva passa a decrescer para frequências acima da ressonância. A curva do ângulo de fase apresenta avanço em frequências abaixo da ressonância e atraso para frequências acima da ressonância. Note que a resposta de fase assume o valor de 0° na ressonância.

Na ressonância, a rede de avanço-atraso possui uma tensão de saída igual a um terço da tensão de entrada, ou seja:

$$V_{dB} = 20 \times \log \frac{V_{saída}}{V_{entrada}} = 20 \times \log \frac{1}{3} = -9,54 \, dB$$

Esse resultado encontra-se em concordância com a curva da amplitude na Figura 3-5. Se um oscilador utiliza uma rede de avanço-atraso no circuito de realimentação, então seu respectivo amplificador deverá possuir um ganho de tensão maior que três (9,54 dB).

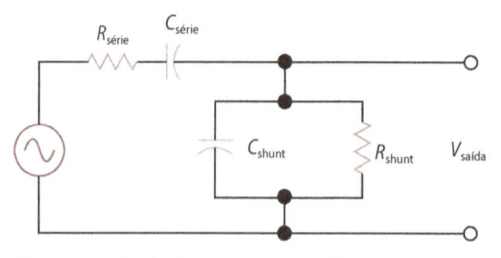

Figura 3-4 Rede de avanço-atraso do tipo *RC*.

EXEMPLO 3-1

Na Figura 3-4, ambos os resistores são de 10 kΩ e ambos os capacitores são de 0,01 μF. Assim, determine a frequência de ressonância da rede de avanço-atraso. Utiliza-se a equação:

$$f_r = \frac{1}{2\pi RC} = \frac{1}{6,28 \times 10 \times 10^3 \times 0,01 \times 10^{-6}}$$

$$= 1,59 \, kHz$$

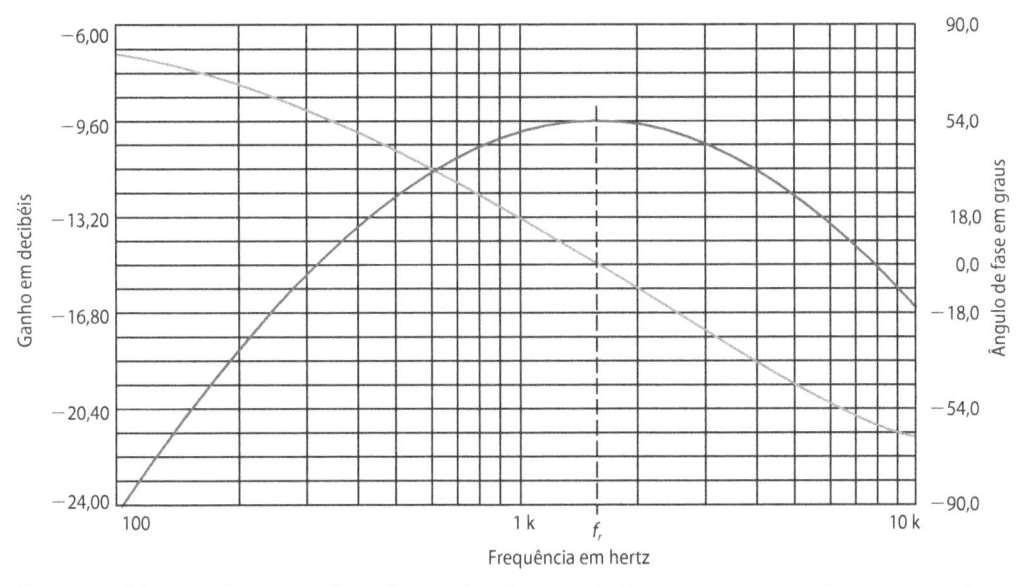

Figura 3-5 Diagrama de resposta do ganho e da fase de uma rede de avanço-atraso gerado em computador.

A Figura 3-6 mostra como uma rede de avanço-atraso pode ser utilizada para controlar a frequência de um oscilador. Observe que a realimentação é aplicada por meio da rede de avanço-atraso à entrada não inversora do amp op, sendo que neste caso há uma realimentação positiva. Entretanto, apenas uma frequência será aplicada exatamente em fase à entrada não inversora por vez, e este valor corresponde à frequência de ressonância da rede f_r. Todas as demais frequências apresentarão atraso ou avanço. Isso quer dizer que o oscilador operará em uma única frequência e que a saída será senoidal.

O circuito da Figura 3-6 é denominado OSCILADOR PONTE DE WIEN. A rede de avanço-atraso forma uma parte do oscilador, que também é constituído dos resistores R' e $2R'$. As entradas do amplificador operacional são conectadas à ponte. O resistor R' é um dispositivo que possui elevado coeficiente posi-

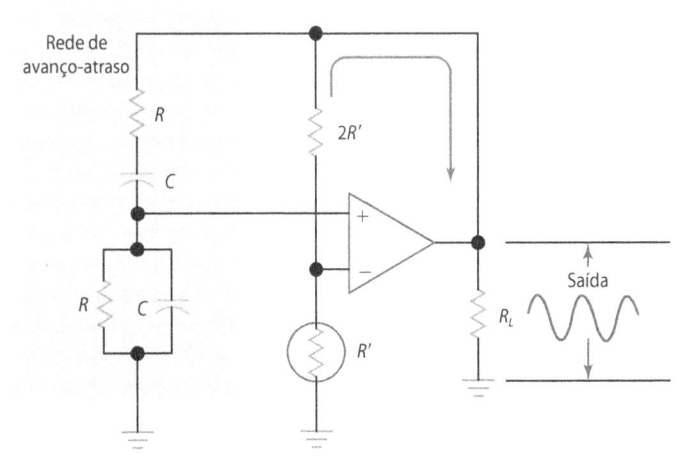

Figura 3-6 Oscilador do tipo ponte de Wien.

tivo de temperatura, a exemplo de uma lâmpada com filamento de tungstênio. A finalidade de R' é a de ajustar o ganho do amplificador, que deve ser maior que a perda na rede de avanço-atraso. Se o ganho for muito pequeno, o circuito não oscilará. Se o ganho for muito alto, a forma de onda na saída será ceifada.

Quando o circuito da Figura 3-6 é inicialmente energizado, a temperatura de R' será reduzida, de modo que haverá um valor de resistência relativamente baixo. O circuito começará a oscilar em virtude da realimentação positiva na rede de avanço-atraso. O sinal resultante em R' provocará o aquecimento desse componente, cuja resistência aumentará. Os resistores R' e 2R' constituem um divisor de tensão. À medida que o valor de R' aumenta, a tensão aplicada à entrada inversora do amplificador operacional aumentará. Como foi aprendido anteriormente, a realimentação negativa reduz o ganho do amp op. Se o circuito for projetado adequadamente, o ganho será reduzido a um valor que evita o ceifamento, mas que é suficientemente grande para manter a oscilação.

O circuito ponte de Wien satisfaz os requisitos necessários de todos os osciladores: (1) O ganho é adequado para superar a perda no circuito de realimentação e (2) a realimentação encontra-se em fase. O ganho do circuito é alto no momento da energização inicial, o que garante a partida rápida do oscilador. Então, o ganho começa a ser reduzido em virtude do aquecimento de R'. Osciladores do tipo ponte de Wien são conhecidos pela saída senoidal com baixa distorção.

É possível construir um oscilador ponte de Wien com frequência variável (Figura 3-7). Os capacitores variáveis estão interconectados, de modo que um único eixo de controle aciona ambos os capacitores. Qual é a faixa de frequência desse circuito? Será necessário utilizar a expressão do cálculo da frequência de ressonância duas vezes para responder a esta pergunta.

$$f_{r(HI)} = \frac{1}{6{,}28 \times 47 \times 10^3 \times 100 \times 10^{-12}}$$
$$= 33.880 \text{ Hz}$$

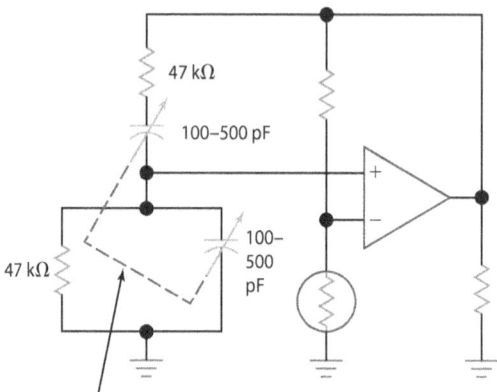

Figura 3-7 Amplificador classe A com acoplamento com transformador.

$$f_{r(LO)} = \frac{1}{6{,}28 \times 47 \times 10^3 \times 500 \times 10^{-12}}$$
$$= 6776 \text{ Hz}$$

A faixa varia entre 6776 Hz e 33.880 Hz. Um capacitor com faixa 5:1 produz uma faixa de frequência 5:1:

$$6776 \text{ Hz} \times 5 = 33.880 \text{ Hz}$$

Há outra forma de utilizar circuitos RC para controlar a frequência de um oscilador. Esses circuitos podem ser empregados de modo a produzir um defasamento de 180° na frequência desejada. Isso é particularmente útil quando a configuração de amplificador emissor comum é utilizada. A Figura 3-8 mostra o circuito do OSCILADOR DE DESLOCAMENTO DE FASE. Os sinais do coletor e da base são defasados de 180°. Ao incluir uma rede que produz um deslocamento de fase adicional de 180°, a base passa a possuir uma realimentação em fase. Isso ocorre porque 180°+180°=360°, sendo que 360° equivalem a 0° no círculo trigonométrico.

Na Figura 3-8, a rede de deslocamento é dividida em três seções, e cada uma delas é projetada para fornecer defasamento de 60°, resultando em um deslocamento total de 3×60°=180°. A frequência das oscilações é dada por:

$$f = \frac{1}{15{,}39\, RC}$$

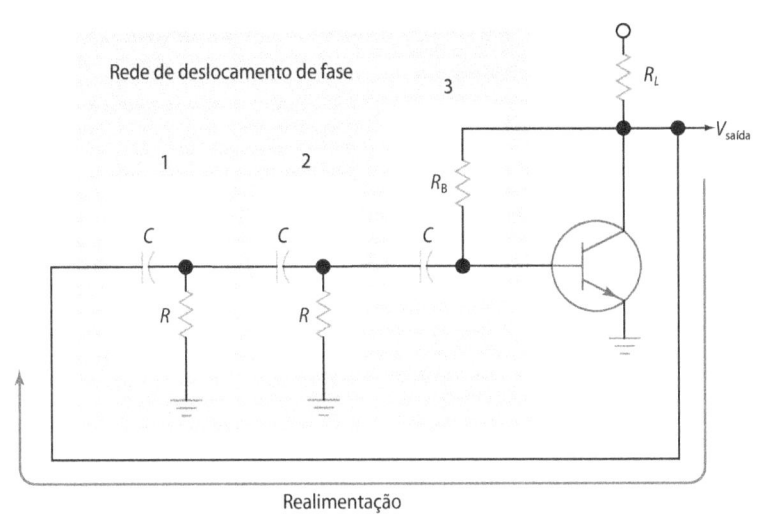

Figura 3-8 Oscilador de deslocamento de fase.

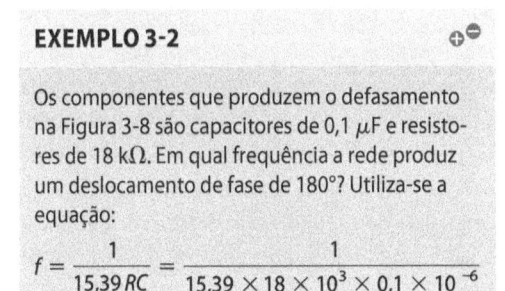

EXEMPLO 3-2

Os componentes que produzem o defasamento na Figura 3-8 são capacitores de 0,1 μF e resistores de 18 kΩ. Em qual frequência a rede produz um deslocamento de fase de 180°? Utiliza-se a equação:

$$f = \frac{1}{15{,}39\,RC} = \frac{1}{15{,}39 \times 18 \times 10^3 \times 0{,}1 \times 10^{-6}}$$
$$= 36{,}1\text{ Hz}$$

A Figura 3-9 mostra o diagrama esquemático de um oscilador de deslocamento de fase com os valores fornecidos para os componentes. Cada uma das três redes de defasamento foi projetada para fornecer uma resposta de 60° na frequência de saída desejada. Entretanto, note que o valor de R_B é 100 vezes maior que os demais resistores do circuito. Isso poderia ser encarado como um erro, já que as três redes deveriam ser idênticas. Na verdade, R_B aparenta ter um valor muito menor quando se trata de sinais CA. Isso ocorre porque este elemento é conectado ao coletor do transistor. Há um sinal CA presente no coletor quando

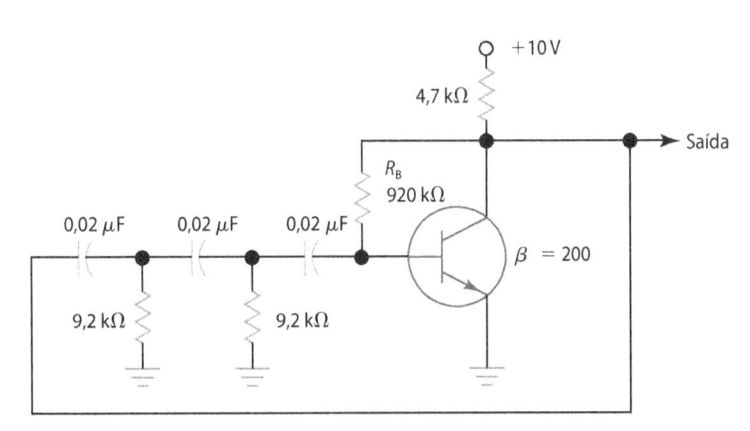

Figura 3-9 Oscilador de deslocamento de fase com valores dos componentes utilizados.

o oscilador está funcionando, que é defasado de 180° do sinal na base. Isso torna a diferença de potencial em R_B muito maior que a que seria produzida apenas pelo sinal da base. Assim, uma maior de sinal corrente circula em R_B, o qual por sua vez produz um efeito de carregamento CA ajustado pelo ganho de tensão do amplificador e seu respectivo valor:

$$r_B = \frac{R_B}{A_V}$$

Essa equação indica que o efeito de carga CA r_B é igual a R_B dividido pelo ganho de tensão do amplificador. Considerando que o ganho do amplificador é 100, tem-se:

$$r_B = \frac{920 \text{ k}\Omega}{100} = 9{,}2 \text{ k}\Omega$$

Pode-se concluir que todas as redes de defasamento são efetivamente as mesmas. A frequência do oscilador na Figura 3-9 é:

$$f = \frac{1}{15{,}39\,RC} = \frac{1}{15{,}39 \times 9{,}2 \times 10^3 \times 0{,}02 \times 10^{-6}}$$
$$= 353 \text{ Hz}$$

A Figura 3-10 mostra gráficos da resposta de amplitude e fase gerados em computador para o circuito de defasamento RC da Figura 3-9. Circuitos dessa natureza produzem uma tensão de saída que é igual a 1/29 da tensão de entrada na frequência onde o deslocamento de fase é de 180°. Isso representa um ganho do circuito de realimentação de:

$$V_{dB} = 20 \times \log \frac{V_{saída}}{V_{entrada}} = 10 \times \log \frac{1}{29} = -29{,}2 \text{ dB}$$

O amplificador emissor comum da Figura 3-9 deve possuir ganho superior a 29,2 dB para que o circuito oscile.

O circuito da Figura 3-9 não oscilará exatamente em 353 Hz. A fórmula utiliza apenas os valores dos componentes da rede RC, ignorando alguns efeitos produzidos pelo transistor. Entretanto, essa expressão é adequada em aplicações práticas.

A Figura 3-11 mostra outro tipo de oscilador RC baseado na REDE DUPLO T. Essas redes atuam como filtros *notch* e fornecem amplitude de saída mínima e atraso de fase de 180° nas respectivas frequências de ressonância. A frequência de ressonância de uma rede duplo T pode ser determinada a partir da análise do circuito, onde é possível identificar quais componentes estão em série com o fluxo do

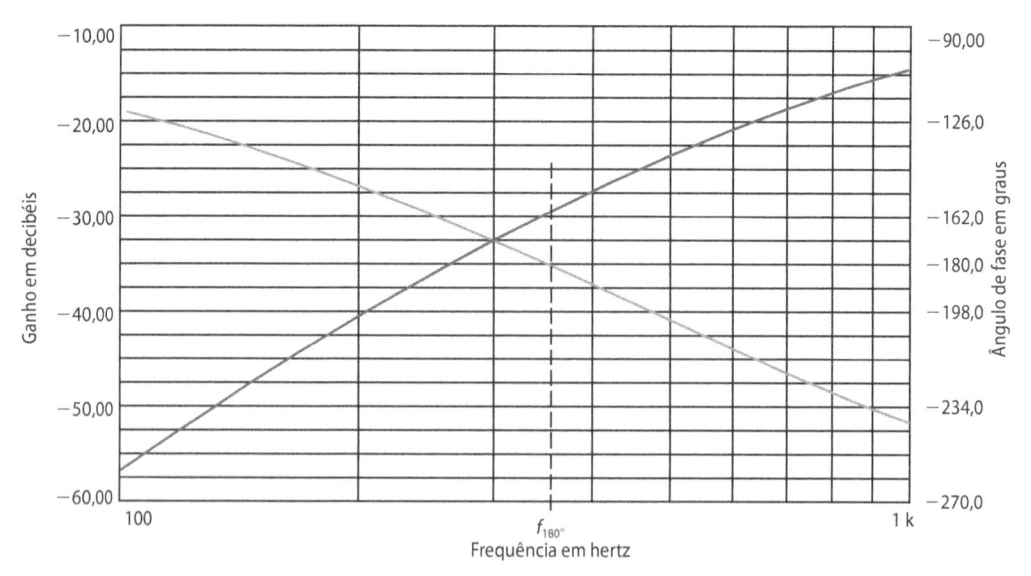

Figura 3-10 Diagrama de resposta do ganho e da fase de uma rede de deslocamento de fase gerado em computador.

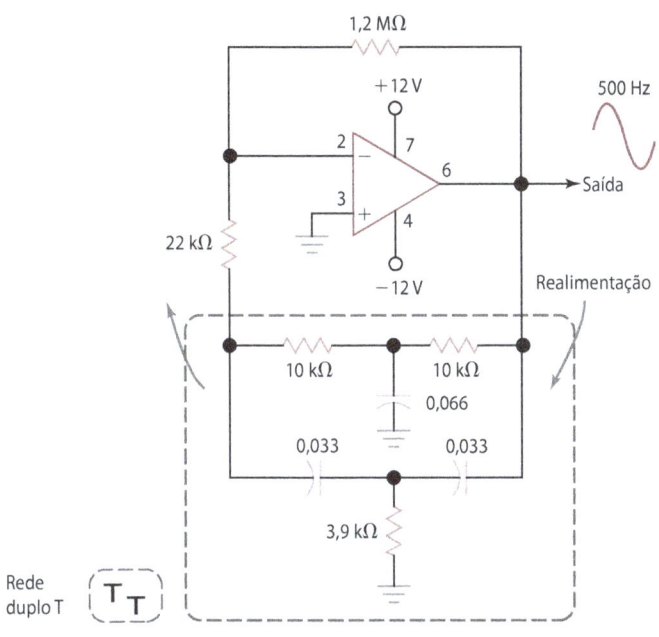

Figura 3-11 Oscilador duplo T com amp op.

sinal. Assim, utilizam-se os valores dos componentes em série nesta equação:

$$f_r = \frac{1}{2\pi RC}$$

A rede duplo T fornece a realimentação da saída na entrada inversora do amp op. Essa realimentação é positiva em f_r porque a rede duplo T possui defasamento de 180° nesta frequência em particular. Note que o valor do capacitor da rede de 0,066 μF é duas vezes maior que o valor de cada capacitor série e este é um padrão em redes duplo T. Entretanto, o resistor de 3,9 kΩ não é padrão, sendo este componente normalmente igual à metade do valor de cada resistor série. Nesse caso, o valor esperado seria de 5 kΩ. Uma rede duplo T perfeitamente balanceada não fornece realimentação em f_r. O erro intencional fornece uma realimentação positiva suficiente ao pino 2 do amp op, de modo que um sinal senoidal de aproximadamente 500 Hz surge na saída.

A Figura 3-12 mostra a resposta gerada por computador para a rede duplo T desbalanceada da Figura 3-11. Devido ao desbalanço, a frequência de

Sobre a eletrônica

Sinais de *Clock* e o NIST

O sinal de *clock* em muitos sistemas digitais provém de um oscilador controlado por cristal. Sinais temporizados padronizados são gerados por *clocks* atômicos mantidos no NIST (*National Institute of Standards and Technology* – Instituto Nacional de Padrões e Tecnologia). Muitas organizações empregam normas de calibração que remetem ao NIST.

EXEMPLO 3-3

Determine a frequência de ressonância da rede duplo T na Figura 3-11. Os componentes em série da rede são resistores de 10 kΩ e capacitores de 0,033 μF. Utiliza-se a equação:

$$f_r = \frac{1}{2\pi RC} = \frac{1}{6{,}28 \times 10 \times 10^3 \times 0{,}033 \times 10^{-6}}$$
$$= 482 \text{ Hz}$$

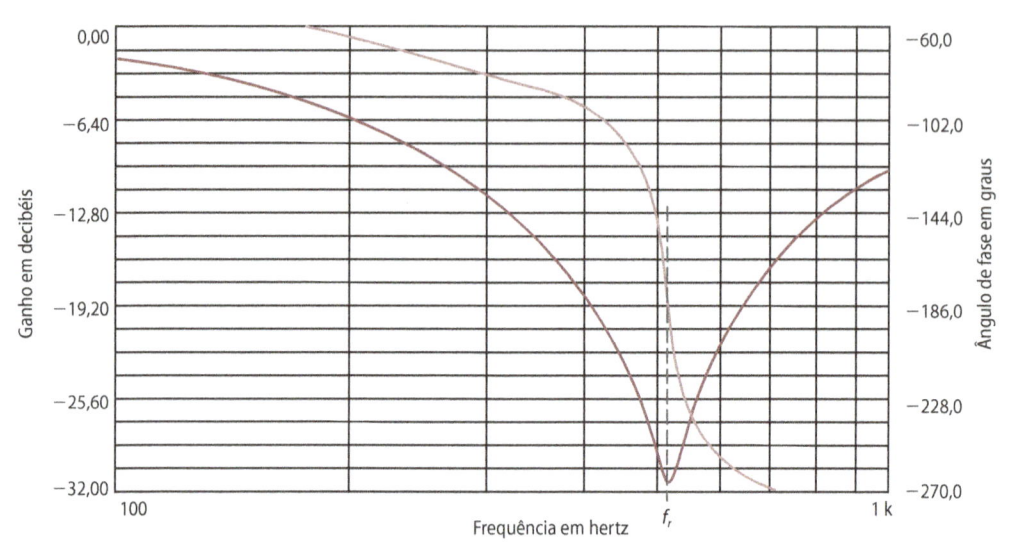

Figura 3-12 Diagrama de resposta do ganho e da fase de uma rede duplo T desbalanceada gerado em computador.

ressonância real da rede é de aproximadamente 520 Hz e a amplitude é de −31 dB neste ponto. O amp op deve fornecer um ganho de tensão maior que 35,5 (31 dB) para que o circuito seja capaz de oscilar.

Teste seus conhecimentos

Circuitos LC

Os osciladores RC são limitados a frequências inferiores a 1 MHz. Frequências mais altas requerem a utilização de abordagens distintas para a construção do oscilador. Circuitos indutivos e capacitivos (LC) podem ser empregados para projetar osciladores capazes de operar em frequências da ordem de centenas de megahertz (MHz). Essas redes LC são normalmente chamadas de CIRCUITOS TANQUE ou flywheel*.

A Figura 3-13 mostra como um circuito tanque pode ser empregado para fornecer oscilações senoidais. A Figura 3-13(a) considera que o capacitor está carregado. À medida que este componente se descarrega através do indutor, o campo magnético no indutor aumenta. Após a descarga completa do capacitor, o campo começa a ser reduzido, de modo que a corrente continua a circular, sendo que isto é mostrado na Figura 3-13(b). Note que agora o capacitor é carregado com polaridade oposta. Após a extinção do campo, o capacitor passa a atuar novamente como fonte. Assim, a corrente circula no sentido oposto, de acordo com a Figura 3-13(c). Finalmente, a Figura 3-13(d) mostra o indutor atuando como fonte e carregando o capacitor com a polaridade original da Figura 3-13(a). Então, o ciclo passa a se repetir continuamente.

Indutores e capacitores são dispositivos de armazenamento de energia. Em um circuito tanque, esses elementos trocam energia entre si de acordo

---

* N. de T.: Em português, o termo em inglês flywheel significa volante, embora a tradução não seja utilizada para designar esse tipo de circuito.

(a) Fonte — Aumento do campo

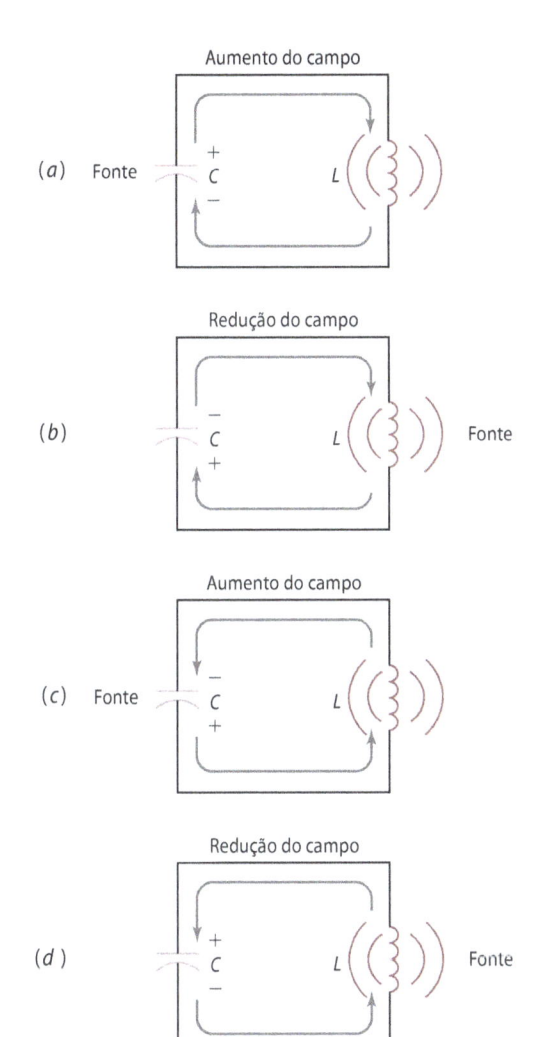

(b) Fonte — Redução do campo

(c) Fonte — Aumento do campo

(d) Fonte — Redução do campo

Figura 3-13 Ação do circuito tanque.

com uma taxa fixa estabelecida pelos valores da indutância e da capacitância. A frequência das oscilações é dada por:

$$f_r = \frac{1}{2\pi\sqrt{LC}}$$

Essa fórmula é familiar, representando a ressonância entre um indutor e um capacitor. A equação se baseia na frequência de ressonância, onde as reatâncias indutiva e capacitiva são iguais. Um circuito tanque LC energizado oscilará em sua respectiva frequência de ressonância.

> **EXEMPLO 3-4**
>
> Qual é a frequência de ressonância do circuito tanque da Figura 3-13 se o indutor é de 1 μH e o capacitor é de 180 pF? Utiliza-se a equação:
>
> $$f_r = \frac{1}{6{,}28 \times \sqrt{1 \times 10^{-6} \times 180 \times 10^{-12}}}$$
> $$= 11{,}9 \text{ MHz}$$

Circuitos tanque práticos possuem uma resistência além da capacitância e da indutância. Essa resistência provocará a redução das oscilações no circuito tanque com o passar do tempo. Para implementar um oscilador LC prático, deve-se empregar um amplificador. O ganho do amplificador compensará as perdas resistivas, de modo que uma onda senoidal com amplitude constante pode ser gerada.

Uma forma de combinar um amplificador com um circuito tanque LC é mostrada na Figura 3-14, de modo que este arranjo é denominado OSCILADOR HARTLEY. Note que um INDUTOR possui um TAP, cuja posição é importante porque a relação entre L_A e L_B determina a TAXA DE REALIMENTAÇÃO do circuito. Na prática, esse parâmetro é ajustado de modo a se obter uma operação confiável, garantindo que o oscilador comece a funcionar assim que o circuito

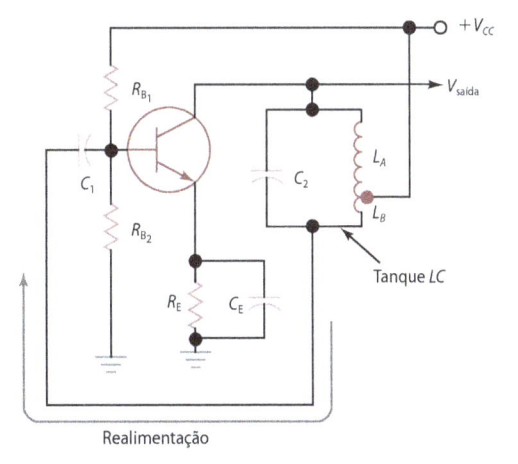

Figura 3-14 Oscilador Hartley.

seja energizado. A realimentação excessiva causa o ceifamento e a distorção da forma de onda de saída.

O amplificador a transistor da Figura 3-14 possui configuração emissor comum, o que significa que um defasamento de 180° é necessário em algum ponto do caminho da realimentação. Esse defasamento é fornecido pelo circuito tanque. Observe que o indutor possui um *tap*, que por sua vez é conectado a $+V_{CC}$. O *tap* encontra-se no referencial de terra CA, de modo que há uma inversão de fase no tanque. Conhecendo-se os valores da indutância total e da capacitância, é possível determinar a frequência de ressonância. Por exemplo, se a indutância total $L_A + L_B$ é de 20 μH e a capacitância C_2 é de 400 pF, tem-se:

$$f_r = \frac{1}{6{,}28 \times \sqrt{20 \times 10^{-6} \times 400 \times 10^{-12}}}$$
$$= 1{,}78 \text{ MHz}$$

Outra forma de controlar a realimentação de um oscilador RC é utilizar um TAP no ramo CAPACITIVO do circuito tanque. Quando isso ocorre, o circuito passa a ser chamado de OSCILADOR COLLPITTS (Figura 3-15). O capacitor C_1 aterra a base do transistor no que se refere a sinais CA e o transistor opera como um amplificador base comum. Você deve recordar que a entrada (emissor) e a saída (coletor) estão em fase nessa configuração de amplificador. A realimentação encontra-se em fase para a configuração base comum (representada na Figura 3-15).

Os capacitores C_2 e C_3 na Figura 3-15 atuam em série em se tratando do tanque ressonante. Considere $C_2 = 1000$ pF e $C_3 = 100$ pF. Vamos utilizar a expressão para o cálculo do capacitor equivalente e determinar o efeito da conexão série:

$$C_T = \frac{C_2 \times C_3}{C_2 + C_3} = \frac{1000 \text{ pF} \times 100 \text{ pF}}{1000 \text{ pF} + 100 \text{ pF}} = 90{,}91 \text{ pF}$$

Isso significa que a capacitância de 90,91 pF juntamente com o valor de L devem ser utilizados para prever a frequência da oscilação. Considerando $L = 1$ μH, tem-se:

$$f_r = \frac{1}{6{,}28 \times \sqrt{1 \times 10^{-6} \times 90{,}9 \times 10^{-12}}}$$
$$= 16{,}7 \text{ MHz}$$

A Figura 3-16 mostra um oscilador VFO seguido por um AMPLIFICADOR BUFFER. Ambos os estágios operam na configuração dreno comum e empregam transistores de efeito de campo com gatilho isolado. Esse circuito corresponde a um projeto que pode ser utilizado quando se deseja obter a máxima estabilidade da frequência.

O transistor Q_1 na Figura 3-16 fornece o ganho necessário para manter as oscilações. O transistor Q_2 atua como um amplificador *buffer*, protegendo o circuito dos efeitos de carga. A alteração da carga em um oscilador tende a provocar a mudança tanto da amplitude quanto da frequência na saída. Para se obter uma maior estabilidade, o circuito oscilador deve ser isolado dos estágios seguintes. O transistor Q_2 possui impedância de entrada muito alta e impedância de saída baixa. Isso permite que o amplificador *buffer* isole o oscilador de quaisquer efeitos de carga.

O circuito tanque da Figura 3-16 é constituído por L, C_1, C_2 e C_3, sendo que este arranjo é conhecido por oscilador Colpitts sintonizado em série ou OSCILADOR CLAPP. Esse é um dos tipos mais estáveis de osciladores. Vamos considerar que C_1 varie de 10 a 100 pF e que C_2 e C_3 sejam iguais a 1000 pF. Utilizaremos a expressão do capacitor série para

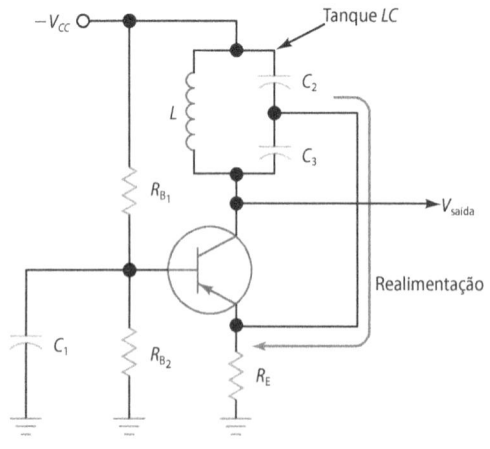

Figura 3-15 Oscilador Colpitts.

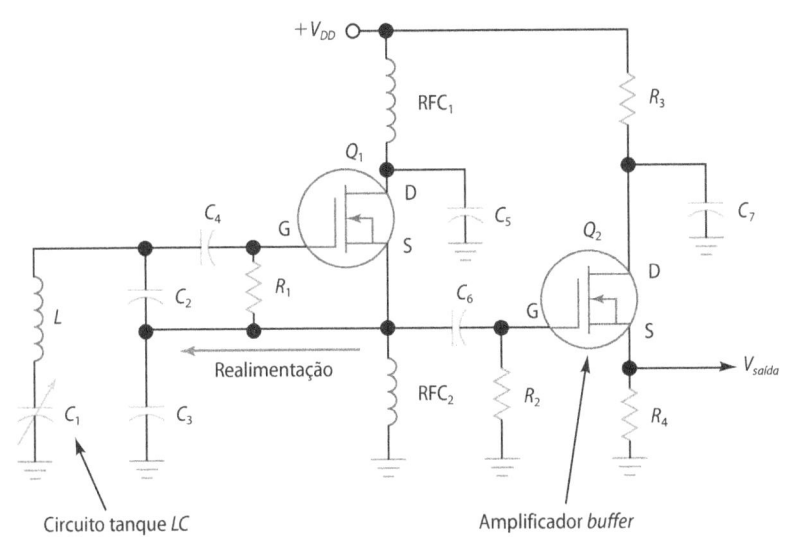

Figura 3-16 Projeto de um oscilador altamente estável.

determinar a faixa capacitiva do circuito. Se $C_1 = 10$ pF, tem-se:

$$C_T = \frac{1}{1/C_1 + 1/C_2 + 1/C_3}$$

$$= \frac{1}{1/10\text{ pF} + 1/1000\text{ pF} + 1/1000\text{ pF}}$$

$$= 9,8 \text{ pF}$$

Se $C_1 = 100$ pF, tem-se:

$$C_T = \frac{1}{1/100\text{ pF} + 1/1000\text{ pF} + 1/1000\text{ pF}}$$

$$= 83,3 \text{ pF}$$

Os cálculos mostram que o valor efetivo de C_T para a associação de capacitores é predominantemente determinada por C_1. As capacitâncias parasita e série na Figura 3-16 aparecem em paralelo com C_2 e C_3. As capacitâncias supracitadas podem mudar e provocar a variação da frequência em circuitos osciladores LC. O arranjo Clapp minimiza tais efeitos porque o capacitor de sintonia em série possui a influência principal no circuito.

Osciladores com frequência variável podem ser sintonizados por meio de capacitores variáveis. Entretanto, esses elementos possuem elevado custo e tendem a possuir grandes dimensões. Muitos projetos substituem tais capacitores por DIODOS VARICAP, os quais foram abordados na seção que aborda os circuitos de cristal do Capítulo 3*. Por exemplo, o capacitor C_1 na Figura 3-16 pode ser substituído por um diodo varicap e um circuito de polarização. A variação da tensão de polarização permite a sintonia do oscilador em diversas frequências, sendo que este circuito é chamado de oscilador controlado por tensão (do inglês, *voltage-controlled oscillator* – **VCO**).

---

* N. de E.: Capítulo do livro SCHULER, Charles. *Eletrônica I*. 7 ed. Porto Alegre: AMGH, 2013.

Teste seus conhecimentos

❯❯ Circuitos do tipo cristal

Outra forma de controlar a frequência de um oscilador é utilizar um cristal de quartzo. O quartzo é um **material piezoelétrico**, sendo capaz de converter energia elétrica em energia mecânica. Esses materiais também são capazes de converter energia mecânica em energia elétrica. Um cristal de quartzo tende a vibrar em sua respectiva frequência de ressonância, que por sua vez é determinada pelas características físicas do cristal. A espessura do cristal é o principal fator que afeta o ponto ressonante.

A Figura 3-17(a) mostra a construção de um cristal de quartzo. O disco de quartzo geralmente é muito fino, especialmente para a operação em altas frequências. Um eletrodo metálico é fundido em cada extremidade do disco. Quando um sinal CA é aplicado aos eletrodos, o cristal vibra. As vibrações serão mais intensas na frequência de ressonância do cristal. Quando isso ocorre, uma tensão considerável surge entre os eletrodos. O símbolo esquemático de um cristal é representado na Figura 3-17(b).

Os cristais podem se tornar os componentes determinantes da frequência em circuitos osciladores de alta frequência, sendo capazes de substituir os circuitos tanque *LC*. Os cristais possuem a vantagem de apresentar frequências de saída muito estáveis: um oscilador de cristal pode possuir uma estabilidade maior que uma parte em 10^6 por dia, o que corresponde a uma precisão de 0,0001%. Um oscilador de cristal pode ser empregado em um for-

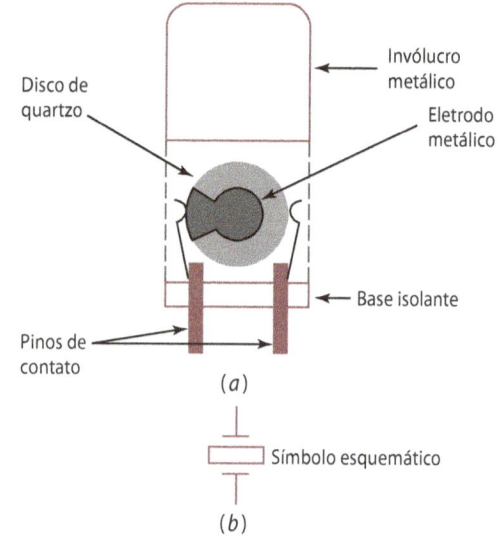

Figura 3-17 Símbolo utilizado para o controle de frequência.

no com controle de temperatura fornecendo uma estabilidade superior a uma parte em 10^8 por dia.

Um circuito oscilador *LC* está sujeito a variações de frequência, que por sua vez podem ser ocasionadas por:

1. Temperatura.
2. Tensão de alimentação.
3. Esforços mecânicos e vibração.
4. Variações no valor do componente.
5. Movimento de partes metálicas próximas ao circuito oscilador.

Circuitos controlados por cristais podem reduzir tais efeitos de forma significativa.

Um cristal de quartzo pode ser representado por um circuito equivalente (Figura 3-18). Os valores de *L* e *C* no circuito equivalente representam a ação ressonante do cristal e determinam o que é conhecido como ressonância série do cristal. A capacitância do eletrodo ainda provoca o surgimento de um ponto ressonante paralelo no cristal. Como os capacitores atuam em série, a capacitância do circuito é um pouco menor para a ressonância paralela. Isso torna a frequência de ressonância

---

Sobre a eletrônica

Osciladores encapsulados

A empresa Vectron Internacional combina osciladores com cristais de quartzo nesta linha de produtos (www.vectron.com). Um oscilador encapsulado de 100 MHz é mostrado no circuito da Figura 3-34.

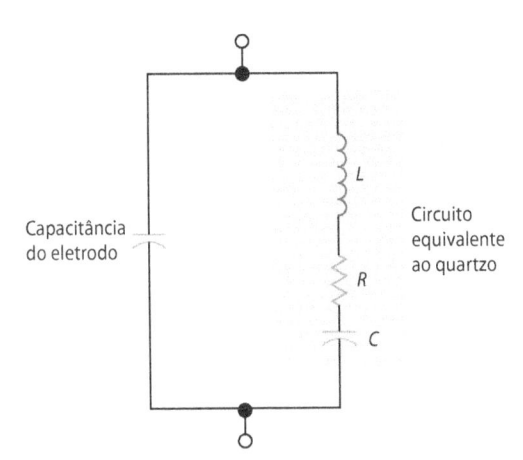

Figura 3-18 Circuito equivalente ao cristal de quartzo.

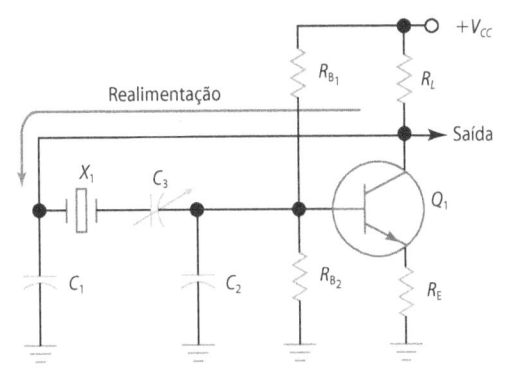

Figura 3-19 Oscilador controlado por cristal.

paralela ligeiramente maior que a frequência de ressonância série.

O circuito equivalente de um cristal prevê as oscilações que podem ocorrer em dois modos: paralelo e série. Circuitos osciladores podem ser projetados de modo a operar em qualquer modo. Quando um cristal é substituído, é importante utilizar o tipo correto. Por exemplo, se um cristal de modo série for empregado em um circuito de modo paralelo, o oscilador operará em frequência mais alta.

Observe novamente a Figura 3-18. Note que o circuito equivalente do cristal de quartzo também possui uma resistência R, o que implica a existência de perdas. Na prática, a maioria dos cristais desenvolve perdas reduzidas, de modo que se tem um elevado valor de Q. Esse parâmetro é muito importante em um circuito oscilador, pois o ALTO VALOR DE Q representa a estabilidade da frequência. A título de comparação, os fatores de qualidade Q em circuitos LC raramente são maiores que 200, enquanto nos cristais estes valores podem ser maiores que 3000. É por isso que um oscilador de cristal é muito mais estável que um oscilador LC.

A Figura 3-19 mostra o diagrama esquemático de um OSCILADOR DE CRISTAL. A configuração do amplificador é emissor comum, o que significa que o caminho de realimentação deve fornecer um defasamento de 180° para que as oscilações ocorram.

Efetivamente, esse defasamento é fornecido pelos capacitores C_1 e C_2, que constituem um divisor de tensão no intuito de controlar a taxa de realimentação. A realimentação excessiva causa distorção e variação da frequência. Por outro lado, a realimentação insuficiente é responsável pela operação não confiável. Por exemplo, o circuito pode não ser capaz de partir quando for inicialmente energizado. O capacitor C_3 é do tipo *trimmer*, sendo utilizado para ajustar a frequência de oscilação de forma precisa. Os demais componentes na Figura 3-19 são típicos na configuração emissor comum.

Cristais para frequências muito altas apresentam problemas. A espessura do quartzo deve ser reduzida à medida que a frequência aumenta. Acima de 15 MHz, o quartzo deve ser tão fino que se torna muito frágil. Para frequências mais altas, são utilizados CRISTAIS DE SOBRETOM, que operam nas HARMÔNICAS da frequência fundamental. Por exemplo, a segunda harmônica de 10 MHz corresponde a 20 MHz, a terceira harmônica é 30 MHz e assim por diante. O uso de harmônicas pode estender a faixa de operação de cristais osciladores a aproximadamente 150 MHz.

Circuitos osciladores projetados para utilizar cristais de sobretom devem empregar um circuito LC sintonizado, o qual deve ser ajustado na frequência harmônica correta. Assim, garante-se que o cristal vibrará no modo correto. Caso isso não ocorra, o cristal pode operar em uma frequência mais baixa.

A Figura 3-20 mostra um OSCILADOR DE SOBRETOM ou harmônico. O capacitor C_1 aterra a base no caso de

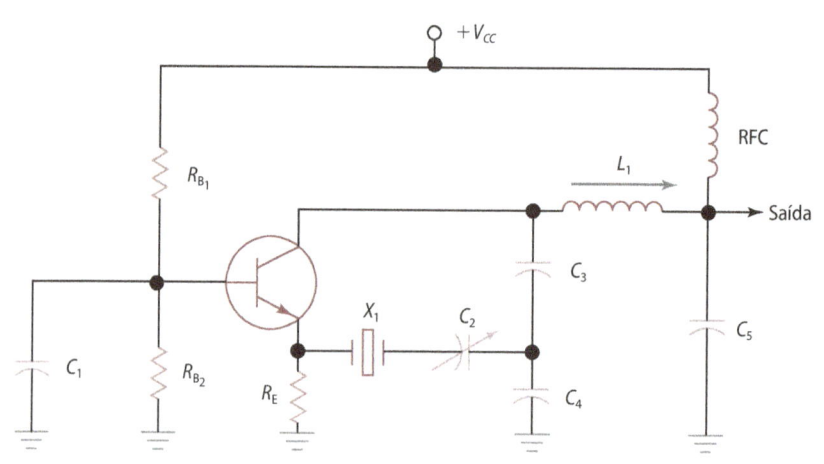

Figura 3-20 Oscilador com cristal de sobretom.

sinais CA. O transistor encontra-se na configuração base comum, de modo que não é necessária a inversão de fase no circuito de realimentação. Os capacitores C_2 e C_3 formam um divisor que ajusta a realimentação do coletor para o emissor. O cristal X_1 encontra-se no caminho da realimentação e opera no modo série. Não há inversão de fase no circuito ressonante série. Todos os cristais de sobretom operam em modo série.

O indutor L_1 na Figura 3-20 parte do circuito sintonizado utilizado na seleção do sobretom (harmônica) adequado e entra em ressonância com C_3, C_4 e C_5 formando um circuito tanque. O capacitor C_2 é do tipo *trimmer* e permite o ajuste da frequência do cristal. Na prática, ajusta-se L_1 inicialmente até que o oscilador parta e funcione de forma confiável. Então, ajusta-se C_2 até se obter a frequência desejada.

O cristal aumenta o custo dos circuitos osciladores, o que pode ser um problema sério em dispositivos como transmissores multicanais. Um cristal é necessário para cada canal separadamente, de modo que o custo se torna tão alto e é necessário encontrar outra solução. Essa solução consiste no SINTETIZADOR DE FREQUÊNCIAS, que é uma combinação de circuitos analógicos e digitais capaz de sintetizar muitas frequências a partir de um ou mais cristais.

Teste seus conhecimentos

❯❯ Osciladores de relaxação

Todos os circuitos osciladores discutidos até o momento produzem uma saída senoidal. Há outra classe de osciladores que não produzem ondas senoidais, denominada OSCILADORES DE RELAXAÇÃO. As saídas desses circuitos são representadas por ondas dentes de serra ou retangulares.

A Figura 3-21 mostra um tipo de oscilador de relaxação, onde um transistor de unijunção é o principal componente. Lembre-se de que o **UJT** é um dispositivo com RESISTÊNCIA NEGATIVA. Especificamente, a resistência entre os terminais emissor e B_1 será reduzida quando o transistor entrar em funcionamento.

Quando o circuito oscilador da Figura 3-21 é energizado, o capacitor começa a ser carregado através de R_1. À medida que a tensão no capacitor aumenta, o mesmo ocorre com a tensão no emissor do transistor. Eventualmente, a tensão no emissor atinge o ponto de disparo, de modo que o diodo do emissor passa a conduzir. Nesse

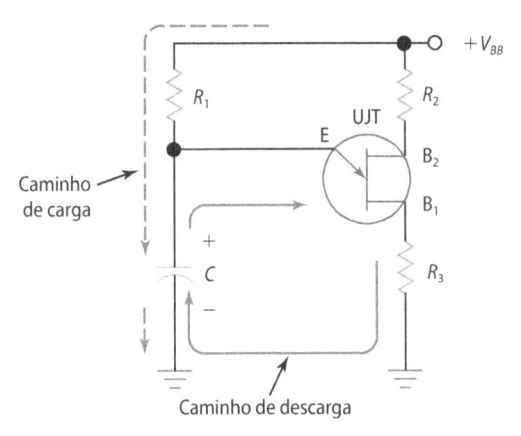

Figura 3-21 Oscilador de relaxação com UJT.

momento, a resistência do UJT é subitamente reduzida, descarregando o capacitor rapidamente. Com o capacitor descarregado, o UJT retorna ao estado de alta impedância e o capacitor começa a ser carregado novamente. Esse ciclo se repetirá continuamente.

A Figura 3-22 mostra duas formas de onda que podem ser constatadas no oscilador UJT. Note que uma ONDA DENTE DE SERRA surge no emissor do transistor. Tal forma de onda representa o aumento gradual da tensão no capacitor. Quando a tensão de disparo V_P é atingida, o capacitor é rapidamente descarregado. A corrente de descarga circula no resistor da base 1, provocando uma queda de tensão. Portanto, a forma de onda na base 1 corresponde a pulsos estreitos de tensão que correspondem aos pontos de decréscimo da onda dente de serra. Os pulsos são estreitos uma vez que o capacitor é descarregado rapidamente.

Na prática, o sinal dente de serra, os PULSOS ou ambas as formas de onda podem representar a saída do circuito. Tais circuitos são muito úteis em aplicações de temporização e controle. A frequência dos osciladores pode ser estimada por:

$$f = \frac{1}{R_1 C}$$

Considere $R_1 = 10.000\ \Omega$ e $C = 10\ \mu F$ na Figura 3-21. A frequência de oscilação aproximada é dada por:

$$f = \frac{1}{10 \times 10^3 \times 10 \times 10^{-6}} = 10\ Hz$$

O próprio UJT apresentará um efeito na frequência de oscilação. O principal parâmetro do UJT é a relação intrínseca de corte ou RAZÃO INTRÍNSECA DE AFASTAMENTO. Essa relação corresponde à forma que o transistor dividirá internamente a tensão de alimentação de modo a polarizar o terminal emissor. A razão estabelecerá a tensão de disparo V_P. UJTs padrão possuem relações intrínsecas de corte entre 0,4 e 0,85. Se esse parâmetro for aproximadamente igual a 0,63, então a expressão supracitada estará correta. Isso se justifica porque o capacitor na rede RC será carregado até 63% da tensão de alimentação considerando a primeira constante de tempo. Assim, a constante de tempo T é dada por:

$$T = RC$$

A variação da relação intrínseca de corte pode ser superada utilizando-se um dispositivo denominado TRANSISTOR DE UNIJUNÇÃO PROGRAMÁVEL (do inglês, *programmable unijunction transistor* – PUT). Este dispositivo é fabricado de forma distinta de um UJT, sendo um arranjo PNPN constituído por três terminais: um anodo A, um catodo C e um gatilho G (terminal conectado a R_3 e R_4 na Figura 3-23). O anodo é uma região P localizada em um extremo

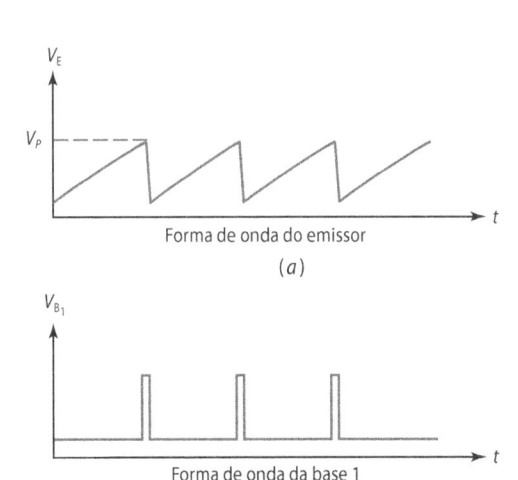

Figura 3-22 Formas de onda do oscilador com transistor de unijunção.

> **EXEMPLO 3-5**
>
> Considere que a relação intrínseca de corte do UJT na Figura 3-21 seja de aproximadamente 0,63. Se $R_1 = 10$ kΩ, escolha o valor do capacitor de modo que a frequência de oscilação seja igual a 100 Hz. Inicialmente, considera-se a equação:
>
> $$f = \frac{1}{RC}$$
>
> Então, isola-se o parâmetro C na equação:
>
> $$C = \frac{1}{Rf} = \frac{1}{10 \times 10^3 \times 100} = 1\ \mu F$$

da estrutura, enquanto o catodo corresponde a uma região N na outra extremidade e o gatilho é uma região N interna. Dispositivos de quatro camadas são abordados no Capítulo 16. Para os propósitos desta seção, deve-se apenas considerar que o PUT pode substituir o UJT e oferece a vantagem da programabilidade. UJTs atualmente não são mais utilizados em projetos porque os PUTs representam uma escolha mais adequada.

Os componentes R_3 e R_4 na Figura 3-23 são resistores de programação, os quais definem a relação intrínseca de corte, o parâmetro η (letra eta do alfabeto grego) e a tensão de disparo V_P. Suponha que R_3 e R_4 na Figura 3-23 sejam ambos iguais a 10 kΩ:

$$\eta = \frac{R_4}{R_3 + R_4} = \frac{10\ \text{k}\Omega}{10\ \text{k}\Omega + 10\ \text{k}\Omega} = 0,5$$

Para uma tensão de alimentação $V_{BB} = 5$ V e uma queda de tensão no diodo $V_D = 0,7$ V, tem-se:

$$V_P = V_D + \eta V_{BB} = 0,7\ \text{V} + 0,5\ (5\ \text{V}) = 3,2\ \text{V}$$

O PUT na Figura 3-23 será disparado quando a tensão no capacitor se igualar a 3,2 V. O capacitor então será rapidamente descarregado e o próximo ciclo de carga será iniciado. A forma de onda no anodo será semelhante àquela do emissor mostrada na Figura 3-22, enquanto a forma de onda no catodo será análoga àquela na base 1. Como a tensão de disparo neste caso é aproximadamente igual a 63% da tensão de alimentação, o circuito na Figura 3-23 oscilará em uma frequência próxima a $1/R_1C$. Por vezes, inclui-se um potenciômetro no circuito de programação para permitir o ajuste da frequência de oscilação.

A Figura 3-24 mostra outro tipo de oscilador de relaxação, denominado **MULTIVIBRADOR ASTÁVEL**. Nesse caso, o circuito não possui estado estável. As tensões no circuito mudam constantemente à medida que as oscilações ocorrem. Esse é um contraste da versão monoestável, onde há um único estado estável, e do circuito biestável, que possui dois estados estáveis. Os circuitos monoestáveis e biestáveis não serão discutidos neste capítulo, que se dedica apenas ao estudo dos osciladores.

Multivibradores astáveis também são chamados de **FLIP-FLOPS COM OSCILAÇÃO LIVRE**, sendo que este termo denota o funcionamento desses tipos de circuito de forma adequada. Note que dois transistores são utilizados na Figura 3-24. Se Q_1 estiver conduzindo (ligado), Q_2 estará desligado. Após um dado intervalo de tempo, o circuito muda de

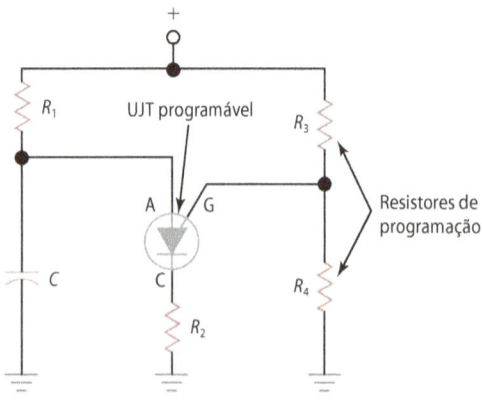

Figura 3-23 Utilização de um UJT programável.

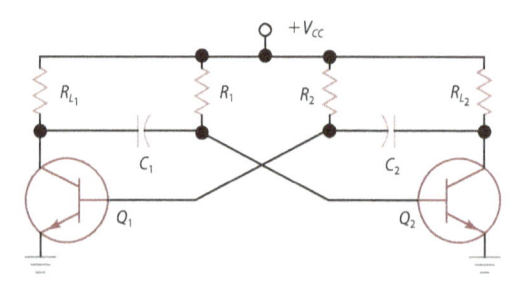

Figura 3-24 Multivibrador astável.

estado e Q_1 é bloqueado, enquanto Q_2 passa a conduzir. Após um segundo período, o circuito muda novamente de estado, de modo que Q_2 é desligado e Q_1 é ligado. Esta ação *flip-flop* continua enquanto o circuito for alimentado.

Analise as formas de onda da Figura 3-25, que correspondem ao transistor Q_1 da Figura 3-24. As formas de onda no transistor Q_2 serão semelhantes, mas invertidas. Suponha que Q_2 foi acionado, de modo que o coletor se torna menos positivo. Isso quer dizer que o coletor de Q_2 torna-se negativo. Assim, esse sinal é acoplado por C_2 na base de Q_1, consequentemente desligando o transistor. O capacitor C_2 manterá Q_1 desligado até que R_2 permita que o capacitor seja suficientemente carregado com polaridade positiva e ative Q_1. O circuito funciona de acordo com a constante de tempo estabelecida pelo circuito RC. O transistor Q_1 é mantido bloqueado por um intervalo correspondente à constante de tempo envolvendo R_2 e C_2.

À medida que Q_1 é ligado, o coletor torna-se menos positivo. O sinal que está se tornando negativo é acoplado à base de Q_2 através de C_1, sendo que este transistor é desligado e permanecerá nesse estado por um período definido pela constante de tempo definida por R_1 e C_1.

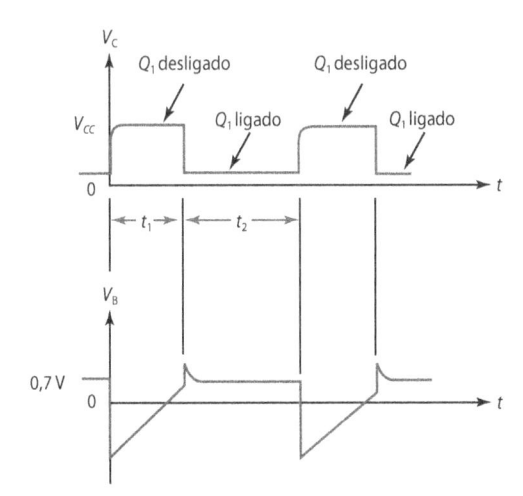

Figura 3-25 Formas de onda de um circuito multivibrador.

Observe novamente a Figura 3-25. Um ciclo retangular será produzido ao longo de um período, que possui dois intervalos definidos por:

$$T = t_1 + t_2$$

É necessário um intervalo correspondente a 0,69 vezes uma constante de tempo para que a tensão de polarização da base seja atingida. Assim, é possível estimar o intervalo de tempo durante o qual cada transistor permanece desligado:

$$t = 0,69RC$$

Considere $R_1 = R_2 = 47$ kΩ e $C_1 = C_2 = 0,05$ μF. Cada transistor permanecerá desligado por:

$$t = 0,69 \times 47 \times 10^3 \times 0,05 \times 10^{-6} = 1,62 \times 10^{-3} \text{ s}$$

O período será igual ao dobro desse valor:

$$T = 2 \times 1,62 \text{ ms} = 3,24 \text{ ms}$$

Assim, são necessários 3,24 ms para que o oscilador produza um ciclo. Agora que o período é conhecido, é fácil determinar a frequência de oscilação:

$$f = \frac{1}{T} = \frac{1}{3,24 \times 10^{-3}} = 309 \text{ Hz}$$

Considerando $R_1 = R_2$ e $C_1 = C_2$, espera-se que o oscilador produza uma FORMA DE ONDA QUADRADA, a qual consiste em um caso particular da ONDA RETANGULAR. Assim, os intervalos de tempo de condução e bloqueio são iguais entre si. A conexão de um osciloscópio no coletor mostrará que as partes positiva e negativa do sinal possuirão a mesma duração.

O que ocorre quando os componentes de temporização não são iguais? Considere $R_1 = R_2 = 10$ kΩ, $C_1 = 0,01$ μF e $C_2 = 0,1$ μF. Como será a forma de onda no coletor de Q_2? O cálculo de ambas as constantes de tempo ajuda a responder a essa pergunta:

$$t_1 = 0,69 \times 10 \times 10^3 \times 0,1 \times 10^{-6} = 0,69 \times 10^{-3} \text{ s}$$

$$t_2 = 0,69 \times 10 \times 10^3 \times 0,01 \times 10^{-6} = 0,069 \times 10^{-3} \text{ s}$$

O transistor Q_1 permanecerá desligado por um intervalo de tempo 10 vezes maior que Q_2. A Figura 3-26 mostra as formas de onda esperadas no coletor de Q_1. Este circuito é assimétrico e a forma

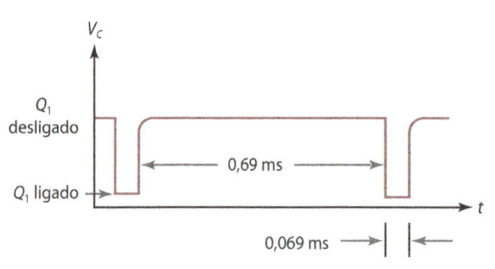

Figura 3-26 Forma de onda de um oscilador assimétrico.

de onda na saída é considerada retangular, e não quadrada.

Qual é a frequência da forma de onda retangular da Figura 3-26? Inicialmente, deve-se determinar o período:

$T = 0{,}69 \times 10^{-3}\,\text{s} + 0{,}069 \times 10^{-3}\,\text{s} = 0{,}759 \times 10^{-3}\,\text{s}$

A frequência é dada por:

$$f = \frac{1}{0{,}759 \times 10^{-3}} = 1.318\ \text{Hz}$$

EXEMPLO 3-6

Determine a razão cíclica para a forma de onda mostrada na Figura 3-26. A razão cíclica corresponde à porcentagem da forma de onda retangular onde se tem o nível alto.

$$\text{Razão cíclica} = \frac{t_{alto}}{t_{alto} + t_{baixo}} \times 100\%$$

$$\text{Razão cíclica} = \frac{0{,}69\ \text{ms}}{0{,}69\ \text{ms} + 0{,}069\ \text{ms}} \times 100\%$$

$$= 90{,}9\%$$

EXEMPLO 3-7

Determine a razão cíclica para uma onda quadrada. Em uma onda quadrada, o intervalo de tempo onde se tem o nível alto é o mesmo para o nível baixo. Considerando um valor unitário para cada intervalo, tem-se:

$$\text{Razão cíclica} = \frac{1}{1+1} \times 100\% = 50\%$$

Teste seus conhecimentos

>> Oscilações indesejadas

Anteriormente, mencionou-se que um sistema público de chamadas pode oscilar se o ganho for muito alto. Agora que você estudou os osciladores, é mais fácil entender como os amplificadores oscilam e como isso pode ser evitado.

A realimentação negativa é normalmente empregada em amplificadores para reduzir a distorção e melhorar a resposta em frequência. Um amplificador de três estágios na forma simplificada é representado na Figura 3-27. Cada estágio utiliza a configuração emissor comum e produzirá um defasamento de 180°. Isso torna a realimentação do estágio 3 para o estágio 1 negativa. A realimentação positiva é necessária para que ocorra a oscilação, portanto, o amplificador deve ser estável nesse caso. Entretanto, em frequências extremamente baixas ou altas, a realimentação pode se tornar positiva. As capacitâncias intereletrodos dos transistores formam redes de ATRASO que provocam um erro de fase em altas frequências. Os capacitores de acoplamento formam redes de AVANÇO que podem causar erros de fase em baixas frequências. Tais efeitos se acumulam em amplificadores com

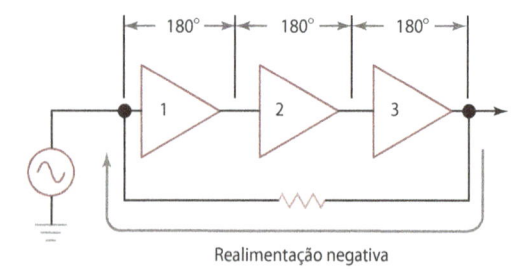

Figura 3-27 Amplificador de três estágios com realimentação negativa.

múltiplos estágios. O erro de fase total chegará a $-180°$ em uma dada frequência alta, podendo também assumir o valor de $+180°$ em uma frequência baixa, caso o amplificador utilize acoplamento capacitivo.

Um sistema semelhante ao da Figura 3-27 pode se tornar um oscilador em uma frequência onde os erros de fase internos totalizam $\pm 180°$. Se o ganho do amplificador for alto o suficiente nessa frequência, haverá oscilações, tornando este amplificador instável e inútil. Assim, a COMPENSAÇÃO EM FREQUÊNCIA pode ser utilizada para tornar o amplificador estável. Um amplificador compensado possui uma ou mais redes que são inseridas para reduzir o ganho em valores extremos de frequência. Assim, nas frequências onde os erros de fase totalizam $\pm 180°$, o ganho torna-se muito baixo no sentido de impedir o surgimento de oscilações. Um bom exemplo dessa técnica são os amplificadores operacionais modernos, que são internamente compensados para apresentar reduções no ganho de 20 dB por década. Em frequências mais altas onde os erros de fase são iguais a $-180°$, o ganho é muito baixo e as oscilações não ocorrem. Isso foi discutido na Seção que tratou dos efeitos de frequência amp ops do Capítulo 1.

Os amplificadores também podem se tornar instáveis quando surgem caminhos de realimentação que não são previstos no diagrama esquemático. Por exemplo, uma boa fonte de alimentação deve possuir impedância interna muito pequena, de forma que dificilmente os sinais CA afetarão seu funcionamento. Entretanto, uma fonte de alimentação pode de fato possuir uma impedância alta, o que pode ser provocado por um capacitor de filtro defeituoso. Uma pilha ou bateria antiga pode possuir alta impedância em virtude da redução da quantidade de eletrólito em seu interior. Assim, a impedância da fonte de alimentação pode afetar o funcionamento dos circuitos.

No amplificador de três estágios simplificado mostrado na Figura 3-28, Z_P representa a impedância da fonte de alimentação. Suponha que o estágio 3 drene quantidades variáveis de corrente em virtude da amplificação de um sinal CA. A corrente va-

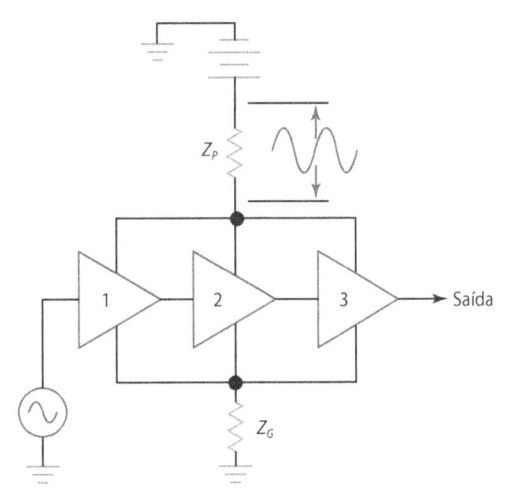

Figura 3-28 Formas de onda do amplificador classe C.

riável produzirá uma tensão em Z_P, a qual efetivamente afetará os estágios 1 e 2. Essa é uma forma de realimentação indesejada que provocará oscilações no sistema.

A Figura 3-29 mostra uma solução para a questão da REALIMENTAÇÃO INDESEJADA. Uma rede RC é inserida nas conexões da fonte de alimentação com cada amplificador. Tais redes atuam como filtros passa-baixa, sendo que os capacitores possuem baixa reatância na frequência do sinal. Esses componentes são chamados de CAPACITOR DE DESVIO, representando um curto-circuito entre a fonte de alimentação e o terra para sinais CA. Em alguns casos, os resistores são eliminados e apenas os capacitores de desvio são empregados para filtrar as tensões de alimentação dos estágios.

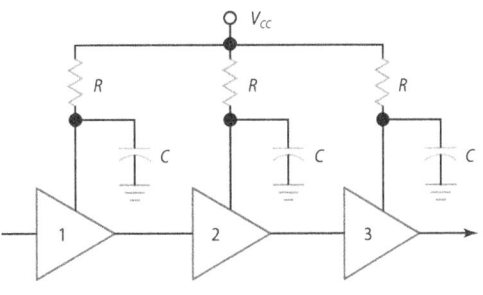

Figura 3-29 Evitando a realimentação na fonte.

As impedâncias de aterramento também podem produzir caminhos de realimentação que não aparecem nos diagramas esquemáticos. Altas correntes circulando em placas de circuito impresso ou carcaças metálicas podem provocar quedas de tensão. Por sua vez, a queda de tensão em um amplificador pode ser realimentada em outro estágio. Observe novamente a Figura 3-28. A impedância da conexão com o terra é Z_G. Assim como anteriormente, as correntes do estágio 3 podem produzir uma queda de tensão em Z_G que será realimentada nos demais estágios. As correntes circulando no terminal terra não podem ser eliminadas, mas a utilização de um *layout* adequado pode evitar que surja a realimentação. O conceito consiste em evitar que os últimos estágios compartilhem conexões de terra com os estágios iniciais.

Amplificadores de alta frequência semelhantes ao utilizados em receptores de rádio e transmissores são frequentemente suscetíveis a oscilações. Esses circuitos podem estar acoplados por meio das capacitâncias parasitas e caminhos magnéticos. Quando os circuitos "enxergam" uns aos outros do ponto de vista elétrico, as oscilações tendem a ocorrer. Assim, esses circuitos REQUEREM BLINDAGEM. Placas e coberturas metálicas devem ser utilizadas para manter os circuitos isolados e evitar a realimentação.

Outro caminho de realimentação que normalmente é verificado em amplificadores de alta frequência existe no interior do próprio transistor. Estes caminhos também podem provocar oscilações e inutilizar o amplificador. Na Figura 3-30, C_{bc} representa a capacitância entre o coletor e a base do transistor em um amplificador de alta frequência sintonizado. Essa capacitância é capaz de provocar a realimentação de parte do sinal. Assim, a realimentação pode se tornar posi-

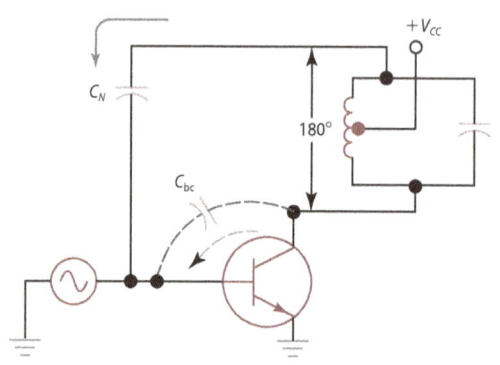

Figura 3-30 Realimentação interna e externa do transistor.

tiva quando não houver um defasamento interno suficiente.

Não há nada que possa ser feito para eliminar a realimentação no interior de um transistor. Entretanto, é possível criar um segundo caminho externo ao dispositivo. Se a fase da realimentação externa possuir o valor correto, é possível cancelar o efeito da realimentação interna, sendo que este processo é denominado NEUTRALIZAÇÃO. A Figura 3-30 mostra como um capacitor pode ser empregado para cancelar a realimentação provocada por C_{bc}. O capacitor C_N realimenta o circuito do coletor na base do transistor. A fase do sinal realimentado por C_N é oposta à fase produzida por C_{bc}. Assim, o amplificador é estabilizado. Note que a inversão de fase necessária é produzida no circuito sintonizado. Outra possibilidade consiste em utilizar um enrolamento de neutralização separado que esteja acoplado com o circuito sintonizado.

A Figura 3-31 consiste em um amplificador de radiofrequência real utilizado em um sintonizador com modulação em frequência (FM). Observe que diversas técnicas discutidas nesta seção foram empregadas no intuito de estabilizar o amplificador.

Teste seus conhecimentos

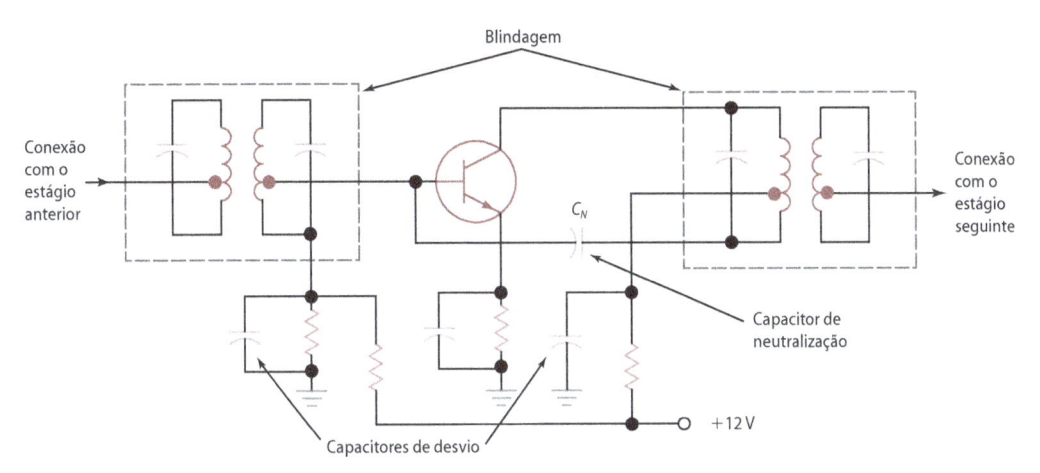

Figura 3-31 Amplificador RF estabilizado.

» Busca de problemas em osciladores

A busca de problemas em osciladores utiliza as mesmas técnicas necessárias no caso dos amplificadores. Como a maioria dos osciladores consiste em amplificadores com realimentação positiva, muitos problemas possuem as mesmas características. Quando estiver procurando problemas, lembre-se dos seguintes objetivos:

1. Observação dos sintomas.
2. Análise das causas possíveis.
3. Limitação das possibilidades.

É possível observar os seguintes sintomas durante a busca de falhas em osciladores:

1. ausência de sinal na saída
2. amplitude reduzida
3. frequência instável
4. erro na frequência

Também é possível constatar dois sintomas simultaneamente. Por exemplo, um circuito oscilador pode apresentar amplitude reduzida e erro de frequência.

Certos instrumentos são muito úteis na identificação dos sintomas. Um contador de frequência digital é extremamente importante na busca de erros de frequência. Um osciloscópio também é eficaz na busca de problemas em osciladores. Como é de praxe, um voltímetro é necessário para verificar as tensões de alimentação e as condições das tensões de polarização. Quando estiver utilizando instrumentos para analisar elementos próximos ou no interior de osciladores, lembre-se disto: os osciladores são suscetíveis aos efeitos de carga. É possível obter conclusões errôneas, uma vez que a conexão dos equipamentos de teste pode provocar a alteração da frequência ou a redução da amplitude. Em alguns casos, um equipamento pode carregar um oscilador ao ponto de o circuito simplesmente parar de funcionar.

Os efeitos de carga podem ser reduzidos utilizando instrumentos com alta impedância. Também é possível reduzi-los realizando medições no ponto adequado. Se um oscilador é seguido de um estágio *buffer*, as leituras da frequência e da forma de onda devem ser obtidas na saída do *buffer*, o qual minimizará o efeito de carga do equipamento.

Não se esqueça de verificar todos e quaisquer dispositivos de controle durante a busca de problemas. Se o circuito for um VFO, é interessante sintonizá-lo ao longo de toda a respectiva faixa de operação. Os capacitores variáveis são capazes de estreitar um pouco esta faixa. Se o circuito for um VCO, pode ser necessário substituir a tensão de sintonia com uma fonte externa para verificar a operação adequada e a faixa de frequência do dispositivo. Utilize um resistor limitador de corrente de aproximadamente 100 kΩ para evitar os efeitos de carga e danos ao circuito durante esse tipo de teste.

A fonte de alimentação pode afetar o desempenho do oscilador de várias formas. Tanto a frequência quanto a amplitude são sensíveis à tensão de alimentação. É interessante verificar se a fonte de alimentação apresenta a tensão correta e opera de forma estável. As verificações nas fontes de alimentação devem ocorrer logo no início do processo de busca de falhas, pois são realizadas de forma simples e podem representar uma economia de tempo significativa.

É importante revisar a teoria do circuito no processo de verificação, pois isso ajuda a analisar as possíveis causas dos problemas. Determine precisamente o que controla a frequência de operação. Trata-se de uma rede de avanço-atraso, uma rede RC, um circuito tanque ou um cristal? Lembre-se de que os efeitos de carga podem provocar a alteração da frequência. O problema pode se encontrar no estágio seguinte conectado ao circuito oscilador.

Osciladores instáveis podem representar um problema considerável. Os técnicos normalmente recorrem a componentes variáveis e placas de circuitos com ferramentas isoladas para localizar a causa do problema. Se isso falhar, é possível utilizar calor ou frio para detectar um componente sensível à temperatura. Ferros de solda consistem em excelentes fontes de calor, pois o calor pode ser diretamente aplicado onde é necessário. Pulverizadores químicos podem ser utilizados no resfriamento de componentes específicos.

A Tabela 3-1 apresenta um resumo das causas e efeitos que podem ajudá-lo a identificar problemas em osciladores.

Teste seus conhecimentos

Tabela 3-1 *Busca de problemas em osciladores*

Problema	Causa possível
Ausência de sinal na saída	Tensão da fonte de alimentação. Transistor defeituoso. Componente em curto-circuito (verifique o capacitor de sintonia no VFO). Componente em circuito aberto. Carga excessiva (verifique o amplificador *buffer*). Cristal defeituoso. Conexão de solda defeituosa (verifique a placa de circuito impresso).
Amplitude reduzida	Tensão de alimentação baixa. Polarização do transistor (verifique os resistores). Circuito com carga leve (verifique o amplificador *buffer*). Transistor defeituoso.
Frequência instável	Variações da tensão de alimentação. Conexão defeituosa (teste de vibração). Sensibilidade à temperatura (utilize dispositivos de aquecimento ou líquido de resfriamento para o teste). Falha no circuito tanque. Defeito na rede *RC*. Cristal defeituoso. Alteração na condição de carga (verifique o amplificador *buffer*). Transistor defeituoso.
Erro de frequência	Valor incorreto da tensão de alimentação. Erro na condição de carga (verifique o amplificador *buffer*). Falha no circuito tanque (verifique os capacitores *trimmer* e/ou indutores variáveis). Defeito na rede *RC*. Polarização do transistor (verifique os resistores).

» Síntese digital direta

Houve um tempo em que os osciladores controlados por cristais eram a melhor escolha quando se desejava obter sinais de alta frequência estáveis e precisos. Esta ainda é uma opção adequada quando um pequeno número de frequências é necessário. Entretanto, quando se deve obter um grande número de frequências, um sintetizador de frequência com malha de captura de fase (do inglês, *phase-locked loop* – PLL) ou um sintetizador digital direto (do inglês, *direct digital synthesizer* – **DDS**) é provavelmente a melhor opção. A síntese com malha de captura de fase é abordada no Capítulo 5.

Um sintetizador digital direto pode ser utilizado em substituição a um oscilador controlado por cristal. A principal vantagem da síntese digital direta é a agilidade da frequência. Um DDS pode ser programado de modo a produzir um grande número de frequências de alta resolução. Às vezes, sistemas DDS são denominados osciladores controlados numericamente. Um DDS gera uma forma de onda de saída que é função de um sinal de *clock* e uma palavra de sintonia que se encontra na forma de um número binário. A Figura 3-32 mostra os principais blocos constituintes de um DDS. Uma palavra de sintonia de frequência é responsável por ajustar o valor do incremento de fase. Em cada pulso de *clock*, o acumulador de fase passa para uma nova posição na tabela de pesquisa da onda senoidal. Cada valor da senóide é então enviado da tabela de pesquisa para o conversor digital-analógico (D/A), o qual produz uma tensão correspondente à onda senoidal em um dado valor da fase. Note que a saída do conversor D/A na Figura 3-32 é a aproximação de uma onda senoidal. Após a filtragem das componentes de alta frequência, a saída torna-se próxima de uma onda senoidal.

A Figura 3-33 mostra como a frequência de saída de um DDS é controlada. A frequência do *clock* é fixa, de modo que apenas o valor do incremento de fase muda. No caso da forma de onda superior, o incremento de fase é igual a 30°. Por outro lado, o incremento de fase é de 45° para a forma de onda inferior. Note que o menor incremento de fase pro-

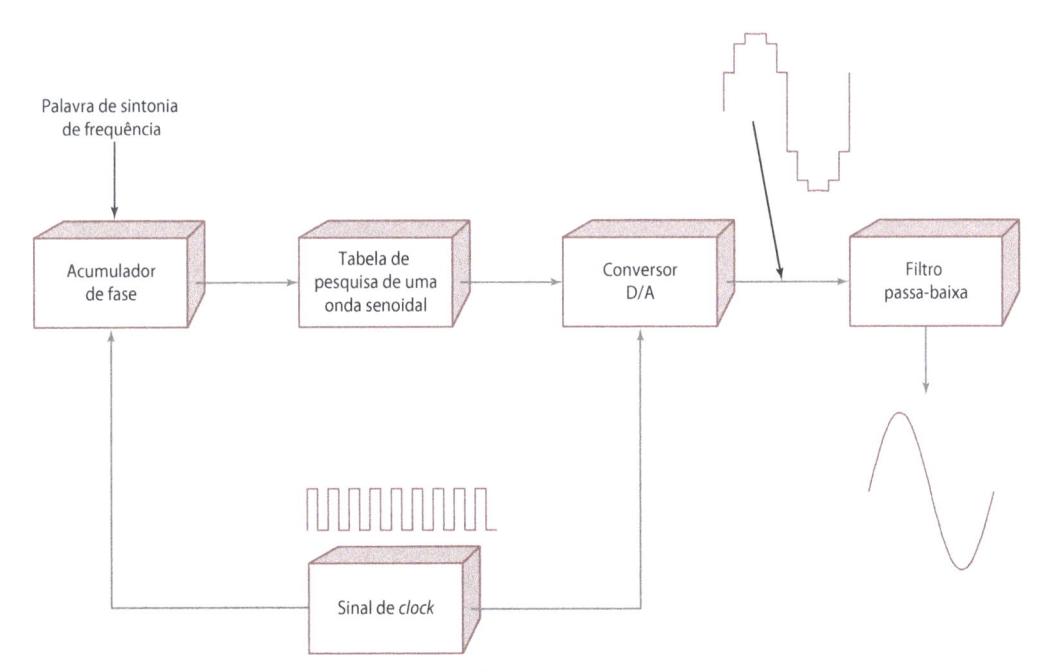

Figura 3-32 Diagrama de blocos de um sistema DDS.

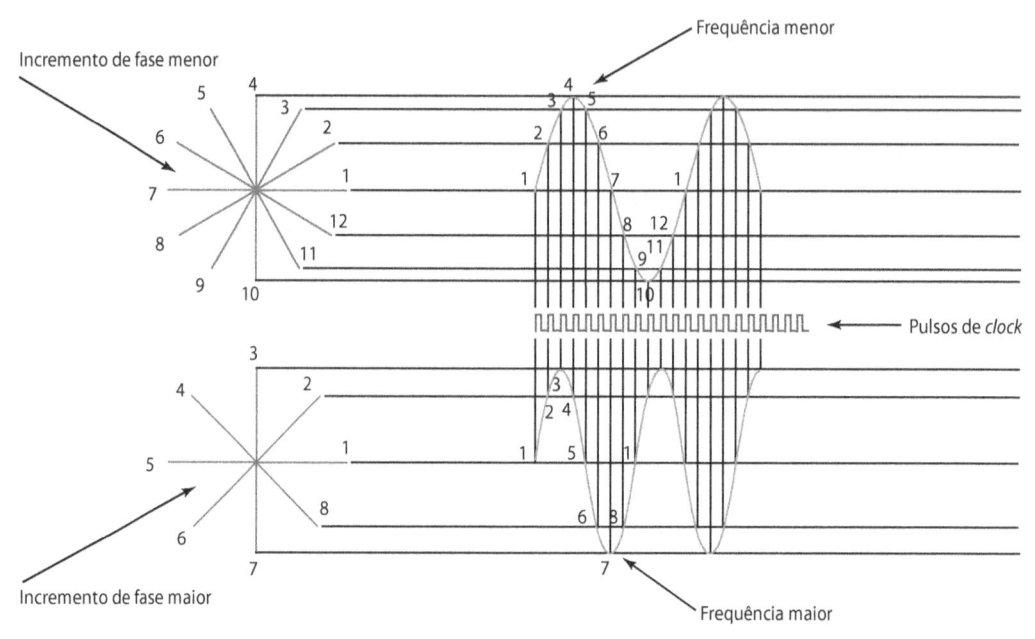

Figura 3-33 Como o valor do incremento de fase controla a frequência de saída.

duz a menor frequência de saída. Na Figura 3-33, para o mesmo número de pulsos de *clock*, o menor incremento de fase produz exatamente 1½ ciclos de saída, enquanto o maior incremento de fase gera 2¼ ciclos de saída.

A frequência de saída de um DDS é dada por:

$$f_{saída} = \frac{f_{clock} \cdot \Delta\phi}{2^N}$$

onde:

$f_{saída}$ = frequência de saída;

f_{clock} = frequência de *clock*;

$\Delta\phi$ = valor do incremento de fase;

N = tamanho do acumulador de fase em termos do número de bits.

A palavra *bit* é a forma reduzida de dígito binário (do inglês, *binary digit*). Números binários empregam apenas dois caracteres: 0 e 1. Alguns CIs DDS comerciais possuem acumuladores de fase de 32 bits e são capazes de operar em frequências maiores ou iguais a 100 MHz. O maior valor do incremento de fase corresponde ao tamanho do acumulador de fase. Na prática, isso nunca ocorre, sendo que o valor do incremento de fase sempre corresponde a um número inteiro menor que 2^N.

EXEMPLO 3-8

Determine a frequência de saída de um *chip* DDS que possui acumulador de fase de 32 bits e frequência de *clock* de 30 MHz. Considere que a palavra de sintonia de frequência programa o acumulador para um incremento de fase de 2^{30}.

$$f_{saída} = \frac{f_{clock} \cdot \Delta\phi}{2^N} = \frac{30 \text{ MHz} \cdot 2^{30}}{2^{32}} = 7,5 \text{ MHz}$$

Valores semelhantes a 2^{30} podem ser manuseados com uma calculadora que possui uma tecla do tipo x^y. Digite o número 2, então pressione a tecla x^y, digite 30 e, finalmente, aperte a tecla = (o resultado exibido é 1.073.741.824). Além disso, é possível constatar neste exemplo que os expoentes são subtraídos durante a divisão, de modo que o denominador se torna 2^2 (4) e 30 dividido por 4 é igual a 7,5.

Qualquer frequência pode ser produzida programando-se o valor do incremento de fase com qualquer valor inteiro que se encontre na resolução do acumulador de fase em número de bits. A resolução da frequência de um DDS corresponde à menor alteração possível na frequência:

$$f_{resolução} = \frac{f_{clock}}{2^N}$$

EXEMPLO 3-9

Determine a resolução de frequência de um DDS que possui acumulador de fase de 32 bits e frequência de *clock* de 100 MHz. Aplicando a equação, tem-se:

$$f_{resolução} = \frac{f_{clock}}{2^N} = \frac{100 \times 10^6}{2^{32}}$$

$$= 0{,}0233 \text{ Hz}$$

Este exemplo é importante porque demonstra uma das características mais importantes do DDS: a capacidade de produzir sinais precisos de alta frequência em passos programáveis da ordem de milihertz. Atualmente, o DDS é o único tipo de tecnologia que apresenta essa característica.

Assim como outras tecnologias amplamente utilizadas atualmente, sistemas DDS encontram-se disponíveis na forma de um único CI. Alguns projetos ainda podem empregar dois ou três CIs. Em qualquer desses casos, o custo é drasticamente reduzido. A redução dos custos e a crescente utilização desses dispositivos são particularmente úteis no que se refere à adoção de soluções técnicas.

» Busca de problemas em DDS

Como sempre, lembre-se dos objetivos na busca de problemas. Quais são os sintomas exatamente observados? Algumas possibilidades são:

- Ausência de sinal na saída.
- Amplitude de saída reduzida.
- Existência de algumas frequências incorretas.
- Todas as frequências encontram-se ligeiramente incorretas.

Após a observação, analise e limite as possibilidades. Não se esqueça de utilizar uma abordagem do ponto de vista do sistema. A palavra de sintonia de frequência é aplicada ao *chip* DDS por meio de um barramento paralelo ou um barramento serial. Observe a Figura 3-32. No caso do barramento paralelo, podem existir 22 pinos de controle de frequência no CI DDS, os quais são tipicamente controlados por um microprocessador. Assim, quando algumas frequências estão incorretas, é possível que haja uma conexão ou ponto de solda defeituoso em um ou mais pinos de controle da frequência, o próprio *chip* DDS pode apresentar problemas, ou ainda pode haver problemas com o microprocessador (o que pode ocorrer em termos de *software*).

No caso de ausência de sinal na saída, não se esqueça de verificar as tensões de alimentação. Se essas tensões estiverem corretas, utilize um osciloscópio para analisar o sinal de *clock* e a saída do conversor D/A. Caso ambos estejam normais, o problema pode estar no filtro passa-baixa (Figura 3-32), o qual também pode ser verificado em caso de amplitude de saída reduzida. Entretanto, esteja certo de que a frequência de saída está correta, pois caso este parâmetro assuma um valor maior que o normal, o filtro passa-baixa reduzirá a amplitude.

De acordo com a Figura 3-32, o sinal de *clock* é aplicado ao acumulador de fase e ao conversor D/A. Em alguns projetos, o conversor D/A é representado por um CI separado. De qualquer forma, utilize um osciloscópio e/ou um contador de frequência para constatar a existência dos sinais de *clock* e se a respectiva frequência está correta. Como um erro relativamente pequeno na frequência de *clock* pode ocasionar problemas, o uso de um contador de frequência preciso é recomendável.

No caso de um barramento serial, como mostra a Figura 3-34, o *chip* DDS é programado na entrada de dados (pino 25 do CI AD9850) com um **FLUXO DE**

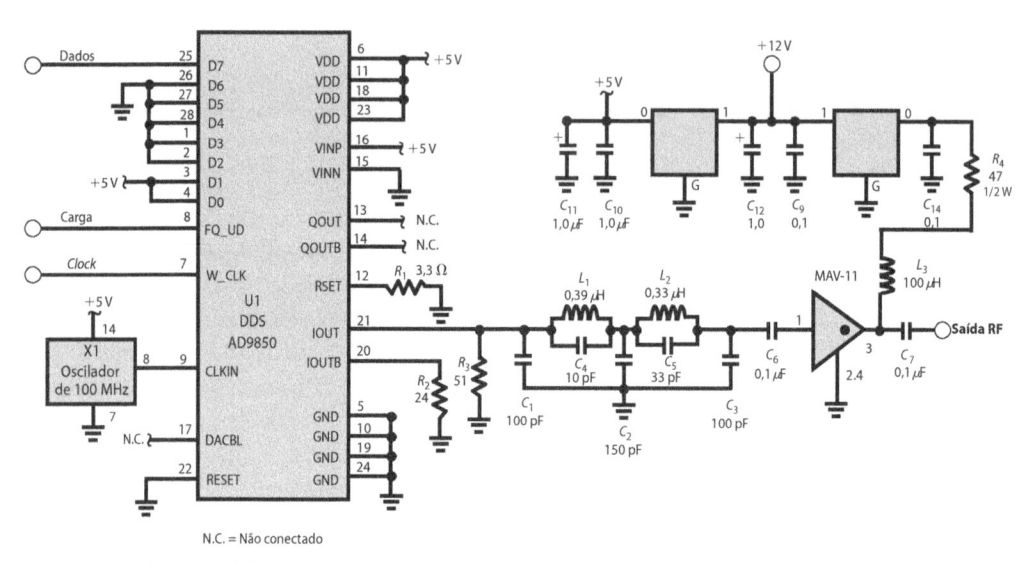

Figura 3-34 Circuito DDS.

BITS. Cada *bit* é inserido por vez com um sinal externo aplicado ao pino 7 do CI. No final da sequência de 40 bits, um pulso de carregamento é aplicado ao pino 8 do CI. Assim, a busca de problemas pode envolver sinais de entrada de dados, de carregamento e de *clock* utilizando um osciloscópio ou um analisador lógico. Esses sinais são tipicamente fornecidos por um computador ou um microprocessador, além do que, a ocorrência de problemas de *software* é possível.

No caso de ausência de sinal na saída, sempre verifique as tensões de alimentação assim que possível. Na Figura 3-34, há uma entrada de 12 V e dois reguladores de tensão incluídos. As três tensões devem ser verificadas. A Tabela 3-2 mostra que W34 é *bit* de controle de desligamento. Quando este *bit* possui nível alto, o CI AD9850 é desligado. Entretanto, primeiro elimine outras possibilidades. Por exemplo, a saída RF no pino 21 do CI deve ser verificada. Se um sinal RF estiver presente, então o problema pode estar no indutor ou no amplificador de saída MAV-11. Além disso, a ausência de sinal de saída pode ser causada por uma falha no oscilador de 100 MHz

Tabela 3-2 Atribuição das funções das palavras no conversor A/D com carga serial de 40 bits AD9850

W0	Freq-b0 (LSB)	W10	Freq-b10	W20	Freq-b20	W30	Freq-b30
W1	Freq-b1	W11	Freq-b11	W21	Freq-b21	W31	Freq-b31 (MSB)
W2	Freq-b2	W12	Freq-b12	W22	Freq-b22	W32	Controle
W3	Freq-b3	W13	Freq-b13	W23	Freq-b23	W33	Controle
W4	Freq-b4	W14	Freq-b14	W24	Freq-b24	W34	Desligamento
W5	Freq-b5	W15	Freq-b15	W25	Freq-b25	W35	Fase-b0 (LSB)
W6	Freq-b6	W16	Freq-b16	W26	Freq-b26	W36	Fase-b1
W7	Freq-b7	W17	Freq-b17	W27	Freq-b27	W37	Fase-b2
W8	Freq-b8	W18	Freq-b18	W28	Freq-b28	W38	Fase-b3
W9	Freq-b9	W19	Freq-b19	W29	Freq-b29	W39	Fase-b4 (MSB)

LSB = (*least significant bit* – *bit* menos significativo) = MSB (*most significant bit* – *bit* mais significativo).

(verifique a existência de um sinal no pino 9 do circuito integrado).

No caso de sinal reduzido na saída, verifique R_1 na Figura 3-34. Esta é a conexão externa RSET do conversor digital-analógico. O valor do resistor ajusta a corrente total do conversor A/D. Se esse resistor possuir valor alto, a corrente de saída será reduzida. Além disso, verifique o filtro passa-baixa (componentes entre o pino 21 do CI DDS e o pino 1 do amplificador de saída MAV-11) e R_4. Se L_3 estiver em circuito aberto, haverá um sinal extremamente reduzido na saída. Naturalmente, o amplificador MAV-11 pode estar defeituoso.

Verifique os pinos W34 a W39 na Tabela 3-2. O CI AD9850 também possui 5 bits para a modulação de fase controlada digitalmente, permitindo o defasamento da saída em incrementos de 180°, 90°, 45°, 22,5°, 11,25° ou qualquer outra combinação semelhante. Ambos os pinos W32 e W33 devem sempre possuir nível lógico 0. Esses pinos só assumem nível alto durante testes de fábrica.

Teste seus conhecimentos

RESUMO E REVISÃO DO CAPÍTULO

Resumo

1. Osciladores convertem corrente contínua em corrente alternada.
2. Muitos osciladores baseiam-se em amplificadores com realimentação positiva.
3. O ganho do amplificador deve ser maior que a perda no circuito de realimentação para que sejam produzidas oscilações.
4. A realimentação deve estar em fase (positiva) para produzir oscilações.
5. É possível controlar a frequência de um oscilador utilizando uma rede RC adequada.
6. A frequência de ressonância de uma rede de avanço-atraso fornece tensão de saída máxima e ângulo de fase 0°.
7. O oscilador ponte de Wien utiliza uma rede de avanço-atraso para o controle da frequência.
8. É possível tornar uma rede de avanço-atraso sintonizável utilizando capacitores ou resistores variáveis.
9. Osciladores de deslocamento de fase utilizem três redes RC, sendo que cada uma delas fornece defasamento de 60°.
10. Um circuito tanque LC pode ser utilizado em circuitos osciladores com frequência muito alta.
11. Um oscilador Hartley utiliza um indutor com tap no circuito tanque.
12. O oscilador Colpitts utiliza um capacitor com tap no circuito tanque.
13. Um amplificador buffer melhora a estabilidade da frequência de um oscilador.
14. O oscilador Colpitts ou Clapp sintonizado em série é conhecido pela boa estabilidade da frequência.
15. Um diodo varicap pode ser acrescentado a um circuito oscilador de modo a se obter um oscilador controlado por tensão.
16. Um cristal de quartzo pode ser utilizado para controlar a frequência de um oscilador.
17. Osciladores de cristal são mais estáveis em termos de frequência que os osciladores LC.
18. Os cristais podem operar nos modos série e paralelo.
19. A frequência paralela de um cristal é ligeiramente maior que a frequência série.
20. Cristais possuem elevados valores de Q.
21. Osciladores de relaxação produzem sinais de saída não senoidais.
22. Osciladores de relaxação podem empregar dispositivos com resistência negativa como o UJT.
23. A frequência de um oscilador de relaxação pode ser obtida a partir das constantes de tempo RC.

24. A relação intrínseca de corte de um UJT afetará a frequência de oscilação.
25. A relação intrínseca de corte de um UJT programável pode ser ajustada por meio de resistores externos.
26. O multivibrador astável produz ondas retangulares.
27. Um multivibrador assimétrico é obtido quando constantes de tempo RC distintas são utilizadas nos circuitos de base.
28. Amplificadores com realimentação podem empregar a compensação em frequência para obter a estabilidade.
29. Sinais de realimentação podem surgir nos terminais da impedância interna de uma fonte de alimentação.
30. Uma rede RC ou um capacitor de desvio é utilizado para evitar a realimentação nas fontes de alimentação.
31. Circuitos de alta frequência normalmente devem ser blindados para evitar a ocorrência da realimentação.
32. Sintomas que denotam problemas em osciladores são representados por ausência de sinal na saída, amplitude reduzida, instabilidade e erro na frequência.
33. Instrumentos de teste podem carregar um circuito oscilador e provocar erros.
34. Circuitos instáveis podem ser verificados por meio da vibração, do aquecimento ou do resfriamento.
35. Um sintetizador digital direto produz um grande número de frequências precisas.
36. Sintetizadores digitais diretos às vezes são chamados de osciladores controlados numericamente.

Fórmulas

Frequência de ressonância de uma rede de avanço-atraso: $f_r = \dfrac{1}{2\pi RC}$

Frequência de um oscilador de deslocamento de fase: $f_r = \dfrac{1}{15{,}39\,RC}$

Frequência de ressonância de uma rede duplo T: $f = \dfrac{1}{2\pi RC}$

Frequência de ressonância de um circuito tanque LC: $f_r = \dfrac{1}{2\pi\sqrt{LC}}$

Capacitância série equivalente: $C_T = \dfrac{C_1 \times C_2}{C_1 + C_2} = \dfrac{1}{1/C_1 + 1/C_2 + 1/C_3}$

Frequência aproximada do oscilador UJT: $f \approx \dfrac{1}{RC}$

Constante de tempo RC: $T = RC$

Constante de tempo do multivibrador: $T = 0{,}69\,RC$

Frequência (em relação ao período): $f = \dfrac{1}{T}$

Razão cíclica (onda retangular): $\text{Razão cíclica} = \dfrac{t_{alto}}{t_{alto} + t_{baixo}} \times 100\%$

Frequência de saída do sintetizador digital direto: $f_{saída} = \dfrac{f_{clock} \cdot \Delta\phi}{2^N}$

Resolução do sintetizador digital direto: $f_{resolução} = \dfrac{f_{clock}}{2^N}$

Questões de revisão do capítulo

Questões de pensamento crítico

3-1 Existe outra forma de evitar a oscilação em um sistema público de chamadas além de reduzir o volume?

3-2 A tecnologia dos computadores digitais é capaz de substituir os osciladores?

3-3 Como um oscilador pode ser empregado na forma de detector de metais?

3-4 Praticamente todos os dispositivos de tempo utilizam alguma forma de oscilador. Você é capaz de citar tipos de dispositivos que não empregam tais elementos?

3-5 O quartzo não é o único material piezoelétrico. Isso diz algo a você?

3-6 Você é capaz de citar produtos eletrônicos que são osciladores, mas recebem outros nomes?

3-7 Qual é o tipo de oscilador eletrônico mais poderoso encontrado em casas e apartamentos?

Respostas dos testes

capítulo 4

Comunicações

As comunicações representam grande parte da indústria eletrônica. Este capítulo apresenta conceitos básicos empregados na eletrônica de comunicações. Uma vez que estes princípios tenham sido aprendidos, torna-se mais fácil a compreensão de outras aplicações como televisão, rádio bidirecional, telemetria e transmissão digital de dados. A modulação é o princípio fundamental da eletrônica de comunicações, permitindo que voz, imagem e outras informações sejam transferidas de um ponto para outro. O processo de modulação é revertido no receptor de modo a recuperar a informação. Este capítulo aborda a teoria básica e alguns dos circuitos empregados em receptores e transmissores de rádio.

Objetivos deste capítulo

- » Definir modulação e demodulação.
- » Citar as características das modulações AM, SSB e FM.
- » Explicar a operação de receptores de rádio básicos.
- » Prever a largura de banda de sinais AM.
- » Calcular a frequência do oscilador em receptores super-heteródinos.
- » Calcular a frequência de imagem em receptores super-heteródinos.
- » Encontrar problemas em receptores.

» Modulação e demodulação

Qualquer oscilador em alta frequência pode ser empregado para produzir uma ONDA DE RÁDIO. A Figura 4-1 mostra um oscilador que entrega sua energia de saída a uma antena, responsável por converter a corrente alternada de alta frequência em uma onda de rádio.

Uma onda de rádio viaja na atmosfera ou no espaço na velocidade da luz (3×10^8 metros por segundo). Se uma onda de rádio incide em outra antena, corrente de alta frequência é induzida na forma de réplica da corrente que circula na antena transmissora. Assim, é possível transferir energia elétrica em alta frequência de um ponto para outro sem a utilização de fios. A energia na antena receptora normalmente é uma pequena fração da energia entregue à antena transmissora.

Uma onda de rádio pode ser utilizada para transportar informação por meio de um processo denominado MODULAÇÃO. A Figura 4-2 mostra um tipo muito simples de modulação. Um interruptor é empregado para permitir e bloquear a circulação da corrente na antena. Esse é o conceito básico da RADIOTELEGRAFIA. O interruptor é aberto e fechado de acordo com um código ou padrão. Por exemplo, o código Morse pode ser utilizado para representar letras, números e sinais de pontuação. Tal forma de modulação básica é conhecida como onda contínua interrompida ou CW (do inglês, *continuous wave* – onda contínua). A modulação em onda contínua é muito simples, mas

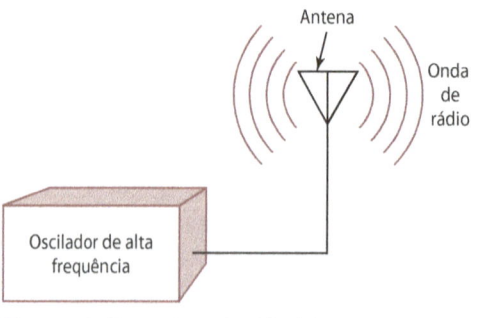

Figura 4-1 Transmissor de rádio básico.

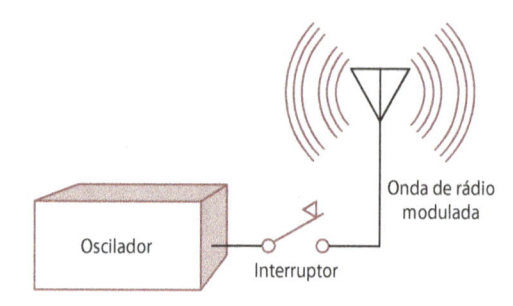

Figura 4-2 Transmissor CW.

possui desvantagens. Um código como o Morse é difícil de ser assimilado, a transmissão é mais lenta do que na comunicação com voz e CW não pode ser utilizada para transmitir música, fotos ou outros tipos de informação. Atualmente, CW só é utilizada por alguns operadores de radioamador.

A Figura 4-3 mostra a MODULAÇÃO EM AMPLITUDE ou AM (do inglês, *Amplitude Modulation*). Nesse sistema de modulação, a inteligência ou informação do sinal é utilizada para controlar a amplitude do sinal RF. Essa é uma técnica que supera as desvantagens da modulação CW, podendo ser utilizada para transmitir voz, música, dados ou mesmo informações de imagens (vídeo). A tela do osciloscópio na Figura 4-3 mostra que a amplitude do sinal RF varia de acordo com o sinal de audiofrequência (AF). O sinal RF também pode ser modulado em amplitude da mesma forma por um sinal de vídeo ou dados digitais (liga-desliga).

A Figura 4-4 mostra o circuito típico de um modulador em amplitude. A informação de áudio é acoplada por T_1 ao circuito do coletor do transistor. A tensão de áudio induzida no secundário de T_1 pode ser somada ou subtraída de V_{CC} dependendo de sua respectiva fase em um dado instante. Isso significa que a tensão de alimentação do coletor no transistor não é constante, variando em função da entrada de áudio. É assim que o controle da amplitude é obtido.

Como exemplo, suponha que V_{CC} seja igual a 12 V na Figura 4-4 e que o sinal de áudio induzido no secundário de T_1 seja de 24 V de pico a pico. Quando o sinal de áudio atinge o pico negativo na parte supe-

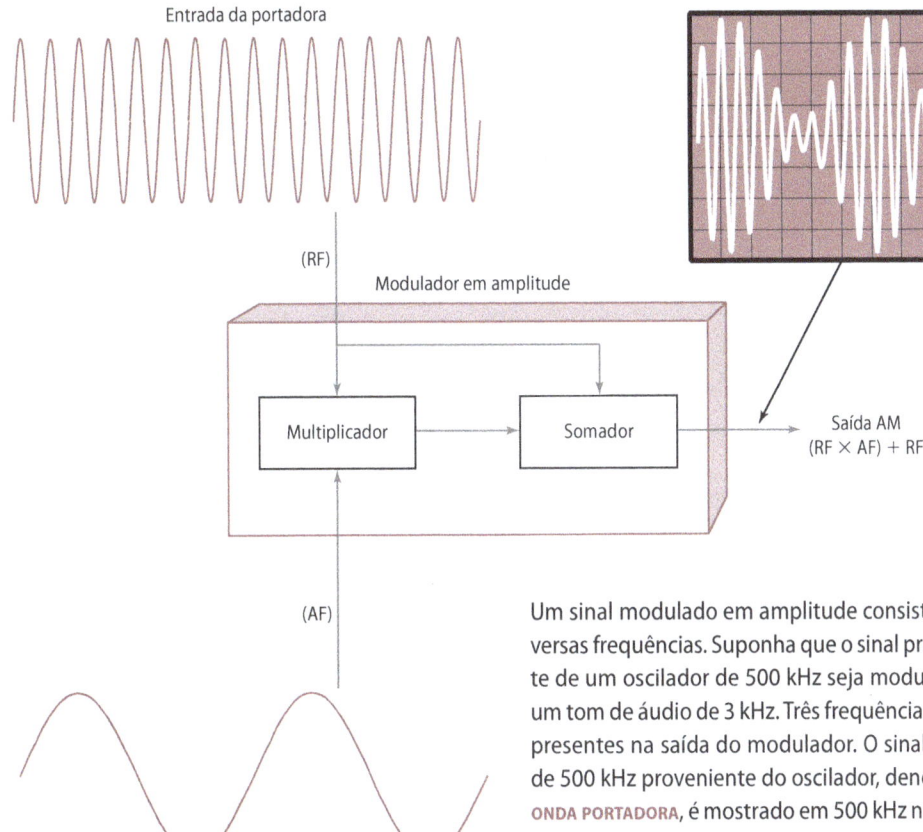

Figura 4-3 Modulação em amplitude.

rior do enrolamento secundário, a tensão de 12 V se somará com V_{CC} e o transistor perceberá 24 V. Quando o sinal de áudio atinge o pico positivo na parte superior do enrolamento secundário, a tensão de 12 V será subtraída de V_{CC} e o transistor perceberá 0 V.

O transformador T_2 e o capacitor C_2 na Figura 4-4 formam um CIRCUITO TANQUE ressonante. A frequência de ressonância é a mesma da entrada RF. O capacitor C_1 e o resistor R_1 formam o circuito de entrada do transistor. A polarização reversa ocorre na junção base-emissor e o amplificador opera na classe C. A polarização por sinal foi abordada no Capítulo 8*.

---

* N. de E.: Capítulo do livro SCHULER, Charles. *Eletrônica I*. 7 ed. Porto Alegre: AMGH, 2013.

Um sinal modulado em amplitude consiste em diversas frequências. Suponha que o sinal proveniente de um oscilador de 500 kHz seja modulado por um tom de áudio de 3 kHz. Três frequências estarão presentes na saída do modulador. O sinal original de 500 kHz proveniente do oscilador, denominado ONDA PORTADORA, é mostrado em 500 kHz no eixo da frequência na Figura 4-5. Além disso, note que uma banda lateral superior (do inglês, *upper sideband* – USB) surge em 503 kHz, enquanto há uma banda lateral inferior (do inglês, *lower sideband* – LSB) em 497 kHz. Um sinal AM consiste em uma portadora e duas BANDAS LATERAIS.

A Figura 4-5 representa a tela de um dispositivo denominado ANALISADOR DE ESPECTRO, o qual utiliza uma tela com tubo de raios catódicos semelhante a um osciloscópio. A diferença é que o analisador de espectro exibe um gráfico onde a amplitude é plotada em função da frequência. Por outro lado, um osciloscópio plota um gráfico da amplitude em função do tempo. Analisadores de espectro exibem sinais no domínio da frequência, enquanto osciloscópios exibem sinais no domínio do tempo. A Figura 4-6 mostra como um sinal AM é exibido em um osciloscópio. Na Figura 4-6(*a*), a frequência da portadora é relativamente baixa, de modo que os ciclos individuais podem ser vistos. Na prática,

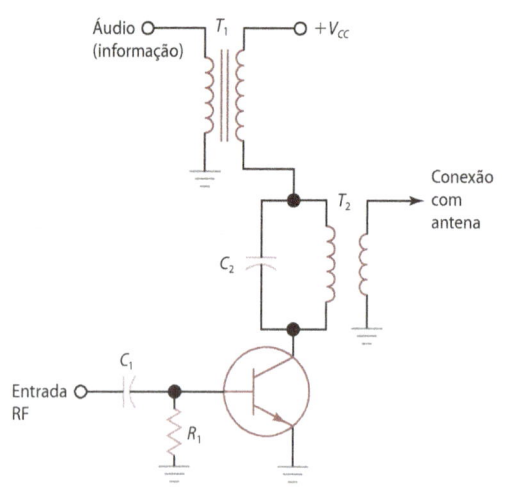

Figura 4-4 Modulador em amplitude.

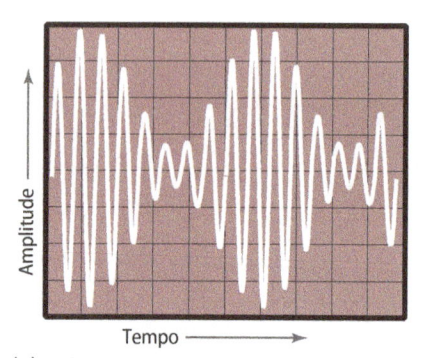

a frequência da portadora é relativamente alta e os ciclos individuais não podem ser vistos (Figura 4-6(b)). Analisadores de espectro normalmente possuem maior custo que osciloscópios, sendo instrumentos muito úteis para a obtenção do conteúdo de frequência dos sinais.

Como sinais AM possuem bandas laterais, devem possuir também uma LARGURA DE BANDA. Um sinal modulado em amplitude ocupará uma dada seção do espectro de frequências disponível. As bandas laterais surgem acima e abaixo da portadora de acordo com a frequência da informação modulante.

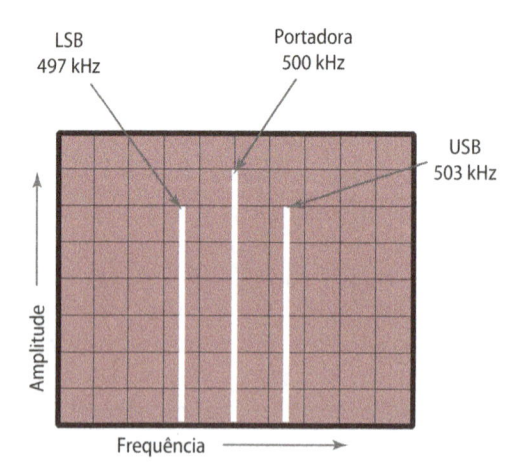

Figura 4-5 Modulação AM exibida em um analisador de espectro.

(a) A frequência da portadora é relativamente baixa

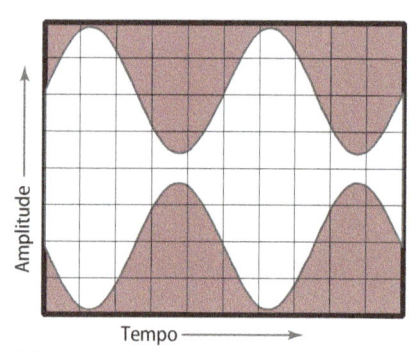

(b) A frequência da portadora é relativamente alta

Figura 4-6 Formas de onda AM mostradas em um osciloscópio.

Se alguém assobiar em uma frequência de 1 kHz no microfone de um transmissor AM, uma banda lateral superior surgirá em 1 kHz acima da frequência da portadora. Além disso, uma banda lateral inferior surgirá em 1 kHz abaixo da frequência da portadora. A largura de banda de um sinal AM é igual ao dobro da frequência de modulação. Por exemplo, frequências de até aproximadamente 3,5 kHz são necessárias para a voz. Um transmissor de voz AM possuirá largura de banda mínima de 7 kHz ($2 \times 3{,}5$ kHz).

EXEMPLO 4-1

Qual é a largura de banda do sinal AM mostrado na Figura 4-5? Esse valor pode ser calculado da seguinte forma:

$$LB = f_{alto} - f_{baixo} = 503 \text{ kHz} - 497 \text{ kHz}$$
$$= 6 \text{ kHz}$$

A largura de banda é importante porque limita o número de estações que podem utilizar uma dada faixa de frequências sem interferências. Por exemplo, a faixa de transmissão AM padrão possui o canal menor atribuído a uma frequência da portadora de 540 kHz. Por outro lado, o canal maior é atribuído a uma frequência da portadora de 1600 kHz. Os canais são espaçados em intervalos de 10 kHz, e assim tem-se:

$$\text{Número de canais} = \frac{1.600 \text{ kHz} - 540 \text{ kHz}}{10 \text{ kHz}} + 1 = 107 \text{ canais}$$

Entretanto, cada estação é capaz de modular com frequências de até 15 kHz, de modo que a largura de banda total para um estação é o dobro dessa frequência, ou 30 kHz. Com 107 estações no ar, a largura de banda total necessária seria de 107 × 30 kHz=3210 kHz. Esse valor excede a largura da banda de transmissão AM de forma significativa.

Uma solução possível seria limitar a máxima frequência de áudio a 5 kHz, de modo que as 107 estações poderiam estar contidas na banda AM. Essa não é uma solução aceitável, pois a qualidade da reprodução da música em 5 kHz é ruim. Uma solução mais adequada consiste em atribuir canais de acordo com a área geográfica. A entidade **FCC*** nos Estados Unidos (do inglês, *Federal Communications Comission* – Comissão Federal de Comunicações)

---
* N. de T.: A FCC é o órgão regulatório da utilização dos meios audiovisuais nos Estados Unidos e foi criada em 1934.

atribui frequências das portadoras que são espaçadas entre si em pelo menos três canais para uma dada região geográfica. O espaçamento de três canais separa as portadoras em 30 kHz e evita que a banda lateral superior de um canal mais baixo se misture com a banda lateral inferior de um canal mais alto.

Um receptor de rádio AM deve recuperar a informação a partir do um sinal modulado. Esse processo é o inverso do que ocorre no modulador do transmissor, sendo denominado DEMODULAÇÃO ou DETECÇÃO.

O detector AM mais comum é um diodo (Figura 4-7). O sinal modulado é aplicado ao enrolamento primário de T_1. O transformador T_1 é sintonizado pelo capacitor C_1 na frequência da portadora. A banda passante do circuito sintonizado é ampla o suficiente para permitir a passagem da portadora e de ambas as bandas laterais. O diodo detecta o sinal e recupera a informação utilizada para modular a portadora no transmissor. O capacitor C_2 é um filtro passa-baixa, responsável por remover a portadora e as bandas laterais que já não são mais necessárias. O resistor R_L atua como carga para o sinal da informação.

Um diodo consiste em um bom detector porque é um DISPOSITIVO NÃO LINEAR. Todos os dispositivos não lineares podem ser empregados para detectar sinais AM. A Figura 4-8 mostra a curva característica volt-ampère de um diodo de estado sólido, mostrando que esse dispositivo representa um bom detector em detrimento de um resistor.

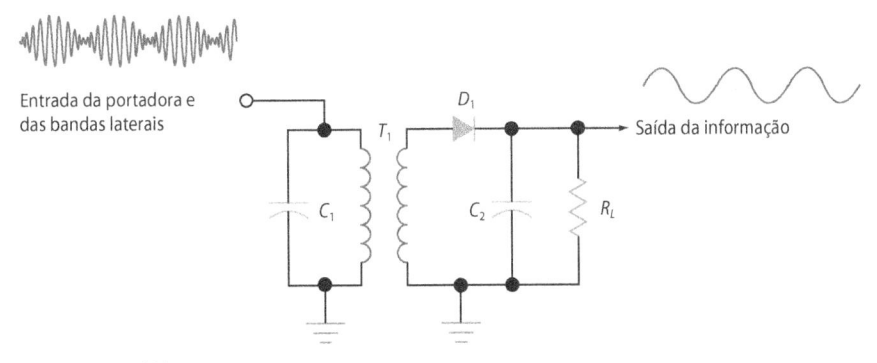

Figura 4-7 Detector AM.

Dispositivos não lineares produzem FREQUÊNCIAS DE SOMA E DIFERENÇA. Por exemplo, se dois sinais de 500 kHz e 503 kHz são aplicados em um dispositivo não linear, diversas novas frequências serão geradas. Um desses valores é a frequência de soma de 1003 kHz. Em detectores, o valor importante é a frequência de diferença, que estará em 3 kHz neste exemplo. Observe novamente a Figura 4-5. O espectro mostra que a modulação de um sinal de 500 kHz com um sinal de 3 kHz produz uma banda lateral superior de 503 kHz. Quando este sinal é detectado, o processo de modulação é revertido e o sinal original de 3 kHz é recuperado.

A banda lateral inferior também interagirá com a portadora, produzindo uma frequência de diferença de 3 kHz (500 kHz − 497 kHz = 3 kHz). Os dois sinais de diferença de 3 kHz em fase somam-se no detector. Assim, em um detector AM, ambas as bandas laterais interagem com a portadora e reproduzem as frequências de informação originais.

Um transistor também pode atuar como um detector AM (Figura 4-9). O circuito mostrado é um amplificador emissor comum. O transformador T_1 e o capacitor C_1 formam um circuito ressonante para permitir a passagem do sinal modulado (portadora e duas bandas laterais). O capacitor C_4 é incluído para fornecer a ação de um filtro passa-baixa, pois a portadora de alta frequência e as bandas laterais não são mais necessárias após a detecção.

Os BJTs são capazes de demodular sinais porque são dispositivos não lineares. A junção base-emissor é um diodo. O detector a transistor possui a vantagem de produzir ganho, o que significa que o circuito da Figura 4-9 é capaz de produzir uma amplitude da informação maior que o arranjo a diodos da Figura 4-7. Ambos os circuitos são úteis na detecção de sinais AM.

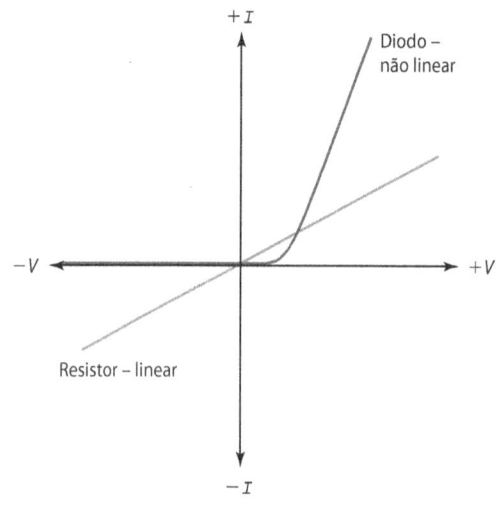

Figura 4-8 Diodos são dispositivos não lineares.

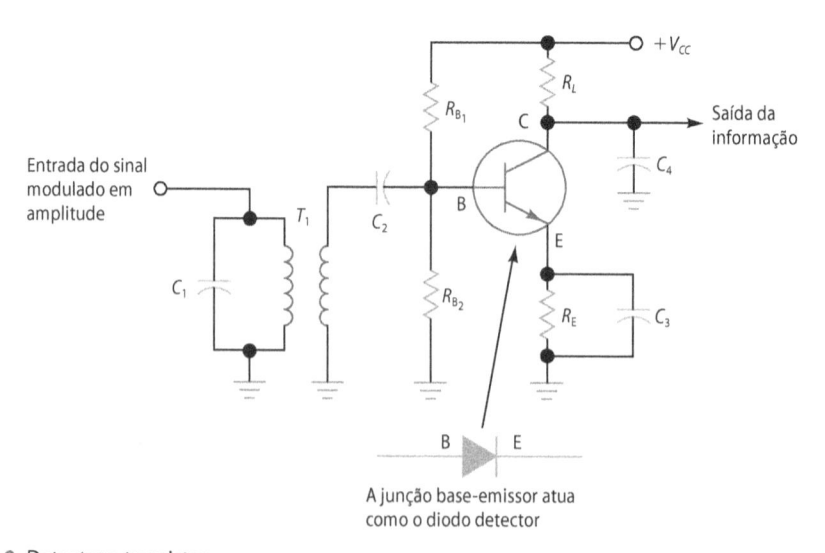

Figura 4-9 Detector a transistor.

Sobre a eletrônica

Amplificadores silenciosos.
A tecnologia *Bluetooth* conecta computadores, telefones móveis, dispositivos portáteis e outros equipamentos que possuem tecnologia RF. Essa tecnologia suporta som e voz, e suas especificações são:

- Alcance = 10 metros.
- Alcance opcional = 100 metros.
- Potência = 0 dBm (1 mW).
- Potência opcional = até 20 dBm (100 mW).
- Sensibilidade do receptor = -70 dBm (0,1 nW).
- Frequência = 2,4 GHz.
- Taxa de transferência de dados = 1 Mbit/s.

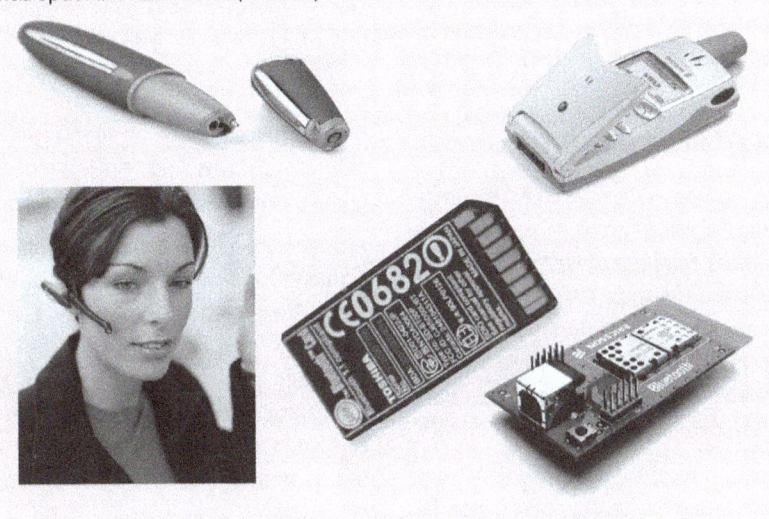

Sobre a eletrônica

Tecnologia das comunicações.
Sistemas de comunicação digital podem utilizar uma combinação das modulações em fase e amplitude. O sistema GPS (do inglês, *global positioning satellite* – satélite de posicionamento global) requer sinais de tempo altamente precisos provenientes de um relógio atômico.

O processo de modulação-demodulação é a base de toda comunicação eletrônica, pois permite que as portadoras de alta frequência sejam alocadas em posições diferentes no espectro RF. Através do espaço entre as portadoras, é possível controlar a interferência. O uso de frequências distintas também permite que diversas distâncias sejam cobertas na comunicação. Algumas frequências são utilizadas para curtas distâncias, ao passo que outras são adequadas para comunicações em longas distâncias.

Teste seus conhecimentos

Acesse o site www.grupoa.com.br/tekne para fazer os testes sempre que passar por este ícone.

Receptores simples

A Figura 4-10 mostra a forma mais básica de um receptor de rádio AM. Uma antena é necessária para interceptar o sinal de rádio, convertendo-o novamente em um sinal elétrico. O detector a diodo mixa as bandas laterais com a portadora e produz a informação de áudio. Os fones de ouvido convertem o sinal de áudio em som. O terminal terra completa o circuito e permite a circulação da corrente.

Naturalmente, um receptor semelhante ao mostrado na Figura 4-10 tem alguns pontos falhos. Tais receptores efetivamente funcionam, mas não se tratam de arranjos práticos. Esses dispositivos são incapazes de captar sinais fracos, isto é, possuem SENSIBILIDADE reduzida. Além disso, são incapazes de separar uma frequência portadora da outra, o que implica a ausência de SELETIVIDADE. Por fim, esses dispositivos ainda precisam de uma antena grande, conexão com o terra e fones de ouvido.

Antes de abandonar completamente o circuito da Figura 4-10, deve-se mencionar um fato importante. Até o momento, você deve estar acostumado ao fato de que circuitos eletrônicos precisam de algum tipo de fonte de alimentação, sendo este também o caso do receptor. Um sinal de rádio corresponde a uma onda de energia pura. Assim, o sinal representa a fonte de energia para esse circuito simples.

O problema da sensibilidade reduzida pode ser superado com o ganho, de modo que alguns amplificadores podem ser utilizados para tornar os sinais fracos detectáveis. Naturalmente, os amplificadores deverão ser alimentados por uma fonte de alimentação que não seja o próprio sinal fraco. À medida que o ganho aumenta, a necessidade de uma antena longa diminui. Uma antena pequena pode não ser tão eficiente, mas o ganho é capaz de superar essa limitação. O ganho também é capaz de eliminar a necessidade de fones de ouvido. A amplificação de áudio após o detector pode torná-lo capaz de acionar um alto-falante. Assim, a utilização do receptor torna-se mais prática.

E quanto à falta de seletividade? Estações de rádio operam em frequências distintas em um dado local, assim, é possível utilizar filtros passa-faixa para selecionar uma dentre várias estações em transmissão. O ponto ressonante do filtro deve ser ajustado de modo a concordar com a frequência da estação desejada.

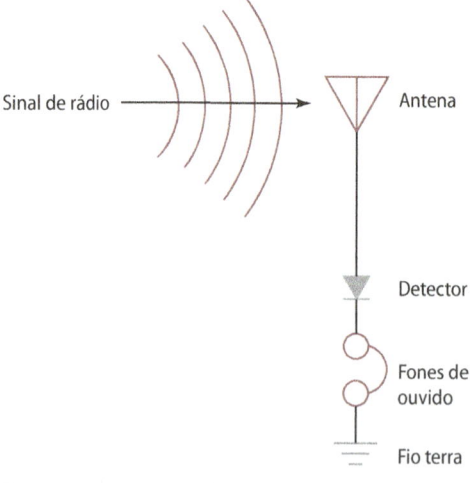

Figura 4-10 Receptor de sinal de rádio comum.

A Figura 4-11 mostra um receptor capaz de superar alguns dos problemas do arranjo básico. Um amplificador de áudio de dois estágios foi inserido para permitir a operação com alto-falantes. Um CIRCUITO SINTONIZADO foi incluído de modo a permitir a seleção de uma estação por vez. Esse receptor apresentará um desempenho melhor.

O circuito da Figura 4-11 consiste em uma melhoria, mas ainda não é prático em muitas aplicações. Um circuito sintonizado pode fornecer a sensibilidade necessária. Por exemplo, se há uma estação cujo sinal de transmissão é muito intenso em uma dada área, não será possível rejeitá-lo. Essa estação será ouvida em qualquer um dos níveis de ajuste do capacitor variável.

A seletividade pode ser melhorada utilizando-se mais circuitos sintonizados. A Figura 4-12 compara as curvas de seletividade para um, dois e três circuitos sintonizados. Note que um número maior de circuitos sintonizados fornece uma curva mais estreita (com menor largura de banda), melhorando a capacidade de rejeitar frequências indesejadas. A Figura 4-12 também mostra que a largura de banda é medida 3 dB abaixo do ponto de ganho

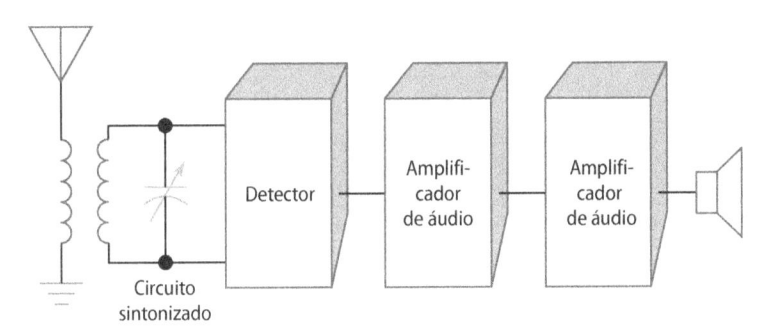

Figura 4-11 Receptor de rádio otimizado.

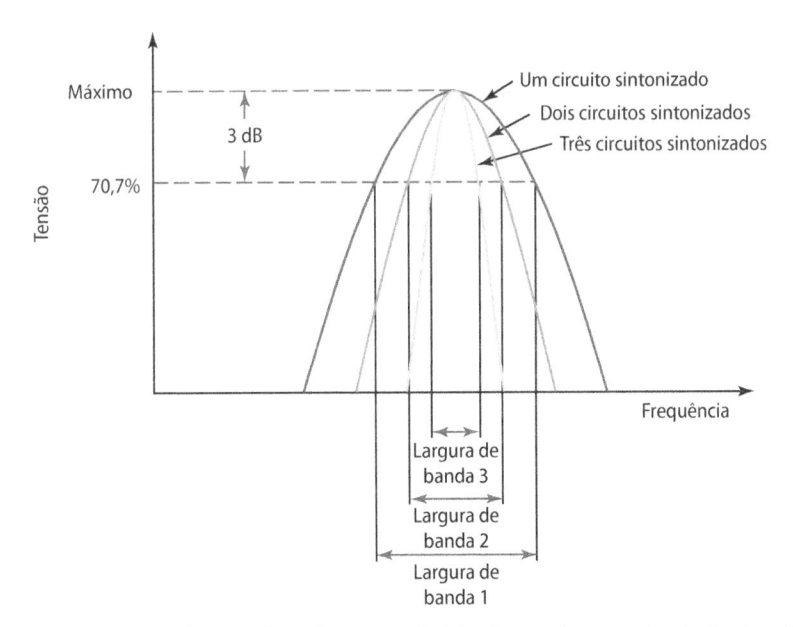

Figura 4-12 A seletividade pode ser melhorada com a utilização de um número maior de circuitos sintonizados.

máximo. Um receptor AM deve possuir largura de banda ampla o suficiente para permitir a passagem da portadora e das bandas laterais. Uma largura de banda de aproximadamente 20 kHz é típica em um receptor AM convencional. Uma largura de banda muito grande implica baixa seletividade e possibilidade de interferência. Uma largura de banda muito pequena significa perda de informação transmitida (e o áudio em alta frequência é o tipo mais afetado).

Um RECEPTOR de radiofrequência sintonizado (do inglês, *tuned radio-frequency* – TRF) apresenta seletividade e sensibilidade razoavelmente satisfatórias (Figura 4-13). Quatro amplificadores (dois em radiofrequências e dois em audiofrequências) fornecem o ganho necessário.

O receptor TRF possui algumas desvantagens. Note que na Figura 4-13 três circuitos são sintonizados em conjunto. Na pratica, é difícil obter o RASTREAMENTO perfeito. Esse termo refere-se à proximidade dos pontos ressonantes das configurações necessárias para o controle de sintonia. Um segundo problema reside na largura de banda. Os circuitos sintonizados não possuirão a mesma largura de banda para todas as frequências. Ambas as desvantagens podem ser eliminadas no projeto do receptor super-heteródino que será discutido na próxima seção.

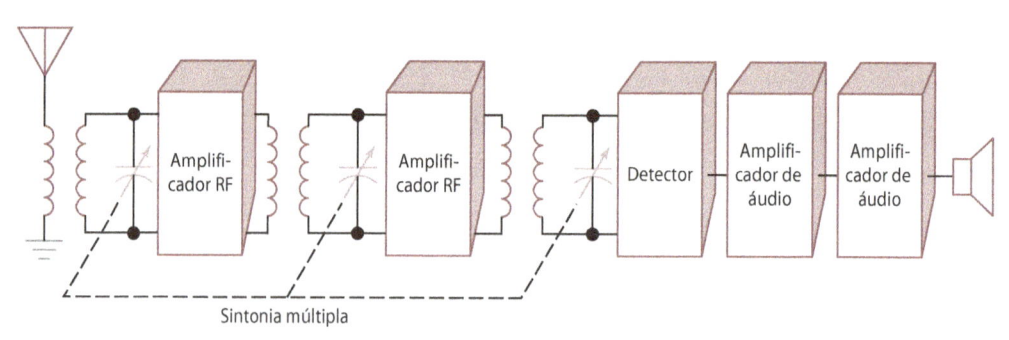

Figura 4-13 Receptor TRF.

Teste seus conhecimentos

>> Receptores super-heteródinos

As maiores dificuldades no projeto do receptor TRF podem ser eliminadas fixando-se alguns dos circuitos sintonizados em uma única frequência. Isso resolve as questões do rastreamento e da alteração da largura de banda. Essa frequência fixa é denominada FREQUÊNCIA INTERMEDIÁRIA (do inglês, *intermediate frequency* – IF), a qual deve estar fora da banda a ser recebida. Assim, qualquer sinal que será recebido deve ser convertido para a frequência intermediária. O processo de conversão é denominado MIXAGEM ou HETERODINAÇÃO. Um receptor super-heteródino converter a frequência recebida na frequência intermediária.

A Figura 4-14 mostra a operação básica de um receptor heteródino, onde as letras *A* e *B* represen-

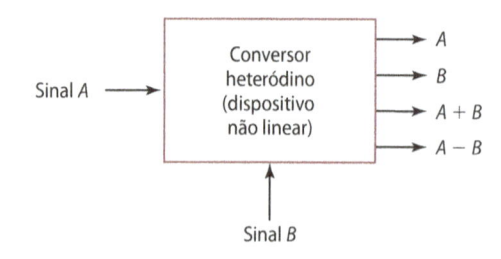

Figura 4-14 Operação de um conversor heteródino.

tam frequências. Quando sinais em duas frequências distintas são aplicados, novas frequências são produzidas. A saída do conversor contém as FREQUÊNCIAS DE SOMA E DIFERENÇA, além das frequências originais. Qualquer dispositivo não linear como um diodo pode ser empregado para heterodinar ou mixar dois sinais. O processo é análogo à detecção AM, entretanto, sua finalidade é distinta. Detecção é o termo adequado para indicar que a informação é recuperada de um sinal. Os termos heterodinação e mixagem são utilizados quando um sinal é convertido em outra frequência, como uma frequência intermediária.

A maioria dos circuitos super-heteródinos utiliza um transistor como *mixer* em vez de um diodo. Isso se justifica porque o transistor fornece ganho. Em alguns casos, o dispositivo ainda é capaz de fornecer um dos dois sinais necessários para a mixagem.

A Figura 4-15 mostra o diagrama de blocos de um receptor super-heteródino. Um OSCILADOR fornece o sinal que será mixado com os sinais provenientes da antena. A saída do *mixer* contém frequências de soma e diferença. Se qualquer um dos sinais presentes na saída do *mixer* estiver próximo ou for igual à frequência intermediária, então o sinal chegará ao detector. Todas as demais frequências serão rejeitadas em virtude da seletividade dos amplificadores IF. As frequências intermediárias padrão são:

1. *Faixa de transmissão da modulação em amplitude* (AM): 455 kHz (ou 262 kHz para alguns receptores automotivos);
2. *faixa de transmissão da modulação em frequência* (FM): 10,7 MHz;
3. *faixa de transmissão da televisão*: 44 MHz.

Receptores de ondas curtas e comunicações podem utilizar várias frequências intermediárias como, por exemplo, 455 kHz, 1,6 MHz, 3,35 MHz, 9 MHz, 10,7 MHz, 40 MHz, entre outras.

O oscilador em um receptor super-heteródino é normalmente ajustado para operar acima da frequência recebida em um valor igual a IF. Por exemplo, para sintonizar uma estação de 1020 kHz em um receptor AM convencional, tem-se:

$$\text{Frequência do oscilador} = 1020 \text{ kHz} + 455 \text{ kHz} = 1475 \text{ kHz}$$

O sinal do oscilador na frequência de 1475 kHz e o sinal da estação em 1020 kHz serão mixados para produzir as frequências de soma e diferença. O sinal de diferença estará na banda de passagem de IF (as frequências cuja passagem IF permitirá) e alcançará o detector. Outra estação operando em 970 kHz pode ser rejeitada por esse processo. A frequência de diferença será:

$$1475 \text{ kHz} - 970 \text{ kHz} = 505 \text{ kHz}$$

Como a frequência de 505 kHz não se encontra na banda de passagem dos estágios com IF de 455 kHz, a estação que transmite em 970 kHz é rejeitada.

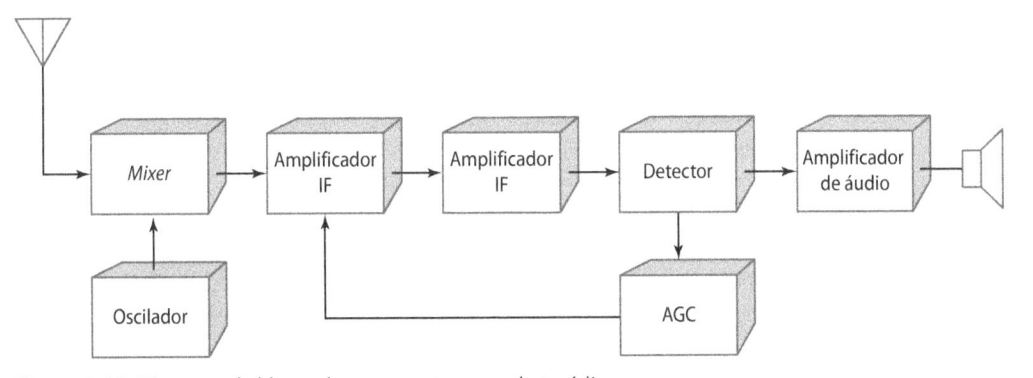

Figura 4-15 Diagrama de blocos de um receptor super-heteródino.

EXEMPLO 4-2

Um receptor de comunicações possui IF de 9 MHz. Qual é a frequência do seu oscilador quando este é sintonizado em 15 MHz? Como o oscilador normalmente opera acima de IF, tem-se:

$$f_{osc} = f_{receptor} + IF = 15\ MHz + 9\ MHz = 24\ MHz$$

Deve estar claro que os canais adjacentes são rejeitados pela seletividade em estágios IF. Entretanto, há a possibilidade de interferência de um sinal que sequer esteja na faixa de transmissão. Para receber 1020 kHz, o oscilador no receptor deve ser ajustado em uma frequência maior ou igual a 455 kHz. O que acontecerá se um sinal de ondas curtas em uma frequência de 1930 kHz alcançar a antena? Lembre-se, o oscilador encontra-se em 1475 kHz. Assim, tem-se:

$$1930\ kHz - 1475\ kHz = 455\ kHz$$

Isso quer dizer que o sinal de ondas curtas de 1930 kHz será mixado com o sinal do oscilador e a chegará ao receptor. Isto é chamado de INTERFERÊNCIA DE IMAGEM.

A única forma de rejeitar a interferência de imagem é utilizar circuitos seletivos antes do *mixer*. Em qualquer receptor super-heteródino, há sempre duas frequências que podem ser mixadas com a frequência do oscilador e produzir a frequência intermediária. Uma delas é a frequência desejada, e a outra é a frequência de imagem. A imagem não deve chegar ao *mixer*.

A Figura 4-16 mostra como se obtém a REJEIÇÃO DE IMAGEM. O sinal da antena é acoplado por meio de um transformador com um circuito sintonizado antes do *mixer*. Esse circuito é sintonizado de modo a entrar em ressonância com a frequência da estação, sendo que sua seletividade rejeitará a imagem. Um capacitor dual ou múltiplo é utilizado para ajustar o oscilador e o circuito *mixer* sintonizado simultaneamente. Esses TRIMMERS (ou capacitores variáveis) são ajustados uma única vez pelo próprio fabricante, e normalmente nunca precisam ser reajustados.

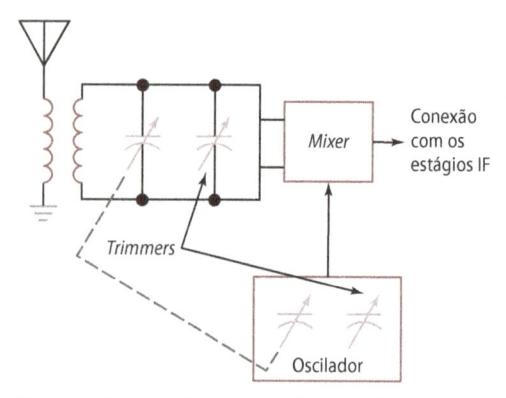

Figura 4-16 Circuito sintonizado antes de ocorrer a rejeição de imagem pelo *mixer*.

O circuito *mixer* sintonizado não é altamente seletivo. Sua finalidade não está relacionada à seletividade do canal adjacente do receptor, pois esta é fornecida pelos estágios IF. O propósito do circuito *mixer* sintonizado é rejeitar a frequência de imagem que é o dobro da frequência intermediária, localizada acima da frequência da estação. Assim, a estação desejada e a imagem são separadas por 910 kHz (2×455 kHz) em um receptor AM padrão. Um sinal tão distante do desejado é facilmente rejeitado, de modo que um circuito sintonizado antes do *mixer* é suficiente.

EXEMPLO 4-3

Um receptor FM é sintonizado em uma estação cuja frequência de transmissão é 91,9 MHz. Determine a frequência de imagem. Pode-se considerar IF igual a 10,7 MHz e que o oscilador local opera acima da frequência desejada. A frequência de imagem é determinada da seguinte forma:

$$\begin{aligned} f_{imagem} &= f_{estação} + 2 \times IF \\ &= 91,9\ MHz + 2 \times 10,7\ MHz \\ &= 113,3\ MHz \end{aligned}$$

O diagrama de blocos da Figura 4-15 mostra um CONTROLE AUTOMÁTICO DE GANHO (do inglês, *automatic gain control* – **AGC**), que também pode ser chamado de CONTROLE AUTOMÁTICO DE VOLUME (do inglês, *au-*

> **Sobre a eletrônica**
>
> **Sinais de comunicação**
> A ionosfera refrata ondas de rádio, tornando as comunicações de longa distância possíveis em dados instantes. A informação secundária pode ser codificada na forma de sinais de rádio e televisão, sendo que circuitos adicionais são necessários para a utilização adequada de tais sinais. Uma sala de monitoramento com telas pode ser necessária para a realização de determinadas medições de RF. Os testes envolvendo EMI representam um exemplo disso.

tomatic volume control – AVC). Esse estágio produz uma tensão de controle com base na intensidade do sinal que chega ao detector. Por outro lado, a tensão de controle ajusta o ganho do primeiro amplificador IF. O propósito do AGC é manter uma saída proveniente do receptor relativamente constante. As intensidades dos sinais podem variar significativamente à medida que o receptor é sintonizado ao longo da banda. A ação do AGC mantém o volume do alto-falante relativamente constante.

O controle automático de ganho pode ser aplicado a mais de um amplificador IF. Também pode ser aplicado a um amplificador RF antes do *mixer*, caso o receptor o possua. A tensão de controle é utilizada para variar o ganho do dispositivo amplificador. Se o dispositivo for um BJT, há duas opções. O gráfico da Figura 4-17 mostra que o ganho máximo ocorre em um dado valor da corrente do coletor. Se a polarização aumenta e, consequentemente, o mesmo acontece com a corrente, o ganho tende a ser reduzido. Isso é chamado de AGC direto. A polarização pode ser reduzida, causando a redução da corrente e o aumento do ganho, assim, tem-se o AGC reverso. Ambos os tipos de AGC são utilizados com transistores bipolares.

Transistores diferentes possuem variações significativas das respectivas características de polarização relacionadas ao AGC. Essa é uma consideração importante ao substituir um transistor RF ou IF em um receptor. Se o AGC for aplicado nos estágios em questão, uma substituição exata é recomendável. Um transistor substituto pode provocar o desempenho insatisfatório do AGC, comprometendo o próprio desempenho do receptor.

MOSFETs com gatilho dual são normalmente adotados quando se deseja utilizar o AGC. Esses transistores possuem excelentes características de AGC. A tensão de controle normalmente é aplicada no segundo gatilho.

Há também circuitos integrados com excelentes características de AGC, sendo amplamente empregados no projeto de receptores, especialmente em amplificadores IF.

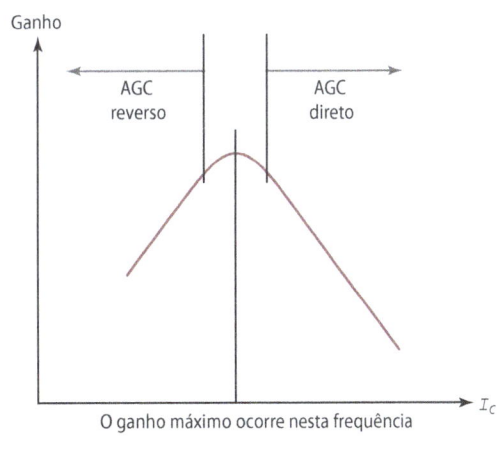

Figura 4-17 Características AGC de um transistor.

Teste seus conhecimentos

» Modulação em frequência e banda lateral simples

A MODULAÇÃO EM FREQUÊNCIA ou **FM** (do inglês, *frequency modulation*) é uma alternativa à modulação em amplitude. A modulação em frequência possui algumas características que a tornam interessante para a transmissão comercial e aplicações de rádios bidirecionais. A iluminação, a partida de automóveis e circuitos elétricos com centelhamento provocam radiointerferência. Não é fácil evitar que tal interferência chegue ao detector em um receptor AM. Um receptor FM pode ser projetado de modo a ser insensível à interferência causada pelo ruído, o que é altamente desejável em muitas aplicações.

A Figura 4-18 mostra como é possível obter a modulação em frequência. O transistor Q_1 e demais componentes associados formam um oscilador Colpitts sintonizado em série. O capacitor C_3 e a bobina L_1 são os componentes que definem a frequência de oscilação de forma mais incisiva. O diodo D_1 é do tipo varicap, sendo conectado em paralelo com C_3. Isso significa que, à medida que a capacitância de D_1 muda, o mesmo ocorrerá com a frequência de ressonância do circuito tanque. Os resistores R_1 e R_2 formam um divisor de tensão para polarizar o diodo varicap. Uma tensão positiva (igual a uma parcela de V_{DD}) é aplicada ao catodo de D_1. Assim, este diodo é polarizado reversamente.

Um diodo varicap utiliza sua região de depleção como um dielétrico. A polarização reversa mais intensa implica uma maior região de depleção e menor valor de capacitância. Portanto, à medida que um sinal de áudio se torna positivo, a capacitância de D_1 será reduzida, provocando o aumento da frequência do oscilador. Um sinal de áudio que se torna negativo reduzirá a polarização reversa no diodo, consequentemente aumentando sua capacitância e reduzindo a frequência do oscilador. Assim, o sinal de áudio está modulando a frequência do oscilador.

A relação entre a forma de onda modulante e o sinal do oscilador RF pode ser vista na Figura 4-19. Note que a amplitude da forma de onda RF modulada é constante. Compare esta forma de onda com o sinal AM da Figura 4-6.

A modulação em amplitude produz bandas laterais, assim como a modulação FM (Figura 4-20). Suponha que um transmissor FM seja modulado com um tom fixo em 10 kHz (0,01 MHz). Esse transmissor possui uma frequência de operação (portadora) de 100 MHz. O gráfico no domínio da frequência mostra que surgem diversas bandas

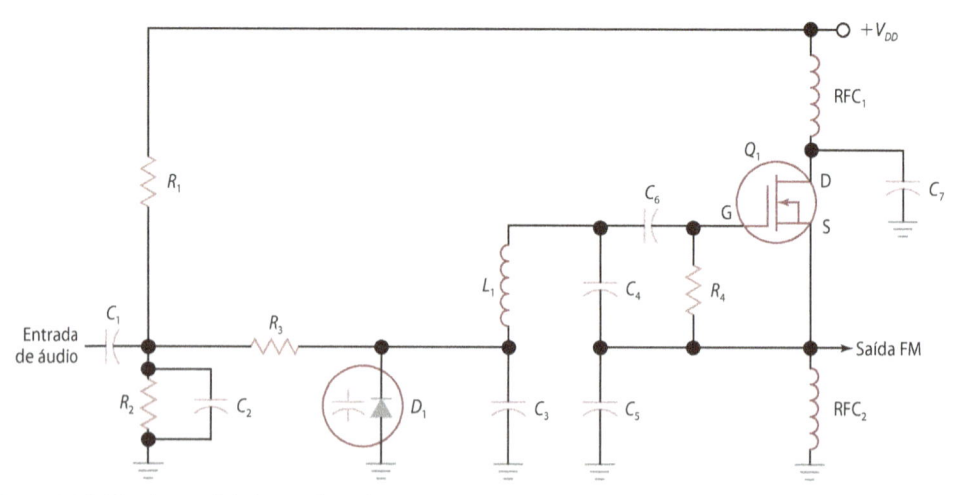

Figura 4-18 Circuito modulador em frequência.

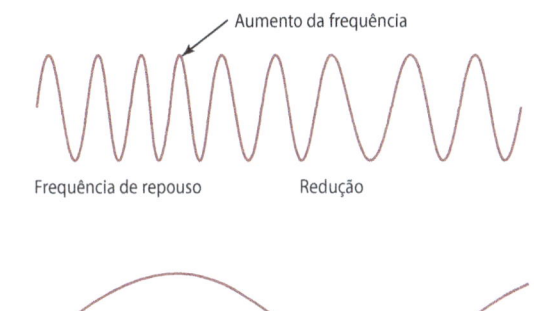

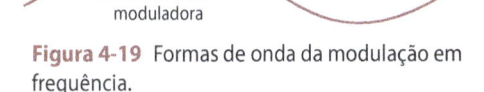

Figura 4-19 Formas de onda da modulação em frequência.

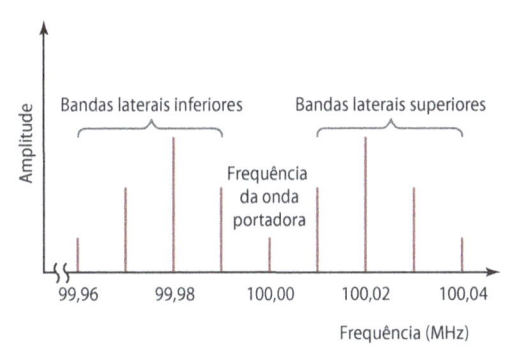

Figura 4-20 A modulação em frequência produz bandas laterais.

laterais espaçadas em 10 kHz acima e abaixo da frequência da portadora. Essa é uma das principais diferenças entre as modulações AM e FM. Um sinal FM geralmente requer uma largura de banda maior que um sinal AM.

O diagrama de blocos de um receptor super-heteródino FM (Figura 4-21) é muito semelhante ao utilizado para representar um receptor AM. Entretanto, verifica-se que surge um estágio LIMITADOR após o estágio IF e antes do estágio detector. Essa é uma forma de o receptor FM rejeitar ruído. A Figura 4-22 mostra o que ocorre em um estágio limitador. O sinal de entrada possui um ruído considerável. O sinal de saída é livre de ruído. Ao se limitar ou ceifar a amplitude, os picos do ruído são eliminados. Alguns receptores FM empregam dois estágios de limitação para eliminar a maior parte da interferência causada pelo ruído.

A limitação não pode ser utilizada em um receptor AM. As variações da amplitude transportam a informação para o detector. Em um receptor FM, as variações da frequência contêm a informação. O ceifamento da amplitude em um receptor FM não removerá a informação, mas apenas o ruído.

A detecção na modulação FM é mais complexa que no caso da AM. Como há muitas bandas laterais acima e abaixo da portadora em FM, um detector não linear simples será incapaz de demodular o sinal. Um circuito DISCRIMINADOR duplamente sintonizado é representado na Figura 4-23, o qual atua como um detector FM. O discriminador opera com dois pontos ressonantes: um acima e outro abaixo da frequência da portadora.

Nas curvas de resposta em frequência do circuito discriminador (Figura 4-24), f_o representa o ponto correto para a portadora. Em um receptor super-heteródino, a frequência da portadora da estação

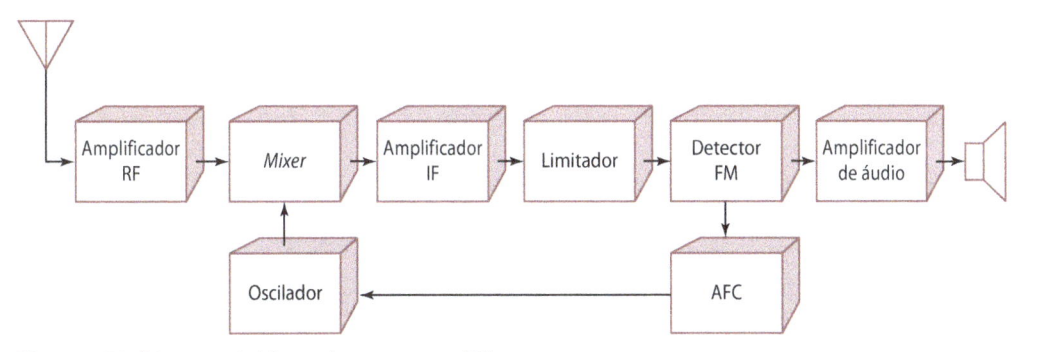

Figura 4-21 Diagrama de blocos de um receptor FM.

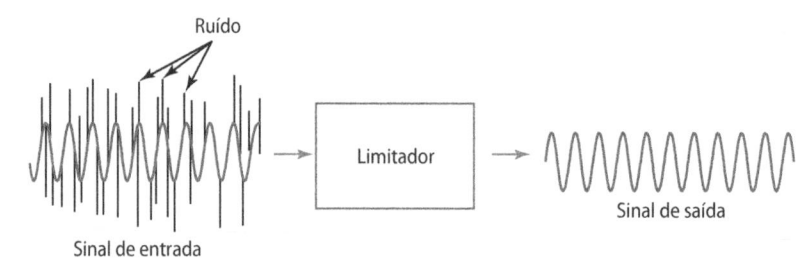

Figura 4-22 Operação de um limitador.

será convertida em f_o, o que representa uma frequência de 10,7 MHz para receptores FM. O processo de heterodinação permite que um circuito discriminador demodule qualquer sinal ao longo de toda a banda FM.

Observe as Figs. 4-23 e 4-24. Quando a portadora é demodulada, D_1 e D_2 conduzirão correntes iguais. Isso ocorre porque o circuito opera no ponto de cruzamento das curvas de resposta em frequência. A amplitude é igual para ambos os circuitos sintonizados nesse ponto. As correntes em R_1 e R_2 se igualam. Se R_1 e R_2 possuem a mesma resistência, as quedas de tensão serão idênticas. Como essas tensões são opostas, a tensão de saída será nula. Quando a portadora é demodulada, a saída do discriminador é nula.

Suponha que a frequência da portadora assuma um valor maior em virtude da modulação. Assim, isso aumentará a amplitude do sinal em L_2C_2 e reduzirá a amplitude do sinal em L_1C_1. Desse modo, haverá uma tensão maior em R_2 e menor em R_1 e a saída torna-se positiva.

O que ocorre quando a frequência da portadora assume um valor menor que f_o? Isso desloca o sinal para um ponto mais próximo à ressonância de L_1C_1. Surgirá uma queda de tensão maior em R_1 e outra queda menor em R_2. A saída torna-se negativa. A saída do circuito discriminador é nula quando a portadora está em repouso, positiva quando sua frequência é maior e negativa quando sua frequência é menor e, portanto, é uma função da frequência da portadora.

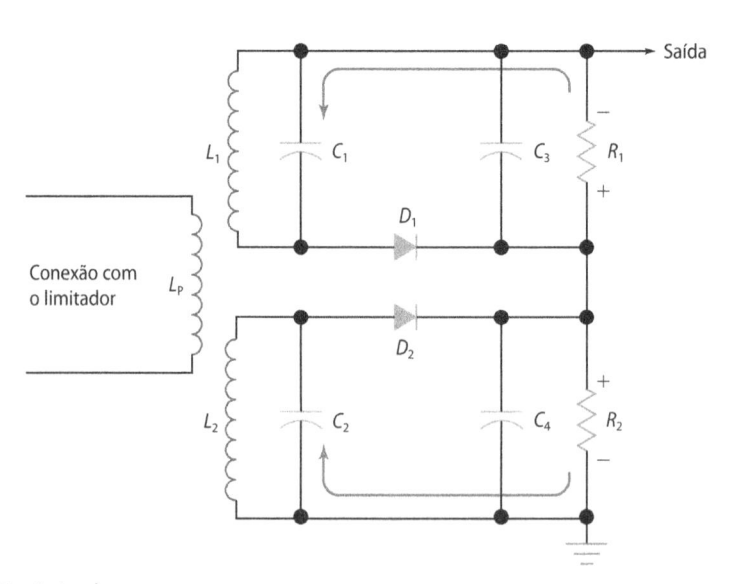

Figura 4-23 Discriminador.

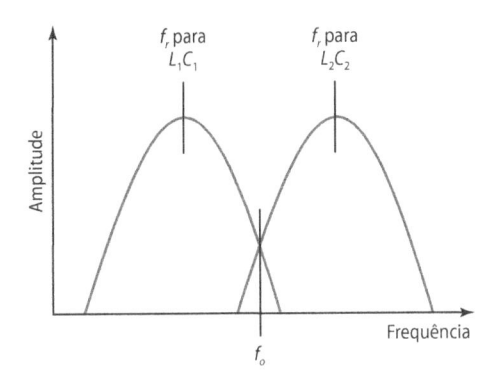

Figura 4-24 Curvas de resposta do discriminador.

A saída do discriminador também pode ser utilizada para corrigir o oscilador do receptor. Note na Figura 4-21 que o receptor entrega um sinal ao amplificador de áudio e a um estágio designado como **AFC** (do inglês, *automatic frequency control* – CONTROLE AUTOMÁTICO DE FREQUÊNCIA). Se o oscilador variar a frequência, f_o não será exatamente igual a 10,7 MHz. Haverá uma tensão de saída CC constante proveniente do discriminador, a qual pode ser empregada como uma tensão de controle para corrigir a frequência do oscilador. Alguns receptores também empregam a saída do discriminador para acionar um medidor de sintonia. Um medidor zero central é capaz de exibir o ponto de sintonia correto. Qualquer erro de sintonia provocará a deflexão do medidor para a direita ou a esquerda do ponto zero.

Circuitos discriminadores utilizados na modulação em frequência funcionam bem, mas são sensíveis à amplitude. É por isso que um ou dois limitadores são necessários para se obter uma recepção livre de ruídos. O detector de relação consiste em um sistema simplificado, embora esse não seja um dispositivo muito sensível quando se está próximo à amplitude do sinal. Assim, é possível construir receptores sem limitadores, obtendo-se ainda uma boa rejeição ao ruído.

A Figura 4-25 mostra um circuito detector de relação típico, cujo projeto é baseado no conceito da divisão da tensão do sinal de acordo com uma relação. Esse parâmetro é definido como a relação das tensões em cada metade de L_2. Com a modulação em frequência, a relação muda e um sinal de saída de áudio surge no *tap* central de L_2. Como o circuito é sensível a essa relação, a amplitude do sinal de entrada pode variar ao longo de uma ampla faixa sem causar qualquer mudança na saída. Isso torna o detector insensível a variações da amplitude, como ocorre no ruído.

Há diversos outros tipos de circuitos detectores FM, e os mais populares são o detector de quadratura, detector de malha de captura de fase e detector de largura de pulso. Esses dispositivos devem ser utilizados em conjunto com circuitos integrados e possuem a vantagem de não necessitarem de alinhamento ou ainda haver um

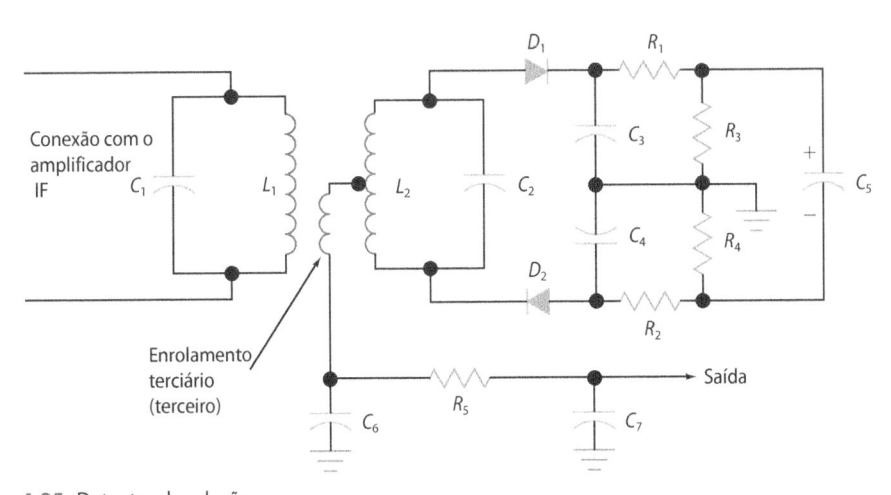

Figura 4-25 Detector de relação.

único ajuste. O alinhamento em discriminadores e detectores de rádio é um processo oneroso em termos de tempo.

A **banda lateral única** (do inglês, *single sideband* – **SSB**) é outra alternativa à modulação em amplitude, sendo uma subclasse de AM. O procedimento baseia-se no conceito de que ambas as bandas laterais em um sinal AM transportam a mesma informação. Portanto, uma delas pode ser eliminada no transmissor sem que haja a perda da informação no receptor. A portadora também pode ser eliminada no transmissor. Nesse sentido, um transmissor SSB envia uma única banda e nenhuma portadora.

Economiza-se energia quando uma única banda é enviada. Além disso, o sinal ocupará apenas metade da largura de banda original. SSB é muito mais eficiente que AM, representando um ganho efetivo de 9 dB, o que é equivalente a aumentar oito vezes a potência do transmissor!

A portadora é eliminada em um transmissor SSB utilizando-se um **modulador balanceado** (Figura 4-26). O resultado é um sinal de **banda lateral dupla com portadora suprimida** (do inglês, *double-sideband supressed carrier* – **DSBSC**). Note que um modulador balanceado produz apenas o produto dos sinais RF e AF. Compare cuidadosamente a Figura 4-26 com as Figs. 4-3 e 4-5. Além disso, note

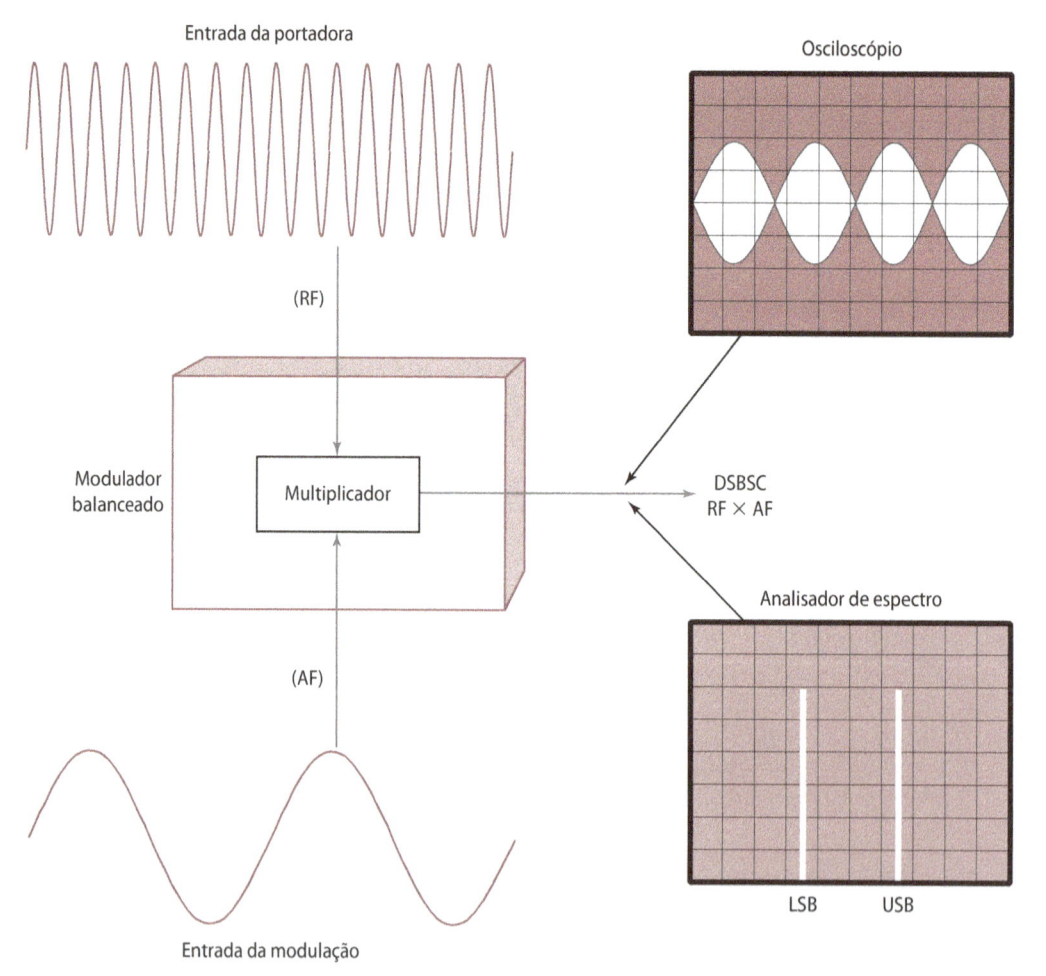

Figura 4-26 Um modulador balanceado não produz onda portadora.

que a tela do osciloscópio na Figura 4-26 não é a mesma exibida na Figura 4-6(b).

A Figura 4-27(a) mostra um modulador balanceado a diodo. Os diodos são conectados de forma que não há uma portadora na saída. Entretanto, quando um sinal de áudio é aplicado, o balanço do circuito é comprometido e surgem bandas laterais na saída. Toda a energia encontra-se nas bandas laterais.

Um filtro passa-baixa pode ser utilizado para eliminar a banda lateral indesejada. A Figura 4-27(b) mostra que apenas a banda lateral superior chega à saída do transmissor. A portadora é mostrada como uma linha tracejada porque foi anteriormente eliminada pelo circuito modulador balanceado.

Um receptor projetado para captar sinais SSB é ligeiramente diferente de um receptor AM convencional. Entretanto, o custo do primeiro dispositivo pode ser um pouco maior. Há duas diferenças importantes em um receptor SSB: (1) A largura de banda no amplificador IF será mais estreita e (2) a portadora ausente deve ser substituída por um segundo oscilador (local) de modo que a detecção possa ocorrer. Deve-se lembrar que a portadora é necessária para ser mixada com as bandas laterais (ou banda lateral) para produzir as diferentes frequências (de áudio).

Receptores de banda lateral única normalmente obtêm a largura de banda IF estreita com filtros mecânicos ou de cristal, sendo estes dispositivos mais caros que filtros do tipo capacitor-indutor. Um receptor SSB deve ser estável, pois mesmo uma pequena variação na frequência dos osciladores é capaz de modificar a qualidade do áudio recebido. Uma variação moderada de 500 Hz, por exemplo, pode não ser muito perceptível em um receptor AM convencional. Por outro lado, essa mesma variação em um receptor SSB provocará uma mudança significativa no áudio recebido, que soará de forma estranha ou ininteligível. Osciladores estáveis apresentam maior custo e, juntamente

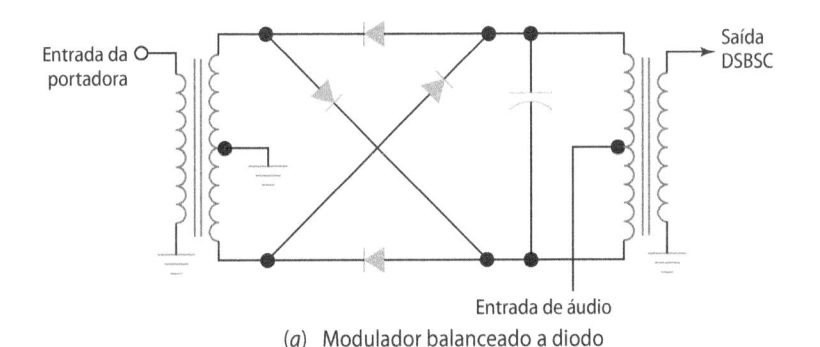

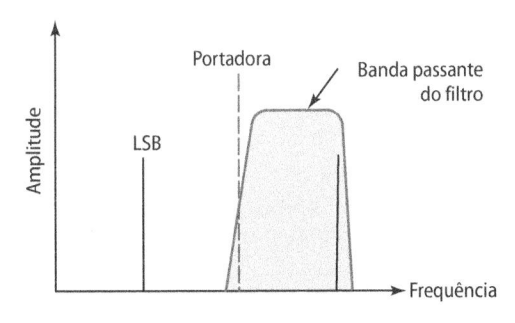

(a) Modulador balanceado a diodo

(b) Eliminação de uma banda lateral

Figura 4-27 Banda lateral única.

com os filtros, são responsáveis por aumentar o preço dos receptores SSB de forma significativa.

Observe o DETECTOR DE PRODUTO no diagrama de blocos do receptor SSB (Figura 4-28). Esse termo é utilizado porque a saída de áudio do detector corresponde ao produto da diferença entre o sinal IF e o sinal do OSCILADOR DE FREQUÊNCIA DE BATIMENTO (do inglês, *beat-frequency oscillator* – BFO). Na verdade, todos os detectores AM são detectores de produto e utilizam o produto da diferença de frequências como a saída útil. Um detector a diodo convencional pode ser utilizado para demodular um sinal SSB se um sinal BFO for fornecido para substituir a portadora ausente.

O oscilador BFO em um receptor SSB pode ser fixado em uma dada frequência. De fato, normalmente, este é um oscilador controlado por cristal para se obter maior estabilidade. Um pequeno erro entre as frequências do BFO e da portadora do sinal transmitido pode ser corrigido ajustando-se o controle de sintonia principal. A principal diferença entre a sintonia de receptores AM e SSB é a necessidade da sintonia crítica nesses últimos tipos de dispositivo. Mesmo um pequeno erro de sintonia de 50 Hz provocará a distorção do sinal de áudio recebido.

A sintonia crítica do receptor SSB o torna indesejável para a maior parte das aplicações de rádio. O receptor é útil quando a eficiência máxima na comunicação é necessária. Como este dispositivo é muito eficiente em termos de potência e largura de banda, tornou-se popular em rádios da faixa dos cidadãos, radioamadores e alguns tipos de comunicação militar.

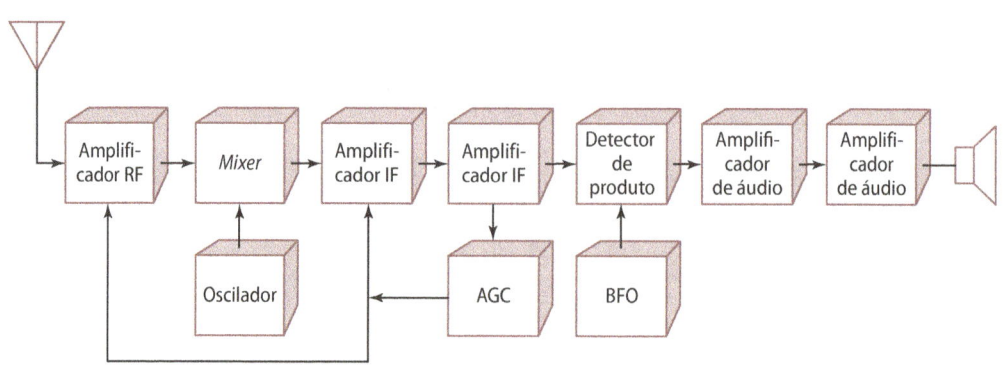

Figura 4-28 Diagrama de blocos de um receptor SSB.

Teste seus conhecimentos

>> Redes sem fio

Uma rede acesso local sem fio (do inglês, *wireless local-area network* – WLAN) utiliza tecnologia de radiofrequência para transmitir e receber dados no ar. O IEEE criou em a norma IEEE 802.11, que é predominante em redes sem fio. A rede WLAN transmite em porções não licenciadas do espectro, o que quer dizer que as frequências são compartilhadas com outros dispositivos como telefones portáteis. A norma IEEE 802.11 encontra-se disponível em diversas versões, como mostra a Tabela 4-1. Uma versão mais nova (802.11 n) oferece taxas de transferência de dados de até 100 milhões de bits por segundo (100 Mbps). O termo "Wi-Fi" também é utilizado para descrever sistemas e redes baseados no padrão 802.11.

Quando transmissões de rádio compartilham uma faixa de frequência, há a possibilidade de inter-

Tabela 4-1   *Especificações IEEE 802.11*

	802.11b	802.11g	802.11a
Compatibilidade	Compatível com IEEE 802.11b. Certificação Wi-Fi.*	Compatível com IEEE 802.11b e 802.11g. Certificação Wi-Fi.*	Compatível com IEEE 802.11a. Certificação Wi-Fi.*
Número de canais	3 canais não sobrepostos	3 canais não sobrepostos	8 canais não sobrepostos
Faixa típica interna	100 ft (30 m) a 11 Mbps; 300 ft (91 m) a 1 Mbps.	100 ft (30 m) a 54 Mbps; 300 ft (91 m) a 1 Mbps.	40 ft (12 m) a 54 Mbps; 300 ft (91 m) a 6 Mbps.
Faixa típica externa (linha de visão)	400 ft (120 m) a 11 Mbps; 1500 ft (460 m) a 1 Mbps.	400 ft (120 m) a 54 Mbps; 1500 ft (460 m) a 1 Mbps.	100 ft (30 m) a 54 Mbps; 1000 ft (305 m) a 6 Mbps.
Taxas de transferência de dados	11, 5,5, 2 e 1 Mbps	54, 48, 36, 24, 18, 12, 9 e 6 Mbps	54, 48, 36, 24, 18, 12, 8 e 6 Mbps
Meio de transferência sem fio	DSSS (do inglês, *direct-sequence spread spectrum* – sequência direta de espalhamento do espectro), 2,4 GHz	OFDM (do inglês, *orthogonal frequency division multiplexing* – multiplexação por divisão de frequências ortogonais), 2,4 GHz	OFDM (do inglês, *orthogonal frequency division multiplexing* – multiplexação por divisão de frequências ortogonais), 5 GHz

* O logotipo de certificação Wi-Fi indica que um produto atende às especificações de teste de interoperacionalidade, garantindo que produtos de fabricantes distintos possam operar de forma conjunta.

ferência. Uma forma de reduzi-la é utilizar uma abordagem de banda larga denominada ESPECTRO EXPANDIDO ou espalhado. Um segundo sinal denominado chave (que modula a portadora além do sinal de dados) aumenta a largura de banda do sinal transmitido (expandindo seu espectro). O sinal expandido é removido no receptor. Sinais de interferência são rejeitados porque não contêm a chave de expansão do espectro. Apenas o sinal desejado, que possui a chave correta, será observado no receptor quando ocorrer a contração do espectro. Isso significa que outros sinais que contiverem espectro expandido sem a chave correta serão rejeitados. Além disso, permite que diversos dispositivos de espalhamento de espectro estejam ativos simultaneamente na mesma banda. Neste ponto, será abordada apenas a sequência direta de espalhamento do espectro (do inglês, *direct-sequence spread spectrum* – DSSS – consulte a Tabela 4-1), embora haja outras formas de espalhamento como o salto de frequência ou salto de tempo.

Uma forma de aumentar a capacidade do meio de comunicação é utilizar a multiplexação por divisão de frequências (do inglês, *frequency division mul-tiplexing* – **FDM**). A técnica FDM utiliza múltiplas portadoras simultaneamente enviadas através do meio. Entretanto, há um problema inerente: sinais de redes sem fio podem percorrer diversos caminhos do transmissor ao receptor (refletindo-se em objetos metálicos, prédios, montanhas e mesmo automóveis em circulação). A técnica FDM ortogonal resolve o problema dos MÚLTIPLOS CAMINHOS dividindo as portadoras em pequenas subportadoras que são transmitidas simultaneamente, o que reduz a distorção multicaminho e também a interferência RF. As frequências específicas das subportadoras são "ortogonais", não interferindo entre si, permitindo um melhor desempenho. O termo ortogonal indica que a relação de fase é de 90°. Por exemplo, uma onda senoidal e uma onda cossenoidal na mesma frequência são sinais ortogonais.

A velocidade na qual a rede WLAN opera depende de muitos fatores, como o rendimento dos cabos utilizados no sistema à configuração, a configuração do edifício ou o tipo de WLAN empregado. Como uma regra geral, tem-se que o fluxo de dados diminui à medida que a distância entre o ponto de acesso da rede WLAN e o cliente (usuário) aumenta.

Por exemplo, um computador do tipo *notebook** com acesso a rede sem fio normalmente apresenta redução no desempenho (aumento do tempo necessário para realização de *downloads* e *uploads***) à medida que se afasta do ponto de acesso.

Os padrões 802.11 suportam múltiplas taxas de transferência de dados para acomodar a perda da intensidade do sinal mantendo taxas de erro reduzidas. O cliente WLAN realiza operações constantes para detectar e ajustar automaticamente a melhor velocidade possível. Na sequência, taxas de transferências de dados são listadas como uma série de números que corresponde ao fluxo em várias faixas, como mostra a Tabela 4-1. O valor da frequência de transmissão dos padrões 802.11b e 802.11g permite que o sinal penetre materiais sólidos e se obtenha maior alcance (da ordem de 300 pés, mas com velocidade reduzida). O padrão 802.11a apresenta maior redução no fluxo com o aumento da distância até o ponto de acesso, sendo o alcance máximo de 150 pés em ambientes fechados. A faixa e a velocidade de transmissão são afetadas pelo ambiente onde a rede WLAN é instalada.

A Tabela 4-1 é importante para a busca de defeitos em redes WLAN, informando que a distância pode comprometer a velocidade. Aspectos de incompatibilidade também são mencionados. Por exemplo, dispositivos 802.11a não são capazes de se comunicar com dispositivos 802.11b ou 802.11g. A comunicação entre 802.11b e 802.11g ocorrerá apenas se os dispositivos forem projetados para modo de operação dual. Outras informações sobre a busca de problemas em redes WLAN podem ser encontradas na última seção deste capítulo.

---

* N. de T.: Também conhecidos por *laptop*. A utilização de um ou outro termo deve-se apenas a uma evolução cronológica dos computadores portáteis.

** N. de T.: O termo *download*, descarregar ou baixar é utilizado para designar a obtenção de dados a partir de um dispositivo através de um canal de comunicação. O termo *upload*, carregar ou subir indica a transferência de dados de um dispositivo para outro, como a transferência de dados de um computador local para outro computador ou para um servidor.

Além das redes WLAN 802.11, há também o padrão 802.15, normalmente chamado de *"Bluetooth"*. A tecnologia *Bluetooth* é projetada para redes de área pessoal (do inglês, *personal area network* – PAN) e aplicações que não requerem grandes fluxos de dados (impressoras, teclados, *mouses*, computadores pessoais e telefones celulares). Imagine um dispositivo de comunicação preso ao seu cinto contendo um transmissor digital que se comunica com o mundo todo. Além disso, imagine que o mesmo dispositivo possui um transceptor *Bluetooth* que se comunica com seu fone de ouvido (substituindo seu telefone celular), seu dispositivo PDA (do inglês, *personal digital assistant* – assistente digital pessoal) e seu MP3 (formato compacto de arquivo de música) *player*, permitindo que todos estes dispositivos se comuniquem entre si e com o mundo exterior.

A tecnologia *Bluetooth* utiliza o mesmo espectro de 2,4 GHz que os padrões 80211b e 80211g. Geralmente, os dispositivos não interferem entre si, como foi anteriormente mencionado. As taxas de transferência em dispositivos *Bluetooth* normalmente são menores que no caso do padrão 802.11 (inferior a 1 Mbps). Entretanto, o padrão *Bluetooth* 2.0 apresenta taxas de até 3 Mbps. A principal razão pela qual a tecnologia *Bluetooth* é mais lenta reside na utilização de um protocolo onde cada pacote de dados deve ser recebido antes que outro possa ser enviado, o que reduz a velocidade de transmissão das redes, mas também permite que a transmissão de dados com maior precisão. A faixa de alcance da tecnologia *Bluetooth* é de 30 pés e os *chips* utilizados consomem menos energia, sendo este padrão adequado para dispositivos portáteis.

É possível combinar as tecnologias sem fio com produtos diversos. Por exemplo, o fabricante Texas Instruments desenvolve circuitos integrados com essa finalidade. O futuro da tecnologia sem fio é promissor, de modo que novos dispositivos e sistemas serão produzidos em grande escala. Por exemplo, as etiquetas de identificação por radiofrequência têm sido empregadas em locais como lojas, armazéns e hospitais. Enfim, a tecnologia é cada vez mais utilizada com o passar do tempo.

≫ Busca de problemas

A busca de problemas em receptores de rádio é muito semelhante ao procedimento utilizado nos amplificadores. A maioria dos circuitos utilizados em um receptor é de amplificadores. O material referente à busca de problemas em amplificadores apresentado no Capítulo 2 é útil na análise de receptores. Por exemplo, a Seção que aborda as verificações preliminares sobre verificações preliminares deve ser seguida da mesma forma.

Um receptor deve ser encarado como uma cadeia ou corrente de sinais. Se o receptor não estiver funcionando, o problema consiste em encontrar o elo de ruptura da corrente. A injeção de sinal deve começar na saída (alto-falante) da corrente. Entretanto, um receptor envolve o ganho em diversas frequências. Deve-se utilizar tanto um gerador de áudio quanto um gerador RF. A Figura 4-29 mostra o diagrama esquemático geral para injeção de sinais em um receptor super-heteródino.

Também é possível realizar um teste de clique na maioria dos receptores utilizando o mesmo procedimento discutido no Capítulo 2 para a busca de falhas em amplificadores, o qual é válido para estágios de áudio e IF. O ruído gerado pela súbita alteração na polarização do transistor pode chegar ao alto-falante. Também é possível verificar o *mixer* com o teste de clique. O oscilador pode responder ao teste de clique, mas os resultados podem não ser conclusivos. O oscilador pode não apresentar oscilações, ou mesmo oscilar em uma frequência incorreta.

Considerando que a cadeia do sinal está intacta do primeiro estágio IF ao alto-falante, então é possível deduzir que o problema está no *mixer* ou no oscilador. A verificação do oscilador não e muito difícil, de modo que é possível utilizar um osciloscópio ou um contador de frequência. Um voltímetro com ponteira RF é outra possibilidade, mas assim não há como indicar se a frequência está correta. Alguns técnicos preferem sintonizar o sinal do oscilador empregando um segundo receptor. Deve-se colocar o segundo muito próximo ao receptor em teste. Ajusta-se o botão do segundo receptor acima da frequência do receptor em teste. A diferença deve ser igual ao valor de IF do receptor testado. Isso se baseia no fato de que o oscilador deve operar uma frequência acima da frequência do dispositivo testado em um valor igual a IF. Agora, mexa o botão de ajuste para a esquerda e para a direita. Isso indica que o oscilador encontra-se em operação e ainda se a frequência é próxima do valor correto.

Se o receptor soar distorcido na presença de sinais fortes, o problema pode estar no circuito AGC. Isso pode ser verificado com um voltímetro. Monitore a tensão de controle à medida que o receptor é sintonizado ao longo da banda. Deve-se encontrar uma diferença quando não há estação (frequência limpa) e quando se sintoniza uma dada estação. As normas de manutenção do receptor normalmente indicam a faixa normal do AGC.

Se o receptor possui sensibilidade ruim, novamente isso é um indicativo de que o circuito AGC

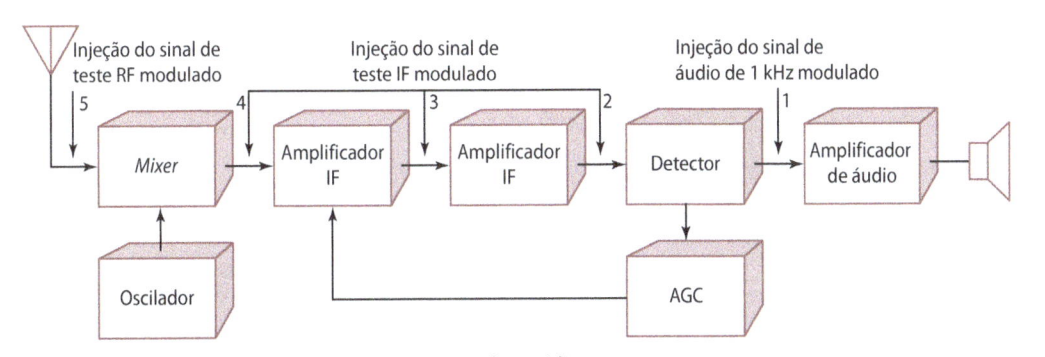

Figura 4-29 Injeção de sinal em um receptor super-heteródino.

pode estar defeituoso. Como o circuito AGC pode gerar vários sintomas, recomenda-se que esta seção seja verificada no início do processo de busca de falhas.

A sensibilidade inadequada pode ser um problema de difícil diagnóstico. Um estágio que não funciona pode ser mais facilmente encontrado do que um estágio que funciona parcialmente. A injeção de sinais pode ser eficiente neste caso. Normalmente, espera-se um sinal menor para um dado nível de volume do alto-falante à medida que o ponto de injeção se move em direção à antena. Alguns técnicos desabilitam o circuito AGC quando realizam esse teste. Isso pode ser obtido atribuindo-se uma tensão fixa à conexão de controle AGC com uma fonte de alimentação. Um resistor limitador de corrente da ordem de 10 kΩ deve ser conectado em série com a fonte para evitar que o receptor seja danificado.

A má sensibilidade pode ser ocasionada por um detector a diodo com fuga. Desconecta-se um terminal do diodo do circuito para verificar a resistência direta e reversa com um ohmímetro.

DSP56305 fabricado por Motorola
Processador Digital de Sinais de 24 bits.

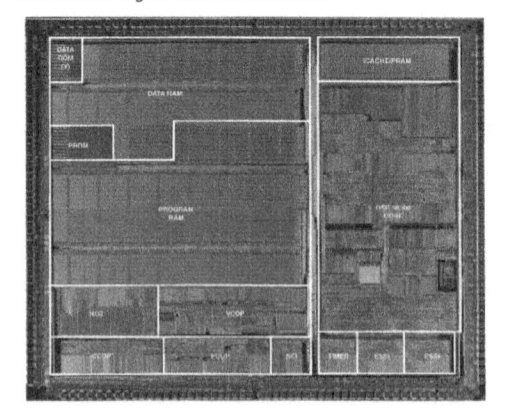

O DSP56305 é projetado para telecomunicações, sendo um dispositivo de 80 MHz com três coprocessadores: FCOP (coprocessador de filtro), VCOP (coprocessador de Viterbi) e CCOP (coprocessador de código cíclico). Dispositivos como este permitem o desenvolvimento em sistemas digitais sem fio integrados para telefones, interfones, *pagers* alfanuméricos e serviços de modem, dados e fax.

O ALINHAMENTO inadequado é outra possibilidade da causa do ganho reduzido ou da má sensibilidade. Todos os estágios IF devem ser ajustados na frequência adequada. Além disso, o oscilador e o circuito *mixer* sintonizado devem possuir bom desempenho ao longo da banda. Se o receptor possui um estágio RF sintonizado, então três circuitos sintonizados devem estar alinhados na banda.

O bom alinhamento geralmente prolonga a vida útil do receptor. Entretanto, o circuito sintonizado pode ter sido modificado ou um dado componente pode ter sido substituído de forma a deteriorar o alinhamento. Não tente realizar o alinhamento a menos que a instruções de manutenção e os equipamentos adequados estejam disponíveis.

Receptores intermitentes e com ruído devem ser abordados com as mesmas técnicas descritas no Capítulo 2 para a busca de problemas em amplificadores. Além disso, deve-se atentar ao fato de que o ruído pode ter origem externa ao receptor. Alguns lugares apresentam níveis intensos de ruído, de modo que um desempenho inadequado é típico. Compare o desempenho com o de um receptor conhecido para detectar a fonte do ruído.

Deve-se ressaltar ainda que o desempenho do receptor pode variar consideravelmente de um modelo para outro. Muitos problemas relacionados ao mau desempenho dos equipamentos não podem ser resolvidos por meio de reparos simples. Alguns receptores simplesmente não funcionam tão bem quanto outros.

Um receptor super-heteródino pode possuir um ganho total maior que 100 dB. A realimentação indesejada ou o acoplamento entre circuitos pode provocar oscilações. Se o receptor apresenta ruído apenas quando uma estação é sintonizada, o problema provavelmente estará no amplificador IF. Se o receptor apresenta ruídos constantemente, um capacitor de desvio ou um capacitor de filtro AGC pode estar em aberto. Se o receptor for portátil, deve-se tentar trocar as baterias. Além disso, deve-se verificar se as conexões com o terra estão em ordem e se toda blindagem está em perfeito estado. Em alguns casos, o alinhamento inadequado também pode provocar oscilações.

A INTERFERÊNCIA de transmissores próximos tem se tornado um problema cada vez mais complexo. Quando uma antena transmissora está localizada próxima de um equipamento receptor, eventuais problemas podem surgir, sendo que alguns casos são difíceis de resolver. A Figura 4-30 mostra algumas técnicas que podem ser eficientes. A resolução de problemas de interferência normalmente consiste em um processo de várias tentativas até que se consiga algum resultado. Tente utilizar as técnicas mais simples primeiramente.

A interferência no receptor pode normalmente ter origem em equipamentos que não são transmissores. Computadores e periféricos, dispositivos de controle de luminosidade, lâmpadas com controle de toque e mesmo a rede elétrica são fontes conhecidas de interferência de rádio e televisão. A melhor forma de verificar se um dado dispositivo provoca interferência é desligá-lo. Lâmpadas com controle de toque devem ser desligadas da tomada para determinar se esta é a causa da interferência.

A busca de problemas em redes WLAN é um processo de eliminação. É importante ter em mente que tanto problemas de *hardware* como de *software* podem ocorrer. Algumas questões comuns de *software* e de configuração são:

- Os adaptadores estão desabilitados;
- os adaptadores não estão autenticados;
- os adaptadores não estão configurados adequadamente.

Por exemplo, às vezes é possível desligar um adaptador simplesmente clicando com o botão direito do *mouse* em cima do ícone e selecionando a opção "desativar". Questões desse tipo devem ser detectadas no início do processo de busca de falhas. Alguns sistemas de rede sem fio são configurados automaticamente pelo sistema operacional. Entretanto, pode ser necessário o ajuste de configurações adicionais, como o tipo de criptografia dos dados ou a chave WEP (do inglês, *Wire Equivalent Privacy* – Privacidade Equivalente à Rede).

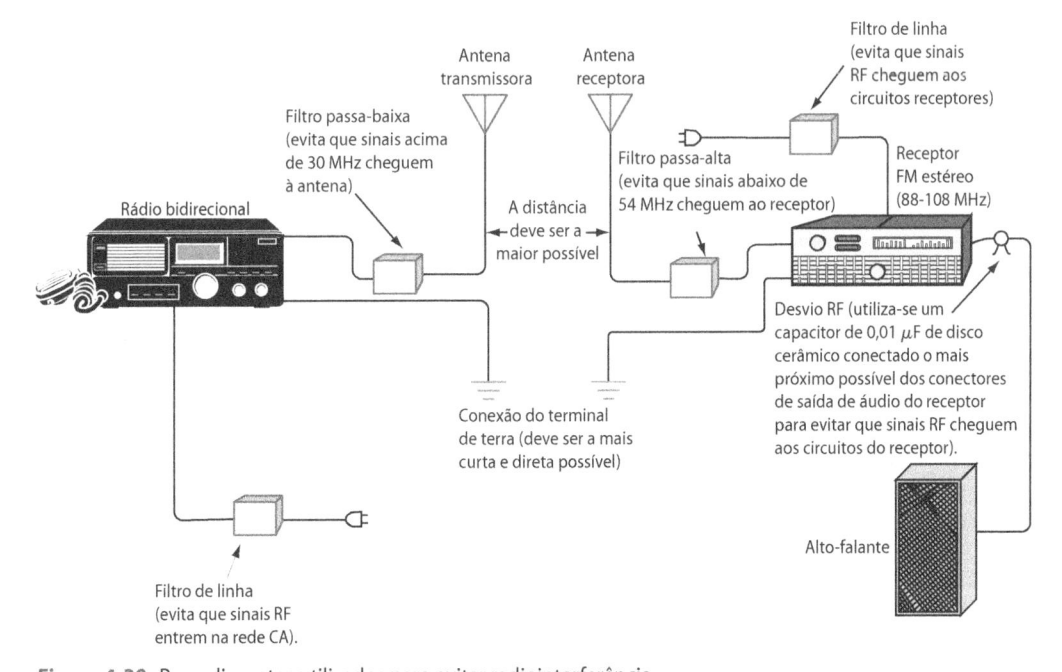

Figura 4-30 Procedimentos utilizados para evitar radiointerferência.

Algumas questões comuns de *hardware* são:

- Os adaptadores estão fisicamente ausentes ou desligados;
- interferência;
- distância e obstrução do sinal;
- distorção multicaminho do sinal.

No caso de uma rede no sistema operacional Windows, deve-se clicar com o botão direito do *mouse* no ícone da rede sem fio e então selecionar a opção "**Visualizar as redes sem fio disponíveis**". Então, em "**Tarefas de Rede**", clica-se em "**Atualizar a lista de redes**". Algumas redes suprimem o sinal de detecção porque alguns administradores não desejam que tais redes sejam encontradas. Nesses casos, a rede não aparecerá na opção "**Escolha uma rede sem fio**". Entretanto, a conexão em tais redes é possível ao se fornecer todas as configurações de informação corretas, que devem ser obtidas com o administrador da rede.

Verifique o aviso de redes sem fio no ícone localizado na área de notificação. Pode-se clicar no ícone para obter informações sobre o erro, bem como para eventuais soluções. Se você utilizou a opção "**Visualizar as redes sem fio disponíveis**" para listar as conexões possíveis, verifique a existência de um aviso onde a rede sem fio é mostrada abaixo de "**Escolha uma rede sem fio**". Você pode clicar no texto do aviso para obter maiores informações e possíveis soluções para o erro. Se a conexão com uma dada rede costumava funcionar, mas passou a falhar, clique com o botão direito do mouse no ícone da rede sem fio e depois selecione a opção "**Reparar**". Isso desabilitará e depois habilitará novamente o adaptador de rede sem fio.

O desempenho comprometido (fluxo de dados reduzido) e a operação imprevisível normalmente são ocasionados por sinais fracos ou distorção multicaminho. Eis algumas soluções possíveis:

1. Coloque os roteadores sem fio em uma posição central ou, se isso não for possível, considere a possibilidade de utilizar uma antena de ganho que transmite melhor o sinal em uma direção.
2. Não deixe o roteador em contato com o chão, movendo-o para um local longe de paredes e objetos metálicos (como armários e arquivos).
3. Utilize um sistema de diversidade de antenas (que possua duas antenas em cada dispositivo).
4. Acrescente uma antena externa ou troque o adaptador sem fio por um que utiliza uma antena externa.
5. Acrescente um repetidor sem fio.
6. Mude os canais (isso pode ser realizado com o aplicativo de configuração do roteador).
7. Substitua telefones sem fio por outros que utilizam frequência de 900 MHz ou 5,8 GHz.
8. Atualize o *firmware* caso haja uma nova versão disponível.
9. Utilize dispositivos de um único fabricante.
10. Atualize dispositivos 802.11b para 802.11g para reduzir a suscetibilidade a multicaminho.

Como foi mencionado na seção anterior, a propagação multicaminho ocorre quando um sinal RF assume caminhos diferentes na propagação de uma fonte para um destino. Quando o sinal encontra-se em rota, paredes, cadeiras, mesas, armários de metal e outros itens se interpõem no caminho e provocam a reflexão do sinal em várias direções. Parte do sinal pode chegar diretamente ao destino, enquanto outra parte pode incidir em um armário metálico e só depois chegar ao destino. Dessa forma, as parcelas do sinal encontrarão atraso à medida que assumem caminhos mais longos até o receptor. O atraso multicaminho provoca a sobreposição dos símbolos de informação representados em um sinal 802.11, confundindo o receptor. Isso é normalmente chamado de interferência intersimbólica (do inglês, *intersymbol interference* – ISI). Se os atrasos forem suficientemente grandes, erros de *bit* ocorrerão.

Quando o multicaminho causa erros nos dados, a estação receptora irá detectá-los por meio do processo verificação de erros do padrão 802.11. A soma de controle CRC (do inglês, *cyclic redundancy check* – CRC – verificação de redundância cíclica) não possuirá o valor correto. Em resposta aos erros de *bit*, a estação receptora não enviará um sinal de reconhecimento de volta para a fonte. A fonte eventualmente retransmitirá o sinal após ganhar novo acesso ao meio.

Em virtude das retransmissões, os usuários encontrarão uma redução do fluxo de dados quando o multicaminho for significativo. Essa redução depende do ambiente, pois os sinais em residências e escritórios podem possuir atraso multicaminho de 50 ns, enquanto em uma planta industrial este atraso pode chegar a 300 ns. Com base nesses valores, o multicaminho não representa um problema significativo em residências e escritórios. Entretanto, as máquinas constituídas de metal e as estantes em uma planta industrial podem constituir superfícies reflexivas para os sinais RF, que adotarão caminhos diversos. Como resultado, o multicaminho pode representar problemas em armazéns, indústrias e outras áreas onde há vários obstáculos metálicos.

Um método com custo reduzido para a busca de problemas em redes WLAN consiste em realizar a análise RF do local utilizando um *laptop* equipado com uma placa padrão 802 11 e aplicativo computacional dedicado. Esse programa possui características variadas entre fabricantes distintos, mas uma característica comum entre os mesmos é a exibição da intensidade e qualidade do sinal proveniente do ponto de acesso. Isso ajuda a determinar a faixa de operação efetiva (isto é, a área de cobertura) entre usuários e pontos de acesso.

Uma ferramenta de análise mais avançada e que possui maior custo é um analisador de espectro, o qual exibe graficamente a amplitude de todos os sinais que se encontram dentro do canal de 22 MHz. É possível distinguir sinais 802.11 de outras fontes RF capazes de causar interferência, como dispositivos *Bluetooth*, telefones portáteis e fornos de micro-ondas. Uma vez localizadas, é possível eliminar fontes de interferência ou mesmo utilizar pontos de acesso adicionais para intensificar os níveis dos sinais das redes WLAN para resolver o problema. O padrão 802.11 permite a utilização de três a oito canais não sobrepostos (consulte a Tabela 4-1). A análise do espectro exibe esses canais, permitindo uma melhor tomada de decisões no que tange à localização e atribuição de canais para pontos de acesso.

A Figura 4-31 mostra o analisador de rede Fluke OptiView com um adaptador WLAN, capaz de medir e detectar:

- Intensidade do sinal;
- relação entre sinal e ruído;
- fontes de interferência;
- pontos de acesso "piratas" (não autorizados);
- dispositivos não seguros;
- monopólio da largura da banda;
- erros de configuração.

A quantidade de tempo dedicada à busca de falhas em redes WLAN pode justificar a utilização de um equipamento de testes dedicado. Em qualquer caso, e independentemente dos métodos empregados, o conhecimento e a experiência do técnico são fundamentais. Atualmente, os técnicos devem obrigatoriamente possuir uma visão global do sistema, bem como conhecer a interação entre *hardware* e *software*.

Figura 4-31 Analisador de rede Fluke OptiView.

Teste seus conhecimentos

RESUMO E REVISÃO DO CAPÍTULO

Resumo

1. Um sinal gerado por um oscilador de alta frequência torna-se uma onda de rádio na antena de transmissão.
2. A modulação é o processo de inserção da informação em um sinal de rádio.
3. O fato de ligar e desligar o sinal com uma chave é denominado modulação CW.
4. Quando AM é utilizado, o sinal possui três componentes de frequência: a portadora, uma banda inferior e uma banda superior.
5. A largura de banda total de um sinal AM é o dobro da maior frequência de modulação.
6. A demodulação normalmente é chamada de detecção.
7. Um diodo consiste em um bom detector AM.
8. Outros dispositivos não lineares como os transistores podem ser empregados como detectores AM.
9. Um receptor AM simples pode ser implementado a partir de uma antena, um detector, fones de ouvido e uma conexão com o terra.
10. Sensibilidade é a capacidade de receber sinais fracos.
11. Seletividade é a capacidade de receber uma dada faixa de frequências e rejeitar outras.
12. O ganho fornece sensibilidade.
13. Circuitos sintonizados fornecem a seletividade.
14. A largura de banda ótima para um receptor AM convencional é de aproximadamente 15 kHz.
15. Um receptor super-heteródino converte a frequência recebida em um frequência intermediária.
16. A sintonia de um rádio em estações diferentes não altera a banda passante dos amplificadores IF.
17. A saída do *mixer* contém várias frequências.
18. A frequência intermediária padrão para a faixa de transmissão AM é 455 kHz.
19. O oscilador do receptor normalmente operará acima da frequência recebida em um fator igual à frequência intermediária.
20. Duas frequências sempre serão mixadas com a frequência do oscilador e produzirão a IF: a frequência desejada e a frequência de imagem.
21. A interferência em canais adjacentes é rejeitada pela seletividade dos estágios IF. A interferência de imagem é rejeitada por um ou mais circuitos sintonizados antes do *mixer*.
22. O circuito AGC compensa as diversas intensidades do sinal.
23. Em um transmissor FM, a informação de áudio modula a frequência do oscilador.
24. A modulação em frequência produz diversas bandas laterais acima e abaixo da portadora.
25. A detecção na modulação em frequência pode ser determinada por um circuito discriminador.
26. Discriminadores são sensíveis à amplitude, assim, deve-se utilizar a limitação antes do detector.
27. Um detector de razão possui a vantagem de não precisar de um circuito limitador para a rejeição do ruído.
28. A largura de banda simples (SSB) é uma subclasse de AM.
29. A busca de problemas em receptores ocorre de forma semelhante aos amplificadores.
30. A cadeia do sinal pode ser verificada estágio por estágio por meio da injeção de sinais.
31. Um detector com fuga pode provocar má sensibilidade.
32. O bom alinhamento é necessário para o desempenho adequado do receptor.

Questões de revisão do capítulo

Questões de pensamento crítico

4-1 Você é capaz de citar algumas aplicações de radiofrequências além da comunicação?

4-2 Um receptor de ondas curtas diz que algumas estações podem ser sintonizadas em duas frequências distintas. Essas estações transmitem efetivamente em duas frequências diferentes ou há outra explicação possível? Como você pode descobrir?

4-3 As normas da agência de aviação norte-americana FAA (*Federal Aviation Agency*) proíbem a utilização de receptores de rádio pelos passageiros em voos comerciais. Por quê?

4-4 Como um computador pessoal pode interferir na recepção de rádio e televisão?

4-5 Você consegue citar diferenças significativas entre os telefones celulares e rádios CB (do inglês, *citizens' band* – faixa dos cidadãos) existentes no interior de veículos?

4-6 A faixa de transmissão AM varia de 540 a 1600 kHz. Um único canal de televisão possui frequência de 6 MHz. Por que um único canal de televisão possui largura de banda maior que toda a faixa de transmissão AM?

Respostas dos testes

>> **capítulo 5**

Circuitos integrados

Um circuito integrado (CI) pode ser equivalente a dezenas, centenas ou milhares de componentes eletrônicos separadamente. CIs digitais como microprocessadores podem possui até milhões de componentes. Atualmente, CIs digitais e com sinais mistos têm se tornado cada vez mais comuns para aplicações em sistemas analógicos.

Objetivos deste capítulo

>> Comparar as tecnologias de circuitos integrados (CIs) e de componentes discretos.
>> Explicar o processo fotolitográfico utilizado na fabricação de CIs.
>> Realizar cálculos em circuitos utilizando o temporizador 555.
>> Identificar CIs analógicos, digitais e de sinais mistos.
>> Buscar problemas em circuitos com CIs.

❯❯ Introdução

O circuito integrado foi inventado em 1958 e foi chamado de o maior desenvolvimento tecnológico do século XX. Os circuitos integrados permitiram a expansão da eletrônica em uma taxa extraordinariamente rápida, sendo que os maiores avanços ocorreram na área da eletrônica digital. Posteriormente, os CIs analógicos receberam maior destaque, e o termo "sinais mistos" passou a ser utilizado para designar a combinação de funções digitais e analógicas.

A eletrônica tem avançado de forma surpreendente, e isso é acompanhado do aumento da performance enquanto os custos normalmente são mantidos constantes ou até reduzidos. Os circuitos tornaram-se menores e mais confiáveis, além de apresentarem eficiência energética. Basta observar os diversos dispositivos portáteis que existem atualmente para constatar este fato. A tecnologia dos circuitos integrados é a principal força motriz que impulsiona o crescimento da indústria eletrônica. Considere a possibilidade de que muitos sistemas e dispositivos que hoje são comuns não eram práticos ou mesmo viáveis há uma década atrás.

Circuitos discretos empregam componentes individuais como resistores, capacitores, diodos, transistores e outros dispositivos na implementação de arranjos diversos. Esses dispositivos individuais devem ser interconectados entre si, o que normalmente ocorre em uma placa de circuito impresso. Porém, este método implica o aumento do custo do circuito. A placa, a conexão, a soldagem e o teste do arranjo como um todo também constituem parte do custo.

Circuitos integrados não eliminam a necessidade de placas de circuito impresso, montagem, soldagem e teste. Entretanto, permitem que o número de componentes discretos seja drasticamente reduzido. Isso quer dizer que as placas podem ser menores, com consequente redução do consumo de energia e do custo. Também é possível reduzir o tamanho dos equipamentos com o uso de circuitos integrados, de modo que o custo das carcaças e invólucros torna-se menor.

Os circuitos integrados podem levar a utilização de arranjos que requerem um número menor de passos de alinhamento na fábrica, o que é especialmente verdade em se tratando de circuitos digitais. O alinhamento é um processo caro, de modo que a redução do número de passos implica menor custo. Além disso, os componentes variáveis são mais caros que componentes fixos e, caso sua utilização possa ser evitada, tem-se também a redução de custos. Além disso, os componentes variáveis não são tão confiáveis quanto suas contrapartes fixas.

Os circuitos integrados também podem implicar a melhoria do desempenho. Determinados CIs funcionam de forma mais adequada que os circuitos discretos equivalentes. Um exemplo adequado é o regulador de tensão integrado moderno. Um componente típico pode fornecer regulação de até 0,003%, excelente supressão de ruído e ondulação, limitação de corrente automática e proteção de temperatura. Um regulador de tensão discreto equivalente pode conter dezenas de componentes, com um custo cerca de seis vezes maior e sem apresentar o mesmo desempenho.

A **confiabilidade** está diretamente relacionada ao número de componentes contidos em um equipamento. À medida que este número aumenta, a confiabilidade é reduzida. Os circuitos integrados possibilitam a redução do número de componentes discretos em um dado equipamento. Assim, os dispositivos eletrônicos podem se tornar mais confiáveis por meio da utilização de um maior número de CIs e menor número de componentes discretos.

Os circuitos integrados encontram-se disponíveis na forma de um grande número de estilos de encapsulamento. A Figura 5-1 mostra alguns exemplos. O **encapsulamento em linha dupla** (do inglês, *dual in-line package* – **DIP**) tornou-se muito popular por permitir o encaixe do CI em um soquete e a inserção do soquete diretamente nos orifícios da placa de circuito impresso. Atualmente, a maioria das placas emprega a tecnologia de montagem sobre superfície e os soquetes são praticamente coisas do passado. Alguns circuitos integrados como reguladores de tensão utilizam encapsula-

Redução do tamanho

TIPO DE CI PARA MONTAGEM SOBRE SUPERFÍCIE

Aumento do número de pinos

DIP → SOP → SOJ → SSOP → TSOP

ZIP

QFJ

ENCAPSULAMENTO DIP ESTREITO

QFP → TQFP/LQFP

TCP

ENCAPSULAMENTO DIP MINIATURIZADO

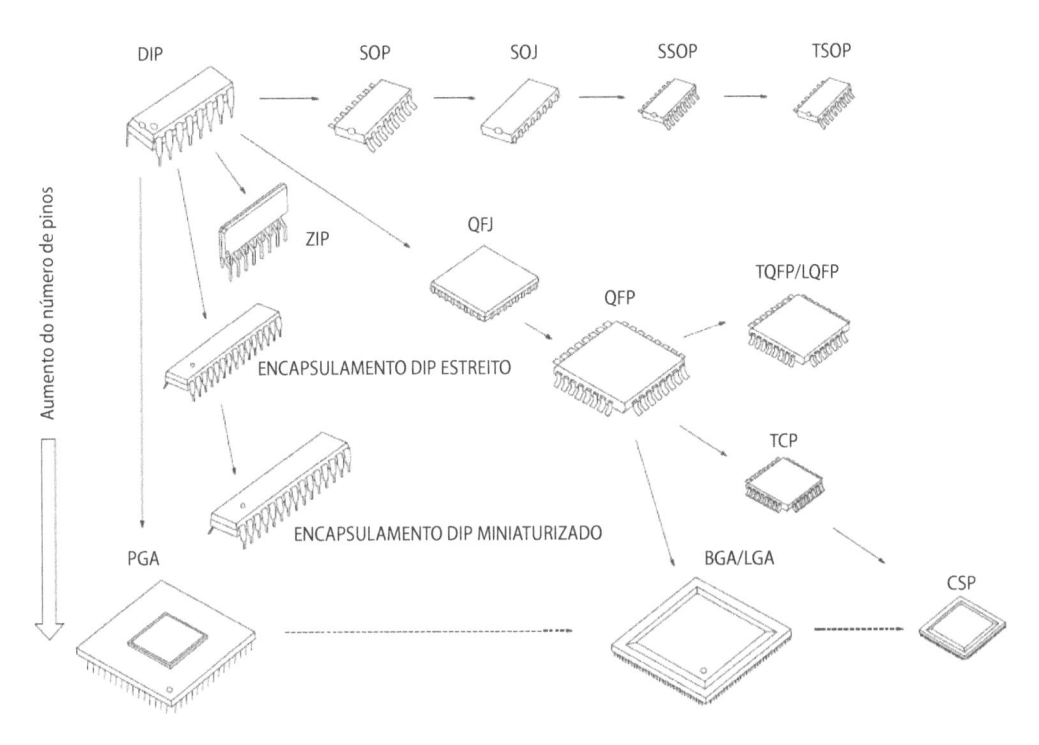

PGA

BGA/LGA → CSP

DIP (*dual in-line package* – encapsulamento em linha dupla)
SOJ (*small outline J leads* –
encapsulamento com tamanho reduzido e terminais em J)
TSOP (*thin small outline package* –
encapsulamento fino com tamanho reduzido)
QFJ (*quad flat J leads* –
encapsulamento quadrado com terminais em J)
TQFP (*thin quad flat package* – encapsulamento quadrado fino)
TCP (*tape carrier package* – encapsulamento do tipo tape *carrier*)
BGA (*ball grid array* – encapsulamento com bolas)
CSP (*chip-size package* – encapsulamento do tamanho de um *chip*)

SOP (*small outline package* –
encapsulamento com tamanho reduzido)
SSOP (*shrink small outline package* –
encapsulamento miniaturizado com tamanho reduzido)
ZIP (*zigzag in-line package* –
encapsulamento com linha em zigue-zague)
QFP (*quad flat package* – encapsulamento quadrado)
LQFP (*low-profile quad flat package* –
encapsulamento quadrado com perfil reduzido)
PGA (*pin grid array* – arranjo em grade com pinos)
LGA (*land grid array* – arranjo em grade do terra)

Figura 5-1 Tipos de encapsulamentos de CIs.

mentos com três terminais como o TO-220 (Figura 5–17), que também é empregado em alguns transistores de potência. Assim, nem sempre é possível identificar um tipo de componente à primeira vista. A literatura técnica e as especificações numéricas dos componentes são obrigatórias nesse caso.

Os diagramas esquemáticos raramente exibem as características internas dos circuitos integrados. Um técnico normalmente não precisa conhecer os detalhes dos circuitos internos ao CI. É mais importante conhecer as funções do CI e como este pode ser utilizado em um dado arranjo. A Figura 5-2 mostra o diagrama esquemático interno de um

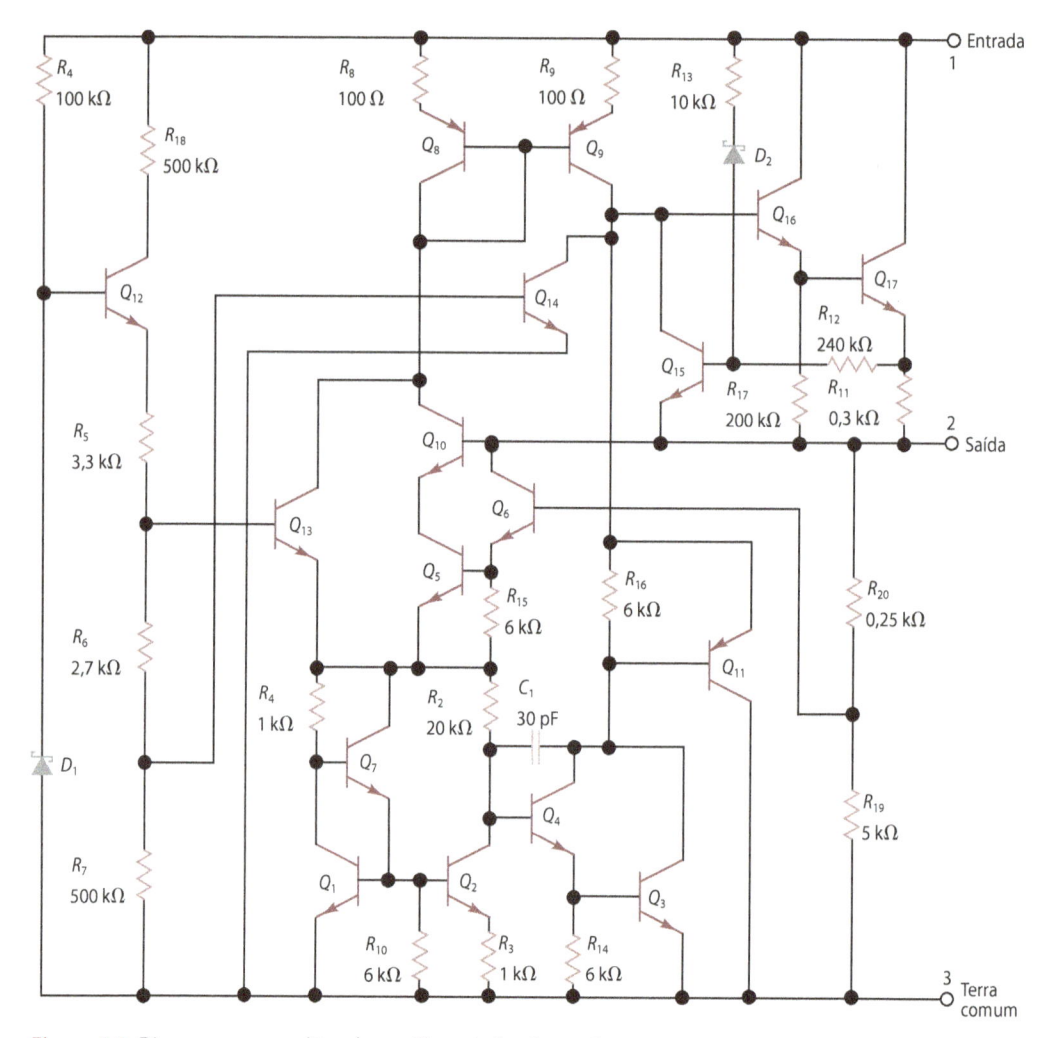

Figura 5-2 Diagrama esquemático de um CI regulador de tensão.

CI regulador de tensão 7812. A maioria dos diagramas exibirá este CI na forma mostrada na Figura 5-3, onde se verifica a simplicidade da representação. A função do regulador de tensão é simples e direta. A Figura 5-3 juntamente com algumas especificações de tensão consiste em toda a informação que o técnico deve verificar para conhecer a operação adequada do CI.

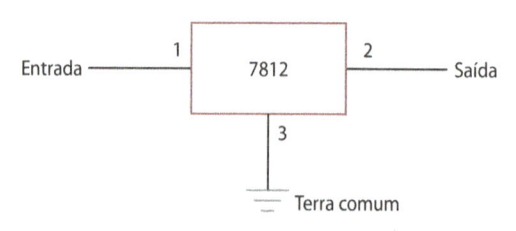

Figura 5-3 Representação normal de um CI.

Teste seus conhecimentos

Acesse o site www.grupoa.com.br/tekne para fazer os testes sempre que passar por este ícone.

» Fabricação

A inserção de um milhão de transistores em um pedaço de silício do tamanho de uma unha é um trabalho delicado. A precisão real é da ordem de um micrômetro, mas pode chegar a um décimo de micrômetro. Um micrômetro corresponde a um centésimo da espessura de um fio de cabelo humano.

O processo é aplicado a *wafers* (bolachas) finos de silício. Há oito passos básicos que o descrevem, sendo que algumas etapas são repetidas várias vezes e o processo passa a ser constituído de 100 passos ou mais. O processo completo dura entre 10 e 30 dias. Os oito passos básicos são:

- deposição (formação de uma camada isolante de SiO_2 no *wafer* de silício);
- fotolitografia (exposição da camada sensível à luz através do padrão de uma fotomáscara);
- corrosão (remoção das áreas padronizadas utilizando gás de plasma ou componentes químicos);
- dopagem (inserção de impurezas doadoras e receptoras no *wafer* por difusão ou implantação de íons);
- metalização (formação de interconexões e pontos de conexão através da deposição de metal);
- passivação (aplicação de uma camada protetora);
- teste (pontas verificam cada circuito em termos da função elétrica adequada);
- encapsulamento (os *wafers* são separados em *chips*, que por sua vez são montados, soldados e conectados, de forma que então o encapsulamento é selado).

A areia é o material básico utilizado na fabricação de *wafers*. A areia é derretida, purificada e novamente derretida em um forno de radiofrequência (RF). A Figura 5-4 mostra o silício fundido em um cadinho de quartzo. Uma semente de cristal é imersa no forno até tocar o silício derretido. Após certo tempo, o silício fundido se resfria ao redor da semente de cristal, que então é rotacionada e lentamente retirada do forno. Um único cristal de silício de grandes dimensões é formado à medida que o silício se afasta da solução derretida e se resfria.

Os cristais retirados também são chamados de lingotes, os quais assumem forma cilíndrica e saem cortados em pequenos *wafers* com uma serra de diamante. Os *wafers* são circulares e são polidos até se chegar ao acabamento de espelho. Os *wafers* polidos são enviados para a área de fabricação de *wafers*, ou SALA LIMPA, onde a temperatura, a umidade e a poeira são severamente controladas.

Após uma limpeza rigorosa, os *wafers* são expostos a oxigênio ultrapuro para formar uma camada de dióxido de silício (SiO_2). Na sequência, os *wafers* são revestidos são revestidos com material FOTOSSENSÍVEL, que é um tipo de material que endurece quando exposto à luz. A exposição ocorre através de uma FOTOMÁSCARA, sendo que cada máscara possui um padrão que será transferido ao *wafer*. As áreas do material que não são enrijecidas em virtude das áreas opacas da fotomáscara são removidas durante a etapa de revelação. O *wafer* é então corroído de modo a remover o dióxido de silício e expor as áreas marcadas do substrato. As áreas

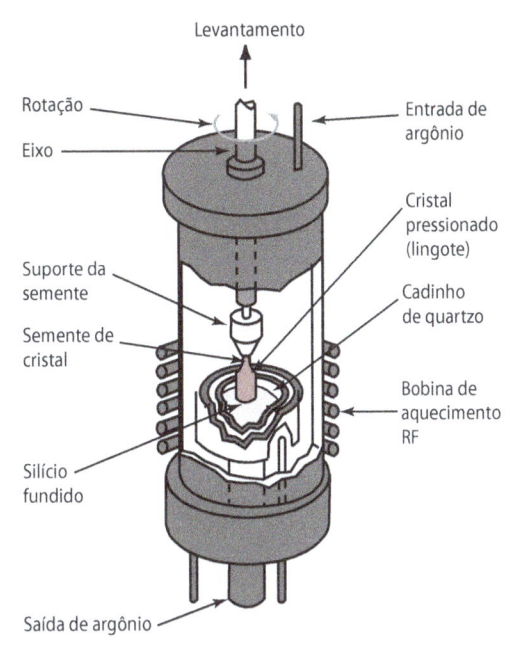

Figura 5-4 Formação do lingote.

expostas atuam como janelas que permitem a penetração dos átomos das impurezas. O restante do material fotossensível é removido com produtos químicos ou gás de plasma. A Figura 5-5 mostra os principais passos do processo fotolitográfico. O *wafer* é novamente oxidado e a sequência fotolitográfica é repetida de oito a 20 vezes, dependendo da complexidade do CI que está sendo fabricado. Assim, a fotolitografia é o PROCESSO NÚCLEO da fabricação de CIs.

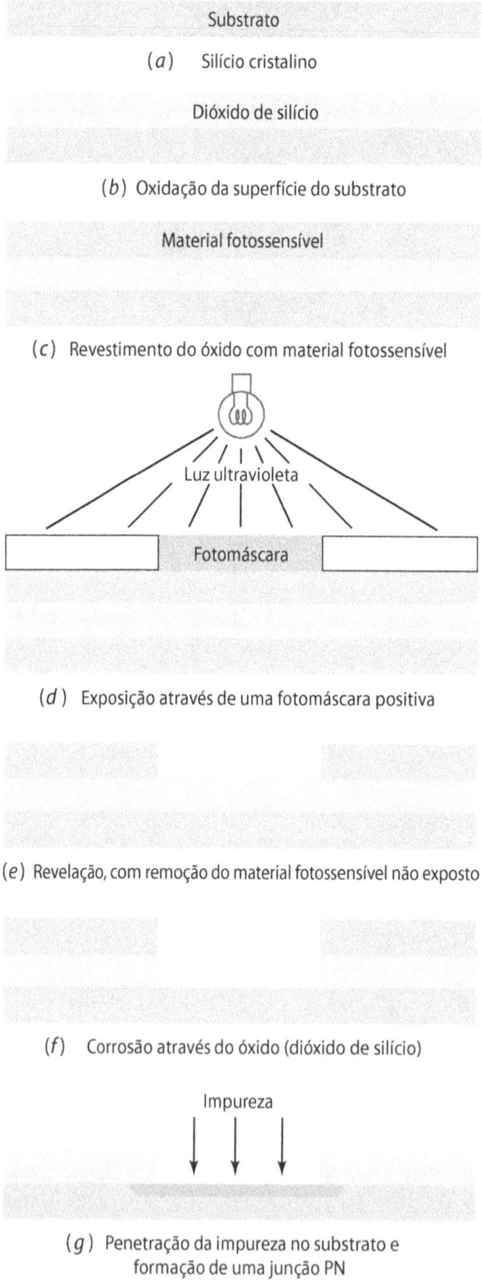

Quando o circuito básico está finalmente completo, a superfície é PASSIVADA com um revestimento de nitreto de silício. Este revestimento atua como um isolante e também protege a superfície contra danos e contaminação.

O tamanho do *wafer* em 1971 possuía diâmetro aproximado de duas polegadas. Atualmente, o diâmetro dos *wafers* processados pode chegar a 12 polegadas. Isso significa que os CIs são fabricados em quantidades cada vez maiores, o que leva à redução dos custos. Um *wafer* grande resulta em centenas ou milhares de *chips* individuais (Figura 5-6), sendo que alguns podem estar defeituosos. A Figura 5-7 mostra que pontas afiadas na forma de agulha são utilizadas para testar eletricamente cada *chip*. Os chips defeituosos são marcados com um ponto de tinta para descarte posterior. O *wafer* é cortado com uma serra de diamante e os circuitos em perfeito estado, que agora são chamados de *chips*, são montados em superfícies metálicas, como mostra a Figura 5-8. Os chips e os cabeçalhos de separação são conectados por meio de um fio muito fino. A interconexão *ball-bonding*, ou tipicamente a interconexão ultrassônica, é utilizada. O encapsulamento é então selado. Encapsulamentos plásticos são mais comuns, sendo que encapsulamentos cerâmicos e metálicos são utilizados em aplicações militares ou de natureza crítica.

A visão geral da fabricação do CI foi apresentada até o momento e explicações mais detalhadas sobre a fabricação de circuitos com a função de transistores, diodos, resistores e capacitores serão dadas a seguir. A Figura 5-9 mostra uma forma de se fabricar uma transistor de junção NPN. Um substrato tipo P é mostrado. Uma camada N+ é difundida no substrato para formar o coletor do transistor. O termo N+ indica que há um número médio maior de átomos de impureza no cristal.

(a) Silício cristalino — Substrato

(b) Oxidação da superfície do substrato — Dióxido de silício

(c) Revestimento do óxido com material fotossensível — Material fotossensível

(d) Exposição através de uma fotomáscara positiva — Luz ultravioleta / Fotomáscara

(e) Revelação, com remoção do material fotossensível não exposto

(f) Corrosão através do óxido (dióxido de silício)

(g) Penetração da impureza no substrato e formação de uma junção PN — Impureza

Figura 5-5 Processo fotolitográfico.

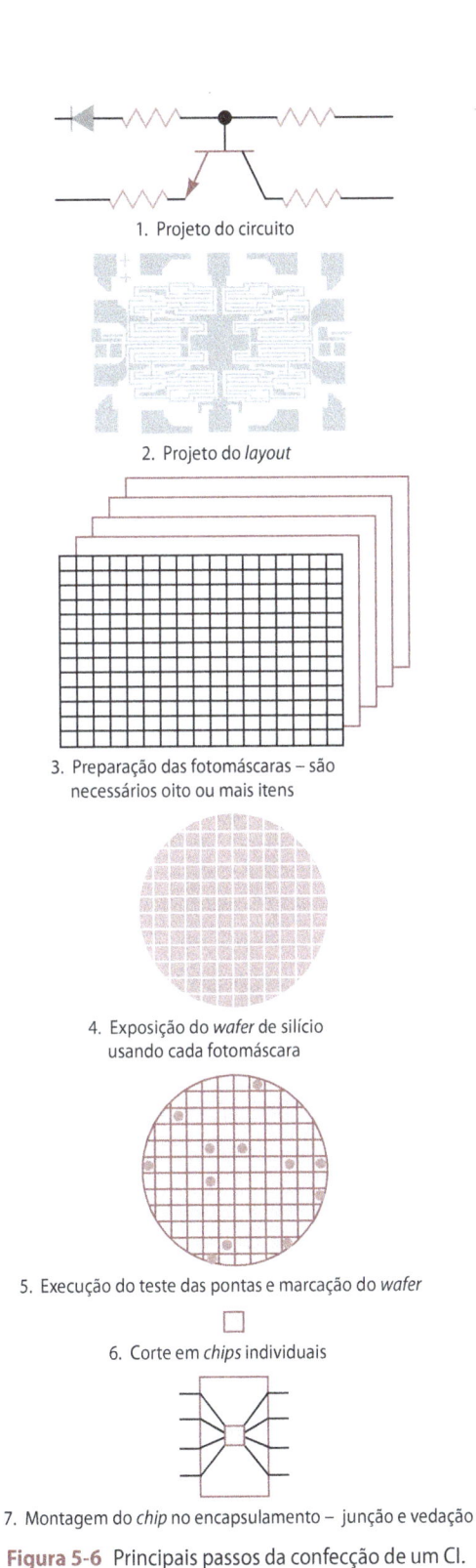

1. Projeto do circuito

2. Projeto do *layout*

3. Preparação das fotomáscaras – são necessários oito ou mais itens

4. Exposição do *wafer* de silício usando cada fotomáscara

5. Execução do teste das pontas e marcação do *wafer*

6. Corte em *chips* individuais

7. Montagem do *chip* no encapsulamento – junção e vedação

Figura 5-6 Principais passos da confecção de um CI.

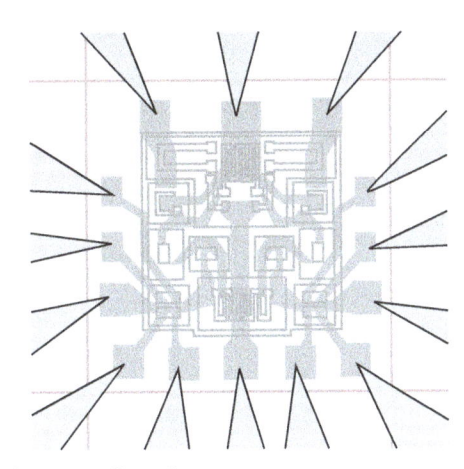

Figura 5-7 Teste das pontas.

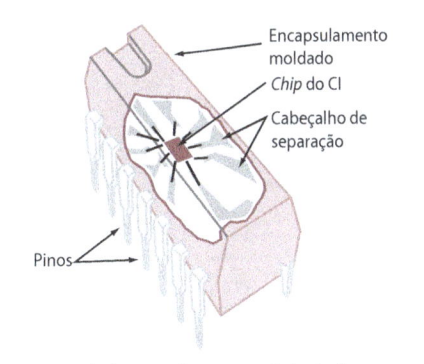

(*a*) Encapsulamento em linha dupla

(*b*) Formação da esfera

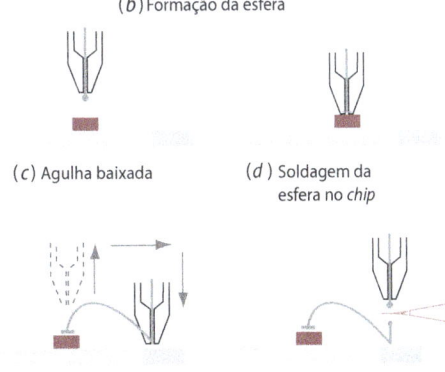

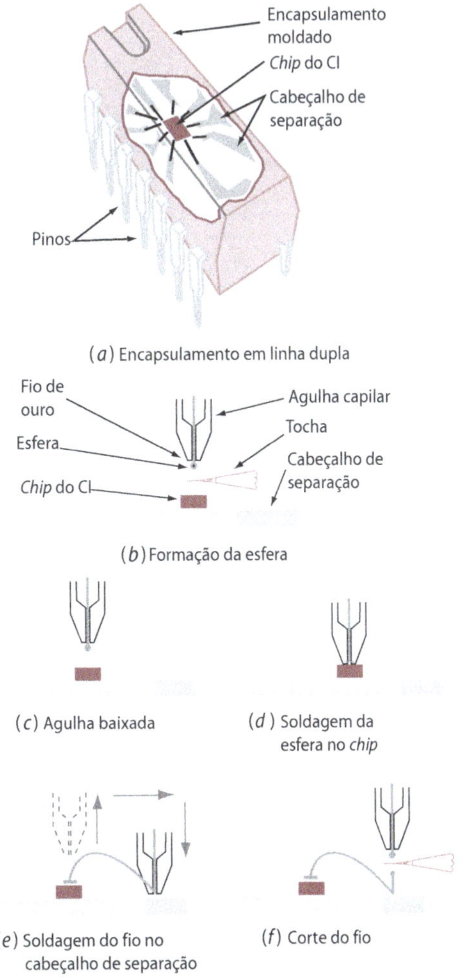

(*c*) Agulha baixada

(*d*) Soldagem da esfera no *chip*

(*e*) Soldagem do fio no cabeçalho de separação

(*f*) Corte do fio

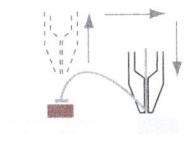

Figura 5-8 Processo *ball-bonding*.

capítulo 5 » Circuitos integrados

155

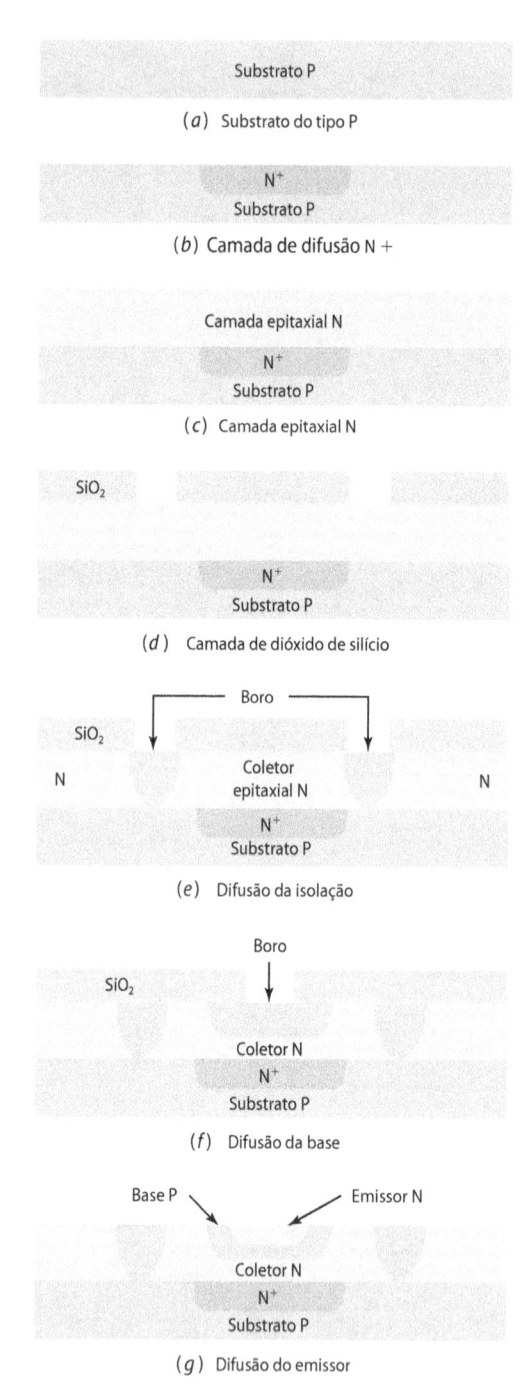

Figura 5-9 Formação de um transistor de junção NPN.

(a) Substrato do tipo P
(b) Camada de difusão N+
(c) Camada epitaxial N
(d) Camada de dióxido de silício
(e) Difusão da isolação
(f) Difusão da base
(g) Difusão do emissor

Isso é chamado de dopagem elevada e consiste em uma forma de reduzir a resistência do coletor. Uma camada N é então formada sobre o substrato utilizando um processo EPITAXIAL, que consiste no crescimento controlado de uma camada cristalina sobre um substrato cristalino, denominada camada epitaxial. Essa camada duplica exatamente as propriedades e a estrutura cristalina do substrato. A camada epitaxial é oxidada e exposta através de uma fotomáscara. Após a revelação, uma impureza do tipo P como o boro é difundida nas janelas até que alcance o substrato. Isso isola eletricamente uma região completa da camada epitaxial tipo N. Este processo é denominado DIFUSÃO DA ISOLAÇÃO e permite que funções elétricas separadas existam em uma única camada.

Observe novamente a Figura 5-9. Outra vez, a fotolitografia abre uma janela e uma impureza tipo P pode ser difundida para formar a base do transistor. Posteriormente, uma difusão tipo N formará o emissor. As reversões de polaridade através das difusões repetidas podem eventualmente saturar o cristal, de modo que o processo é limitado a três ocorrências. Como os emissores normalmente são altamente dopados em qualquer caso, o processo é projetado de forma que a difusão do emissor seja a última.

O transistor agora se encontra eletricamente isolado e suas três regiões foram formadas. Para que o dispositivo possa ser utilizado, deve-se conectá-lo. Novamente, o *wafer* é oxidado e a fotolitografia é utilizada para abrir uma janela, como mostra a Figura 5-10. Assim, expõem-se os pontos de conexão do emissor, da base e do coletor. O alumínio é evaporado e então depositado na superfície do *wafer* para que se tenha o contato através da janela. A fotolitografia é utilizada para imprimir o padrão na camada metálica. A corrosão remove o alumínio indesejado e a Figura 5-10(c) e (d) mostra a quantidade de material restante. CIs complexos podem possuir duas ou três camadas de alumínio separadas por camadas de dielétrico.

Enquanto os transistores são formados, os diodos também são. A Figura 5-11 mostra um diodo de junção PN em um CI. Note que a estrutura se asse-

(a) Camada de óxido com aberturas

(b) O alumínio é evaporado no *wafer*

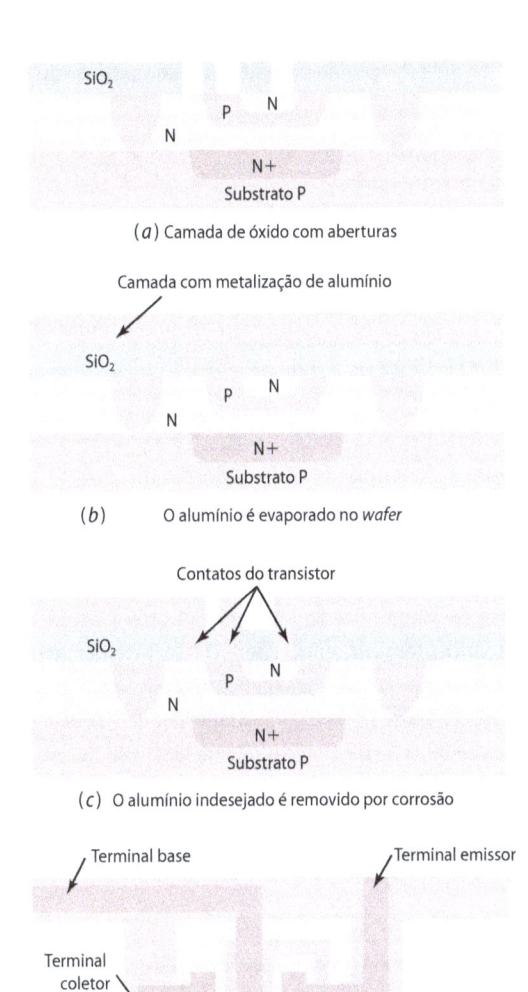

(c) O alumínio indesejado é removido por corrosão

(d) Vista superior mostrando o alumínio restante

Figura 5-10 Conexão do transistor.

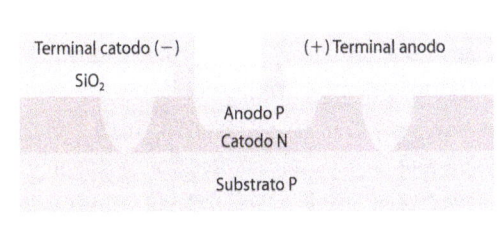

Figura 5-11 Formação de um diodo de junção.

melha ao transistor da Figura 5-9. A junção coletor-base é utilizada como diodo, de forma que a difusão do emissor não é necessária.

A Figura 5-12 mostra como um capacitor pode ser formado. A região N atua como uma placa, uma camada de alumínio representa a outra placa e o dióxido de silício representa um isolante. Outra abordagem consiste em utilizar uma junção PN reversamente polarizada como capacitor. Dessa forma, ambos os métodos são empregados.

A Figura 5-13 ilustra a formação de um resistor. Valores distintos de resistência são obtidos controlando o tamanho do canal N e o nível de dopagem. Novamente, a dopagem elevada provoca a redução da resistência.

Um transistor MOS é mostrado na Figura 5-14. Note que há uma camada isolante (SiO$_2$) entre o gatilho e o canal. Os transistores MOS normalmente utili-

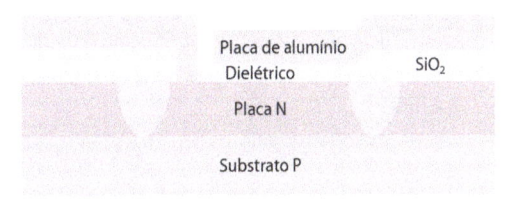

Figura 5-12 Formação de um capacitor MOS.

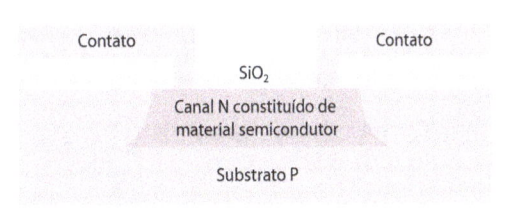

Figura 5-13 Formação de um resistor.

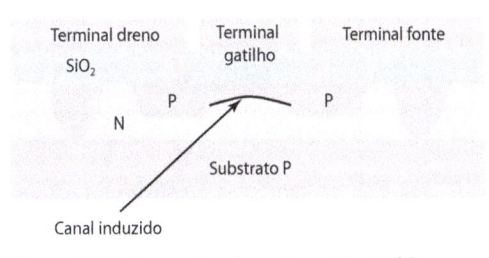

Figura 5-14 Formação de um transistor MOS.

> **Sobre a eletrônica**
>
> **Sinais versáteis de alta qualidade.**
> - DDS e PLL podem ser combinados de modo a fornecer sinais ao longo de uma faixa de frequência muita ampla com excelente resolução.
> - O DSP consiste em um exemplo básico do aumento considerável da aplicação de soluções digitais em problemas analógicos.

zam menor espaço que os BJTs e normalmente são mais populares por esta razão.

Os componentes em CIs possuem algumas limitações em comparação com os componentes discretos:

- A precisão do resistor é limitada. Entretanto, os resistores em CIs híbridos podem ser ajustados por laser para evitar esse problema.
- Valores muito pequenos e muito grandes de resistência não podem ser obtidos na prática.
- Os indutores não são normalmente obtidos na prática.
- Apenas pequenos valores de capacitância são viáveis.
- Os transistores PNP podem não apresentar desempenho tão bom quanto os componentes discretos.
- Componentes que suportam altas tensões não podem ser obtidos.

- A dissipação de potência normalmente é limitada a níveis modestos.

Por outro lado, há algumas vantagens dos componentes integrados:

- Como todos os componentes são formados em conjunto, as características compatíveis podem ser facilmente obtidas.
- Como todos os componentes existem em uma mesma estrutura, o rastreamento térmico é inerente.

Naturalmente, a maior vantagem é a grande economia em termos de custo. Tipicamente, um único CI que custa menos de um real pode substituir centenas ou milhares de componentes discretos cujo custo total seria de centenas de reais.

Até o momento, a discussão foi limitada a CIs monolíticos (em um único *chip*). Os CIs híbridos podem combinar diversas tecnologias. Por exemplo, um CI híbrido pode conter CIs monolíticos, resistores de filme, capacitores na forma de *chip* e transistores discretos em um substrato cerâmico. Os CIs híbridos normalmente são mais caros que os componentes monolíticos, sendo que suas principais vantagens são:

- Níveis de potência da ordem de quilowatts.
- Componentes de precisão podem ser utilizados.
- O ajuste a laser pode ser utilizado.

Teste seus conhecimentos

Temporizador 555

O CI temporizador NE555 possui baixo custo e versatilidade, encontrando-se disponível nas formas de um miniencapsulamento DIP de oito pinos e MSOP (do inglês, *molded small outline package* – encapsulamento moldado com tamanho reduzido).

O CI 555 fornece tempos de atraso estáveis ou oscilação livre. O modo de atraso de tempo é controlado por dois componentes externos do tipo *RC*. A temporização de milissegundos a horas é possível. O modo oscilador requer a utilização de três ou mais componentes externos, dependendo da forma de onda desejada na saída. Frequências inferiores a 1 Hz até 500 kHz como razões cíclicas variando entre 1% e 99% podem ser obtidas.

A Figura 5-15 mostra as principais seções do CI temporizador 555, que contém dois reguladores de tensão, um *flip-flop* biestável, um transistor de descarga, um circuito divisor resistivo e um ampli-

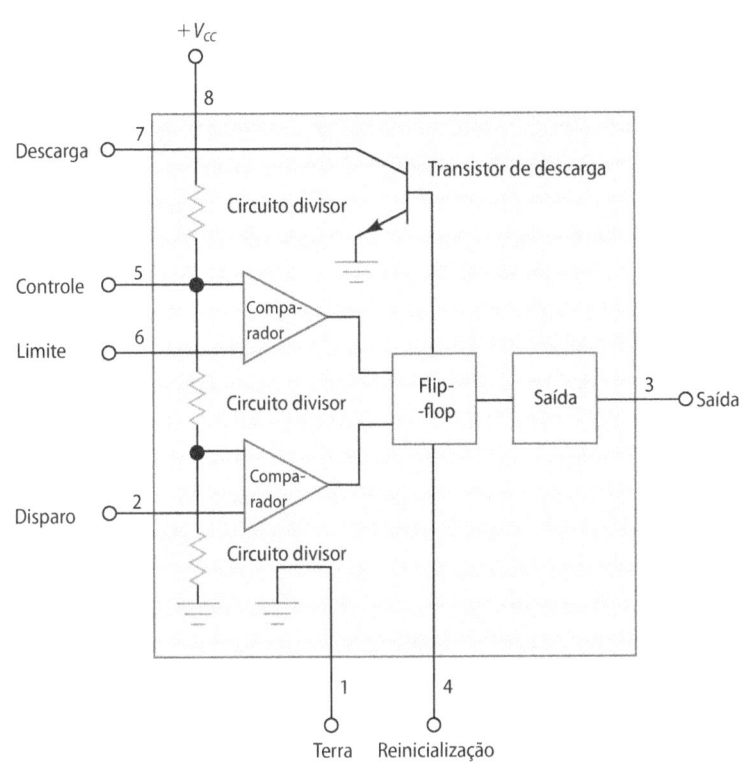

Figura 5-15 Diagrama de blocos funcional de um CI temporizador NE555.

ficador de saída com capacidade de corrente de até 200 mA. Há três resistores divisores, sendo que cada um é igual a 5 kΩ. Esse circuito divisor ajusta o ponto limite de disparo do comparador de limite em 1/3 de V_{CC}, enquanto o comparador disparador é ajustado em 2/3 de V_{CC}. A tensão de alimentação V_{CC} varia entre 4,5 V e 16 V.

Suponha V_{CC} = 9 V na Figura 5-15. Nesse caso, o ponto de disparo será 3 V (1/3 × 9 V) e o ponto limite será 6 V (2/3 × 9 V). Quando a tensão no pino 2 torna-se menor que 3 V, a saída do comparador disparador muda de estado e ajusta o *flip-flop* em um estado alto, de modo que o pino de saída 3 também possuirá nível alto. Se o pino 2 reassumir uma tensão maior que 3 V, a saída permanecerá alta porque o *flip-flop* se "lembrará" do estado ajustado anteriormente. Agora, se a tensão no pino 6 for maior que 6 V, o comparador de limite muda de estado e reinicializa o *flip-flop* para o estado baixo. Isso provoca dois efeitos: a saída (pino 3) torna-se baixa e o transistor de descarga é ativado. Note que a saída do temporizador 555 é digital, assumindo o estado alto ou baixo. No estado baixo, a tensão é próxima de V_{CC} tem-se uma tensão próxima do potencial de terra.

O pino 6 na Figura 5-15 é normalmente conectado ao capacitor que é parte de uma rede *RC* externa de temporização. Quando a tensão no capacitor torna-se maior que 2/3V_{CC}, o comparador limite reinicializa o *flip-flop* para o estado baixo. Assim, o transistor de descarga é ligado de modo que o capacitor externo seja descarregado para o início de um novo ciclo de temporização. O pino de reinicialização 4 fornece acesso direto ao *flip-flop*, de modo a se sobrepor aos demais pinos e funções do temporizador. Essa é uma entrada digital que, na condição de nível baixo (potencial de terra), reinicializa o *flip-flop*, polariza o transistor de descarga e leva o pino de saída 3 ao nível baixo. A reinicialização pode ser empregada para interromper um ciclo de temporização. Essa função não é necessária a priori porque a tensão no pino 4 tipicamente é fixada em V_{CC}. Uma vez que o CI 555 é disparado e o capacitor de temporização é carregado, um disparo adicional (pino 2) não será capaz de iniciar um novo ciclo de temporização.

A Figura 5-16 mostra o CI temporizador na configuração de DISPARO ÚNICO ou MODO MONOESTÁVEL. Esse modo produz um pulso de saída controlado por um circuito RC que assume nível alto quando o dispositivo é disparado. O temporizador é disparado pela borda negativa. O ciclo de temporização se inicia em t_1 quando a tensão na entrada de disparo torna-se menor que $1/3V_{CC}$. A entrada de disparo deve reassumir uma tensão maior que $1/3V_{CC}$ antes do encerramento do período. Em outras palavras, o pulso de disparo não pode ser mais largo que o pulso de saída. Nos casos em que isso ocorrer, a entrada de disparo deve possuir acoplamento CA, como mostra a Figura 5-17. O capacitor de acoplamento de 0,001 μF e o resistor de 10 kΩ DERIVAM o pulso na entrada de disparo. As formas de onda mostram que a borda negativa do pulso de disparo leva o pino 2 a uma tensão de 0 V, o que dispara o temporizador e o capacitor de acoplamento inicia o processo de carga através do resistor de 10 kΩ.

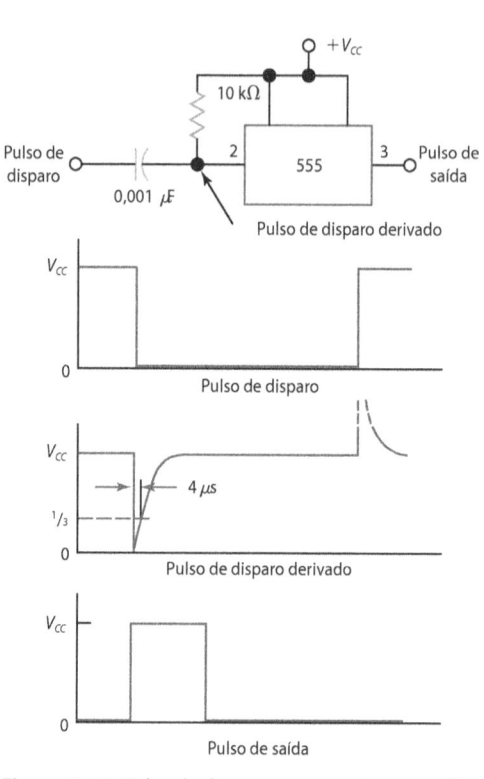

Figura 5-17 Pulso de disparo com acoplamento CA.

Em aproximadamente 0,4 constantes de tempo, a tensão no pino 2 torna-se maior que $1/3V_{CC}$, eliminando a condição de disparo.

$$\text{Disparo} = 0,4 \times R \times C$$
$$= 0,4 \times 10 \times 10^3 \times 0,001 \times 10^{-6}$$
$$= 0,4 \times 10^{-5} = 4\ \mu s$$

A derivação do pulso (acoplamento CA) reduz a largura efetiva do pulso de disparo.

A LARGURA DO PULSO DE SAÍDA é controlada por um circuito RC no arranjo de disparo único. O capacitor de temporização inicia o processo de carga através do resistor de temporização quando o dispositivo é disparado. Quando a tensão no capacitor chega a $2/3V_{CC}$, o comparador de disparo muda de estado e reinicializa o flip-flop. O transistor de descarga é ativado e o capacitor é rapidamente descarregado de modo a preparar o próximo ciclo de temporização. A largura do pulso de saída resultante é igual a 1,1 constantes de tempo.

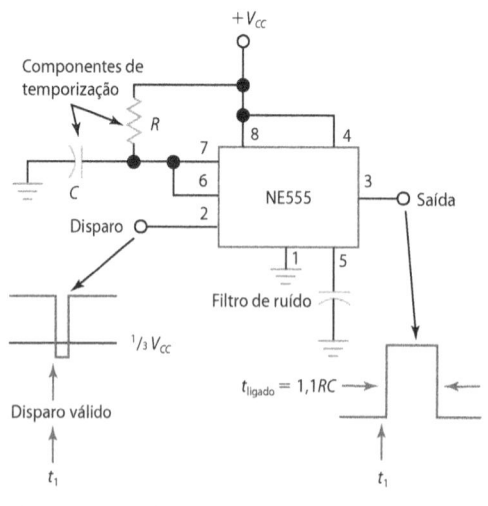

Figura 5-16 Utilização do temporizador no modo de disparo único.

EXEMPLO 5-1

Determine a largura do pulso de saída na Figura 5-16 se $R = 10\ k\Omega$ e $C = 0{,}1\ \mu F$. A largura de pulso é igual a 1,1 constantes de tempo:

$$t_{ligado} = 1{,}1\ RC = 1{,}1 \times 10^3 \times 0{,}1 \times 10^{-6}$$
$$= 1{,}1\ ms$$

A largura do pulso de saída será 1,1 ms independentemente da largura do pulso de entrada.

Uma aplicação do modo de disparo único é como ALARGADOR DE PULSO, sendo este dispositivo útil na busca de problemas em circuitos lógicos digitais. Um pulso muito estreito pode ser estendido de modo a verificar o acendimento da luz em um LED, por exemplo.

A Figura 5-18 mostra o temporizador configurado em MODO DE OSCILAÇÃO LIVRE ou ASTÁVEL. O disparador (pino 2) é conectado ao limitador (pino 6). Quando o circuito é ligado, o capacitor de temporizador C é descarregado. O processo de carga se inicia através da combinação série de R_A e R_B. Quando a tensão no capacitor chega a $2/3V_{CC}$, a saída torna-se baixa e o transistor de descarga é ativado. Agora, o capacitor se descarrega através de R_B. Quando a tensão no capacitor se iguala a $1/3V_{CC}$, a saída muda para o nível alto e o transistor de descarga é desligado. O capacitor agora inicia o processo de carga através de R_A e R_B novamente. O ciclo se repetirá continuamente com a carga e descarga do capacitor e com a mudança do estado da saída para o nível alto e baixo.

A carga do circuito astável ocorre através dos dois resistores e o tempo no qual a saída é mantida em nível alto seja dada por:

$$t_{alto} = 0{,}69(R_A + R_B)C$$

Considere que ambos os resistores de temporização na Figura 5-18 sejam de 10 kΩ e que o capacitor de temporização seja de 0,1 μF. A saída permanecerá alta durante:

$$t_{alto} = 0{,}69(10 \times 10^3 + 10 \times 10^3)0{,}1 \times 10^{-6}$$
$$= 1{,}38\ ms$$

A descarga ocorre através de um único resistor (R_B) de modo que o tempo durante o qual a saída permanece em nível baixo é menor:

$$t_{baixo} = 0{,}69(R_B)C = 0{,}69(10 \times 10^3)0{,}1 \times 10^{-6}$$
$$= 0{,}69\ ms$$

A forma de onda de saída é assimétrica. O período total pode ser determinado somando-se t_{alto} e t_{baixo}. De outra forma, a frequência de saída pode ser determinada por:

$$f_o = \frac{1{,}45}{(R_A + 2R_B)C}$$
$$= \frac{1{,}45}{(10 \times 10^3 + 20 \times 10^3)0{,}1 \times 10^{-6}}$$
$$= 483\ Hz$$

A *razão cíclica D* de uma forma de onda retangular corresponde à porcentagem de tempo onde a saída é alta. Esse valor pode ser determinado dividindo-se o tempo durante o qual a saída é alta pelo período total da forma de onda. Para o circuito astável da Figura 5-18, tem-se:

$$D = \frac{R_A + R_B}{R_A + 2R_B} \times 100\%$$

Considerando dois resistores de 10 kΩ, obtém-se a seguinte razão cíclica:

$$D = \frac{10 \times 10^3 + 10 \times 10^3}{10 \times 10^3 + 20 \times 10^3} \times 100\%$$
$$= 66{,}7\%$$

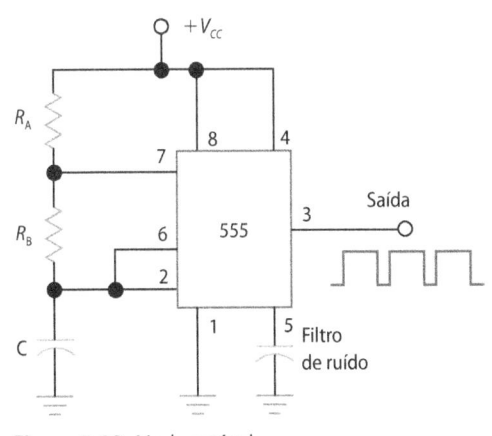

Figura 5-18 Modo astável.

EXEMPLO 5-2

Calcule a frequência de saída e a razão cíclica na Figura 5-18 considerando $R_A = 1\ k\Omega$, $R_B = 47\ k\Omega$ e $C = 1\ \mu F$. A frequência de saída é dada por:

$$f_o = \frac{1,45}{(R_A + 2R_B)C} = \frac{1,45}{(11\ k\Omega + 2 \times 47\ k\Omega 21)\mu F}$$

$$= 15,3\ Hz$$

A razão cíclica é:

$$D = \frac{R_A + R_B}{R_A + 2R_B} \times 100\%$$

$$= \frac{1\ K\Omega + 47\ K\Omega}{1\ K\Omega + 2 \times 47\ K\Omega} \times 100\%$$

$$= 50,5\%$$

Quando a resistência R_A é relativamente pequena, a saída se aproxima de uma onda quadrada.

O circuito da Figura 5-18 não pode ser utilizado para produzir uma **ONDA QUADRADA**, que corresponde a uma onda retangular com razão cíclica de 50%. O circuito também é incapaz de fornecer formas de onda com razões cíclicas inferiores a 50%. Isso se justifica porque o capacitor de temporização se carrega através de ambos os resistores, mas se descarrega apenas através de R_B. A equação da razão cíclica mostra que para $R_A = 0\ \Omega$ a razão cíclica é de 50%. Entretanto, isso pode danificar o CI, pois não é possível limitar a corrente no transistor de descarga interno.

A Figura 5-19 mostra uma modificação que permite obter **RAZÕES CÍCLICAS** menores ou iguais a 50%. Um diodo foi inserido em paralelo com R_B, desviando o resistor no circuito de carga. Agora, o capacitor de temporização se carrega apenas através de R_A e se descarrega através de R_B da mesma forma anterior. As seguintes equações são válidas para o circuito modificado:

$$t_{alto} = 0,69\,(R_A)C$$

$$t_{baixo} = 0,69\,(R_B)C$$

$$\text{Período} = T = t_{alto} + t_{baixo}$$

$$f_o = \frac{1}{T} = \frac{1,45}{(R_A + R_B)C}$$

$$D = \frac{R_A}{R_A + R_B} \times 100\%$$

A Figura 5-20 mostra o CI NE555 operando em **MODO DE ATRASO DE TEMPO**, onde a saída deve mudar de estado em um determinado intervalo de tempo após a aplicação do disparo. O circuito de atraso de tempo não utiliza o transistor de descarga interno. A operação se inicia com Q_1 ligado, de forma que isso mantém o capacitor de temporização descarregado. A temporização se inicia quando o sinal de disparo torna-se baixo, desligando Q, o que

EXEMPLO 5-3

Calcule os valores dos resistores na Figura 5-19 de modo que seja produzida uma onda quadrada de 1 kHz quando o capacitor de temporização for de 0,01 μF. Inicia-se o processo com a equação da frequência:

$$f_o = \frac{1,45}{(R_A + R_B)C}$$

Rearranjando os termos, tem-se:

$$R_A + R_B = \frac{1,45}{f_o \times C}$$

$$= \frac{1,45}{1 \times 10^3\ Hz \times 0,01 \times 10^{-6}F}$$

$$= 145\ k\Omega$$

Uma onda quadrada possui razão cíclica de 50%, de modo que os valores dos resistores são os mesmos. Assim, cada resistor deve ser de 145 kΩ.

$$R_A = R_B = \frac{145\ k\Omega}{2} = 72,5\ k\Omega$$

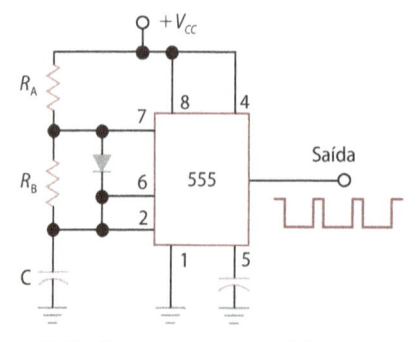

Figura 5-19 Obtenção de razões cíclicas menores ou iguais a 50%.

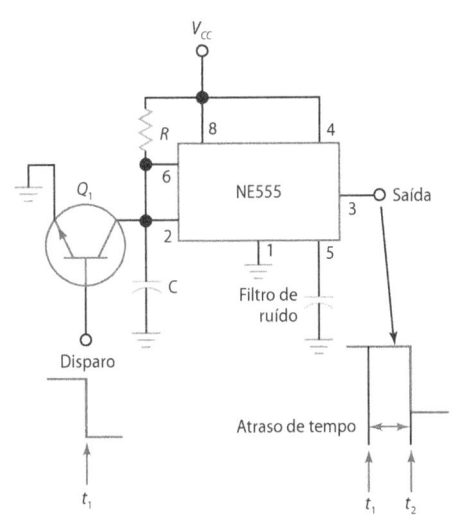

Figura 5-20 Utilização do temporizador em modo de atraso de tempo.

permite que o capacitor de temporização C inicie o processo de carga através do resistor R. Quando o capacitor atinge o limite, a saída muda para o nível baixo. Se $R = 47$ kΩ e $C = 0{,}5$ μF, o atraso de tempo pode ser determinado por:

$$t_{atraso} = 1{,}1 \times R \times C$$
$$= 1{,}1 \times 47 \times 10^3 \times 0{,}5 \times 10^{-6}$$
$$= 2{,}59 \times 10^{-2} \text{s} = 2{,}59 \text{ ms}$$

Se o sinal de disparo se tornar alto novamente antes do encerramento desse intervalo, a saída se tornará baixa. Essa característica é útil em circuito como alarmes de segurança, onde algum tempo é necessário para se abandonar uma área antes do acionamento do alarme.

EXEMPLO 5-4

Determine qual é o intervalo de tempo disponível para se deixar uma área após o acionamento de um sistema de alarme, o qual utiliza o circuito da Figura 5-20, considerando $R=470$ kΩ e $C=50$ μF. O intervalo corresponde a 1,1 constantes de tempo:

$$t_{atraso} = 1{,}1RC = 1{,}1 \times 470 \text{ k}\Omega \times 50 \text{ }\mu\text{F} = 25{,}9 \text{ s}$$

Para as aplicações do CI 555 discutidas até agora, a entrada de controle (pino 5) não foi utilizada. Essa entrada é desviada para o terminal terra com um capacitor de ruído (tipicamente de 0,01 μF) para evitar a operação inadequada do dispositivo. Aplicando-se uma tensão nesse pino, é possível variar o ponto de disparo do comparador limite em um valor menor ou maior que $2/3V_{CC}$. Essa característica abre um leque de novas possibilidades e permite que o CI temporizador funcione com um oscilador controlado por tensão ou um modulador por largura de pulso. A Figura 5-21 mostra as formas de onda quando um sinal de controle é aplicado a um circuito astável.

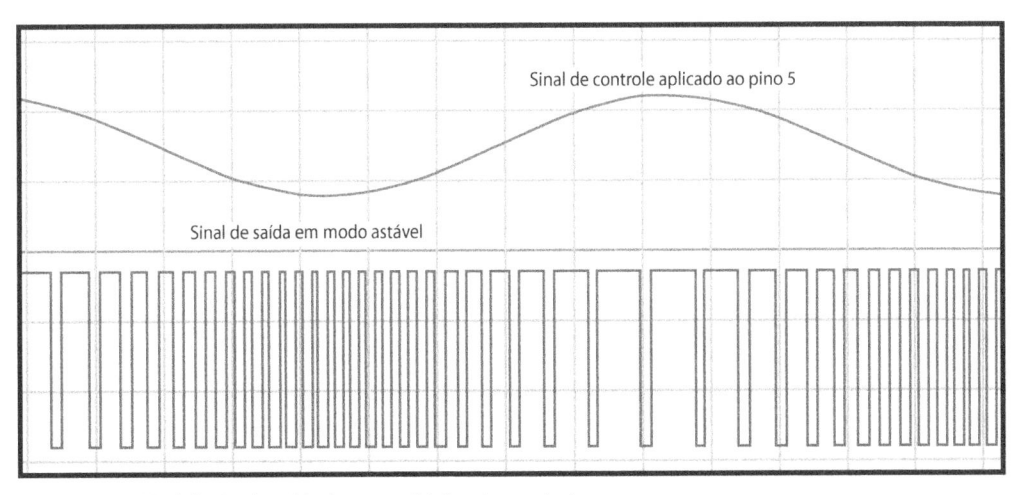

Figura 5-21 Modulação da saída de um multivibrador astável.

🌐 Teste seus conhecimentos

›› *CIs analógicos*

CIs analógicos contêm circuitos que normalmente não operam em saturação e corte. O amplificador operacional apresentado no Capítulo 1 é um exemplo principal desse tipo de CI. O regulador de tensão mostrado anteriormente neste capítulo representa outro exemplo, sendo que outros tipos são:

- amplificadores de áudio;
- amplificadores RF e IF (radiofrequência e frequência intermediária);
- moduladores e *mixers* (utilizados em comunicações);
- amplificadores operacionais;
- amplificadores de instrumentação (amp ops de precisão);
- reguladores de tensão.

O CI temporizador 555 apresentado na seção anterior é classificado como um CI de sinais mistos, o qual contém tanto funções analógicas como digitais. Outros CIs desse tipo são apresentados na próxima seção deste capítulo.

A Figura 5-22 mostra o amplificador de áudio de potência LM3876 fabricado por National Semiconductor. O dispositivo é acondicionado em um encapsulamento plástico e pode fornecer uma po-

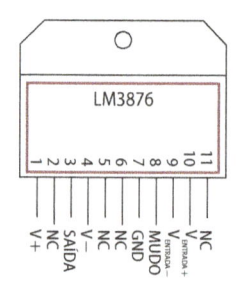

(*a*) Encapsulamento plástico

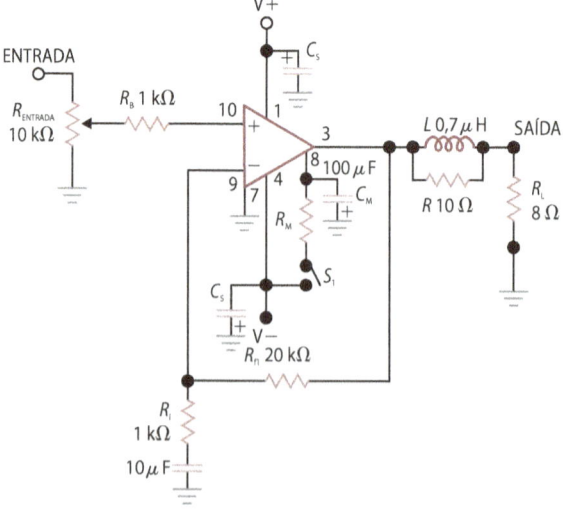

(*b*) Diagrama esquemático

Figura 5-22 CI amplificador de áudio de potência.

tência de até 56 W para um alto-falante de 8 Ω. Sua distorção harmônica total é inferior a um décimo de 1% e sua respectiva relação entre sinal e ruído é menor ou igual a 95 dB, de forma que o dispositivo é adequado para aplicações em componente estéreo ou *home theaters*. O CI possui proteção contra sobretensão e curto-circuito. De acordo com o diagrama esquemático, sua utilização requer apenas alguns componentes externos. Considerando o custo reduzido desse CI, poucos projetistas optariam por um projeto discreto diante da disponibilidade de tal elemento.

Como é possível projetar um receptor *pager* com tamanho reduzido e excelente desempenho? A Figura 5-23 mostra o circuito integrado da Sony CXA3176N que foi projetado para esta aplicação. O encapsulamento SSOP de 24 pinos possui dimensões reduzidas de 7,8 mm × 5,6 mm × 1,25 mm (0,307" × 0,22" × 0,05") e contém a maior parte dos circuitos necessários para um receptor super-heteródino com conversão dual. Para implementar um receptor completo, um primeiro *mixer* e um primeiro oscilador local são necessários, pois essas funções não existem no *chip*. Além disso, o receptor requer um cristal externo para controlar o segundo oscilador local, um filtro IF cerâmico de 450 kHz, uma ressonador cerâmico para o detector de quadratura e um número modesto de resistores e capacitores. Além das funções de um receptor básico, o *chip* ainda possui AFC (controle automático de frequência), RSSI (do inglês, *received signal strength indicator* – indicador de intensidade do sinal recebido), regulação de tensão no interior do *chip* e um modo de economia de bateria.

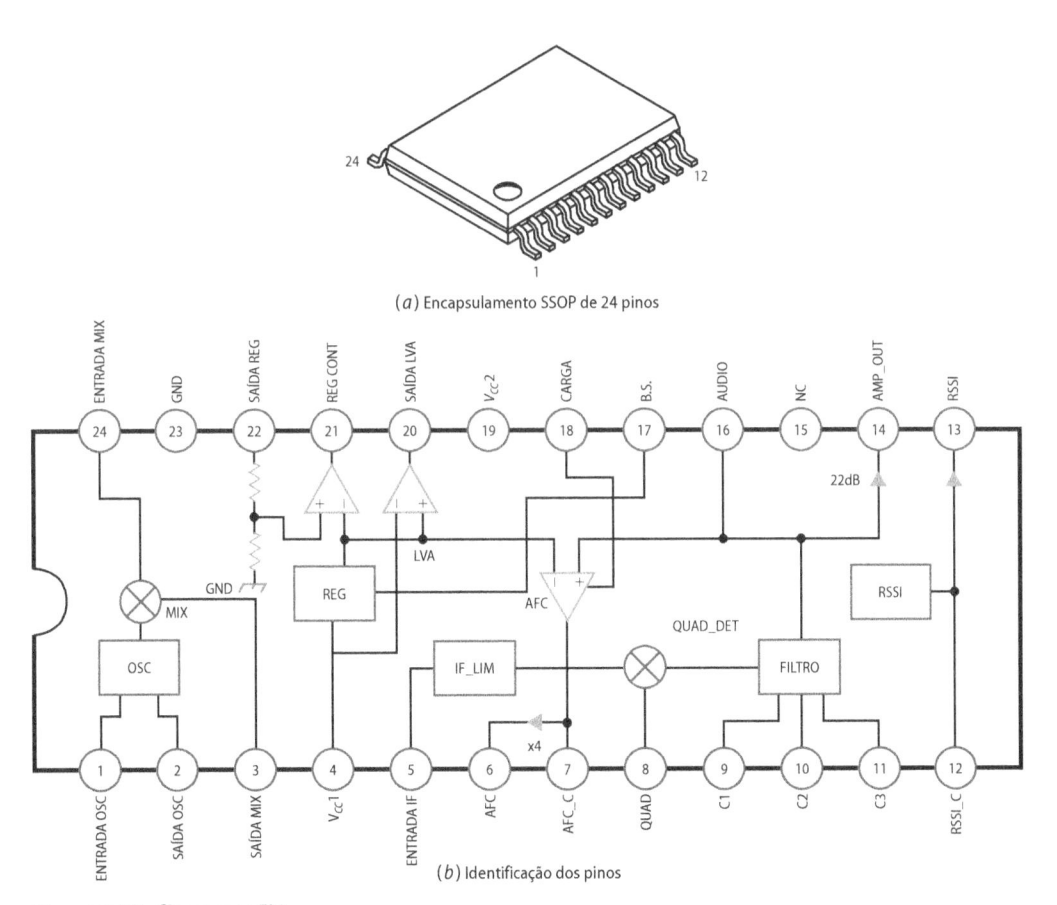

Figura 5-23 CI receptor FM.

Teste seus conhecimentos

» CIs com sinais mistos

CIs com sinais mistos combinam circuitos analógicos e digitais de modo a se obter melhorias no desempenho ou ainda a agregação de funções que não podem ser obtidas apenas com técnicas analógicas. O potenciômetro digital da Figura 5-24 fornece 32 níveis de tensão no pino 5 (W representa um contato deslizante, correspondente ao terminal central do dispositivo). Para utilizá-lo em uma aplicação de controle de volume, o pino 2 deve ser aterrado e o sinal de áudio deve ser inserido no pino 6. Uma tensão de +2,7 V a +5,5 V é necessária no pino 1. Quando o pino 4 possui nível baixo, a interface serial encontra-se ativa. O modo é ajustado pelo estado lógico do pino 3 no momento em que o pino 4 passa do nível alto para baixo. Nesse instante, o *chip* entra em MODO DE CONTAGEM CRESCENTE se o pino 3 possuir nível alto. Se o nível no pino 3 for baixo, o MODO DE CONTAGEM DECRESCENTE é ativado. Após a seleção do modo, o volume pode ser ajustado enviando-se pulsos digitais ao pino 3.

Por que o CI fabricado por Maxim na Figura 5-24 é considerado um dispositivo com sinais mistos? As funções digitais existem em virtude do modo de funcionamento descrito anteriormente e do nível da saída ser ajustado por sinais digitais. Entretanto, o dispositivo desempenha uma função analógica, equivalente ao papel desempenhado por um potenciômetro. Considerando que os primeiros receptores de televisão com controle remoto utilizavam motores, caixas de engrenagens e potenciômetros com eixo rotativo para aumentar e diminuir o volume, torna-se evidente a simplicidade desse tipo de dispositivo.

Malhas de captura de fase (do inglês, *phase-locked loops* – PLL) consistem em CIs com sinais mistos interessantes. As principais seções são mostradas na Figura 5-25, onde o detector de fase é digital, sendo que isso justifica porque esse tipo de dispositivo encontra-se na categoria de sinais mistos.

O detector de fase compara um sinal de entrada com o sinal proveniente do oscilador controlado por tensão. Qualquer diferença de fase (ou frequência) produz uma tensão de erro, a qual é filtrada e amplificada de modo a corrigir a frequência do oscilador controlado por tensão. Eventualmente, o dispositivo será travado de acordo com o sinal de entrada. Quando isso ocorrer, o VCO rastreará ou seguirá o sinal de entrada.

Se o circuito de captura de fase estiver rastreando um sinal FM, a tensão de erro será ajustada pelo desvio do sinal de entrada. Assim, obtém-se a detecção FM. A Figura 5-26 mostra um PLL utilizado como DETECTOR FM. O capacitor variável é ajustado de modo que o oscilador controlado por tensão opere na frequência central do sinal FM. À medida que a modulação desloca a frequência do sinal, uma tensão de erro é produzida, a qual corresponde à saída de áudio detectada. Malhas de captura de fase normalmente consistem em bons detectores FM.

As malhas de captura de fase também são empregadas como DECODIFICADORES DE TOM, que são circuitos utilizados em controle remoto e sinalização por meio da seleção de tons diferentes. Na Figura 5-27, dois CIs com malhas de captura de fase são utilizados na construção de um decodificador de tom

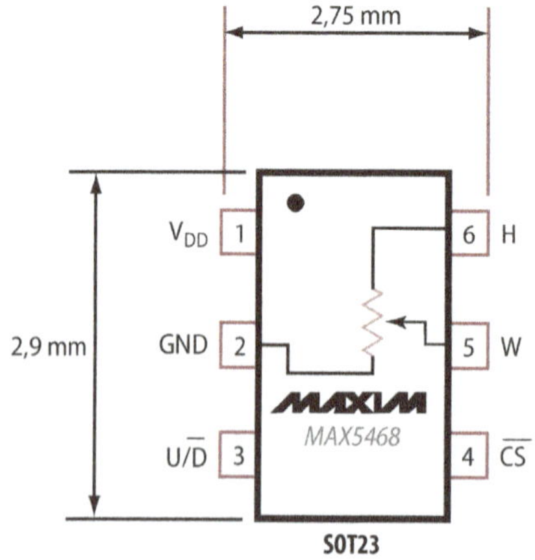

Figura 5-24 Potenciômetro digital.

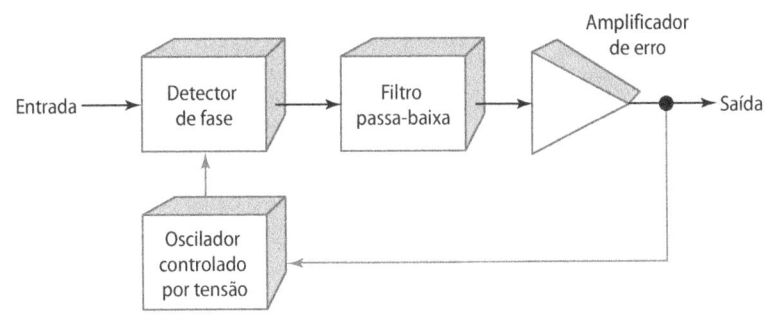

Figura 5-25 Diagrama de blocos para uma malha de captura de fase (PLL).

dual. A saída se tornará alta apenas quando ambos os tons existirem na entrada. Esse tipo de arranjo é menos suscetível ao disparo acidental inadequado. Sistemas telefônicos com discagem em tom possuem tom dual por esse motivo.

Os SINTETIZADORES DE FREQUÊNCIA substituíram os antigos métodos de sintonização em muitos sistemas eletrônicos de comunicação. Alguns arranjos empregam malhas de captura de fase combinadas com divisores digitais de modo a se obter uma faixa de frequências de saída precisamente controlada. A Figura 5-28 mostra o diagrama de blocos parcial de um receptor FM sintetizado.

Esse tipo de receptor é adequado porque é facilmente sintonizado e torna fácil a localização de uma dada estação. O controle analógico em receptores FM normalmente possui erro da ordem de diversas centenas de quilohertz, de modo que pode levar algum tempo para encontrar uma estação se a frequência for conhecida. Um receptor sintetizado também é muito estável, de modo que o circuito de controle automático de frequência não é necessário.

A banda de transmissão FM se estende de 88 a 108 MHz, sendo que os canais são espaçados em intervalos de 0,2 MHz. O número de canais é dado por:

$$\text{Número de canais} = \frac{\text{Faixa de frequência}}{\text{Espaçamento entre os canais}}$$

$$= \frac{108\ \text{MHz} - 88\ \text{MHz}}{0,2\ \text{MHz}} = 100$$

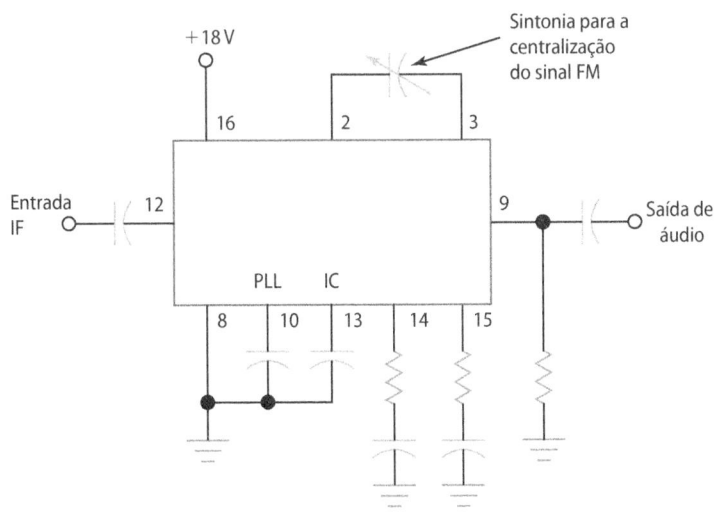

Figura 5-26 Utilização de malha de captura de fase para detecção FM.

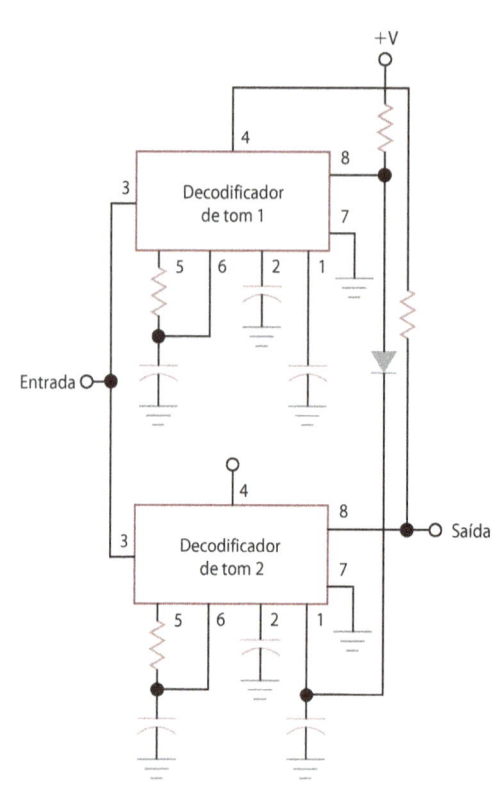

Figura 5-27 Detector de tom com malha de captura de fase.

A Figura 5-28 mostra que uma malha de captura de fase, dois osciladores de cristal e um divisor programável podem ser utilizados para sintetizar 100 canais FM. A estabilidade da saída é determinada pela estabilidade dos cristais. Como os osciladores de cristais são alguns dos dispositivos mais estáveis, a variação da frequência não é um problema. Uma entrada do detector de fase é obtida dividindo-se um sinal de 10 MHz por 50, o que produz um sinal de 0,2 MHz denominado SINAL DE REFERÊNCIA.

Sobre a eletrônica

O longo caminho da invenção até o mercado.
É comum existir um atraso de alguns anos entre a concepção de uma nova ideia e o sucesso comercial. Além disso, nem todas seguem este caminho.

Note que a frequência do sinal de referência é igual ao espaçamento entre canais. Em um sintetizador PLL, a frequência de referência normalmente é igual à menor variação da frequência que pode ser programada.

A Figura 5-28 também mostra um oscilador controlado por tensão (do inglês, *VOLTAGE-CONTROLLED OSCILLATOR – VCO*), que alimenta o *mixer* do receptor (à direita) e o *mixer* do sintetizador (abaixo). Suponha que se deseje sintonizar uma estação que transmite em 91,9 MHz. Para isso, o VCO deve produzir um sinal maior que a frequência da estação em um fator correspondente à frequência IF. Então, a frequência do VCO deve ser 91,9 MHz + 10,7 MHz = 102,6 MHz. O *mixer* do sintetizador deve subtrair a segunda frequência do oscilador controlado por cristal de 98 MHz da frequência do VCO que é igual a 102,6 MHz, de modo a produzir uma diferença de 4,6 MHz (102,6 MHz – 98 MHz = 4,6 MHz). Esse sinal será enviado através de um filtro passa-baixa para um divisor programável. Considere que o divisor esteja programado para a divisão por 23. Portanto, a segunda entrada do detector de fase na Figura 5-28 é 0,2 MHz (4,6 MHz ÷ 23 = 0,2 MHz), o que corresponde ao mesmo valor da primeira entrada. Todos os sintetizadores de frequência possuem os mesmos valores de frequência e fase para ambas as entradas do detector de fase quando a malha está travada, sendo esta responsável por corrigir qualquer variação. Se o VCO apresentar uma redução da frequência, o sinal aplicado ao divisor programável torna-se ligeiramente menor que 4,6 MHz e a saída do divisor torna-se menor que 0,2 MHz. O detector de fase perceberá o erro imediatamente e produzirá uma saída que passa pelo filtro passa-baixa e corrigirá a frequência.

Agora, considere que o divisor programável da Figura 5-28 seja modificado de modo a realizar a divisão por 103. Imediatamente, a entrada inferior do detector de fase torna-se menor que 0,2 MHz porque o fator divisor é muito maior. O detector de fase responde a esse erro e desenvolve um sinal de controle responsável por aumentar a frequência do VCO. Quando a frequência do VCO chega a 118,6

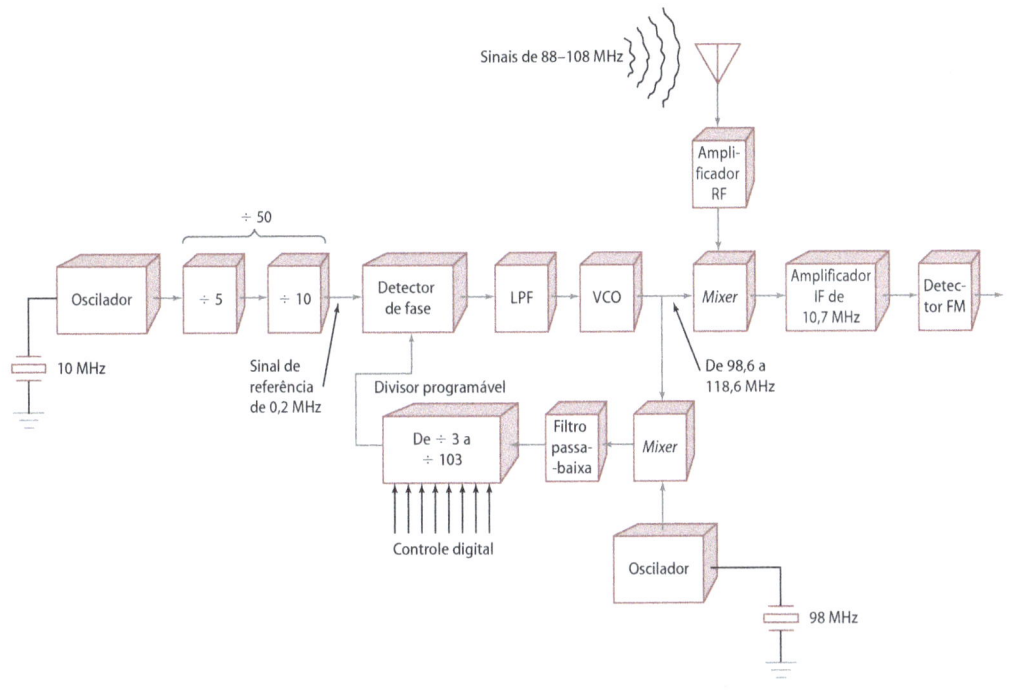

Figura 5-28 Receptor FM sintetizado com PLL (diagrama de blocos parcial).

MHz, o sistema começa a se estabilizar. Isso ocorre porque 118,6 MHz − 98 MHz = 20,6 MHz e 20,6 MHz ÷ 103 = 0,2 MHz, sendo este valor correspondente à frequência de referência. Sempre que o divisor for programado com um novo fator divisor, o detector de fase desenvolverá um sinal de correção que acionará o VCO de modo a eliminar esse erro, e novamente ambas as entradas do detector de fase serão iguais. Observe a Figura 5-28 e verifique que toda a banda FM é varrida pelo sintetizador e que o espaçamento entre os canais é igual à frequência de referência de 0,2 MHz.

Os sinais de controle digital do divisor programável da Figura 5-28 são provenientes de um teclado em um painel frontal, um controle remoto ou mesmo de um circuito de varredura controlado por botões de aumento e redução. O usuário do receptor programa a frequência da estação desejada no dispositivo. A informação de frequência é convertida no código digital correto e enviada para o divisor programável. Atualmente, essa combinação de circuitos analógicos e digitais é muito comum. Há *chips* com integração em escala muito grande (do inglês, *very large scale integration* – VLSI) disponíveis no mercado que agregam todos os circuitos do sintetizador em um único encapsulamento. Deve-se ainda ressaltar que os sintetizadores de frequência permitem o ajuste de desempenho de outros aspectos, como memória de canal, varredura de banda e mudança automática de canais.

» Conversão analógica-digital

Os sinais analógicos provenientes de fontes como sensores e microfones são contínuos e seus valores de tensão variam suavemente ao longo do tempo. Outro tipo de sinal, denominado discreto, possui mudanças no valor da tensão apenas em instantes de tempo específicos. Um sinal contínuo deve ser convertido na forma discreta de modo que seja possível utilizá-lo digitalmente. Esse processo de conversão envolve a amostragem em instantes específicos. Tipicamente, um circuito de amostragem e retenção é utilizado na primeira parte deste processo. Um sinal contínuo é mostrado na Figura 5-29(a), sendo que a Figura 5-29(b) apresenta sua versão discreta correspondente. A amostragem se inicia no instante de tempo t_0.

A Figura 5-30 mostra como ocorre a AMOSTRAGEM E RETENÇÃO. Uma chave eletrônica é empregada para conectar um capacitor de retenção à entrada analógica por um breve instante, eliminando-se então a conexão. Quando a chave é fechada, o circuito encontra-se em modo de amostragem, e quando a chave é aberta, o circuito entra em modo de retenção. A constante de tempo para o circuito é extremamente reduzida:

$$T = R \times C = 100\ \Omega \times 100\ pF = 10\ ns$$

É por isso que a forma de onda da Figura 5-30 (b) apresenta variações instantâneas da tensão (observe os degraus verticais). Após a abertura da chave, a tensão no capacitor é mantida porque não há carga conectada a ele. Na prática, o capacitor é conectado a um amplificador operacional com impedância de entrada muito alta, de modo que não ocorre a descarga do capacitor entre as amostras. Note que a forma de onda da tensão no capacitor exibe valores constantes entre os pontos de amostragem. Essas tensões constantes permitem que o conversor analógico-digital desempenhe seu papel adequadamente.

Há várias técnicas de conversão A/D, mas apenas uma delas será abordada neste ponto. A Figura 5-31 mostra um conversor A/D paralelo de 3 bits,

(a) Entrada de um amplificador de amostragem e retenção

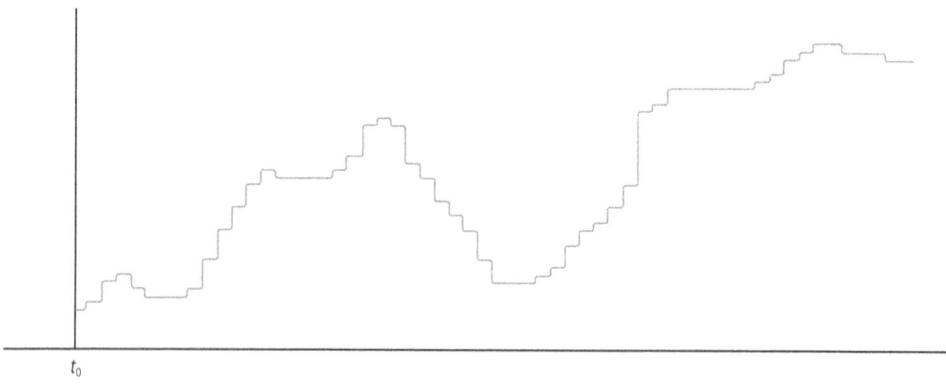

(b) Saída do amplificador de amostragem e retenção

Figura 5-29 Conversão de um sinal contínuo em um sinal discreto.

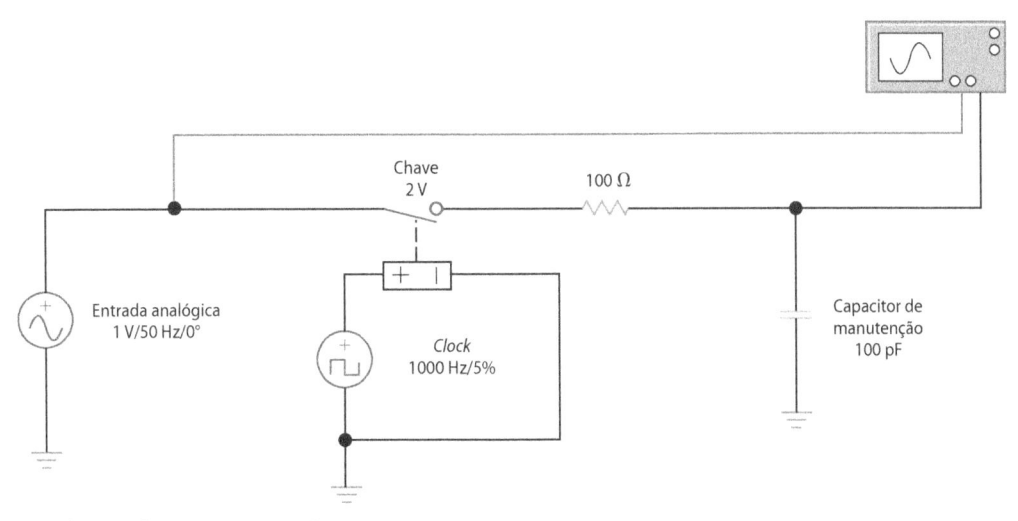

(a) Circuito de amostragem e retenção

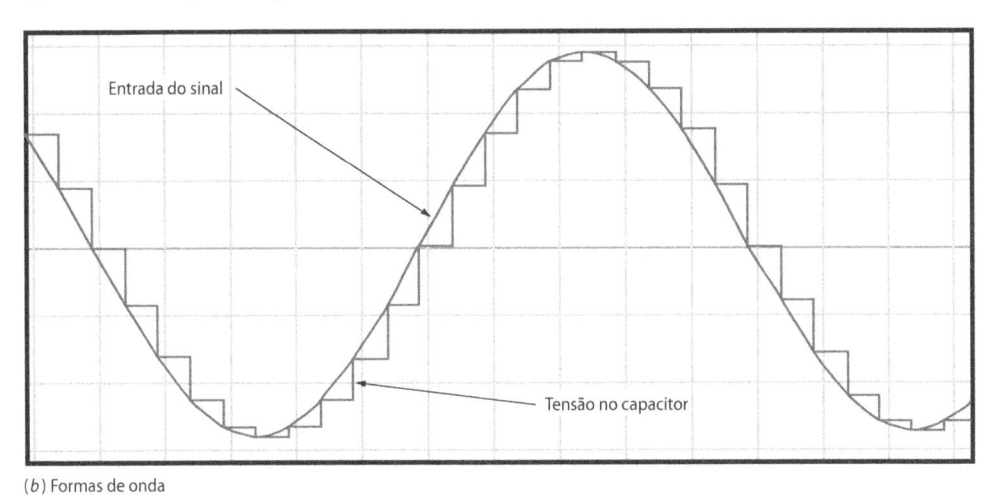

(b) Formas de onda

Figura 5-30 Amostragem e retenção.

sendo que este tipo de dispositivo é muito rápido e por vezes é denominado CONVERSOR FLASH. O problema dos conversores *flash* é a complexidade dos arranjos quando há a necessidade de uma grande quantidade de bits. A palavra *bit* é a abreviação do termo dígito binário (do inglês, *binary digit*). Há apenas dois dígitos binários: 0 e 1. Assim, um conversor A/D converte cada amostra do sinal é um dado número de bits (valores 0 e 1). Eis alguns exemplos da saída de um conversor A/D de 3 bits:

- 000 (este número binário corresponde ao valor decimal 0);
- 011 (este número binário corresponde ao valor decimal 3);
- 101 (este número binário corresponde ao valor decimal 5);
- 111 (este número binário corresponde ao valor decimal 7).

O dígito binário 0 normalmente é chamado de nível BAIXO, por sua vez, o dígito binário 1 é chamado de nível ALTO. Caso haja a possibilidade de con-

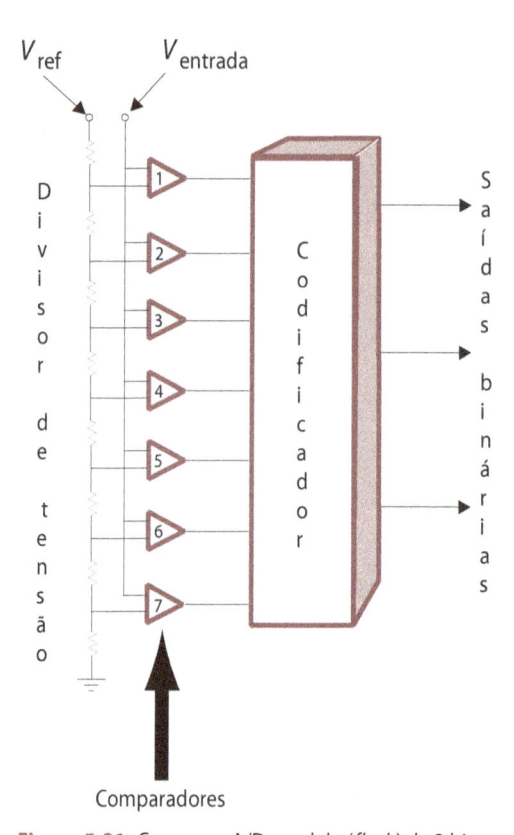

Figura 5-31 Conversor A/D paralelo (*flash*) de 3 bits.

fusão entre a representação de números na forma binária e decimal, pode-se empregar os subíndices 2 e 10. Como exemplo, tem-se:

$$111_2 = 7_{10}$$

O conversor de 3 bits da Figura 5-31 utiliza oito resistores no divisor de tensão e sete comparadores:

Número de resistores necessários $= 2^N = 2^3 = 8$

Número de comparadores necessários $= 2^N - 1 = 2^3 - 1 = 7$

onde N = número de bits.

Conversores *flash* são viáveis na prática quando um número de bits menor ou igual a oito é necessário. Um conversor *flash* para obtenção de áudio com qualidade de CD não seria viável porque são necessários 16 bits para cada amostra de som. Mesmo com a utilização de CIs, os cálculos seguintes mostram que o circuito seria complexo:

Número de resistores necessários $= 2^{16} = 65.536$

Número de comparadores necessários $= 2^{16} - 1 = 65.535$

Observando novamente a Figura 5-31, constata-se que cada comparador possui duas entradas e que o sinal de entrada $V_{entrada}$ é aplicado em todos os comparadores. Verifica-se ainda que a tensão de referência V_{ref} é aplicada a um divisor de tensão. Vamos considerar uma tensão de referência de 5 V. O divisor fornecerá uma tensão diferente para cada comparador. O sinal de entrada será comparado a sete níveis de tensão distintos, de modo que cada comparador será ativado com uma tensão distinta, como mostra a Tabela 5-1. Cada resistor no divisor de tensão da Figura 5-31 possui o mesmo valor. As tensões da Tabela 5-1 podem ser calculadas a partir da equação do divisor de tensão considerando $V_{ref} = 5$ V.

Note na Tabela 5-1 que nenhuma das saídas dos comparadores é alta quando o sinal de entrada é 0. Isso ocorre porque o divisor de tensão atribui tensões maiores que 0 V a todas as entradas dos comparadores. Quando o sinal se iguala a 0,625 V, apenas o comparador na parte inferior da figura atua porque se encontra no ponto mais baixo do divisor de tensão. Em 1,25 V, dois comparadores da parte inferior são disparados. À medida que a tensão do sinal de entrada aumenta, outros comparadores assumem nível alto. Esse formato de dados às vezes é chamado de **CÓDIGO DE TERMÔMETRO**, o qual por si só não é útil em muitos casos, de forma

Tabela 5-1 *Busca de problemas em osciladores*

Entrada analógica (V)	Saídas dos comparadores	Saídas (binárias)
0,000	0000000	000
0,625	0000001	001
1,250	0000011	010
1,875	0000111	011
2,500	0001111	100
3,125	0011111	101
3,750	0111111	110
4,375	1111111	111

que o codificador na Figura 5-31 é responsável por convertê-lo na forma binária da saída de dados apresentada na Tabela 5-1.

Suponha que o conversor A/D da Figura 5-31 seja verificado quanto à eventual existência de problemas no circuito. O que se deve esperar tipicamente? Se o circuito estiver funcionando normalmente, tem-se $V_{ref} = 5$ V e, quando $V_{entrada}$ é fixada em 2,5 V, o dado no pino 1 será BAIXO (aproximadamente 0 V), o dado no pino 1 também será BAIXO e o pino no dado 2 será ALTO (aproximadamente 5 V). Compare esses valores com a Tabela 5-1. Frequentemente, todo o arranjo mostrado na Figura 5-31 será encontrado em um único CI, de forma que as saídas do comparador não estarão disponíveis para a realização de medições. Se $V_{entrada}$ variar ao longo do tempo, os pinos de saída de dados mudarão assumirão valores alternados de 0 V e 5 V, sendo que um osciloscópios exibirá uma forma de onda retangular neste pinos.

Observe novamente a Tabela 5-1. O que ocorre se o sinal de entrada mudar de 1,25 V para 1,35 V e então para 1,75 V? A resposta é: nada. Esse conversor A/D em particular é incapaz de lidar com tais mudanças. Deve-se atentar às seguintes definições:

- Resolução: capacidade de diferenciar valores, ou nível de precisão de uma medição.
- Exatidão: conformidade de um valor medido com um padrão aceitável.

Agora, vamos analisar alguns exemplos interessantes. Isso é necessário porque os termos supracitados podem ser inadequadamente empregados na linguagem cotidiana. A alta resolução por si só não garante a exatidão. Visitando uma loja de instrumentos de medição, é possível encontrar dispositivos denominados micrômetros, capazes de realizar medições em incrementos de um décimo milésimo de polegada. Em outras palavras, a resolução é de 0,0001". Entretanto, se um micrômetro tiver sido derrubado no chão, sua exatidão pode ser comprometida. Por exemplo, o valor indicado pode apresentar erro de 0,1". Embora o valor indicado no visor seja 0,5521", o valor real que deveria ser medido é de 0,4521".

Eis outro exemplo envolvendo resolução e exatidão. As balanças digitais de banheiro tipicamente possuem resolução de 1 lb*. Se uma pessoa estiver em regime de dieta, a balança pode apresentar o valor de 180 lb na manhã de segunda-feira e 179 lb na manhã de terça-feira, por exemplo. Na quarta-feira, o valor exibido é de 179 lb, e então se pode pensar em uma balança com melhor resolução. Pode-se então adquirir uma balança supostamente melhor. Assim, a nova balança passa a mostra o valor de 181,5 lb. Qual desses dispositivos possui melhor exatidão? A resposta é: não há forma de correta de determinar isso sem a devida aferição de ambas as balanças. Qual das duas balanças possui melhor resolução? Certamente, o dispositivo recentemente adquirido é melhor, pois exibe leituras com um décimo de libra.

Voltando aos conversores A/D, descobre-se que a resolução simplesmente é uma função do número de bits. Esse parâmetro é frequentemente chamado de tamanho do passo e é determinado dividindo-se a faixa de tensão do sinal por 2^N. A faixa do sinal também é chamada de *span* (faixa de conversão ou extensão), sendo igual à diferença entre o menor e o maior valor de tensão do sinal que será digitalizado. Dois exemplos para sinais de 0 V a 5 V são:

$$\text{Para um conversor de 3 bits, tem-se o tamanho do passo} = \frac{5\text{ V}}{2^3}$$
$$= 0{,}625\text{ V}$$

$$\text{Para um conversor de 16 bits, tem-se o tamanho do passo} = \frac{5\text{ V}}{2^{16}}$$
$$= 76{,}3\ \mu\text{V}!$$

Conclui-se então que um conversor A/D de 3 bits é incapaz de fornecer a resolução necessária para o áudio de alta qualidade, embora um conversor de 16 bits possa desempenhar essa tarefa de forma adequada.

---

* N. de T.: A libra é uma unidade de massa muito utilizada em países como Estados Unidos e Reino Unido e 1 libra corresponde a 453,59237 gramas.

O formato de áudio em CD é muito apreciado porque 16 bits são utilizados a cada amostra de som. A alta resolução torna o som reproduzido tão bom quanto o original. Entretanto, lembre-se de que a exatidão também é necessária em muitas aplicações. Uma balança pode possuir resolução de um décimo de libra, mas deixar de funcionar a partir de 5 lb. Outra balança cuja resolução é de apenas 1 lb que nunca deixa de funcionar em valores superiores a 1 lb então representa um dispositivo com melhores características. Infelizmente, muitas pessoas acreditam que uma balança que possui resolução de um décimo de polegada deve obrigatoriamente ser mais exata, mas este não é sempre o caso. A exatidão da conversão A/D é uma função dos dispositivos utilizados e da tensão de referência. Outros fatores como a temperatura podem afetar a exatidão. Assim, um conversor de 7 bits sempre possuirá menor resolução que um dispositivo de 8 bits, mas ainda assim sua exatidão pode ser melhor.

» Conversão digital-analógica

Da mesma forma que para os conversores A/D, os conversores D/A existem na forma de CIs, sendo que há diversos tipos, mas apenas um será apresentado neste ponto.

A Figura 5-32(a) mostra o diagrama esquemático de um conversor D/A de 4 bits. Cada chave com polo simples e contato duplo representa uma entrada binária. Quando a chave está conectada ao terra, a entrada binária é BAIXA ou 0; a outra posição da chave corresponde ao estado ALTO ou 1. De acordo com a Figura 5-32(a), a entrada de 4 bits é 1000_2. Qual será o valor de $V_{saída}$? Utilizando a teoria padrão do amp op, tem-se:

$$V_{saída} = -V_{ref} \times \frac{R_F}{R_{entrada}}$$
$$= -5\,V \times \frac{1\,k\Omega}{1\,k\Omega} = -5\,V$$

A resolução (menor tamanho do passo) do circuito conversor D/A pode ser determinada a partir da tensão de saída produzida quando o *bit* menos significativo (2^0) é alto:

$$V_{saída} = -V_{ref} \times \frac{R_F}{R_{entrada}} = -5\,V \times \frac{1\,k\Omega}{8\,k\Omega}$$
$$= -0,625\,V$$

O maior valor na saída é 1111_2, o que corresponde a 15_{10}, e a máxima tensão de saída é dada por:

$$V_{saída} = -0,625 \times 15 = -9,375\,V$$

O gráfico da Figura 5-32(b) mostra uma forma de onda semelhante a uma escada em degraus de 0,625 V, variando de 0 V a $-9,375$ V. Em casos onde saídas positivas são necessárias, a tensão V_{ref} pode ser alterada para um valor negativo ou o conversor pode ser conectado a um inversor. A Figura 5-32(b) indica que haverá algum ruído de alta frequência inerente ao sistema DSP. A saída não é capaz de mudar suavemente como ocorre em um sistema puramente analógico. A escada mostra como a saída varia na forma de degraus, sendo que esses degraus (e o ruído de alta frequência) podem ser eliminados por meio da conexão de um filtro passa-baixa após o conversor D/A.

» Dispositivos com capacitor chaveado

Os circuitos com capacitor chaveado são capazes de fornecer a conversão da tensão, integração e filtragem. Assim, os projetos são simplificados com um maior grau de versatilidade. A Figura 5-33 mostra um conversor de tensão com capacitor chaveado, sendo que este tipo de dispositivo é normalmente empregado em dispositivos alimentados por baterias e pode ser utilizado para inverter, dobrar, multiplicar e dividir uma tensão de entrada positiva. Um desses dispositivos, denominado MAX1044 e fabricado por Maxim, é capaz de fornecer até 10 mA de corrente de carga a partir de uma fonte de alimentação que varia entre 1,5 V e 10 V. O fabricante Maxim ainda disponibiliza o dispositivo MAX660, capaz de fornecer correntes de carga de até 100 mA.

A Figura 5-33(a) mostra a configuração inversora de tensão e a Figura 5-33(b) mostra os interruptores MOSFET internos. Um inversor (triângulo com um círculo) é responsável pelo fato de os estados

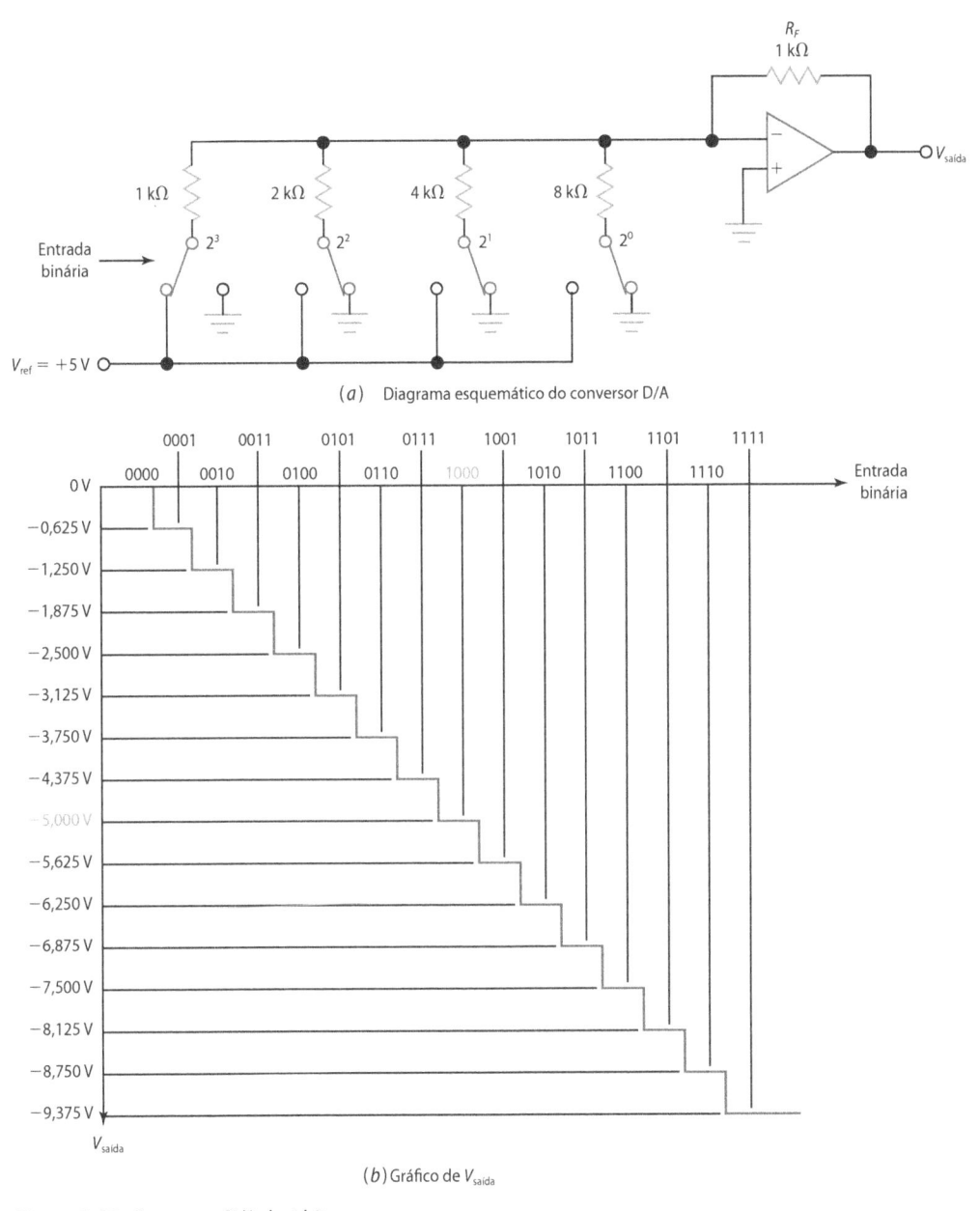

Figura 5-32 Conversor D/A de 4 bits.

(a) Diagrama esquemático do conversor D/A

(b) Gráfico de $V_{saída}$

de S_2 e S_4 serem opostos aos de S_1 e S_3. Um oscilador interno dispara as chaves com uma taxa de 10 kHz. Quando as chaves 1 e 3 estão fechadas, o capacitor C_1 é rapidamente carregado até V+. Assim, as chaves 1 e 3 são abertas, enquanto os dispositivos 2 e 4 são fechados. Isso então conecta C_1 e C_2 em paralelo, de modo que C_2 é carregado. Note que as placas superiores de ambos os capacitores são positivas, tornando a tensão $V_{saída}$ negativa em relação ao terra.

A Figura 5-33(c) mostra a configuração dobradora de tensão. Dois diodos externos associados a

Os integradores com capacitor chaveado possuem uma função equivalente à operação do integrador com amp op discutido no Capítulo 1. A Figura 5-34(a) mostra um exemplo. Lembre-se de que a inclinação de $V_{saída}$ é dada por:

$$\text{inclinação} = -V_{entrada} \times \frac{1}{RC}$$

A Figura 5-34(b) mostra um integrador com capacitor chaveado equivalente, o qual não utiliza um resistor. O circuito apresenta um chaveamento entre C_1 e C_2. Quando a chave do lado esquerdo está fechada, o capacitor C_1 é rapidamente carregado até $V_{entrada}$. Ambas as chaves então mudam de estado, de modo que C_1 é conectado à entrada inversora do amp op, o qual atua como um terra

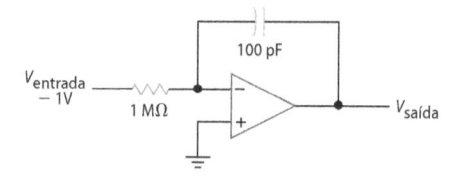

(a) Configuração inversora de tensão

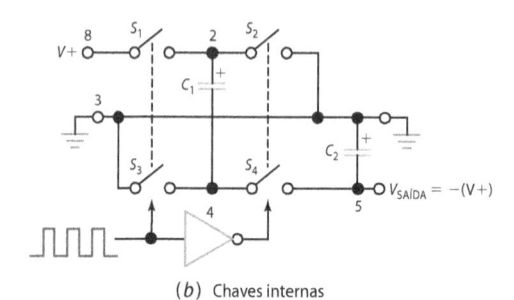

(b) Chaves internas

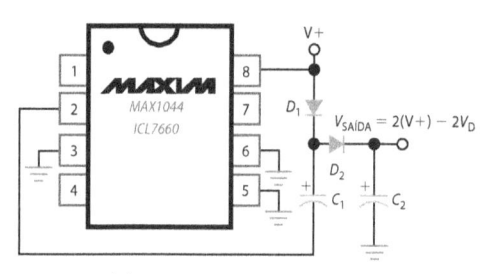

(c) Configuração dobradora de tensão

Figura 5-33 Conversor de tensão com capacitor chaveado.

dois capacitores são necessários. O uso de diodos Schottky é recomendado de modo a limitar a perda devido à queda de tensão no dispositivo. Como esse circuito funciona? Pode-se simplificar a análise considerando que as chaves 3 e 4 na Figura 5-33(b) podem ser ignoradas porque o pino 4 do CI não é utilizado no circuito dobrador. O pino 2 representa o ponto principal, o qual muda de estado entre os potenciais V+ e terra em virtude da ação das chaves 1 e 2. Quando o pino 2 está aterrado, o capacitor C_1 é carregado até V+ por meio do diodo D_1. Então, o pino 2 muda para V+, atuando em série com a carga de C_1 de modo que uma tensão dobrado é aplicada a C_2 através de D_2.

(a) Integrador convencional

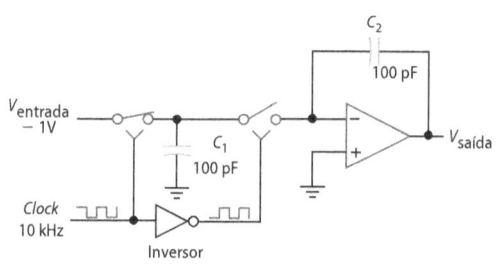

(b) Integrador com capacitor chaveado

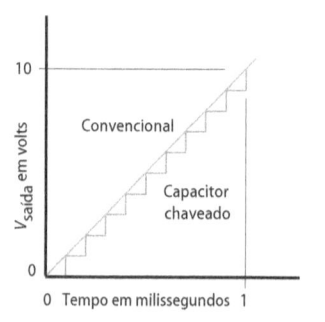

(c) Resposta no tempo do integrador

Figura 5-34 Integrador com capacitor chaveado.

EXEMPLO 5-5

Determine a inclinação de $V_{saída}$ para a Figura 5-34(a), bem como o valor de $V_{saída}$ após 1 ms. Aplicando a equação, tem-se:

$$\text{Inclinação} = -V_{entrada} \times \frac{1}{RC}$$

$$= -(-1) \times \frac{1}{1M \cdot 100p} = 10.000 \text{ V/s}$$

Considerando um valor inicial de 0 V, a tensão de saída instantânea é determinada a partir da multiplicação da inclinação pelo período:

$$V_{saída(inst.)} = \text{Inclinação} \times \text{Período}$$
$$= 10.000 \text{ V/s} \times 1 \text{ ms} = 10 \text{ V}$$

---

virtual devido à realimentação negativa por meio de C_2. Assim, o capacitor C_1 transfere sua carga para C_2. Como ambos os dispositivos possuem o mesmo valor de capacitância, a saída do amp op aumenta em uma taxa correspondente a $V_{entrada}$ (invertida), ou +1 V neste caso. Sempre que o capacitor C_1 for descarregado no terra virtual, a tensão se tornará 1 V mais positiva. A inclinação da tensão de saída em integradores com capacitor chaveado semelhantes ao arranjo da Figura 5-34(b) é dada por:

$$\text{Inclinação} = -V_{entrada} \times \frac{C_1 \cdot f_{clock}}{C_2}$$

Qual é a principal vantagem de se utilizar integradores com capacitor chaveado? Isso se justifica porque os arranjos são controlados por uma frequência de *clock*, o que torna possível a construção de circuitos de temporização e filtros que podem ser ajustados durante o funcionamento do circuito. Essa é uma das principais razões pelas quais os CIs com sinais mistos têm se tornado tão populares.

A Figura 5-35 mostra um CI com sinal misto TLC04/MF4A-50 fabricado por Texas Instruments, que consiste em um filtro passa-baixa de Butterworth de quarta ordem. O dispositivo utiliza integradores com capacitor chaveado de modo a obter uma resposta do filtro que pode ser variada por meio do ajuste da frequência de *clock*. Esse CI opera com uma faixa de tensão de alimentação de 5 V a 12 V e atua como filtro passa-baixa com frequência de corte entre 0,1 Hz e 30 kHz. A operação do circuito é descrita pelas seguintes expressões:

$$f_{clock} = \frac{1}{0{,}69\,R_{CLK}\,C_{CLK}}$$

$$\text{Frequência de corte} = f_c = \frac{f_{clock}}{50}$$

$$\text{Máxima frequência de entrada} = f_{max} = \frac{f_{clock}}{2}$$

Por que a máxima frequência de entrada é limitada à metade da frequência de *clock*? Isso é explicado pelo fato de que frequências acima desse limite não podem ser filtradas, surgindo então na saída (pino 5 na Figura 5-35) como se estivessem na banda passante do filtro. Esse fenômeno é denominado *ALIASING* e é abordado no Capítulo 8.

EXEMPLO 5-6

Determine a inclinação para a Figura 5-34(b). Compare este resultado com a inclinação do integrador RC mostrado na Figura 5-34(a). Aplicando a equação, tem-se:

$$\text{Inclinação} = -(-1) \times \frac{100p \cdot 10k}{100p} = 10.000 \text{ V/s}$$

A inclinação é exatamente a mesma. A Figura 5-34(c) mostra o circuito RC na cor laranja e o circuito digital na cor vermelha.

EXEMPLO 5-7

Determine a frequência de corte na Figura 5-35 considerando $R_{CLK} = 10$ kΩ e $C_{CLK} = 1$ nF. Inicialmente, calcula-se a frequência de *clock*:

$$f_{clock} = \frac{1}{0{,}69\,R_{CLK}\,C_{CLK}} = \frac{1}{0{,}69 \cdot 10k \cdot 1n}$$
$$= 145 \text{ kHz}$$

Agora, determina-se a frequência de corte:

$$f_c = \frac{f_{clock}}{50} = \frac{145 \text{ kHz}}{50} = 2{,}9 \text{ kHz}$$

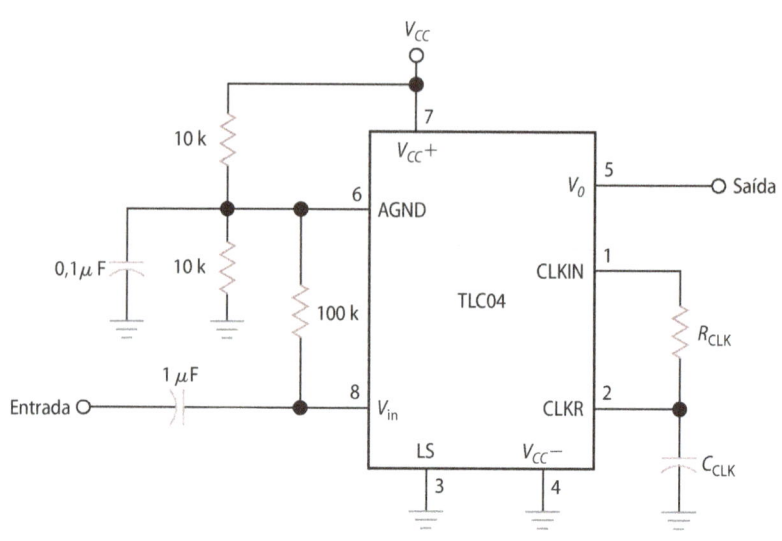

Figura 5-35 Filtro com capacitor chaveado.

Uma vantagem interessante dos filtros com capacitor chaveado é a capacidade de alteração da frequência de corte por meio do simples ajuste da frequência de *clock*. O *chip* TLC04 da Texas Instruments pode ser acionado por um *clock* externo em sistemas onde há a necessidade de ajuste da resposta em frequência durante o funcionamento.

Teste seus conhecimentos

❱❱ *Busca de problemas*

Os procedimentos de busca de problemas em equipamentos que utilizam circuitos integrados são os mesmos anteriormente descritos no Capítulo 2. As verificações preliminares, o traçado de sinais e a injeção de sinais podem ser empregados para localizar a área geral do problema.

A chave para uma busca de falhas eficiente em equipamentos complexos é o conhecimento adequado do diagrama de blocos geral, o qual é responsável por fornecer o significado dos sintomas. Normalmente, é possível restringir rapidamente o problema a uma única área quando a função de cada estágio é devidamente conhecida. O fato de o estágio utilizar CIs ou circuitos discretos não é efetivamente importante. A função de cada estágio é o que ajuda a determinar a causa de um sintoma ou conjunto de sintomas.

A Figura 5-36 mostra uma parte do diagrama de blocos de um receptor de televisão. Após as verificações preliminares, esse tipo de diagrama pode ser utilizado para limitar as possibilidades. Novamente, a literatura técnica de manutenção é muito valiosa durante a busca de falhas. Suponha que os sintomas indiquem que o problema se encontra no CI_{201}. Agora, é hora de verificar o diagrama esquemático.

A Figura 5-37 mostra o diagrama esquemático do CI_{201}. Na forma de blocos, são apresentadas as principais funções no interior do circuito integrado. Além disso, o diagrama mostra os números dos pinos e como os componentes externos podem ser conectados. Note que os valores das tensões CC são fornecidos, o que é muito importante em termos da busca de problemas em CIs analógicos ou com sinais mistos. Quando se suspeita de um CI em particular, as tensões CC devem ser verificadas,

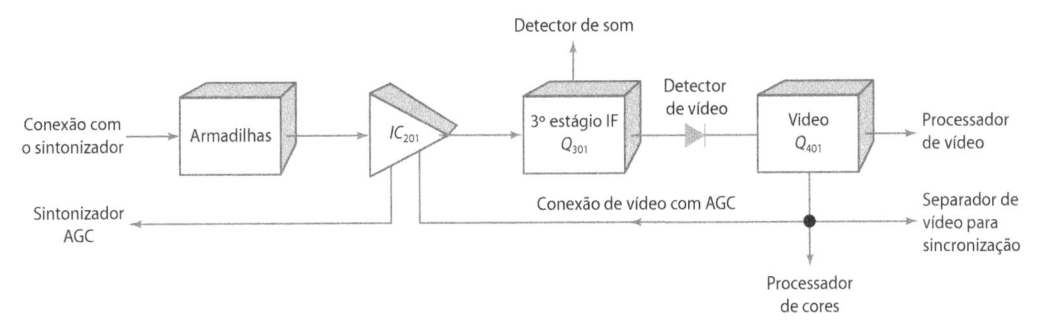

Figura 5-36 Diagrama de blocos parcial de um receptor de televisão.

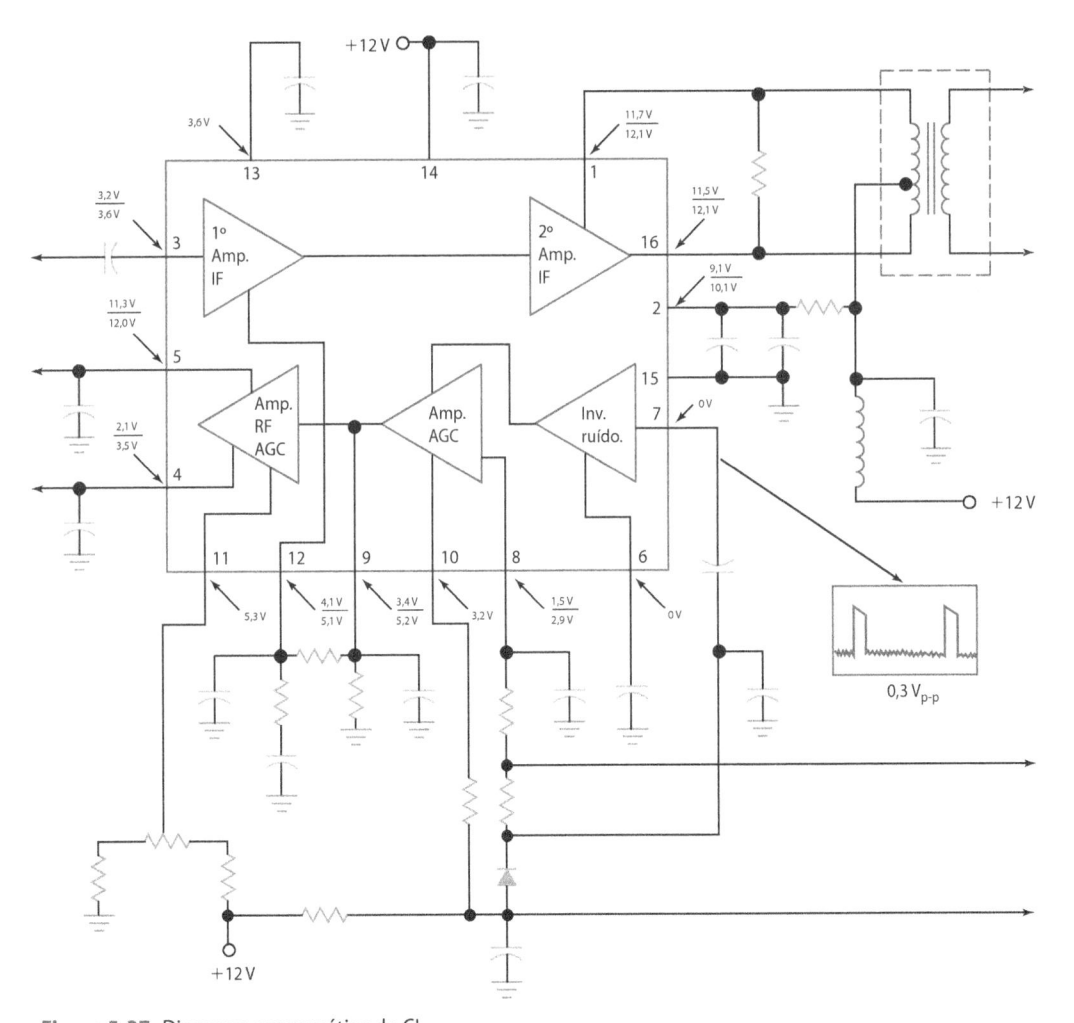

Figura 5-37 Diagrama esquemático do CI_{201}.

pois seus respectivos níveis devem estar corretos para que o circuito opere de forma adequada.

Alguns diagramas esquemáticos, a exemplo da representação da Figura 5-37, mostram muitas das tensões CC na forma de dois valores, os quais representam a faixa de tensão aceitável em um ponto em particular. Por exemplo, o pino 3 é marcado como:

$$\frac{3,2\text{ V}}{3,6\text{ V}}$$

Isso significa que qualquer tensão entre 3,2 V e 3,6 V será aceitável. Um valor fora dessa faixa pode implicar a existência de problemas.

As tensões dos pinos tendem a ser mais críticas em arranjos que empregam CIs. Em um circuito discreto operando normalmente, as tensões normalmente variam na faixa de 20%. Alguns circuitos com CIs não funcionarão adequadamente diante de um erro de 5%. Um voltímetro digital é normalmente empregado quando se trabalha com CIs.

Observe a Figura 5-37 novamente. Note que uma forma de onda é especificada no pino 7. Essa também é uma dica preciosa normalmente encontrada em diagramas esquemáticos. Se a forma de onda estiver ausente ou se sua amplitude for reduzida, tem-se uma indicação valiosa da origem do problema, que pode ser um CI defeituoso. Além disso, isso pode indicar que o sinal aplicado ao CI possui problemas. O diagrama esquemático tipicamente incluirá amostras de formas de onda simples de forma que será possível determinar a origem do erro.

O pino 15 na Figura 5-37 não é especificado em termos de qualquer valor de tensão, pois é aterrado. Assim, o valor da tensão nesse pino deve ser de 0 V em relação ao terra. A maioria dos técnicos realizaria uma medição nesse pino por precaução. A razão para esta prática é a possibilidade de a conexão com o terra estar rompida. As junções de solda também podem apresentar problemas. A leitura da tensão CC nesse pino indicará se realmente há conexão com o terra. Se um osciloscópio for utilizado, a utilização da ponta de medição implicará a exibição de uma linha horizontal correspondente a 0 V.

Se um erro na tensão CC for encontrado, o próximo passo consiste em determinar se o problema está no CI ou nos circuitos adjacentes. Não é uma boa ideia substituir o CI imediatamente. Os circuitos integrados não são facilmente dessoldados, podendo ser danificados dessa forma. Se soquetes forem utilizados, então é simples substituir o componente. Além disso, haverá o risco de danificação da nova unidade se determinados tipos de falha existirem nos componentes externos. Ainda, nunca conecte ou desconecte um CI com o circuito energizado, pois isso pode facilmente levar à ocorrência de problemas.

Verifica-se que a tensão de alimentação +12 V é aplicada ao circuito da Figura 5-37. Se a tensão em qualquer um dos pinos estiver incorreta, esta fonte de alimentação deverá ser verificada imediatamente. Assim, a fonte deve estar em perfeito funcionamento para que as tensões nos pinos sejam corretas.

Suponha que a tesão no pino 2 seja de apenas 3,5V. Esse parâmetro não deve assumir valores inferiores a 9,1 V. Considerando que a fonte de 12 V está em perfeito estado, o que pode estar errado? Note que há um resistor em série com o pino 2. Esse dispositivo pode estar em circuito aberto ou apresentar valor muito alto. Além disso, note que há dois capacitores conectados entre o pino 2 e o terra, sendo que um destes dispositivos pode apresentar fuga. Como o CI possui 16 pinos que devem ser dessoldados, pode ser interessante verificar esses componentes primeiro. É mais seguro e mais simples desconectar um terminal para realizar o teste com o ohmímetro em alguns dos componentes discretos.

Durante a busca de problemas em CIs com sinais mistos, verifique os sinais de *clock*. Se algum dos sinais estiver ausente, a operação do circuito não será normal.

Quando se chega à conclusão de que a falha está em um CI, deve-se substituí-lo prontamente. Os soquetes são uma exceção, e não uma regra. Assim, deve-se tomar cuidado ao realizar a desconexão dos pontos de solda do componente. Evite danificá-lo com a aplicação de calor excessivo e não o aqueça durante muito tempo. Utilize as ferramentas adequadas e trabalhe com cuidado.

A busca de problemas em circuitos e dispositivos com sinais mistos possui outros desafios. A ferramenta escolhida para a busca de falhas em arranjos analógicos normalmente é o osciloscópio. Em termos de circuitos digitais, o analisador lógico é tipicamente empregado. O fabricante Agilent combinou ambas as funções em um osciloscópio de sinais mistos.

Em sistemas com sinais mistos, os sinais digitais normalmente são mais rápidos que os sinais analógicos. O osciloscópio de sinais mistos fabricado pela Agilent (Figura 5-38) ajusta automaticamente a base de tempo e a amplitude vertical de forma que o sinal exibido não esteja muito comprimido ou expandido na tela. Uma vez ajustada a escala de tempo adequada, o osciloscópio emprega a taxa de amostragem mais rápida que pode ser obtida enquanto um registro ao longo do tempo é obtido. Há memória suficiente no osciloscópio de modo que a taxa de amostragem seja máxima ao longo de uma ampla faixa de velocidades de varreduras e que dados suficientes sejam exibidos na tela. Esse osciloscópio é adequado para a utilização em projetos com grandes quantidades de sinais digitais, sendo capaz de monitorar 18 canais alinhados no tempo, que consistem em dois canais analógicos e 16 canais digitais. O dispositivo possui largura de banda de 500 MHz e 8 MB de memória de armazenamento.

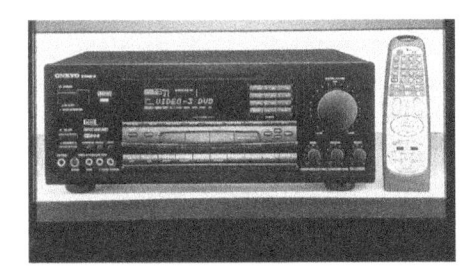

Não menos importante, deve-se ressaltar que a realização de reparos requer a utilização dos componentes corretos. A identificação de um dado CI utiliza um prefixo, um número raiz e um sufixo. Por exemplo, no componente LM741CN, LM é o prefixo, 741 é a raiz e o sufixo é CN. Os prefixos tipicamente identificam o fabricante do dispositivo, de modo que a lista a seguir é apenas parcial:

AD	Analog Devices
AM	Advanced Micro Devices
DG	Siliconix
DM	National Semiconductor (digital)
HM	Hitachi
HYB	Siemens
IRF	International Rectifier
LM	National
MC	Motorola
NDS	National Semiconductor
NEC	NEC
SD	SGS Thomson

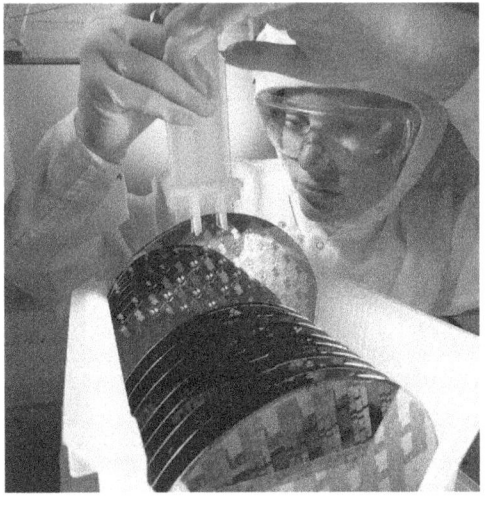

Este produto ONKYO utiliza a família de DSPs Motorola 56009.

Trabalho desenvolvido em sala limpa.

Mesa giratória dos *wafers*.

SI	Siliconix
SN	Texas Instruments, TI (padrão)
TL	Texas Instruments (analógica, linear)
VA	SGS Thomson
TMS	Texas Instruments

Teste seus conhecimentos

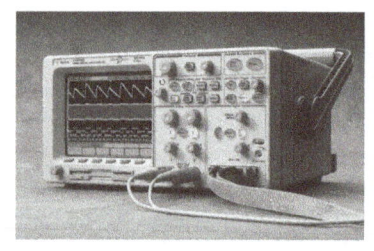

Figura 5-38 Osciloscópio de sinais mistos modelo 54642D fabricado por Agillent.

XR	Exar Corp.
Z	Zilog

O número raiz identifica o componente e normalmente será adotado por vários fabricantes. Os CIs LM741 e UA741 são ambos amp ops para aplicações gerais que possuem especificações e características semelhantes. O sufixo pode identificar o tipo de encapsulamento, a temperatura de operação, a tensão de alimentação e assim por diante. Um CI LM741CN possui encapsulamento DIP de oito pinos com faixa de temperatura entre 0 °C e 70 °C. Um CI LM741IN utiliza encapsulamento DIP de oito pinos, com faixa de temperatura entre 0 °C e 85 °C. Por outro lado, um CI LM741H é encapsulado em um invólucro metálico.

RESUMO E REVISÃO DO CAPÍTULO

Resumo

1. Circuitos discretos empregam componentes individuais para desempenhar uma dada função.
2. A utilização de circuitos integrados implica a redução do número de componentes discretos e, consequentemente, do custo.
3. O uso de circuitos integrados pode levar à redução do tamanho do equipamento e da potência necessária, bem como à eliminação de alguns procedimentos de alinhamento de fábrica.
4. Os circuitos integrados tipicamente possuem melhor desempenho que suas contrapartes discretas equivalentes.
5. É possível aumentar a confiabilidade dos equipamentos eletrônicos utilizando mais CIs e menos componentes discretos.
6. Os CIs encontram-se disponíveis em diversos tipos de encapsulamento.
7. Os circuitos integrados monolíticos são processados em lote utilizando *wafers* de silício com espessura de 10 mil.
8. O processo núcleo na fabricação de CIs monolíticos é a fotolitografia.
9. Um material fotossensível é utilizado para revestir o *wafer*.
10. O alumínio é evaporado no *wafer* de modo a interconectar os diversos componentes.
11. Um CI monolítico emprega um tipo de estrutura em peça única.
12. Um CI híbrido combina diversos tipos de componentes em um substrato comum.
13. O temporizador 555 pode ser utilizado em modo monoestável, modo astável ou modo de atraso de tempo.
14. A saída do CI temporizador 555 é um sinal digital.
15. O temporizador 555 utiliza três resistores idênticos em seu respectivo divisor de tensão.
16. O divisor interno ajusta pontos de disparo em um terço e dois terços da tensão de alimentação.
17. A largura de pulso de um CI temporizador é controlada por componentes externos.
18. Aplicando-se uma tensão ao pino de controle do temporizador 555, é possível utilizar esse dispositivo como um VCO ou um modulador com largura de pulso variável.
19. CIs analógicos contêm circuitos que normalmente não estão em saturação ou corte.
20. CIs com sinais mistos combinam funções de circuitos analógicos e digitais.
21. Uma malha de captura de fase compara o sinal de entrada com um sinal de referência e produz uma tensão de erro proporcional a qualquer diferença de fase (ou frequência).
22. Malhas de captura de fase são utilizadas como detectores FM, decodificadores em tom e parte de sintetizadores de frequência.
23. CIs com capacitor chaveado fornecem conversão da tensão, integração e filtragem.
24. Verifique as tensões de alimentação ao procurar problemas em estágios que empregam CIs.
25. Durante a busca de falhas em CIs, verifique as tensões CC em todos os pinos.
26. Sempre remova e insira novamente CIs acomodados em soquetes quando o circuito não estiver energizado.

Fórmulas

Temporizador 555 em modo de disparo único:
$t_{ligado} = 1,1\,RC$

Temporizador 555 em modo astável:

$$t_{alto} = 0,69\,(R_A + R_B)C$$

$$t_{baixo} = 0,69\,R_B C$$

$$f_{saída} = \frac{1,45}{(R_A + 2R_B)C}$$

$$\text{Razão cíclica} = \frac{R_A + R_B}{R_A + 2R_B} \times 100\%$$

Temporizador 555 em modo astável com diodo em paralelo com R_B:

$$t_{alto} = 0{,}69\, R_A C$$

$$t_{baixo} = 0{,}69\, R_B C$$

$$f_{saída} = \frac{1{,}45}{(R_A + R_B)C}$$

$$\text{Razão cíclica} = \frac{R_A}{R_A + R_B} \times 100\%$$

Temporizador 555 em modo de atraso de tempo:
$$t_{atraso} = 1{,}1\, RC$$

Conversores A/D e D/A: Resolução = 2^N

$$\text{Tamanho do passo} = \frac{\text{span}}{2^N}$$

Integrador RC com amp op (inversor):

$$\text{Inclinação} = -V_{entrada} \times \frac{1}{RC}$$

$$V_{saída(inst.)} = \text{Inclinação} \times \text{Período}$$

Integrador com capacitor chaveado:

$$\text{Inclinação} = -V_{entrada} \times \frac{C_1 \times f_{clock}}{C_2}$$

Filtro com capacitor chaveado TLC04:

$$f_{clock} = \frac{1}{0{,}69\, R_{CLK}\, C_{CLK}}$$

$$f_{corte} = \frac{f_{clock}}{50}$$

$$f_{max} = \frac{f_{clock}}{2}$$

Questões de revisão do capítulo

Questões de pensamento crítico

5-1 O processo fotolitográfico utilizado na fabricação de CIs é baseado na luz ultravioleta. Há também um processo denominado litografia por raios X. Você é capaz de citar algum motivo pelo qual os raios X são utilizados na fabricação de CIs?

5-2 Diversas empresas têm testado CIs tolerantes a faltas que possuem a característica de autorreparo. Quais são as possíveis aplicações desses dispositivos?

5-3 CIs com sinais mistos combinam funções lineares e digitais. Cite alguns exemplos dessas funções.

5-4 Os fabricantes de CIs normalmente licenciam seus projetos para a utilização por parte de outros fabricantes. Isso fornece a estas últimas empresas o direito de construir e vender seus próprios projetos. Por que o fabricante original adota essa prática?

5-5 Alguns equipamentos eletrônicos contêm CIs cujas especificações numéricas não podem ser encontradas em catálogos, manuais de dados, guias de substituição e livros didáticos. Por quê?

Respostas dos testes

» capítulo 6

Controle eletrônico – dispositivos e circuitos

O controle de cargas é uma área de aplicação importante. Por exemplo, um circuito eletrônico pode ser utilizado para ajustar e manter a velocidade de um motor de forma adequada. Elementos de iluminação e aquecimento também podem ser regulados por meio de circuitos de controle. O resistor ajustável ou reostato pode ser empregado no controle de cargas. Este capítulo apresenta dispositivos de controle de estado sólido que operam de forma mais eficiente que os reostatos. Apresenta-se ainda a utilização da realimentação em circuitos de controle.

Objetivos deste capítulo
» Calcular o rendimento de circuitos de controle.
» Identificar os símbolos esquemáticos de tiristores.
» Explicar a operação de tiristores.
» Definir o ângulo de condução em circuitos com tiristores.
» Explicar a comutação em circuitos com tiristores.
» Discutir os princípios dos servomecanismos.
» Encontrar problemas em circuitos de controle.

» Introdução

A Figura 6-1 mostra a utilização de um reostato para controlar a intensidade luminosa de uma lâmpada incandescente. Naturalmente, o reostato é ajustado de modo a fornecer uma RESISTÊNCIA maior, no sentido de reduzir a corrente e consequentemente o brilho da lâmpada. O reostato desempenha essa função, mas também dissipa energia. A análise de um circuito mostra por que isso ocorre. Para controlar o brilho da lâmpada na Figura 6-3, o reostato é ajustado em uma resistência de 120 Ω. Assim, a resistência total é:

$$R_T = 120\ \Omega + 120\ \Omega = 240\ \Omega$$

A corrente do circuito pode ser determinada pela lei de Ohm:

$$I = \frac{V}{R} = \frac{120\ \text{V}}{240\ \Omega} = 0{,}5\ \text{A}$$

Naturalmente, essa corrente é menor que aquela obtida quando a resistência do reostato é nula:

$$I = \frac{120\ \text{V}}{120\ \Omega} = 1\ \text{A}$$

A lei de Ohm mostra que o ajuste da resistência do reostato no valor da resistência de carga reduz a corrente à metade. Agora, vamos determinar a potência dissipada na carga. A corrente é de 0,5 A e a resistência de carga é de 120 Ω:

$$P = RI^2 = 120\ \Omega \times (0{,}5\ \text{A})^2 = 30\ \text{W}$$

Quando a resistência do reostato é nula, a potência dissipada é:

$$P = RI^2 = 120\ \Omega \times (1\ \text{A})^2 = 120\ \text{W}$$

O reostato controla a potência dissipada na carga, a qual é reduzida a um quarto quando a corrente assume metade do valor original, como foi mostrado anteriormente. Isso é esperado porque a potência varia com o quadrado da corrente.

É hora de analisar o RENDIMENTO DO CIRCUITO DE CONTROLE do reostato. Em plena carga, o reostato não possui resistência, portanto, não haverá potência dissipada neste elemento:

$$P = 0\ \Omega \times (1\ \text{A})^2 = 0\ \text{W}$$

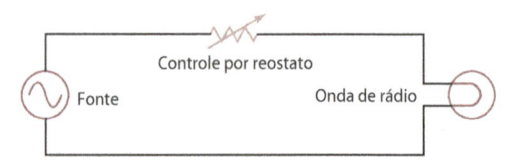

Figura 6-1 Circuito simples de controle por reostato.

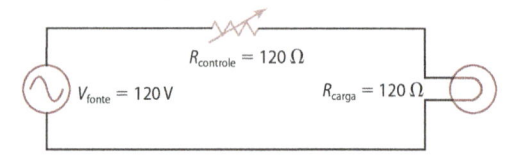

Figura 6-2 Análise de um circuito de controle por reostato.

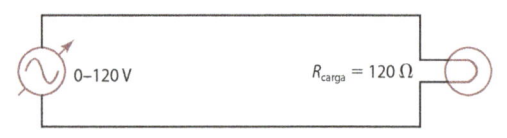

Figura 6-3 Controle por tensão.

Com um quarto da potência total, a dissipação no reostato será:

$$P = 120\ \Omega \times (0{,}5\ \text{A})^2 = 30\ \text{W}$$

Esse não é um circuito eficiente. Metade da potência total é dissipada no dispositivo de controle quando a corrente é reduzida à metade, de modo que o rendimento resultante é de 50%. À medida que a resistência do reostato aumenta, o rendimento do circuito diminui. Em um circuito de alta potência, o rendimento reduzido implica um elevado custo operacional. O reostato deve possuir grandes dimensões físicas de modo a dissipar o calor de forma segura.

A análise anterior é simplificada, pois considerou-se que a resistência da lâmpada incandescente permanece constante, mas isso não ocorre na prática. Entretanto, as conclusões obtidas são corretas, já que o controle por reostato é ineficiente.

Quais são as alternativas? Uma possibilidade é o CONTROLE POR TENSÃO, sendo que este circuito é representado na Figura 6-3. À medida que a tensão da fonte é ajustada de 0 a 120 V, a potência dissipada na carga variará de 0 a 120 W. Esse método é mais eficiente que o circuito de controle com reostato. Como há apenas uma resistência no circuito da Figura 6-3, há apenas um ponto de dissipação de potência. O rendimento do circuito sempre será igual a 100%.

Infelizmente, o controle por tensão não é facilmente obtido na prática. Não há uma forma simples com custo reduzido de controlar a tensão da rede. Um transformador variável é uma possibilidade, mas é um componente de elevado custo e volume para um circuito de alta potência.

Para ser eficiente, um dispositivo de controle deve possuir resistência muito baixa. Um **INTERRUPTOR*** é um exemplo desse tipo de componente. Quando o interruptor da Figura 6-4 é fechado, uma corrente de 1 A circula no circuito, de modo que a potência dissipada na carga é de 120 W. Se a chave possuir resistência muito pequena, então uma pequena quantidade de potência será dissipada nesse elemento. Quando o interruptor está aberto, não há circulação de corrente e, portanto, não há qualquer dissipação de potência no componente. Assim, a potência dissipada no interruptor nunca será significativa.

Você pode estar pensando na relação do circuito da Figura 6-4 com o controle de luminosidade de uma lâmpada ou da velocidade de um motor. Esse parece ser um tipo de controle liga-desliga, e este normalmente é o caso dos interruptores

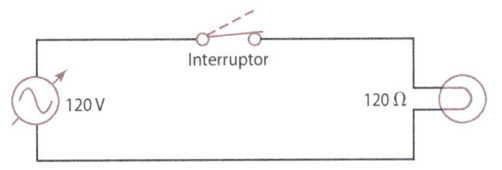

Figura 6-4 Controle por interruptor.

mecânicos comuns. Entretanto, considere por um momento um interruptor muito rápido. Suponha que este elemento rápido seja capaz pode abrir e fechar 60 vezes por segundo, mas permanece fechado durante apenas metade do tempo. Qual seria a condição da lâmpada? Como a lâmpada permanece conectada à fonte durante metade do tempo, o dispositivo operará com intensidade luminosa reduzida e o dispositivo de controle (interruptor rápido) possuirá temperatura de operação reduzida.

Os interruptores mecânicos não possuem essa característica. Mesmo que fossem fabricados para operar rapidamente, tais dispositivos seriam danificados rapidamente. Então, um **INTERRUPTOR ELETRÔNICO** (de estado sólido) é necessário. A operação rápida permitirá que o controle de luminosidade da lâmpada seja obtido sem que haja oscilações luminosas perceptíveis. Além disso, o interruptor é capaz de operar com temperatura reduzida. A próxima seção abordará o dispositivo de controle supracitado.

Teste seus conhecimentos

Acesse o site www.grupoa.com.br/tekne para fazer os testes sempre que passar por este ícone.

>> Retificador controlado de silício

Um dos interruptores eletrônicos mais populares é o retificador controlado de silício ou SCR (do inglês, *silicon-controlled rectifier*). Esse dispositivo pode ser mais facilmente compreendido por meio da análise

inicial do circuito equivalente com dois transistores mostrado na Figura 6-5. O arranjo mostra dois transistores NPN e PNP conectados diretamente entre si. A chave para entender o funcionamento desse circuito é lembrar que os BJTs não conduzem enquanto não houver a aplicação de uma corrente na base. Verifica-se na Figura 6-5 que cada transistor deve estar em condução para que a corrente de base seja fornecida ao outro elemento.

---
* N. de T.: Os termos chave e interruptor são equivalentes.

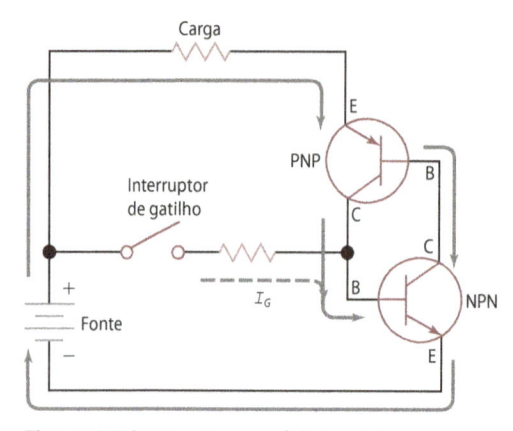

Figura 6-5 Interruptor com dois transistores.

Como é possível ativar o circuito da Figura 6-5? Note que um INTERRUPTOR DE GATILHO foi incluído. Quando a fonte é conectada inicialmente, não há corrente circulando na carga porque ambos os transistores estão desligados. Quando o interruptor de gatilho é fechado, o potencial positivo da fonte é aplicado à base do transistor NPN, de modo que a respectiva junção base-emissor é polarizada e o dispositivo entra em condução. Assim, a corrente de base é aplicada ao transistor PNP, que é ligado. Quando ambos os transistores estão ativados, a corrente circula na carga.

O que ocorre na Figura 6-5 quando o interruptor de gatilho é aberto? Os transistores serão desligados e interromperão o fornecimento de corrente para a carga? Não, porque, uma vez ativados, os transistores fornecem a corrente de base um para o outro. Uma vez disparados pelo circuito de gatilho, os transistores na Figura 6-5 continuam a conduzir até que a fonte seja removida ou o circuito da carga seja aberto. O interruptor com dois transistores pode ser ativado por uma corrente de gatilho, mas a remoção de tal corrente não implicará o desligamento do interruptor. Esse circuito é denominado LATCH, sendo que, uma vez disparado, permanece em condução ininterrupta.

O interruptor com dois transistores da Figura 6-5 é eficiente. Quando os transistores estão desligados, há uma resistência muito alta de modo que a corrente e a dissipação de potência são aproximadamente nulas. Quando os transistores estão em condução, existe a saturação (forte), de modo que há uma resistência pequena, o que implica dissipação de potência reduzida no interruptor.

A Figura 6-6 mostra uma forma de simplificar o interruptor com dois transistores. Um único dispositivo de quatro camadas é capaz de desempenhar a mesma função. Analise a Figura 6-6 e verifique que o arranjo é equivalente aos dois transistores mostrados na Figura 6-5. O diodo de quatro camadas, apresentado na Figura 6-6, é um dispositivo eletrônico de controle importante. O dispositivo é denominado diodo porque conduz a corrente em um sentido, bloqueando-a em outro. Esse elemento também é normalmente conhecido como RETIFICADOR CONTROLADO DE SILÍCIO (SCR).

A Figura 6-7 mostra o símbolo esquemático de um SCR. O fluxo da corrente de elétrons é o mesmo verificado em um diodo comum, circulando do catodo para o anodo. O símbolo consiste na representação de um diodo de estado sólido com a inclusão de um terminal de gatilho.

A Figura 6-8 representa a curva característica volt-ampère de um SCR, onde são representadas as condições de polarização direta ($+V$) e polarização reversa ($-V$). Assim como ocorre nos diodos convencionais, uma corrente muito pequena circula quando o dispositivo está reversamente polarizado, a menos que a tensão de ruptura reversa seja alcançada. A ruptura reversa é evitada

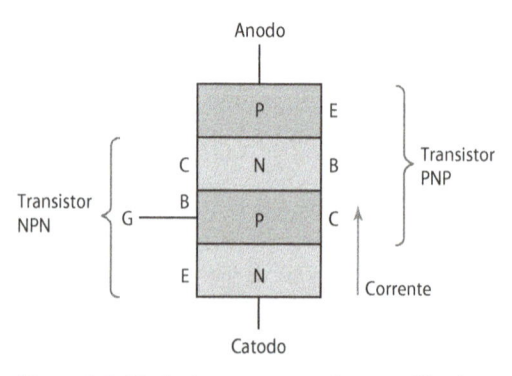

Figura 6-6 Diodo de quatro camadas ou retificador controlado de silício.

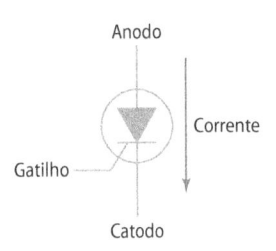

Figura 6-7 Símbolo esquemático de um SCR.

com a utilização do SCRs cujas especificações sejam maiores que as tensões dos circuitos. A seção correspondente à polarização direta na curva volt-ampère é muito diferente em comparação a um diodo convencional. O SCR permanece em estado de bloqueio até que a tensão de ruptura direta seja alcançada. Assim, o diodo assume o estado de condução. A queda de tensão no diodo é rapidamente reduzida e a corrente aumenta. A corrente de manutenção corresponde ao valor mínimo de corrente capaz de manter o SCR em condução.

A Figura 6-8 somente explica parte do funcionamento do dispositivo, pois não mostra como a corrente de gatilho afeta a característica do SCR. Observe a Figura 6-9. A corrente I_{G_1} representa o menor valor de corrente de gatilho. Verifica-se que, quando a corrente de gatilho é baixa, uma alta tensão de polarização direta é necessária para ativar o SCR. A corrente I_{G_2} é maior que I_{G_1}. Note que há a necessidade de uma tensão direta menor para que o dispositivo entre em condução quando a corrente de gatilho é aumentada. Finalmente, tem-se que I_{G_3} é a corrente mais alta. Assim, isso indica a necessidade de uma tensão ainda menor para a ativação do SCR.

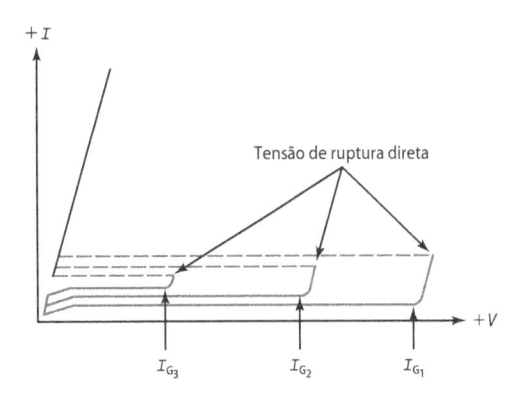

Figura 6-9 Efeito da tensão de gatilho na tensão de ruptura.

Em operações comuns, os SCRs não ficam submetidos a tensões altas o suficiente para atingir a ruptura direta. Os dispositivos entram em estado de condução por meio da aplicação de um PULSO DE GATILHO largo o suficiente para garantir a ativação mesmo com valores reduzidos de tensão de polarização direta. Uma vez disparado pela corrente de gatilho, o dispositivo permanece em condução até que a corrente seja reduzida a um valor inferior à corrente de manutenção.

Agora que conhecemos parte das características dos SCRs, é possível compreender melhor algumas aplicações. A Figura 6-10 mostra a aplicação básica de um SCR no controle de potência em um circuito CA. A carga pode ser uma lâmpada, um elemento de aquecimento ou um motor. O SCR conduzirá apenas no sentido mostrado, sendo esse um circuito de meia-onda. O controle ajustável por meio do

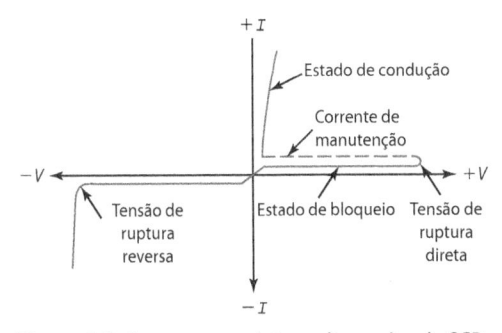

Figura 6-8 Curva característica volt-ampère do SCR.

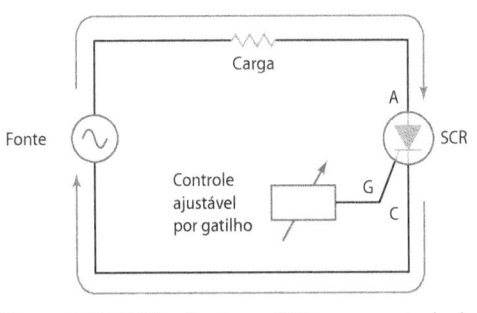

Figura 6-10 Utilização de um SRC para o controle da potência CA.

gatilho determina quando o SCR é ligado. O desligamento é automático e ocorre quando a fonte CA apresenta mudança de polaridade, de modo que o SCR é então polarizado reversamente.

A Figura 6-11 mostra as formas de onda para o circuito da Figura 6-10. As formas de onda na cor vermelha são a corrente na carga (ou tensão na carga, pois possuem o mesmo formato no caso de uma carga resistiva). As formas de onda na cor azul representam a tensão de gatilho. Note que a corrente de carga é nula até que os pulsos de carga ativem o SCR. O circuito permanece em condução (travado) até que a forma de onda da tensão da fonte (que não é representada na Figura 6-11) apresente a inversão da polaridade. Assim, os SCRs atuam como diodos e não conduzirão na condição de polarização reversa.

As formas de onda na parte inferior da Figura 6-11 indicam uma baixa potência. Os pulsos de gatilho são aplicados de forma tardia ao longo do ciclo CA, de modo que o SCR permanece em condução por um breve período de tempo. Na condição de meia carga, os pulsos são aplicados no momento em que a tensão da fonte de alimentação encontra-se no respectivo valor de pico. Na condição de plena carga, os pulsos são aplicados no início do ciclo CA e o SCR permanece em condução durante a maior parte dos semiciclos positivos. Entretanto, os semiciclos negativos não são utilizados e o circuito é considerado um controlador de meia-onda. É possível empregar dois SCRs para obter o controle em onda completa, além disso, há outros métodos que serão posteriormente abordados.

As formas de onda da Figura 6-11 ilustram o controle do ÂNGULO DE CONDUÇÃO, e quanto maior for o valor desse parâmetro, maior será a potência na carga. Além disso, é comum dizer que circuitos desse tipo empregam controle de fase. À medida que o ângulo de fase da forma de onda avança, a potência na carga aumenta. Assim, o bloco de controle do gatilho na Figura 6-10 varia a fase dos pulsos de gatilho, considerando a tensão da fonte como sendo a referência de fase.

Os retificadores controlados de silício funcionam adequadamente em aplicações de circuitos de chaveamento e controle de potência. Esses dispositivos encontram-se disponíveis com especificações de tensão de 6 V a aproximadamente 5000 V e especificações de corrente que variam de 0,25 A a 2000 A. É possível obter características de altas tensões e correntes simultaneamente por meio das associações de SCRs em série e em paralelo. Retificadores controlados de silício com especificações moderadas são capazes de acionar cargas de centenas de watts com um pulso de gatilho de alguns microwatts cuja duração é de alguns microssegun-

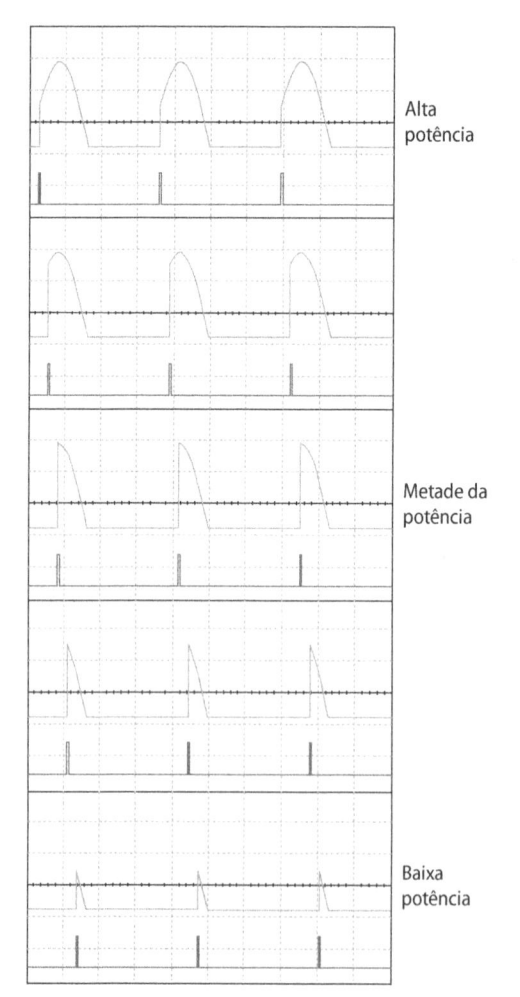

Figura 6-11 Formas de onda no SCR.

dos. Esse desempenho representa um ganho de potência superior a 10 milhões, o que torna o SCR um dos dispositivos de controle mais sensíveis disponíveis na atualidade.

O desligamento de um SCR requer que o circuito anodo-catodo possua polarização nula ou seja reversamente polarizado. A polarização reversa representa o método de desligamento mais rápido. Em ambos os casos, o desligamento não estará completo até que todos os portadores de corrente na junção central do dispositivo sejam capazes de se recombinar. A recombinação é um processo que requer tempo. O tempo decorrido entre a interrupção do fluxo de corrente e o momento após o qual a polarização direta pode ser aplicada para ativar o dispositivo é denominado tempo de desligamento. Esse parâmetro pode variar de alguns microssegundos a diversas centenas de microssegundos, dependendo da construção do SCR.

Um SCR pode ser desligado por meio da interrupção da corrente com uma chave conectada em série com o circuito. Outra possibilidade consiste em fechar uma chave conectada em paralelo, de modo a reduzir a polarização direta no SCR a zero. Em circuitos CA, o desligamento é normalmente automático porque a tensão da fonte muda de polaridade periodicamente. Independentemente do método utilizado, o processo de desligamento de um SCR é denominado COMUTAÇÃO. Os interruptores mecânicos dificilmente consistem em uma escolha adequada para a comutação dos SCRs. Uma terceira abordagem é denominada comutação forçada e inclui seis categorias de operação:

Classe A: Autocomutação por meio de ressonância com a carga. Um indutor e um capacitor constituem efetivamente um circuito ressonante série com a carga. As oscilações resultantes polarizam o SCR reversamente.

Classe B: Autocomutação por meio de um circuito *LC*. Um indutor e um capacitor constituem efetivamente um circuito ressonante conectado ao SCR. As oscilações resultantes polarizam o SCR reversamente.

Classe C: Arranjo *C* ou *LC* chaveado por um segundo SCR. Esse segundo dispositivo é ligado e fornece um caminho de descarga para o capacitor ou para a associação indutor-capacitor de modo a polarizar reversamente o primeiro SCR. O segundo SCR também fornece a corrente para a carga durante sua condução.

Classe D: Arranjo *C* ou *LC* chaveado por um SCR auxiliar. Esse dispositivo não é responsável por conduzir a corrente de carga como no caso anterior.

Classe E: Uma fonte de pulso externa é utilizada para polarizar o SCR reversamente.

Classe F: Comutação por meio da tensão alternada da rede CA. O SCR é reversamente polarizado quando a tensão da rede elétrica inverte sua polaridade.

A Figura 6-12 mostra um exemplo de circuito de comutação classe D, onde se constata a presença de uma fonte CC. Isso significa que há a necessidade de componentes externos para a comutação. Não há corrente circulando na carga enquanto o SCR_1 não for disparado. A corrente de carga flui da forma indicada, sendo que o lado esquerdo de L_1 está conectado ao circuito da carga. À medida que a corrente de carga circulando em L_1 aumenta, a intensidade do campo magnético aumenta de forma que surge uma tensão positiva induzida no terminal direito de L_1. A tensão positiva carrega o capacitor *C* como mostra a Figura 6-12. O diodo *D* evita que o capacitor se descarregue através da carga, da fonte

Sobre a eletrônica

A popularidade dos PLCs está em alta.
- Controladores lógicos programáveis (do inglês, *programmable logic controllers* – PLCs) são utilizados por muitas empresas para automatização da fabricação e de processos.
- PLCs são projetados de modo que seja fácil implementar funções e sequências de controle desempenhados por diagrama de escada (*ladder*).

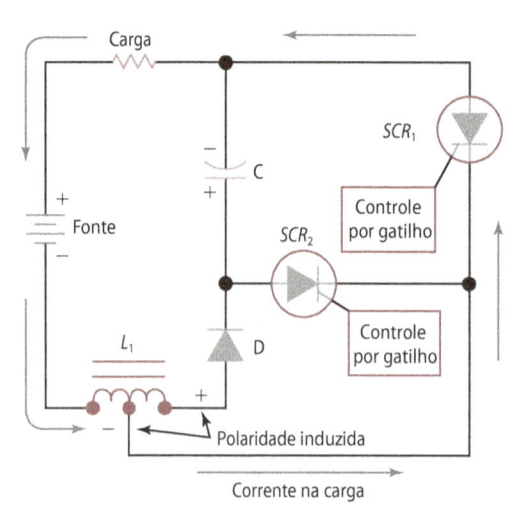

Figura 6-12 Circuito de comutação classe D utilizando SCR.

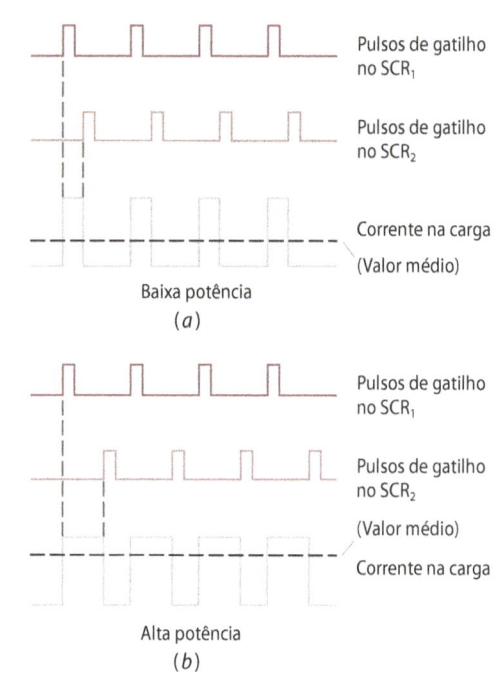

Figura 6-13 Formas de onda da comutação do retificador controlado de silício.

e do indutor. Quando SCR_2 é disparado, o capacitor é efetivamente conectado a SCR_1. Note que a placa positiva do capacitor é conectada através de SCR_2 ao catodo de SCR_1. A tensão do capacitor polariza SCR_1 reversamente, desligando o dispositivo.

Na Figura 6-12, SCR_1 mantém o fluxo de corrente na carga. Quando é ativada, a corrente começa a circular na carga. SCR_2 é empregado de modo a permitir o desligamento de SCR_1. Quando esse dispositivo é disparado, a corrente na carga é interrompida. A potência da carga pode ser controlada por meio da relação entre os tempos de disparo dos dois SCRs. Observe a Figura 6-13(a), que mostra que SCR_2 é disparado imediatamente após SCR_1. Os pulsos de corrente na carga são estreitos porque o desligamento ocorre logo após a ativação do dispositivo. Agora, observe a Figura 6-13(b), que mostra um tempo de atraso maior para os pulsos de gatilho aplicados a SCR_2. Os pulsos de corrente na carga possuem maior duração e assim a carga dissipa uma potência maior.

É possível obter o CONTROLE DE ONDA COMPLETA com um SCR combinando-o com um circuito retificador de onda completa. A Figura 6-14 mostra uma corrente CC pulsante de onda completa. Se um SCR for utilizado nesse tipo de circuito, o dispositivo não será mais polarizado diretamente após a forma de onda assumir o valor instantâneo de 0 V. A corrente no SCR assumirá um valor inferior à corrente de manutenção, de modo que o dispositivo será desligado.

A Figura 6-15 mostra um carregador de bateria que utiliza corrente CC pulsante de onda completa.

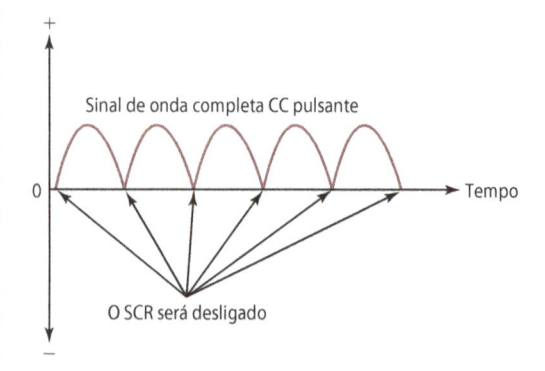

Figura 6-14 Comutação com corrente contínua pulsante em onda completa.

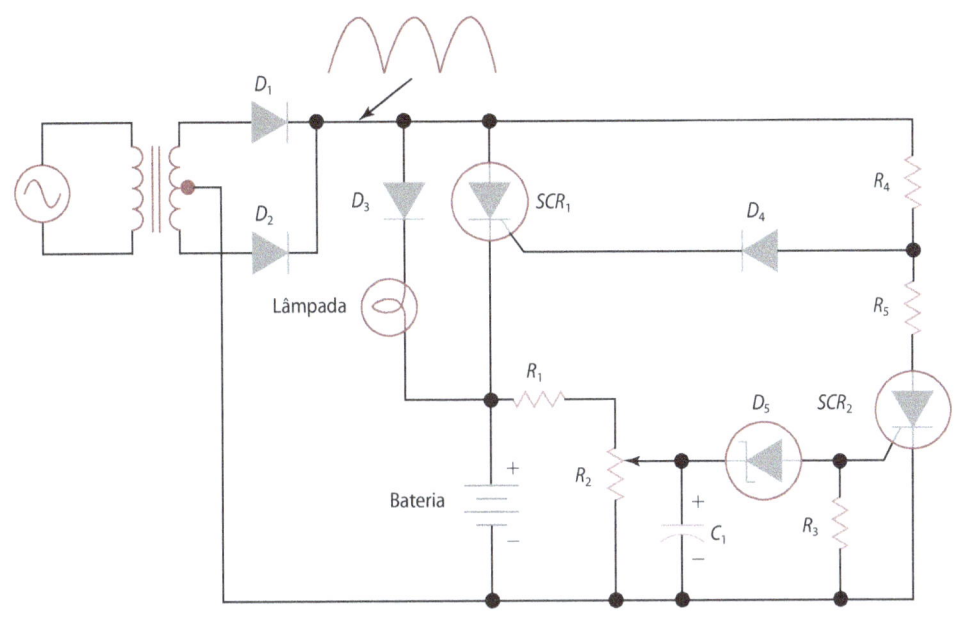

Figura 6-15 Carregador de baterias controlado por SCR.

Os diodos D_1 e D_2 em conjunto com um transformador com *tap* central fornecem a retificação de onda completa. SCR_1 encontra-se em série com a bateria que está sendo carregada. O dispositivo é disparado no início do semiciclo positivo por meio da corrente de gatilho que circula através de D_4 e R_4. A comutação nesse circuito é automática, como foi mostrado anteriormente na Figura 6-14.

O carregador de bateria da Figura 6-15 também possui desligamento automático quando a plena carga é atingida. À medida que a tensão da bateria aumenta com o processo de carga, a tensão em R_2 também aumenta. Eventualmente, no pico da tensão CA da rede, D_5 entra em processo de avalanche disparando SCR_2. À medida que a tensão na bateria aumenta ainda mais, o ângulo de SCR_2 continua a aumentar (agora, isso ocorre antes dos valores de pico da tensão CA) até que SCR_2 seja eventualmente disparado antes que a tensão de entrada CA seja grande o suficiente para disparar SCR_1. Quando SCR_2 está ligado, a ação do divisor de tensão constituído por R_4 e R_5 é incapaz de fornecer uma tensão suficiente para polarizar D_4 diretamente e disparar SCR_1. Assim, o processo de carga pesada é interrompido. A bateria agora é adequadamente carregada através de D_3 e da lâmpada (que se acende de modo a indicar que o processo de carga está completo). A tensão de interrupção pode ser ajustada por meio do valor de R_2. O diodo D_3 evita a descarga da bateria através de SCR_2 diante da eventual ocorrência de interrupção do fornecimento de energia.

Retificadores controlados de silício também podem ser utilizados de modo a evitar danos de natureza elétrica. Algumas cargas podem ser danificadas em virtude da tensão ou corrente excessiva. A Figura 6-16 mostra o diagrama esquemático de um circuito que fornece proteção dual para a carga. Na Figura 6-16, R_1, D_1 e C1 formam uma fonte de alimentação filtrada e regulada para os transistores de unijunção. A tensão no emissor de Q_1 é obtida a partir da tensão na carga utilizando-se um divisor de tensão formado por R_2 e R_3. Se a tensão na carga se torna muito alta, a tensão no emissor de Q_1 se iguala à tensão de disparo. Assim, o transistor Q_1 é ativado descarregando C_2 rapidamente através de R_8.

O pulso resultante em R_8 dispara o SCR, o qual energiza o relé K_1, cuja armadura é responsável por abrir os pontos de contato. Agora, o SCR encontra-se em

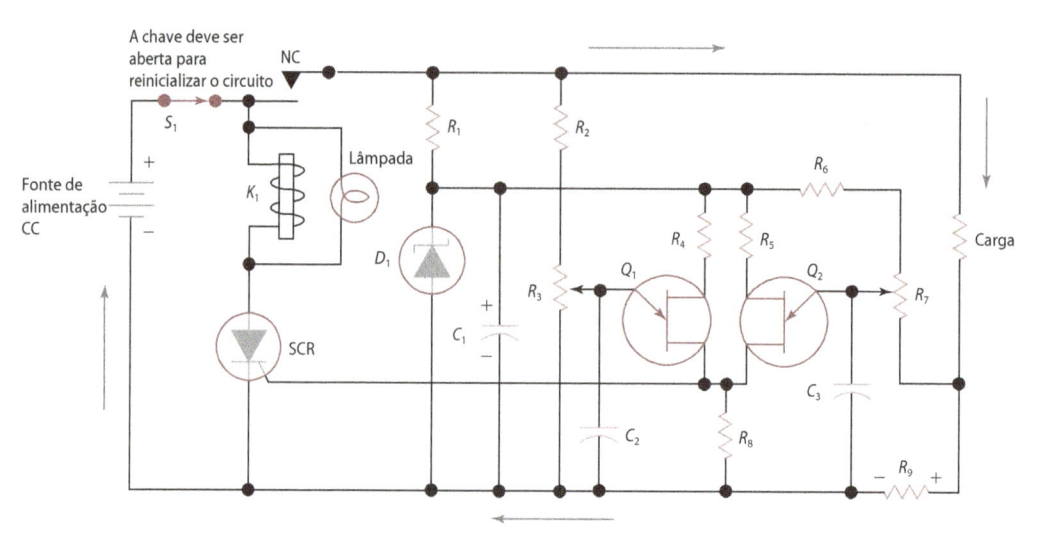

Figura 6-16 Proteção da carga em um circuito com retificador controlado de silício.

condução. A lâmpada está em paralelo com o relé, acendendo de modo a indicar se uma falha ocorre e a carga é desconectada. A carga permanece nessa condição até que o circuito seja reinicializado por meio do desligamento e religamento de S_1.

Uma corrente de carga excessiva também provocará o desligamento do circuito da Figura 6-16. A corrente da carga é mostrada por meio de R_9. Se uma corrente muito alta circular, a queda de tensão em R_9 aumenta e aciona o emissor de Q_2 no sentido positivo até que o dispositivo seja disparado. Então, o capacitor C_3 é rapidamente descarregado através de R_8 e o pulso resultante dispara o SCR. Assim, se qualquer UJT for disparado, ocorre a abertura dos contatos do relé desconectando a carga. O ponto de tensão de disparo é ajustado por R_3, enquanto o ponto de corrente de disparo é ajustado por R_7.

Teste seus conhecimentos

» Dispositivos de onda completa

O SCR é um dispositivo unidirecional, isto é, conduz em uma única direção. É possível combinar a função de dois SCRs em uma única estrutura de modo a se obter a condução bidirecional. O dispositivo da Figura 6-17 é denominado TRIAC (chave semicondutora CA triodo). O triac pode ser considerado como dois SCRs conectados em antiparalelo. Quando um dos SCRs encontra-se em modo de polarização reversa, o outro será responsável por manter o fluxo de corrente na carga. Triacs são dispositivos de onda completa, cujas especificações máximas são comparáveis àquelas dos SCRs. Esses elementos encontram-se disponíveis em correntes de até 40 A e tensões de até 600 V. Os SCRs são capazes de processar potências mais elevadas, mas os triacs são mais convenientes em muitas aplicações de baixas e médias potências.

A Figura 6-17 mostra que os três pontos de conexão principais do triac são denominados terminal principal 1, terminal principal 2 e gatilho. A polaridade da tensão no gatilho geralmente é medida do gatilho para o terminal principal 1. Um triac pode ser disparado por um pulso de gatilho positivo ou negativo em relação ao terminal principal 1.

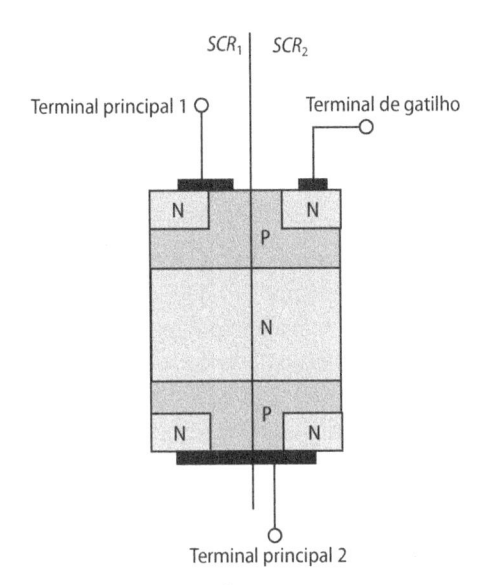

Figura 6-17 Estrutura de um triac.

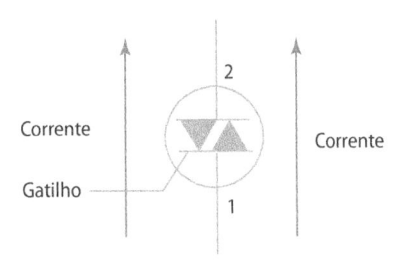

Figura 6-18 Símbolo esquemático de um triac.

Além disso, o terminal principal 2 pode ser gatilho positivo ou negativo em relação ao terminal principal 1 quando ocorre o disparo. Há quatro combinações ou modos de disparo possíveis para um triac, os quais são apresentados de forma resumida na Tabela 6-1. Note que o modo 1 é o mais sensível, sendo comparável ao disparo convencional de SCRs. Os outros três modos requerem uma corrente de gatilho maior.

A Figura 6-18 mostra o símbolo esquemático de um triac. As setas indicam que o triac é bidirecional, isto é, a corrente de carga pode fluir em ambas as direções. Os triacs são adequados no controle (ou chaveamento) da potência CA. Retificadores controlados de silício são utilizados quando há elevados níveis de potência. Ambos os dispositivos pertencem à família dos TIRISTORES, sendo que este termo pode ser empregado para se referir tanto a um SCR quanto a um triac. Os tiristores podem ser empregados no chaveamento estático de cargas CA. Uma chave estática é definida como um dispositivo que não possui partes móveis. As chaves com contatos móveis estão sujeitas a desgaste, corrosão, trepidação de contatos, formação de arco elétrico e geração de interferência. A utilização das chaves elimina esses inconvenientes. A maioria dos triacs é projetada para operação entre 50 Hz e 400 Hz, desempenhando um papel adequado como chaves estáticas ao longo dessa faixa de frequência. Os SCRs são capazes de operar em frequências de até 30 kHz.

A Figura 6-19 mostra o diagrama esquemático de uma CHAVE ESTÁTICA simples de três posições. Na posição 1, não há sinal de gatilho e o triac permanece desligado. Na posição 2, o triac é disparado a cada semiciclo da tensão CA e a carga recebe metade da potência. Na posição 3, o triac é disparado a cada semiciclo da tensão CA e a carga recebe a potência total.

Relés de estado sólido (do inglês, *solid-state relays* – SSR) utilizam chaveamento e isolação ótica para controlar cargas alimentadas pela rede CA de forma segura e simples a partir de circuitos com níveis lógicos. Não há conexão elétrica entre os terminais de

Tabela 6-1 Resumo dos modos de disparo de um TRIAC

Modo	Gatilho em relação ao terminal 1	Terminal 1 em relação ao terminal 2	Sensibilidade do gatilho
1	Positivo	Positivo	Alta
2	Negativo	Positivo	Moderada
3	Positivo	Negativo	Moderada
4	Negativo	Negativo	Moderada

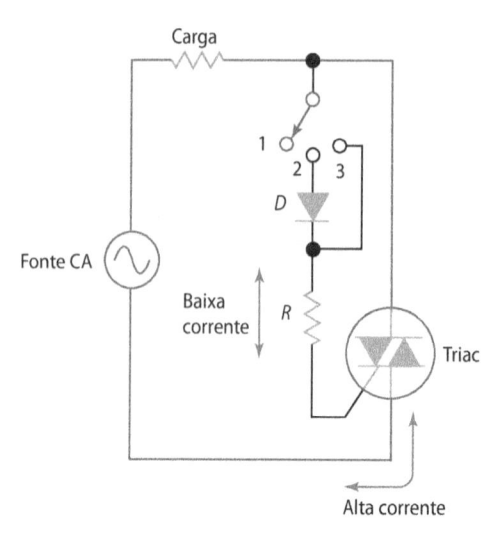

Figura 6-19 Chave estática de três posições.

ENTRADA e SAÍDA. A tensão de ruptura é a máxima diferença de potencial segura entre a entrada e a saída. A entrada é um sinal digital, sendo que 0 V representa a condição de bloqueio e 4 V correspon- de à condução. A maioria dos SSRs requer uma corrente de entrada de aproximadamente 2 mA para o funcionamento. O lado da carga possui especificações de tensão de 24 V a 600 V_{rms} e corrente de até 8 A (dependendo do componente em particular). A corrente de manutenção de saída é 30 mA.

A Figura 6-20(b) mostra que o SSR inclui um CIRCUITO DE CRUZAMENTO POR ZERO, cuja finalidade é limitar a corrente de surto na carga quando o relé é ligado. Se o triac for disparado no instante do valor de pico da tensão CA de alimentação, pode haver uma corrente de surto muito alta, a qual pode provocar danos. A interferência consiste em outro motivo pelo qual a ativação do dispositivo durante a condição do valor de pico da tensão CA é indesejável. O aumento súbito da corrente pode provocar interferência de radiofrequência. O circuito de cruzamento por zero permite que o triac seja disparado apenas quando a tensão é aproximadamente igual a 0 V durante o cruzamento da forma de onda por zero. Isso limita tanto a corrente de surto quanto a interferência.

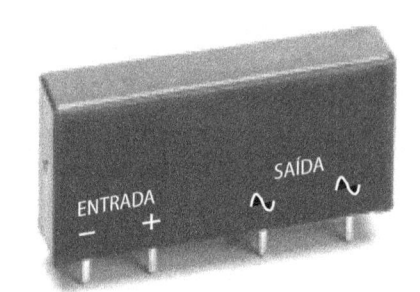

(*a*)   Estilo de encapsulamento típico

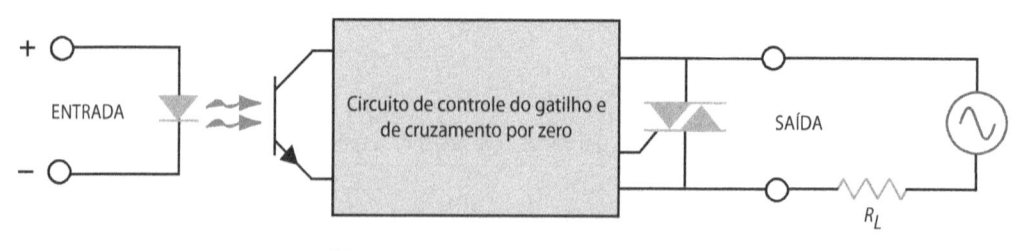

(*b*) Conteúdo no interior do encapsulamento

Figura 6-20 Relé de estado sólido.

Os SSRs consistem em um controle liga-desliga básico. Um arranjo diferente é utilizado quando é necessário controlar a carga de forma suave. Os dispositivos de controle de luminosidade são exemplos desse tipo de aplicação. A Figura 6-21 mostra um controle de gatilho ajustável acionando um triac.

A Figura 6-22 mostra as formas de onda do circuito da Figura 6-21. Cores aparecerão na versão final. A corrente de carga é nula até que os pulsos de gatilho disparem o triac. O triac permanece em condução até que a forma de onda da tensão de alimentação (que não é mostrada na Figura 6-22) apresente mudança na polaridade.

As formas de onda na parte inferior da Figura 6-22 mostram a condição de carga reduzida. Os pulsos de gatilho são aplicados tardiamente em cada semiciclo. Na condição de meia carga, os pulsos são aplicados no valor de pico de cada semiciclo. Na condição de carga elevada, os pulsos são aplicados no início dos semiciclos. Isso representa o ângulo de condução ou controle de fase, que foi anteriormente discutido para o SCR. O bloco de controle de gatilho ajustável na Figura 6-21 varia a fase dos pulsos de disparo, sendo que a tensão de alimentação atua como a referência de fase. Agora, compare as Figs. 6-22 e 6-11.

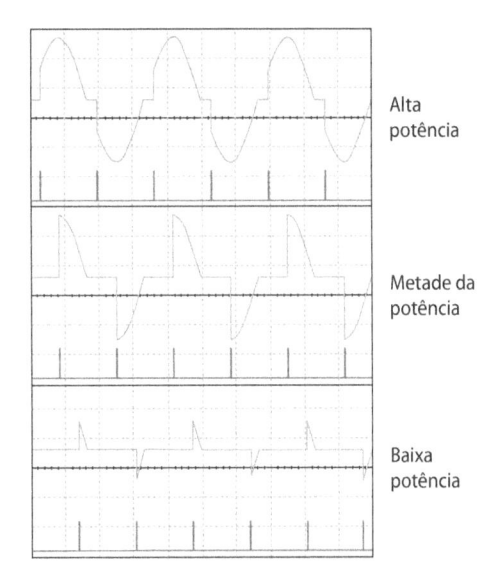

Figura 6-22 Formas de onda no triac.

A comutação pode ser mais complexa em circuitos com triacs. Em corrente alternada, o triac deve ser comutado (desligado) em cada ponto onde a tensão é nula (cruzamentos com zero). A comutação não é um problema com cargas resistivas. Em cargas indutivas (como motores), a corrente é atrasada em relação à tensão. Lembre-se de que esse defasamento é esperado em virtude da presença da reatância indutiva. Assim, no caso de uma carga indutiva, os cruzamentos da corrente e da tensão por zero ocorrem em instantes distintos, tornando a comutação mais complexa.

Os transitórios da rede CA podem afetar os tiristores, pois produzem uma grande variação da tensão em um curto intervalo de tempo. Uma rápida variação da tensão pode provocar o disparo do tiristor, que então passará a conduzir. Lembre-se de que uma junção PN que não está em estado de condução possui uma região de depleção. Além disso, deve-se ressaltar que a região de depleção atua como o dielétrico de um capacitor. Isso significa que um tiristor em seu estado de bloqueio possui diversas capacitâncias internas ou intrínsecas. Uma mudança instantânea da tensão aplicada ao tiristor provocará o carregamento desses elementos parasitas.

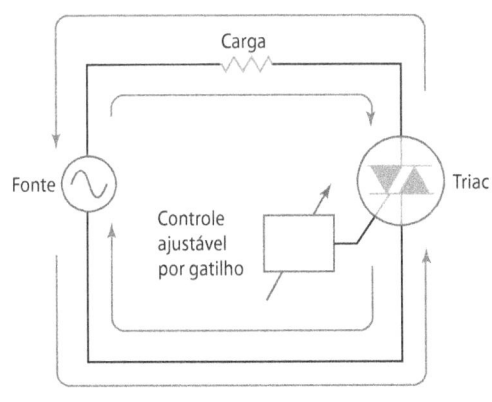

Figura 6-21 Utilização de um triac no controle de potência CA.

Assim, as correntes de carga podem atuar como uma corrente de gatilho e disparar o dispositivo indevidamente.

As cargas indutivas e os transitórios são problemáticos no controle de triacs. Tais distúrbios podem ser reduzidos por meio da utilização de circuitos especiais que limitam a taxa de variação da tensão no triac. Assim, um CIRCUITO SNUBBER RC* foi incluído na Figura 6-23. Os circuitos *snubber* são capazes de desviar a corrente do tiristor e evitar o disparo indesejado desse dispositivo.

Os circuitos de disparo de triacs variam de acordo com o tipo de aplicação. Um triac pode ser simplesmente ligado ou desligado. Além disso, o dispositivo pode possuir controle de fase por meio do ajuste do ângulo de condução. Há muitos circuitos de disparo existentes, os quais variam amplamente em termos de complexidade. A Figura 6-24 mostra dois circuitos de disparo simples para triacs. A Figura 6-24(*a*) utiliza um resistor variável em série com o terminal de gatilho. À medida que o valor de R é reduzido, o triac passa a ser disparado mais no início do semiciclo da tensão da rede CA e o ângulo de condução aumenta. Isso implica o aumento da potência na carga. Por outro lado, esse artifício não fornece controle ao longo de 360° e possui simetria inadequada. Os semiciclos positivos possuirão ângulos de condução distintos dos semiciclos negativos. Isso ocorre em virtude dos modos de disparo distintos (Tabela 6-1). Além disso, o circuito é sensível à temperatura. A Figura 6-24(*b*) apresenta um circuito com melhores características de operação, além de a faixa de controle ser mais ampla. O ajuste de R_1 fornece a taxa de carga de C_1 e C_2. A redução de R_1 provoca o avanço do ponto de disparo e o aumento da potência da carga.

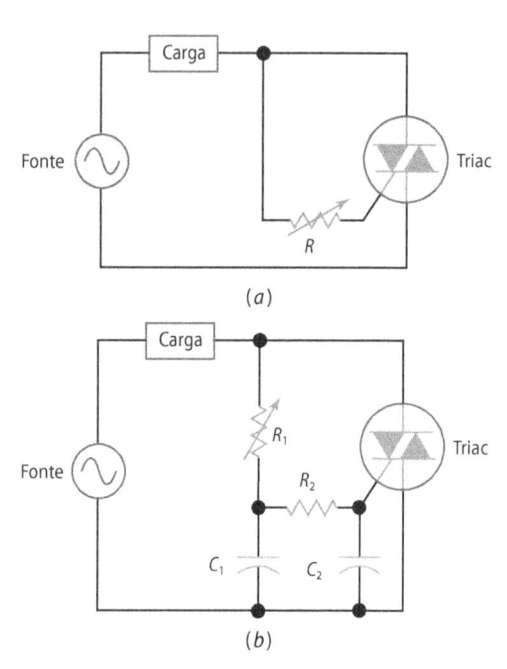

Figura 6-24 Circuitos simples de disparo de um triac.

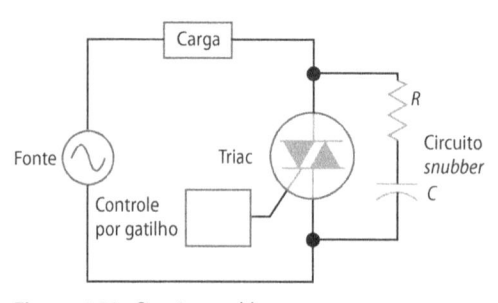

Figura 6-23 Circuito *snubber*.

Os melhores circuitos de disparo empregam um dispositivo de resistência negativa para disparar o triac. Esses elementos possuem uma rápida redução da resistência a partir do ponto que uma dada tensão crítica de ativação é atingida. Os DISPOSITIVOS DE DISPARO com essa característica de resistência negativa incluem lâmpadas neon, transistores de unijunção, interruptores a dois transistores e DIACS.

O símbolo esquemático de um diac é representado na Figura 6-25(*a*). O diac é um dispositivo bidirecional adequado para o disparo de triacs. A curva característica de um diac é exibida na Figura 6-25(*b*), sendo que o dispositivo possui dois pontos de ruptura V_P+ e V_P-. Se uma dada tensão positiva ou negativa chegar ao ponto de ruptura, o diac

---

* N. de T.: Esse tipo de arranjo também é chamado de circuito de auxílio à comutação, embora a utilização do termo em inglês *snubber* seja mais comum.

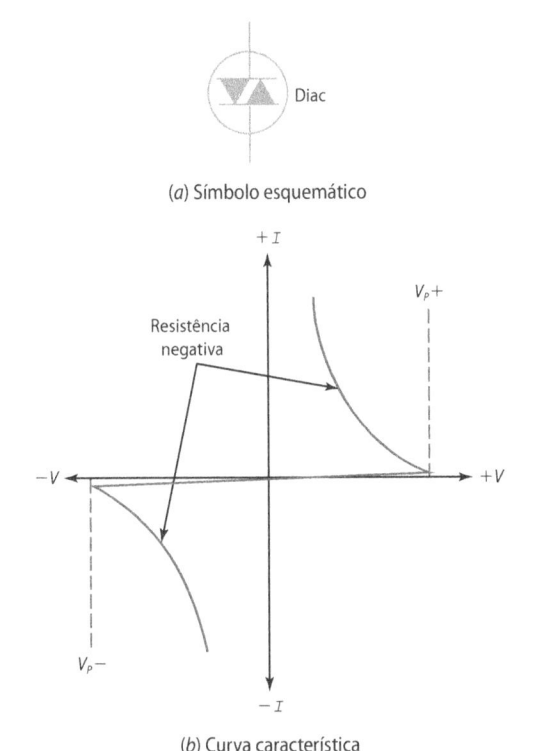

Figura 6-25 Diac.
- (a) Símbolo esquemático
- (b) Curva característica

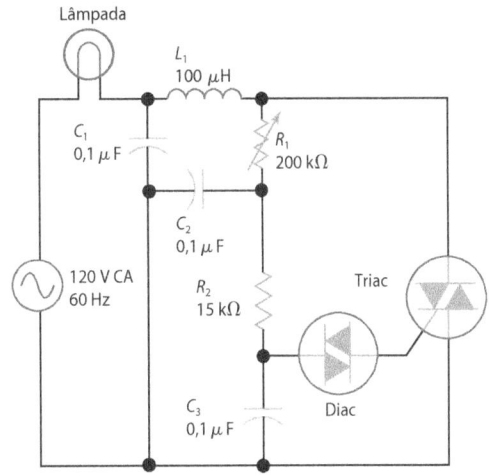

Figura 6-26 Circuito de controle utilizando diac e triac.

muda rapidamente de um estado de alta resistência para um estado de baixa resistência.

A Figura 6-26 mostra um circuito popular que combina um diac e um triac de modo a fornecer o controle de potência de forma suave. Os resistores R_1 e R_2 determinam a velocidade de carga de C_3. Quando a tensão em C_3 chega ao ponto de ruptura do diac, o dispositivo é disparado, o que fornece um caminho completo para a descarga de C_3 no circuito de disparo do triac. Assim, a descarga de C_3 é responsável por disparar o triac.

A Figura 6-26 também inclui dois componentes para evitar a **INTERFERÊNCIA DE RADIOFREQUÊNCIA** (do inglês, *radio-frequency interference* – **RFI**). Os triacs mudam do estado de bloqueio para a condução em 1 ou 2 microssegundos (μs), o que provoca um aumento extremamente rápido na corrente de carga. Esse degrau de corrente implica a existência de muitas componentes harmônicas. Uma harmônica é um múltiplo inteiro de uma dada frequência. Por exemplo, a terceira harmônica de 1 kHz é 3 kHz. A presença de harmônicas em circuitos de controle com triacs se estende à faixa de vários megahertz e pode produzir interferência intensa em recepção de rádio AM. A amplitude ou nível dessas harmônicas decresce com o aumento da frequência. A interferência causada por tiristores representa um problema mais significativo em radiofreqüências menores. O capacitor C_1 e o indutor L_1 na Figura 6-26 constituem um filtro passa-baixa de modo a evitar que as harmônicas cheguem à carga e se propaguem, o que a interferência em receptores de rádio AM localizados nas imediações.

A Figura 6-27 mostra a faixa de potência e faixa de frequência para diversos dispositivos de estado sólido. Os tiristores na forma de SCRs são os elementos com maiores potências, cujas especificações encontram-se na ordem de megawatts. Dispositivos com desligamento pelo gatilho (do inglês, *gate turnoff* – GTOs) são semelhantes aos SCRs, mas utilizam uma corrente de gatilho negativa para forçar o desligamento. De forma distinta dos SCRs, os GTOs podem ser desligados por meio dos respectivos terminais de gatilho. Os MOSFETs de potência e os IGBTs foram abordados no Capítulo 5*.

---

* N. de E.: Capítulo do livro SCHULER, Charles. *Eletrônica I*. 7 ed. Porto Alegre: AMGH, 2013.

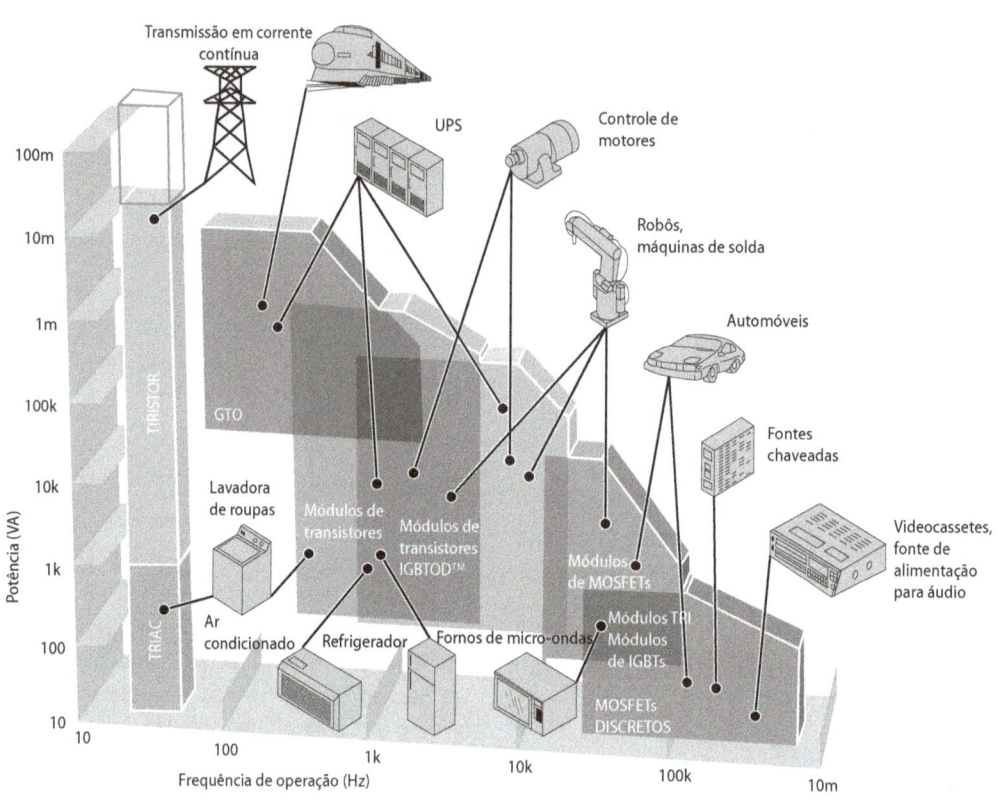

Figura 6-27 Faixas de potências e frequências de operação de dispositivos semicondutores diversos.

Teste seus conhecimentos

❯❯ Realimentação em circuitos de controle

Circuitos eletrônicos de controle podem se tornar mais eficientes a partir da utilização de realimentação para ajustar a operação automaticamente diante da percepção de mudanças. Por exemplo, suponha que um tiristor seja utilizado para controlar a velocidade de um motor. Após o motor assumir a velocidade nominal, considere que a carga no motor aumenta. Isso tenderá a desacelerá-lo. Por meio da utilização de realimentação, é possível tornar a velocidade do motor constante mesmo diante de alterações da carga mecânica no eixo.

A Figura 6-28 mostra o diagrama de um circuito de controle de velocidade de um motor que utiliza a realimentação para melhorar o desempenho do sistema. Os componentes R_1, R_2, D_1 e C_1 constituem uma fonte de alimentação CC ajustável. O diodo D_1 é responsável por retificar a tensão CA da rede. O SCR será disparado no início do semiciclo positivo se o contato deslizante de R_2 for deslocado em direção a R_1. Isso ocorre porque V_1 se tornará mais positiva e D_2 será polarizado diretamente de forma mais precoce. Assim, isso provocará o aumento da velocidade do motor. Entretanto, o circuito é incapaz de atingir a velocidade total com um motor de 120 V, o que se justifica porque o SCR conduzirá apenas nos semiciclos positivos. Às vezes, circuitos desse tipo são utilizados com motores universais de 80 V de modo que se obtenha a velocidade total em 120 V. Motores universais recebem esse nome porque podem ser alimentados em corrente alter-

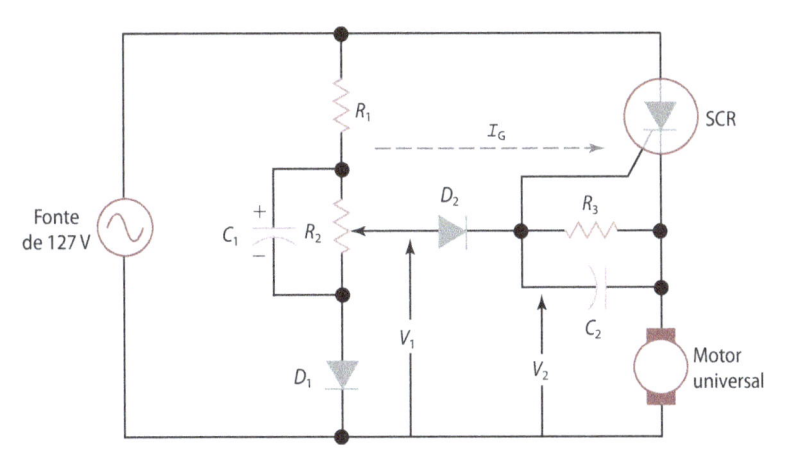

Figura 6-28 Controle de velocidade de um motor com realimentação.

nada ou contínua. Esses dispositivos podem ser identificados pelo tipo de construção, que utiliza um comutador segmentado de bronze em um dos terminais da armadura. As escovas são utilizadas para fornecer o contato elétrico com o comutador rotativo.

Os semiciclos positivos na Figura 6-28 permitirão que o SCR seja disparado quando D_2 estiver polarizado diretamente. Isso ocorre quando V_1 for mais positiva que V_2 em aproximadamente 0,6 V. A tensão V_1 é determinada pelo ajuste de R_2 e do valor instantâneo da tensão da rede CA; a tensão V_2 é determinada pela força contra-eletromotriz (FCEM) DO MOTOR. O magnetismo residual em um motor universal fornece a ele mesmo algumas das características de um gerador. Portanto, a fcem é determinada pela estrutura magnética do motor, as características do material ferromagnético e por sua velocidade. Se a carga mecânica no motor aumentar, o motor tende a desacelerar, o que provoca a redução da fcem V_2. Isso quer dizer que nestas circunstancias V_1 é maior que V_2 em um dado ponto anterior do semiciclo positivo. Assim, o SCR é disparado antecipadamente e a velocidade do motor é estabilizada. Por outro lado, se a carga mecânica for reduzida, o motor tentará acelerar, o que provoca o aumento de V_2, a qual então será menor que V_1 em um ponto posterior do semiciclo. O SCR permanece em condução por um intervalo de tempo menor, e novamente a velocidade do motor torna-se estável.

O desempenho do circuito de controle da velocidade do motor na Figura 6-28 é adequado para algumas aplicações. Entretanto, muitos motores não desenvolvem uma fcem que possa ser utilizada para estabilizar a velocidade. Pode ser necessário recorrer a outras formas de realimentação para tornar a velocidade do motor independente da carga mecânica. Em alguns sistemas, a realimentação pode relacionar a posição angular de um eixo em vez da velocidade. Os sistemas de realimentação que monitoram e controlam a posição são denominados SERVOMECANISMOS. Os sistemas de realimentação que controlam a velocidade são chamados de servos. Entretanto, atualmente esta distinção não é tão importante quanto foi outrora, sendo possível encontrar outros sistemas que controlam outras grandezas além da posição classificados como servomecanismos. Em termos gerais, um servomecanismo é um controlador que envolve alguma ação mecânica e fornece a correção automática de erros. A forma mais elementar de m servomecanismo ou servo consiste em um amplificador, um motor e um elemento de realimentação.

A Figura 6-29 mostra um SERVO DE VELOCIDADE, onde o motor é mecanicamente acoplado a um TACÔMETRO. O tacômetro é um pequeno gerador, em que sua tensão de saída é proporcional à velocidade

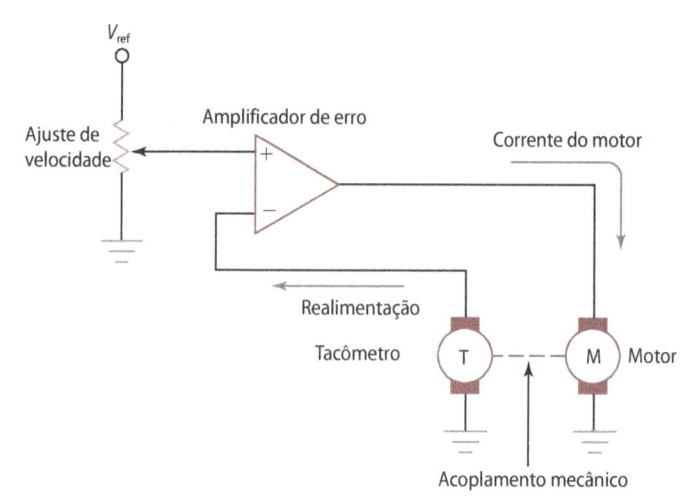

Figura 6-29 Servo de velocidade.

no eixo. Quanto maior for a velocidade do motor na Figura 6-29, maior será a tensão de saída do tacômetro. O amplificador de erro compara a tensão proveniente do potenciômetro de ajuste de velocidade com a tensão de realimentação obtida a partir do tacômetro. Se a carga no motor aumenta, o motor tende a desacelerar, o que provoca a redução da tensão de saída do tacômetro.

Agora, o AMPLIFICADOR DE ERRO percebe uma tensão menor em sua entrada inversora, aumentando sua tensão de saída positiva para o motor. O torque do motor (força de torção) aumenta, de modo que o erro da velocidade é drasticamente reduzido. A alteração da posição do potenciômetro de ajuste da velocidade permitirá que o motor opere com outra velocidade. Portanto, o servo de velocidade fornece tanto a regulação quanto o controle da velocidade.

A Figura 6-30 mostra um sistema de CONTROLE DE TORQUE em um motor. O torque do motor é controlado pela corrente que circula no mesmo. O resistor R_2 fornece uma tensão de realimentação que é proporcional à corrente do motor. Essa tensão por sua vez é comparada com a tensão de referência que é dividida por R_1. Suponha que a carga no motor aumente o torque na saída. O motor drenará uma corrente maior, a qual por sua vez implicará o aumento da queda de tensão em R_2. A entrada inversora do amplificador de erro torna-se positiva, assim, a saída do amplificador será menos positiva, de modo que a corrente no motor será reduzida e o torque será mantido constante.

Um servomecanismo de posicionamento é mostrado na Figura 6-31. O motor aciona um potenciômetro através de um sistema mecânico de redução (trem de engrenagens). Diversas voltas do motor resultarão em uma única volta no eixo do potenciômetro. O ângulo do eixo do potenciômetro determina a tensão no contato deslizante. O motor é do tipo CC, onde a rotação pode ser invertida por meio da inversão da tensão de alimentação. Qualquer erro entre os ajustes dos dois potenciômetros na Figura 6-31 provocará uma mudança na saída do amplificador no intuito de reduzir tal erro. Portanto, a POSIÇÃO do trem de engrenagens pode ser CONTROLADA por meio da calibração do potenciômetro de ajuste de posição.

A resposta e precisão de um servomecanismo são uma função do GANHO. Quanto maior for o ganho do amplificador de erro, maior será a precisão do posicionamento. Isso é normalmente definido como a rigidez de um servomecanismo. A RIGIDEZ normalmente é desejável para se obter uma resposta rápida do sistema com elevado grau de precisão no posicionamento. Por exemplo, suponha que o potenciômetro de ajuste de posição

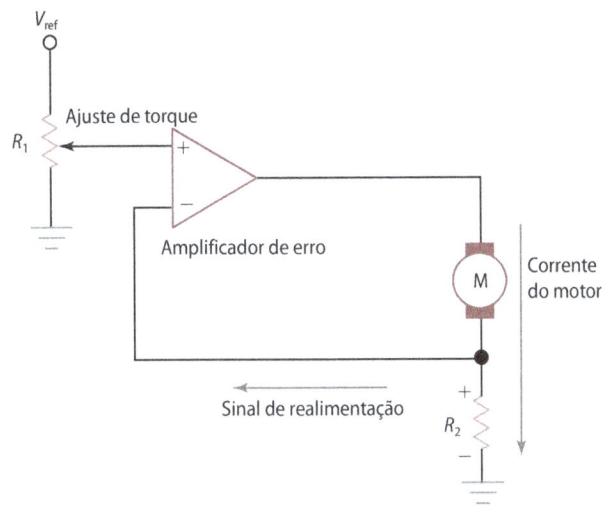

Figura 6-30 Sistema de controle de torque em um motor.

na Figura 6-31 seja danificado repentinamente. Assim, isso introduzirá um erro abrupto ou um transitório no sistema. A Figura 6-32 mostra três formas de resposta de um mecanismo a um transitório. A resposta CRITICAMENTE AMORTECIDA é a melhor, pois fornece a melhor alteração de A_1 (ângulo antigo) para A_2 (ângulo novo). Com o aumento do ganho, a resposta transitória seguirá a curva de resposta SUBAMORTECIDA. Note que o servomecanismo desenvolve um sobressinal seguido de um subsinal, sendo que o processo se repete até que o valor de A_2 seja atingido. Um ganho muito reduzido fornece uma resposta na forma SOBREAMORTECIDA. Nesse caso, não há sobressinal, mas o servomecanismo leva muito tempo até atingir a nova posição. Além disso, o posicionamento não ocorrerá de forma tão precisa quanto no caso do amortecimento crítico.

O ganho é um aspecto crítico em um servomecanismo. Um ganho muito reduzido torna a resposta lenta e compromete a precisão. Um ganho muito alto provoca oscilações amortecidas quando um transitório é inserido no sistema. Na verdade, um servomecanismo pode oscilar intensa e continua-

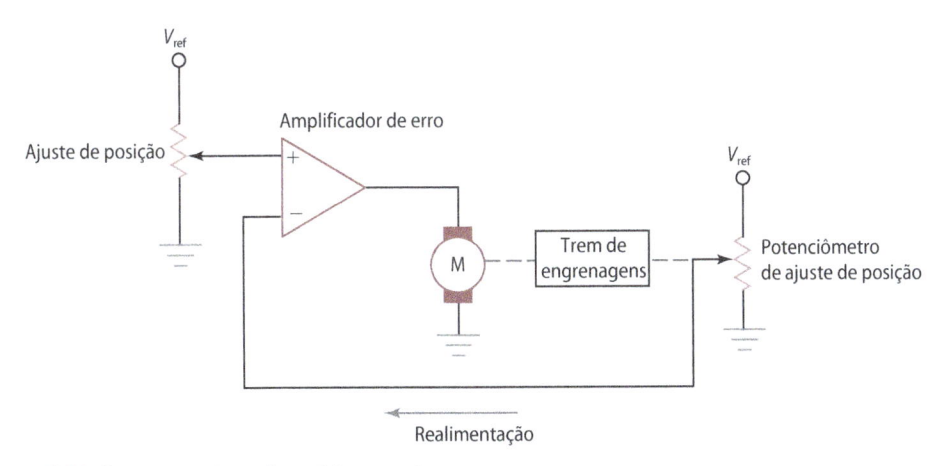

Figura 6-31 Servomecanismo de posicionamento.

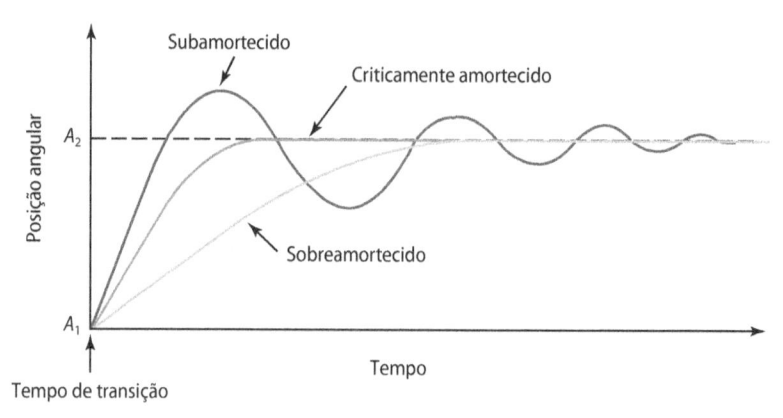

Figura 6-32 Resposta transitória de um servomecanismo.

mente se o ganho for muito alto. O ganho dos servomecanismos é ajustável no intuito de se obter a melhor rigidez e resposta transitória.

As oscilações ocorrerão em qualquer sistema com realimentação onde o ganho for maior que a perda e onde a realimentação for positiva. Normalmente é possível aumentar o ganho e ainda assim evitar as oscilações por meio do controle do ângulo de fase da malha de realimentação. As redes de COMPENSAÇÃO DE FASE são utilizadas na maioria dos sistemas servos para melhorar o desempenho nesse aspecto.

A Figura 6-33 mostra uma simulação computacional de um sistema servo com e sem compensação de fase. Um capacitor de compensação de 0,01 μF melhora significativamente a resposta. Sem a compensação de fase (chave aberta), a resposta é subamortecida. A simulação mostra que o circuito se estabiliza em aproximadamente 10 ms. Com a compensação, a resposta é quase ideal e o circuito se estabiliza em aproximadamente 2 ms. É fácil imaginar os problemas causados por um sistema de posicionamento com resposta subamortecida, como o braço de um robô.

A Figura 6-33 possui dois atrasos, que ocorrem em virtude dos capacitores de realimentação encontrados nos amp ops 2 e 3, cujas saídas são atrasadas em relação às entradas. Os integradores com amp ops foram abordados no Capítulo 1. Em um sistema servo típico, um motor elétrico produz dois atrasos: um de natureza mecânica e outro de natureza elétrica. Múltiplos atrasos podem converter a realimentação negativa em positiva à medida que a frequência aumenta. Na Figura 6-33, a realimentação é positiva em uma frequência de aproximadamente 500 Hz. Esse circuito oscilará em 500 Hz se o ganho for aumentado. De forma semelhante, alguns servomecanismos oscilarão fisicamente se o ganho aumentar.

Os CIRCUITOS DE ATRASO são denominados integradores, atrasos de tempo ou filtros passa-baixa, embora o termo especificamente utilizado dependa da natureza da aplicação. O conceito importante neste ponto é o fato de atrasos múltiplos, a exemplo daqueles existentes em qualquer motor, serem capazes de converter a realimentação negativa em positiva, o que pode provocar uma resposta subamortecida ou a oscilação contínua.

Os CIRCUITOS DE AVANÇO são denominados derivadores, antecipadores ou filtros passa-alta e são utilizados na compensação dos atrasos inevitáveis encontrados em motores e outros mecanismos. Um circuito de avanço possui ângulo de fase oposto ao do circuito de atraso. Assim, um circuito de avanço é capaz de cancelar um atraso. Os circuitos de avanço são utilizados para compensar os atrasos em aplicações como sistemas de controle de temperatura.

A Figura 6-34 mostra o diagrama de blocos geral de um sistema servo típico. Há mais de um caminho

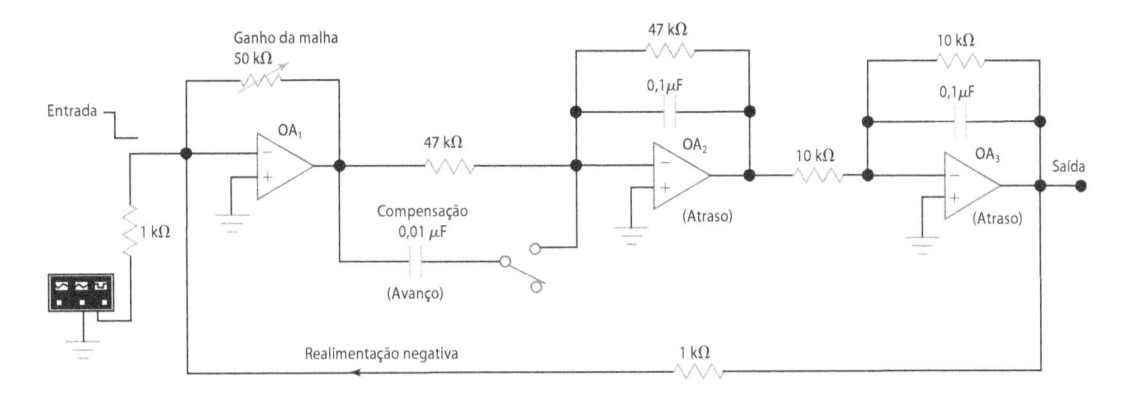

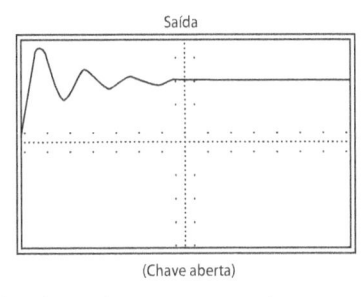

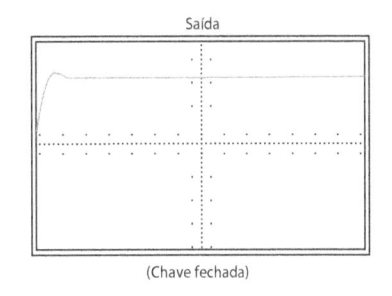

Figura 6-33 Simulação de um servomecanismo.

de realimentação porque os sistemas são normalmente projetados para controlar o posicionamento, velocidade e/ou aceleração. O controlador contém os algoritmos (rotinas de *software*) necessários para o fechamento da(s) malha(s) desejada(s), fornece a interface com a máquina (entradas/saídas, terminais de programação, entre outros) e agrega as funções de compensação necessárias. Muitos controladores atualmente empregam DSP (do inglês, *digital signal processing* – processamento digital de sinais) para a obtenção da compensação digital e de características avançadas, a exemplo de resposta automática diante de alterações nas condições de carga. Sistemas que possuem compensação automática são denominados sistemas adaptativos.

O sinal proveniente do controlador pode ser digital ou analógico. Se for analógico, o sinal tipicamente varia entre ±10 V, como mostra a Figura 6-34. O sinal de controle aciona um amplificador, que por sua vez fornece a corrente do motor. A modulação por largura de pulso (PWM) é normalmente utilizada em virtude do seu desempenho.

A Figura 6-35(*a*) mostra alguns detalhes de um sistema de acionamento de motor utilizando PWM. Os interruptores S_1, S_2, S_3 e S_4 são transistores de potência (MOSFETs ou IGBTs) que possuem

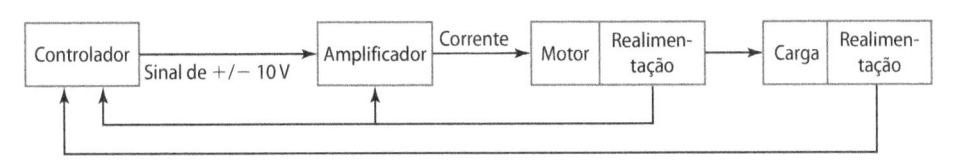

Figura 6-34 Diagrama geral de blocos representando um servomecanismo.

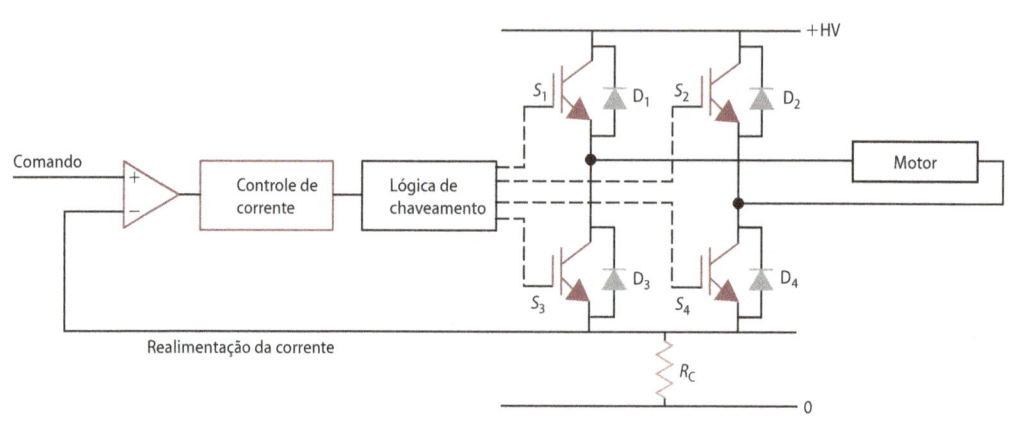

(a) Circuito de controle de corrente PWM

(b) Relação entre a corrente do motor e a razão cíclica

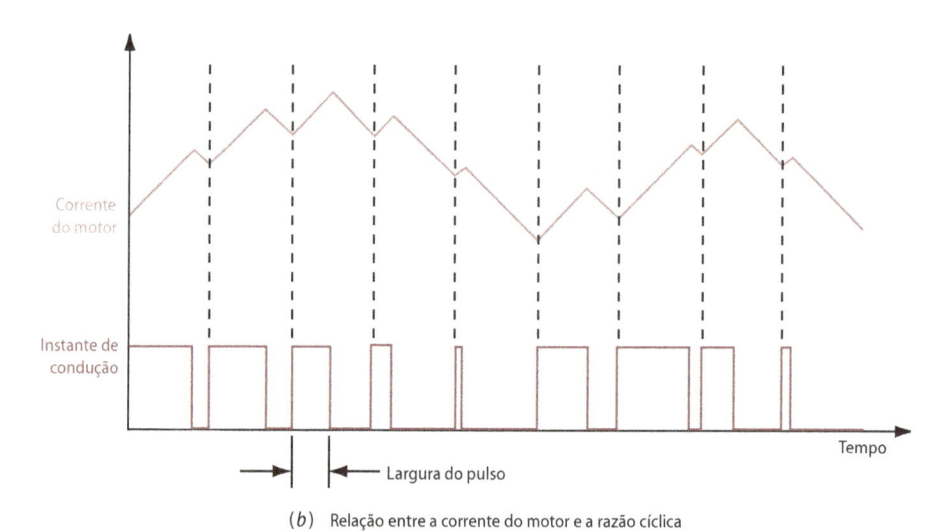

Figura 6-35 Modulação por largura de pulso.

controle liga-desliga. Os diodos D_1, D_2, D_3 e D_4 são polarizados diretamente pela redução do campo magnético do motor quando seus respectivos transistores associados são desligados. Esses componentes normalmente são chamados de diodos de roda livre. O motor é conectado a uma configuração em ponte, a qual foi apresentada no Capítulo 8*. A corrente pode circular no motor em qualquer sentido por meio do acionamento dos interruptores adequados.

A tensão do barramento na Figura 6-35(a) é representada por +HV. O resistor R_C é utilizado na medição da corrente do motor. O tempo de condução do interruptor é determinado pela diferença entre a corrente imposta pelo controlador e a corrente real do motor. Um circuito de controle da corrente compara ambos os sinais a cada intervalo de tempo (tipicamente menor ou igual a 50 ms) e ativa os interruptores de forma

* N. de E.: Capítulo do livro SCHULER, Charles. *Eletrônica I*. 7 ed. Porto Alegre: AMGH, 2013.

> **Sobre a eletrônica**
>
> **Computadores industriais.**
> Tornos controlados por computador e máquinas fresadoras são facilmente encontrados em muitas lojas de venda de máquinas e plantas industriais.

adequada (o que é realizado pelo circuito lógico de chaveamento, responsável também pelo desempenho de funções básicas de proteção). A Figura 6-35(b) mostra a relação entre a largura do pulso (tempo de condução) e a corrente do motor. Motores elétricos consistem em cargas indutivas, sendo que a taxa de crescimento da corrente depende da tensão do barramento e da indutância da carga. A taxa de crescimento da corrente é proporcional a V/L. Portanto, um dado valor mínimo de indutância da carga deve existir dependendo da tensão do barramento. Para pequenos valores de L (indutância) e uma tensão alta, a taxa de crescimento da corrente será elevada, de modo que a corrente pode exceder um valor seguro.

Como foi mencionado várias vezes anteriormente, a operação dos dispositivos de controle [S_1 — S_4 na Figura 6-35(a)] de forma digital fornece o melhor rendimento. Antigamente, os servomecanismos utilizavam amplificadores analógicos para o acionamento de motores, além de esses dispositivos possuírem grandes dimensões e apresentarem elevadas temperaturas de operação. Atualmente, os sistemas analógicos para o acionamento de servomecanismos são utilizados apenas em um número limitado de aplicações de potência.

Teste seus conhecimentos

» Busca de problemas em circuitos eletrônicos de controle

Os técnicos em busca de problemas em circuitos de controle com tiristores devem estar cientes de suas limitações e também conhecer procedimentos de segurança. Os circuitos abordados neste capítulo apenas podem ser utilizados com determinados tipos de cargas. Caso haja tentativas de conexão mal sucedidas, pode-se danificar o circuito de controle e carga severamente. A regra geral para o SCR e o triac é a seguinte: nunca tente utilizá-los em equipamentos de natureza EXCLUSIVAMENTE CA. Esses tipos de equipamento incluem:

1. Lâmpadas fluorescentes (a menos que se trate de dispositivos especialmente projetados para o controle com tiristores);
2. rádios;
3. receptores de televisão;
4. motores de indução (incluindo dispositivos dessa natureza existentes em ventiladores, rádios gravadores, toca-fitas, máquinas de lavar, equipamentos de grande porte como compressores de ar e assim por diante);
5. dispositivos operados por meio de transformadores (como pistolas de solda, fontes de alimentação para trens elétricos, carregadores de bateria e assim por diante).

De forma geral, é seguro utilizar circuitos de controle com tiristores com CARGAS RESISTIVAS, a exemplo de lâmpadas incandescentes, ferros de solda, elementos de aquecimento, etc. Também é adequado utilizar esses circuitos em motores universais (CA/CC), normalmente encontrados em ferramentas portáteis como furadeiras, serras elétricas e lixadeiras. Se persistir a dúvida, verifique as especificações fornecidas pelo fabricante do equipamento. Além disso, verifique se a especificação de potência do equipamento não excede as especificações máximas do circuito de controle.

As regras gerais de segurança para análise e busca de problemas em circuitos eletrônicos de controle são as mesmas válidas para qualquer circuito acionado a partir da rede CA. É perigoso conectar este último tipo de equipamento a circuitos de controle com tiristores. Uma malha de terra pode provocar danos e até mesmo choque elétrico severo. Mesmo se o equipamento em teste for alimentado por baterias, ainda há perigo. Um osciloscópio alimentado por bateria pode parecer um equipamento seguro, mas lembre-se de que o gabinete e a ponta do terminal de terra podem chegar a potenciais elevados quando estiverem diretamente conectados em circuitos de potência.

Se um circuito de controle for projetado para cargas leves, é possível utilizar um transformador de isolação. Assim, é seguro utilizar instrumentos de teste para analisar o circuito. Inicialmente, deve-se verificar a potência do transformador de isolação de modo a determinar se esse dispositivo é adequado.

Suponha que se esteja procurando problemas em um circuito de controle de velocidade de um motor com tiristores. Verifica-se que o motor sempre opera na velocidade máxima. O controle da velocidade não produz qualquer efeito. Considere que todas as verificações preliminares tenham sido realizadas e nenhum erro foi encontrado. Qual é o próximo passo? Deve-se questionar que tipo de problemas pode provocar o funcionamento do motor sempre na velocidade máxima. O tiristor pode estar em circuito aberto? Sim, esta definitivamente é uma possibilidade. É o momento de trocar o tiristor? Não, pois a análise ainda não foi concluída. Há outras causas para o problema observado? E se o circuito de disparo estiver defeituoso? Isso pode provocar o funcionamento do motor com velocidade máxima? A resposta é sim.

A última parte do processo de busca de falhas consiste em limitar as possibilidades. Como isso pode ser feito? Uma forma consiste em desligar a alimentação do circuito. Então, desconecta-se o terminal de gatilho do tiristor. O circuito é novamente energizado. O motor funciona com velocidade máxima novamente? Se isso ocorrer, indubitavelmente o tiristor se encontra em curto-circuito e deve ser substituído. O que acontece se o motor não funcionar de forma nenhuma? Isso significa que o tiristor está em perfeito estado. Com o terminal de gatilho aberto, o tiristor não será disparado. O problema então se encontra no circuito de gatilho.

Há muitos tipos de circuito de gatilho. Será necessário estudar o circuito e determinar seu princípio de operação. Se o circuito utilizar um transistor de unijunção, deve-se determinar se o gerador de pulso para o UJT está funcionando adequadamente. Se o circuito utiliza um diac, é necessário verificar se esse dispositivo está operando da forma correta. Pode ser possível utilizar a análise da resistência (com o circuito desligado) de modo a encontrar um defeito. Um resistor pode estar em circuito aberto ou um capacitor pode estar em curto-circuito nesse caso. Além disso, algum dispositivo de estado sólido pode ter desenvolvido falhas.

Neste ponto, chega-se à conclusão de que nem sempre as respostas estão em manuais ou livros-texto. Um técnico experiente entende os princípios básicos dos dispositivos e circuitos eletrônicos e esse conhecimento permite o desenvolvimento de um processo de análise lógico e crítico, o qual nem sempre é simples. Muitas vezes, os técnicos experientes se deparam com algum problema que requer um tempo considerável para ser resolvido. Entretanto, os passos da verificação de problemas não são repetidos continuamente. Uma vez que um dado fato em particular é confirmado, deve-se obter notas mentais ou escritas sobre o problema. A utilização do papel normalmente é mais adequada porque outra tarefa ou um intervalo de tempo muito longo pode levar ao esquecimento de detalhes importantes.

Diversos técnicos utilizam abordagens diferentes durante a busca de problemas. Entretanto, todos os bons profissionais possuem várias características em comum, adotando as seguintes práticas:

1. Trabalhar com segurança e utilizar a abordagem do ponto de vista do sistema.
2. Seguir as instruções contidas nos manuais dos fabricantes.
3. Encontrar e utilizar a literatura técnica adequada.
4. Utilizar um processo lógico sequencial.
5. Observar, analisar e limitar as possibilidades.
6. Manter-se atualizado em se tratando de novas tecnologias.
7. Compreender os princípios de funcionamento de dispositivos e circuitos em termos gerais. Assim, é possível identificar o papel de cada estágio principal.
8. Possuir habilidade no uso de ferramentas e equipamentos de medição.
9. Manter a organização, utilizar peças de reposição adequadas e recolocar blindagens, cabos e parafusos nos locais de origem.
10. Verificar o trabalho cuidadoso de modo a assegurar que nenhum detalhe importante seja negligenciado.
11. Nunca modificar parte de um equipamento ou driblar um procedimento de segurança simplesmente porque isso é conveniente em um dado momento.

Os técnicos que possuem as habilidades e hábitos supracitados são muito requisitados no mercado como profissionais de elevada competência.

Teste seus conhecimentos

RESUMO E REVISÃO DO CAPÍTULO

Resumo

1. Um reostato pode ser empregado no controle da corrente em um circuito.
2. O controle com reostato não é eficiente porque uma parcela considerável da potência total do circuito é dissipada no reostato.
3. O controle por tensão é mais eficiente que o controle com resistência.
4. Interruptores dissipam pequena quantidade de potência quando estão em estado de condução ou bloqueio.
5. Um interruptor rápido pode controlar a potência em um circuito sem a produção de efeitos indesejáveis como a cintilação luminosa.
6. O controle por meio de interruptores é mais eficiente que o controle com resistência.
7. Um circuito *latch* pode ser formado a partir de dois transistores: um dispositivo NPN e outro PNP.
8. Um circuito *latch* encontra-se normalmente desligado, podendo ser ligado por uma corrente de gatilho.
9. Uma vez em condução, o *latch* não pode ser desligado pela simples remoção da corrente de gatilho.
10. Um *latch* pode ser desligado interrompendo-se o circuito da carga ou aplicando-se a polarização reversa.
11. Um diodo de quatro camadas ou retificador controlado de silício é equivalente a um *latch* NPN-PNP.
12. Um SCR, de forma semelhante a um diodo convencional, conduz a corrente que circula do anodo para o corrente.
13. Um SCR, de forma distinta de um diodo convencional, não conduz até ser acionado com uma tensão de ruptura ou corrente de gatilho.
14. Na operação convencional, os SCRs são disparados e não operam na tensão de ruptura.
15. O SCR é um dispositivo de meia-onda.
16. O termo comutação refere-se ao desligamento de um SCR.
17. O SCR é um dispositivo unidirecional porque a corrente circula em um único sentido.
18. O triac é um dispositivo unidirecional porque a corrente circula em dois sentidos.
19. Os triacs são capazes de realizar o controle de potência em onda completa.
20. Os triacs são úteis como chaves estáticas em circuitos CA de baixas e médias potências.
21. O termo "tiristor" é geral e pode ser aplicado a SCRs ou triacs.
22. Um circuito *snubber* pode ser necessário quando os triacs são utilizados com cargas indutivas ou quando a ocorrência de transitórios na rede CA é esperada.
23. Dispositivos de resistência negativa são normalmente empregados no disparo de tiristores.
24. Um diac é um dispositivo de resistência negativa bidirecional.
25. Os diacs são normalmente empregados no disparo de triacs.
26. A realimentação pode ser empregada em circuitos de controle de modo a fornecer a correção automática de erros.
27. Uma carga como um motor é capaz de produzir seu próprio sinal de realimentação.
28. Um sensor separado como um tacômetro pode ser necessário para se obter o sinal de realimentação necessário.
29. Um servomecanismo consiste em qualquer sistema de controle que utiliza a realimentação para representar a ação mecânica.
30. Os servomecanismos possuem controle automático.
31. O ganho da malha de um servomecanismo determina a precisão posicional (rigidez) e a resposta transitória.
32. Um ganho muito alto da malha pode provocar oscilações em um servomecanismo.
33. Os circuitos de controle com tiristores podem ser utilizados de forma segura em motores universais (CA/CC).

34. A especificação de potência de um circuito de controle com tiristores deve ser maior que a potência dissipada na carga.

35. Alguns problemas em circuitos de controle com tiristores podem ser isolados por meio da abertura do terminal de gatilho.

Questões de revisão do capítulo

Questões de pensamento crítico

6-1 Quais são os circuitos de controle de potência abordados neste capítulo que podem ser classificados como circuitos lineares? Por quê?

6-2 Um BJT pode ser utilizado como um controlador linear de potência CC? Quais seriam as eventuais desvantagens dessa aplicação?

6-3 Há alguma forma de conectar dois SCRs de modo que estes dispositivos forneçam um controle de onda completa?

6-4 Algumas empresas fabricam *drivers* para triac com acoplamento óptico. Esses arranjos consistem em LEDs infravermelhos opticamente acoplados com fotodetectores nas saídas dos triacs. Você é capaz de citar alguma aplicação desses componentes?

6-5 Qual é o termo técnico utilizado para descrever a característica de "controle de rota" encontrada em alguns veículos?

Respostas dos testes

capítulo 7

Fontes de alimentação reguladas

Este capítulo baseia-se nos conceitos de retificação, filtragem e regulação com diodo zener do tipo derivação (ou *shunt*) e mostra como o desempenho de uma fonte de alimentação básica pode ser melhorado de modo a atender as necessidades de sistemas eletrônicos modernos.

Objetivos deste capítulo

» Realizar cálculos básicos em circuitos de fontes de alimentação reguladas.
» Explicar a utilização da realimentação em circuitos reguladores de tensão.
» Identificar os tipos de regulação de corrente.
» Identificar circuitos *crowbar*.
» Identificar reguladores chaveados e suas respectivas características.
» Buscar problemas em fontes de alimentação.

» Regulação de tensão em malha aberta

A regulação de tensão é uma das características mais importantes da fonte de alimentação, pois mede a capacidade de a fonte manter uma tensão de saída constante. O termo malha aberta indica que a realimentação não é utilizada para manter a saída constante. A próxima seção deste capítulo analisa o uso de circuitos de regulação com realimentação (isto é, em malha fechada).

Considere a Figura 7-1, onde se tem o desempenho de uma fonte de alimentação não regulada típica. Verifica-se que a tensão de saída é reduzida em 6 V (ΔV) à medida que a corrente na carga aumenta de 0 para 5 A. Além disso, note que a tensão de 12 V só é aplicada na condição de carga nominal. Quando a corrente na carga é inferior a 5 A, a tensão de saída é maior que 12 V.

Agora, examine a Figura 7-2, que apresenta a curva de REGULAÇÃO DA TENSÃO da rede CA para a mesma fonte de alimentação. A curva mostra que a tensão de saída é reduzida à medida que a tensão da rede CA assume valores inferiores à tensão nominal de 120 V. Além disso, a tensão de saída aumentará quando a tensão CA estiver acima do valor nominal. A tensão da rede CA efetivamente muda ao longo do dia. Na verdade, o termo BROWNOUT refere-

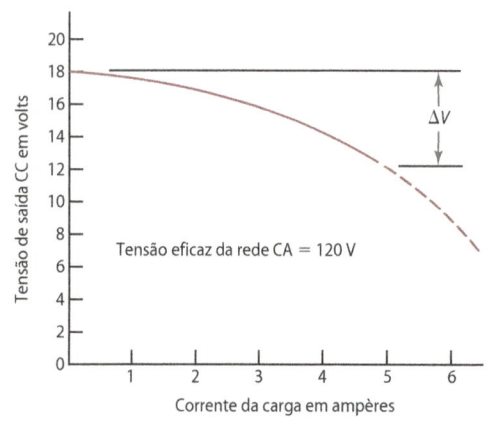

Figura 7-1 Curva de regulação da carga para uma fonte de alimentação de 12 V e 5 A.

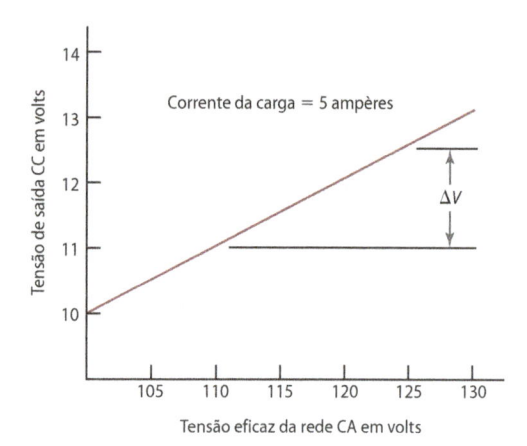

Figura 7-2 Curva de regulação da tensão CA da rede para uma fonte de alimentação de 12 V e 5 A.

-se a uma condição de tensão CA reduzida causada pela sobrecarga do sistema elétrico. A ocorrência de *brownouts* é comum nas cidades com clima muito quente em virtude da utilização de grande quantidade de aparelhos condicionadores de ar. As concessionárias de energia elétrica normalmente são obrigadas a reduzir a tensão de fornecimento CA em condições de sobrecarga para evitar falhas nos equipamentos.

Quando as condições de tensão de alimentação reduzida e corrente de carga elevada ocorrem simultaneamente, uma tensão de saída muito baixa será verificada na fonte de alimentação. Por outro lado, se houver uma tensão CA elevada quando a corrente na carga é reduzida, a fonte de alimentação apresentará tensão de saída alta. Assim, verifica-se que as condições de carga e da rede CA afetam as tensões de saída em fontes de alimentação não reguladas de forma significativa.

Uma resposta para esse problema é a utilização de um transformador especial. A Figura 7-3 mostra a construção de um transformador convencional (linear). Há dois caminhos principais do fluxo magnético, sendo que ambos os enrolamentos primário e secundário estão dispostos ao redor do centro do núcleo laminado. Dessa forma, o núcleo não saturará.

Agora, observe o TRANSFORMADOR FERRORRESSONANTE da Figura 7-4, o qual é diferente do arranjo anterior

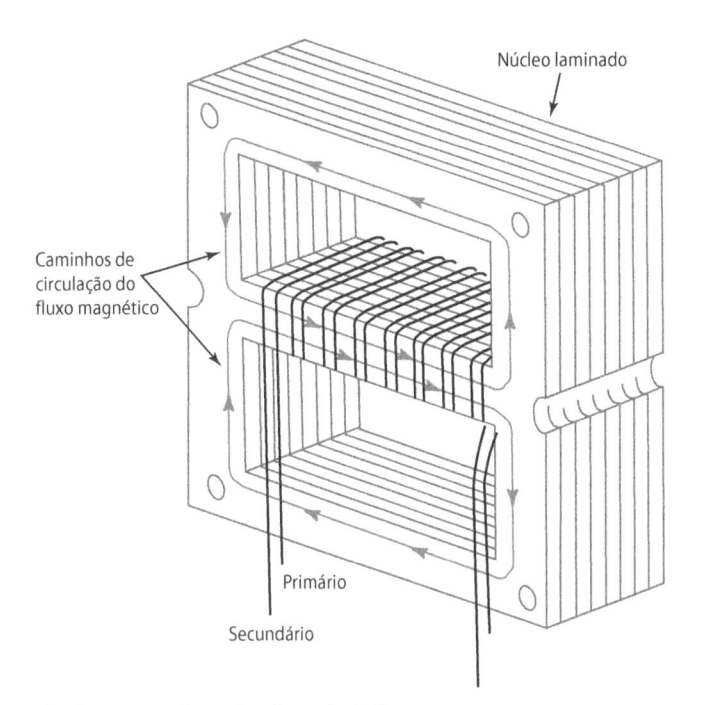

Figura 7-3 Construção de um transformador de potência linear.

em muitos aspectos importantes. Há janelas separadas para os enrolamentos primário e secundário. Existem entreferros de ar no caminho do fluxo magnético em paralelo.

O transformador da Figura 7-4 pode ser empregado na construção de uma fonte de alimentação cuja tensão de saída é muito mais estável que uma fonte não regulada. À medida que a tensão da rede é aplicada no enrolamento primário, o caminho magnético principal excita o secundário. Uma parte ou todo o enrolamento primário é sintonizado por um capacitor ressonante (da ordem de vários microfarads). À medida que o secundário entra em ressonância, altas correntes circulam no capacitor e na parte ressonante do circuito. A corrente que circula em um circuito ressonante paralelo é muito maior que a corrente na rede CA quando o fator Q do circuito é elevado. Essa alta corrente leva o caminho do fluxo magnético à saturação. Assim, essa SATURAÇÃO DO NÚCLEO fornece a regulação da tensão da rede CA.

A saturação do núcleo ocorre em um circuito magnético quando um aumento na força magnetizante não é acompanhado por um aumento correspondente na densidade de fluxo. Uma analogia simples pode ser obtida com um circuito com transistor saturado, onde uma corrente de base maior não implica o aumento da corrente de coletor. Em um transformador saturado, o aumento da tensão primária não aumentará a tensão no secundário. De forma semelhante, a redução da tensão primária não afetará a tensão secundária, considerando que o núcleo permaneça na condição de saturação. Os transformadores saturados produzem uma tensão de saída razoavelmente constante no lado secundário ao longo de uma dada faixa de tensão do enrolamento primário (tipicamente de 90 V a 140 V).

Outra característica do transformador ferrorressonante da Figura 7-4 é o fato de os entreferros de ar evitarem a saturação do núcleo para o caminho do fluxo magnético em paralelo. O ar possui uma relutância (resistência magnética) muito maior que o transformador de aço. Os entreferros são parâmetros equivalentes a resistores série, limitando o fluxo no caminho em paralelo. Essa limitação do fluxo evi-

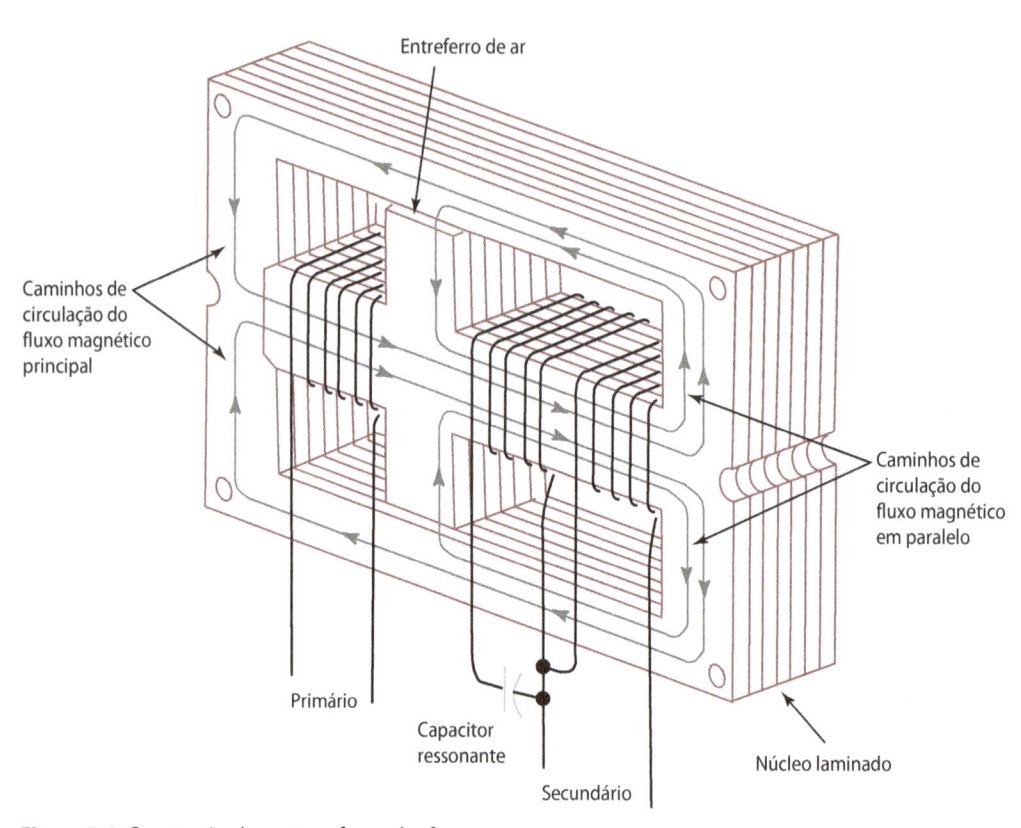

Figura 7-4 Construção de um transformador ferroressonante.

ta a saturação e fornece uma resposta linear para a seção paralela do circuito magnético. Se a corrente de carga no secundário aumentar, o fator Q do circuito é reduzido, de modo que o mesmo ocorre com o fluxo de corrente. O fluxo paralelo será reduzido, permitindo o aumento do caminho do fluxo principal. Por sua vez, isso permite maior transferência de energia do primário para o secundário e compensa o aumento da corrente de carga. Assim, obtém-se a REGULAÇÃO DA CARGA. Portanto, os transformadores ferrorressonantes são capazes de fornecer a regulação tanto da tensão da rede CA quanto da carga.

> **LEMBRE-SE**
> ... de que dois diodos e um transformador com *tap* central constituem um retificador de onda completa.

A Figura 7-5 mostra a aplicação de um transformador ferroressonante em uma fonte de alimentação CC. Note que, neste caso, um capacitor ressonante é conectado entre os extremos do enrolamento secundário. Além disso, a forma de onda no secundário é ceifada, o que ocorre em virtude da saturação do núcleo. A onda senoidal ceifada possui várias vantagens. Este sinal pode ser mais facilmente filtrado porque a forma de onda retificada resultante possui menor ondulação que a corrente CC pulsante em onda completa convencional. A segunda vantagem reside no menor valor de pico da onda ceifada, o que representa menores esforços de tensão para o retificador. Esses tipos de fonte de alimentação são muito confiáveis e possuem boa regulação de tensão tanto diante da mudança da tensão de alimentação CA quanto da corrente na carga. Além disso, o rendimento elevado é uma característica interessante. Infelizmente, os trans-

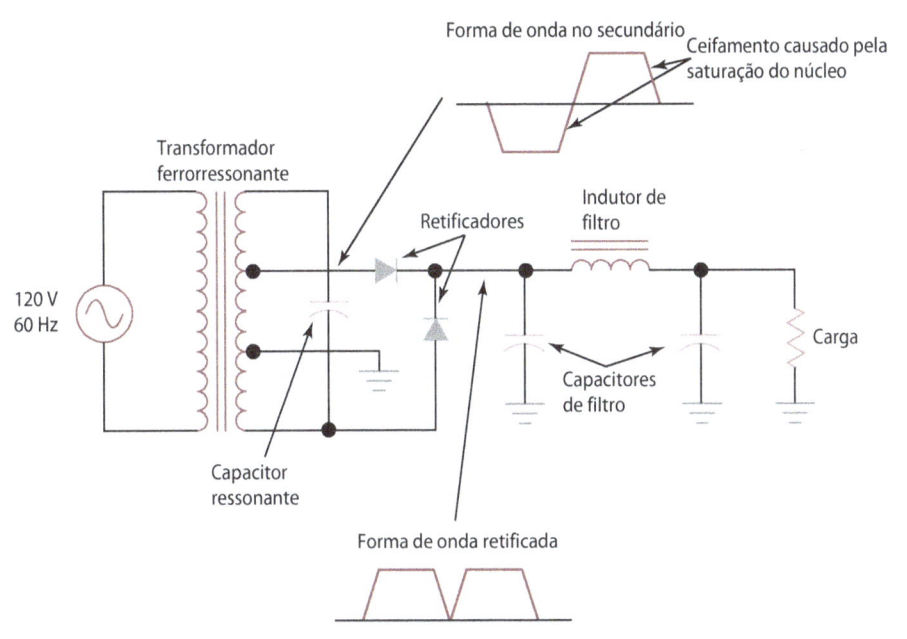

Figura 7-5 Diagrama esquemático de uma fonte ferrorressonante.

formadores ferrorressonantes são componentes de elevado custo, peso e volume.

A Figura 7-6 mostra outra solução para a questão da ondulação. Esse circuito foi apresentado no Capítulo 4* e utiliza um diodo zener conectado em paralelo com a carga. Um diodo zener apresenta uma queda de tensão relativamente constante quando opera na região de ruptura reversa. Portanto, a carga também enxergará uma tensão aproximadamente constante. Verifica-se na Figura 7-6 que a corrente no diodo zener e a corrente na carga se somam no resistor R_Z.

Um problema pertinente à utilização de reguladores em derivação empregando diodos zener é a elevada dissipação de potência no diodo em algumas aplicações. Por exemplo, se o regulador mostrado na Figura 7-6 fornece uma tensão de 12 V e uma corrente de 1 A, deve-se empregar um diodo zener com elevada especificação de potência. Considere que a tensão de entrada CC não regulada é 18 V. O resistor R_Z possuirá uma tensão de 6 V em

Sobre a eletrônica

O fim da interrupção do fornecimento da energia elétrica.

As fontes de alimentação ininterruptas típicas (do inglês, *uninterruptable power supplies* – UPSs) utilizam baterias de chumbo-ácido e um oscilador de 60 Hz para substituir a rede elétrica no caso de corte do fornecimento de energia elétrica.

---
* N. de E.: Capítulo do livro SCHULER, Charles. *Eletrônica I*. 7 ed. Porto Alegre: AMGH, 2013.

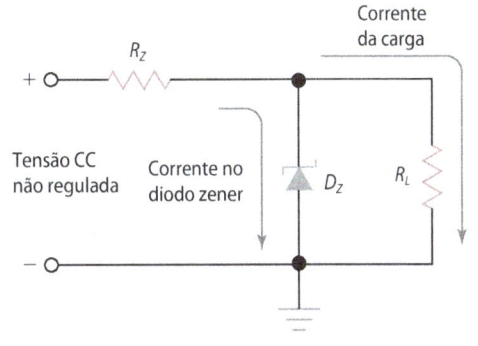

Figura 7-6 Regulador zener em derivação.

seus terminais (18 V − 12 V = 6 V). Se a corrente desejada é 0,5 A, o valor de R_Z pode ser determinado por meio da lei de Ohm:

$$R_Z = \frac{V}{I} = \frac{6\,V}{1\,A + 0{,}5\,A} = 4\,\Omega$$

Na sequência, determina-se a potência dissipada no diodo:

$$P_D = V \times I = 12\,V \times 0{,}5\,A = 6\,W$$

Entretanto, se a carga for removida do regulador, toda a corrente circulará no diodo zener, de modo que a potência dissipada nesse elemento aumenta para:

$$P_D = V \times I = 12\,V \times 1{,}5\,A = 18\,W$$

Para se obter alta confiabilidade, um diodo zener capaz de dissipar uma potência de pelo menos 2 × 18 W (36 W) é necessário. Diodos zener para altas potências são muito caros para a maioria das aplicações.

A Figura 7-7 apresenta uma forma de reduzir a dissipação de potência no diodo zener. O circuito é normalmente chamado de REGULADOR ZENER AMPLIFICADO. O diodo zener é empregado para regular a tensão na base de um transistor de potência que recebe o nome de TRANSISTOR SÉRIE DE PASSAGEM. Se houver uma tensão razoavelmente constante de 0,7 V na junção base-emissor do transistor de passagem, a tensão no emissor e a tensão na carga também serão razoavelmente constantes.

A corrente em R_Z corresponde à soma da corrente na base (I_B) e da corrente no diodo zener. Considerando uma corrente de carga de 1 A e um transistor onde $\beta = 49$, a corrente de base é:

$$I_B = \frac{I_E}{\beta + 1} = \frac{1\,A}{50} = 0{,}02\,A$$

Em virtude da queda de tensão na junção base-emissor, a tensão no diodo zener deve ser 0,7 V maior que a tensão na carga. Um diodo zener de 12,7 V é capaz de fornecer uma tensão de saída regulada de 12 V. A corrente no diodo zener deve ser aproximadamente igual à metade da corrente de base, ou 10 mA, neste caso. Considerando uma tensão de entrada não regulada de 18 V, a lei de Ohm pode ser utilizada de modo a determinar R_Z:

$$R_Z = \frac{V}{I} = \frac{18\,V - 12{,}7\,V}{0{,}02\,A + 0{,}01\,A} = 177\,\Omega$$

Compare a Figura 7-7 com a Figura 7-6 utilizando condições de entrada e de saída idênticas. O pior caso para a dissipação no diodo zener ocorre na condição de corrente de carga nula. A corrente no diodo zener aumenta e, nesse caso, a corrente na base também se anula. Portanto, toda a corrente de 30 mA circulará no zener, de modo que a dissipação de potência nesse elemento aumenta:

$$P_D = V \times I = 12{,}7\,V \times 0{,}03\,A = 0{,}381\,W$$

Um diodo zener de 1 W opera de forma segura nas condições da Figura 7-7. Agora, torna-se óbvio o

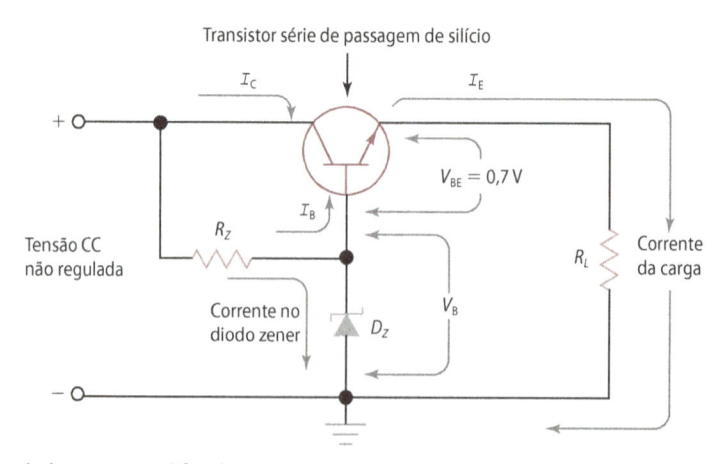

Figura 7-7 Regulador zener amplificado.

EXEMPLO 7-1

Selecione o valor de R_Z na Figura 7-8. considerando que D_Z é um diodo zener de 5,7 V, a corrente de carga é 2 A, $\beta = 25$, a tensão de entrada não regulada é 9 V e a corrente desejada no diodo zener é 10 mA. Além disso, determine o pior caso para a potência dissipada no diodo zener. Inicialmente, determina-se a corrente de base:

$$I_B = \frac{I_E}{\beta + 1} = \frac{2\,A}{25 + 1} = 76,9\,mA$$

A corrente total em R_Z é a soma das correntes de base e do diodo zener:

$$I_{RZ} = I_B + I_{ZD} = 76,9\,mA + 10\,mA = 86,9\,mA$$

A queda de tensão em R_Z é a tensão de entrada não regulada menos a tensão no diodo zener:

$$V_{RZ} = 9\,V - 5,7\,V = 3,3\,V$$

A lei de Ohm pode ser utilizada para determinar R_Z:

$$R_Z = \frac{V_{RZ}}{I_{RZ}} = \frac{3,3\,V}{86,9\,mA} = 38,0\,\Omega$$

A maior potência que pode ser dissipada no diodo zener é:

$$P_D = V \times I = 5,7\,V \times 86,9\,A = 0,495\,W$$

motivo pelo qual o regulador zener amplificado é mais adequado para aplicações de altas correntes. O circuito efetivamente requer um transistor série de passagem, mas possui menor custo se comparado a um diodo zener de alta potência.

A Figura 7-8 mostra um REGULADOR amplificado NEGATIVO. O transistor de passagem é PNP e o circuito regula uma tensão negativa de referência em relação ao terminal de terra. Note que o catodo do diodo zener é aterrado. Compare essa conexão com aquela mostrada na Figura 7-7.

A Figura 7-8 mostra outro componente tipicamente encontrado em reguladores zener amplificados. Um capacitor eletrolítico desvia a base do transistor para o terra. Esse capacitor possui valor típico de 50 μF e, em conjunto com R_Z, forma um filtro passa-baixa, o qual auxilia na remoção do ruído e na ondulação existentes na entrada CC não regulada. Além disso, diodos zener geram ruído e o capacitor é útil no sentido de eliminá-lo da saída do regulador. A maioria das fontes de alimentação com regulador zener amplificado emprega tal capacitor.

A Figura 7-9 mostra uma fonte de ALIMENTAÇÃO COM DUPLA POLARIDADE (dual, bipolar ou simétrica). Esse circuito fornece tanto tensões reguladas positivas quanto negativas em relação ao terminal de terra. Note que o transformador T_1 possui dois enrolamentos secundários, sendo que cada um dos mesmos possui *tap* central e alimenta um circuito retificador de onda completa. Os capacitores C_1 e C_2 filtram as saídas dos retificadores, enquanto Q_1 e Q_2 são os transistores série de passagem.

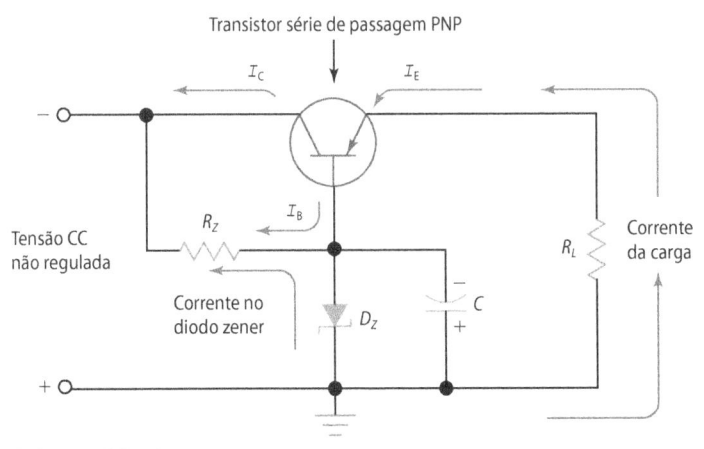

Figura 7-8 Regulador amplificado negativo.

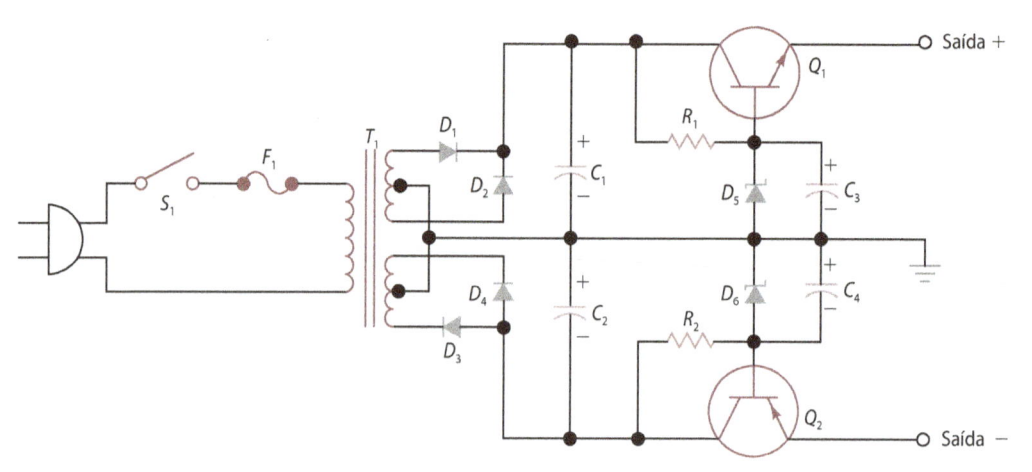

Figura 7-9 Fonte regulada com dupla polaridade.

Teste seus conhecimentos

Acesse o site www.grupoa.com.br/tekne para fazer os testes sempre que passar por este ícone.

›› Regulação de tensão em malha fechada

Os reguladores zener amplificados abordados na seção anterior dependem de uma tensão constante na junção base-emissor. Se esse valor e a tensão no diodo zener não mudarem, a tensão de saída permanecerá constante. Entretanto, a tensão base-emissor efetivamente muda quando a corrente de saída é alta. Por exemplo, um transistor de passagem que conduz uma corrente de 5 A pode possuir uma tensão base-emissor de 1,7 V. Em outras palavras, à medida que correntes mais altas circulam no transistor de passagem, sua respectiva tensão base-emissor é reduzida. Essa queda de tensão cada vez maior será subtraída da tensão no diodo zener e provocará a perda da regulação. É normal esperar uma redução de 1 V na saída quando uma corrente de carga de vários ampères é drenada de um regulador zener amplificado.

Reguladores em malha aberta são incapazes de fornecer tensões de saída altamente estáveis, especialmente quando ocorrem grandes alterações na corrente de carga. A **realimentação** pode ser utilizada de modo a melhorar a regulação. Examine a Figura 7-10, que mostra o conceito básico de regulação em malha fechada. Há um dispositivo de controle disponível para ajustar a tensão na carga. Considere que a fonte de alimentação não regulada possui tensão de 18 V e que o dispositivo de controle apresenta queda de 6 V. Assim, tem-se uma tensão aplicada à carga de $18\,V - 6\,V = 12\,V$. Se o dispositivo de controle for acionado com saturação forte (de modo que sua resistência diminui), a queda de tensão será menor e a tensão aplicada à carga será maior. De forma semelhante, esse dispositivo de controle pode ser ajustado de modo a

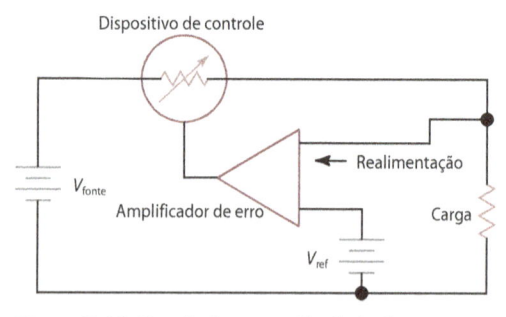

Figura 7-10 Regulação em malha fechada.

possuir uma resistência maior e assim provocar a redução da tensão aplicada à carga. Ajustando-se a resistência do dispositivo de controle, é possível obter o controle da tensão de saída.

A Figura 7-10 também mostra uma TENSÃO DE REFERÊNCIA (V_{ref}), a qual é estável e é aplicada a uma das entradas de um AMPLIFICADOR DE ERRO. A outra entrada do amplificador de erro é realimentada a partir da carga. Essa realimentação permite que o amplificador compare a tensão da carga com a tensão de referência. Qualquer alteração na tensão da carga criará um sinal diferencial na entrada do amplificador, representando um erro. Assim, o amplificador ajustará o controle do dispositivo no intuito de minimizar tal erro. Se a tensão de saída for reduzida em virtude do aumento da carga, o erro é medido e o dispositivo de controle é acionado com saturação forte de modo a eliminar a redução na saída. A realimentação e o amplificador estabilizam a tensão de saída.

A Figura 7-11 mostra o diagrama esquemático de um regulador com realimentação (em malha fechada). O elemento Q_1 é um transistor série de passagem que atua como dispositivo de controle. O diodo zener produz a tensão de referência. O transistor Q_2 corresponde ao amplificador de erro. O resistor R_1 representa a carga de Q_2. Os resistores R_2 e R_3 formam um divisor resistivo para a tensão de saída e fornecem a realimentação para Q_2. A tensão no emissor de Q_2 é regulada pelo diodo zener e a tensão na base é proporcional à tensão de saída. Isso permite que Q_2 amplifique qualquer erro entre o sinal de referência e a saída.

Considere na Figura 7-11 que a carga drena uma corrente maior provoque a redução da tensão de saída. Assim, o divisor fornece uma tensão menor à base de Q_2 e, consequentemente, a corrente no transistor será menor, havendo também a redução da tensão em R_1. A tensão na base de Q_1 aumenta e esse transistor passa a operar em saturação forte, o que aumenta a tensão de saída. Verificando-se todas as mudanças no circuito, é possível constatar que a mudança da tensão de saída é reduzida pela realimentação e pelo amplificador de erro.

A habilidade de uma fonte de alimentação com realimentação de estabilizar a tensão de saída está relacionada ao ganho do amplificador de erro. Um ganho elevado fornecerá variações muito pequenas na tensão de saída, obtendo-se uma regulação excelente. Examine a Figura 7-12, onde um amp op é utilizado como amplificador de erro. Os amp ops possuem ganho muito elevado. O resistor R_1 e o diodo zener fornecem a tensão de referência para a entrada não inversora do amp op. Os resistores R_2, R_3 e R_4 formam um divisor de tensão. Se a tensão de saída for reduzida, haverá a redução na tensão na entrada inversora do amp op. Essa redução na ten-

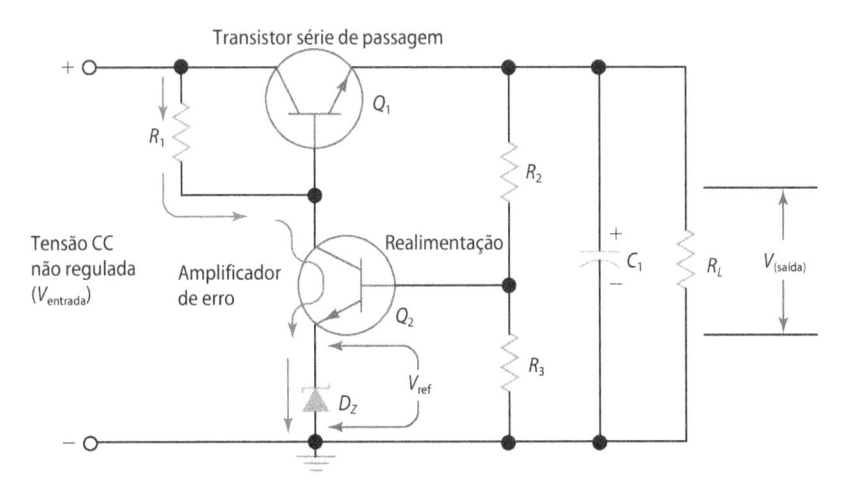

Figura 7-11 Fonte de alimentação regulada com realimentação.

EXEMPLO 7-2

Calcule a corrente no diodo zener na Figura 7-11, considerando que a tensão de entrada não regulada é 16 V, a tensão do diodo zener é 5,1 V, $\beta_{Q1} = 35$, $R_1 = 47\,\Omega$, $R_2 = 1\,k\Omega$, $R_3 = 1\,k$ e $R_L = 5\,\Omega$. Além disso, determine a corrente no diodo zener quando a carga for desconectada. Este problema pode ser resolvido ao longo de vários passos. Inicialmente, determina-se a tensão na base do amplificador de erro:

$$V_{B(Q_2)} = V_{DZ} + 0{,}7\,V = 5{,}1\,V + 0{,}7\,V = 5{,}8\,V$$

Agora, determina-se $V_{saída}$ a partir do divisor de tensão e $V_{B(Q_2)}$:

$$V_{B(Q_2)} = V_{saída} \times \frac{R_3}{R_3 + R_2} \quad 5{,}8\,V$$

$$= V_{saída} \times \frac{1\,k\Omega}{2\,k\Omega}$$

Isolando $V_{saída}$, tem-se:

$$V_{saída} = 2 \times 5{,}8\,V = 11{,}6\,V$$

Conhecendo-se $V_{saída}$, a tensão na base do transistor de passagem é facilmente determinada somando 0,7 V a este valor.

$$V_{B(Q_1)} = V_{saída} + 0{,}7\,V = 11{,}6\,V + 0{,}7\,V = 12{,}3\,V$$

A queda de tensão em R_1 é:

$$V_{R1} = V_{entrada} - V_{B(Q_1)} = 16\,V - 12{,}3\,V = 3{,}7\,V$$

A lei de Ohm fornece a corrente em R_1:

$$I_{R_1} = \frac{V_{R_1}}{R_1} = \frac{3{,}7\,V}{47\,\Omega} = 78{,}7\,mA$$

Agora, deve-se determinar a parcela dessa corrente que circula no amplificador de erro e no diodo zener. A corrente de carga é dada pela lei de Ohm:

$$I_L = \frac{11{,}6\,V}{5\,\Omega} = 2{,}32\,A$$

A corrente na base do transistor série de passagem é:

$$I_B(Q_1) = \frac{I_E}{\beta + 1} = \frac{2{,}32\,A}{36} = 64{,}4\,mA$$

Portanto, da corrente total de 78,7 mA, 64,4 mA provém da base do transistor de passagem, sendo que a parcela restante deve-se ao diodo zener e o amplificador de erro:

$$I_{D_Z} = 78{,}7\,mA - 64{,}4\,mA = 14{,}3\,mA$$

Quando a carga é desconectada, pode-se ignorar a pequena corrente no circuito divisor de tensão e considerar que o transistor de passagem não requer corrente na base. O amplificador de erro e o diodo zener conduzirão toda a corrente:

$$I_{D_Z(sem\,carga)} = 78{,}7\,mA$$

são é negativa e tornará a saída do amp op positiva, a qual por sua vez é aplicada ao transistor, que passa a operar com saturação forte, o que tende a aumentar o sinal de saída e eliminar a mudança. O elevado ganho dos amp ops indica que o circuito da Figura 7-12 pode manter a saída com regulação da ordem de vários milivolts, a qual é considerada excelente.

O circuito da Figura 7-12 é ajustável. O resistor R_3 é utilizado para alterar a tensão de saída. À medida que o contato deslizante do potenciômetro se move em direção a R_4, tem-se uma menor tensão de realimentação, aumentando assim a tensão de saída. À medida que o contato deslizante do potenciômetro se move em direção a R_2, a tensão de saída diminui. Saídas ajustáveis desse tipo são comuns em reguladores com realimentação. Na prática, o potenciômetro de ajuste da tensão pode ser um elemento

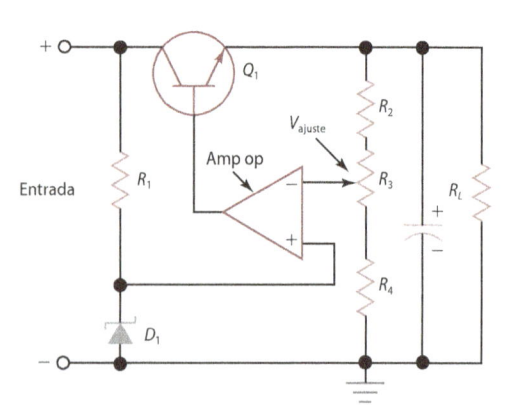

Figura 7-12 Utilização de um amp op em uma fonte de alimentação regulada com realimentação.

de controle no painel frontal de um equipamento, um elemento de controle no painel traseiro ou um pequeno potenciômetro do tipo *trimmer* montado sobre uma placa de circuito impresso.

O circuito da Figura 7-12 pode ser melhorado utilizando um circuito integrado em substituição ao diodo zener D_1. Esses circuitos integrados são denominados reguladores de tensão ajustáveis ou tensões de referência programáveis.

Estes dispositivos possuem três terminais e podem ser ajustados ao longo de uma ampla faixa da tensão de referência com dois resistores. O CI TL431 com tensão de referência programável será mostrado posteriormente neste capítulo (Figura 7-35). Esse tipo de circuito é mais preciso e estável que o diodo zener e possui baixa impedância CA, permitindo a redução da ondulação de tensão na entrada + do amplificador de erro. Assim, a substituição do diodo zener pelo CI TL431 tornará a carga mais estável, havendo menor ondulação em R_L.

A tendência da eletrônica é a integração de várias funções de circuitos de forma prática em um único *chip* de silício. Os reguladores não fugiram a esta regra. Observe a Figura 7-13, que mostra um CIRCUITO INTEGRADO REGULADOR DE TENSÃO com encapsulamento TO-220 e três terminais. O transistor de passagem, o amplificador de erro, o circuito de referência e o circuito de proteção estão contidos em um único *chip*. O CI 7812 fornece 12 V e correntes de carga de até 1,5 A. Tipicamente, a regulação de saída será mantida em 12 mV ao longo da faixa completa da corrente de carga.

O capacitor C_1 na Figura 7-13 é necessário se o CI regulador estiver muito distante do capacitor de filtro principal da fonte de alimentação. Esses CIs são normalmente utilizados como reguladores internos. Nessa configuração, cada placa de circuito impresso em um sistema possui um regulador próprio que pode estar distante do filtro principal da fonte de alimentação. O capacitor C_2 é opcional e pode ser utilizado para melhorar a resposta do regulador a variações rápidas nas correntes de carga.

Alguns CIs reguladores, semelhantes ao mostrado na Figura 7-13, operam com tensão de saída fixa. A série de reguladores 78*XX* é um exemplo típico desse tipo de dispositivo. Os CIs 7805, 7812 e 7815 fornecem tensões de 5 V, 12 V e 15 V, respectivamente. Essa série também se encontra disponível na forma do encapsulamento maior tipo TO-3 para aplicações de altas correntes. Tais dispositivos consistem em uma alternativa simples e de baixo custo aos reguladores discretos, sendo amplamente utilizados.

A Figura 7-14 mostra uma forma de obter uma SAÍDA AJUSTÁVEL a partir de um CI regulador de 5 V. Os resistores R_1 e R_2 constituem um divisor de tensão.

> **Sobre a eletrônica**
>
> **Potência e medições.**
> - Alguns equipamentos de teste portáteis modernos possuem a função de registro de gráficos. Essa característica é fundamental para investigar flutuações na fonte de alimentação.
> - Técnicos que procuram falhas em fontes de alimentação utilizam cargas fantasmas frequentemente.

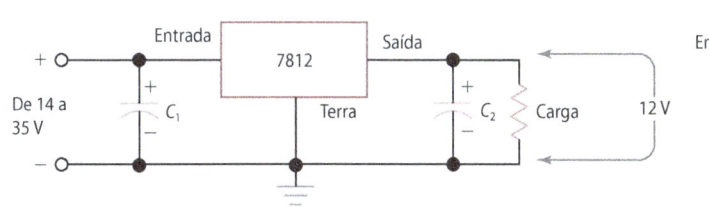

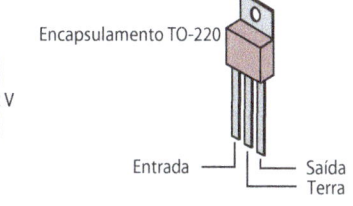

Figura 7-13 Circuito integrado regulador de tensão.

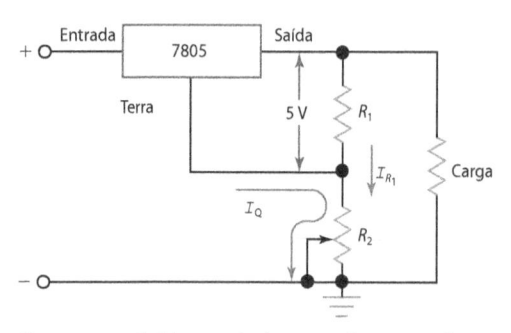

Figura 7-14 Saída ajustável a partir de um regulador fixo.

Note que o terminal de terra do regulador é conectado ao centro do divisor em vez de estar ligado ao terra do circuito. Ajustando-se R_2, é possível variar a tensão de saída de 5 V até um valor maior.

Duas correntes circulam em R_2 na Figura 7-14. A primeira corrente é a parcela proveniente do divisor que circula por R_1. Como a tensão em R_1 sempre deve ser igual a 5 V, a lei de Ohm pode ser empregada para determinar a corrente no divisor. A segunda corrente em R_2 é I_Q, que corresponde à corrente quiescente do CI 7805. A tensão na carga pode ser determinada pela soma da tensão do regulador (5 V) com a tensão em R_2. Por exemplo, considerando $R_1 = R_2 = 250\ \Omega$, a tensão de saída é:

$$V_{saída} = 5\ V + R_2\left(I_Q + \frac{5\ V}{R_1}\right)$$
$$= 5\ V + (250\ \Omega)\left(0{,}006\ A + \frac{5\ V}{250\ \Omega}\right)$$
$$= 11{,}5\ V$$

A saída é ajustada em 11,5 V mesmo que um regulador de 5 V seja utilizado.

Qualquer aumento ou redução da corrente quiescente na Figura 7-14 provocará a alteração da tensão em R_2, o que afetará a tensão de saída. A corrente I_Q é sensível à tensão de entrada não regulada, à corrente de carga e à temperatura. Por exemplo, o aumento de I_Q em 1 mA não é incomum, sendo que o efeito na tensão de saída é:

$$V_{saída} = 5\ V + R_2\left(I_Q + \frac{5\ V}{R_1}\right)$$
$$= 5\ V + 250\ \Omega\left(0{,}007\ A + \frac{5\ V}{250\ \Omega}\right)$$
$$= 11{,}75\ V$$

Assim, a variação da tensão de saída devido ao acréscimo da tensão quiescente é 11,75 V − 11,5 V ou 0,25 V (250 mV). Isso mostra que o ajuste de um regulador com um divisor compromete a regulação. Como a saída normalmente é mantida ao longo de uma variação de 12 mV, uma mudança de 250 mV é relativamente grande. O resistor R_2 não deve possuir valor muito grande ou a regulação pode ser comprometida de forma mais severa. Valores em torno de 100 Ω são empregados na prática.

Reguladores fixos como o CI 7805 podem fornecer 1,5 A. Se uma corrente maior for necessária, o CIRCUITO DE ELEVAÇÃO DA CORRENTE da Figura 7-15 pode ser utilizado. O transistor Q_1 é empregado para fornecer uma corrente de carga maior. O resistor R_1 determina quando Q_1 será ligado de modo a dividir a corrente de carga. À medida que a corrente no CI

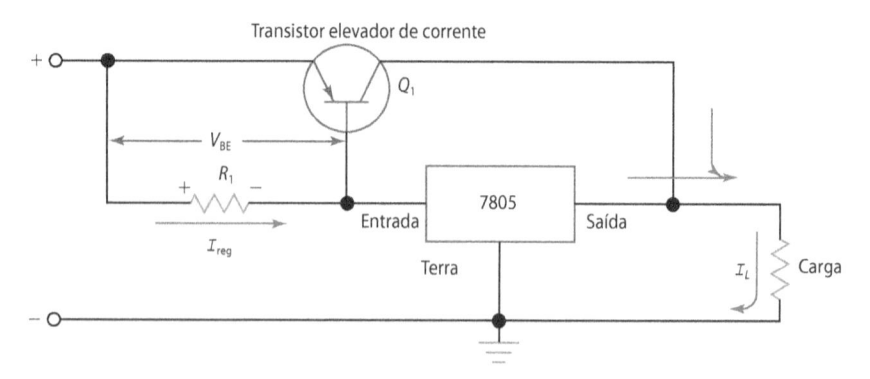

Figura 7-15 Circuito elevador de corrente.

regulador aumenta, a queda de tensão em R_1 aumentará, sendo aplicada à junção base-emissor de Q_1 de modo a polarizá-lo.

Se Q_1 for um transistor de silício na Figura 7-15, a ativação ocorrerá quando a tensão base-emissor chegar a 0,7 V. Considere $R_1 = 4,7\ \Omega$. Assim, a corrente necessária para ligar Q_1 é:

$$I = \frac{V}{R} = \frac{0,7\ V}{4,7\ \Omega} = 0,149\ A$$

O CI regulador conduzirá toda a corrente de carga até o valor de 149 mA. Se um valor maior for drenado pela carga, a queda de tensão em R_1 será responsável por acionar Q_1, que também fornecerá corrente juntamente com o CI. O circuito de elevação de corrente semelhante ao arranjo da Figura 7-15 é capaz de fornecer até 10 A utilizando um transistor de alta corrente para dividir a corrente de carga.

Circuitos com amplificadores operacionais normalmente requerem a utilização de fontes de alimentação bipolares, as quais fornecem uma tensão positiva e uma tensão negativa em relação ao terminal de terra. Às vezes, essas fontes de alimentação são ajustáveis e devem possuir **REGULAÇÃO CRUZADA**. Uma fonte de alimentação com regulação cruzada é um dispositivo onde uma ou mais saídas são escravas de outra saída mestre. Se a saída mestre variar, o mesmo ocorrerá com as saídas escravas.

A Figura 7-16 mostra um regulador com regulação cruzada dual. O CI 7805 é um regulador fixo de 5 V. O CI 7905 também regula uma tensão de 5 V, mas esta é negativa em relação ao terra. Nenhum regulador encontra-se diretamente aterrado na Figura 7-16. Os terminais de terra são acionados pelos amplificadores operacionais AO_1 e AO_2. Isso fornece uma tensão de saída ajustável de modo semelhante ao circuito estudado na Figura 7-14. Entretanto, a impedância de saída muito baixa dos amp ops garante que qualquer mudança na corrente quiescente dos CIs reguladores cause apenas uma pequena influência na tensão de saída.

Os resistores R_4 e R_5 na Figura 7-16 dividem a saída negativa e aplicam a tensão resultante em ambos amp ops. O AO_2 está conectado em modo não inversor. À medida que o contato deslizante de R_4 se move em direção a R_5, a saída do AO_2 se aciona ao terminal de terra do CI 7905 no sentido negativo. Isso aumenta a saída negativa aplicada à carga 2. Simultaneamente, o AO_1 atua como um amplificador inversor. O sinal negativo no contato de R_4 torna-se positivo para o terminal de terra do CI 7805, o que aumenta a tensão de saída positiva aplicada à carga 1. Portanto, o resistor R_4 controla ambas as saídas nesse circuito com regulação cruzada. A saída positiva é escrava em relação à saída negativa. Assim, qualquer mudança na tensão negativa será acompanhada pela tensão positiva.

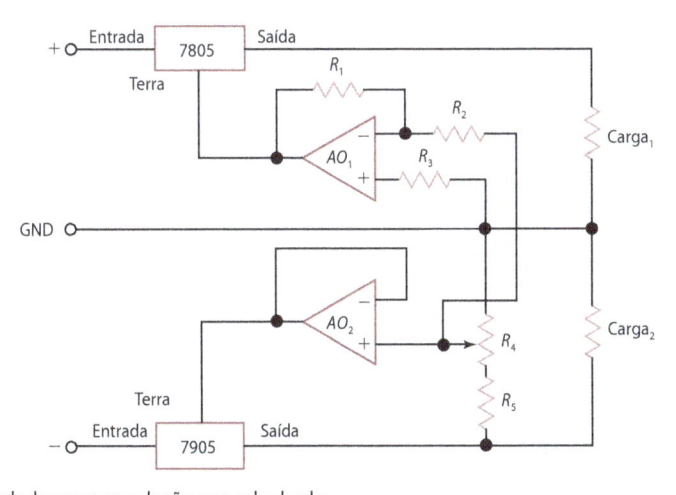

Figura 7-16 Regulador com regulação cruzada dupla.

Teste seus conhecimentos

» Limitação de corrente e tensão

Alguns dos circuitos de alimentação regulados até o momento não são devidamente protegidos contra danos provocados por sobrecargas. O fusível de entrada pode não ser rompido de forma rápida o suficiente para proteger diodos, transistores e circuitos integrados em caso de distúrbios decorrentes de curtos-circuitos na saída da fonte de alimentação. Um curto-circuito indica que a corrente muito alta será fornecida pelo regulador, a qual circulará pelo transistor série de passagem e outros componentes da fonte de alimentação. Se não houver LIMITAÇÃO DE CORRENTE, o transistor de passagem certamente será destruído.

Às vezes, é muito importante proteger também os circuitos alimentados pela fonte regulada. A limitação da corrente evita sérios danos provocados a outros circuitos. Por exemplo, um componente em um amplificador com acoplamento direto pode estar em curto-circuito, polarizando fortemente um transistor de alto custo ou um circuito integrado. Assim, esse dispositivo pode drenar uma corrente muito alta da fonte a ponto de danificá-lo.

Se a fonte possuir limitação de corrente, o componente de custo elevado pode ser devidamente protegido.

A limitação de corrente é útil, mas os circuitos também podem ser danificados por uma tensão excessiva. Uma falta no regulador pode provocar o aumento da tensão de saída acima do valor regulado. Por exemplo, a entrada de um regulador de 5 V pode ser 10 V. Se o transistor de passagem estiver em curto-circuito, a tensão aumentará até 10 V em vez da especificação normal de 5 V. Essa tensão anormalmente alta será aplicada a todos os dispositivos do sistema que estão conectados à alimentação de 5 V, sendo que muitos desses componentes serão danificados. Portanto, pode ser necessário evitar que a tensão da fonte assuma valores superiores aos limites de segurança. Esse processo é denominado LIMITAÇÃO DE TENSÃO.

A Figura 7-17 mostra um exemplo de circuito que limita a corrente, e a maior parte deste arranjo foi descrita na seção anterior. O CI 7812 é um regulador de tensão fixa de 12 V. O transistor Q_1 aumenta a corrente de saída em vários ampères. A série 78XX de CIs reguladores possui limitação de corrente interna. Um CI 7812 é incapaz de fornecer uma cor-

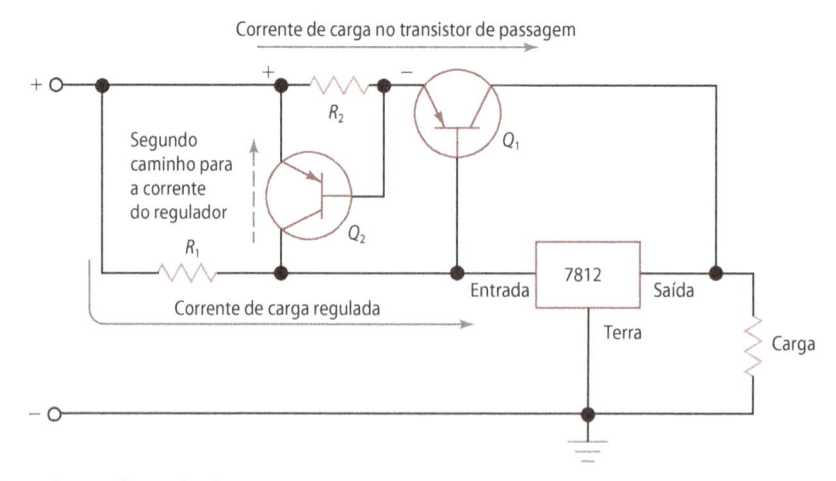

Figura 7-17 Circuito limitador de corrente.

rente maior que 1,5 A; caso haja curto-circuito em sua saída. Entretanto, isso não protegerá o transistor Q_1 na Figura 7-17. Sem uma limitação de corrente adicional, esse elemento pode ser destruído por um curto-circuito. O transistor Q_2 fornece uma proteção adicional de modo a limitar a corrente no transistor de passagem Q_1 e na carga.

A maior parte da corrente de carga na Figura 7-17 circula por Q_1 e R_2. Lembre-se de que o CI 7812 conduzirá uma corrente suficiente para polarizar a junção base-emissor do transistor de passagem. Essa polarização é fornecida pela queda de tensão em R_1. Agora, suponha que a corrente drenada pela carga seja muito maior, provocando uma queda de tensão em R_2 que ligará Q_2. Nessa aplicação, o componente R_2 atua como um resistor sensor de corrente. Com a condução de Q_2, há um segundo caminho para a corrente no regulador, que circulará do coletor de Q_2 para o emissor de Q_2 e para o terminal + da entrada. Esse segundo caminho reduzirá a corrente em R_1. Caso isso ocorra, a queda de tensão o componente também será reduzida, de modo que haverá uma menor tensão de polarização para o transistor de passagem Q_1. Assim, o transistor não conduzirá uma corrente muito alta e o circuito funcionará em modo de limitação de corrente. Mesmo que ocorra um curto-circuito na carga, a corrente será limitada a um valor predeterminado.

A máxima corrente permitida pela ação do circuito limitador da Fig. 5-17 é determinada por Q_2. É necessária uma tensão entre base e emissor de aproximadamente 0,7V para polarizar Q_2, de modo que então se inicia a ação de limitação da corrente. Considerando $R_2 = 0,1\Omega$, a queda de tensão neste componente será 0,7V quando circular uma corrente de 7A ($V=R\times I$). Parte da corrente de carga circula no CI7812 (aproximadamente 0,5A). Assim, quando a carga solicitar uma corrente maior que 7,5A, Q_2 será polarizado e a corrente será limitada de modo a não superar este valor significativamente. O aumento do valor de R_2 implica limitar a corrente em um valor inferior a 7,5A. Lembre-se que, sem a ação do limitador de corrente, um curto-circuito tipicamente destruiria o transistor de passagem. Além disso, o CI regulador deve possuir limitação de corrente interna de modo a não ser danificado por uma eventual sobrecarga.

EXEMPLO 7-3

Para a Figura 7-17, tem-se $R_1 = 4,7\ \Omega$, e $R_2 = 0,22\ \Omega$. Determine os valores da corrente de carga para ativar Q_1 e Q_2. O transistor Q_1 será ligado quando a queda de tensão em R_1 for 0,7V:

$$I_{carga} = \frac{0,7\ V}{R_1} = \frac{0,7\ V}{4,7\ \Omega} = 149\ mA$$

O transistor Q_2 será ligado quando a queda de tensão em R_2 for 0,7V:

$$I_{carga} = \frac{0,7\ V}{R_2} = \frac{0,7\ V}{0,22\ \Omega} = 3,18\ A$$

O projeto desenvolvido na Figura 7-17 é denominado LIMITADOR DE CORRENTE CONVENCIONAL. A Figura 7-18 mostra um gráfico do desempenho do circuito quando esse tipo de estratégia é utilizado. O gráfico demonstra que a tensão de saída permanece constante em 12 V enquanto a corrente varia de 0 a 5 A. À medida que a corrente torna-se maior que 5 A, a tensão de saída passa a ser reduzida rapidamente. Um curto-circuito será limitado a um valor ligeiramente superior a 5 A. Enquanto a tensão é reduzida de 12 V para 0 V, a curva encontra-se na

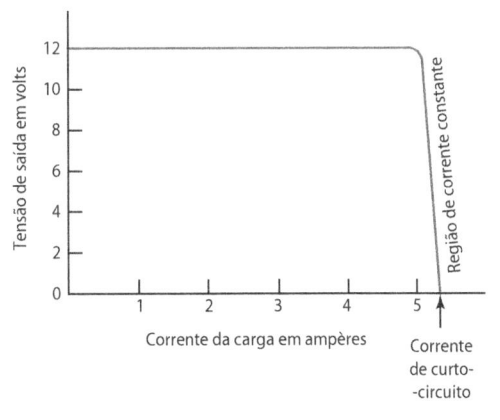

Figura 7-18 Desempenho de um limitador de corrente convencional.

região de corrente constante, onde o circuito opera quando está em modo de limitação de corrente.

A limitação de corrente convencional pode ser incapaz de proteger o transistor de passagem completamente. Mesmo se o transistor for especificado de modo a conduzir a corrente correspondente à região de corrente constante, o componente pode sofrer sobreaquecimento ou ser destruído se um curto-circuito persistir. Por exemplo, um transistor do tipo 2N3055 possui especificações de 15 A e 117 W. Portanto, a operação na região de corrente constante pode parecer segura, como mostra a Figura 7-18. Entretanto, isso pode não ser verdade. Ainda que a corrente de 5 A corresponda a apenas um terço da especificação máxima do componente, o transistor ainda pode ser danificado se a potência dissipada no coletor for muito alta. Suponha que ocorra um curto-circuito na saída. Uma tensão nula surgirá na carga, e toda a tensão não regulada da fonte será aplicada ao transistor de passagem. Para uma fonte de 12 V, a entrada não regulada será de aproximadamente 18 V. A potência dissipada no transistor será:

$$P_C = V_{CE} \times I_C = 18\,V \times 5\,A = 90\,W$$

Como 90 W é um valor menor que 117 W, o transistor opera em condições seguras. Entretanto, a potência de 117 W é especificada na temperatura de junção de 25 °C (77 °F). Quando um transistor dissipa 90 W, a temperatura de operação é muito maior. Um dissipador de calor grande pode ajudar a reduzi-la, mas tipicamente a temperatura de operação pode assumir valores maiores que 65 °C. Nessa temperatura, a máxima dissipação de corrente no coletor será menor que 90 W. Os transistores de potência devem sofrer alívio de carga para temperaturas menores que 25 °C. Assim, o transistor 2N3055 será danificado ou destruído se o curto-circuito persistir por um tempo suficiente para que a temperatura torne-se maior que 65 °C. A limitação de corrente convencional pode fornecer proteção apenas quando os curtos-circuitos são momentâneos.

A Figura 7-19(*a*) mostra um regulador de tensão que utiliza LIMITAÇÃO DE CORRENTE FOLDBACK. A análise desse circuito auxilia na compreensão do funcionamento desse tipo de limitador de corrente. Na verdade, há dois limites importantes de corrente que devem ser calculados. Um deles é parcialmente determinado pela tensão de saída $V_{saída}$, que é estabelecida pela tensão de referência do diodo zener e pelo divisor de tensão constituído por R_5 e R_6. Considera-se que $V_{saída}$ ativará o amplificador de erro (Q_4). Se a queda de tensão entre base e emissor for 0,7 V, a tensão na base de Q_4 será:

$$V_{B(Q_4)} = 5,1\,V + 0,7\,V = 5,8\,V$$

A tensão deve ser igual a uma parcela de $V_{saída}$, determinada pelo divisor de tensão:

$$V_{B(Q_4)} = V_{saída} \times \frac{R_6}{R_6 + R_5}$$

$$5,8\,V = V_{saída} \times \frac{620\,\Omega}{620\,\Omega + 660\,\Omega}$$

$$V_{saída} = 12,0\,V$$

A corrente de curto-circuito na Figura 7-19(*a*) é estabelecida por R_2, R_3 e R_4. Com a saída em curto-circuito, a saída $V_{saída}$ é nula e queda de tensão em R_2 será suficientemente alta para ativar Q_3, que é o transistor limitador de corrente. Quando Q_3 é ativado, a corrente é desviada por Q_2 e o transistor de passagem começa a ser desligado. Como R_3 e R_4 formam um divisor de tensão, a queda de tensão total em R_2 não será aplicada em Q_3:

$$V_{BE(Q_3)} = 0,7\,V$$

$$= V_{R_2} \times \frac{120\,\Omega}{120\,\Omega + 12\,\Omega}$$

$$0,7\,V = V_{R_2} \times 0,909$$

$$V_{R_2} = 0,770\,V$$

Agora, a lei de Ohm é utilizada para determinar a corrente em R_2, que corresponde à corrente quando a saída está em curto-circuito:

$$I_{CC} = \frac{V_{R_2}}{R_2} \times \frac{0,770\,V}{0,38\,\Omega} = 2,03\,A$$

A máxima corrente de carga na Figura 7-19(*a*) é maior que a corrente de curto-circuito. Seu valor é determinado considerando que a tensão de saída é normal. A tensão $V_{saída}$ estabelece o valor de V_E para Q_3, sendo que V_B é 0,7 V mais alta ou 12,7 V:

(a) Circuito limitador de corrente *foldback*

(b) Desempenho do circuito

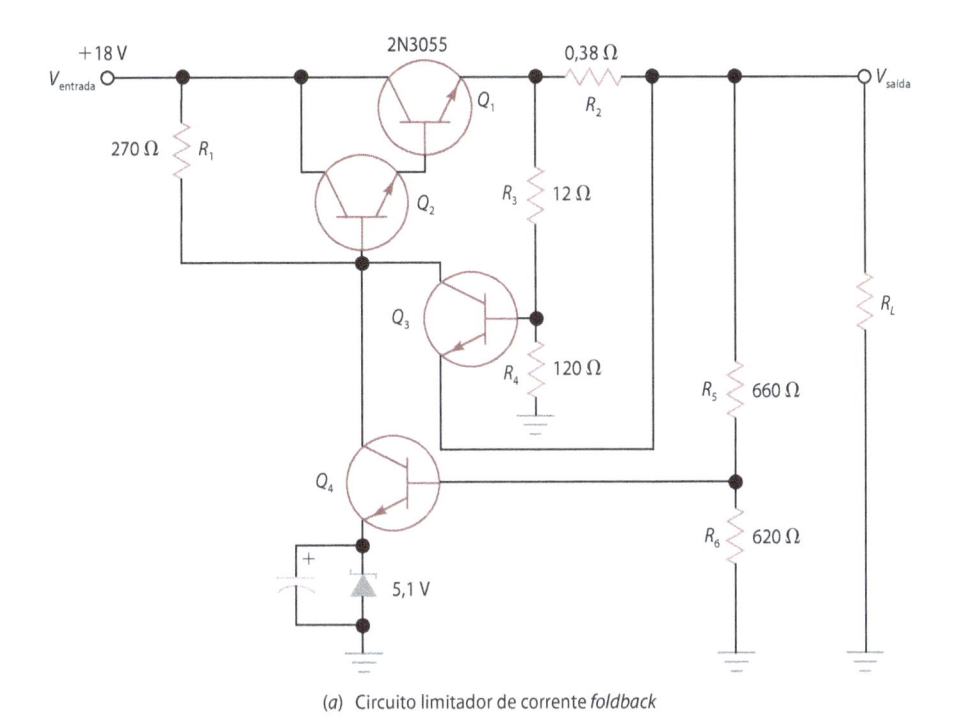

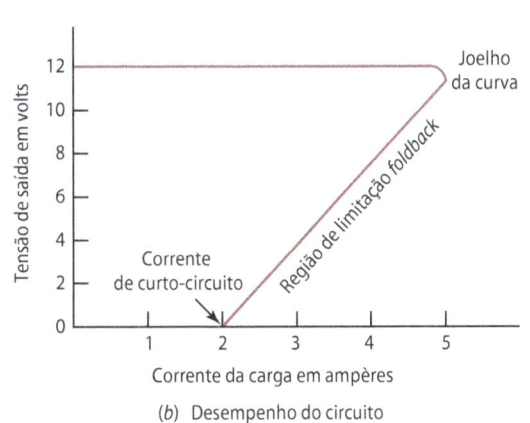

Figura 7-19 Limitação de corrente *foldback*.

$$V_{B(Q_3)} = (V_{R_2} + V_{saída}) \times \frac{R_4}{R_4 + R_3}$$

$$12{,}7\text{ V} = (V_{R_2} + 12\text{ V}) \times \frac{120\text{ }\Omega}{120\text{ }\Omega + 12\text{ }\Omega}$$

$$12{,}7\text{ V} = 0{,}909\ V_{R_2} + 10{,}9\text{ V}$$

$$V_{R_2} = 1{,}97\text{ V}$$

A corrente em R_2 é determinada a partir da lei de Ohm:

$$I_{R_2} = I_{max} = \frac{1{,}97\text{ V}}{0{,}38\text{ }\Omega} = 5{,}18\text{ A}$$

Isso demonstra que a máxima corrente de carga é significativamente maior que a corrente de curto--circuito em reguladores que empregam a limitação de corrente *foldback*.

A Figura 7-19(b) mostra o gráfico do desempenho do circuito da Figura 7-19(a). Esse tipo de proteção reduz a corrente uma vez que um dado limite pré-estabelecido é alcançado. Note que o ponto de limitação é 5 A. Entretanto, nesse caso, a corrente começa a decrescer em vez de permanecer constante em um valor próximo a 5 A. Se a sobrecarga corresponder a um curto-circuito, a corrente retorna a um valor próximo a 2 A, o que limita de forma significativa a dissipação de potência no transistor na condição de curto-circuito. Considerando novamente uma tensão não regulada de 18 V, a potência dissipada no coletor será:

$$P_C = V_{CE} \times I_C = 18\,V \times 2\,A = 36\,W$$

Uma potência dissipada de 36 W é um valor muito mais razoável para um transistor 2N2222. Agora, a operação desse dispositivo será segura até uma temperatura de junção limite de 150 °C. A utilização de um dissipador de calor adequado é capaz de manter a junção em uma temperatura inferior a esse valor. Com a limitação de corrente *foldback* e a utilização de um dissipador devidamente projetado, o transistor será capaz de suportar o curto-circuito por um período de tempo indefinido.

Anteriormente, foi mostrado que a série 78*XX* de CIs reguladores possui característica de limitação de corrente interna, que é do tipo convencional. Outro regulador popular é o CI 723, que possui ambos os tipos de limitação de corrente e se encontra disponível com encapsulamento em linha dupla (DIP). A Figura 7-20 mostra como esse dispositivo é conectado em um circuito de modo a fornecer a limitação de corrente convencional. Nesse caso, os resistores R_1 e R_2 dividem uma tensão de referência interna de modo a ajustar a tensão de saída entre 2 V e 7 V. O elemento R_3 representa o resistor sensor de corrente. Quando a queda de tensão nesse resistor se iguala a 0,7 V, o regulador passa a operar com limitação de corrente convencional.

A Figura 7-21 mostra o regulador 723 configurado para uma tensão de saída maior que 7 V e limitação de corrente *foldback*. Os resistores R_4 e R_5 determinam a tensão de saída. Os resistores R_1, R_2 e R_3 determinam o joelho da curva e a corrente de curto-circuito [observe a Figura 7-19(*b*)].

Circuitos de proteção contra sobrecorrente são capazes de evitar a ocorrência de danos nos sistemas. Entretanto, às vezes, a fonte de alimentação pode falhar e destruir outros circuitos, mesmo que haja a inclusão de um circuito limitador de corrente. Foi mostrado que o transistor série de passagem é utilizado para reduzir a tensão não regulada até um valor desejado. Se houver um curto-circuito entre o emissor e o coletor no transistor de passagem, toda a tensão não regulada será aplicada às cargas conectadas à fonte de alimentação. Quando isso ocorre, muitos circuitos podem ser danificados. Uma forma de proteção contra sobretensão deve evitar que isso ocorra.

A Figura 7-22 mostra o diagrama esquemático de uma fonte de alimentação de alta corrente com

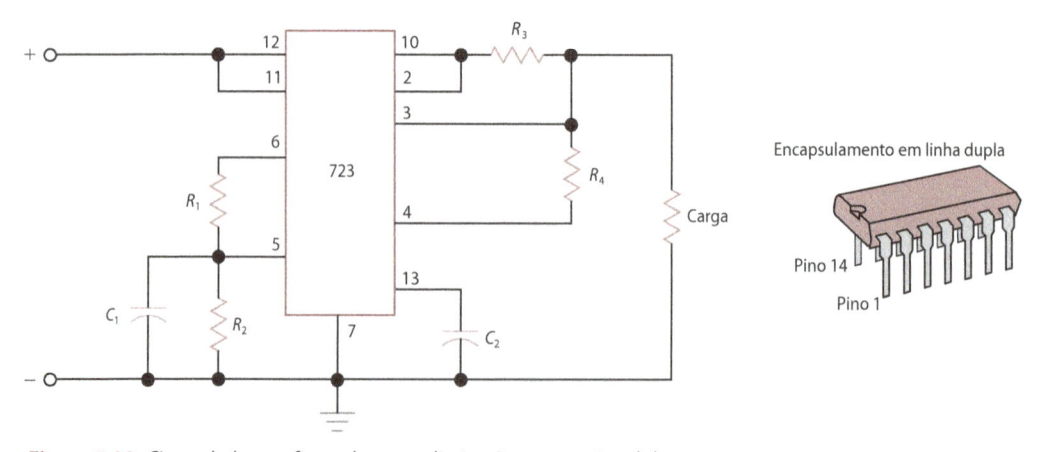

Figura 7-20 CI regulador configurado para a limitação convencional de corrente.

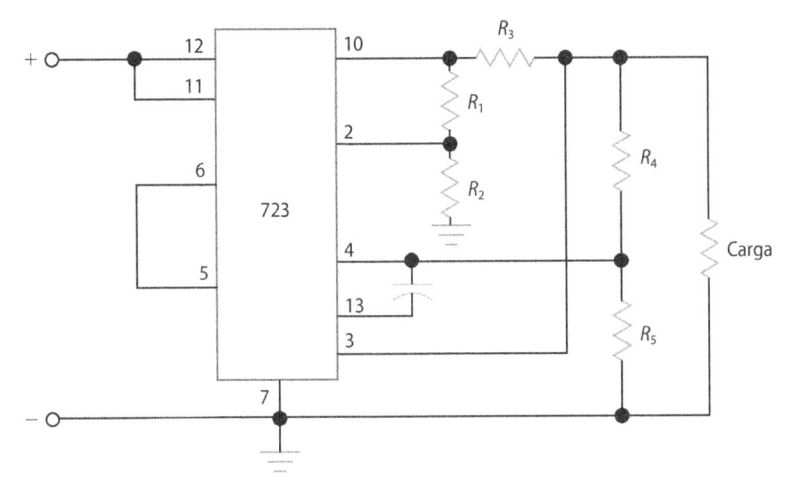

Figura 7-21 CI regulador configurado para a limitação de corrente *foldback*.

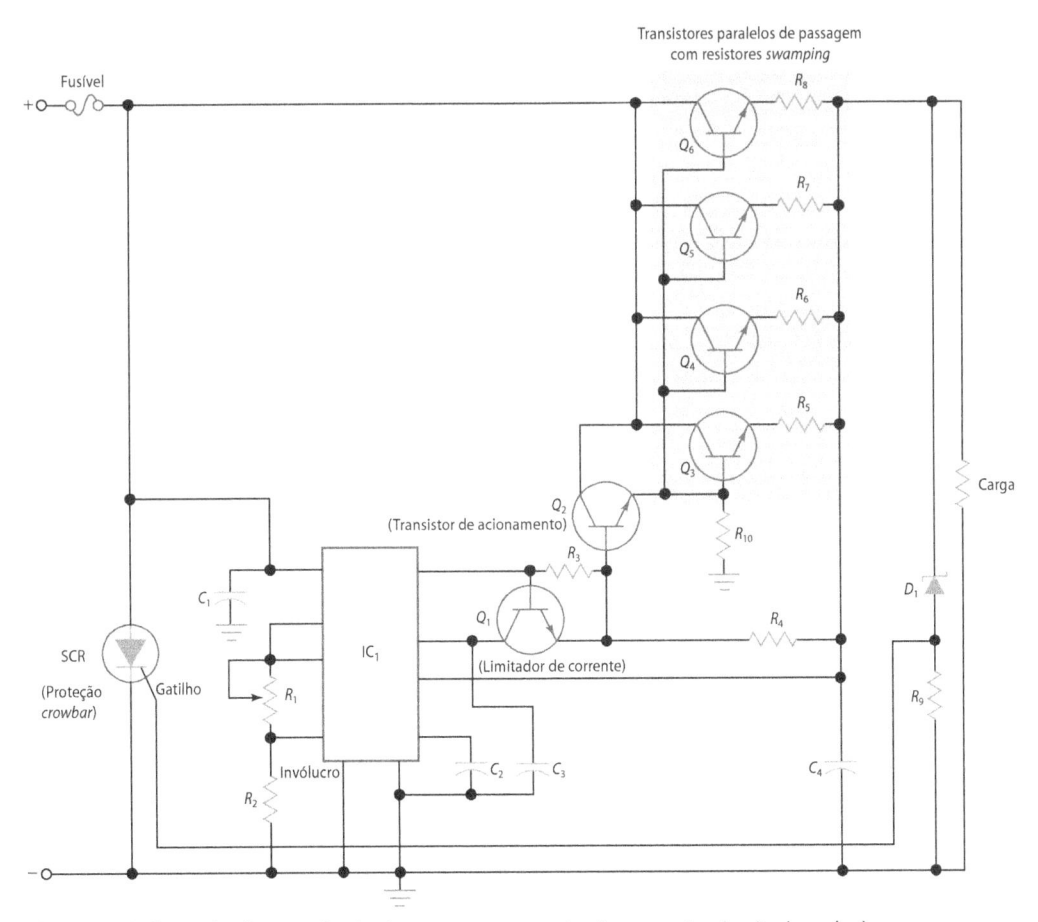

Figura 7-22 Fonte de alimentação de alta corrente com proteção por curto-circuito (*crowbar*).

PROTEÇÃO *CROWBAR*, sendo este um arranjo que aplica um curto-circuito na fonte de alimentação quando um dado limite de tensão é excedido. O diodo zener D_1 é parte do circuito *crowbar* e normalmente não conduzirá. Entretanto, se a tensão de saída se tornar muito alta, o diodo D_1 entrará em condução e a corrente resultante em R_9 criará uma queda de tensão que é aplicada ao gatilho do SCR. Assim, o SCR será ativado de modo a aplicar um curto-circuito na fonte e romper o fusível. Um fusível queimado é uma perda mais aceitável que os danos provocados ao circuito da carga.

Outra característica interessante da fonte de alimentação mostrada na Figura 7-22 é a alta capacidade de corrente fornecida pelos transistores de passagem em paralelo. Fontes de alimentação desse tipo são capazes de fornecer correntes maiores que 25 A. Os transistores Q_3 a Q_6 dividem a corrente de carga. Os elementos R_5 a R_8 garantem a divisão da corrente nos transistores em paralelo e são denominados RESISTORES *SWAMPING*, cujos valores são tipicamente de 0,1 Ω. Tais resistores garantem que um ou dois transistores com ganho elevado não absorvam uma corrente maior que o respectivo valor devido. Por exemplo, suponha que Q_5 possua um maior valor de β que os outros três transistores. Assim, este transistor tenderá a conduzir uma corrente maior que sua respectiva parcela, provocando o aumento de sua temperatura de operação em comparação com os demais elementos. Como o valor de β aumenta com a temperatura, o transistor conduzirá uma corrente de carga maior. Por outro lado, isso provocaria o aumento da temperatura de operação na forma de um efeito bola de neve. Essa condição é denominada AVALANCHE TÉRMICA e pode destruir Q_5. O resistor *swamping* minimiza a chance de ocorrer a avalanche térmica porque a queda de tensão nesse elemento será maior se a corrente em Q_5 aumentar. Portanto, os resistores *swamping* na Figura 7-22 ajudam a manter a divisão da corrente entre os quatro transistores de passagem.

Na Figura 7-22, Q_2 é denominado TRANSISTOR DE ACIONAMENTO. O CI regulador é incapaz de fornecer corrente suficiente para quatro transistores e Q_2 aumenta o fornecimento de corrente a partir do CI. Os elementos R_3 e Q_1 formam um circuito sensor de corrente. Se a corrente fornecida a Q_2 provocar uma queda de 0,7 V em R_3, Q_1 é ligado ativando o circuito limitador de corrente do CI, o que limita a corrente de acionamento e a corrente de saída em valores seguros. Esse circuito fornece limitação de corrente convencional, sendo que curtos-circuitos de longa duração podem danificar os transistores de passagem se não houver o rompimento do elo fusível. Além disso, R_1 é responsável pelo ajuste da tensão de saída.

Circuitos limitadores de corrente e circuitos *crowbar* desempenham um papel satisfatório na proteção de equipamentos eletrônicos. Entretanto, os transitórios da rede CA ainda são capazes de danificar dispositivos de estado sólido. Um transitório CA é uma tensão anormalmente alta que ocorre na rede CA de alimentação de um dado equipamento, sendo que normalmente possui curta duração. Por exemplo, transitórios da ordem de diversos milhares de volts podem ocorrer na rede CA de 120 V de um edifício. Esses transitórios são provocados por descargas, falhas em equipamentos e chaveamento de cargas indutivas como motores e transformadores. Estudos preveem que a ocorrência de um transitório de 5000 V pode ser esperada a cada ano em cada circuito de 120 V existente. Outras ocorrências de transitórios com tensões menores também podem ser esperadas. Muitas falhas em equipamentos eletrônicos são provocadas em virtude dos TRANSITÓRIOS DA REDE CA.

Os transitórios que duram diversos microssegundos são capazes de danificar circuitos, contatos e a isolação. Dispositivos de proteção como circuitos *crowbar* e centelhadores (dispositivos de proteção com ruptura ionizante) possuem atuação muito lenta. Além disso, tais elementos podem permanecer em condução mesmo após a eliminação do transitório, sendo que esta característica pode provocar maiores problemas. Dispositivos de ceifamento da tensão são considerados escolhas mais adequadas para a proteção de circuitos eletrônicos contra transitórios, a exemplo das células de selênio, diodos zener e VARISTORES.

Varistores são resistores dependentes da tensão, cuja resistência não é constante, como ocorre nos resistores convencionais. À medida que a tensão em um varistor aumenta, sua resistência diminui. Essa característica os torna muito eficazes no ceifamento de transitórios. Os varistores são constituídos de carboneto de silício ou, em se tratando de dispositivos mais recentes, de óxido de zinco. Os varistores de óxido de zinco são denominados **MOVs** (do inglês, *metal oxide varistors* – VARISTORES DE ÓXIDO METÁLICO) e são amplamente utilizados na proteção de equipamentos eletrônicos contra transitórios da rede CA.

A Figura 7-23 mostra a estrutura de um dispositivo MOV, que é constituído de um *wafer* de óxido de zinco granular. Um filme de prata é depositado em ambos os lados do *wafer*. Os terminais são soldados aos eletrodos de prata. Quando uma tensão normal é aplicada aos terminais, circula uma corrente muito pequena. Isso ocorre em virtude dos limites entre os grãos de óxido de zinco, os quais atuam como junções semicondutoras e requerem aproximadamente 3 V para a ativação. Esses limites atuam em série, de modo que uma tensão superior a 3 V será necessária para ativar todo o *wafer*. O projeto de um dispositivo MOV depende do controle da espessura do *wafer*. Um *wafer* espesso possuirá maior número de limites e será acionado a partir de uma tensão maior. A Figura 7-24 mostra a curva característica volt-ampère típica de um MOV. Note que a corrente é aproximadamente nula ao longo da faixa normal da tensão da rede CA. Além disso, constata-se que um aumento brusco na corrente ocorre se a tensão da rede CA assume valores maiores que os normais.

A Figura 7-25 mostra quatro tipos de encapsulamento para dispositivos MOV fabricados por General Electric. Os pequenos dispositivos axiais podem absorver uma energia de 2 J (joule) e conduzir 100 A durante um transitório. Um joule corresponde a um watt-segundo (1 W × 1 s). Suponha que um dispositivo MOV absorva um transitório de 1000 V e 100 A que dura 20 μs. A energia E dissipada em joules é:

$E = V \times I \times t = 1000\,V \times 100\,A \times 20 \times 10^{-6}\,s = 2\,J$

Esses dispositivos com alta concentração energética são especificados até valores da ordem de 6500 J e 50.000 A. O tempo de resposta do MOV é medido em nanossegundos (ns), sendo este um componente capaz de absorver a energia dos transitórios de forma segura para proteger equipamentos eletrônicos.

A Figura 7-26 mostra uma fonte de alimentação protegida por um MOV. O varistor é conectado em paralelo com o transformador de potência. Normalmente, o MOV conduzirá uma corrente muito pequena. Um transitório será responsável por ati-

Figura 7-23 Estrutura de um varistor óxido metálico.

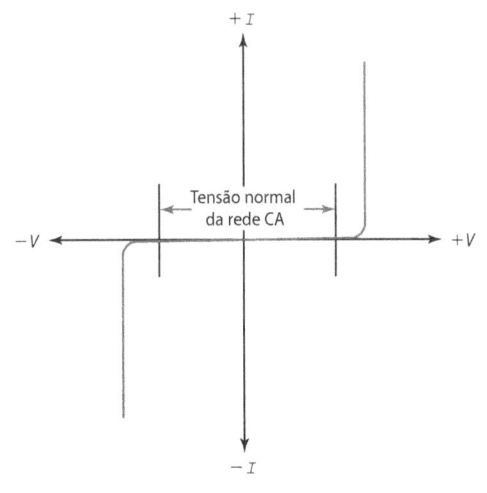

Figura 7-24 Curva característica volt-ampère típica do MOV.

Encapsulamento axial moldado

Encapsulamento de chumbo radial

Encapsulamento de um MOV de potência

Encapsulamento de alta concentração energética

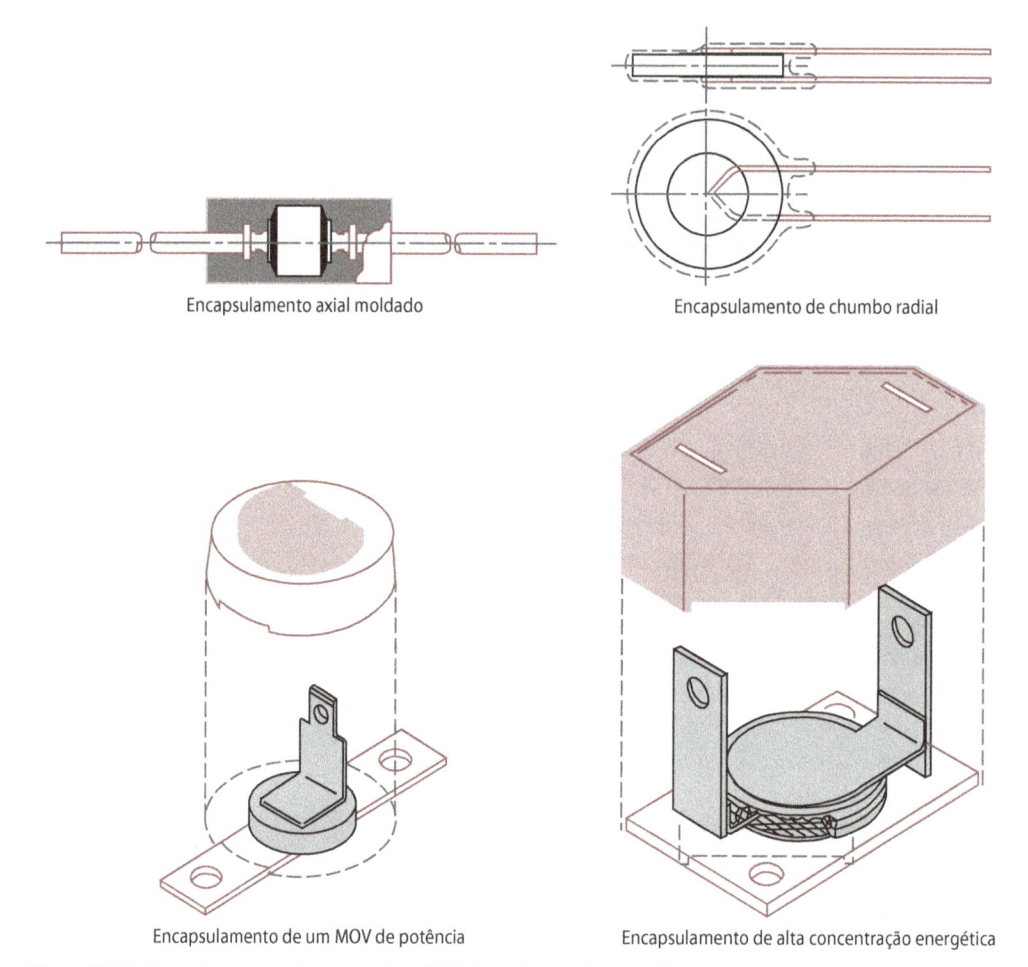

Figura 7-25 Tipos de encapsulamento do MOV fabricado por General Electric.

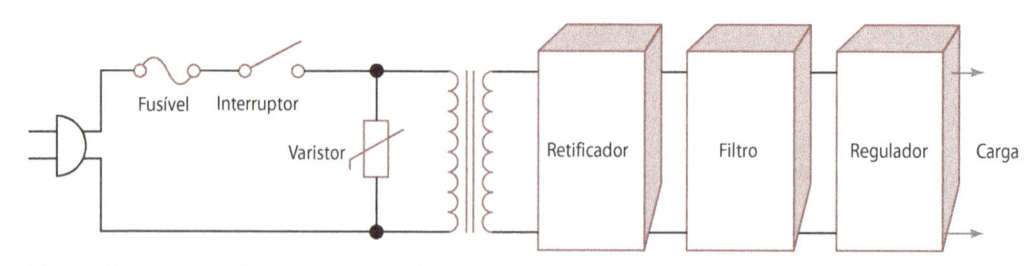

Figura 7-26 Fonte de alimentação protegida por varistor.

var o varistor, de modo que a maior parte da energia envolvida no fenômeno será absorvida. Após o término do transitório, o MOV retomará seu estado de alta resistência e o circuito voltará a operar normalmente. Um transitório de longa duração provocará o rompimento do fusível, o qual deverá ser prontamente substituído. Observe o símbolo esquemático do varistor na Figura 7-26. A linha que cruza o desenho mostra uma característica de resistência não linear.

Teste seus conhecimentos

›› Reguladores chaveados

Os circuitos reguladores discutidos até o momento são do tipo linear (ou analógico). Esses dispositivos operam com um transistor série de passagem para provocar uma dada redução na tensão de entrada não regulada e manter a tensão de saída constante. Esses circuitos são considerados REGULADORES LINEARES porque operam na região ativa (linear) do transistor. Há uma séria desvantagem na utilização dos reguladores lineares em virtude do baixo rendimento. Por exemplo, considere que uma fonte de alimentação de 12 V forneça uma corrente de carga 5 A. Além disso, a tensão de entrada não regulada é de 18 V. Isso significa que o transistor de passagem deverá apresentar uma queda de tensão de 6 V, de modo que a potência dissipada nesse elemento será 30 W (6 V × 5 A). A potência dissipada é considerável e demandará a utilização de um dissipador de calor com elevadas dimensões.

O rendimento de um regulador linear pode ser calculado comparando-se a potência útil de saída com a potência de entrada. A potência útil de saída é 60 W (12 V × 5 A), enquanto a potência de entrada é 90 W (18 V × 5 A). O rendimento é dado por:

$$\eta = \frac{P_{saída}}{P_{entrada}} \times 100\% = \frac{60\ W}{90\ W} \times 100\% = 66,7\%$$

O rendimento global da fonte de alimentação será menor que 66,7% porque há perdas adicionais em transformadores, retificadores e outras partes do circuito. As fontes de alimentação lineares normalmente possuem rendimentos globais inferiores a 50%, o que significa que a maior parte da energia elétrica será dissipada na forma de calor.

Outro tipo de projeto de fonte de alimentação substitui o regulador linear por um interruptor transistor, isto é, um transistor que atua como chave. Esse elemento opera em dois modos: corte ou saturação. Lembre-se de que um transistor saturado apresenta queda de tensão muito pequena e, dessa forma, a potência dissipada será reduzida. Quando o transistor operando como chave está em corte, sua corrente é nula e a dissipação de potência é praticamente nula. Portanto, um regulador chaveado dissipará uma quantidade de energia significativamente menor se comparado com um regulador linear. Assim, dispositivos e dissipadores com dimensões reduzidas podem ser utilizados, sendo que o resultado é uma fonte de alimentação compacta que opera com temperatura menor. Na verdade, o peso e volume de uma fonte chaveada podem ser reduzidos a um terço em relação aos mesmos parâmetros de uma fonte linear equivalente, apresentando ainda menor custo operacional.

A Figura 7-27 mostra a configuração de um REGULADOR CHAVEADO ABAIXADOR. Quando S_1 está fechada, a corrente de carga circula por L_1 e pela chave a partir da entrada não regulada. A corrente em L_1 cria um campo magnético, onde a energia é armazenada. Quando S_1 é aberta, o campo magnético em L_1 começa a ser reduzido, polarizando D_1 diretamente. A corrente de carga agora é fornecida pela energia que foi anteriormente armazenada em L_1. Após um dado intervalo de tempo, S_1 é fechada novamente e o indutor é recarregado. O indutor L_1 atua como um filtro de alisamento de forma a manter a corrente de carga durante os períodos quando S_1 estiver aberta. O capacitor C_1 filtra a tensão da carga. O resultado é uma tensão na carga que corresponde

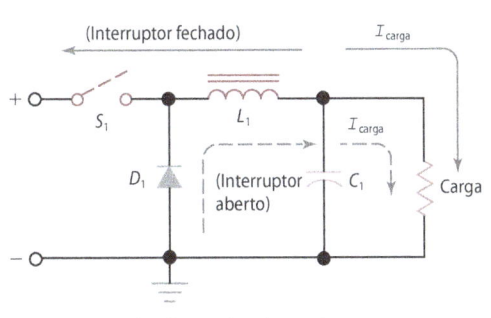

Figura 7-27 Configuração abaixadora.

praticamente a um nível CC puro, mesmo que a chave esteja se abrindo e fechando. A configuração abaixadora da Figura 7-27 fornece uma tensão na carga menor que a tensão de entrada não regulada. Como será mostrado posteriormente, também é possível obter uma configuração elevadora em fontes chaveadas.

> **LEMBRE-SE**
> ... que modulação significa que um sinal controla uma dada característica de outro sinal.

As fontes chaveadas regulam a tensão de saída utilizando a MODULAÇÃO POR LARGURA DE PULSO. Observe a Figura 7-28. A forma de onda da Figura 7-28(a) mostra uma forma de onda retangular com RAZÃO CÍCLICA de 50%. Note que o valor médio da forma de onda é metade do valor de pico. Agora, observe a Figura 7-28(b). Essa onda retangular possui razão cíclica muito menor que 50% e seu respectivo valor médio é muito menor do que a metade do valor de pico. As ondas retangulares são empregadas no acionamento dos reguladores chaveados. Por meio da modulação (controle) da razão cíclica da onda retangular, a tensão média na carga pode ser controlada. A tensão na carga é alisada pela ação de filtros de indutores e capacitores de modo a fornecer uma corrente CC com ondulação reduzida.

A Figura 7-29 mostra um circuito mais completo para um regulador chaveado abaixador*. Q_1 é o interruptor que é acionado por uma onda retangular com razão cíclica variável. Um amplificador de erro compara parte da tensão de saída com uma tensão de referência. Se a carga da fonte aumentar, a tensão de saída tende a ser reduzida. O erro é amplificado e um sinal de controle é aplicado ao gerador de pulsos, que aumenta a razão cíclica em sua respectiva saída. O transistor agora permanece em condução por um intervalo de tempo maior. Esse aumento da razão cíclica produz uma tensão média CC mais alta e a tensão de saída retorna ao valor normal. L_1 e C_1 minimizam a ondulação. D_2 é acionado quando o transistor é cortado e permite a descarga do indutor na carga.

Reguladores de tensão chaveados tendem a ser mais complexos que os reguladores lineares. Entretanto, a existência de CIs dedicados permite a simplificação dos projetos. Observe a Figura 7-30, que mostra um CI 78S40 contendo a maior parte dos circuitos necessários para a operação do regulador. O oscilador interno (integrado) pode ser ajustado na frequência de operação desejada por C_1, que é um componente externo. O regulador chaveado típico opera em frequências maiores ou iguais a 20 kHz. Altas frequências implicam núcleos magnéticos com menores dimensões utilizados

---

* N. de T.: Este circuito também recebe o nome de conversor CC--CC *buck* ou abaixador.

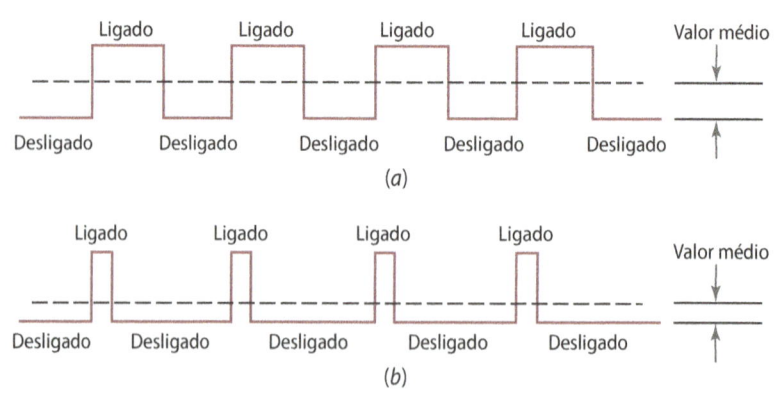

Figura 7-28 Utilização da modulação por largura de pulso para controlar a tensão média.

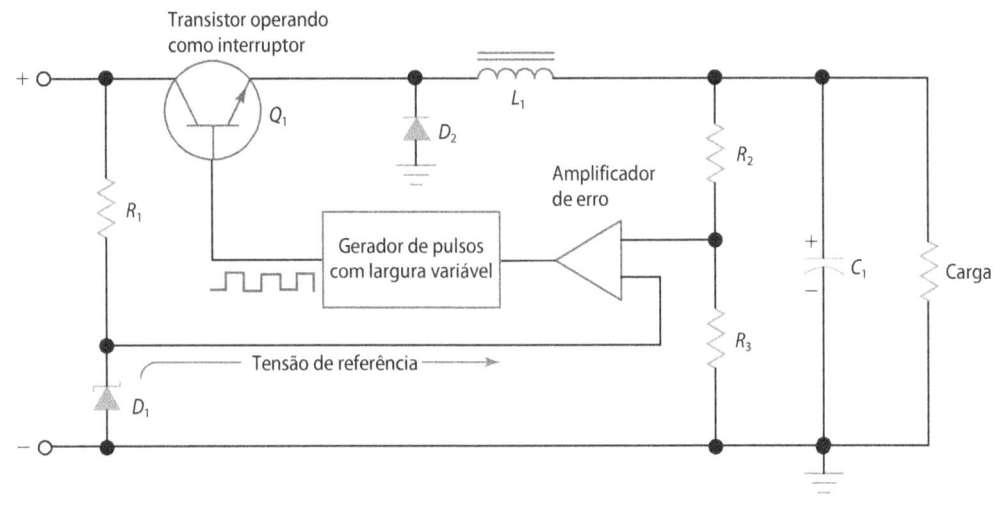

Figura 7-29 Conversão de um sinal contínuo em um sinal discreto.

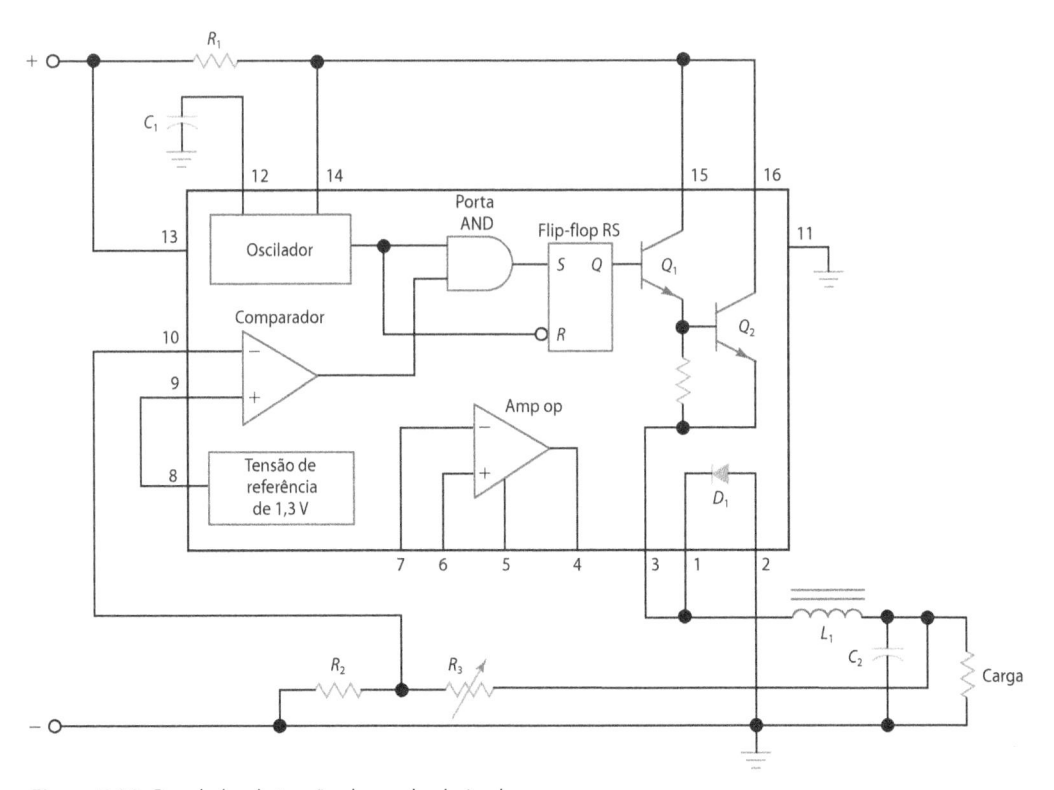

Figura 7-30 Regulador de tensão chaveado abaixador.

em transformadores e indutores. Capacitores de filtro com menores dimensões também podem ser utilizados. Lembre-se de que a reatância capacitiva diminui à medida que a frequência aumenta, o que quer dizer que capacitâncias muito menores são necessárias para filtrar a ondulação de 20 kHz em comparação com a ondulação de 60 Hz. Portanto, muitos dos componentes utilizados podem possuir volume e peso menores do que seriam no caso da fonte de alimentação de 60 Hz.

A Figura 7-30 mostra que o pino 14 do CI fornece outra entrada para o oscilador. O resistor R_1 é conectado ao pino 14 e atua como sensor de corrente. Se uma corrente de carga muito alta circular, a queda de tensão em R_1 chegará a 0,3 V e a razão cíclica do oscilador será reduzida. Isso protegerá o CI e outros componentes de eventuais danos. A saída do oscilador é combinada com a saída de um comparador (amplificador de erro) por meio de uma porta lógica AND. Esse elemento permitirá que o sinal do oscilador se torne positivo durante o intervalo de tempo onde a saída do comparador também é alta. Assim, essa porta controla a largura de pulso fornecida ao *latch* (*flip-flop* RS). Nessa aplicação, um sinal positivo será produzido na saída Q até que o dispositivo seja reinicializado pelo sinal negativo do oscilador. O *latch* aciona Q_1 e Q_2, que formam uma chave Darlington. A corrente de carga circulará em L_1 e pela chave quando o arranjo Darlington estiver ligado. Quando a chave Darlington é desligada, D_1 é ativado e permite que L_1 seja descarregado na carga.

A tensão de referência também é integrada na Figura 7-30. Uma tensão de 1,3 V é aplicada a partir do pino 8 a uma das entradas do comparador (pino 9). A outra entrada do comparador (pino 10) provém do divisor de tensão formado por R_2 e R_3, sendo que R_3 é utilizado no ajusta da tensão na carga. Se essa tensão for reduzida, o comparador inverterá a queda e enviará um sinal positivo para o gatilho, que permitirá a aplicação desse sinal ao *latch* por um intervalo maior. O *latch* fornecerá uma razão cíclica maior para acionar Q_1, o que aumenta o valor médio da tensão de saída e elimina a maior parte do erro.

Também há um amp op no *chip* da Figura 7-30. O fabricante do CI inclui este componente de modo a simplificar outros projetos por meio da eliminação da maior quantidade de componentes possível. Às vezes, outros componentes devem ser incluídos. O transistor e o diodo internos ao CI 78S40 são capazes de operar com 40 V e corrente de pico de 1,5 A. Se as especificações do regulador forem superiores a esses valores, componentes externos devem ser inseridos. O pino 3 pode ser utilizado para acionar a base de um transistor externo, sendo que um diodo externo também pode ser empregado.

Os diodos e os transistores convencionais não funcionarão nas fontes chaveadas. As altas frequências de operação requerem componentes muito rápidos. Por exemplo, os componentes Q_1, Q_2 e D_1 na Figura 7-30 devem possuir tempos de chaveamento de aproximadamente 400 ns. Interruptores transistores especiais e diodos de recuperação rápida são utilizados nas fontes chaveadas. Um diodo retificador de recuperação rápida é especialmente projetado para se recuperar (desligar) da forma mais rápida possível quando for reversamente polarizado. Os diodos retificadores de silício convencionais possuem tempo de desligamento muito longo, impedindo sua utilização em aplicações de alta frequência. Diodos retificadores Schottky são muito comuns em fontes chaveadas.

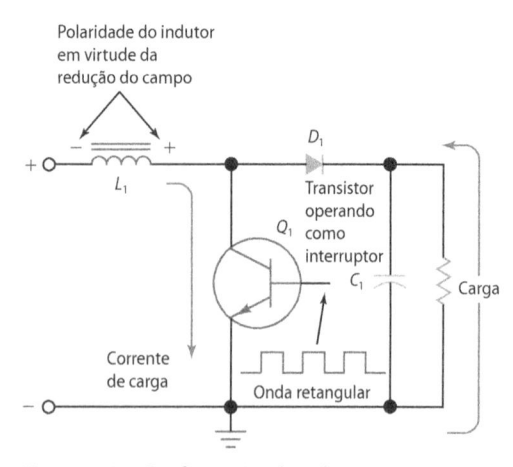

Figura 7-31 Configuração elevadora.

Uma fonte chaveada também pode ser utilizada na CONFIGURAÇÃO ELEVADORA*. Observe a Figura 7-31. O indutor agora é conectado em série com a entrada não regulada e o transistor é conectado ao terminal terra.

Quando o transistor é acionado pela parte positiva da onda retangular, uma corrente de carga circula no transistor e no indutor. Assim, a energia é armazenada no campo magnético do indutor. Quando a onda retangular se torna negativa, o transistor é desligado. O campo magnético do indutor então começa a ser reduzido, induzindo uma tensão nos terminais do indutor. A polaridade dessa tensão induzida é mostrada na Figura 7-31, onde se constata que sua polaridade se soma com a tensão de entrada não regulada. Assim, o circuito da carga enxerga duas tensões em série, obtendo-se a ação elevadora. D_1 evita que o capacitor de filtro C_1 seja descarregado quando o transistor é ligado novamente. Um regulador chaveado elevador completo possuirá uma fonte de tensão de referência, um amplificador de erro, um oscilador e um modulador por largura de pulso para regular a tensão de saída. O circuito integrado 78S40 estudado anteriormente pode ser utilizado na configuração abaixadora.

A CONFIGURAÇÃO INVERSORA** é mostrada na Figura 7-32. Neste caso, o transistor encontra-se em série e o indutor é conectado ao terra. Quando o transistor está ligado, a corrente circula em L_1 da forma mostrada, carregando-o. Quando o transistor é desligado, o campo é reduzido e a tensão induzida no terminal superior do indutor é negativa em relação ao terra. O diodo D_1 é polarizado diretamente por essa tensão induzida, sendo que a corrente circula por L_1, D_1 e em direção à carga no sentido anti-horário. O terminal superior do resistor é negativo em relação ao terra. Os reguladores inversores são úteis em sistemas em que uma fonte de alimentação positiva energiza a maioria dos circuitos e uma tensão negativa é necessária. O CI 78S40 também pode ser utilizado na configuração inversora.

A Figura 7-33 ilustra um CONVERSOR***, que é um circuito que transforma a corrente contínua em corrente alternada. Então, esse mesmo dispositivo converte a corrente alternada em corrente contínua novamente. Os conversores podem ser considerados transformadores CC utilizados na ação elevadora e abaixadora e na obtenção da isolação. Os transistores Q_1 e Q_2 são acionados por ondas retangulares defasadas entre si. Esses dois elementos nunca estarão em condução simultaneamente. A corrente no coletor de cada transistor circula através do enrolamento primário de T_1. Uma tensão alternada é induzida no secundário de T_1. Os diodos D_1 e D_2 constituem um retificador de onda completa. O diodo D_3 possui a mesma finalidade que no caso da configuração abaixadora (Figura 7-27). Há intervalos de tempo durante os quais ambos os transistores estão desligados e L_1 será descarregado de modo a manter a corrente na carga. D_3 é polarizado diretamente pela descarga de L_1 e completa o circuito. O circuito será capaz de funcionar sem D_3, mas assim a corrente de descarga circulará pelos diodos retificadores D_1 e D_2 e pelo enrolamento secundário de T_1. Esse caminho de descarga não é

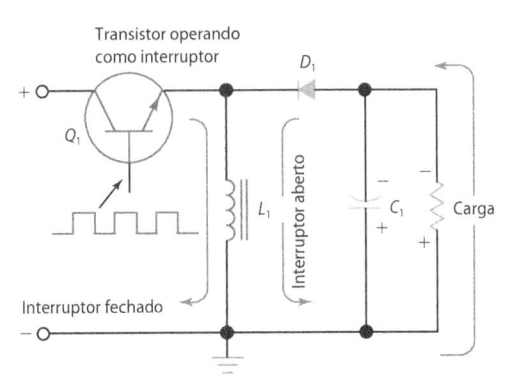

Figura 7-32 Configuração inversora.

_____
* N. de T.: Este circuito também recebe o nome de conversor CC-CC *boost* ou elevador.

** N. de T.: Este circuito também recebe o nome de conversor CC-CC *buck-boost* ou abaixador-elevador.

*** N. de T.: Em eletrônica de potência, o termo conversor é empregado de forma mais genérica. Um conversor pode ser definido como um circuito ou arranjo capaz de transformar uma forma de energia elétrica em outra. Por exemplo, os reguladores abaixador, elevador e inversor mostrados nesta seção são considerados conversores CC-CC.

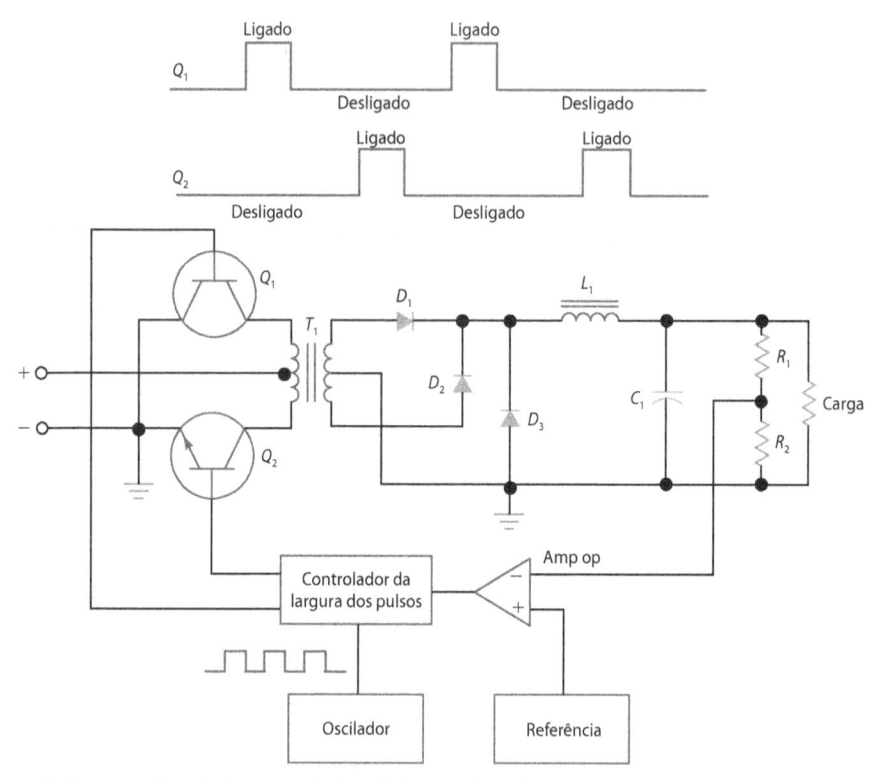

Figura 7-33 Conversor/regulador controlado pela largura do pulso.

desejável porque aumentará a potência dissipada nos diodos retificadores e no transformador.

A regulação é obtida por meio da modulação por largura de pulso na Figura 7-33. Os resistores R_1 e R_2 fornecem uma amostra da tensão de saída para a entrada inversora do amp op. A outra entrada desse elemento é conectada a uma tensão de referência. Qualquer erro é amplificado e controla a largura do pulso da onda retangular aplicada aos dois transistores.

Um circuito conversor semelhante ao da Figura 7-33 normalmente funcionará sem conexão direta com a rede CA. A tensão CA da rede será retificada, filtrada e então aplicada ao conversor. Isso parece muito complicado, mas na prática ainda se tem uma fonte de alimentação muito eficiente e compacta. Esse arranjo é mais compacto porque o transformador de 60 Hz foi eliminado, e é mais eficiente porque o regulador linear foi eliminado.

O transformador T_1 na Figura 7-33 opera em frequências maiores ou iguais a 20 kHz, cujo núcleo magnético possui peso e volume significativamente menores em comparação com um transformador de 60 Hz que possui as mesmas especificações. Além disso, a quantidade de cobre empregada no transformador de alta frequência é muito menor. Portanto, um retificador sem transformador de 60 Hz associado a um circuito de filtro é utilizado para converter a potência CA da rede elétrica em potência CC. Assim, essa potência CC é condicionada de modo a fornecer o nível de tensão desejado no conversor chaveado de alta frequência. A isolação da rede elétrica pode ser obtida no conversor chaveado, sendo que os perigos das malhas de terra e choques elétricos associados a fontes de alimentação diretamente supridas pela rede CA (sem transformadores ou não isoladas) são eliminados.

As fontes chaveadas são mais eficientes, possuem menor peso e são mais compactas que as fontes lineares. Entretanto, a quantidade de RUÍDO existente é maior. As formas de onda retangulares possuem componentes em altas frequências que podem provocar interferência. Determinados produtos devem obedecer a normas referentes à interferência eletromagnética ou **EMI** (do inglês, *electromagnetic interference*), no intuito de evitar a interferência em sistemas de comunicação e outros equipamentos eletrônicos. Ondas senoidais não possuem componentes de alta frequência e são então desejáveis quando a interferência se torna um problema.

Um CONVERSOR DE ONDA SENOIDAL é mostrado na Figura 7-34, o qual utiliza transistores de efeito de campo de potência e controle de frequência para a tensão de saída CC. Os FETs de potência não possuem o problema do tempo de armazenamento associado aos transistores bipolares. O tempo de armazenamento nos BJTs é provocado pelos portadores (lacunas e elétrons) armazenados no cristal quando o dispositivo está saturado. Os portadores armazenados mantêm a circulação da corrente por um dado intervalo de tempo após a remoção da polarização direta da junção base-emissor. Os transistores de efeito de campo não armazenam portadores e podem ser desligados de forma muito mais rápida. O circuito mostrado na Figura 7-34 utiliza FETs de potência (Q_1 e Q_2) como chaves, acionadas por ondas quadradas defasadas com frequência de aproximadamente 200 kHz.

A onda quadrada é convertida em uma onda senoidal na Figura 7-34 por meio da ressonância entre L_1 e C_3. O transformador T_1 acopla efetivamente os componentes de sintonia de forma a constituir um CIRCUITO TANQUE. Esse circuito sintonizado fornece controle por tensão. Quando o **VCO** (do inglês, *voltage-controlled oscillator* – oscilador controlador por tensão) é sintonizado na frequência de ressonância, uma tensão máxima surge em C_3. Quando o VCO é sintonizado acima da ressonância, a tensão do circuito tanque é reduzida em 12 dB por oitava, o que implica uma redução dessa tensão a um quarto do valor original. Uma alteração de uma oitava na frequência corresponde ao dobro do valor original. Assim, se a tensão no tanque era 20 V em 150 kHz, esse valor será reduzido a 5 V em 300 kHz. O VCO é controlado pela comparação de uma amostra da tensão de saída com uma tensão de referência. Qualquer erro produz uma mudança na frequência, sendo que a tensão de saída é aumentada ou reduzida de modo a compensá-lo.

Na Figura 7-34, os elementos D_5 e D_6 são diodos RETIFICADORES SCHOTTKY, que podem ser desligados muito rapidamente e atuam de forma satisfatória em altas frequências. Os diodos utilizados na fonte de alimentação de 200 kHz possuem tempo de desligamento de aproximadamente 50 ns.

Na Figura 7-34, os diodos D_1 a D_4 e os capacitores C_1 e C_2 formam um CIRCUITO DOBRADOR EM PONTE.

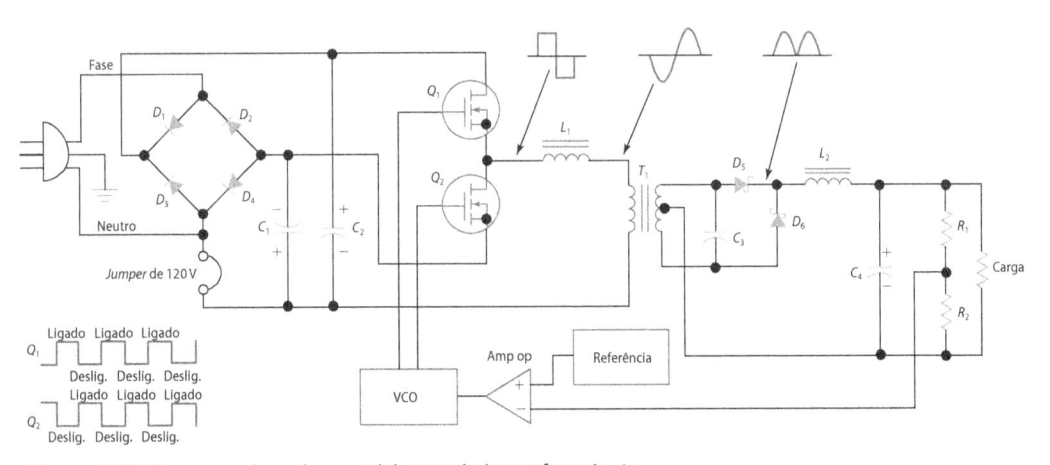

Figura 7-34 Conversor de onda senoidal controlado por frequência.

Quando o *jumper* de 120 V está conectado, a tensão CA da rede de 120 V é aumentada para um valor CC de aproximadamente 240 V, isto é, a tensão é praticamente dobrada. Na operação a partir de uma tensão da rede CA de 240 V, o *jumper* é desconectado e o circuito atua como uma ponte retificadora e novamente fornece uma tensão CC de aproximadamente 240 V. A isolação da rede CA e o ajuste do nível de tensão ocorre em T_1. Como esse elemento opera em 200 kHz, suas dimensões são drasticamente reduzidas em comparação com um transformador de potência de 60 Hz.

Teste seus conhecimentos

» Busca de problemas em fontes de alimentação reguladas

A primeira e mais importante consideração durante o processo de busca de problemas em uma fonte de alimentação é a SEGURANÇA. De forma geral, as fontes de alta tensão representam o maior perigo. Entretanto, deve-se ressaltar que todos os circuitos eletrônicos devem ser tratados com cuidado e respeito. Uma fonte chaveada de 5 V pode apresentar tensões da ordem de centenas de volts em estágios iniciais (o circuito da Figura 7-34 é um exemplo). Os técnicos experientes sempre utilizam procedimentos de segurança adequados, utilizam a literatura técnica relevante e empregam ferramentas adequadas de teste e correção. Esses profissionais nunca driblam mecanismos de segurança como intertravas, a menos que o procedimento seja recomendado pelo fabricante durante o processo de manutenção. Além disso, estes técnicos nunca modificam alguma parte de um equipamento que possa provocar risco de incêndio ou choque elétrico. Os esforços são sempre desempenhados de forma segura, buscando-se sempre reparar circuitos e equipamentos mantendo suas condições originais.

Alguns circuitos em fontes de alimentação não utilizam transformadores, devendo tomar cuidado especial nesses casos. Muitos equipamentos de teste como osciloscópios utilizam cabos de alimentação com três terminais. Assim, esses dispositivos são automaticamente aterrados quando conectados à rede elétrica CA. Esse é um procedimento de segurança e evita que o invólucro e o terminal de terra do equipamento cheguem a níveis de tensão perigosos. Infelizmente, os terminais de terra podem criar uma malha de terra e um curto-circuito se forem conectados a circuitos sem transformador. Uma fonte chaveada pode utilizar um transformador de alta frequência de modo a se obter a isolação. Entretanto, um malha de terra ainda pode ser formada quando se analisa os circuitos do retificador e do filtro que antecedem a seção do interruptor e do transformador. Examine a Figura 7-34, onde não há isolação para qualquer um dos componentes à esquerda de T_1. A conexão de um equipamento de testes a qualquer um dos componentes pode criar uma MALHA DE TERRA. Se possível, utilize um transformador de isolação durante o processo de busca de falhas em equipamentos eletrônicos. O transformador de isolação evitará o surgimento de malhas de terra, que foram abordadas detalhadamente no Capítulo 4*.

Alguns dos sintomas que podem ser observados em uma fonte de alimentação típica são:

1. Ausência de sinal na saída.
2. Amplitude reduzida no sinal de saída.
3. Amplitude elevada no sinal de saída.
4. Regulação ruim e/ou instabilidade.
5. Ondulação ou ruído excessivo.
6. Elevada temperatura e possível cheiro de queimado.
7. Som de clique ou rangido.

Muitos dos sintomas foram anteriormente discutidos no Capítulo 4*. Recomenda-se a leitura de revi-

_____
* N. de E.: Capítulo do livro SCHULER, Charles. *Eletrônica I*. 7 ed. Porto Alegre: AMGH, 2013.

são da seção que trata da busca de problemas em fontes de alimentação. O problema pode estar em um circuito retificador ou de filtro que antecede o regulador. A informação sobre a busca de problemas apresentada nesta seção considera a operação normal dos circuitos anteriores ao regulador. Não é sensato verificar problemas em um regulador a menos que a tensão de alimentação esteja correta.

O sintoma correspondente à ausência de sinal na saída em uma fonte de alimentação linear implica o fato de o transistor série de passagem estar em circuito aberto ou não possuir polarização. Na condição de ausência de polarização, não haverá a circulação de corrente e a tensão de saída será nula. É possível determinar se o transistor série de passagem ou o circuito de acionamento possui falhas medindo a tensão na base do transistor. Normalmente se espera que esta grandeza possua valor próximo à tensão no terminal de saída (emissor). Se a tensão na base for nula, então a falha se encontra no circuito de acionamento. Uma tensão de base normal indica um transistor em circuito aberto ou um possível curto-circuito na saída. Observe a Figura 7-7. Se R_Z estiver em circuito aberto, a tensão na base será nula e o transistor de passagem estará em corte, indicando a ausência de sinal na saída. Se a tensão na base estiver normal e não houver sinal de saída, então o transistor de passagem possivelmente estará em circuito aberto. Uma saída em curto-circuito também pode provocar tensão de saída nula, entretanto, isso causaria outros sintomas no circuito da Figura 7-7, como tensão reduzida na base e aquecimento do transistor de passagem.

O sintoma da ausência de sinal de saída em uma fonte chaveada pode ser provocado por um curto-circuito, um transistor defeituoso, um modulador por largura de pulso defeituoso ou um oscilador com problemas. Se a saída estiver em curto-circuito, a busca e remoção do curto-circuito devem restaurar a operação normal da fonte. Um osciloscópio pode ser utilizado para determinar se a base ou as bases dos interruptores transistores são acionadas com o sinal adequado. Na ausência de sinal de polarização, os transistores não entrarão em funcionamento e a saída será nula. O traçado de sinais com um osciloscópio permitirá a restrição do defeito ao oscilador ou ao modulador. Se o acionamento do transistor estiver normal, os interruptores transistores podem apresentar defeito. A falha também pode estar no transformador de alta frequência, nos indutores, nos retificadores ou nos capacitores de filtro.

Se uma fonte de alimentação possui limitação de corrente, um curto-circuito pode não provocar sintomas intensos, o que é especialmente verdade em se tratando de circuitos com limitação de corrente *foldback*. Pode ser necessário desconectar a fonte de alimentação das respectivas cargas supridas para determinar se a falha está na fonte ou em outro ponto do sistema. Outra técnica consiste em medir a corrente de saída, o que envolve o rompimento do circuito e medição da corrente drenada pela fonte. Lembre-se de iniciar o procedimento utilizando uma escala elevada do amperímetro, pois assumido pela corrente pode ser maior que o normal. Como tipicamente não é conveniente romper circuitos para efetuar medições de correntes, utilize a lei de Ohm de forma alternativa. Muitas fontes de alimentação utilizam um resistor sensor de corrente. Sabendo-se que a corrente da fonte circula no resistor, bem como o valor da respectiva resistência, é possível medir a tensão nos terminais desse componente e empregar a lei de Ohm no intuito de determinar a corrente. Se o resistor possui alta tolerância, este método ainda é capaz de fornecer precisão suficiente para fins de busca de falhas.

O processo de busca de problemas referente à amplitude reduzida de sinais de saída é semelhante ao caso da ausência de sinal. Novamente, a tensão na base no transistor série de passagem deve ser investigada. Se a tensão for baixa, então a fonte de alimentação pode estar em sobrecarga. Verifique esse fato medindo a corrente ou desconectando as cargas da forma mencionada anteriormente. Se a fonte de alimentação não apresentar sobrecarga, investigue o circuito de referência e o amplificador de erro para determinar por que a tensão na base é reduzida. Por exemplo, observe a Figura 7-8. Três problemas podem implicar a redução da tensão de referência: R_Z pode possuir valor elevado, D_Z pode estar defeituoso ou o capacitor pode apresentar fuga. Observe a Figura 7-12. Neste circuito, os problemas incluem R_1, D_1, o amp op e o circuito divisor. Finalmente, se a fonte de alimentação sob análise possuir mais de uma saída, verifique se há regulação cruzada. Em caso positivo, uma fonte de alimentação mestre com sobrecarga ou defeito pode provocar problemas nas saídas escravas.

A amplitude elevada do sinal de saída normalmente é provocada por um curto-circuito no transistor série de passagem. Os transistores de passagem normalmente são manuseados diretamente e, portanto, estão suscetíveis a falhas. Quando ocorrem falhas nesses componentes, normalmente surge um curto-circuito entre coletor e emissor. Se as falhas nos transistores forem curtos-circuitos, não haverá queda de tensão em tais elementos, de modo que a saída assumirá o valor mais alto correspondente à entrada não regulada. O teste do transistor removido do circuito com um ohmímetro fornecerá evidências conclusivas. Pode-se empregar um ohmímetro quando o transistor também estiver no circuito. Verifique se a fonte de alimentação está desligada e todos os capacitores estão desligados. Verifique os pontos entre os terminais emissor e coletor. Inverta os terminais do ohmímetro e verifique novamente o circuito. A existência de uma resistência nula em ambos os sentidos normalmente indica que o transistor de passagem está em curto-circuito.

Um interruptor transistor em curto-circuito pode provoca vários sintomas, dependendo da configuração do circuito. Observe a Figura 7-29. Se Q_1 estiver em curto-circuito, a tensão de saída será muito alta e a fonte de tensão não regulada será sobrecarregada. Um fusível de entrada pode ser rompido nesse caso.

A tensão de saída na maioria das fontes de alimentação reguladas deve ser bastante estável. Mudanças nesse comportamento indicam que há algo errado. Se a tensão da fonte de alimentação varia do valor normal até um inferior inesperado, pode haver uma sobrecarga intermitente na fonte. Assim como foi mencionado anteriormente, a corrente de carga deve ser medida de modo a determinar se sua amplitude não é muito alta. Se a tensão da fonte variar acima do valor normal, a própria fonte de alimentação é instável. Verifique a tensão de referência, que deve ser constante. Qualquer alteração no valor dessa tensão provocará mudanças na saída. Verifique a base do transistor de passagem. Se a carga da fonte de alimentação for constante, a tensão na base deve ser constante. Um problema intermitente pode ocorrer no próprio transistor de passagem, no amplificador de erro ou no divisor de tensão. Se a fonte de alimentação estiver próxima de uma fonte de energia de radiofrequência como um transmissor, isso pode provocar instabilidade. Esse fato normalmente é facilmente diagnosticado, pois a desconexão da fonte de interferência tipicamente resolve o problema. A blindagem e o desvio adicionais podem ser necessários se uma fonte de alimentação operar em um campo de RF de alta intensidade.

Fontes de alimentação lineares reguladas podem apresentar oscilações. A oscilação de fontes chaveadas é normal, mas isso não é comum em reguladores lineares. Um capacitor pode estar em circuito aberto e, assim, a fonte oscilará sob determinadas condições de carga. Se a tensão da fonte de alimentação parecer estável, utilize um osciloscópio para visualizar a forma de onda na saída, que deve se assemelhar a um sinal CC puro (linha reta exibida na tela). Qualquer componente CA nesse sinal pode ser o resultado de uma oscilação no regulador. Verifique os capacitores de saída e especialmente os capacitores de desvio em quaisquer CIs da fonte de alimentação. Verifique a existência de conexões de solda defeituosas. Observe a Figura 7-22. Os capacitores C_1 a C_3 são muito importantes para a estabilidade do circuito. Um defeito em um desses elementos ou mesmo uma conexão de solda associada em mau estado pode provocar oscilações.

A ondulação ou ruído excessivo na saída de uma fonte de alimentação regulada normalmente se deve a uma falha no capacitor de filtro ou de desvio. Capacitores eletrolíticos são amplamente empregados nos circuitos das fontes e podem possuir vida útil menor que a maioria dos demais componentes eletrônicos. Esses dispositivos possuem eletrólito líquido que pode secar, levando ao aumento da respectiva resistência série efetiva. O valor da capacitância também pode ser reduzido. Assim, o efeito de filtragem e desvio não será tão eficiente. Circuitos integrados e transistores também podem desenvolver problemas de ruído. Se os capacitores estiverem em perfeito estado, então o CI regulador de tensão pode estar defeituoso. Um osciloscópio pode ser empregado no intuito de determinar a fonte do ruído.

Transistores e transformadores de potência podem operar em altas temperaturas de forma segura em alguns equipamentos. Um dado dispositivo pode ser muito quente para ser tocado, mas ainda assim operar normalmente. Existem instrumentos adequados para a medição da temperatura de dissipadores de calor, dispositivos de estado sólido e transformadores. Se uma fonte de alimentação aparentemente está sobreaquecida, verifique inicialmente a possível existência de sobrecarga. Se a corrente e a tensão forem normais, a fonte de alimentação pode estar funcionando adequadamente. Verifique as especificações do fabricante. Se houver odor de componentes queimados, a fonte de alimentação pode realmente apresentar problemas. Analise a fonte por meio da medição de tensões. Às vezes, é necessário desligar a fonte entre as medições de modo a permitir o resfriamento de alguns componentes. Minimize a ocorrência de danos o máximo possível. Como é de praxe, verifique se há sobrecarga na fonte, pois esta normalmente é a causa mais frequente do aquecimento e da queima dos componentes.

O som de clique ou rangido pode ser ouvido em algumas fontes chaveadas. Se esses equipamentos estiverem defeituosos ou em sobrecarga, podem provocar sons em virtude da operação de circuitos osciladores em frequências incorretas. Normalmente, uma fonte chaveada opera acima de 20 kHz para que esta frequência não se encontre na faixa audível para o ser humano. Se o ouvido consegue perceber a operação de uma fonte, o dispositivo pode estar operando em uma frequência muito baixa em virtude de uma sobrecarga ou defeito. O som de clique pode significar que a fonte está em sobrecarga e é desligada. Sempre que a fonte tentar partir, haverá um som de clique. O primeiro passo consiste em reduzir a carga da fonte. Se os valores medidos forem normais e o som parar, isso indica que os circuitos alimentados pela fonte estão provocando a sobrecarga. (A operação de fontes chaveadas a vazio ou totalmente sem carga pode não ser uma boa ideia, pois muitos dispositivos não produzem saídas normais nessas condições).

A busca de problemas em fontes chaveadas requer a utilização de procedimentos de segurança e equipamentos de medição adequados. A primeira seção de uma fonte chaveada consiste em um retificador da tensão CA da rede e um elemento de filtro. Nesse caso, dobradores de tensão também podem ser utilizados. Portanto, deve-se esperar a existência de tensões CC letais mesmo em fontes chaveadas de 5 V. As frequências e formas de onda encontradas em fontes chaveadas estão além das capacidades de medição de muitos equipamentos. Anteriormente, foi mostrado que os moduladores por largura de pulsos são utilizados no controle da tensão de saída de fontes chaveadas. Como a razão cíclica muda e o valor de pico da tensão permanece constante, um medidor CA convencional pode ser incapaz de indicar a atuação correta do circuito. Um medidor de valor eficaz verdadeiro (termo também conhecido em inglês por *true root mean square* ou *true rms*) cuja faixa de frequência é pelo menos igual à frequência de operação da fonte chaveada é necessário para o teste adequado do circuito. Os medidores supracitados indicam o valor eficaz correto ou efetivo de todas as formas de onda CA. A maioria dos medidores é capaz de indicar o valor eficaz correto apenas no que se refere a sinais CA senoidais. Como as formas de onda são muito importantes em fontes chaveadas, tipicamente os técnicos empregam osciloscópios na busca de problemas. Se a fonte de alimentação utiliza controle de frequência, de forma semelhante ao arranjo da Figura 7-34, um medidor de frequência pode ser útil no teste. O VCO deve operar em uma frequência maior ou igual à frequência de ressonância do circuito tanque. À medida que a carga da fonte aumenta, a frequência do VCO deve ser reduzida de modo a se aproximar da ressonância. Isso pode ser constatado em um osciloscópio como um aumento do período da forma de onda. Lembre-se de que o período e a frequência são recíprocos.

A Figura 7-35 mostra uma fonte chaveada do tipo FLYBACK que opera em MODO DE CONDUÇÃO CRÍTICA. Esse modo é definido pela corrente no enrolamento primário do transformador T_1, que cresce na forma de rampa até um valor máximo, decresce até zero e instantaneamente tornar a crescer até o valor de pico. Outra possibilidade consiste no modo de condução contínua, onde a corrente começa a crescer antes de se tornar nula. Uma terceira possibilidade é o modo de condução descontínua, onde a corrente permanece nula durante um dado intervalo de tempo antes de começar a crescer novamente. A vantagem do modo de condução crítica é a redução do valor pico da corrente de acordo com a condição de carga, o que implica a redução da potência dissipada (redução das perdas no circuito) e consequente aumento do rendimento e da confiabilidade. Uma fonte chaveada que opera em modo de condução crítica possui autoproteção contra a ocorrência de curto-circuito na saída. Esse é um circuito popular, sendo que o arranjo da Figura 7-35 opera em tensões CA que variam de 85 V a 270 V e frequências de 50 Hz a 60 Hz.

As formas de onda da Figura 7-36 mostram as relações importantes para uma fonte de alimentação *flyback* em modo de condução crítica:

- A corrente no transformador se iguala a zero antes de crescer novamente.
- O aumento da corrente de carga implica o aumento do valor de pico da corrente no transformador.
- Quando o sinal de gatilho possui nível alto, a corrente no transformador aumenta.
- Quando o sinal de gatilho possui nível baixo, a corrente no transformador diminui.
- À medida que a corrente de carga aumenta, a frequência de chaveamento ou comutação diminui.

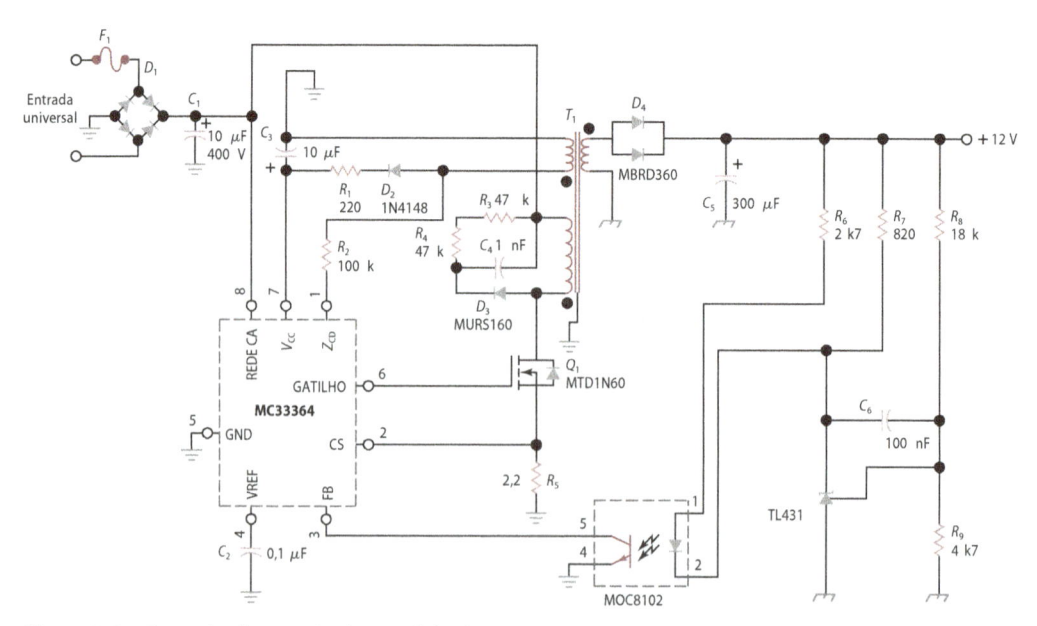

Figura 7-35 Fonte de alimentação do tipo *flyback*.

Corrente do transformador

Sinal de acionamento do gatilho

Corrente na carga

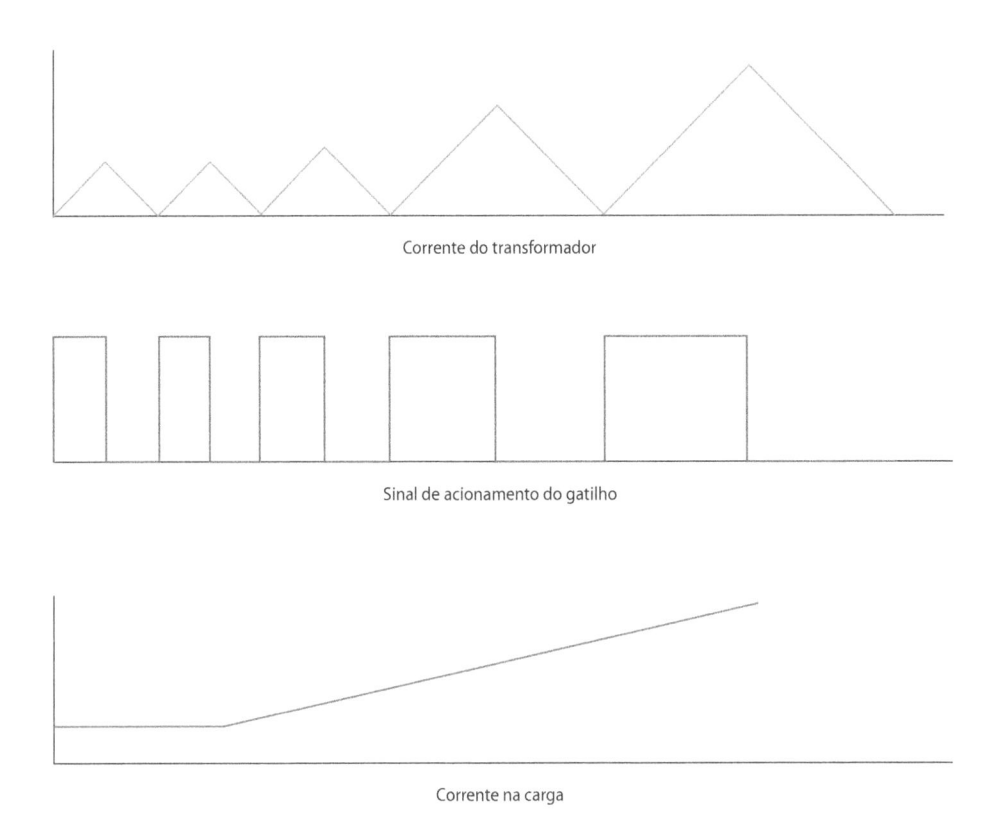

Figura 7-36 Formas de onda da fonte de alimentação do tipo *flyback*.

O pico da corrente na Figura 7-35 é programado pelo resistor sensor de corrente R_S. O transistor Q_1 permanece em condução até que o sinal em R_S se iguale a V_{FB}. Quando isso ocorre, um comparador existente no interior do CI MC33364 é disparado de modo que o sinal de acionamento do gatilho assume nível baixo. Assim, o campo magnético em T_1 começa a ser reduzido, de modo que a energia é transferida para o circuito secundário e para a carga. Quando a descarga se completa, um detector de corrente nula contido no CI MC33364 (pino 1) dispara e o sinal de acionamento do gatilho passa a ser alto, sendo que o próximo ciclo de carga se inicia. O sinal de corrente nula é fornecido pelo enrolamento auxiliar do transformador (localizado no canto superior esquerdo de T_1 na Figura 7-35).

O termo *flyback* é originário dos televisores e monitores de computador que empregam tubos de raios catódicos. O feixe de elétrons utilizado para projetar a figura na tela retorna (do inglês, *fly back*, cuja tradução literal é "voar de volta") à sua posição original após a exibição de cada linha da figura. O termo passou a ser aplicado de forma geral a transformadores que transferem energia de um circuito primário para um circuito secundário quando um dispositivo de controle é desligado.

A tensão de saída dessa fonte é ajustada pelo CI TL431, que é um regulador paralelo ou *shunt* programável e possui referência interna de 2,5 V. Quando uma tensão maior ou igual a esse valor surge em R_9 na Figura 7-35, o regulador é ativado, de modo que o pino 2 do optoisolador é aterrado e aciona o LED interno. O LED por sua vez liga o transistor, que carrega o pino 3. Isso provoca a redução da tensão no pino 3 de modo a estabelecer uma corrente de disparo menor para Q_1. Observe as formas de onda na Figura 7-35 para constatar como isso funciona. O divisor de tensão R_8-R_9 na Figura

7-35, juntamente com a tensão de referência de 2,5 V, é responsável pelo ajuste da tensão de saída:

$$\frac{R_9}{R_8 + R_9} \times V_{saída} = 2,5\ V$$

Rearranjando a expressão, tem-se:

$$V_{saída} = \frac{(R_8 + R_9)2,5\ V}{R_9}$$

$$= \frac{(18\ k\ +\ 4,7\ k)\ 2,5\ V}{4,7\ k} = 12\ V$$

A representação **4k7** para R_9 é uma forma que não utiliza vírgula decimal, sendo que este sinal de pontuação pode ser de difícil visualização em diagramas esquemáticos. Assim, evita-se confusão na identificação dos componentes.

De acordo com a Figura 7-36, a frequência de chaveamento aumenta à medida que a corrente de carga diminui. Se a corrente de carga for nula, a frequência pode chegar a centenas de quilohertz e provocar interferência eletromagnética (do inglês, *electromagnetic interference* – EMI). Para evitar isso, o GRAMPEAMENTO DA FREQUÊNCIA, em algumas versões do CI MC33364, limita a máxima frequência de chaveamento a 126 kHz estabelecendo um tempo de desligamento mínimo para o sinal de disparo do gatilho. Quando isso ocorre, a fonte opera em modo de condução descontínua.

O CI MC33364 possui um MODO HICCUP, ou soluço. Essa é uma função de atraso na reinicialização utilizada no caso de curto-circuito. O modo *hiccup* evita a dissipação de potência excessiva no lado primário. O tempo de atraso na reinicialização é de aproximadamente 0,1 s. Assim, um sinal de 10 Hz será gerado nessas condições, indicando que o lado da saída está em curto-circuito. O CI MC33364 possui uma função de travamento de subtensão associada à entrada V_{CC} (pino 7 na Figura 7-35). A tensão V_{CC} deve crescer até 15 V de modo a habilitar a saída de disparo. Esse processo é denominado partida, após o qual a tensão deve permanecer em um valor maior que 7,6 V para que o CI permaneça em operação.

Os técnicos em busca de problemas em circuito semelhantes ao da Figura 7-35 normalmente realizam algumas verificações preliminares. A tensão CA da rede e o fusível consistem em um bom ponto de partida. De acordo com a Tabela 7-1, um fusível queimado normalmente indica um componente em curto-circuito. Desconecte a fonte da rede e esteja certo de que o capacitor C_1 está descarregado antes de utilizar um ohmímetro para determinar a localização da falha.

Às vezes, o sintoma fornece a resposta correta do problema para os técnicos que conhecem o circuito adequadamente. Um exemplo perfeito é uma tensão de saída baixa de 2,5 V quando se espera 12 V. O que pode provocar esse problema? Se R_9 estiver em circuito aberto na Figura 7-35, não haverá atuação do divisor de tensão e o optoisolador funcionará quando a saída atingir o nível de referência de 2,5 V.

Tabela 7-1 *Busca de problemas em osciladores*

Sintoma	Causas possíveis
F_1 rompido.	D_1 em curto-circuito, C_1 em curto-circuito, Q_1 em curto-circuito, MC33364.
Ausência de sinal na saída ou saída com nível muito reduzido (fusível em perfeito estado).	D_1 em circuito aberto, Q_1 em circuito aberto, D_4, C_5 em curto-circuito, TL341 em curto-circuito, optoisolador, curto-circuito existente no circuito da carga, R_5 em circuito aberto, Q_1 em circuito aberto, MC33364 e outros tipos de falha.
A tensão de saída é instável.	TL341 com defeito, optoisolador, MC33364, sobrecarga intermitente no circuito de saída.
A tensão de saída é alta.	R_8, R_9, TL341, C_1, C_5, optoisolador, R_6 em circuito aberto, MC33364.
A tensão de saída é baixa.	Sobrecarga, R_5, R_8, R_9, TL341, C_1, C_5, optoisolador, Q_1, MC33364.
Saída com ruído.	C_6, C_5, C_2, C_1.

A verificação da tensão no terminal dreno de Q_1 na Figura 7-35 deve indicar um valor de 160 V CC, caso a tensão de alimentação CA seja de 120 V. Se esta tensão CA possuir valor menor ou igual a 100 V, C_1 pode estar em circuito aberto. Se a tensão estiver normal, verifique a tensão CC no pino 3 do CI MC33364. Se esse valor for muito pequeno ou nulo, o CI MC33364, o optoisolador ou CI TL431 podem apresentar falhas. Muitos técnicos utilizam uma estratégia do tipo dividir e conquistar em circuitos como este. Como os lados da entrada e da saída estão conectados por meio de um optoisolador, é possível romper esta conexão de modo a determinar qual dos lados apresenta problemas. A abertura da conexão do pino 5 do optoisolador com o pino 3 do CI MC33364 permite a utilização de um resistor conectado entre o pino 3 e o terra. Um resistor de 1 kΩ normalmente é uma escolha inicial adequada. Se isso permitir o surgimento de uma dada tensão de saída, então aparentemente o circuito de entrada está funcionando bem. A redução do valor da resistência deve provocar a redução da tensão na saída e vice-versa. Se este procedimento falhar, a forma de onda em R_5 deve reagir de acordo com o valor do resistor de teste (como mostra o sinal na cor vermelha na Figura 7-36). Caso isso se confirme, o problema provavelmente se encontra do lado da saída.

A tensão no pino 7 na Figura 7-35 está correta? Lembre-se, este parâmetro deve chegar a 15 V para partir o CI e permanecer maior ou igual a 7,7 V. O capacitor C_3 também pode estar em curto-circuito. A fonte de alimentação está operando em modo *hiccup*? Um osciloscópio conectado ao pino 6 deve mostrar uma forma de onda de 10 Hz com razão cíclica reduzida. O conhecimento das formas de onda normais esperadas conforme a Figura 7-36 é muito útil durante a busca de problemas.

A tensão de saída é baixa e há algum odor indicando sobreaquecimento? Se o transformador estiver sobreaquecido, pode haver uma espira em curto-circuito. Se Q_1 está em curto-circuito, verifique o circuito *snubber* conectado ao enrolamento primário de T_1, o qual é constituído por D_3, R_3, R_4 e D_4 e é utilizado para eliminar tensões transitórias associadas ao desligamento de Q_1. Sem o circuito *snubber*, este transistor pode ser danificado.

O passo final no processo de reparo é a substituição de um componente ou vários componentes defeituosos. A substituição exata geralmente é a melhor escolha. Uma exceção pode ser a substituição por uma versão melhorada do componente. As substituições em si podem afetar o desempenho, a confiabilidade e a segurança de um sistema. Alguns COMPONENTES são ESPECIAIS, como o diodo Schottky (D_4) na Figura 7-35. Os diodos retificadores comuns não funcionarão nesse circuito, pois a alta frequência provocaria uma elevada dissipação de potência nestes dispositivos. Assim, tais elementos seriam rapidamente danificados, comprometendo outros componentes da fonte de alimentação. O capacitor C_5 na Figura 7-35 também é um elemento crítico, pois deve operar com elevados valores de pico de corrente sem sobreaquecimento. Nesse tipo de aplicação, as resistências e as indutâncias parasitas devem ser mínimas. Esses projetos empregam a associação de diversos capacitores em paralelo para reduzir os valores desses elementos parasitas. Lembre-se de que resistências e indutâncias em paralelo implicam um valor resultante efetivamente menor. Alguns arranjos semelhantes ao da Figura 7-35 utilizam três capacitores de 100 μF em paralelo em substituição a C_5. Outros circuitos análogos empregam um capacitor especial para altas tensões e altas correntes de modo a se obter menores perdas. Este é outro exemplo de como é importante escolher peças de reposição adequadas. Um técnico desatento pode utilizar um único capacitor ou um capacitor padrão na substituição do componente defeituoso, sendo que o dispositivo apresentará problemas após algumas horas ou dias em operação. Além disso, pode haver uma ondulação maior na saída. Sempre que possível, utilize peças de reposição idênticas às originais.

O ENCAIXE DE TERMINAIS (do inglês, *lead dress*) também é importante durante a substituição de componentes, sendo que isso se refere ao comprimento e posição dos pinos em um dado componente.

Terminais muito longos podem tornar alguns circuitos instáveis. Anteriormente, mencionou-se que CIs reguladores de tensão lineares podem se tornar instáveis e desenvolver oscilações. É absolutamente necessário que alguns capacitores de desvio possuam terminais muito curtos. Sempre instale peças de reposição que possuam as mesmas especificações de encaixe das originais.

Teste seus conhecimentos

RESUMO E REVISÃO DO CAPÍTULO

Resumo

1. Em uma fonte de alimentação não regulada, a tensão de saída varia com a tensão da rede CA e com a corrente da carga.
2. A tensão de saída tende a ser reduzida com o aumento da carga em uma fonte de alimentação.
3. Reguladores de tensão em malha aberta não utilizam a realimentação para controlar a tensão de saída.
4. Um transformador ferrorressonante com núcleo saturado pode ser empregado para regular a tensão.
5. Transformadores ferrorressonantes utilizam um capacitor ressonante como parte do circuito do secundário.
6. Um regulador em derivação com diodo zener não é adequado em aplicações de altas correntes porque um dispositivo de alta potência é necessário.
7. Um transistor série de passagem pode ser utilizado em conjunto com um diodo zener para obter uma fonte de alimentação de alta corrente.
8. Reguladores negativos frequentemente utilizam transistores PNP de passagem, enquanto os reguladores positivos empregam transistores NPN de passagem.
9. Fontes de alimentação simétricas (bipolares) fornecem tensões positivas e negativas em relação ao terra.
10. A melhoria da regulação de tensão pode ser obtida quando a fonte de alimentação opera com realimentação (em malha fechada).
11. Fontes de alimentação com realimentação utilizam um amplificador de erro para comparar a tensão de saída com uma tensão de referência.
12. Os diodos zener normalmente são empregados de modo a fornecer uma tensão de referência para as fontes de alimentação com realimentação.
13. Amp ops podem ser utilizados como amplificadores de erro em fontes de alimentação reguladas.
14. Reguladores de tensão na forma de circuitos integrados possuem tensões de saída fixas ou variáveis na forma de um único encapsulamento de aplicação simples.
15. O ajuste de CI regulador de tensão fixa com um divisor resistivo normalmente compromete a característica da regulação.
16. Um transistor de aumento de corrente pode ser utilizado com CIs reguladores de tensão de modo a fornecer maior corrente de carga.
17. Fontes de alimentação com regulação cruzada normalmente possuem uma saída mestre e uma ou mais saídas escravas. Qualquer mudança na saída mestre será acompanhada pelas saídas escravas.
18. O curto-circuito da saída de uma fonte de tensão regulada pode danificar o transistor série de passagem e outros componentes.
19. Fontes de alimentação com limitação de corrente possuem proteção própria, sendo capazes também de proteger as cargas conectadas às mesmas.

20. A limitação de corrente *foldback* é superior à limitação convencional no que se refere a evitar danos provocados por sobrecargas de longa duração.
21. Alguns CIs reguladores de tensão podem ser configurados para qualquer tipo de limitação de corrente.
22. Um circuito *crowbar* fornece limitação de tensão ao aplicar um curto-circuito à fonte.
23. Resistores *swamping* podem ser utilizados para garantir a distribuição uniforme da corrente entre vários transistores paralelos de passagem.
24. Os transitórios da rede CA podem ser ceifados por varistores.
25. Varistores de óxidos metálicos são ativados em questão de nanossegundos e podem operar com centenas a milhares de ampères de forma segura.
26. Reguladores chaveados são mais eficientes que os reguladores lineares, o que resulta em fontes de alimentação com menor peso e volume.
27. As fontes chaveadas operam em frequências muito altas, o que permite a utilização de transformadores e elementos de filtro com menores dimensões.
28. A modulação por largura de pulso pode ser empregada para controlar a tensão de saída em fontes chaveadas.
29. O aumento da razão cíclica de uma forma de onda implica o aumento do seu respectivo valor médio.
30. Fontes chaveadas empregam transistores rápidos, diodos de recuperação rápida ou diodos retificadores Schottky.
31. Um conversor é um circuito que transforma a tensão CC em CA e novamente em CC.
32. Fontes chaveadas desenvolvem maior quantidade de ruído em comparação com suas contrapartes lineares e podem provocar a interferência eletromagnética.
33. Conversores de onda senoidal resolvem problemas de ruído e EMI associados aos conversores chaveados.
34. Um transformador de isolação deve ser utilizado durante o processo de manutenção ou busca de falhas de modo a evitar a ocorrência de malhas de terra.
35. Um transistor de passagem em circuito aberto (ou a falha no acionamento do transistor) pode provocar a ausência de sinal de saída em um regulador linear.
36. Um transistor de passagem em curto-circuito provocará uma saída anormalmente alta.
37. A ausência de sinais na saída, níveis reduzidos no sinal de saída, sobreaquecimento ou um fusível queimado são sinais de uma fonte de alimentação com sobrecarga.
38. Um erro na tensão de referência provocará um erro na tensão de saída.
39. Conversores chaveados tipicamente geram formas de onda e frequências que estão além da capacidade de muitos medidores.
40. Durante a substituição de componentes, utilize peças de reposição exatas sempre que possível e preste atenção ao encaixe dos terminais.

Questões de revisão do capítulo

Questões de pensamento crítico

7-1 Você está procurando problemas em uma fonte de alimentação com três entradas: uma entrada mestre e duas entradas escravas. Qual seção da fonte de alimentação deve ser verificada inicialmente. Por quê?

7-2 Deseja-se utilizar um circuito *crowbar* para proteger um equipamento com localização remota. Como o projeto do circuito básico pode ser modificado para que o equipamento retorne à operação normal após a eliminação da falta?

7-3 Há alguma situação onde o projeto modificado na Questão 7-2 possa atuar de forma indesejada?

7-4 Você é capaz de citar problemas físicos (não elétricos) que podem provocar a operação de fontes de alimentação de forma intermitente?

7-5 Por que alguns dispositivos alimentados por baterias contêm reguladores de tensão?

7-6 Que tipo de circuito de alimentação você espera encontrar nos *flashes* eletrônicos alimentados por baterias utilizadas por fotógrafos?

Respostas dos testes

>> **capítulo 8**

Processamento digital de sinais

As teorias nas quais os sistemas de processamento digital de sinais (do inglês, *digital signal processing* – DSP*) se baseiam na forma proposta por dois cientistas do século XIX, Fourier e Laplace. Esses estudiosos não tinham a mínima noção do quão significantes suas contribuições seriam para as aplicações do século XXI. Fourier trabalhava com fluxo de calor, enquanto Laplace estudava o movimento planetário. Eles desenvolveram ferramentas matemáticas úteis para seus respectivos estudos. Atualmente, estas técnicas são empregadas no projeto de filtros digitais, bem como para muitas outras finalidades. Os computadores digitais surgiram na década de 1940, enquanto na década de 1950 alguns engenheiros e cientistas utilizaram estes dispositivos para simular circuitos analógicos. O processamento digital de sinais surgiu como uma disciplina separada. Assim, no início da década de 1980, surgiram circuitos integrados dedicados ao DSP, o que provocou mudanças significativas, pois, pela primeira vez, o DSP tornou-se uma solução prática para uma ampla gama de problemas. Atualmente, o DSP é o segmento com maior crescimento no mercado dos semicondutores. Muitos profissionais da área técnica devem possuir conhecimentos relacionados ao DSP.

* N. de T.: Neste livro-texto, o termo DSP pode ser utilizado para referenciar tanto o processamento de sinais quanto o dispositivo que é utilizado para tal finalidade.

Objetivos deste capítulo

>> Explicar a popularidade do DSP.
>> Discutir a conversão de sinais contínuos na forma discreta.
>> Desenhar o diagrama de blocos de um sistema DSP típico.
>> Citar algumas vantagens do DSP.
>> Explicar como os sinais são representados no tempo e na frequência.
>> Explicar a operação e projeto de filtros digitais.
>> Discutir outras aplicações.
>> Citar algumas limitações do DSP.
>> Buscar problemas em sistemas DSP

» Visão geral de sistemas DSP

É comum classificar os sistemas em dois tipos: analógicos e digitais. Um sinal analógico possui infinitos valores ao longo do tempo. Por exemplo, se a tensão da rede elétrica CA for exibida em um osciloscópio digital, a tela mostrará uma onda senoidal, cujo valor instantâneo pode ser 100 V, 99,8 V ou 99,885 V. Considerando uma resolução ilimitada do equipamento, há uma infinidade de valores possíveis. O sinal CA muda continuamente (de forma suave) ao longo do tempo, sendo denominado analógico. Entretanto, o termo SINAL CONTÍNUO é mais adequado. O termo SINAL ANALÓGICO remete aos primeiros computadores analógicos (atualmente obsoletos), onde os circuitos eram análogos aos sistemas físicos. Atualmente, a utilização do termo "analógico" normalmente se refere ao sinônimo de "contínuo". Entretanto, o termo "analógico" ainda é comum e será empregado ao longo deste capítulo.

Os sinais digitais não são contínuos, pois há uma mudança repentina de um valor permitido para outro à medida que o tempo avança. Há um número limitado de valores porque números binários são utilizados na representação do sinal. O número de valores ou tensões em um sistema digital é determinado pela quantidade de bits em cada número binário:

Número de tensões ou valores = 2^n

onde n = número de bits. A maioria dos sistemas DSP opera ao longo de uma faixa que varia de 8 a 24 bits. Um sistema de 8 bits possui apenas 256 valores possíveis, enquanto em sistemas de 24 bits há mais de 16 milhões de valores. Naturalmente, sistemas de alta resolução empregam um grande número de bits.

Os sinais digitais também são chamados de SINAIS DISCRETOS. Na literatura técnica de DSPs, os sinais normalmente são designados como contínuos ou discretos (de forma mais comum que os termos analógicos ou digitais). Agora, um terceiro termo pode ser definido: QUANTIZAÇÃO, que consiste na conversão de um sinal contínuo na forma discreta.

Você pode e deve continuar utilizando os termos analógico e digital. Poucas pessoas chamariam um conversor analógico-digital (A/D) de um conversor de modo contínuo para discreto. Pode parecer estranho, mas a linguagem tecnicamente correta nem sempre é utilizada de forma comum.

Vamos aplicar os termos contínuo e discreto ao diagrama de blocos da Figura 8-1, o qual representa um sistema DSP. O sinal de entrada é quase sempre contínuo, sendo este obtido a partir de um TRANSDUTOR, que é um dispositivo que converte um valor físico em uma grandeza elétrica. Um microfone é um transdutor que converte som em tensão, transformando as ondas sonoras em um sinal elétrico.

O primeiro estágio na Figura 8-1 consiste em um amplificador. Como você já deve saber, os amplificadores são utilizados para aumentar o nível de um sinal até um dado valor útil. Um filtro *antialiasing* é conectado após o amplificador, o qual corresponde a um filtro passa-baixa responsável por eliminar as altas frequências no restante do sistema, como o ruído. A aplicação de um filtro *antialiasing* é mostrada na Figura 8-2, onde o processo de conversão de um sinal contínuo na forma discreta é visto como uma série de quadros ou AMOSTRAS. Observe a Figura 8-2. Dois sinais contínuos são registrados ou amostrados a cada 0,25 milissegundos. Note que as amostras (pontos) são idênticas para ambos os sinais de 1 kHz e 3 kHz. Isso é um problema, pois neste caso, o sinal discreto seria o mesmo para as duas frequências. Em outras palavras, o sinal de 3 kHz foi convertido em 1 kHz. A solução consiste em empregar um filtro passa-baixa que permita a passagem de 1 kHz e atenue o sinal de 3 kHz, como mostra a Figura 8-3.

Retornando à Figura 8-1, observa-se que um circuito de amostragem e retenção é conectado após o filtro *antialiasing*. A Figura 8-4 mostra a en-

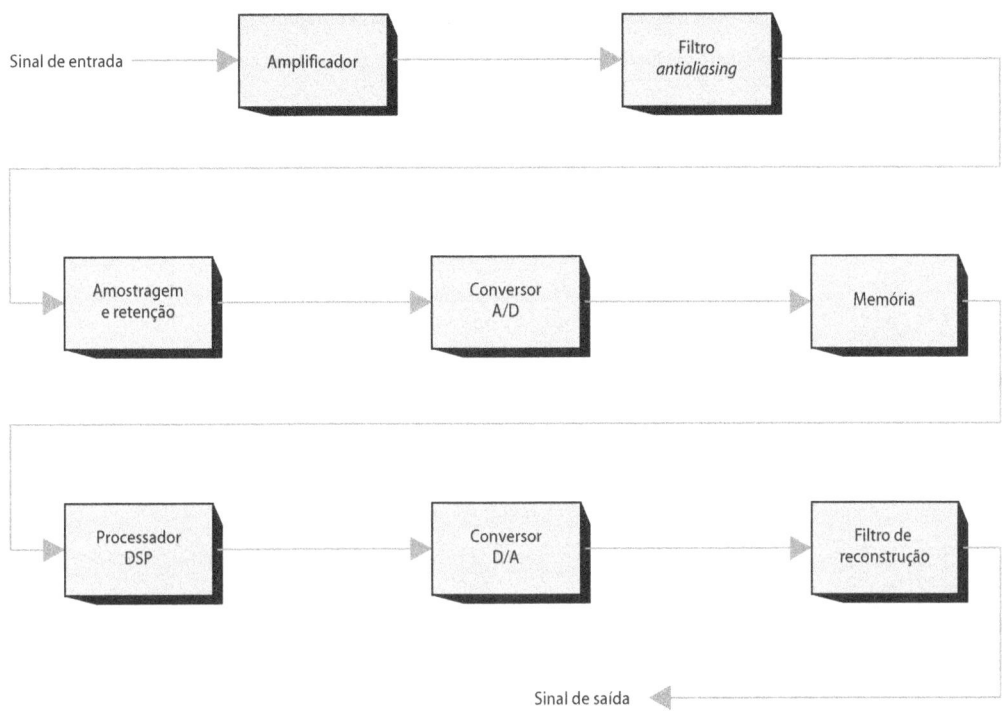

Figura 8-1 Sistema DSP típico.

trada e a saída típicas de um circuito de amostragem e retenção, o qual tipicamente é combinado com um conversor A/D em um único CI. É importante saber que o sinal que sai do conversor A/D é a versão quantizada do sinal de entrada original, consistindo em uma série de palavras binárias. No caso de um conversor de 8 bits, as palavras podem ser:

- 01110101 (primeira amostra);
- 00011011 (segunda amostra);
- 00011000 (terceira amostra);
- 00001111 (quarta amostra).

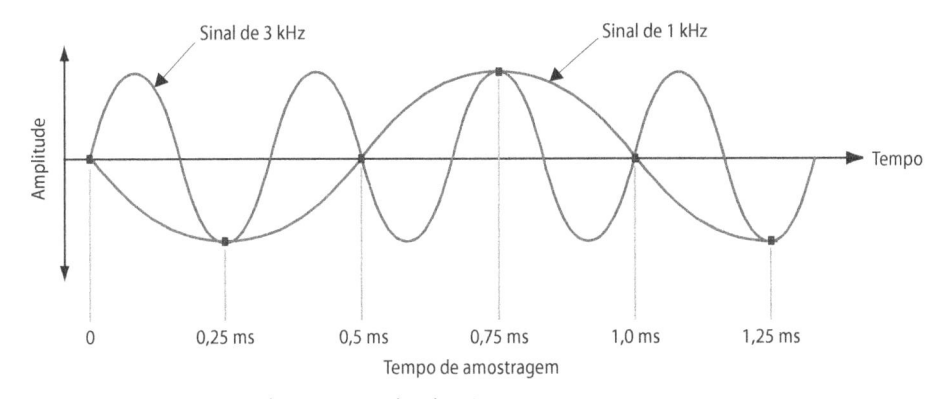

Figura 8-2 Dois sinais amostrados em intervalos de 0,25 ms.

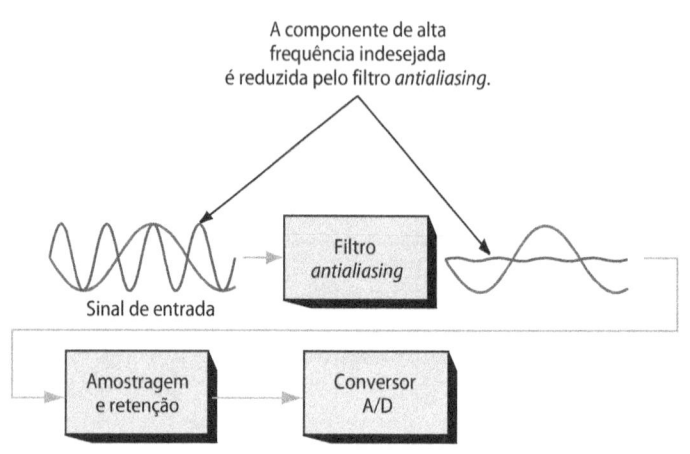

Figura 8-3 Papel do filtro *antialias*.

Alguns CIs DSP possuem tanto o circuito de amostragem e retenção quanto o conversor A/D.

Na sequência da Figura 8-1, encontra-se a memória, sendo esta a área de armazenamento dos números binários. Então, tem-se o processador DSP, onde estes números serão analisados. Como será mostrado posteriormente, o principal processo que ocorre nesse ponto é a multiplicação e acumulação (do inglês, *multiply and accumulate* – MAC). As amostras discretas, que agora se encontram na forma de números binários, são multiplicadas diversas vezes por valores fixos denominados coeficientes. Então, os valores multiplicados resultantes são somados entre si e a saída é enviada para o conversor D/A (digital-analógico). A saída do conversor D/A na Figura 8-1 assemelha-se à forma de onda da Figura 8-4(*b*). O filtro de reconstrução do tipo passa-baixa alisa o sinal, que assume a fora mostrada na Figura 8-4(*a*). Filtros de reconstrução também são chamados de filtros *antiimaging*. Normalmente, a entrada e a saída dos sistemas DSP correspondem a sinais contínuos. No interior dos sistemas DSP, os sinais encontram-se na forma discreta, pois são representados na forma de números binários.

O processo anteriormente parece complexo. Por que o DSP é tão popular? Vamos analisar um estudo de caso. Suponha que seja necessário um filtro passa-baixa com corte muito aguçado em 1 kHz, com ondulação máxima de 1 dB na banda passante e atenuação de 80 dB em 2 kHz. Os filtros ativos foram abordados no Capítulo 1 e, como foi mostrado, os filtros de Chebyshev são aguçados e normalmente representam uma escolha ade-

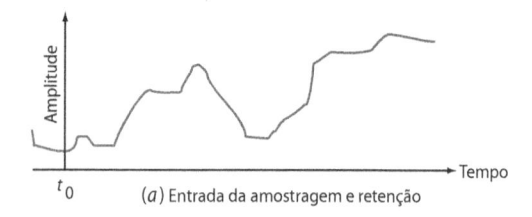

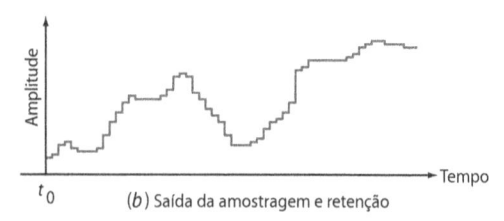

Figura 8-4 Formas de onda do processo de amostragem e retenção.

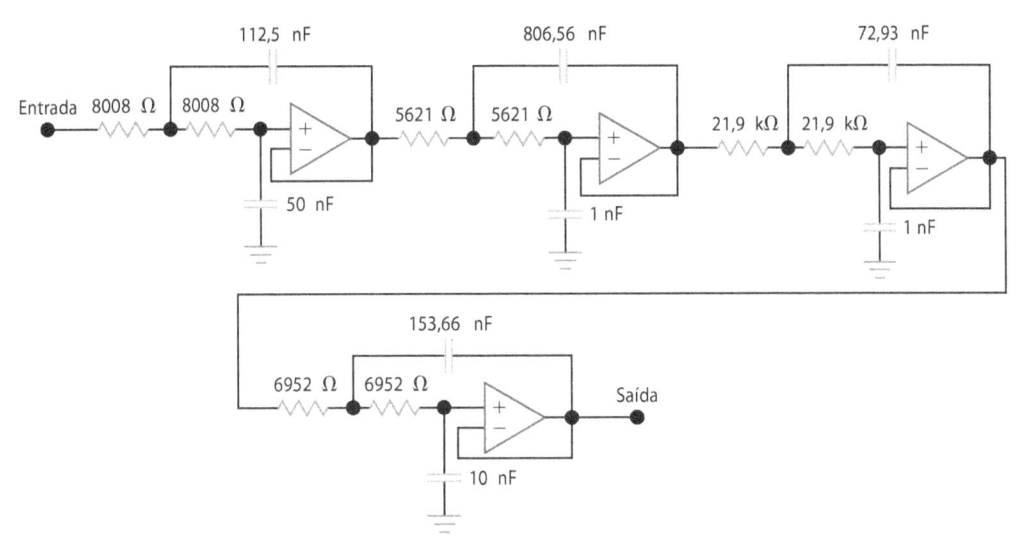

Figura 8-5 Filtro de Chebyshev de 8ª ordem.

quada quando a existência de uma ondulação na banda de passagem é aceitável. Um filtro de Chebyshev que possui as características supracitadas é apresentado na Figura 8-5, o qual utiliza quatro amp ops e corresponde a um projeto de 8ª ordem. A Figura 8-6(a) mostra sua respectiva resposta em frequência, onde se verifica que o filtro de Chebyshev possui as características desejadas. Entretanto, haverá alguns problemas quando várias unidades desse arranjo forem produzidas em série, como mostra a Figura 8-6(b). Com 5% de tolerância nos valores dos componentes, a ondulação na banda passante não corresponderá à especificação inicial.

O que ocorre quando a tolerância para os componentes do circuito da Figura 8-5 é de 1%? Primeiro, capacitores com tolerância de 1% são dificilmente encontrados e possuem elevado custo. Segundo, a variação dos valores dos componentes ao longo do tempo na maioria dos circuitos levaria à perda da característica desejada após meses ou anos. Terceiro, mudanças na temperatura afetam o desempenho do filtro. Na seção do Capítulo 1 sobre filtros ativos, descreve-se um filtro *notch* que possui os mesmos problemas.

Um filtro DSP pode atender as especificações desejadas, sem a necessidade de componentes de precisão, onde todas as unidades produzidas possuem exatamente as mesmas características (mesmo depois de vários anos) e são insensíveis às variações da temperatura. O DSP também fornece funções que seriam muito complexas ou mesmo impossíveis de serem reproduzidas com outros arranjos.

A maioria das funções que anteriormente eram desempenhadas por circuitos analógicos tem sido progressivamente substituída pela tecnologia digital. Como sempre, a principal força motriz por trás dessa mudança é a economia. Os circuitos digitais e como sinais mistos podem substituir suas contrapartes analógicas a um custo reduzido. Simultaneamente, os novos arranjos assumem dimensões cada vez menores e possuem características que tipicamente não podem ser obtidas com soluções totalmente analógicas.

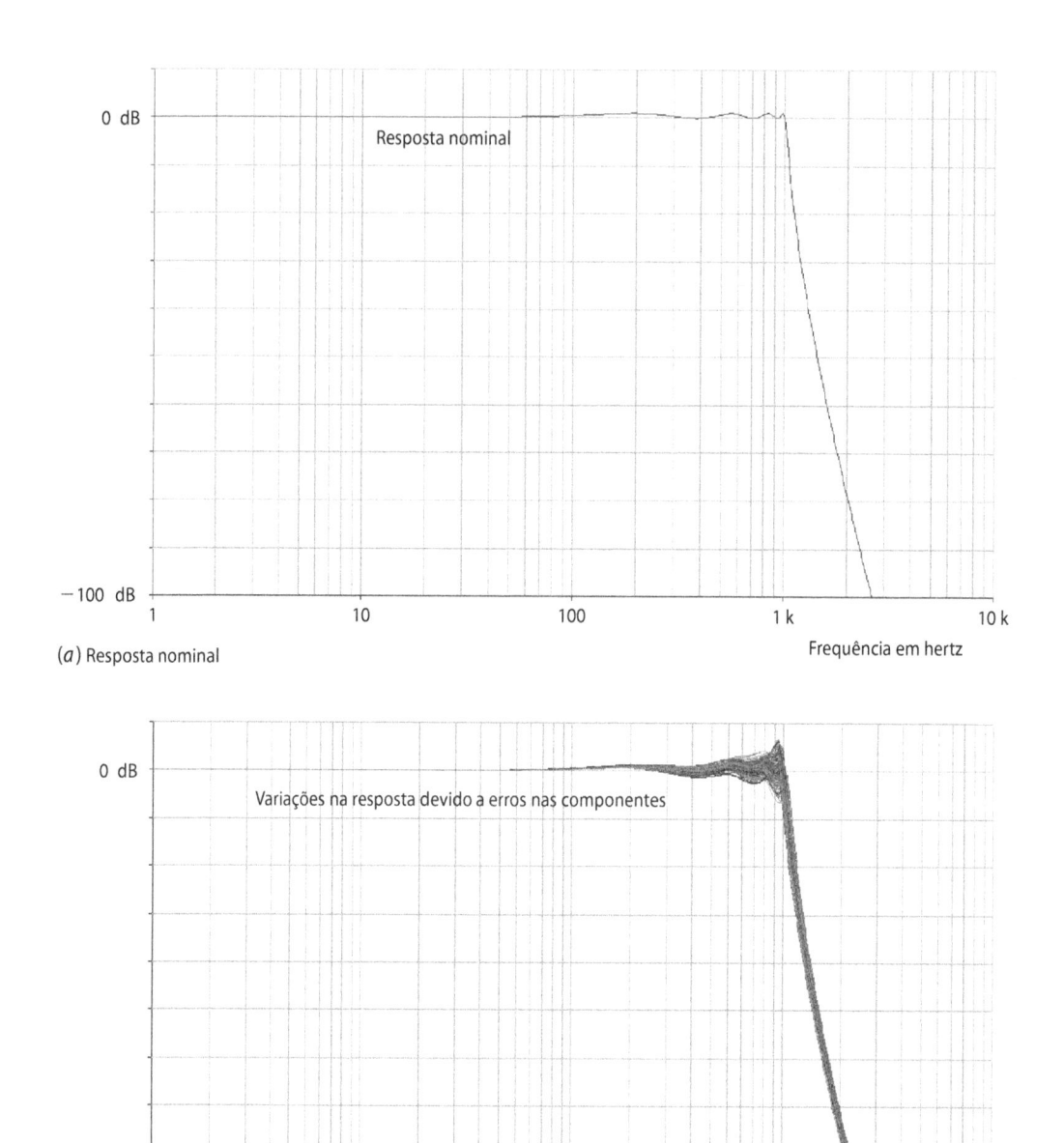

(a) Resposta nominal

(b) Análise de Monte Carlo (100 tentativas, 5% de tolerância global)

Figura 8-6 Curvas da resposta em frequência do filtro de Chebyshev.

Teste seus conhecimentos

Acesse o site www.grupoa.com.br/tekne para fazer os testes sempre que passar por este ícone.

» Filtros com média móvel

Vamos analisar como o processo de multiplicação e acumulação pode ser utilizado para realizar operações poderosas com sinais. Observe a Figura 8-7(a), que mostra um sinal contínuo com ruído de alta frequência. Esse problema é comum um discos de vinil antigos onde a poeira e arranhões causam chiados e cliques durante a reprodução. A Figura 8-7(a) mostra o mesmo sinal após o processamento com um sistema DSP de média móvel. Note que a componente de baixa frequência não é modificada, mas as amplitudes dos picos (do inglês, *spikes*) do ruído são sensivelmente reduzidas. Assim, a reprodução do som torna-se mais agradável. A ação básica realizada nesse caso é a mesma de um filtro passa-baixa. De outra forma, os filtros de média móvel também são denominados filtros BOXCAR.

A Figura 8-8 apresenta uma descrição do processo de média móvel passo a passo. Os pontos representam valores binários (discretos). As curvas na

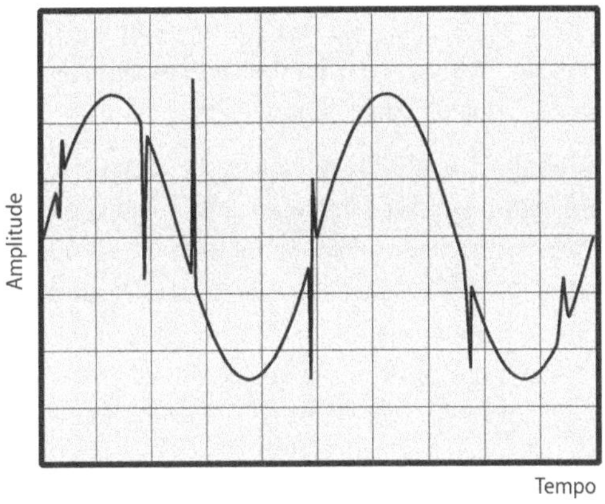

(a) Sinal com ruído de alta frequência

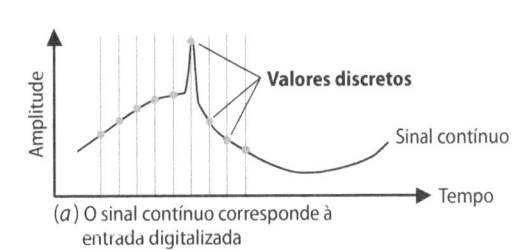

(a) O sinal contínuo corresponde à entrada digitalizada

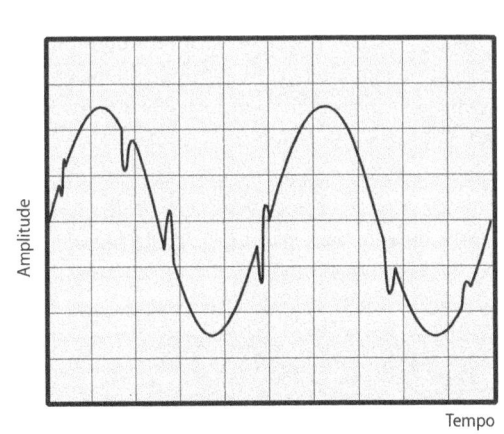

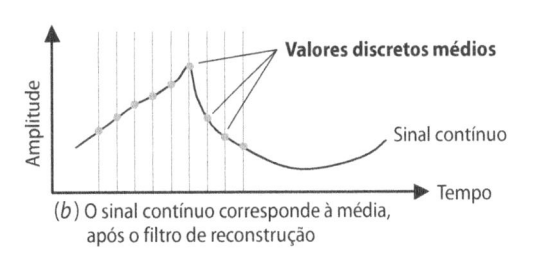

(b) Sinal após o processamento com o filtro com média móvel

(b) O sinal contínuo corresponde à média, após o filtro de reconstrução

1-Acrescentam-se os três primeiros valores discretos
2-Calcula-se a respectiva média
3-Converte-se a média na forma analógica
4-Adicionam-se o 2°, o 3° e o 4° valores
5-Calcula-se a média
6-Converte-se na forma analógica
7-Adicionam-se o 3°, o 4° e o 5° valores
8-Calcula-se a média
9-E assim por diante . . .

Figura 8-7 Resposta no tempo do filtro passa-baixa com média móvel.

Figura 8-8 Funcionamento do filtro passa-baixa com média móvel.

cor preta são incluídas para auxiliar a visualização da relação com o sinal contínuo. Lembre-se, a base do DSP é a análise numérica. O passo 3 na Figura 8-8 ocorre no conversor D/A. Novamente, observe a Figura 8-1. O sinal assumirá a forma contínua após passar por um filtro de reconstrução. O conceito mais importante na Figura 8-8 é a redução dos picos do ruído durante o processo de média móvel.

Ao se adotar um sinal quantizado na forma de uma série de números para realizar o processo descrito na Figura 8-8 de forma manual, pode-se utilizar uma calculadora para dividir por 3 após a soma de três valores sequenciais. Os *chips* DSP são devidamente projetados para realizar o processo MAC. Observe a Figura 8-9, onde não são utilizadas divisões. Nesse diagrama, o símbolo × representa a multiplicação e o símbolo + denota a soma ou acumulação.

O primeiro valor quantizado a partir do conversor A/D na Figura 8-9 é imediatamente multiplicado por um COEFICIENTE de 0,333 e este resultado vai para o acumulador. Após um atraso de tempo correspondente a um período do sinal de *clock*, o primeiro valor quantizado encontra-se disponível para ser multiplicado pelo segundo coeficiente (que também é igual a 0,333) e somado com o valor do segundo sinal quantizado após ser multiplicado pelo primeiro coeficiente. Após um atraso correspondente a dois períodos, o primeiro valor quantizado é multiplicado pelo terceiro coeficiente (novamente igual a 0,333) e somado com o segundo valor quantizado e multiplicado e com o terceiro valor quantizado e multiplicado.

Suponha que a saída do conversor A/D na Figura 8-9 seja constante e igual a 1. A sequência de valores de saída do acumulador será 0,333, 0,666, 0,999, 0,999, 0,999 e assim por diante. Desprezando o arredondamento, a saída é ajustada no valor médio da entrada após alguns ciclos de *clock*. Um sinal com valor constante de 1 corresponde a um sinal CC com frequência 0 Hz. Esse filtro de média móvel é do tipo passa-baixa e permitirá a passagem de tal sinal sem atenuação.

O processo MAC é formalmente chamado de CONVOLUÇÃO. O sinal processado é convoluído com os coeficientes, os quais quando agrupados são chamados de conjunto de coeficientes. Lembre-se, o sinal deve estar na forma discreta. Mudando-se a quantidade de coeficientes e seus respectivos valores, outros tipos de filtros podem ser obtidos. Observe a Figura 8-10. Dessa vez, deseja-se manter o conteúdo de alta frequência. A Figura 8-10(*b*) mostra o sinal resultante após o processamento com um filtro passa-alta com média móvel. Assim, o ruído de baixa frequência foi atenuado.

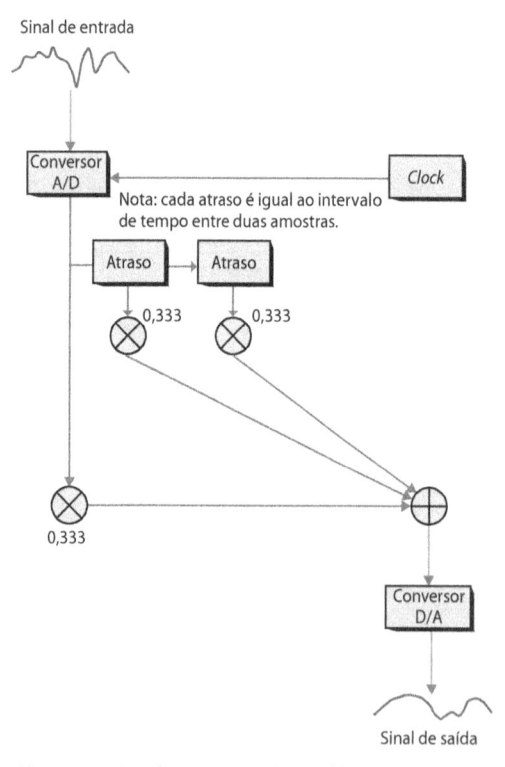

Figura 8-9 Implementação de um filtro com média móvel utilizando o processo de multiplicação e acumulação.

A convolução é escrita da seguinte forma:

$$y_{(n)} = x_{(n)} * h_{(n)}$$

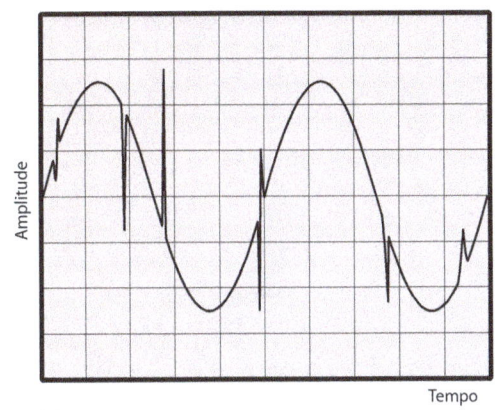

(a) Sinal com ruído de baixa frequência

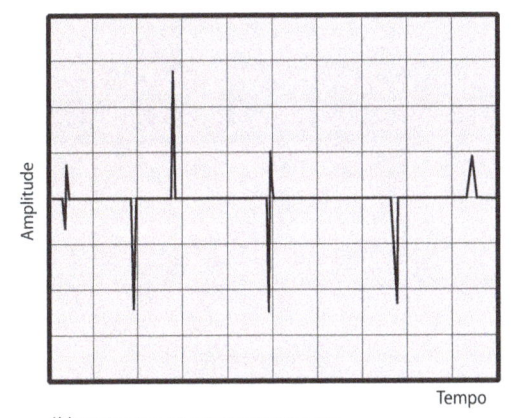

(b) Sinal após o processamento com um filtro passa-alta com média móvel

Figura 8-10 Filtro passa-alta com média móvel.

onde:

$y_{(n)}$ representa a sequência de saída (sinal de saída discreto);

$x_{(n)}$ representa a sequência de entrada (sinal de entrada discreto);

$h_{(n)}$ representa os coeficientes;

* é o símbolo da convolução;

n é o número da amostra.

Infelizmente, o símbolo * também corresponde à operação da multiplicação em diversas linguagens de computador. Lembre-se disso, pois a utilização desse símbolo pode ser confusa. A multiplicação e a convolução não correspondem à mesma operação. A convolução representa um processo contínuo de deslocamento, multiplicação e acumulação. Neste capítulo, utilizaremos · ou × para identificar a multiplicação.

A Figura 8-11 mostra os detalhes de um filtro passa-alta com média móvel. Efetivamente, esse filtro calcula a média do sinal e subtrai tal média do sinal, o que remove o conteúdo de baixa frequência. Entretanto, novamente deve-se ressaltar que os chips DSP são otimizados de modo a realizar a operação MAC. A subtração é realizada utilizando-se coeficientes negativos e somando os produtos com o sinal. Note que o terceiro coeficiente é $+1$, sendo que todos os demais são negativos.

EXEMPLO 8-1

Suponha que um filtro DSP utilize os seguintes coeficientes: $-0,2$, $-0,2$, $-0,2$, $1,0$, $-0,2$ e $-0,2$. Determine a sequência de saída para um sinal de saída constante em 1, bem como a natureza desse filtro. A sequência de saída será $-0,2$, $-0,4$, $-0,6$, $0,4$, $0,2$, 0, 0, 0 e assim por diante (a saída passa a permanecer constante em zero). O sinal de entrada possui amplitude constante, representando um sinal CC com frequência 0 Hz. Esse filtro elimina a componente CC, de modo que se trata de um filtro passa-baixa.

Agora, vem a parte interessante. Comparando-se as Figs. 8-9 e 8-11, verifica-se que a estrutura básica é a mesma, o que significa que uma simples alteração no *software* pode provocar a mudança da função do filtro de passa-baixa para passa-alta. Essa é umas melhores características desta tecnologia, porque é muito mais fácil realizar mudanças em nível de *software* do que em termos de *hardware*. Os sistemas DSP podem ser atualizados com um custo muito reduzido, sendo também capazes de se ajustar automaticamente diante de eventuais mudanças. Esses dispositivos são chamados de SISTEMAS ADAPTATIVOS e podem possuir funções que não podem ser obtidas por meio de amp ops ou outra abordagem semelhante.

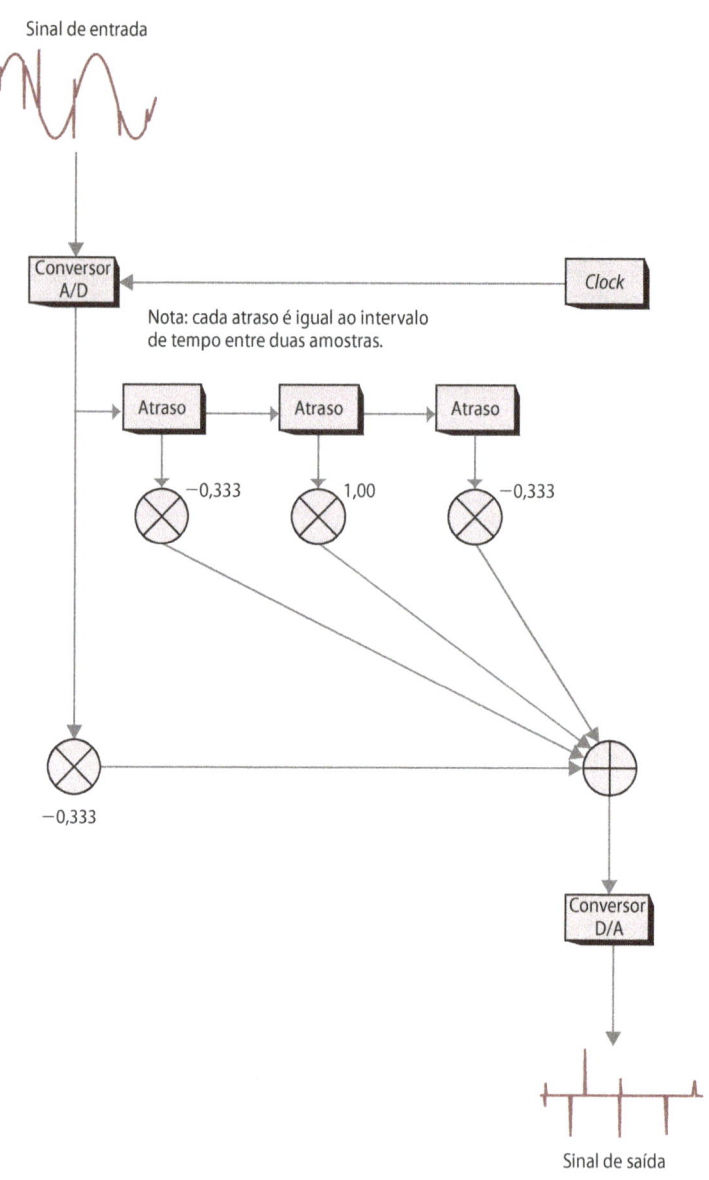

Figura 8-11 Implementação do filtro passa-baixa utilizando MAC.

Teste seus conhecimentos

>> Teoria de Fourier

Vamos iniciar esta seção com uma definição: uma FUNÇÃO PERIÓDICA é aquela que se repete infinitamente ao longo do tempo. Ondas senoidais, triangulares e quadradas são exemplos básicos de funções periódicas. Enquanto funções dessa natureza, cada onda possui um respectivo período, o qual pode ser obtido a partir do inverso da frequência. Como será visto, a maioria das funções periódicas contém mais de uma frequência, sendo que apenas funções senoidais e cossenoidais fogem à regra. Uma série de funções utilizada para representar uma dada função periódica é denominada SÉRIE DE FOURIER.

A Figura 8-12 mostra quatro fontes de sinais senoidais, cujas frequências variam entre 1 kHz e 7 kHz. Há relações especiais entre as frequências neste caso. Todas as frequências mais altas correspondem a múltiplos inteiros de 1 kHz. Nessa situação, os números inteiros são todos ímpares (1, 3, 5 e 7). Existe uma segunda relação especial entre as amplitudes, que correspondem ao inverso dos valores inteiros supracitados (1/1, 1/3, 1/5 e 1/7). A terceira relação especial consiste no fato de todas as fontes estarem em fase e possuírem valor instantâneo de 0 V no início do período correspondente a 1 kHz.

O sinal de 1 kHz na Figura 8-12 é chamado de componente FUNDAMENTAL ou primeira harmônica. O sinal de 3 kHz é a terceira harmônica, o sinal de 5 kHz é a quinta harmônica e, finalmente, o sinal de 7 kHz corresponde à sétima harmônica.

A parte superior da Figura 8-12 mostra como as quatro ondas senoidais seriam exibidas na tela de um osciloscópio de quatro canais. No meio da figura, as quatro formas de onda são somadas de modo a serem exibidas em um osciloscópio com canal único. Note que a forma de onda da soma assemelha-se mais a uma onda quadrada que a um sinal senoidal. Na parte inferior da Figura 8-12, tem-se o sinal da soma na forma exibida em um analisador de espectro, que é um instrumento que mostra a amplitude em função da frequência.

A Figura 8-13 mostra duas formas de se observar um sinal: o DOMÍNIO DO TEMPO e o DOMÍNIO DA FREQUÊNCIA. No domínio do tempo, o eixo horizontal é representado pelo tempo, enquanto no domínio da frequência este eixo corresponde à frequência. A maioria das pessoas conhece o domínio do tempo, porque esta é a forma utilizada para representar sinais e explicar a operação de circuitos relacionados aos mesmos. Além disso, muitos

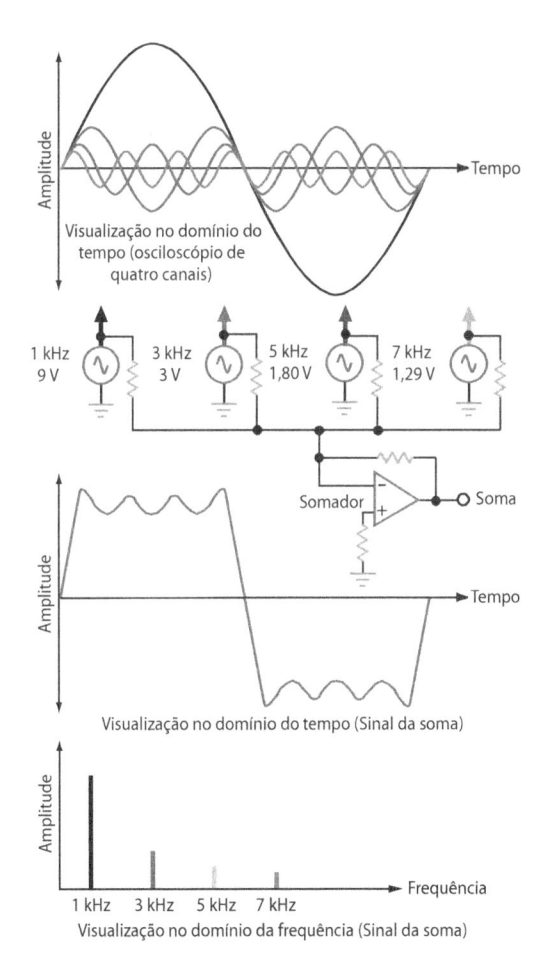

Figura 8-12 Obtenção de uma função periódica por meio da soma de ondas senoidais.

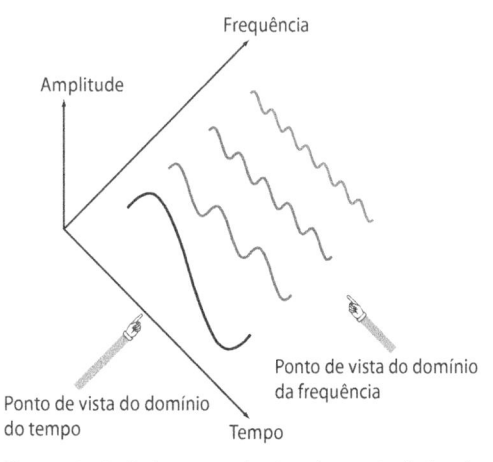

Figura 8-13 Dois pontos de vista de um sinal: domínio do tempo e domínio da frequência.

profissionais da área técnica empregam osciloscópios, que são dispositivos de visualização no domínio do tempo. Observe novamente a parte inferior da Figura 8-12, comparando-a com o ponto de vista do domínio da frequência na Figura 8-13. A maioria das pessoas não está familiarizada com o domínio da frequência. Os analisadores de espectro não são instrumentos tão comuns quanto os osciloscópios, sendo que muitos técnicos nunca sequer utilizaram um dispositivo dessa natureza.

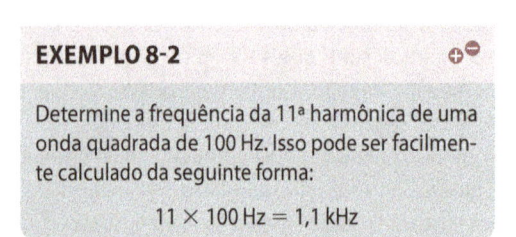

> **EXEMPLO 8-2**
>
> Determine a frequência da 11ª harmônica de uma onda quadrada de 100 Hz. Isso pode ser facilmente calculado da seguinte forma:
>
> $$11 \times 100 \text{ Hz} = 1{,}1 \text{ kHz}$$

> **EXEMPLO 8-3**
>
> Determine a amplitude da 10ª harmônica de uma onda quadrada de 100 Hz. Essa componente é nula porque as ondas quadradas não possuem componentes harmônicas de ordem par.

A teoria de Fourier estabelece que qualquer função periódica pode ser representada em termos de ondas senoidais. Geralmente, o uso de um maior número de ondas senoidais fornece um resultado melhor. A onda quadrada da Figura 8-12 é sintetizada a partir de quatro harmônicas. A Figura 8-14 mostra o que acontece quando se tem um grande número de harmônicas. A soma se aproxima mais ainda de uma forma senoidal. Os tempos de subida e descida são aproximadamente nulos e as partes superior e inferior da forma de onda começam se tornar planos. Entretanto, há alguns picos provocados pelo chamado FENÔMENO DE GIBB. Esses picos nunca desaparecem, mesmo quando um número muito grande harmônicas é utilizado. Esta é a principal limitação da teoria de Fourier, pois não é possível sintetizar funções periódicas ideais que

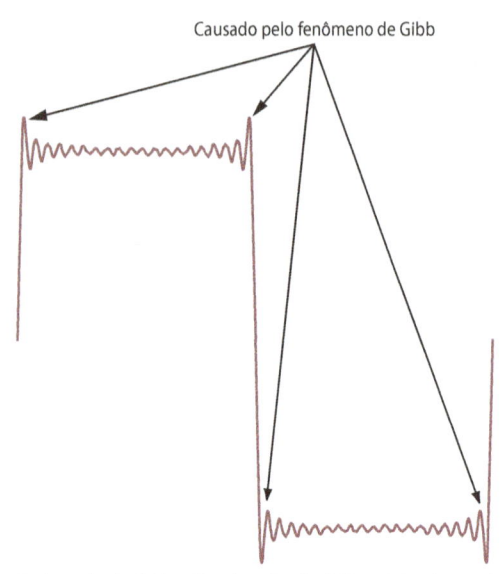

Causado pelo fenômeno de Gibb

Onda quadrada obtida utilizando-se Fourier (20 harmônicas ímpares)

Figura 8-14 Fenômeno de Gibb.

possuem DESCONTINUIDADES, que por sua vez representam eventos que ocorrem em um intervalo de tempo nulo. Uma onda quadrada muda do valor positivo para o valor negativo instantaneamente, sendo que o intervalo de tempo neste caso é zero. Esse tipo de evento não ocorre efetivamente no mundo real.

Há um princípio de trabalho muito importante em discussão neste ponto. Se um sistema eletrônico deve processar e transferir pulsos ou ondas quadradas com tempos de subida e descida muito pequenos, então o sistema deverá possuir uma largura de banda muito ampla. É por isso que na prática não existe uma forma de onda quarada ideal que possa ser utilizada em um sistema físico ou elétrico. Esse sistema hipotético deve possuir largura de banda infinita, o que não é possível.

> **EXEMPLO 8-4**
>
> Considerando que as pseudo-ondas quadradas das Figs. 8-12 e 8-14 possuem frequência de 1 MHz, quais são suas respectivas larguras de banda? Como só há harmônicas ímpares em ondas

quadradas, a largura de banda é determinada da seguinte forma:

LB = Frequência fundamental × (2N − 1)

onde N é o número de harmônicas ímpares.

Para a Figura 8-12, tem-se:

LB = 1 MHz × 7 = 7 MHz

Para a Figura 8-14, tem-se:

LB = 1 MHz × 39 = 39 MHz

EXEMPLO 8-5

Determine a largura de banda de uma onda senoidal de 1 MHz. As ondas senoidais existem em uma única frequência, pois não possuem harmônicas. Assim, a largura de banda de uma onda senoidal é nula, de modo que um único traço é exibido no analisador de espectro.

EXEMPLO 8-6

Determine a largura de banda de uma onda cossenoidal de 1 MHz. As ondas senoidais também existem em uma única frequência e não possuem harmônicas. Assim, a largura de banda de uma onda cossenoidal é nula, de modo que um único traço é exibido no analisador de espectro.

Nota: O conceito de largura de banda nula considera a existência de ondas senoidais ou cossenoidais perfeitas, onde não há qualquer distorção (mesmo ruído) e se verifica a estabilidade total da frequência. Essas condições não podem ser obtidas no mundo real, e assim diz-se que a largura de banda é aproximadamente nula.

Agora, sabemos que qualquer função periódica pode ser visualizada tanto no domínio do tempo quanto no domínio da frequência. É muito importante ressaltar que ambos os pontos de vista são válidos e podem ser aplicados a qualquer sinal. É possível obter uma dessas formas a partir da outra? Sim, e este é o papel da TRANSFORMADA DE FOURIER. Uma transformada é uma ferramenta matemática capaz de converter uma dada representação em outra no intuito de simplificar os cálculos. Por exemplo, é possível tornar a multiplicação mais simples transformando-se os números que serão multiplicados em logaritmos. Os logaritmos são então somados e o antilogaritmo da soma corresponde ao produto dos números originais. A soma é muito mais simples (ou menos susceptível a erro) que a multiplicação, sendo que esta era uma técnica muito popular utilizada antes da invenção das calculadoras e dos computadores.

A transformada de Fourier é utilizada para a conversão do domínio do tempo para o domínio da frequência. Um exemplo desse processo será apresentado na próxima seção deste capítulo.

Uma aplicação comum da transformada de Fourier são os analisadores de espectro em tempo real. Esses dispositivos utilizam *chips* de computador ou DSP para realizar os cálculos matemáticos envolvendo a versão discreta de um sinal no domínio do tempo, que por sua vez podem ser provenientes de um microfone, por exemplo. O diagrama de blocos da Figura 8-1 pode representar tanto um analisador de espectro quanto um filtro de média móvel. Novamente, deve-se destacar a flexibilidade dos DSPs, sendo que a configuração do *software* determina a função desses dispositivos.

Para implementar um analisador de espectro, o processador DSP deve ser programado para realizar a operação correspondente à TRANSFORMADA DISCRETA DE FOURIER, também chamada de DFT (do inglês, *discrete Fourier transform*). O principal conceito envolvendo a DFT consiste em multiplicar um sinal quantizado no domínio do tempo por coeficientes de senos em diversas frequências, de modo que os produtos produzem vários resultados denominados *bins*. As quantidades acumuladas nos *bins* representam o espectro do sinal de entrada. Assim, tem-se basicamente um processo MAC. Uma versão especial da DFT é denominada TRANSFORMADA RÁPIDA DE FOURIER (do inglês, *fast Fourier transform* – FFT), que fornece melhor eficiência no cálculo. Isso é importante porque o espectro de alta resolução requer uma grande quantidade de bins e de cálculos.

Assim como a DFT é utilizada para converter do domínio do tempo discreto para o domínio da frequência discreto, a TRANSFORMADA DISCRETA DE FOURIER INVERSA (do inglês, *inverse discrete Fourier transform* – IDFT) realiza a operação contrária. Assim, a IDFT pode ser utilizada para converter as especificações das frequências dos filtros na informação correspondente no tempo, necessária para a implementação de tais dispositivos. Em outras palavras, a IDFT pode ser empregada para a determinação dos coeficientes dos filtros, como será mostrado posteriormente.

Novamente, vamos analisar a amostragem observando a Figura 8-15. Nessa figura e ao longo do restante deste capítulo, f_s é o símbolo utilizado para representar a FREQUÊNCIA DE AMOSTRAGEM. Na parte superior da Figura 8-15, é possível visualizar um sinal contínuo e seu espectro correspondente. Se o sinal for amostrado em quatro vezes o valor de sua frequência mais alta, o espectro se repetirá

(a) Sinal contínuo

(b) Espectro do sinal contínuo

(c) Sinal após ser amostrado em 4× a frequência mais alta

(d) Espectro do sinal após ser amostrado em 4× a frequência mais alta

(e) Sinal após ser amostrado em 2× a frequência mais alta

(f) Espectro do sinal após ser amostrado em 2× a frequência mais alta

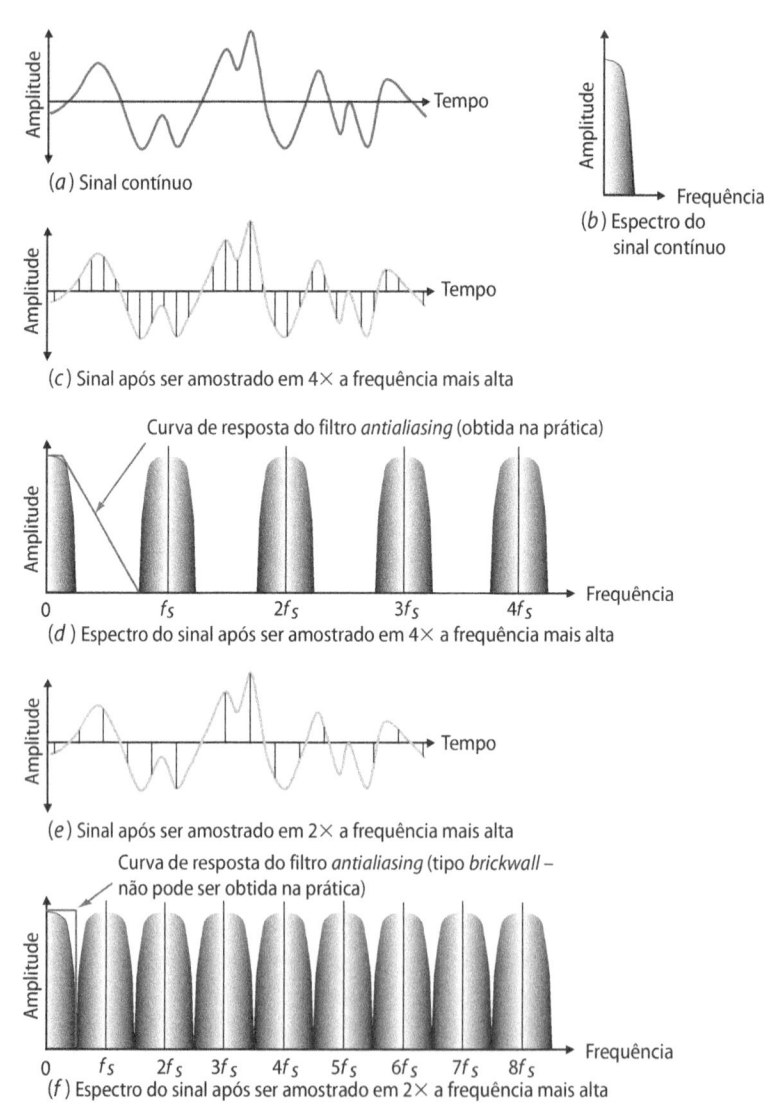

Figura 8-15 Espectros dos sinais amostrados.

indefinidamente e haverá lacunas entre as bandas (observe a parte central da figura). Movendo-se em direção à parte inferior da figura, verifica-se que não haverá lacunas se o sinal for amostrado em uma frequência correspondente a duas vezes a frequência mais alta. Certamente, esta é uma forma de limitação, uma vez que qualquer frequência de amostragem mais baixa provoca a superposição do espectro e a perda da informação. Esse conceito é denominado teoria da amostragem de Shannon e é enunciado da seguinte forma: a menor frequência de amostragem possível é igual a duas vezes a frequência de interesse mais alta. Uma versão mais correta desse teorema é: a menor frequência de amostragem possível é igual a duas vezes a largura de banda do sinal. Por exemplo, um sinal pode variar de 100 kHz a 105 kHz, sendo que sua respectiva largura de banda é 5 kHz. Utilizando o teorema de Shannon, tem-se que o sinal pode ser amostrado a uma taxa da ordem de até 10 kHz sem a perda da informação. Na prática, a amostragem ocorre com frequências de três a cinco vezes a largura de banda, ou ainda em frequências maiores.

De acordo com a Figura 8-15, haverá interferência entre as diversas componentes de frequência se a taxa de amostragem for muito baixa. Esse é o mesmo conceito apresentado anteriormente no que tange ao *aliasing*, mas sob um ponto de vista diferente. Pense no papel do filtro antialias. Na parte central da Figura 8-15, o filtro iniciaria o corte acima da banca espectral da esquerda, de modo a fornecer uma atenuação razoável antes do início da segunda banda espectral que é centrada em f_s. Na parte inferior da Figura 8-15, o filtro *antialias* deveria apresentar um aguçamento que não é tipicamente possível de se obter na prática. Os sistemas DSP podem utilizar taxas de amostragem mais altas para simplificar o projeto do filtro *antialias*. De fato, essa resposta pode ser obtida com um filtro RC simples utilizando uma alta frequência de amostragem.

A Figura 8-15 está diretamente relacionada à informação da modulação em amplitude e as bandas laterais apresentadas no Capítulo 4. Anteriormente, foi mostrado que a multiplicação de um sinal com informação como o som pelo sinal da portadora produz bandas laterais superiores e inferiores. Na Figura 8-15, a frequência de amostragem atua como a portadora e o sinal contínuo representa a informação, que pode ser o áudio. A diferença neste caso consiste no fato de as amostras serem registros ao longo do tempo que atuam como pulsos muito estreitos. A série de Fourier de uma forma de onda retangular com razão cíclica muito pequena corresponde a uma série de harmônicas pares e ímpares cujas amplitudes não são reduzidas nas frequências harmônicas mais altas. No Capítulo 4, a portadora era representada por uma onda senoidal que possuía uma única frequência, de modo que apenas um conjunto de bandas laterais era produzido. A Figura 8-15 mostra que o processo de quantização ou amostragem produz um espectro que se aproxima de uma largura de banda infinita.

EXEMPLO 8-7

Investigue a possibilidade de utilizar um filtro *antialias RC* simples para aplicações de voz com DSP empregando uma frequência de amostragem de 50 kHz. A frequência crítica mais alta para a voz é de 3 kHz. Com o auxílio do espectro mostrado na parte central da Figura 8-15, determina-se que a banda da esquerda se estenderá de 0 a 3 kHz, sendo que a segunda banda se iniciará em 47 kHz e terminará em 53 kHz. O filtro *antialias* deve iniciar o corte a partir de 3 kHz, fornecendo uma atenuação adequada em 47 kHz. Como foi visto no Capítulo 1, a inclinação de uma rede *RC* simples deve ser de 6 dB/oitava. Assim, 3 kHz $\times$ 2 $\times$ 2 $\times$ 2 = 48 kHz. Você deve recordar que uma oitava representa o dobramento da frequência. Assim, o intervalo entre as frequências mais alta e mais baixa da voz capaz de provocar *alias* é de quatro oitavas. A atenuação será de aproximadamente 24 dB, sendo este valor adequado para um sistema de voz de qualidade. É importante compreender por que o filtro *antialias* é importante. Sem sua utilização, as componentes do sinal na vizinhança de 47 kHz seriam convertidas em frequências audíveis, as quais podem interferir na qualidade do som tornando-o ininteligível.

Teste seus conhecimentos

❯❯ Projeto de filtros digitais

Filtros com média móvel funcionam adequadamente, mas há projetos que exibem melhores características. É possível utilizar a série de Fourier para selecionar os coeficientes que serão utilizados no processo de convolução. A Figura 8-16 mostra um filtro passa-baixa que foi projetado utilizando a transformada discreta de Fourier inversa (IDFT) para um filtro de janela retangular. Entretanto, há outras metodologias de projeto semelhantes.

A arquitetura geral exibida na Figura 8-16 é a mesma apresentada anteriormente. Nesse caso, a IDFT foi escolhida de modo a selecionar os valores dos coeficientes, que existem em maior número. A terminologia utilizada em filtros digitais atribui o termo *tap* a cada coeficiente. A ordem desse tipo de filtro é igual ao número de *taps*. A Figura 8-16 representa um filtro com nove *taps* (de nona ordem).

Geralmente, o aguçamento do filtro é melhorado à medida que a ordem aumenta. Assim, esse filtro é mais aguçado que o arranjo de terceira ordem mostrado na Figura 8-9.

Observe a Figura 8-17, que representa um filtro passa-baixa ideal. Note que o eixo horizontal é interrompido em $f_s/2$. Isso ocorre em todos os filtros digitais em virtude do limite imposto pelo teorema da amostragem de Shannon. A frequência $f_s/2$ por vezes é chamada de frequência de Nyquist ou limite de Nyquist. Nenhum sistema digital é capaz de operar adequadamente acima do respectivo limite de Nyquist. O filtro da Figura 8-16 foi projetado de modo a possuir as seguintes características:

- Tipo de filtro = passa-baixa;
- ordem do filtro = 9;
- frequência de corte = 200 Hz;
- f_s = 800 Hz.

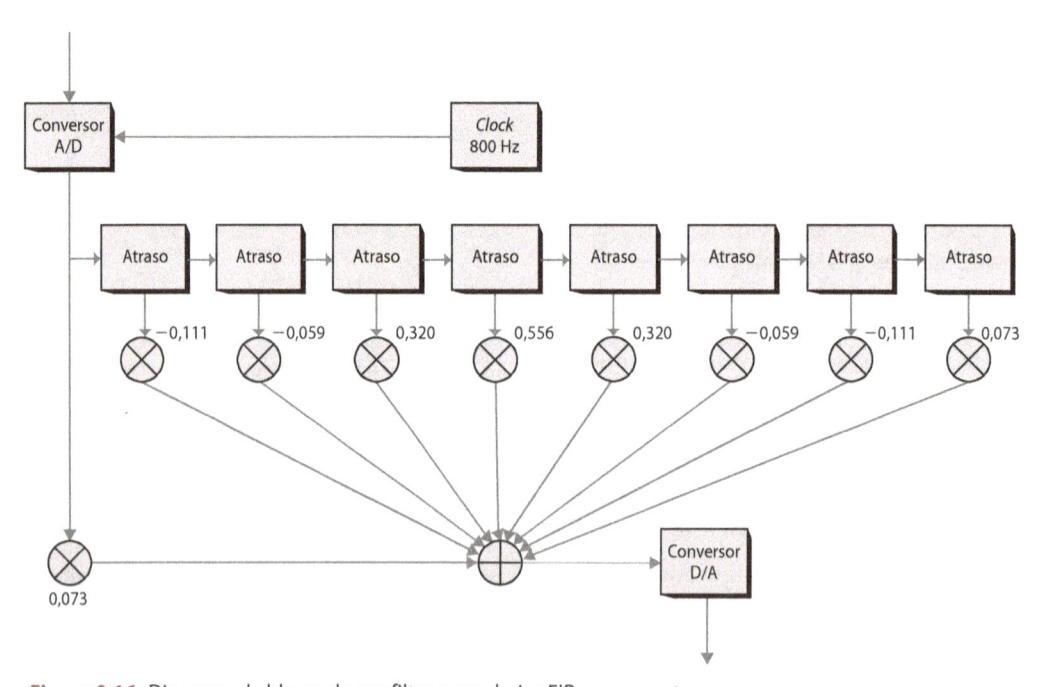

Figura 8-16 Diagrama de blocos de um filtro passa-baixa FIR com nove *taps*.

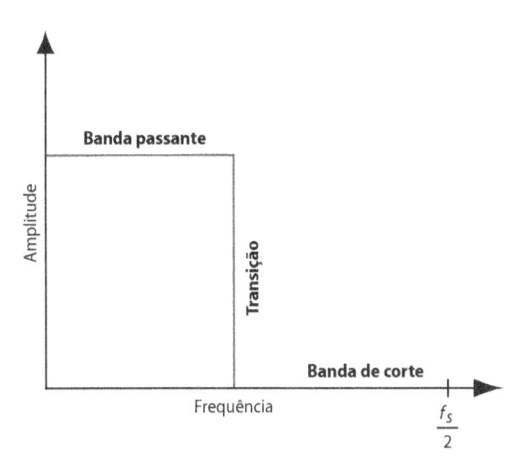

Figura 8-17 Curva de resposta em frequência de um filtro passa-baixa ideal.

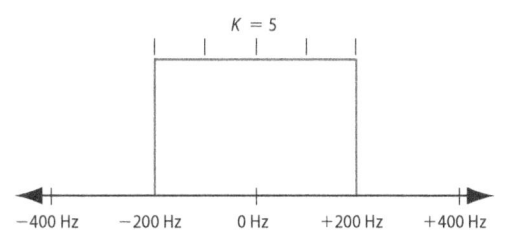

Figura 8-18 Determinação de *K*: números de amostras discretas de frequências na banda passante.

As equações da IDFT (para um filtro com janela retangular) são:

$$h_{(0)} = \frac{K}{N}$$

$$h_{(n)} = \frac{1}{N} \cdot \frac{\text{sen}(\pi nK/N)}{\text{sen}(\pi n/N)}$$

onde:

$h_{(0)}$ é o coeficiente de ordem zero;

$h_{(n)}$ é o coeficiente de ordem *n*;

N é a ordem do filtro;

K é o número de amostras de frequência discretas na banda passante;

π é a constante matemática;

n é o número do coeficiente.

O espaçamento de frequência entre as amostras é igual à frequência de amostragem dividida por *N*–1. Nesse caso, tem-se:

$$f_{\text{espaçamento}} = \frac{f_s}{N-1} = \frac{800 \text{ Hz}}{8} = 100 \text{ Hz}$$

$$K = \frac{\text{largura de banda}}{f_{\text{espaçamento}}} + 1 = \frac{400 \text{ Hz}}{100 \text{ Hz}} + 1 = 5$$

De acordo com a Figura 8-18, o exemplo em questão possui cinco amostras (*K*=5) ao longo de sua largura de banda.

Para os iniciantes em DSP, provavelmente um dos conceitos mais estranhos é o da FREQUÊNCIA NEGATIVA. Observe a Figura 8-18 novamente, que mostra o filtro do exemplo entre −400 Hz e +400 Hz. O que é uma frequência negativa? Esse é um conceito matemático semelhante a:

$$j = \sqrt{-1}$$

Possivelmente, você já utilizou a raiz quadrada de −1 como ferramenta auxiliar para lidar com grandezas complexas como a impedância. As raízes quadradas de números negativos efetivamente não existem no mundo real, mas sua utilização é prática quando se trata de grandezas vetoriais.

As frequências negativas simplificam determinados tipos de operações com sinais. Um exemplo típico é a modulação em amplitude, que produz um par de bandas laterais. A banda lateral inferior é a imagem especular da banda lateral superior e pode ser relacionada a frequências negativas que interagem com a frequência da portadora.

Para compreender melhor este conceito, observe novamente a Figura 8-15. Note que o processo de amostragem produz cópias do espectro original na parte superior além de imagens especulares em frequências múltiplas de f_s. Isso é mostrado tanto no centro quanto na parte inferior da figura. Assim, é factível dizer que o sinal contém frequências positivas e negativas.

Não se preocupe excessivamente com as equações IDFT. Tipicamente, o projeto de filtros digitais envolve o uso de aplicativos computacionais para determinar os coeficientes. Entretanto, dois filtros mostrarão que a determinação dos coeficientes de um filtro semelhante ao da Figura 8-16 pode ser realizada por meio de uma calculadora. Ajuste a calculadora em modo de radianos para executar os cálculos do Exemplo 8-9.

EXEMPLO 8-8

Determine o coeficiente de ordem zero para o seguinte filtro:

- Tipo de filtro = passa-baixa;
- ordem do filtro = 9;
- frequência de corte = 200 Hz;
- f_s = 800 Hz.

Com o auxílio da Figura 8-18, verifica-se que o número de amostras de frequência discretas na largura de banda é igual a cinco, pois as amostras são espaçadas em intervalos de 100 Hz:

$$\frac{800 \text{ Hz}}{N-1} = 100 \text{ Hz}$$

$$h_{(0)} = \frac{K}{N} = \frac{5}{9} = 0{,}556$$

EXEMPLO 8-9

Determine o terceiro coeficiente para o mesmo filtro do exemplo anterior:

$$h_{(n)} = \frac{1}{N} \cdot \frac{\text{sen}(\pi n K/N)}{\text{sen}(\pi n/N)}$$

Utilizando o modo de radianos, tem-se:

$$h_{(3)} = \frac{1}{9} \cdot \frac{\text{sen}(\pi 3 \cdot 5/9)}{\text{sen}(\pi 3/9)} = -0{,}111$$

Verificando-se a Figura 8-16, constata-se que o coeficiente de ordem zero representa o coeficiente central do filtro, além do fato de o terceiro coeficiente estar alocado em três posições distantes em ambos os sentidos. A SIMETRIA DOS COEFICIENTES é típica para projetos de filtros desse tipo porque fornece resposta de fase linear, como mostra a Figura 8-19(b). Observe atentamente a curva em vermelho que representa a resposta de fase. A resposta se inicia em 0° e 0 Hz, apresentando então atraso de fase (ângulo negativo) e resposta em linha reta à medida que a frequência aumenta. Na frequência de 100 Hz, a fase torna-se −180° e, então, aumenta subitamente para +180°. Isso é chamado de TRANSIÇÃO DE FASE e ocorre porque o gráfico é restrito a ângulos entre ±180°. Em um círculo trigonométrico, o ponto de +180° é exatamente o mesmo para −180°. A resposta de fase é linear quando o salto ocorre em ±180°. A Figura 8-19(b) mostra que o filtro possui resposta de fase linear ao longo das regiões da banda passante e de transição. A resposta de fase na banda de corte é não linear porque os saltos não ocorrem em ±180°.

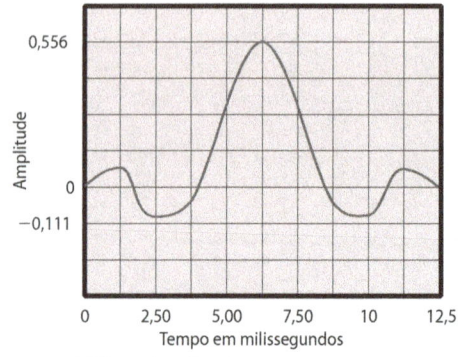

(a) Resposta ao impulso

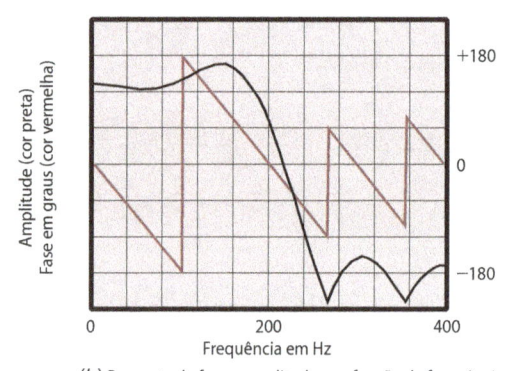

(b) Resposta de fase e amplitude em função da frequência.

Figura 8-19 Respostas ao impulso, de amplitude e de fase do filtro passa-baixa FIR.

EXEMPLO 8-10

Determine a resposta de fase para a Figura 8-19(b) na frequência de 120 Hz. Por inspeção, verifica-se que o ângulo é 150°. Isso é equivalente a −210°, o que corresponde a uma rotação de 30° no sentido anti-horário além de −180°.

$$-210° = -180° - 30°$$

A Figura 8-19(b) mostra a resposta da amplitude em função da frequência do filtro, representada pelo traço na cor preta. Note que há ondulação nas bandas passante e de corte, além do fato de a resposta não ser aguçada na região de transição. Veremos que ambos os aspectos podem ser melhorados.

A Figura 8-19(a) mostra a RESPOSTA AO IMPULSO do filtro. É isso que ocorre na saída do filtro quando um pulso muito estreito é aplicado na sua respectiva entrada. Geralmente, considera-se que a amplitude do pulso de entrada é unitária ou 1. À medida que o pulso se desloca no filtro, os coeficientes passam a multiplicá-lo. Como o pulso é estreito, a saída corresponde a um retrato dos coeficientes. Assim, a Figura 8-19(a) representa um gráfico dos valores dos coeficientes mostrados na Figura 8-16 após a suavização por um filtro de reconstrução. A Figura 8-19(a) é importante porque demonstra que a saída do filtro sempre retornará a 0 após a passagem do impulso, o que justifica o nome desse filtro, que é designado como sendo um filtro de RESPOSTA DE IMPULSO FINITA (do inglês, *finite impulse response*) ou FIR. Os filtros com média móvel apresentados anteriormente também são do tipo FIR.

EXEMPLO 8-11

Determine a resposta ao impulso da Figura 8-9. A saída aumentaria de 0 para 0,333, permaneceria constante neste último valor por um intervalo correspondente a dois períodos de *clock* e então retornaria a zero. Em função do filtro de reconstrução, o pulso apresentará aspecto curvo em vez de retangular.

O filtro mostrado na Figura 8-16 pode ser modificado para fornecer uma resposta do tipo passa-alta invertendo-se os sinais de todos os coeficientes, começando por aquele da esquerda. A Figura 8-20(a) mostra a resposta ao impulso de um filtro passa-alta. Novamente, a resposta retorna a 0, sendo que este também é um filtro FIR. A Figura 8-20(b) apresenta a resposta em frequência do filtro passa-alta na cor negra. A resposta de fase é mostrada na cor vermelha e, novamente, assume aspecto linear nas regiões da banda passante e de transição, sendo não linear na banda de corte. Essa resposta de fase sempre é verificada no caso de filtros FIR com coeficientes simétricos.

Como é possível obter uma resposta ideal ou do tipo *brickwall* em filtros FIR? No que tange aos fil-

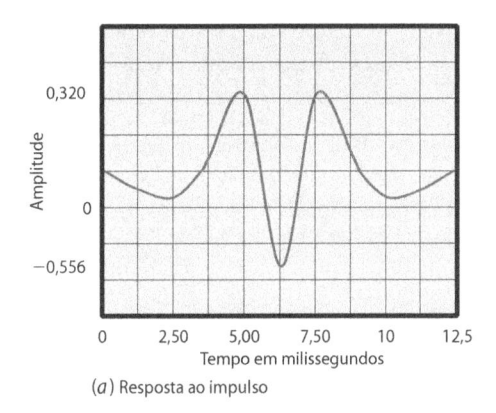

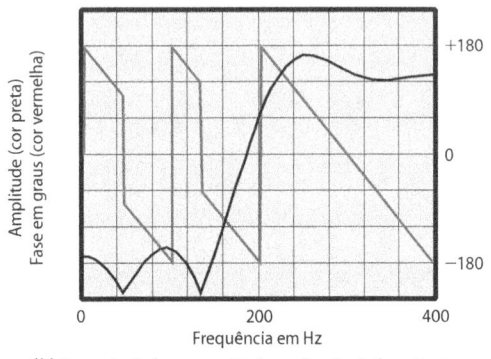

(a) Resposta ao impulso

(b) Resposta de fase e amplitude em função da frequência.

Figura 8-20 Respostas ao impulso, de amplitude e de fase do filtro passa-alta FIR.

tros ativos, abordados no Capítulo 1, foi mostrado que o aumento da ordem dos arranjos torna a região de transição mais aguçada. O mesmo ocorre com os filtros FIR. A Figura 8-21 mostra a resposta em frequência de um filtro passa-baixa FIR com 51 *taps*. A transição é aguçada, mas a ondulação é considerável e excessiva para muitas aplicações. A ondulação é provocada pelo fenômeno de Gibb.

A equação da IDFT apresentada anteriormente nesta seção é conhecida como função *sinc*, a qual assume a seguinte forma:

$$y = \frac{\text{sen}(x)}{x}$$

A Figura 8-22 mostra o gráfico da função *sinc* de $x = -10$ a $x = +10$. Compare-o com a Figura 8-19(a) para constatar que os coeficientes do filtro são valores da função *sinc*. De fato, o método de projeto do filtro utilizado nesta seção é formalmente conhecido como **MÉTODO SINC JANELADO**.

A Figura 8-23 mostra por que a resposta do filtro está sujeita ao fenômeno de Gibb. A Figura 8-23(a) indica que a função *sinc* é infinita, ou seja, mesmo que o valor de *x* seja muito grande, a amplitude nunca se iguala a zero. A Figura 8-23(b) mostra uma função *sinc* truncada. Um conjunto infinito de coeficientes requer um tempo de cálculo infinito,

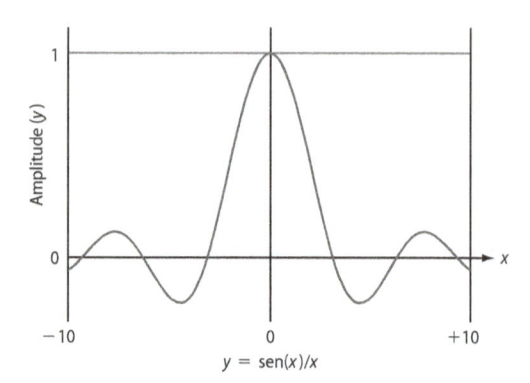

Figura 8-22 Gráfico da função *sinc*.

o que não é prático no mundo real. A função *sinc* deve ser truncada de modo a se tornar parcial. Infelizmente, os truncamentos criam descontinuidades que provocam o fenômeno de Gibb, como foi discutido anteriormente.

Uma troca deve ser efetivamente feita. Assim, é possível reduzir o aguçamento do filtro para se obter a redução da ondulação. Isso pode ser obtido quando os coeficientes passam por uma janela não retangular. Uma janela retangular não afeta os coeficientes do filtro, como mostra a Figura 8-24(a). De outra forma, diz-se que uma janela retangular não apresenta qualquer efeito de janela. Uma janela triangular permitirá a eliminação da ondulação, pois as amplitudes dos coeficientes do filtro são progressivamente reduzidas, como mostra a Figura 8-24(b). Uma janela Blackman desempenha um papel ainda melhor na redução da ondulação. A equação válida para a janela Blackman é:

$$w_{(n)} = 0{,}45 + 0{,}5 \cos(2\pi n/N) + 0{,}08 \cos(4\pi n/N)$$

onde:

$w_{(n)}$ é o valor da janela Blackman de ordem *n*;

N é a ordem do filtro;

n é o número do valor da janela (sendo que *n* varia de $-N/2$ a $N/2$);

π é a constante matemática.

A Figura 8-24(c) mostra a forma da janela Blackman. O principal conceito envolvido na aplicação

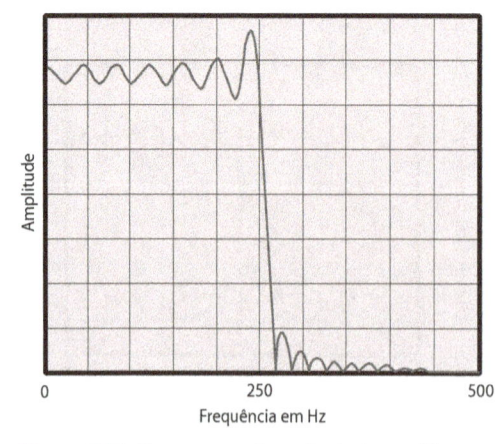

Figura 8-21 Resposta em frequência de um filtro passa-baixa FIR com 51 *taps*.

(a) A função *sinc* é infinita

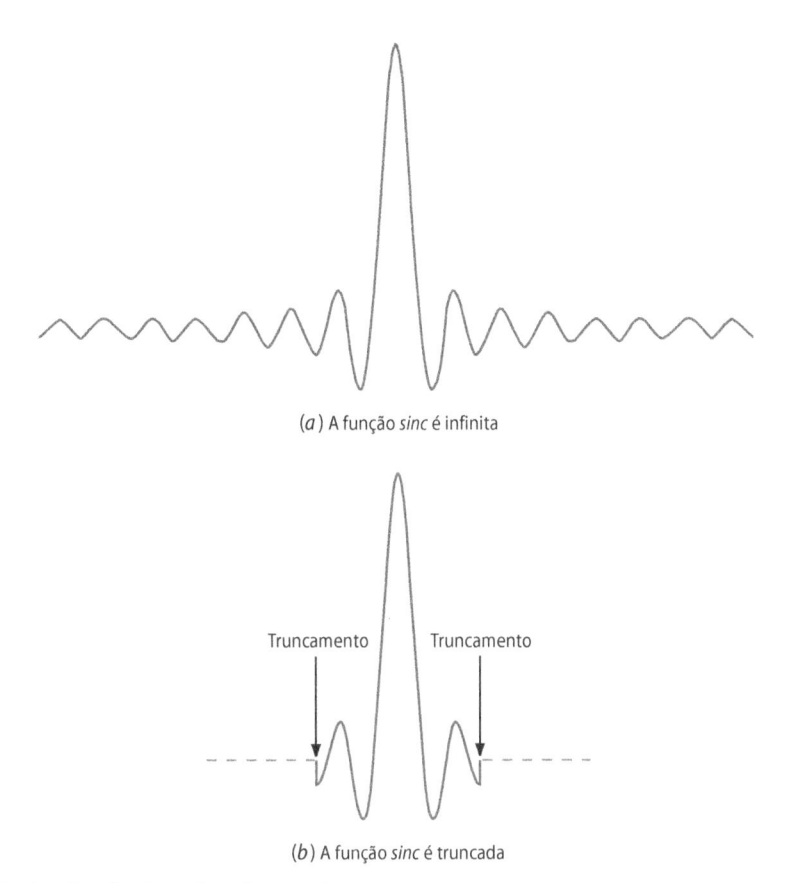

(b) A função *sinc* é truncada

Figura 8-23 Uma função *sinc* prática é truncada.

de uma janela é a suavização da função, que passa a assumir valores 0 em ambas as extremidades.

Assim como foi mencionado anteriormente, não se preocupe com equação. Aplicativos computacionais para o projeto de filtros digitais tipicamente possuem essa função programada, bem como outras opções de janela. Embora os computadores desempenhem a maior parte dos cálculos, também é possível projetar filtros FIR com a ajuda de uma calculadora. Não se esqueça de empregar o modo de ângulos em radianos ao utilizar a equação da janela Blackman. Uma vez que a sequência $h_{(n)}$ é determinada por meio da equação da IDFT apresentada anteriormente, os valores $w_{(n)}$ são encontrados utilizando a equação da janela Blackman. Finalmente, os valores reais dos coeficientes do filtro são obtidos por meio da seguinte multiplicação:

$$\text{Coeficiente}_{(n)} = h_{(n)} \cdot w_{(n)}$$

Agora, tem-se todas as ferramentas necessárias para projetar filtros FIR práticos. A Figura 8-25 mostra as respostas linear e logarítmica de um filtro com 200 *taps* utilizando a janela de Blackman. A ondulação na banda passante foi eliminada e a ondulação da banda de corte encontra-se em −74 dB, sendo visível apenas no gráfico logarítmico. Note que este é um filtro muito aguçado. O número de *taps* (que indica a ordem do filtro) necessários para uma dada resposta pode ser estimado a partir da seguinte expressão:

$$N \approx \frac{4}{\dfrac{\text{LBT}}{f_s}}$$

(a) Retangular

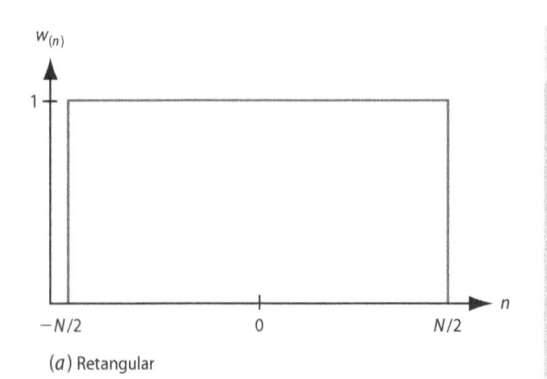

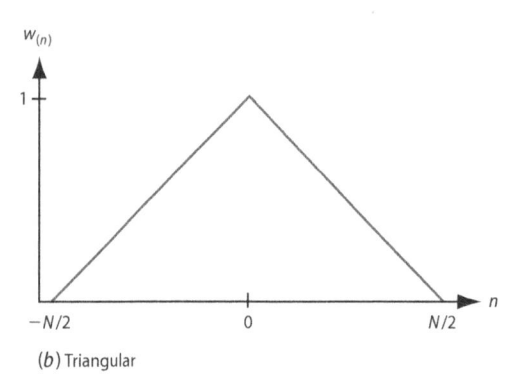

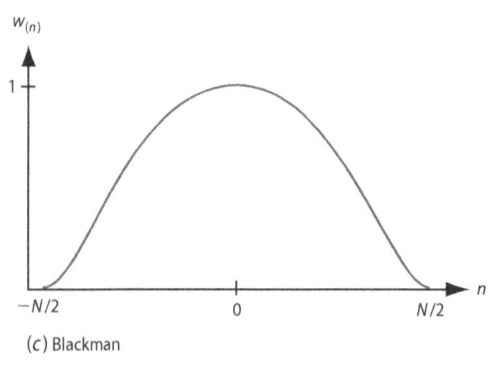

(b) Triangular

(c) Blackman

Figura 8-24 Três funções em janela.

onde:

N = ordem do filtro;

LBT = largura da banda de transição;

f_s = frequência de amostragem.

Outras funções janela implicam trocas diferentes que afetam o desempenho do filtro. A janela Blackman desempenha um papel satisfatório na redução da ondulação nas bandas passante e de

EXEMPLO 8-12

Determine a ordem do filtro necessária quando a frequência de amostragem é de 1 kHz, a frequência de corte é 250 Hz e a largura da banda de transição é 20 Hz:

$$N \approx \frac{4}{\frac{LBT}{f_s}} \approx \frac{4}{\frac{20}{1000}} \approx 200$$

Este resultado é compatível com a resposta exibida na Figura 8-25.

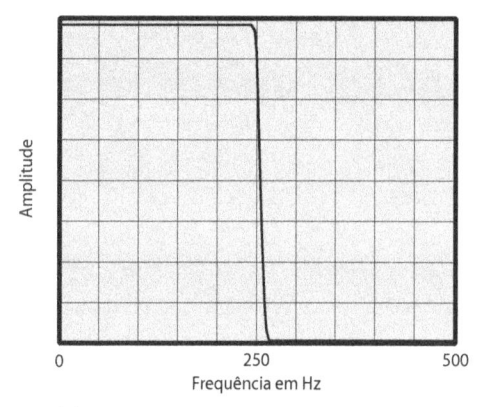

(a) Resposta linear

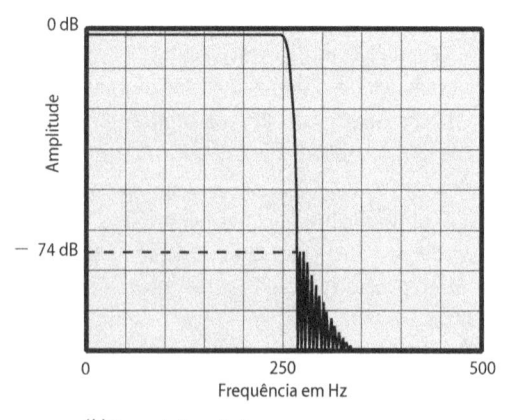

(b) Resposta logarítmica

Figura 8-25 Resposta em frequência de filtro passa-baixa FIR com 200 *taps* utilizando janela Blackman.

corte, mas a largura da banda de transição é aumentada. Aplicativos computacionais para o projeto de filtros permitem a realização de escolhas diversas, sendo que um projeto otimizado em uma dada situação passa tanto utilização de ordens diferentes para o arranjo assim como de funções janela distintas.

A resposta do filtro na Figura 8-25 é muito boa, mas o projeto de um filtro com 200 *taps* é muito elaborado. Dependendo da aplicação, pode não ser possível processar os dados de entrada em uma taxa suficientemente alta. Sistemas em tempo real devem processar dados de forma contínua. Imagine um sistema de comunicações onde haja atraso de um minuto entre o momento em que um locutor para e a resposta começa a retornar. Assim, esse sistema seria confuso e ineficiente.

Os projetistas possuem outra opção denominada filtro IIR (do inglês, *infinite impulse response*), os quais possuem resposta ao impulso infinita, justificando o termo utilizado em sua designação. Os filtros IIR utilizam realimentação para aguçar a resposta do filtro sem recorrer a um grande número de *taps*. Observe a Figura 8-26, onde há dois conjuntos de coeficientes de filtro. Os coeficientes **a** são denominados coeficientes de antecipação e funcionam exatamente da forma descrita anteriormente. Os coeficientes **b** são os coeficientes de realimentação. Cópias atrasadas da saída do acumulador são multiplicadas pelos coeficientes **b**, sendo que estes resultados são realimentados no acumulador. Uma ideia semelhante foi apresentada no Capítulo 1 na seção sobre filtros ativos, onde a realimentação foi empregada para atenuar o joelho da curva da resposta do filtro.

Os filtros IIR também podem ser chamados de filtros RECURSIVOS, possuindo resposta ao impulso distinta dos filtros FIR. Lembre-se de que a resposta ao impulso de todos os filtros FIR caem a 0 após

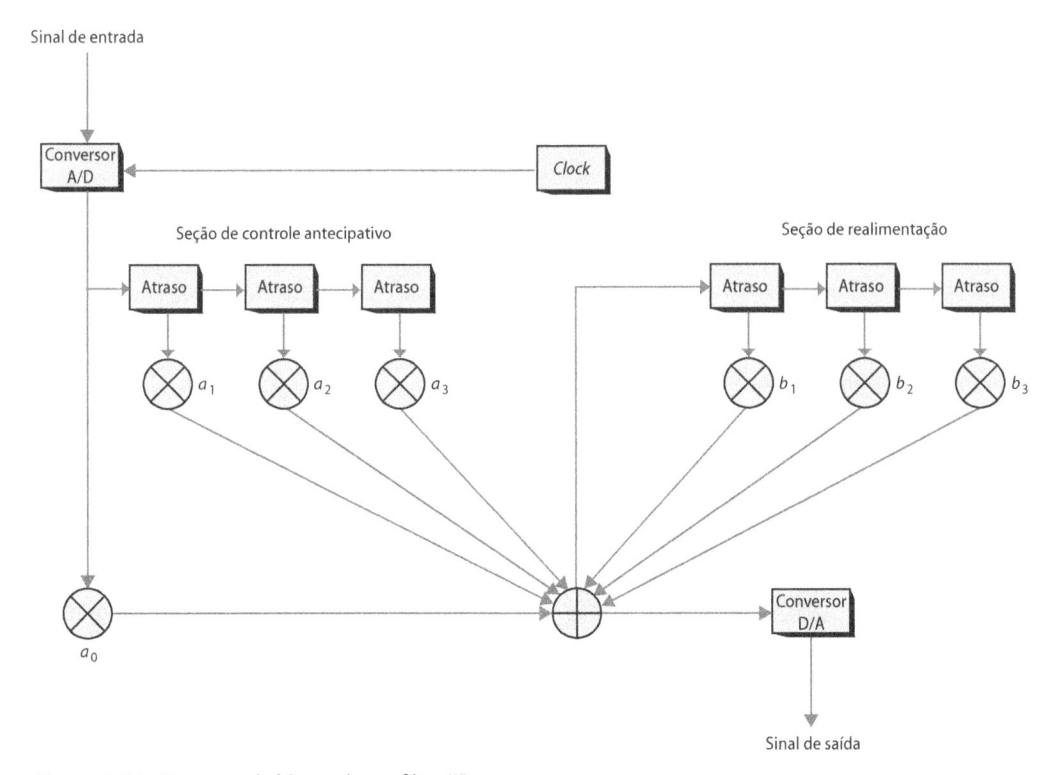

Figura 8-26 Diagrama de blocos de um filtro IIR.

a passagem do impulso pelo sistema. Em teoria, a resposta ao impulso dos filtros IIR nunca se torna efetivamente 0 porque a realimentação torna esta redução exponencial.

Provavelmente, você aprendeu este conceito quando estudou o processo de carga e descarga de capacitores. Este processo ocorre de forma EXPONENCIAL, sendo que teoricamente esses dispositivos nunca se encontram plenamente carregados ou descarregados. Entretanto, você também aprendeu que, após um intervalo correspondente a cinco constantes de tempo *RC*, os capacitores podem ser efetivamente considerados totalmente carregados ou descarregados. O mesmo ocorre com os filtros IIR. Decorrido um dado intervalo de tempo após o impulso, a saída passa a assumir valor zero. Um filtro prático assume efetivamente valor zero ou então passa a perder sua função, a menos que se deseje que esse dispositivo funcione como um oscilador. Filtros IIR podem oscilar caso sejam projetados inadequadamente. Todo sistema com realimentação possui o potencial para se tornar instável e oscilar.

A Figura 8-27 compara um filtro FIR e um filtro IIR, sendo que ambos foram projetados por meio de *softwares*. As especificações utilizadas no computador são:

$$f_s = 1\ kHz;$$
$$f_{passante} = 250\ Hz;$$
$$f_{corte} = 283\ Hz.$$

O aplicativo atribui 101 *taps* ao filtro FIR com uma janela Hamming. O filtro IIR foi projetado como sendo do tipo Butterworth com seis coeficientes de antecipação e seis coeficientes de realimentação. As respostas lineares [Figura 8-27(*a*)] mostram que os dois projetos de filtros apresentam desempenhos semelhantes. As respostas logarítmicas mostram que o filtro FIR é mais aguçado, mas apresenta ondulação na banda de corte. É interessante considerar que o projeto IIR pode representar uma melhor escolha para algumas aplicações, mesmo sendo apenas um filtro de sexta ordem. Este é um ponto importante, mas

(*a*) Resposta linear

(*b*) Resposta logarítmica

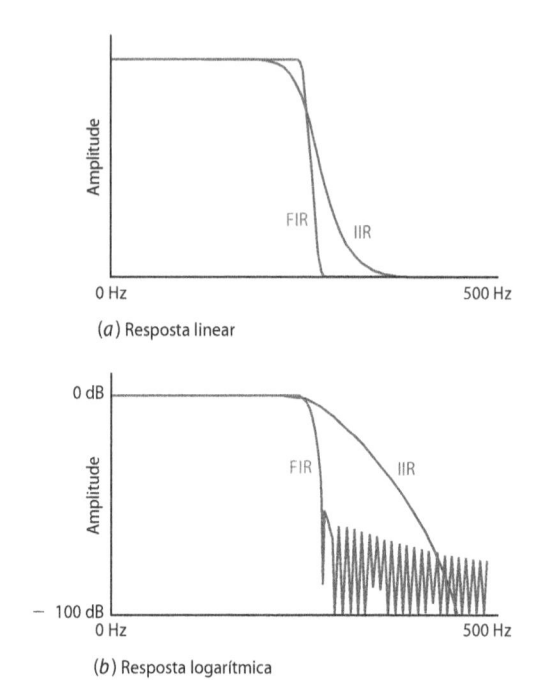

Figura 8-27 Comparação entre os filtros FIR e IIR.

os filtros geralmente não possuem resposta de fase linear.

A Figura 8-28 compara a resposta ao impulso dos filtros FIR E IIR. O filtro FIR possui o formato *sinc* familiar, sendo que o impulso dura 100 ms em virtude da ordem do filtro (101 *taps*). A resposta ao impulso do filtro IIR é uma senoide amortecida que chega praticamente a zero após 30 ms.

Como os coeficientes do filtro IIR podem ser determinados? Infelizmente, não há uma forma direta de conversão do domínio da frequência para o domínio do tempo discreto de forma semelhante ao que ocorre nos filtros FIR. É aí que surge a contribuição dada por certo cientista do século XIX. As transformadas de Laplace são utilizadas para converter funções no tempo em VARIÁVEIS s que podem ser facilmente manipuladas. Assim, a transformada de Laplace converte o domínio do tempo no DOMÍNIO s. O domínio do tempo discreto é normalmente chamado de DOMÍNIO z. Na verdade, em muitos livros e artigos sobre DSP, cada elemento de atraso é designado por z^{-1}.

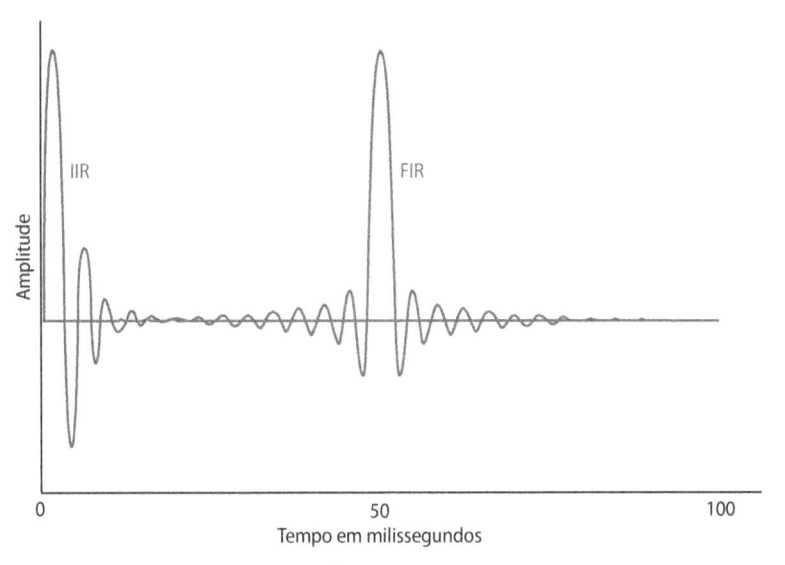

Figura 8-28 Comparação das respostas ao impulso.

Em termos gerais, os filtros IIR podem ser projetados a partir da informação apresentada no Capítulo 1. Após a escolha do tipo de resposta desejada (Bessel, Butterworth, Chebyshev ou Elíptico), a ordem do filtro é determinada combinando-se as características da atenuação com a informação contida em tabelas de projetos de filtros ou utilizando *software*. Filtros de ordens mais altas são normalmente obtidos a partir de associações em cascata de filtros de segunda ordem. Esse procedimento é denominado PROJETO COM FILTROS BIQUADRADOS e facilita a aplicação da transformada de Laplace. Assim, a informação no domínio *s* é transmitida para o domínio *z* utilizando-se um método denominado TRANSFORMAÇÃO BILINEAR.

Detalhes ou exemplos de métodos matemáticos utilizados no projeto de filtros IIR são muito complexos para serem apresentados neste ponto. Tipicamente, os projetistas dos filtros utilizam *softwares* para automatizar todo o processo, o que é interessante, uma vez que os cálculos envolvidos são repetitivos e podem estar sujeitos a erros. A Tabela 8-1 apresenta uma comparação entre os filtros FIR e IIR.

A implementação de um filtro FIR passa-faixa é mostrada na Figura 8-29 (*a*). O sinal de entrada passa por dois filtros conectados em CASCATA. A res-

Tabela 8-1 *Comparação entre filtros FIR e IIR*

Característica	FIR	IIR
Eficiência	Baixa	Alta
Velocidade	Lenta	Rápida
Estouro (*overflow*)	Improvável	Provável
Estabilidade	Garantida	Depende do projeto
Resposta de fase	Geralmente linear	Geralmente não linear
Modelagem analógica	Indireta	Sim
Análise de ruído/Projeto	Direto	Complexo
Filtros arbitrários	Direto	Complexo

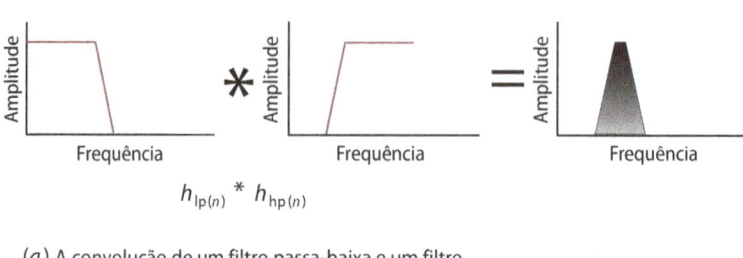

(a) A convolução de um filtro passa-baixa e um filtro passa-alta corresponde a um filtro passa-faixa

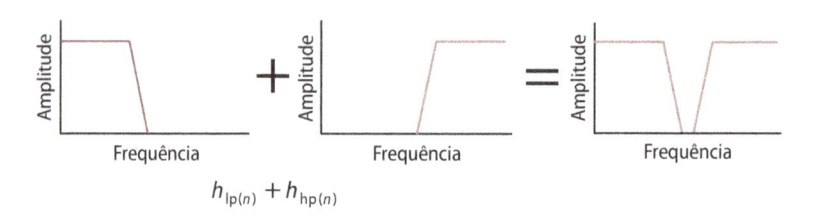

$h_{lp(n)} * h_{hp(n)}$

(b) A soma de um filtro passa-baixa e um filtro passa-alta corresponde a um filtro rejeita-faixa

$h_{lp(n)} + h_{hp(n)}$

Figura 8-29 Implementação de filtros passa-faixa e rejeita-faixa.

posta passa-baixa do primeiro filtro sobrepõe-se à resposta passa-alta do segundo filtro. A área de sobreposição produz uma resposta do tipo passa-faixa. Em vez de se utilizar um arranjo em cascata, é possível obter o mesmo efeito por meio da convolução. Note o símbolo da convolução na Figura 8-29(a). Os coeficientes do filtro são convoluídos, produzindo a resposta passa-faixa. A Figura 8-30 mostra que isso é equivalente à associação de dois filtros em cascata. Uma sequência arbitrária na forma de sinal de entrada e representada por 5, 4 e 3 é utilizada para demonstrar o conceito com números. O primeiro valor do sinal que entra no primeiro conjunto de coeficientes do filtro é s_0 e produz uma saída em $t_0 = 0,5$. Após um atraso de *clock*, a saída é:

$$t_{1(saída)} = 5 \cdot 0,5 + 4 \cdot 0,1 = 2,9$$

Após a convolução com o primeiro conjunto de coeficientes, o sinal então é enviado para o segundo filtro na parte central da Figura 8-30. A parte inferior dessa mesma figura mostra a convolução dos dois filtros. Note que a sequência de saída é idêntica à saída da associação em cascata no centro e ao conjunto convoluído na parte inferior.

A convolução dos coeficientes do filtro FIR pode ser utilizada para melhorar o desempenho do filtro. Observando novamente a Figura 8-25(b), verifica-se que a ondulação na banda passante é de 74 dB, sendo este o melhor resultado que pode ser obtido com uma janela Blackman. Entretanto, o filtro pode ser convoluído entre si mesmo de modo a reduzir ainda mais a ondulação. Naturalmente, isso torna o tamanho do arranjo praticamente duas vezes maior.

EXEMPLO 8-13

Um filtro FIR com 51 *taps* é convoluído entre si mesmo. Qual é a ordem ou comprimento do filtro resultante?

$$\text{Ordem} = 2N - 1 = 101 \text{ taps}$$

Finalmente, como mostra a Figura 8-29(b), um filtro rejeita-faixa pode ser obtido a partir da soma das saídas de dois filtros. Nesse caso, a duas bandas passantes não se sobrepõem. O sinal pode ser enviado a dois filtros em paralelo, sendo que

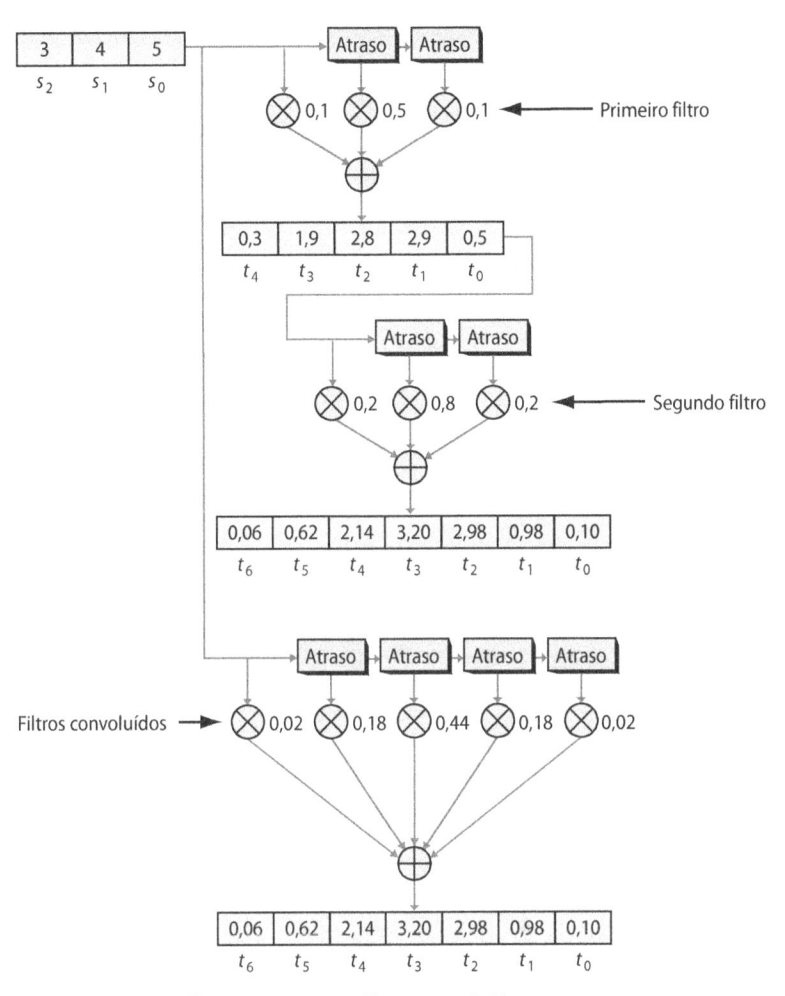

Figura 8-30 Equivalência entre filtros em cascata e filtros convoluídos.

suas saídas são conectadas a um amplificador somador. Uma forma mais simples de obter esta característica consiste em apenas somar os coeficientes dos dois filtros. Observando a Figura 8-30, tem-se que os coeficientes do filtro somado são 0,3, 1,3 e 0,3.

EXEMPLO 8-14

Um filtro FIR passa-baixa com 51 *taps* é somado com um filtro FIR passa-alta com 51 *taps*. Qual é a ordem ou comprimento do filtro resultante?

Ordem = N = 51 *taps*

Agora, vemos que é possível obter qualquer tipo de resposta de filtro. Surpreendentemente, uma única arquitetura MAC básica pode ser utilizada em todos os casos. Vimos ainda que o DSP pode fornecer um desempenho que se aproxima da resposta *brickwall* ideal, além do fato de os filtros FIR fornecerem uma resposta de fase linear ao longo das regiões da banda passante e de transição. Essas características tornam possível a implementação de sistemas que dificilmente podem ser obtidos com técnicas analógicas.

Teste seus conhecimentos

›› Outras aplicações de DSPs

O número de aplicações de DSPs aumenta constantemente. Os seguintes exemplos representam uma lista parcial:

- filtragem;
- modulação e demodulação;
- melhoria e compressão de imagem;
- controle de movimento e posicionamento;
- sismografia;
- radares;
- sonares;
- redução de ruído e cancelamento de eco;
- reconhecimento de voz;
- rejeição de interferência.

A Figura 8-31(*a*) mostra o diagrama de blocos parcial de um CD *player*. Este é um exemplo de um

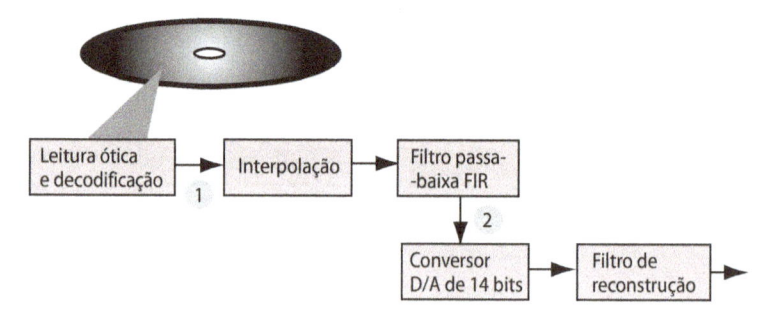

(*a*) Diagrama de blocos parcial de um CD *player*

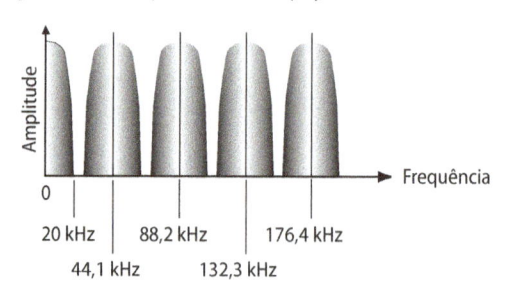

(*b*) Espectro no ponto 1

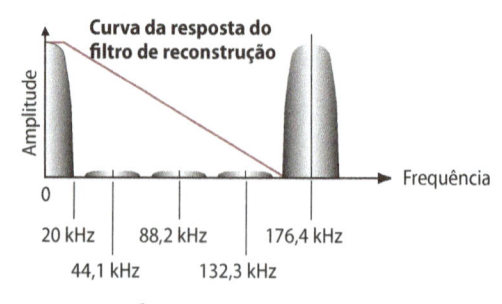

(*c*) Espectro no ponto 2

Figura 8-31 Diagrama de blocos parcial de um CD *player*.

SISTEMA MULTITAXA, que é definido como um sistema DSP onde a taxa de amostragem é modificada. As taxas de amostragem podem ser modificadas por vários motivos:

- melhorar o desempenho;
- combinar diversos componentes do sistema que operam em taxas diferenças;
- permitir o uso de filtros analógicos mais simples;
- tornar o processamento mais rápido.

A Figura 8-31(b) mostra parte do espectro de um sinal discreto proveniente do circuito decodificador. Note que a frequência de amostragem é 44,1 kHz e que a largura de banda do áudio amostrado é 20 kHz. Isso deixa uma banda de guarda pequena entre o sinal base e a primeira banda centralizada em 44,1 kHz. Note que o segundo estágio na Figura 8-31(a) é designado pelo termo interpolação (também chamado de sobreamostragem). Esse é o processo utilizado no aumento da taxa de amostragem de um sinal discreto. Nesse caso, a frequência de amostragem é aumentada quatro vezes de 44,1 kHz para 176,4 kHz inserindo-se três zeros entre cada valor discreto proveniente da seção decodificadora. Isso é chamado de PREENCHIMENTO COM ZEROS ou INSERÇÃO DE ZEROS. O número de zeros a ser inserido é o fator de multiplicação inteiro desejado para f_s menos um.

EXEMPLO 8-15

Como se pode interpolar um sinal discreto em uma nova frequência de amostragem que é oito vezes maior que o valor original? Oito menos um é igual a sete. Portanto, sete zeros devem ser inseridos entre cada valor discreto do sinal.

Há um filtro passa-baixa FIR após o bloco de interpolação na Figura 8-31(a), sendo que sua função é remover as bandas associadas aos múltiplos da frequência de amostragem antiga. O corte ocorre imediatamente acima de 20 kHz. Os grupos espectrais centralizados em 44,1 kHz, 88,2 kHz e 132,3 kHz são atenuados pelo filtro FIR. Há ainda um grupo espectral centralizado em 176,4 kHz, pois essa é a nova frequência de amostragem produzida pela interpolação. O desempenho do filtro de reconstrução é mostrado na Figura 8-31(c), onde se verifica que o arranjo a ser implementado é bem menos complexo que aquele necessário para o caso do espectro da Figura 8-31(b). Sem a interpolação, o filtro de reconstrução deveria possuir uma largura da banda de transição muito pequena. O corte deveria ocorrer em 20 kHz, com aguçamento suficiente para fornecer a atenuação significativa em 24,1 kHz (44,1 kHz − 20 kHz). Essa característica exigiria o projeto bastante elaborado de um filtro analógico.

A Figura 8-31 é um bom exemplo que mostra porque as soluções digitais têm progressivamente substituído as soluções analógicas. Os estágios de interpolação e FIR são ambos digitais, de modo que não sofrem a influência de erros nos valores de componentes, bem como envelhecimento ou variação da temperatura. Além disso, os filtros digitais práticos possuem respostas que se aproximam da condição ideal. Graças à interpolação, não há a necessidade de um filtro de reconstrução analógico complexo, sendo que um arranjo simples é adequado, como mostra a curva de resposta da Figura 8-31(c).

Apesar de o preenchimento com zeros (interpolação) e o filtro passa-baixa FIR terem sido mostrados como estágios separados na Figura 8-31, ambos podem ser combinados de forma a obter maior eficiência. Por que se preocupar com a multiplicação de três em cada quatro coeficientes do filtro por zero? Para melhorar o desempenho, pode-se determinar quais coeficientes devem ser multiplicados por dados não nulos e, dessa forma, é possível realizar apenas tais operações. Os programadores de DSPs utilizam tabelas e contadores para alterar os coeficientes para cada nova amostra de entrada de modo a obter o mesmo efeito.

O ponto de vista do domínio do tempo sob o efeito da interpolação no sistema é apresentado na Figura 8-32. A parte (a) mostra uma onda senoidal ideal na cor laranja e a saída de um conversor D/A em preto. A parte (b) mostra uma melhoria significativa obtida a partir da interpolação, responsável pelo

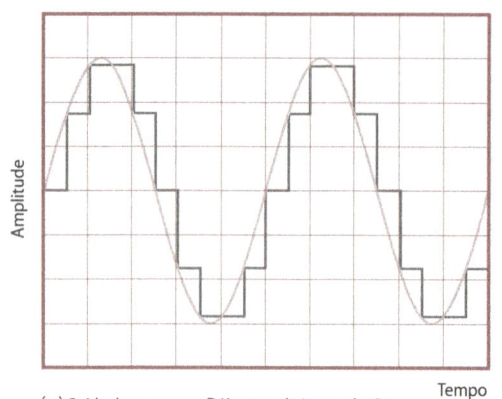

(a) Saída do conversor D/A antes da interpolação

(b) Saída do conversor D/A após a interpolação

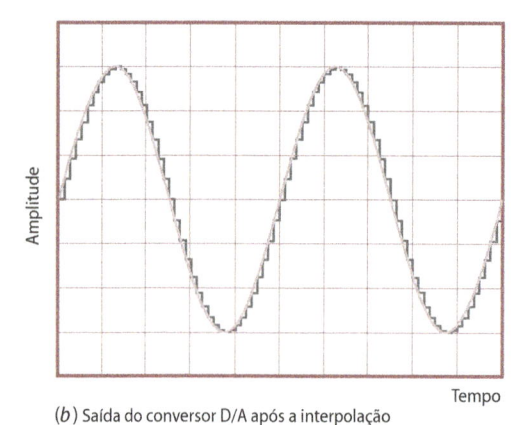

Figura 8-32 Vantagem da interpolação.

aumento da taxa de amostragem em quatro vezes. Ambas as formas de onda na Figura 8-32(a) e Figura 8-32(b) foram obtidas a partir de um conversor D/A de 10 bits. É interessante constatar que os dados de áudio codificados em CDs encontram-se no formato de 16 bits, mas alguns CD *players* apresentam desempenho adequado com conversores D/A de 14 bits em virtude da interpolação.

O DSP tem substituído outros métodos em sistemas de comunicação. Como foi discutido no Capítulo 4, transmissores com banda lateral simples (SSB) são mais eficientes que os transmissores AM, pois conservam tanto a potência quanto o espectro. Como as bandas laterais AM são imagens especulares entre si, é possível enviar uma única banda e obter a mesma informação. No Capítulo 4, o método de filtragem da geração SSB foi discutido. Aqui, outro método será apresentado.

A Figura 8-33(a) mostra o método de fase da geração SSB. As redes de defasamento são empregadas para cancelar uma das bandas laterais. Os símbolos são definidos da seguinte forma:

V_m é a tensão modulante (provavelmente da ordem de 1 V);

f_m é a frequência modulante (de 300 Hz a 3 kHz para a voz);

V_c é a tensão da onda portadora (provavelmente da ordem de 4 V);

f_c é a frequência da onda portadora (provavelmente da ordem de 400 kHz);

t é o instante de tempo;

π é a constante matemática.

Não fique assustado com as equações da Figura 8-33(a). A plotagem dessas expressões considerando tensões fixas e frequência resulta em ondas senoidais ou cossenoidais simples em função do tempo. Além disso, lembre-se de que uma cossenoide corresponde a uma senoide defasada em 90°.

O que ocorre na Figura 8-33(a) é a conversão do sinal de entrada de voz em uma componente senoidal e outra componente senoidal, que são denominadas de componentes EM FASE e em QUADRATURA, respectivamente. A componente em quadratura é obtida a partir de uma rede de defasamento de 90°. Cada componente é multiplicado por uma frequência portadora, que também é dividida em duas partes. Os produtos são somados e o cancelamento de fase elimina uma das bandas laterais. Note que a saída contém apenas a banda lateral inferior, que corresponde a uma cópia espectral invertida do sinal original. A portadora é responsável por representá-la em termos da frequência. Uma identidade trigonométrica é utilizada na Figura 8-33(a) para permitir que as duas componente sejam somadas na forma que mostra o cancelamento da banda lateral superior.

A Figura 8-33(a) funciona com circuitos analógicos, mas não necessariamente de forma satisfatória. As operações matemáticas estão corretas, mas aspec-

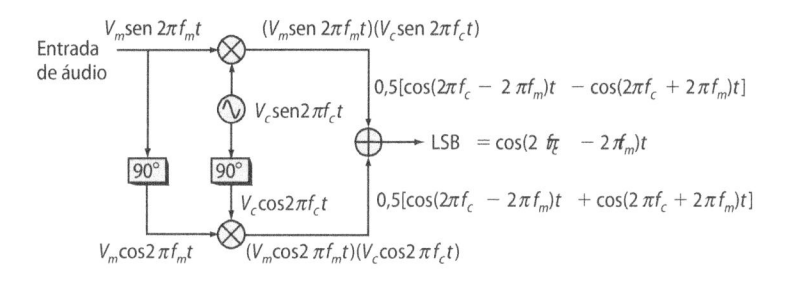

(a) Método de fase de geração SSB utilizando processamento contínuo do sinal

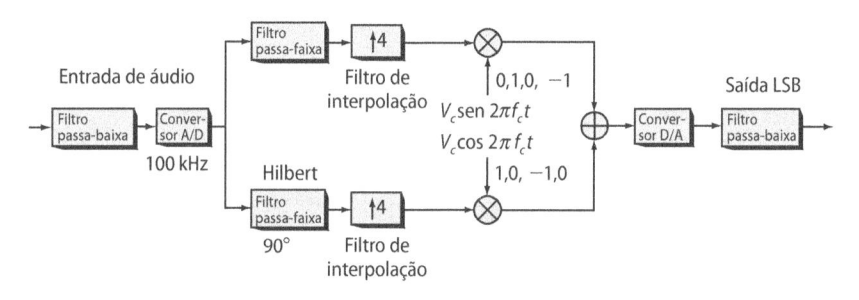

(b) Método de fase de geração SSB utilizando processamento digital do sinal

Figura 8-33 Dois métodos para geração de um sinal com banda lateral única.

tos do mundo real impossibilitam a obtenção de um defasamento exatamente igual a 90° ao longo de qualquer largura de banda prática. Isso resulta no cancelamento incompleto de uma das bandas laterais, implicando interferência para os demais usuários do espectro.

Com o uso de DSP, é fácil deslocar uma banda de frequências em 90°. Isso normalmente é obtido com uma função FIR especial denominada TRANSFORMADA DE HILBERT. Quando um sinal é aplicado a um filtro de Hilbert, a saída resulta em um sinal em quadratura. A Figura 8-33(b) mostra um gerador SSB com DSP. O áudio de entrada é aplicado a um filtro *antialias*. A frequência de amostragem relativamente alta do conversor A/D reduz a complexidade desse filtro. Para a voz, pode ser necessária uma frequência de corte de aproximadamente 3 kHz, além de atenuação suficiente em 50 kHz (metade de f_s). Na sequência da Figura 8-33(b), o sinal discreto é dividido em duas partes, sendo que uma das mesmas é defasada por um filtro de Hilbert. Os filtros de interpolação então permitem a sobreamostragem de ambos os sinais em 400 kHz. A sobreamostragem é outra forma de descrever o aumento da frequência de amostragem. Além disso, a interpolação pode ser simbolizada por uma seta apontando para cima, como mostra a Figura 8-33(b).

Agora, é hora de multiplicar esses sinais pela portadora. É neste ponto que um artifício interessante pode ser utilizado. Quatro exemplos de uma onda senoidal podem ser representados por 0, 1, 0 e −1, sendo que quatro exemplos de uma onda cossenoidal são 1, 0, −1 e 0. Isso significa que não há a necessidade de efetuar multiplicações. Cada amostra adotará simplesmente três formas: (1) não modificada, (2) zerada ou (3) invertida. Cada amostra de saída dos filtros de interpolação é efetivamente multiplicada por quatro exemplos da onda portadora. Os dois sinais são então somados, o que cancela a banda lateral superior, sendo que este resultado é então enviado ao conversor D/A. Todos os estágios da Figura 8-33(b) são digitais, com exceção dos dois filtros passa-baixa.

> **EXEMPLO 8-16**
>
> Determine os valores instantâneos de uma onda senoidal com valor de pico de 1 V em 0°, 90°, 180° e 270°.
>
> $$(1\,V) \cdot sen(0°) = 0\,V$$
> $$(1\,V) \cdot sen(90°) = 1\,V$$
> $$(1\,V) \cdot sen(180°) = 0\,V$$
> $$(1\,V) \cdot sen(270°) = -1\,V$$

> **EXEMPLO 8-17**
>
> Determine os valores instantâneos de uma onda cossenoidal com valor de pico de 1 V em 0°, 90°, 180° e 270°.
>
> $$(1\,V) \cdot cos(0°) = 1\,V$$
> $$(1\,V) \cdot cos(90°) = 0\,V$$
> $$(1\,V) \cdot cos(180°) = -1\,V$$
> $$(1\,V) \cdot cos(270°) = 0\,V$$

A Figura 8-34 mostra como a detecção da SSB poder ser realizada utilizando DSP. O espectro da frequência intermediária (IF) é limitado com um filtro passa-baixa e então convertido para um sinal discreto no domínio do tempo por um conversor analógico-digital. Esse sinal discreto é então dividido em duas partes e multiplicado pela frequência da portadora defasada em 90°. Assim como anteriormente, se são usados quatro exemplos da frequência portadora para cada amostra IF, então não há a necessidade efetiva das multiplicações. Na sequência, filtros de decimação reduzem a taxa de amostragem em quatro vezes. A DECIMAÇÃO também é chamada de subamostragem. Assim, três de quatro amostras de tempo discreto são descartadas, o que implica a redução da frequência de amostragem a um quarto do valor original. A largura de banda também é consequentemente reduzida.

A decimação é útil porque disponibiliza mais tempo para o processo de detecção. Lembre-se, a maioria dos sistemas DSP são sistemas em tempo real e devem processar a informação de forma contínua sem a existência de atrasos perceptíveis. Finalmente, os sinais reamostrados na Figura 8-34 são enviados através dos filtros passa-faixa FIR, um dos quais fornece um defasamento de 90°. Quando os dois sinais são somados, a banda lateral inferior é selecionada e o conversor A/D, juntamente com o filtro de reconstrução, fornece a saída de áudio.

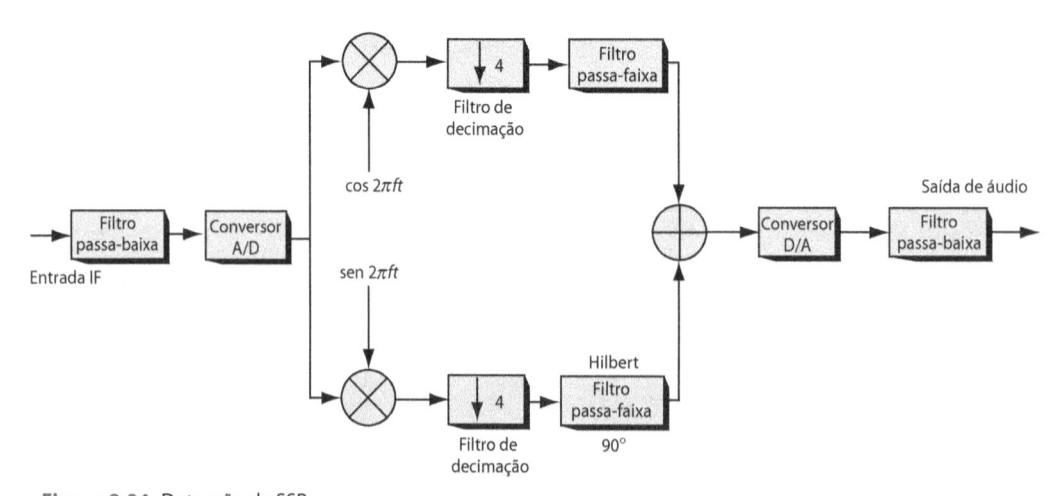

Figura 8-34 Detecção da SSB.

A Figura 8-35 mostra um detector AM utilizando DSP. Note que é necessária uma quantidade maior de manipulações aritméticas para a detecção AM. Como esse processo requer um tempo maior, a decimação é obrigatória para reduzir a frequência de amostragem. O processo de detecção para a modulação AM baseia-se no fato de o envoltório ou forma do sinal AM, que pode ser visualizado no domínio do tempo em um osciloscópio, possuir a mesma forma de onda do áudio. Assim, para recuperar o sinal de áudio utilizando DSP, é necessário determinar a soma vetorial das componentes em fase e em quadratura. Novamente, quadratura significa um defasamento de 90°. Lembre-se do teorema de Pitágoras:

$$\text{Soma vetorial} = \sqrt{I_t^2 + Q_t^2}$$

onde I_t = o sinal em fase;
Q_t = o sinal em quadratura

Chips DSP são capazes de realizar multiplicações, sendo que a obtenção do quadrado dos sinais não representa problemas. Entretanto, esses dispositivos são incapazes de extrair raízes quadradas diretamente. Esta função pode ser obtida empregando-se um método inicialmente proposto por Isaac Newton:

$$\text{Palpite}_{(seguinte)} = \frac{\frac{\text{Número}}{\text{Palpite}} + \text{Palpite}}{2}$$

EXEMPLO 8-18

Utilize um palpite inicial de 10 como sendo a raiz quadrada de 400 e repita o processo até que uma precisão aceitável seja obtida. O primeiro passo neste processo repetitivo é:

$$\text{Palpite}_{(seguinte)} = \frac{\frac{400}{10} + 10}{2} = 25$$

Agora, repete-se o procedimento empregando 25 em substituição ao valor do primeiro palpite:

$$\text{Palpite}_{(seguinte)} = \frac{\frac{400}{25} + 25}{2} = 20,5$$

Este valor é muito próximo, mas uma nova tentativa fornece o seguinte resultado:

$$\text{Palpite}_{(seguinte)} = \frac{\frac{400}{20,5} + 20,5}{2} = 20,006$$

O DSP pode ser utilizado para implementar todos os tipos conhecidos de modulação e demodulação. Alterando-se o *software*, um detector AM pode ser convertido em um detector FM. Não há bobinas ou capacitores para serem ajustados, além do fato de inexistirem problemas relacionados a erros nos valores dos componentes ou variação dos valores com o tempo e a temperatura.

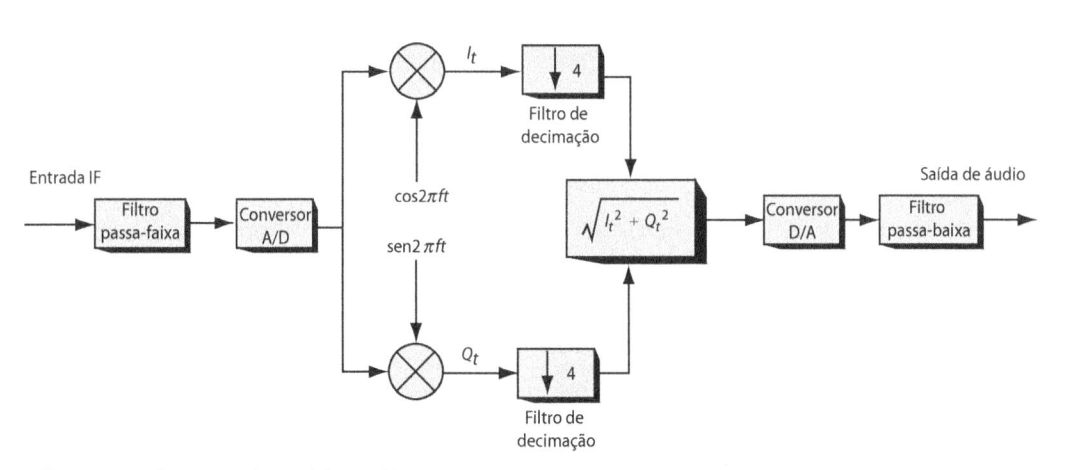

Figura 8-35 Detecção da modulação AM.

Como último exemplo, considere a detecção FM. Quando um sinal de áudio modula a frequência de uma portadora, o processo é denominado modulação em frequência (FM), o que produz mudanças instantâneas na fase da portadora. Assim, a Figura 8-35 pode ser convertida em um detector FM calculando-se o ângulo de fase para cada amostra discreta de I_t e Q_t por meio da seguinte expressão:

$$\phi_{(portadora)} = \text{arctg}\left(\frac{Q_t}{I_t}\right)$$

A função arctg ou tg^{-1} não é implementada no interior de *chips* DSP. Entretanto, a função pode ser aproximada pela seguinte série:

$$\text{arctg}(x) = x - \frac{x^3}{3} + \frac{x^5}{5} - \frac{x^7}{7} + \frac{x^9}{9}$$

Dependendo da aplicação, o último termo dessa série pode ser desprezado de modo que o resultado ainda é suficientemente preciso. Entretanto, este processo ainda envolve um número considerável de multiplicações. Novamente, constata-se que a decimação é importante, pois reduz a taxa de amostragem e fornece mais tempo para a realização dos cálculos. De outra forma, uma tabela de pesquisa pode ser armazenada na memória do DSP para acelerar o processo. A última parte da demodulação FM consiste em subtrair valores angulares adjacentes e enviá-los para o conversor D/A. Isso ocorre porque a mudança angular de uma amostra para outra é proporcional ao sinal modulante de áudio original:

$$\text{Áudio} = \phi_{(amostra\ anterior)} - \phi_{(amostra\ atual)}$$

EXEMPLO 8-19

Utilize a expressão correspondente à série para determinar o arco tangente de 0,5. Aplicando a equação, tem-se:

$\text{arctg}(0,5) =$

$$0,5 - \frac{0,5^3}{3} + \frac{0,5^5}{5} - \frac{0,5^7}{7} + \frac{0,5^9}{9}$$

$$= 0,463684275 \text{ radianos} \quad (26,567°)$$

O DSP também funciona adequadamente no controle de movimento. A compensação de fase de um sistema servo foi descrita no Capítulo 6. Foi mostrado que os motores atuam como redes de atraso e as redes de avanço que podem ser usadas para compensar esse problema. A compensação por meio de malhas de controle permite um controle de posicionamento e velocidade mais preciso, limitando a quantidade de sobressinais e subsinais em um sistema de controle de movimento. Uma malha pode ser compensada utilizando DSP em vez de redes *RC* e amp ops. Há diversas vantagens em termos do desempenho dos sistemas digitais que os tornam cada vez mais utilizados.

Um problema comum em sistemas de controle de movimento é que a compensação só é ótima em um dado conjunto de condições de carga. Este é um problema sério porque a carga física ou mecânica varia amplamente em muitas aplicações práticas. Por exemplo, considere os elevadores, que devem acelerar e desacelerar suavemente com controle preciso de posicionamento, quer estejam totalmente carregados ou vazios. Você alguma vez já notou que um elevador pode parar com um tranco? Os sistemas DSP são capazes de operar com *SOFTWARE* ADAPTATIVO, que ajusta os coeficientes do filtro (de modo a fornecer uma compensação de fase variável) continuamente.

Fabricantes de *chips* DSP normalmente incluem um núcleo DSP no encapsulamento juntamente com circuitos periféricos para uma dada aplicação. Observe a Figura 8-36, que mostra o diagrama de blocos funcional de um controlador de motor de alto desempenho baseado em DSP contido em um único *chip* denominado ADMC401, fabricado por Analog Devices. O dispositivo possui os moduladores por largura de pulso necessários para controlar um motor. Além disso, contém uma interface codificadora (para sensoriamento da velocidade ou da posição) e um conversor analógico-digital de oito canais. Esse único *chip* contém praticamente todos os circuitos eletrônicos necessários para muitas aplicações de controle de movimento. É fácil constatar porque os DSP tornaram-se tão populares.

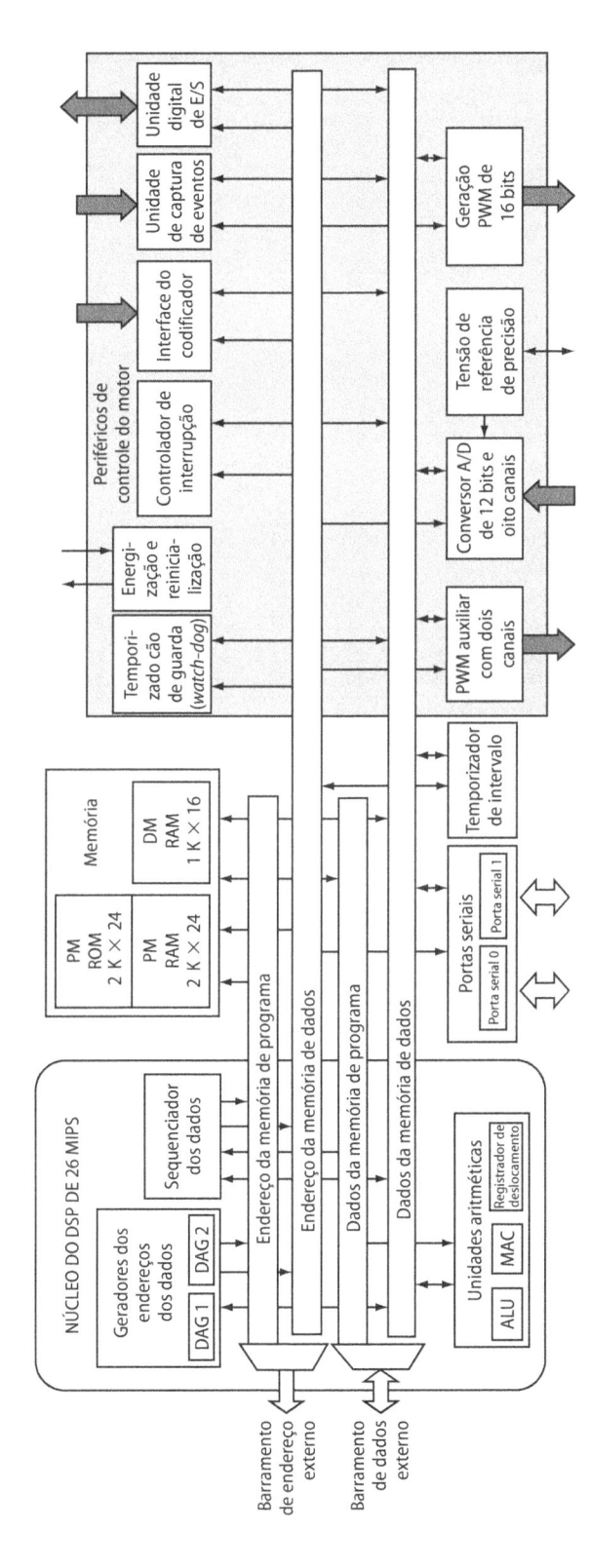

Figura 8-36 Processador DSP para controle de movimento.

Teste seus conhecimentos

❯❯ *Limitações do DSP*

DSP é uma tecnologia muito versátil, mas também possui limitações, sendo que as mais importantes são:

- erro de quantização (também denominado ruído de quantização);
- ruído de canal em repouso (chaveamento aleatório do *bit* menos significativo);
- *aliasing*;
- faixa dinâmica limitada;
- limitações de frequência (também denominadas limitações de velocidade);
- injeção de carga (*clock feedthrough*).

A maioria dos problemas supracitados pode ser controlada por meio de um projeto adequado. Entretanto, em alguns casos, o custo torna-se proibitivo, o que quer dizer que muitos sistemas utilizam uma combinação de técnicas analógicas e DSP. Por exemplo, dispositivos e sistemas de radiofrequência operam em frequências da ordem de dezenas ou centenas de megahertz. *Chips* DSP não são rápidos o suficiente para processar tais sinais em tempo real. Embora os novos modelos desses dispositivos sejam cada vez mais rápidos, é razoável esperar que muitos sistemas utilizem ambos os tipos de processamento nos anos seguintes.

O erro de quantização é um aspecto de ordem prática. Os sinais contínuos possuem um infinito número de valores. Sinais discretos são limitados em termos do número de valores que podem ser representados. Geralmente, o número de bits determina a resolução e o grau do erro ou do ruído de quantização. A Figura 8-37 mostra que o erro de quantização é grande quando o número de bits é pequeno. É óbvio que a utilização de um número maior de bits implica um erro menor. A tensão de ruído e máxima razão entre o sinal e o ruído são medições importantes do erro de quantização, calculadas pelas seguintes expressões:

$$V_{\text{ruído(rms)}} = \frac{V_{\text{escala completa}} \cdot 0{,}289}{2^n}$$

Máxima relação entre o sinal e o ruído$_{(dB)}$ = $6{,}02n + 1{,}76$

onde n = número de bits em ambas as equações supracitadas.

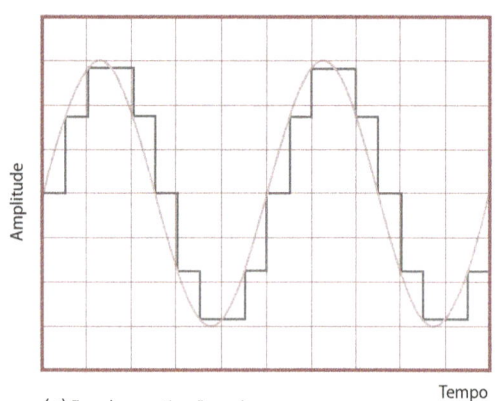

(*a*) Erro de quantização maior

(*b*) Erro de quantização menor

Figura 8-37 Erro de quantização.

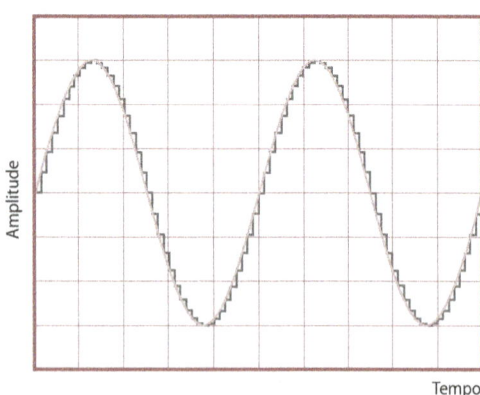

> **EXEMPLO 8-20**
>
> Determine a tensão de ruído de quantização eficaz para sistemas de 8 e 12 bits quando a faixa de tensão do sinal varia de 0 a 5 V. Aplicando-se a equação, tem-se:
>
> $$V_{\text{ruído(rms)}} = \frac{5\,V \cdot 0{,}289}{2^8} = 5{,}64\,mV$$
>
> $$V_{\text{ruído(rms)}} = \frac{5\,V \cdot 0{,}289}{2^{12}} = 353\,\mu V$$

É possível reduzir o nível do ruído aumentando o número de bits, mas isso implica o aumento do custo. Além disso, conversores com alta resolução são mais lentos. Assim, no caso de sinais de radiofrequência na faixa de microvolts, a conversão A/D não se torna prática ou mesmo possível. Uma das aplicações que requer as resoluções mais altas é a sismologia. Nesse campo, transdutores sensores convertem as vibrações do terra em sinais elétricos, sendo que o uso de conversores A/D de 24 bits é comum. Isso é factível porque estas vibrações ocorrem em frequências relativamente baixas. A velocidade dos conversores A/D é muito menor que aquela necessária para aplicações de áudio ou rádio. Além disso, o processamento dos dados sismográficos pode não ocorrer necessariamente em tempo real. O DSP é amplamente empregado em campos como a exploração de petróleo e pesquisas sobre terremotos.

> **EXEMPLO 8-21**
>
> Determine a razão máxima entre o sinal e o ruído para um sistema DSP de 12 bits. Aplicando a equação, tem-se:
>
> $$\text{Razão entre o sinal e o ruído} = 6{,}02 \cdot 12 + 1{,}76 = 74\,dB$$

O número de bits que um *chip* DSP é capaz de manipular simultaneamente pode limitar seu desempenho em algumas aplicações. Atualmente, há dois tipos principais de *chips* DSP: processadores de PONTO FIXO de 16 ou 24 bits e processadores de PONTO FLUTUANTE de 32 bits. Um processador de ponto fixo armazena todos os números (incluindo valores do sinal e coeficientes do filtro) como números inteiros de 16 ou 24 bits na forma de complemento de dois. Nesse caso, os valores positivos são armazenados como números binários simples, enquanto os números negativos são armazenados na forma de complemento de dois. Todos os números negativos possuem 1 *bit* de sinal 1, ao passo que todos os números positivos empregam 1 *bit* de sinal 0. O *bit* de sinal é o algarismo localizado na extrema esquerda e também é denominado *bit* mais significativo. O complemento de dois é formado subtraindo-se o valor de zero, sendo que diversos exemplos são apresentados na Tabela 8-2. Note que o *bit* de sinal é 1 para os números negativos. O sistema complemento de dois é comum porque é necessária a utilização de apenas um somador em termos do arranjo físico.

Internamente, os valores intermediários resultantes das operações aritméticas são mantidos com precisão de 32 ou 48 bits em processadores de ponto fixo, os quais possuem menor custo, são mais rápidos e tipicamente possuem um número menor de pinos externos. Entretanto, o desenvolvimento de *software* pode ser mais complexo neste caso. Como o custo do *software* é diluído quando se tem um grande número de produtos, os dispositivos de ponto fixo agregam menor custo quando adquiridos em grandes quantidades.

Tabela 8-2 *Exemplos de números de 8 bits na forma de complemento de 2*

Número decimal	Número na forma de complemento de 2
+127	01111111
+15	00001111
0	00000000
−1	11111111
−6	11111010
−128	10000000

O *chip* DSP de ponto flutuante de 32 bits típico armazena números utilizando uma mantissa de 24 bits e um expoente de 8 bits. Lembre que, em um número como $3{,}56 \times 10^6$, 3,56 representa a mantissa e 6 é o expoente. Assim, a resolução é de apenas 24 bits e o erro de quantização ainda pode representar uma limitação em aplicações como áudio com qualidade profissional. A Tabela 8-3 apresenta algumas áreas de aplicação geral para os dois principais tipos de *chips* DSP. Um "X" significa que o tipo de *chip* normalmente representa a melhor escolha. Lembre-se de que essa tabela é genérica e que há exceções.

A ocorrência de erros de estouro, truncamento e arredondamento é possível e pode limitar o desempenho dos sistemas DSP. Aplicativos de simulação podem ser utilizados para verificar se tais erros podem ocorrer ou se estes são críticos no sentido de provocar a operação inadequada do dispositivo. No caso de filtros IIR, esses erros podem até mesmo provocar a instabilidade.

Como exemplo de sistemas DSP de alta resolução, foi citado anteriormente o campo da sismologia. Outras áreas que utilizam tais sistemas são a aquisição de imagens em medicina e astronomia, as quais não requerem o processamento em tempo real. Os dados são processados em computadores de grande porte quando é necessária uma resolução de 64 bits. Ainda uma que única imagem possa requerer vários minutos de processamento, o resultado obtido justifica o tempo de espera.

Área de aplicação	DPS com ponto fixo	DPS com ponto flutuante
Produtos de grandes dimensões	X	
Sistemas adaptativos		X
Produtos sensíveis ao custo	X	
Ampla faixa dinâmica dos sinais		X
Processamento de imagens		X
A redução do tempo de projeto é obrigatória		X
Projetos simples e diretos	X	
Aplicações de alta velocidade	X	

Teste seus conhecimentos

>> Busca de problemas em DSPs

Muitas aplicações de DSP são classificadas na categoria denominada SISTEMAS EMBARCADOS, onde *hardware* e *software* são integrados em um único *chip* ou produto. A operação de um sistema embarcado é controlada por um programa armazenado em uma memória de somente leitura (do inglês, *read-only memory* – ROM). O programa correspondente ao software é normalmente chamado de FIRMWARE. A memória ROM pode ser encontrada no interior do *chip* processador ou em um *chip* separado. A maioria dos sistemas embarcados consiste em computadores especializados que não requerem sistemas operacionais. Entretanto, alguns desses dispositivos podem ser atualizados em campo e carregar um novo *software* uma memória de somente leitura programável. A maior parte das informações apresentadas nesta seção pode ser utilizada na busca de problemas em sistemas embarcados de forma geral.

O trabalho em sistemas embarcados requer sutileza, sendo que técnicos especializados tomam cuidado para não danificar qualquer componente. O espaço entre os pinos dos *chips* montados sobre superfície é de apenas alguns milésimos de polegada. Mesmo quando uma ponta de prova fina é utilizada, um pequeno movimento brusco pode provocar curto-circuito entre pinos adjacentes. O *chip* pode ser danificado ou queimar quando isso ocorre. Os técnicos normalmente procuram pontos adequados onde é possível utilizar ponteiras, como uma trilha, um conector, uma via, um terminal de resistor, um pino de conexão ou outros elementos semelhantes. Ferramentas e ponteiras especiais adequadas para a utilização em placas de alta densidade são obrigatórias. Às vezes, as placas são projetadas vislumbrando o serviço em campo, sendo que há conectores e pontos de teste disponíveis.

Alguns *chips* DSP operam em velocidades da ordem de 1 GHz. Mesmo a frequência de 50 MHz corresponde à radiofrequência, o que significa que uma ponta de teste representa apenas um terra CC. Essa ponta de teste comporta-se como uma impedância em altas frequências, contendo parâmetros como resistência, indutância e capacitância. Por exemplo, se uma ponta de teste de 6" é utilizada para aterrar um dado ponto em um circuito de alta velocidade, um osciloscópio pode exibir apenas um pequeno deslocamento no nível CC naquele ponto. O comportamento do sinal CA pode não ser tão diferente. Em circuitos de alta velocidade, as formas de onda visualizadas em um osciloscópio podem parecer estranhas se comparadas às formas de onda retangulares tipicamente apresentadas em materiais didáticos. Além disso, uma forma de onda pode surgir em um dado ponto onde não há um dispositivo diretamente conectado. Fios e trilhas atuam como antenas, sendo que esse efeito é intensificado à medida que a frequência aumenta. A mera aproximação de uma ponta do osciloscópio de um circuito de alta frequência normalmente provocará a exibição de formas de onda na tela. É importante ressaltar ainda que uma ponta de osciloscópio nunca está completamente aterrada, o que é especialmente verdade no caso de altas frequências e pontas de teste longas. Assim, a forma de onda exibida é a soma de vários sinais: o sinal desejado e diversos outros captados pela ponta aterrada. Quando as formas de onda não parecerem corretas, utilize uma ponta mais curta ou tente um ponto de terra diferente. Você poderá ficar surpreso com os resultados obtidos.

Há mais de um tipo de procedimento de busca de problemas. Se um técnico de projetos trabalha com um protótipo, então a lista de possíveis problemas pode ser longa. O projeto da placa de circuito impresso pode estar incorreto, *chips* incorretos podem ter sido instalados, os componentes podem ter sido inseridos de forma incorreta, a versão do *software* pode ser incorreta, o *software* pode apresentar problemas diversos e assim por diante. Os técnicos de projeto devem estar atentos à interferência de radiofrequência (do inglês, *radio-frequency interference* – RFI). À medida que as velocidades de *clock* aumentam, surgem problemas de RFI. As técnicas para ajuste do *layout* de placas de circuito impresso que tipicamente são utilizadas em arranjos mais lentos tornam-se inadequadas. Por exemplo, um *layout* adequado para um conversor A/D de 12 bits em 50 kHz pode provocar a redução do desempenho de um conversor de 16 bits em 500 kHz para o equivalente a 10 bits.

Se um técnico de manutenção em campo trabalha um sistema que até recentemente funcionava perfeitamente, então a lista de problemas possíveis é mais curta. Entretanto, se o sistema foi "atualizado", essa lista pode se tornar maior. Possivelmente, a versão do *software* é incorreta. Deve-se utilizar o bom senso estudando o histórico recente de um dado sistema antes do início da busca de problemas. Isso evita a perda de horas e dias na tentativa de solução de problemas que tipicamente podem ser identificados com algumas perguntas simples. Se um sistema passou por manutenção recente, há a possibilidade de que algo tenha sido alterado. Em virtude da RFI, é importante que cada parafuso, protetor e conector esteja no devido lugar e adequadamente preso.

Alguns sistemas DSP dependem de valores numéricos armazenados em memória não volátil, a qual retém os dados mesmo após o desligamento do dispositivo. Entretanto, o termo não volátil não garante que o conteúdo da memória não possa ser corrompido. Quando isso ocorre, é possível que o sistema nem sequer possa ser ligado. Os técnicos devem estar cientes das ferramentas que se encontram à disposição. Algumas vezes, o *software* ou o *firmware* deve ser atualizado para a correção de erros típicos.

Nesta seção, considera-se que você já tenha lido o Capítulo 4. A maior parte da teoria anteriormente apresentada também se aplica aos sistemas embarcados. O conteúdo sobre ESD (descargas eletrostáticas) é fundamental, bem como o tópico sobre segurança. Quando estiver realizando a manutenção de um sistema de alta potência, como um controlador de motor ou máquina de grande porte, lembre-se de que há a possibilidade de movimentação súbita e inesperada do mecanismo. Assim, os profissionais envolvidos podem sofrer acidentes ou equipamentos de alto custo podem ser danificados. A busca de problemas em tais sistemas requer experiência, conhecimentos específicos e, em alguns casos, o desligamento total do sistema.

Um *notebook* de laboratório é uma necessidade iminente para técnicos que trabalham com protótipos. Os técnicos normalmente adotam configurações de teste e adquirem formas de onda, registram os números das versões do protótipo e tomam notas sobre os pontos cruciais quando há a interrupção do processo de busca de falhas. Longos finais de semana podem levar ao esquecimento de observações importantes sobre o problema. Além disso, o trabalho em equipe pode ser necessário e algum membro da equipe pode se ausentar por um dado período. Assim que um ponto importante é verificado, as informações devem ser devidamente registradas. Esse procedimento é muito útil no sentido de evitar perda de tempo. Um esboço do diagrama de blocos pode ser tão útil quanto o diagrama esquemático. A análise de sinais de seção em seção permite identificar o que está funcionado bem, o que aparentemente não está funcionando e o que pode estar se comportando de forma inesperada. O registro dos sinais no diagrama de blocos normalmente é capaz de indicar a direção correta a ser adotada.

O equipamento de testes que deve ser utilizado varia de acordo com a situação. Técnicos de projeto normalmente utilizam analisadores lógicos, que permitem a visualização simultânea de vários sinais. Sistemas embarcados possuem barramentos de endereço, dados e controle. A conexão de um analisador lógico aos barramentos normalmente é complexa e requer um tempo considerável, uma vez que 30 ou mais sinais podem estar envolvidos no processo. Esse é o motivo pelo qual o analisador lógico raramente é utilizado em manutenção de campo. Caso sejam utilizados, o uso de um TEST POD permite a conexão rápida e simples aos barramentos. Entretanto, essa característica deve ser agregada no projeto do sistema e não é padronizada. A busca de problemas com a tecnologia *boundary scan* tem sido mais difundida, sendo que este conceito foi explicado no Capítulo 2. Esses produtos possuem um conector especial, às vezes chamado de porta JTAG, que pode ser utilizado para a busca de problemas em campo.

De forma cada vez mais intensa, os sinais transmitidos em um sistema DSP encontram-se na forma digital, representados como sequências de amostras binárias, em substituição aos sinais analógicos que normalmente são analisados por técnicos com o uso de pontas de prova. A medição de sinais digitais nos novos sistemas DSP, os quais se encontram na forma de amostras binárias, muitas vezes pode ser inconclusiva quando se utilizam analisadores lógicos. Com a possível exceção de ondas senoidais, os sinais digitais simplesmente não fazem sentido quando visualizados na forma de tabelas de números ou diagramas de temporização em um analisador lógico.

Uma nova técnica interessante proposta para a reconstrução de sinais no interior do DSP pode fornecer uma solução iminente para este problema. Edwin Suominen, que outrora foi técnico e engenheiro de projetos de sistemas DSP, inventou esse sistema, registrado na forma do documento de patente U.S. 6.052.748. Utilizando tal sistema, os técnicos serão capazes de converter os sinais digitais flutuantes no interior do DSP em sinais analógicos que podem ser visualizados em equipamentos de teste familiares como osciloscópios e analisadores de espectro.

Com o acesso à nova técnica de reconstrução, os técnicos serão capazes de selecionar amostras binárias de interesse e reconstruí-las na forma de um sinal analógico sem a necessidade de conhecer a taxa de amostragem. Um sistema *buffer* automaticamente controla a reconstrução de modo a garantir que o sinal analógico seja representado fielmente se as amostras forem interrompidas ou surgirem em intervalos irregulares. Se houver um barramento externo disponível, as amostras podem ser selecionadas a partir do mesmo sem a necessidade de qualquer código DSP especial, acessando um dado barramento de endereço com um analisador lógico. Então, aciona-se o dispositivo de reconstrução com a saída de disparo do analisador lógico. De forma alternativa, o técnico pode selecionar amostras a partir de uma porta *boundary scan* propriamente configurada.

Se o sistema DSP for projetado para teste (e os engenheiros passam cada vez mais a considerar a agregação dessa característica), os pinos E/S do DSP podem ser conectados a uma porta (serial paralela), a partir da qual os sinais internos selecionados podem ser extraídos e reconstruídos. O sistema pode ser projetado de forma que o DSP libere continuamente amostras multiplexadas de sinais internos importantes, ou pode permitir que o técnico selecione as amostras que surgem em registradores ou endereços de interesse para a reconstrução.

Os EMULADORES podem ser utilizados na busca e depuração de problemas durante a fase inicial de projeto de um produto. Um emulador é um computador separado responsável por executar o *software* DSP que se encontra em desenvolvimento. Um cabo especial conecta o emulador ao sistema em desenvolvimento (denominado sistema alvo). Isso permite uma depuração eficiente enquanto o *software* é executado em um ambiente que é idêntico ou semelhante ao produto final. Os emuladores não são normalmente utilizados na manutenção de campo.

Os técnicos devem armazenar configurações de ajuste para instrumentos complexos como analisadores lógicos e osciloscópios, sendo que alguns destes equipamentos possuem a capacidade de registro em dispositivos de armazenamento portátil como disquetes e *pendrives*. Registre o número e o nome de cada programa em seu *notebook*, bem como uma breve descrição sobre o arquivo. Atribua um código ou nome único para gravá-lo em uma mídia portátil e no *notebook*. Além disso, alguns osciloscópios são capazes de registrar formas de onda na memória interna ou em dispositivos portáteis. Este procedimento normalmente poupa um tempo precioso. À medida que os sistemas tornam-se mais complexos, a memória do ser humano por si torna-se insuficiente. A documentação do progresso e dos procedimentos, mesmo no ramo da manutenção, torna-se uma necessidade iminente para muitos técnicos.

Não descarte nenhuma hipótese durante a busca de falhas. Cada fonte de alimentação de 5 V deve ser verificada com um osciloscópio (os medidores não são capazes de mostrar a ondulação da tensão, a menos que estejam defeituosos). Cada conexão de terra deve ser verificada da mesma forma. Não é incomum encontrar 10 ou mais pinos aterrados em um *chip* DSP, sendo que cada um dos mesmos deve ser prontamente verificado. O traço do osciloscópio deve se encontrar na marca de 0 V CC sem a existência de ruído ou com a presença de um nível de ruído aceitável. Se não há ruído excessivo, utilize uma ponta de terra com o menor comprimento possível, assegurando sua conexão correta. Alguns *chips* DSP utilizam tensões de alimentação de 3,3 V e 1,6 V. A fonte de 1,6 V alimenta o núcleo lógico interno. Verifique se ambas as tensões estão livres de ondulação e assumem os valores corretos.

A tecnologia de montagem sobre superfície e as placas de circuito impresso com orifícios pequenos provocaram o aumento das taxas de falhas conjuntas em oposição às falhas em componentes. A indústria tipicamente registra dez falhas conjuntas para cada falha em componente. A Figura 8-38 mostra um chip embarcado (*onboard*). As

Material não condutor

As conexões de solda estão escondidas embaixo dos pinos do *chip*

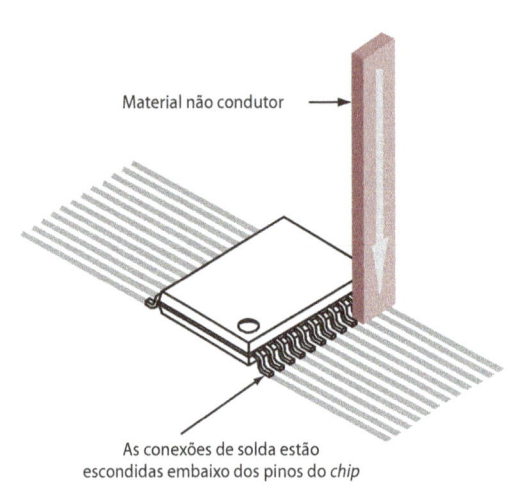

Figura 8-38 Verificação de junções de solda rompidas.

junções de solda encontram-se embaixo dos pinos do *chip* e, portanto, estão ocultas. Mesmo com a ampliação com uma lupa e inspeção cuidadosa, frequentemente, não é possível identificar uma junção de solda defeituosa. Um método consiste na aplicação de pressão diretamente nos pinos utilizando um isolador para forçar o contato elétrico entre qualquer pino que não esteja soldado e sua respectiva trilha.

Existe a presença de um sinal de *clock*, livre de ruído e na frequência correta? Se o *chip* DSP cria seu próprio sinal utilizando um cristal externo, lembre-se de que a ponta do osciloscópio pode carregar o circuito e provocar a eliminação das oscilações. Nesses casos, procure uma saída de *clock* com *buffer*, um sinal *strobe* ou mesmo um sinal de controle derivado do *clock* principal. As conexões dos barramentos de endereço e de dados normalmente possuirão formas de onda retangulares exibidas no osciloscópio quando o *clock* estiver em operação.

Conheça os limites do equipamento. Um osciloscópio com largura de banda de 100 MHz exibirá uma onda retangular de 50 MHz como uma onda senoidal. Você deve entender isso a partir da teoria anteriormente apresentada neste capítulo. Deve-se ressaltar outro ponto importante, pois osciloscópios digitais são sujeitos a *aliasing*. Se a amostragem for realizada abaixo do limite de Nyquist, um sinal de *clock* de 50 MHz pode se assemelhar a um sinal de 1 kHz. Nunca se esqueça de que o equipamento de testes é valioso no sentido de fornecer informações. Entretanto, uma informação falsa pode ser pior do que a completa ausência de dados sobre um dado problema, pois isso pode levar a conclusões errôneas.

Os sistemas embarcados são digitais. Dessa forma, há apenas dois estados que devem ser investigados, certo? Errado. Há três estados: lógico alto, lógico baixo e de alta impedância (também chamado de triestado). Quando um ponto do circuito não se encontra em alta impedância, diz-se que o ponto é FLUTUANTE. Outras entradas conectadas a uma saída flutuante também serão flutuantes. Conexões de solda defeituosas, conectores sujos ou soltos, soquetes defeituosos, saídas queimadas e outros problemas causam a existência de saídas e conexões flutuantes. Quando um técnico descobre a operação incorreta de um circuito, às vezes esses problemas podem afetar o desempenho do sistema simplesmente tocando-se os componentes da placa de circuito impresso com os dedos. Conexões flutuantes atuam como antenas.

Há uma razão específica para que alguns pinos e conexões assumam a condição triestado, pois mais de um dispositivo pode controlar um barramento. Por exemplo, suponha que três dispositivos (A, B e C) possuam saídas conectadas a um mesmo barramento. Quando os dispositivos A e B estão parados (triestado), então o dispositivo C pode acionar o barramento com nível lógico alto ou baixo. Isso é normal e não é o mesmo que uma conexão flutuante causada por uma conexão de solda defeituosa ou um CI queimado. Curtos-circuitos também podem provocar níveis flutuantes porque duas saídas podem disputar o controle da conexão com um barramento.

Infelizmente, nem sempre os osciloscópios permitirão a identificação da condição triestado ou flutuante. Uma possibilidade é a utilização de um resistor de 1 kΩ simultaneamente com o osciloscópio. Encoste a ponta do osciloscópio no pino ou na conexão e então utilize o resistor para forçar um nível baixo na conexão (resistor aterrado) e, na sequência, para forçar um nível alto (resistor conectado à tensão de alimentação). Se o osciloscópio mostrar uma mudança significativa do nível, então a conexão encontra-se no estado de alta impedância (flutuante ou triestado). Se isso não ocorrer, o problema foi identificado (ou pelo menos um dos problemas).

Para a maioria dos *chips* DSP, a tensão mínima correspondente ao nível lógico alto é de 1,8 V a 2,2 V. A tensão máxima que representa o nível lógico baixo é de 0,8 V. Portanto, qualquer nível lógico entre 0,8 V e 1,8 V é inadequado e indica uma falha. Geralmente, tensões lógicas baixas são menores ou iguais a 0,2 V, e tensões lógicas altas são maiores ou iguais a 3 V.

Para economizar tempo, os técnicos normalmente ajustam os osciloscópios na escala de 2 V/divisão, pois isso representa um compromisso na visualização de duas formas de onda. Infelizmente, um nível lógico inválido pode não ser detectado nesta resolução. Observe atentamente e modifique a escala para 1 V/divisão se um nível lógico baixo parecer muito alto, ou se um nível lógico alto parecer muito baixo. Lembre-se de que níveis entre 0,8 V e 1,8 V são inadequados e podem indicar a existência de uma falha.

O que se pode dizer sobre ponteiras lógicas e pulsadores? Esses equipamentos são capazes de fornecer bastante informação e são facilmente empregados. No ramo da manutenção em campo, a conclusão correta pode ser obtida simplesmente verificando-se a presença ou ausência de atividade no equipamento (por meio de uma luz que se acende na ponteira).

Não se esqueça de que o *software* embarcado deve iniciar a execução em um endereço correto (início do programa) quando o sistema é energizado. Sem um SINAL DE REINICIALIZAÇÃO válido, o sistema pode não funcionar ou mesmo apresentar comportamento inadequado e inesperado. O sinal de reinicialização é responsável pela execução do programa do sistema a partir do seu início. Às vezes, o pulso de reinicialização durante a energização encontra-se ausente devido a um capacitor ou transistor defeituoso. Em alguns sistemas embarcados, o pulso de reinicialização deve surgir quando o sistema é energizado, desaparecendo quando o mesmo é desligado. Nesses sistemas, o processador sempre é energizado simultaneamente com o sistema (que é conectado à rede de alimentação CA). Um técnico pode provocar a reinicialização do sistema ou de um *chip* aplicando um pulso ao pino ou barramento de reinicialização. No caso de um barramento de controle onde o sinal de reinicialização é comum a diversos *chips*, é interessante utilizar uma ponteira lógica em conjunto com um pulsador para verificar se o pulso de reinicialização surge em todos os *chips* do sistema.

No caso de um filtro DSP simples, pode ser possível verificar a resposta ao impulso do filtro aplicando um impulso na entrada e observando a saída com um osciloscópio. Um pulsador lógico pode criar um impulso na entrada que será convoluído com os coeficientes do filtro FIR. O osciloscópio deve então exibir uma curva suave quando a ponteira for conectada após o filtro de reconstrução. Pode ser possível reconhecer o formato da resposta ao impulso e identificar o tipo de filtro. Deve-se lembrar que qualquer filtro de entrada, a exemplo do circuito *antialias*, estenderá o pulso de forma que a saída

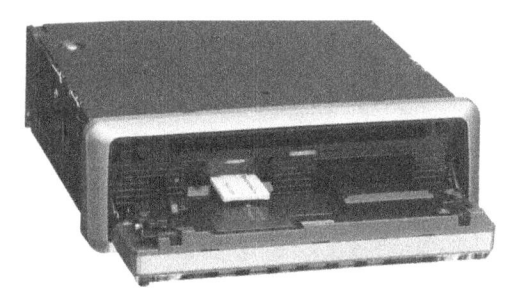

Primeiro HDD (do inglês, *hard disk drive* – disco rígido) / CD *player* que incluiu características de utilização de cartão de memória *flash* e sintonizador AM/FM com controle remoto.

não seja exatamente proporcional aos coeficientes armazenados no processador. No caso de um filtro IIR, a resposta será uma onda senoidal amortecida, como foi anteriormente mencionado neste capítulo.

O teste da resposta ao impulso é uma técnica simples que pode ser inapropriada para sistemas DSP mais complexos. A análise mais sofisticada dos sinais internos ao DSP e das respostas ao impulso dos filtros irá se tornar mais factível na prática a partir da disponibilização da técnica de reconstrução de sinais que foi anteriormente descrita neste capítulo.

No caso de ruído, lembre-se de que sempre há alguma quantidade presente em sistemas eletrônicos. Em sistemas DSP, espera-se:

- ruído de quantização;
- ruído de canal em repouso;
- injeção de carga (*clock feedthrough*).

No caso de um novo projeto (protótipo), há a possibilidade de obtenção de uma resposta indesejada na saída em virtude de outro motivo. Quando a entrada do DSP torna-se constante em zero, espera-se que a saída eventualmente seja zero. Em alguns casos, isso não ocorre e o sistema passa a oscilar. Tais oscilações indesejadas são conhecidas como CICLOS LIMITES, podendo surgir em filtros IIR em virtude da utilização da realimentação, o que não pode ocorrer em filtros FIR.

Os ciclos limites ocorrem em virtude do erro de quantização ou estouro numérico, sendo que aqueles causados por estouro são mais severos. A Figura 8-39 mostra a saída de um filtro IIR ao longo do tempo durante e após a aplicação de um impulso em sua entrada. Note que a saída ainda oscila após 100 ms. A parte mostrada no lado esquerdo do gráfico corresponde a uma onda senoidal amortecida. Entretanto, o gráfico está ceifado porque o eixo vertical foi expandido para mostrar os ciclos limites claramente. Observe que o amortecimento se encerra entre aproximadamente 25 ms e 100 ms, mas a saída ainda oscila de forma estável. Problemas dessa natureza são resolvidos utilizando um número maior de bits, modificando a estrutura do filtro ou grampeando os resultados das opera-

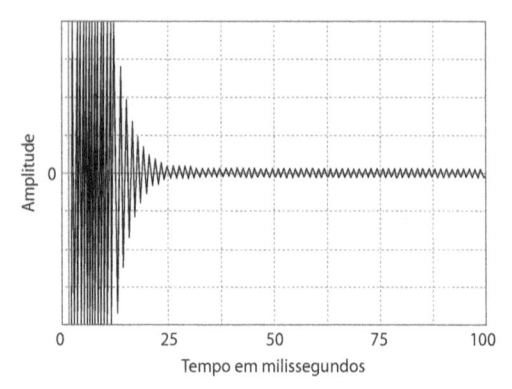

Figura 8-39 Ciclos limites.

ções numéricas em valores máximos positivos e negativos (para controlar o estouro).

Quando o ruído é excessivo em um sistema que antes funcionava perfeitamente, há a possibilidade de um capacitor de desvio estar em circuito aberto ou da ausência ou conexão inadequada da blindagem. Não se esqueça de verificar os cabos e conectores. Talvez haja problemas na conexão com o terra. Além disso, não se esqueça de que pontas de teste podem atuar como antenas e introduzir ruído no sistema. Verifique o sinal de entrada e as respectivas conexões. Além disso, um pré-amplificador pode apresentar falhas. Algumas questões importantes são:

- O ruído é perceptível apenas quando não há sinal de entrada?
- O ruído para quando o sinal de entrada é removido?
- O ruído para quando o pré-amplificador é desligado?
- O ruído é aleatório e ocorre eventualmente ao longo da faixa de frequência?
- O ruído encontra-se principalmente em uma ou duas frequências?

Um técnico deve conhecer ou aprender sobre o sistema em análise de forma suficiente para dar continuidade ao processo de verificação. Por exemplo, um painel frontal em um instrumento ou uma chave limitadora no controle de um motor pode ser conectada à ENTRADA DE INTERRUPÇÃO do processador. As entradas de interrupção forçam o processador a

> **Sobre a eletrônica**
>
> Técnicos da empresa *Boeing Satellite Systems* (BSS) implementam sistemas de processamento de sinais semelhantes aos que existem a bordo da espaçonave Thuraya, que foi lançada em outubro de 2000. Essa espaçonave possui o processador de comunicação digital via satélite mais poderoso do mundo. Construído pela BSS e pela IBM, este processador de comunicações digitais possui a característica de canais com largura de banda variável, circuitos de chaveamento *onboard* para mais de 25.000 circuitos duplex completos e feixes digitais de transmissão/recepção bastante rápidos para mais de 300 locais de células projetadas.

suspender suas atividades, passando então a uma posição especial na memória de programa onde a rotina de serviço de interrupção está armazenada. Assim, o técnico deverá saber como as entradas estão conectadas e o que deve ocorrer quando uma entrada for ativada. O técnico também deve conhecer o funcionamento do *software*, pelo menos em termos gerais. Por exemplo, uma rotina de serviço de interrupção pode ler um posição acessando um conversor A/D. Nesse caso, um sinal de *strobe* deve surgir no conversor um ou dois milissegundos após o sinal de interrupção. Dependendo da falha do sinal, uma ponteira lógica pode também fornecer informações suficientes. Entretanto, também é possível que o tempo de atraso entre o pulos de interrupção e o sinal de *strobe* seja crítico.

Nesse caso, o osciloscópio pode ser ajustado para o disparo no momento da interrupção, de forma que o tempo de atraso em questão possa ser medido. O processador embarcado possui uma saída de reconhecimento de interrupção? Este também é um ponto adequado para descobrir o que está acontecendo, ou o que não está acontecendo, quando,

na verdade, deveria. Alguns problemas podem ser diagnosticados com um contador. Por exemplo, a contagem é interrompida e o reconhecimento de tais interrupções pode fornecer informações importantes sobre o sistema.

É difícil encontrar problemas em sistemas embarcados, mas isso ainda é possível. Os técnicos que conhecem a teoria básica conhecem aspectos relacionados à utilização de equipamentos de teste e do funcionamento do sistema, possuindo as habilidades necessárias para a efetiva identificação de problemas. Esses técnicos utilizam uma abordagem do ponto de vista do sistema associado ao diagrama de blocos para verificar cada estágio de forma sequencial e coerente. Dessa forma, sabe-se que a maioria das seções em um sistema eletrônico requer sinais de entrada, alimentação e a existência de sinais na saída. Em sistemas embarcados, considera-se ainda que o *software* é executado de forma concomitante com os equipamentos. Profissionais que conhecem esses procedimentos e são capazes de executá-los de maneira consistente e eficiente são muito disputados pelo mercado.

Teste seus conhecimentos

RESUMO E REVISÃO DO CAPÍTULO

Resumo

1. Em se tratando de DSP, os sinais analógicos são normalmente chamados de contínuos e os sinais digitais são denominados discretos.
2. O número de bits determina a resolução de um sinal digital.
3. Quantização é o processo de conversão de sinais contínuos em discretos.
4. A taxa de quantização é denominada frequência de amostragem.
5. Os sinais com frequências maiores que metade da frequência de amostragem deverão ser reduzidos até a faixa de frequência de interesse. Estes devem ser atenuados com um filtro *antialias* antes da quantização.
6. A operação do núcleo DSP consiste na multiplicação das amostras de tempo discreto pelos coeficientes e acumulação dos produtos (MAC). O nome formal dado a esse processo é convolução.
7. Um filtro de reconstrução ou filtro *antiimaging* é utilizado após a saída do conversor D/A em sistemas DSP.
8. O símbolo * representa a convolução.
9. Um dos principais pontos dos DSPs é o controle exercido pelo *software*, que é muito mais facilmente modificado que o *hardware*.
10. Sistemas adaptativos DSP são capazes de alterar o modo de operação durante o funcionamento.
11. Ondas quadradas, senoidais e triangulares são exemplos de funções periódicas.
12. A menor frequência em uma série de Fourier é denominada fundamental ou primeira harmônica.
13. Qualquer sinal pode ser apresentado sob dois pontos de vista: o domínio do tempo e o domínio da frequência.
14. A síntese de Fourier para formas de onda periódicas com descontinuidades (como ondas quadradas) produz distorções devido ao fenômeno de Gibb.
15. Formas de onda retangulares ideais (com tempos de subida e descida nulos) não existem porque seria necessária uma largura de banda infinita.
16. A transformada de Fourier pode ser utilizada na conversão do domínio do tempo para o domínio da frequência, enquanto a transformada inversa de Fourier realiza a operação oposta.
17. O teorema da amostragem de Shannon estabelece que a menor frequência de amostragem que pode ser utilizada para representar qualquer sinal é igual ao dobro da largura de banda do sinal. Na prática, os sinais são amostrados em frequências maiores ou iguais a três vezes as respectivas larguras de banda.
18. A utilização de frequências de amostragem mais altas implica o projeto de filtros *antialiasing* menos elaborados.
19. O processo de quantização produz um sinal cuja largura de banda é aproximadamente infinita.
20. A ordem de um filtro FIR é igual ao número de *taps* ou coeficientes.
21. Filtros mais aguçados (com largura da banda de transição estreita) são implementados a partir do aumento da ordem do filtro (maior número de *taps*).
22. O valor correspondente à metade da frequência de amostragem por vezes é denominado limite de Nyquist.
23. A sigla FIR (do inglês, *finite impulse response*) significa resposta ao impulso finita.
24. A resposta ao impulso de um filtro FIR corresponde ao seu respectivo conjunto de coeficientes.
25. A maioria dos filtros FIR utiliza coeficientes simétricos para obter uma resposta de fase linear.
26. A ondulação no filtro ocorre em virtude do fenômeno de Gibb, ocasionado pelo truncamento da função *sinc*.
27. A ondulação no filtro pode ser reduzida por meio da suavização dos coeficientes utilizando uma função janela.

28. A sigla IIR (do inglês, *infinite impulse response*) significa resposta ao impulso infinita.
29. Filtros IIR utilizam realimentação e às vezes são chamados de filtros recursivos.
30. Filtros IIR podem se tornar instáveis (sendo capazes de oscilar).
31. Filtros passa-faixa podem ser concebidos a partir da conexão em cascata de filtros passa-baixa e passa-alta ou da convolução dos seus respectivos coeficientes.
32. Filtros rejeita-faixa podem ser concebidos a partir da soma das saídas de filtros passa-baixa e passa-alta ou da soma dos seus respectivos coeficientes.
33. Sistemas DSP multitaxa utilizam mais de uma frequência de amostragem.
34. O processo de aumento da taxa de amostragem de um sinal discreto é denominado interpolação.
35. O processo de redução da taxa de amostragem de um sinal discreto é denominado decimação.
36. A interpolação e a decimação podem tornar o projeto da parte analógica de um sistema menos complexo.
37. Quando um sinal possui duas componentes, ou seja, em fase e em quadratura, a relação de fase entre as mesmas é de 90°.
38. Um filtro de Hilbert promove um deslocamento de fase de 90° em todas as frequências da banda passante.
39. A modulação e a demodulação podem ser obtidas com DSP.
40. O ruído de quantização pode ser reduzido aumentando-se o número de bits.
41. Sistemas digitais de alta resolução requerem uma grande quantidade de bits. Isso implica o aumento do custo e a redução da velocidade de atuação.
42. Alguns sistemas digitais de alta resolução não precisam operar necessariamente em tempo real.
43. *Chips* DSP encontram-se disponíveis em duas formas: ponto fixo e ponto flutuante.
44. Em *chips* de ponto fixo, os números são representados na forma de complemento de dois.
45. Em *chips* de ponto flutuante, os números são representados na forma de uma mantissa e um expoente.
46. Sistemas embarcados integram *hardware* e *software* em um único *chip* ou produto.
47. Em um sistema embarcado, o *software* normalmente é chamado de *firmware* e é armazenado em uma memória de somente leitura (ROM).
48. O terminal de terra na ponteira de um osciloscópio deve ser o mais curto possível quando se trabalha com sistemas digitais em alta frequência.
49. Os sistemas DSP podem não funcionar adequadamente em virtude de problemas de *software* e corrupção do conteúdo da memória.
50. Analisadores lógicos são dispositivos que permitem a visualização simultânea de várias formas de onda.
51. Emuladores são utilizados principalmente durante a etapa de projeto de um produto e permitem que o *software* seja testado em um sistema alvo.
52. Alguns sistemas DSP possuem portas *boundary scan*.
53. Tanto as conexões de alimentação quando de terra devem ser verificadas.
54. Placas de circuito com orifícios menores e a tecnologia de montagem de superfície provocam o aumento das taxas de falhas conjuntas em comparação às falhas em componentes.
55. Sinais digitais na faixa entre 0,8 V e 1,8 V não são válidos e geralmente indicam a existência de uma falha.
56. Os sistemas DSP requerem um sinal de reinicialização para que a operação se inicie a partir do ponto correto no *firmware*.
57. A verificação de sinais de interrupção pode ser uma boa técnica na busca de problemas.

Questões de revisão do capítulo

Questões de pensamento crítico

8-1 Este livro abordou várias funções de circuitos analógicos como ganho, atenuação, ceifamento, entre outras. Essas funções podem ser realizadas com DSP? Como?

8-2 Suponha que um sistema DSP multitaxa deva alterar a frequência de amostragem em um fator 1,5. Como isso pode ser obtido? (*Dica*: Combine a interpolação com a decimação).

8-3 O DSP é normalmente utilizado para o cancelamento de eco em sistemas de telefonia. Por quê?

8-4 Integradores à base de amp ops acumulam uma tensão de entrada por um dado período de tempo. Há uma forma de fazer isso com DSP?

8-5 Por que o DSP provavelmente representa a melhor solução para o problema da acústica em espaços fechados onde o som muda de acordo com o número de pessoas contidas no recinto?

8-6 Quando artistas gráficos e fotógrafos utilizam um computador para expandir e melhorar a qualidade de imagens, por que se utiliza DSP? Você é capaz de dizer como funciona esse processo?

8-7 Você é capaz de pensar em uma forma de reverter o processo descrito na Questão 8-6?

8-8 Por que não é possível construir um rádio bidirecional 100% digital para a voz humana?

Respostas dos testes

apêndice A

Solda e processo de soldagem*

>> De uma simples tarefa a uma fina arte

A soldagem é o processo de junção de dois metais através do uso de uma liga metálica utilizada na fusão em baixa temperatura. A soldagem é um dos processos de junção mais antigos conhecidos pelo homem, sendo inicialmente desenvolvidos pelos egípcios para a fabricação de armas como lanças e espadas. Desde então, a prática evoluiu até se tornar o processo atualmente conhecido e utilizado na fabricação de dispositivos eletrônicos. A soldagem não é mais a tarefa simples de outrora; atualmente, consiste em uma fina arte que requer cuidado, experiência e amplo conhecimento sobre os fundamentos envolvidos.

A importância do elevado padrão de qualidade na manufatura não pode ser desprezada. Junções de solda defeituosas têm sido a causa de diversos problemas em equipamentos e, portanto, a soldagem é um processo crítico.

O material incluído neste apêndice foi elaborado para fornecer ao estudante os conhecimentos fundamentais e habilidades básicas necessárias para realizar a soldagem com alta confiabilidade, de forma semelhante ao que ocorre nos produtos eletrônicos modernos.

Os tópicos abordados incluem o processo de soldagem, a seleção adequada e a utilização de uma estação de solda.

O conceito-chave presente neste apêndice é a soldagem com alta confiabilidade. Grande parte de nossa tecnologia depende de incontáveis junções de solda individuais que existem nos equipamentos. A soldagem com alta confiabilidade foi desenvolvida em resposta às falhas iniciais que ocorrem nos equipamentos espaciais. Desde então, o conceito passou a ser amplamente aplicado, a exemplo de equipamentos médicos e militares. Atualmente, está presente nos diversos produtos eletrônicos utilizados em nosso cotidiano.

>> A vantagem da solda

A soldagem é o processo de junção de duas peças metálicas de modo a formar um caminho elétrico confiável. Inicialmente, por que se deve soldá-los? Os dois pedaços de metal podem ser unidos com porcas e parafusos ou outro tipo de peça mecânica. Esse método apresenta duas desvantagens. Primeiro, a confiabilidade da conexão não pode ser garantida devido a eventuais vibrações e choques mecânicos. Segundo, como a oxidação e a corrosão ocorrem continuamente em peças metálicas, a condutividade elétrica entre as duas superfícies é progressivamente reduzida.

Uma conexão soldada não apresenta nenhum desses inconvenientes. Não há movimentação na junta e não há interfaces metálicas que possam oxidar. Um caminho condutor contínuo é formado em virtude das próprias características da solda.

---

* Este material é fornecido como cortesia de PACE, Inc., Laurel, Maryland.

» A natureza da solda

A solda utilizada em eletrônica consiste em uma liga metálica com baixa temperatura de fusão constituída por diversos metais em várias proporções. Os tipos mais comuns de solda consistem em uma mistura de estanho e chumbo. Quando as proporções são idênticas, a solda é denominada 50/50 — 50% de estanho e 50% de chumbo. De forma semelhante, a solda 60/40 consiste de 60% de estanho e 40% de chumbo. As porcentagens normalmente são identificadas nos diversos tipos de solda, embora às vezes apenas a porcentagem de estanho seja apresentada. O símbolo químico do estanho é Sn; assim, o símbolo Sn 63 indica que a solda contém 63% de estanho.

O chumbo puro (Pb) possui um ponto de fusão de 327 °C (621 °F); o estanho puro apresenta um ponto de fusão de 232 °C (450 °F). Quando esses metais são combinados na proporção 60/40, o ponto de fusão é reduzido para 190 °C (374 °F) – menos que ambos os pontos de fusão dos metais individuais.

A fusão geralmente não ocorre totalmente de uma vez. De acordo com a Figura A-1, a solda começa a derreter a 183 °C (361 °F), mas o processo só se torna completo a 190 °C (374 °F). Entre esses valores de temperatura, a solda encontra-se no estado plástico (semilíquido), o que indica que apenas parte do material foi derretida.

A faixa plástica da solda variará de acordo com a proporção de estanho e chumbo, como mostra a Figura A-2. Diversas proporções de estanho e chumbo são mostradas ao longo da parte superior

Figura A-1 Faixa plástica da solda 60/40. A fusão se inicia em 183 °C (361 °F) e se torna completa em 190 °C (374 °F).

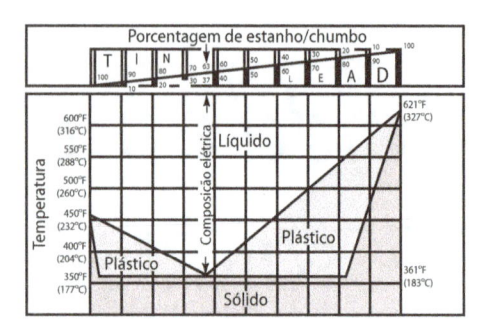

Figura A-2 Características de fusão de soldas de estanho-chumbo.

da figura. Existe uma proporção de mistura desses metais para a qual não há estado plástico, sendo conhecido como solda eutética. Essa proporção equivale a 63/37 (Sn 63), sendo que o material se derrete e se solidifica completamente a 183 °C (361 °F).

O tipo de solda mais utilizado na soldagem manual em eletrônica é do tipo 60/40 porque, durante o estado plástico, deve-se tomar cuidado para não movimentar os elementos da junção durante o período de resfriamento, pois isso pode provocar a soldagem incorreta de um dado componente. De forma característica, esse tipo de solda possui aspecto irregular e opaco em vez de brilhante. Assim, tem-se uma soldagem não confiável, que não é característica de processos com alta confiabilidade.

Algumas vezes, é difícil manter a junção estável durante o resfriamento como, por exemplo, quando a soldagem é utilizada nas placas de circuito impresso em esteiras em movimento existentes nas linhas de montagem. Em outros casos, pode ser necessário empregar aquecimento mínimo para evitar a danificação de componentes sensíveis ao calor. Em ambas as situações supracitadas, a solda eutética torna-se a melhor escolha, pois a solda muda do estado líquido para sólido sem se tornar plástica no resfriamento.

» A ação de molhagem

Para uma pessoa que observa um processo de soldagem à primeira vista, aparentemente a solda une os metais como uma cola quente, mas o que ocorre é bem diferente.

Uma reação química ocorre quando a solda quente entra em contato com a superfície de cobre. A solda se dissolve e penetra na superfície. As moléculas da solda e cobre se unem para formar uma nova liga metálica, que é parcialmente constituída de cobre e solda e possui características próprias. Essa reação é denominada molhagem e forma uma camada metálica intermediária entre a solda e o cobre (Figura A-3).

A molhagem adequada ocorre apenas se a superfície do cobre encontra-se livre de contaminações e películas de óxidos que se formam quando o metal é exposto ao ar. Além disso, as superfícies da solda e do cobre precisam alcançar uma temperatura adequada.

Mesmo que a superfície esteja aparentemente limpa antes da soldagem, pode ainda haver uma fina camada de óxido sobre ela. Quando a solda é aplicada, a substância age como uma gota d'água sobre uma superfície do óleo porque a camada de óxido evita que a solda entre em contato com o cobre. Assim, não ocorre a reação química e a solda pode ser facilmente removida da superfície. Para uma boa aderência da solda, as camadas de óxido devem ser removidas antes do início do processo.

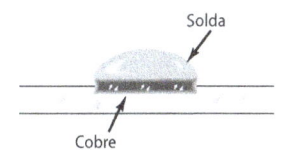

Figura A-3 Ação da molhagem. A solda fundida é dissolvida e penetra na superfície de cobre limpa, formando uma camada intermediária.

❯❯ O papel do fluxo

Conexões de solda confiáveis podem ser obtidas apenas em superfícies limpas. Processos de limpeza adequados são essenciais para obter sucesso na soldagem, embora isso por si só seja insuficiente em alguns casos. Isso ocorre porque os óxidos são formados muito rapidamente nas superfícies dos metais aquecidos, o que impede a soldagem adequada. Para resolver este problema, deve-se utilizar materiais denominados fluxos, que são constituídos de resinas naturais ou sintéticas e às vezes contêm aditivos chamados de ativadores.

A função do fluxo é remover óxidos na superfície, mantendo-a limpa durante a soldagem. Isso ocorre porque a ação do fluxo é muito corrosiva em valores de temperatura próximos ou iguais ao ponto de fusão. Além disso, a substância atua rapidamente na remoção dos óxidos, prevenindo sua formação posterior e permitindo que a solda forme a camada intermediária desejada.

O fluxo deve ser utilizado em uma temperatura inferior à da solda para que desempenhe seu papel antes que o processo de soldagem efetivamente seja iniciado. A substância é muito volátil e, portanto, é necessário que seja aplicada na superfície de trabalho, e não apenas na ponta do ferro de solda aquecido. Assim, obtém-se a remoção dos óxidos e o processo de solda torna-se eficiente.

Há vários tipos de fluxos disponíveis para aplicações variadas. Por exemplo, fluxos ácidos são empregados na soldagem de chapas metálicas. Na brasagem de prata (que utiliza temperaturas de fusão muito superiores àquelas existentes nas ligas de estanho), uma pasta bórax é utilizada. Cada um desses tipos de fluxo remove óxidos e, em diversos casos, apresenta outras finalidades. Os fluxos empregados na soldagem manual em eletrônica são rosinas puras, rosina misturada com ativadores suaves que aceleram a capacidade de fluxo da rosina, fluxos com baixo resíduo/impuros e fluxos solúveis em água. Fluxos ácidos ou fluxos altamente ativados nunca devem ser utilizados em eletrônica. Vários tipos de solda com núcleo são normalmente empregados, de modo que é o possível controlar a quantidade de fluxo utilizado na junção (Figura A-4).

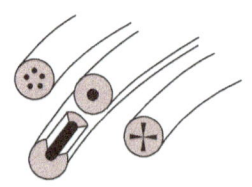

Figura A-4 Tipos de solda com núcleo com porcentagens variáveis de solda/fluxo.

❯❯ Ferros de solda

Em qualquer tipo de soldagem, o primeiro requisito necessário além da própria solda é o calor. O calor pode ser utilizado em várias formas: por condução (por exemplo, através de ferros de solda, ondas térmicas, na fase de vapor), convecção (ar quente) ou irradiação (IR). Vamos abordar apenas o método por condução por meio da utilização de um ferro de solda.

Existem estações de solda com diversos tamanhos e formas, mas esses dispositivos são basicamente constituídos por três elementos: uma resistência de aquecimento; um bloco aquecedor, que age como um reservatório de calor; e uma ponta ou bico que transfere calor para a realização da tarefa. A estação de produção padrão consiste em um sistema com operação em malha fechada com temperatura variável, onde as pontas podem ser trocadas, sendo fabricado a partir de plásticos à prova de descarga eletrostática.

❯❯ Controle do aquecimento da junção

O controle da temperatura da ponta não é o verdadeiro desafio na soldagem, mas sim controlar o ciclo de aquecimento do trabalho – o que envolve a velocidade do aquecimento, a temperatura e o tempo que permanece aquecido. Esse ciclo é afetado de várias formas, de modo que a temperatura da ponta do ferro de solda não é um fator crítico.

O primeiro fator que deve ser considerado é a massa térmica relativa da área que será soldada. Essa massa pode variar amplamente.

Considere uma placa de circuito impresso com face única ou simples. Existe uma quantidade relativamente pequena de massa, de modo que a superfície se aquece rapidamente. Em uma placa de face dupla com furos metalizados, a massa então se torna o dobro. Placas com múltiplas camadas possuem uma massa ainda maior, ainda sem considerar a massa dos terminais dos componentes. A massa dos terminais pode variar bastante, pois alguns pinos são mais longos que outros.

Além disso, pode haver componentes montados sobre a placa. Novamente, a massa térmica torna-se maior, a qual tende a aumentar com a inclusão de fios de conexão.

Portanto, cada conexão possui uma massa térmica. A comparação dessa massa combinada com a massa da ponta do ferro de solda é denominada massa térmica relativa, determinando o tempo de duração e o acréscimo de temperatura do trabalho.

Com uma pequena massa de trabalho e um ferro com ponta pequena, o aumento da temperatura é lento. Quando o oposto ocorre, isto é, um ferro de solda com ponta grande é utilizado em uma pequena massa de trabalho, a temperatura aumentará rapidamente, ainda que a temperatura da ponta do ferro de solda seja a mesma.

Agora, considere a capacidade do ferro de solda em manter um dado fluxo de calor. Essencialmente, esses dispositivos são instrumentos utilizados na geração e armazenamento de calor, sendo que o reservatório é constituído do bloco aquecedor e da ponta. Existem pontas com tamanhos e formatos variados, sendo este o caminho de circulação do fluxo térmico. Para pequenos trabalhos, uma ponta cônica é empregada, de modo que uma quantidade pequena de calor é transferida. Para trabalhos maiores, pontas grandes semelhantes a um formão são empregadas, de modo que o fluxo de calor é maior.

O reservatório térmico é preenchido pelo elemento aquecedor, mas, quando um ferro de solda para grandes trabalhos é utilizado, o reservatório deve ser capaz de fornecer calor a uma taxa mais rápida do que é gerado. Assim, o tamanho do reservatório é importante, ou seja, um bloco aquecedor maior pode manter um fluxo maior que um reservatório menor.

A capacidade de um ferro de solda pode ser aumentada utilizando um elemento aquecedor maior, aumentando, dessa forma, a potência elétrica do dispositivo. O tamanho do bloco e a potência definem a taxa de recuperação de um ferro de solda.

Se uma grande quantidade de calor é necessária para uma dada conexão, a temperatura correta é obtida com uma ponta de tamanho adequado. Assim, um ferro de solda com maior capacidade e taxa de recuperação deve ser empregado. Portanto, a massa térmica relativa é um parâmetro importante que deve ser considerado no controle do ciclo térmico de trabalho.

Um segundo fator importante é a condição da superfície da área a ser soldada. Se existe a presença de óxidos ou outros elementos contaminantes cobrindo a superfície ou os terminais, haverá uma barreira para o fluxo de calor. Então, mesmo que o ferro de solda possua tamanho e temperatura adequados, não será fornecida uma quantidade de calor suficiente para derreter a solda. Em soldagem, uma regra básica consiste no fato de não ser possível realizar uma boa conexão de solda em uma superfície suja. Antes do processo de soldagem, deve-se utilizar um solvente para limpar a superfície e remover a eventual camada de gordura ou sujeira. Em alguns casos, deve-se aplicar uma fina camada de solda nos terminais dos componentes antes do processo de soldagem propriamente dito para remover a oxidação intensa.

Um terceiro fato que deve ser considerado é a conexão térmica, isto é, a área de contato entre o ferro de solda e a superfície de trabalho.

A Figura A-5 mostra a vista da seção transversal da ponta de um ferro de solda tocando um terminal arredondado. O contato ocorre apenas no ponto indicado pelo símbolo "X", de forma que a área de conexão é muito pequena, como se houvesse uma reta tangente interceptando o terminal em um único ponto.

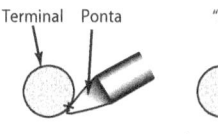

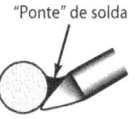

Figura A-5 Visão da seção transversal (à esquerda) da ponta do ferro de solda encostada em um terminal redondo. O sinal "X" mostra o ponto de contato. O uso de uma ponte de solda (à direita) aumenta a área de junção e a velocidade de transferência do calor.

A área de contato pode ser significativamente ampliada aplicando-se uma pequena quantidade de solda na ponta do contato entre a ponta e a área de trabalho. Essa ponte de solda cria um contato térmico e garante uma rápida transferência de calor.

Diante dos fatos supracitados, é evidente que há muitos fatores que tornam a transferência de calor mais rápida em uma dada conexão além da temperatura do ferro de solda. Na verdade, a soldagem é um problema de controle muito complexo, o qual envolve muitas variáveis que possuem influências entre si. Além disso, deve-se considerar que o tempo é uma variável crítica. A regra geral da soldagem com alta confiabilidade consiste no fato de que não se deve transferir calor por mais de 2 segundos após o início do derretimento da solda (molhagem). Se essa regra for descumprida, isso pode causar a danificação do componente ou da placa.

Considerando todos esses aspectos, aparentemente a soldagem é um processo muito complexo para ser controlado em um intervalo de tempo tão curto, mas há uma solução simples – o fator indicador de reação da peça. Este fator é definido como a reação da peça às ações do trabalho desenvolvido, que são percebidas pelos sentidos humanos como visão, tato, olfato, audição e paladar.

De forma simples, os fatores indicadores se traduzem na forma como o trabalho responde a suas ações envolvendo causa e efeito.

Em qualquer tipo de trabalho, suas ações fazem parte de um sistema em malha fechada, cuja operação se inicia quando alguma ação é executada na peça. Assim, a peça reage aos estímulos e uma reação é percebida, de modo que se deve modificar a ação inicial até que se obtenha o efeito desejado. Os fatores indicadores da peça surgem a partir de mudanças percebidas pelos sentidos da visão, tato, olfato, audição e paladar (Figura A-6).

Para a soldagem e dessoldagem, um indicador primário consiste na determinação da taxa do fluxo térmico – observando-se a velocidade do fluxo de calor que circula na conexão. Na prática, isso representa a taxa de derretimento da solda, que deve ser igual a 1 ou 2 s.

O indicador inclui todas as variáveis envolvidas na obtenção de uma conexão de solda satisfatória com efeitos térmicos mínimos, incluindo a capacidade do ferro de solda e a temperatura de sua ponta, as condições da superfície, a conexão térmica entre a ponta e a peça e as massas térmicas relativas existentes.

Se a ponta do ferro de solda é muito grande, a taxa de aquecimento pode ser muito elevada para ser controlada. Se a ponta é muito pequena, pode ser produzido um tipo de solda que se assemelha a um "mingau"; a taxa de aquecimento será muito pequena, ainda que a temperatura da ponta seja a mesma.

Uma regra geral que permite evitar o sobreaquecimento consiste em uma ação de trabalho rápida, isto é, deve-se usar um ferro de solda aquecido que seja capaz de derreter a solda em 1 ou 2 s para uma dada conexão de solda.

>> Seleção do ferro de solda e da ponta

Uma boa estação de solda para trabalhos relacionados à eletrônica deve possuir temperatura variável e ferro de solda do tipo lápis constituído por plástico à prova de descarga eletrostática, cujas pontas podem ser trocadas mesmo que o ferro esteja aquecido (Figura A-7).

A ponta do ferro de solda deve ser completamente inserida no elemento aquecedor e devidamente fixada. Assim, tem-se a máxima transferência de calor do aquecedor para a ponta.

A ponta deve ser removida diariamente para evitar a oxidação resultante do contato entre o elemento aquecedor e a ponta. Uma superfície brilhante com uma leve camada de estanho pode ser mantida na superfície de trabalho da ponta para garantir a transferência de calor adequada e evitar a contaminação da conexão de solda.

A ponta revestida de estanho é inicialmente preparada segurando-se um pedaço de solda com núcleo na face da placa, sendo que o estanho se espalhará pela superfície quando atingir a temperatura de fusão. Uma vez que a ponta possua a temperatura de operação adequada, o processo de deposição de estanho ocorrerá de forma eficiente porque a oxidação ocorre rapidamente em altas temperaturas. A ponta com estanho aquecida deve ser limpa em uma esponja molhada para limpar os óxidos existentes nela. Quando o ferro

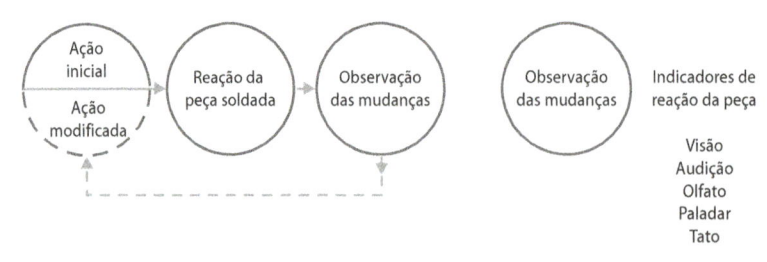

Figura A-6 O trabalho pode ser entendido como uma operação em malha fechada (esquerda). A realimentação surge a partir da reação da peça e é utilizada para modificar a ação. Os indicadores de reação (à direita), que são mudanças perceptíveis pelos sentidos humanos, consistem na forma de verificação da qualidade da soldagem.

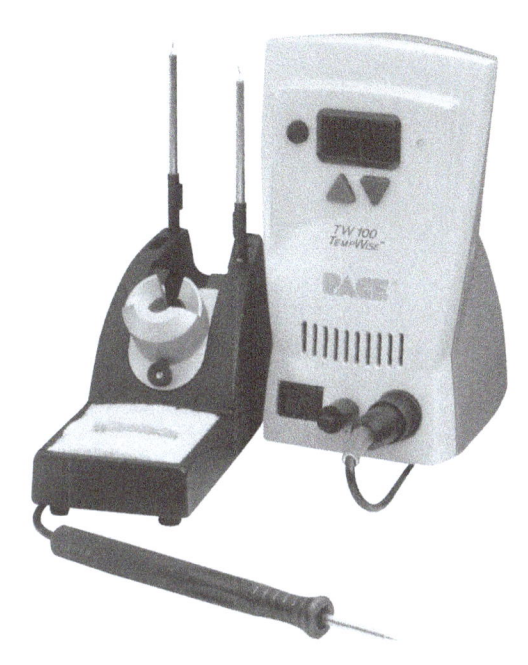

Figura A-7 Ferro de solda do tipo lápis com pontas que podem ser trocadas.

de solda não for utilizado, a ponta deve ser revestida com uma camada de solda.

❯❯ Realizando a conexão de solda

A ponta do ferro de solda deve ser aplicada à área de massa térmica máxima na conexão que deve ser feita. Isso permitirá que a temperatura dos terminais soldados aumente rapidamente, tornando o processo de solda mais eficiente. A solda fundida flui adequadamente em direção à parte da conexão que está sob preparação.

Quando a conexão de solda é aquecida, uma pequena quantidade de material é aplicada na ponta para aumentar a conexão térmica com a área aquecida. A solda é então aplicada no lado oposto da conexão de forma que a superfície de trabalho seja capaz de derretê-la, e não o ferro de solda. Nunca derreta a solda encostando-a na ponta do ferro, permitindo que ela escorra sobre uma superfície cuja temperatura seja inferior ao ponto de fusão.

A solda com fluxo aplicada em uma superfície limpa e devidamente aquecida derreterá e escorrerá sem contato direto com a fonte de calor, formando uma camada fina sobre a superfície (Figura A-8). A soldagem inadequada apresentará um aspecto irregular, de forma que não existirá um filete côncavo. Os componentes soldados devem ser mantidos de forma estática até que a temperatura seja reduzida, permitindo a solidificação da solda. Isso evitará que a conexão de solda torne-se inadequada ou sofra rupturas.

A seleção de solda com núcleo com diâmetro adequado auxiliará no controle da quantidade de solda que é aplicada na conexão (por exemplo, utilização de diâmetros menores ou maiores para conexões de menor ou maior porte, respectivamente).

❯❯ Remoção do fluxo

A limpeza pode ser necessária para remover determinados tipos de fluxo após a soldagem. Se a limpeza for necessária, o resíduo do fluxo deve ser removido assim que possível, preferivelmente dentro de até uma hora após o término do processo de soldagem.

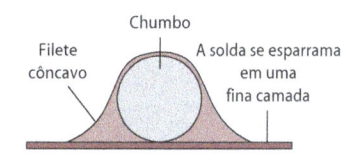

Figura A-8 Seção transversal de um terminal redondo soldado sobre uma superfície plana.

apêndice B

Dispositivos termiônicos

Dispositivos termiônicos (tubos a vácuo) dominaram a eletrônica até o princípio da década de 1950. Desde aquela época, os dispositivos de estado sólido tornaram-se a tecnologia dominante. Atualmente, tubos a vácuo são utilizados apenas em aplicações especiais, como amplificadores RF de alta potência, tubos de raios catódicos (incluindo as telas dos televisores) e alguns dispositivos de micro-ondas. A emissão termiônica envolve o uso de calor para liberar elétrons de um elemento denominado catodo. O calor é produzido energizando-se um filamento ou circuito aquecedor no interior do tubo. Um segundo elemento denominado anodo pode ser utilizado para atrair os elétrons liberados. Como cargas opostas se atraem, o anodo se torna positivo em relação ao catodo.

Um terceiro eletrodo pode ser inserido entre o anodo e o catodo para controlar o movimento dos elétrons entre esses terminais. Assim, este eletrodo é chamado de grade de controle, sendo normalmente negativo em relação ao catodo. A carga negativa repele os elétrons do catodo e evita que estes alcancem o anodo. De fato, o tubo pode ser atravessado por um potencial de grade altamente negativo. A Figura B-1 mostra o símbolo esquemático de uma válvula triodo a vácuo e as polaridades envolvidas. À medida que o sinal se desloca no sentido positivo, a corrente de placa aumenta. À medida que o sinal se desloca no sentido positivo, a corrente de placa diminui. Assim, a corrente de placa é uma função do sinal aplicado à grade. A potência do sinal do circuito da grade é muito menor que aquela do circuito da placa. O tubo a vácuo fornece um ganho de potência satisfatório.

Tubos a vácuo podem utilizar grades adicionais localizadas entre a grade de controle e a placa para se obter uma operação otimizada. As grades adicionais melhoram o ganho e o desempenho em alta frequência. O tubo da Figura B-1 é chamado de válvula triodo a vácuo (sendo que o aquecedor não é considerado um elemento do arranjo). Se uma grade com tela for incluída, tem-se um tetrodo (quatro eletrodos). Se forem incluídas uma grade

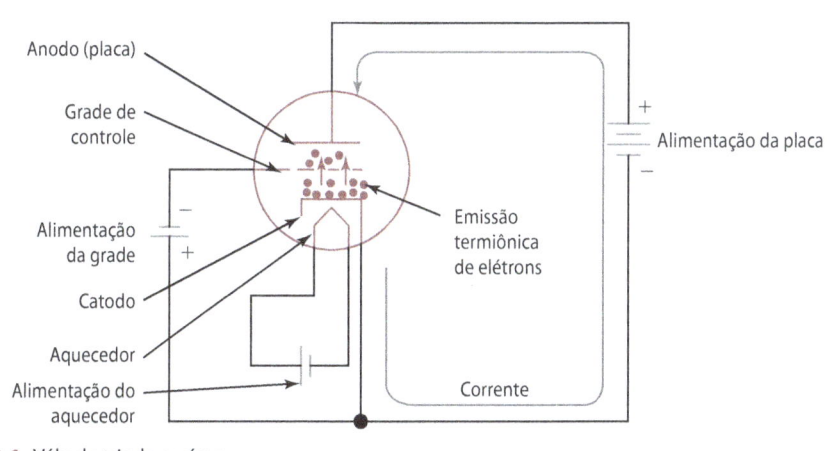

Figura B-1 Válvula triodo a vácuo.

com tela e uma grade supressora, o dispositivo se torna um pentodo (cinco eletrodos). A utilização de tubos a vácuo resulta em excelentes amplificadores de alta potência. É possível operar alguns tubos a vácuo com potenciais da ordem de milhares de volts e correntes de placa medidas em ampères. Esses tubos fornecem potências de saída da orem de diversos milhares de watts. É até mesmo possível desenvolver amplificadores RF modulados em amplitude com potências de 2.000.000 W utilizando quatro tetrodos especiais, sendo este um exemplo da capacidade de potência extraordinária dos tubos a vácuo.

O tubo de raios catódicos é um tubo a vácuo empregado na visualização de gráficos, figuras ou dados. A Figura B-2 mostra uma estrutura básica, onde o catodo é aquecido e produz uma emissão termiônica. Um potencial positivo é aplicado ao primeiro anodo, ao segundo anodo e ao revestimento de aquadag. Esse campo positivo acelera o fluxo de elétrons em direção à tela. O interior da tela é revestido com um fósforo químico que emite luz quando é atingido por um feixe de elétrons.

De acordo com a Figura B-2, os elétrons são focados na forma de um fluxo estreito, o que permite produzir um pequeno ponto de luz na tela. As placas de deflexão podem mover o eixo na horizontal e na vertical. Por exemplo, uma tensão positiva aplicada na placa de deflexão vertical superior atrairá o feixe, que então se movimentará para cima. Assim, o ponto de luz pode se mover para qualquer posição da tela.

A grade mostrada na Figura B-2 permite o controle da intensidade do eixo. Uma tensão negativa aplicada na grade repelirá os elétrons do catodo, evitando que estes cheguem à tela. Uma alta tensão negativa provocará a parada do fluxo de elétrons, de modo que o ponto de luz desaparecerá.

Controlando a posição e a intensidade do ponto, qualquer tipo de informação de uma figura pode ser apresentado na tela. Como o fósforo retém o brilho momentaneamente e o olho humano é capaz de registrar a imagem por um breve período, o efeito de movimentação do ponto ao longo da tela representa uma figura completa na tela. Se isso for repetido continuamente, o efeito de um filme é produzido. É assim que o tubo de uma televisão funciona. As cores podem ser exibidas utilizando diversos tipos de fósforos químicos.

O sistema de deflexão pode ser diferente daquele mostrado na Figura B-2. A deflexão magnética utiliza bobinas enroladas ao redor do estrangulamento do tubo de raios catódicos. Quando uma corrente circula no tubo, o campo magnético resultante defletirá o feixe de elétrons. Tubos de imagem de televisores normalmente empregam a deflexão magnética, ao passo que osciloscópios utilizam a deflexão eletrostática.

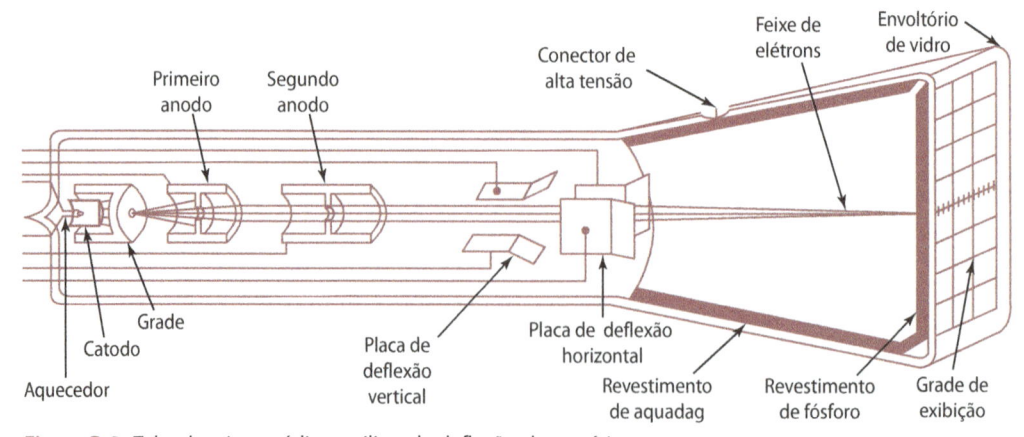

Figura B-2 Tubo de raios catódicos utilizando deflexão eletrostática.

Glossário de termos e símbolos

Termo	Definição	Símbolo ou Abreviação
Acoplamento	Significado da transferência de sinais eletrônicos.	
Acoplamento capacitivo	Método de transferência de sinal que utiliza um capacitor série para bloquear ou eliminar a componente CC do sinal.	
Alias	Sinal quantizado inadequadamente representado como um sinal de frequência mais baixo (esses sinais são evitados com o uso de uma frequência de amostragem adequada e um filtro *anti-alias*).	
Amostras	Valor único obtido durante o processo de quantização (o número da amostra é normalmente representado pelo índice *n*).	$x_{[n]}$
Amplificador	Circuito ou dispositivo projetado para aumentar o nível de um sinal.	▷
Amplificador base comum	Configuração de amplificador de onde o sinal de entrada é realimentado no terminal emissor, sendo que o sinal de saída é obtido a partir do terminal coletor.	BC
Amplificador coletor comum	Configuração de amplificador de onde o sinal de entrada é realimentado no terminal base, sendo que o sinal de saída é obtido a partir do terminal emissor. É também conhecido como seguidor de emissor.	CC
Amplificador de erro	Circuito ou dispositivo de ganho que responde ao erro (diferença) entre dois sinais.	▷
Amplificador de potência	Amplificador projetado para possuir um nível considerável de tensão de saída, corrente de saída ou ambos. É também conhecido como amplificador de grandes sinais.	▷

Termo	Definição	Símbolo ou Abreviação
Amplificador diferencial	Dispositivo de ganho que responde à diferença seus dois terminais de entrada.	
Amplificador emissor comum	Tipo de amplificador mais amplamente utilizado, onde o sinal de entrada é realimentado no terminal base, sendo que o sinal de saída é obtido a partir do terminal coletor.	EC
Amplificador inversor	Amplificador onde o sinal de saída é defasado em 180° da entrada.	
Amplificador não inversor	Amplificador onde o sinal de saída encontra-se em fase com o sinal de entrada.	
Amplificador operacional	Amplificadores de alto desempenho com entradas inversora e não inversora. São normalmente empregados na forma de circuito integrado para desempenhar diversas funções e obter ganhos variados.	Amp op
Ângulo de condução	Número de graus elétricos que representa o intervalo durante o qual um dado dispositivo se encontra ativo.	
Anodo	Elemento de dispositivo eletrônico que recebe o fluxo de corrente de elétrons.	
Arsenieto de Gálio	Material semicondutor utilizado em aplicações de alta frequência.	GaAs
Atenuador	Circuito utilizado para reduzir a amplitude de um sinal.	
Avalanche	Condução reversa repentina de um componente eletrônico ocasionada pela tensão reversa excessiva aplicada em seus terminais.	
Avalanche térmica	Condição de um circuito onde a temperatura e a corrente são mutuamente interdependentes e se tornam incontroláveis.	
Banda lateral simples (ou única)	Variação da modulação em amplitude. A portadora e uma das duas bandas laterais são suprimidas. A sigla significa *single sideband*.	SSB
Bandas laterais	Frequências inferiores e superiores à frequência portadora, criadas pela modulação.	
Barreira de potencial	Diferença de potencial existente na região de depleção de uma junção PN.	
Base	Região central de um transistor de junção bipolar que controla o fluxo de corrente do emissor para o coletor.	B
Beta	Ganho de corrente entre base e coletor em um transistor de junção bipolar. Também é chamado de h_{FE}.	β
Brickwall	Resposta em frequência de um filtro ideal (a transição da banda passante para a banda de corte ocorre imediatamente). Os filtros reais que apresentam resposta retangular são ditos aguçados.	

Termo	Definição	Símbolo ou Abreviação
Busca de problemas	Processo lógico e sequencial de ações para determinar falhas ou problemas em um circuito, parte de um equipamento ou um sistema.	
Capacitor de desacoplamento	Capacitor que elimina a componente CC do sinal.	
Casamento de impedância	Condição onda a impedância da fonte de um sinal se iguala à impedância da carga do sinal. É normalmente desejada no sentido de se obter a melhor transferência de potência da fonte para a carga.	
Cascata	Conexão de um dispositivo seguido de outro. A saída do primeiro circuito é conectada à entrada do segundo e assim por diante. Circuitos como filtros e amplificadores podem ser conectados em cascata.	
Catodo	Elemento de um dispositivo eletrônico que fornece o fluxo de corrente de elétrons.	
Ceifador	Circuito que remove parte de um sinal. O ceifamento pode ser necessário em um amplificador linear ou um limitador.	
Classe	Forma de categoria de amplificador baseada na polarização e no ângulo de condução.	
Chave estática	Chave que não possui partes móveis, sendo geralmente constituída por tiristores.	
Ciclos limites	Oscilações indesejadas em um processador digital de sinais causadas por erros de quantização ou de estouro numérico.	
Circuito aberto	Condição de resistência ou impedância infinita e fluxo de corrente nulo.	
Circuito com sinais mistos	Circuito que contém tanto funções analógicas quanto digitais. Muitos circuitos integrados consistem em dispositivos com sinais mistos.	
Circuito Darlington	Circuito que utiliza dois transistores bipolares diretamente acoplados para obter ganho de corrente muito alto.	
Circuito de comando de entrada (*bootstrap*)	Circuito de realimentação normalmente empregado para aumentar a impedância de entrada de um amplificador. O termo também pode ser utilizado para se referir a um circuito utilizado para iniciar alguma ação quando o sistema é energizado pela primeira vez.	
Circuito integrado	Combinação de vários componentes de circuitos em uma única estrutura cristalina (monolítica), em um substrato de suporte (filme grosso) ou em uma combinação de ambos.	CI
Circuito tanque	Circuito *LC* paralelo.	

Termo	Definição	Símbolo ou Abreviação
Circuitos discretos	Circuito eletrônico composto de dispositivos individuais (transistores, diodos, resistores, capacitores, entre outros) interconectados com fios ou trilhas em placas de circuito impresso.	
Coeficiente	Valor fixo empregado no processo de acumulação e multiplicação de um sistema DSP (o número coeficiente é normalmente representado pela letra *n*). Coeficientes de filtros digitais também são chamados de *taps*.	$h_{[n]}$
Coeficiente de temperatura	Variação de uma dada grandeza ou característica a cada grau Celsius, a partir de uma dada temperatura.	
Coletor	Região de um transistor de junção bipolar que recebe o fluxo de portadores de corrente.	
Comparador	Amplificador de alto ganho que possui uma saída determinada pela magnitude relativa de dois sinais.	
Componente CA	Valor que flutua ou se altera em uma forma de onda ou um sinal. Uma corrente CC pura não possui componente CA.	
Componente CC	Valor médio de uma forma de onda ou sinal. Sinais puramente alternados possuem valor médio nulo, isto é, não possuem componente CC.	
Comutação	Interrupção do fluxo de corrente. Em circuitos com tiristores, o termo se refere ao método de desligamento do dispositivo.	
Controle automático de frequência	Circuito projetado para corrigir a frequência de um oscilador ou a sintonia de um receptor. A sigla significa *automatic frequency control*.	AFC
Controle automático de ganho	Circuito projetado para corrigir o ganho de um amplificador de acordo com o nível do sinal de entrada. A sigla significa *automatic gain control*.	AGC
Controle automático de volume	Circuito projetado para fornecer volume de saída constante a partir de um amplificador ou receptor de rádio. A sigla significa *automatic volume control*.	AVC
Conversor	Circuito que converte um nível de tensão CC em outro. O termo também pode se referir a um dispositivo capaz de converter a frequência.	
Conversor analógico-digital	Circuito ou dispositivo utilizado para converter um sinal ou grandeza analógica na forma digital (normalmente binária).	A/D
Conversor digital-analógico	Circuito ou dispositivo que converte um sinal digital em um sinal analógico equivalente.	Conversor D/A

Termo	Definição	Símbolo ou Abreviação
Convolução	Termo formal para o processo de acumulação e multiplicação que é utilizado no processamento digital de sinais para combinar amostras de sinais e coeficientes. O símbolo da convolução é o asterisco ($y_{[n]} = x_{[n]} * h_{[n]}$).	*
Corrente CC pulsante	Corrente CC que possui uma componente CA (por exemplo, a saída de um retificador).	
Corrente de fuga	Em semicondutores, corresponde a uma corrente dependente da temperatura que circula em condições de polarização reversa.	
Corrente puramente CA	Corrente alternada sem componente CC. Possui valor médio nulo.	
Corrente puramente CC	Corrente contínua sem componente CA. Não possui ondulação ou ruído, sendo representada por uma linha reta no osciloscópio.	
Corte	Condição de polarização onde não há fluxo de corrente.	
Cristal	Transdutor piezoelétrico utilizado para o controle da frequência, conversão de vibrações em eletricidade ou filtrar determinadas frequências. O termo também se refere à estrutura física dos semicondutores.	
Curva característica	Gráficos que representam o comportamento elétrico ou térmico de circuitos ou componentes eletrônicos.	
Decibéis	Um décimo de um bel. Taxa logarítmica utilizada para medir o ganho e a perda em circuitos e sistemas eletrônicos.	dB
Decimação	Redução da frequência de amostragem em um sistema DSP ao descartar amostras discretas. É também conhecido com subamostragem.	
Defeitos intermitentes	Falha que aparece apenas de tempos em tempos. Pode estar relacionada ao choque mecânico ou à temperatura.	
Demodulação	Recuperação da inteligência a partir de um sinal de rádio ou de televisão. É também conhecida como detecção.	
Depleção	Condição de indisponibilidade de portadores de corrente em um cristal condutor. O termo também se refere ao modo de operação de um transistor de efeito de campo no qual os portadores do canal são reduzidos pela tensão de gatilho.	
Descarga eletrostática	Fluxo de elétrons potencialmente destrutivo devido ao surgimento de um desbalanceamento de cargas ocasionado pela fricção entre dois materiais não condutores. A sigla significa *electrostatic discharge*.	ESD

Termo	Definição	Símbolo ou Abreviação
Descontinuidades	Mudança de amplitude de um sinal que ocorre em um instante de tempo nulo. Uma forma de onda consiste em um exemplo de descontinuidade, pois o valor máximo muda instantaneamente para o valor mínimo.	
Desvio ou *bypass*	Filtro passa-baixa empregado para remover a interferência em alta frequência de uma fonte de alimentação ou componente, como um capacitor que fornece um caminho de baixa impedância para a corrente em alta frequência.	
Detector de passagem por zero	Comparador que muda de estado quando sua entrada cruza o ponto de tensão nula.	
Detector de produto	Detector especial que recebe transmissões com a portadora suprimida, como uma largura de banda única.	
Detector de razão	Circuito utilizado para detectar sinais modulados em frequência.	
Diacs	Dispositivo semicondutor bilateral utilizado no disparo de outros dispositivos.	
Diagrama de blocos	Desenho que utiliza um bloco com nome próprio para representar cada seção principal de um sistema eletrônico.	▢—▢—▢
Diagramas de Bode	Gráfico que demonstra o desempenho do ganho ou da fase de um circuito eletrônico em diversas frequências.	
Diodo	Componente eletrônico de dois terminais que permite que a corrente circule em um único sentido. Tipos diferentes de diodo podem ser empregados na retificação, regulação, sintonia, disparo e detecção. Também podem ser empregados como indicadores.	▶︎|
Diodo zener	Diodo projeto para operação na região de ruptura com queda de tensão estável. É normalmente utilizado como regulador de tensão.	▶︎|
Discriminador	Circuito empregado na detecção de sinais modulados em frequência.	
Dispositivo bipolar	Existência de duas polaridades de portadores (lacunas e elétrons).	
Dispositivo chaveado	Circuito ou arranjo onde o elemento de controle é ligado e desligado para se obter alta frequência.	
Dispositivo linear	Circuito ou componente onde a saída corresponde a uma função de primeiro grau (reta) da entrada.	
Dispositivo programável	Elemento ou circuito onde as características operacionais podem ser modificadas por meio de uma tensão ou corrente de programação, ou ainda algumas informações de entrada.	

Termo	Definição	Símbolo ou Abreviação
Distorção	Mudança (normalmente indesejada) em algum aspecto do sinal.	
Distorção de cruzamento	Distúrbios em um sinal analógico capazes de afetar parte do sinal próxima ao eixo zero ou ao eixo médio.	
Domínio da frequência	Perspectiva de análise onde a amplitude do sinal é plotada em função da frequência do sinal (sendo que a visualização em um analisador de espectro consiste em um exemplo).	
Domínio do tempo	Perspectiva de análise onde a amplitude é plotada em função do tempo (sendo que a tela de um osciloscópio consiste em um exemplo).	
Dopagem	Processo de adição de átomos como impurezas em cristais semicondutores para modificar suas propriedades elétricas.	
Dreno	Terminal de um transistor de efeito de campo que recebe os portadores de corrente a partir do terminal fonte.	D
Eletrônica analógica	Ramo da eletrônica que trata de grandezas que variam infinitamente. É também chamada de eletrônica linear.	
Eletrônica digital	Ramo da eletrônica que trata de níveis de sinais finitos e discretos. A maioria do sinais é binária, sendo altos ou baixos.	
Emissor	Região de um transistor bipolar de junção que envia os portadores de corrente para o emissor.	E
Encaixe de terminais (*Lead dress*)	Posição exata e comprimento de dispositivos eletrônicos e seus respectivos terminais. Pode afetar o desempenho de determinados circuitos (especialmente aqueles que operam em altas frequências).	
Epitaxial	Camada de cristal fina depositada que forma uma parte da estrutura elétrica de determinados semicondutores.	
Erro de quantização	Diferença entre os valores originais do sinal contínuo e os valores quantizados (discretos). Esse erro diminui à medida que o número de bits aumenta.	
Fenômeno de Gibb	Distorções em um sinal periódico composto por uma série de Fourier que são causadas por descontinuidades existentes nesse sinal.	
Filtro	Circuito projetado para separar uma dada frequência ou grupo de frequências das demais.	
Filtro capacitivo	Circuito de filtragem (normalmente utilizado em uma fonte de alimentação) que emprega um capacitor como primeiro componente do arranjo.	

Termo	Definição	Símbolo ou Abreviação
Filtro de entrada tipo choque	Circuito de filtragem (normalmente utilizado em uma fonte de alimentação) que emprega um indutor de filtro (*choke*) como primeiro componente do arranjo.	
Filtros digitais	Sistema que separa as frequências de um sinal utilizando processamento digital de sinais (DSP).	
Flip-flop	Circuito eletrônico que possui dois estados. É também conhecido como multivibrador. Pode possuir oscilação livre (como um oscilador) ou exibir um ou dois estados estáveis.	
Flyback	Classe de circuitos indutivos onde a energia é transferida durante o colapso do campo magnético em uma bobina ou transformador.	
Fonte	Terminal de um transistor de efeito de campo que envia portadores para o dreno.	S
Fonte de alimentação bipolar	Fonte de alimentação que produz tensões positivas e negativas em relação ao referencial de terra. Também é chamada de fonte dual ou simétrica.	
Frequência de amostragem	Taxa na qual um sinal contínuo é convertido em um sinal discreto.	f_s
Frequência de Nyquist	Corresponde à metade da frequência de amostragem em um sistema DSP. Também é chamado de limite de Nyquist, pois representa a frequência mais alta com a qual o sistema é capaz de lidar.	$f_s/2$
Frequência de quebra	Frequência na qual a resposta ou ganho de um circuito é reduzida em 3 dB a partir da melhor resposta ou ganho.	f_b
Frequência intermediária	Frequência padrão de um receptor na qual todos os sinais de entrada são convertidos antes da detecção. A maior parte do ganho e da seletividade de um receptor é produzida no amplificador de frequência intermediária. A sigla significa *intermediate frequency*.	IF
Função periódica	Funções que se repetem continuamente ao longo do tempo (a exemplo de ondas senoidais, triangulares e quadradas).	
Fundamental	Menor frequência existente na série de Fourier.	
Ganho	Relação entre a saída e a entrada. Pode ser medido em termos da tensão, corrente ou potência. É também conhecido como multiplicação.	A ou G
Ganho de corrente	Característica de determinados componentes semicondutores onde uma pequena corrente é capaz de controlar outra corrente maior.	A_I
Ganho de potência	Relação entre a potência de saída e a potência de entrada, sendo normalmente expressa em decibéis.	A_P ou G_P

Termo	Definição	Símbolo ou Abreviação
Ganho de tensão	Razão entre a tensão de saída e a tensão de entrada de um amplificador, sendo normalmente expressa em decibéis.	A_v ou G_v
Gatilho	Terminal de um transistor de efeito de campo que controla a corrente de dreno.	G
Grampeadores	Circuito que soma uma componente CC a um sinal CA. É também conhecido como restaurador CC.	
Heterodinação	Processo de mixagem de duas frequências para criar novas frequências (soma e diferença).	
Histerese	Efeito com limiar dual que é verificado em determinados circuitos.	
Imagem	Segunda frequência indesejada com a qual um conversor heteródino interagirá para gerar a frequência intermediária.	
Integrador	Circuito eletrônico que fornece a soma continua de sinais ao longo de um dado período de tempo.	
Interferência eletromagnética	Forma de interferência que entra e sai de circuitos eletrônicos na forma de radiação de energia em alta frequência. A sigla significa *electromagnetic interference*.	EMI
Interpolação	Aumento da frequência de amostragem em um sistema DSP inserindo zeros entre amostras discretas (também chamada de sobreamostragem).	
Janela	Método de suavização dos coeficientes de filtros DSP (ou amostras discretas) no intuito de reduzir a oscilação causada pelo fenômeno de Gibb.	
Lacunas	Portadores positivamente carregados que se deslocam no sentido oposto ao fluxo de elétrons e podem ser encontrados em cristais semicondutores.	
Largura de banda de pequenos sinais	Faixa de frequência total de um amplificador na qual o ganho para pequenos sinais encontra-se a 3 dB de seu melhor ganho.	
Latch	Dispositivo que tende a permanecer em condução após o disparo inicial. O termo também se refere a um dispositivo digital que armazena uma de duas condições possíveis.	
Limitação de corrente	Tipo de limitação que impede o fluxo de corrente acima de um valor previamente determinado.	
Limitação de corrente *foldback*	Tipo de limitação de corrente onde a corrente decresce além do ponto de limiar à medida que a resistência de carga é reduzida.	
Limitador	Circuito que grampeia as porções com elevadas amplitudes de um sinal no intuito de reduzir o nível de ruído ou evitar que outro circuito seja disparado.	

Termo	Definição	Símbolo ou Abreviação
Limitador de surto	Circuito ou componente (normalmente um resistor) utilizado na limitação de surtos durante a energização em valores seguros.	
Malha de captura de fase	Circuito eletrônico que utiliza realimentação e um comparador de fase para controlar a frequência ou a velocidade. A sigla significa *phase-locked loop*.	PLL
Malha de terra	Curto-circuito (indesejado) ocasionado por equipamento de teste aterrado ou outro nó de conexão com o terra que normalmente deveria conduzir corrente.	
Modo de condução crítica	A corrente de carga passa a circular em um transformador no exato momento em que a corrente de descarga se anula. Circuitos *flyback* são capazes de operar nesse modo. A sigla significa *critical conduction mode*.	CCM
Modo de intensificação	Operação de um transistor de efeito de campo onde a tensão de gatilho é utilizada para gerar mais portadores de corrente no canal.	
Modulação	Processo de controle de algum aspecto do sinal periódico, como amplitude, frequência ou largura de pulso. Utilizado para inserir inteligência em sinais de rádio ou televisão.	
Modulação em amplitude	Processo de utilização de um sinal com frequência mais baixa para controlar a amplitude instantânea de um sinal com frequência mais alta. É normalmente empregada para inserir inteligência (áudio) em um sinal de rádio.	AM
Modulação em frequência	Processo de utilização de um sinal de frequência mais baixa para controlar a frequência instantânea de outro sinal com frequência mais alta. É normalmente empregada para inserir inteligência (áudio) em um sinal de rádio.	
Modulação por largura de pulso	Controle da largura de ondas retangulares no intuito de inserir inteligência ou controlar o valor médio CC. A sigla significa *pulse-width modulation*.	PWM
Modulador balanceado	Modulador em amplitude especial projetado para cancelar a portadora, disponibilizando apenas as bandas laterais como saídas. É utilizado em transmissores com banda lateral única.	

Termo	Definição	Símbolo ou Abreviação
Múltiplos caminhos	Os sinais de rádio se refletem em vários objetos, de forma que o sinal recebido pode ser comprometido quando várias componentes chegam ao receptor em instantes distintos. A distorção multicaminho pode ocasionar erros de dados e desempenho insatisfatório em redes sem fio.	
Multiplexação por divisão de frequência	Utilização de duas ou mais frequências portadoras em um único meio. Seu propósito é aumentar a quantidade de informação que pode ser enviada em um dado período de tempo.	FDM
Multiplicação e acumulação	Processo básico utilizado em DSP. Amostras de sinais e coeficientes são multiplicados e acumulados. O nome formal do processo é convolução. A sigla significa *multiply and accumulate*.	MAC
Multiplicadores de frequência	Circuito cuja frequência de saída é um múltiplo inteiro da frequência de entrada. Também é conhecido como dobrador, triplicador, etc.	
Multiplicadores de tensão	Circuito de alimentação CC utilizados no aumento da tensão da rede CA sem o uso de transformadores.	
Neutralização	Aplicação de uma realimentação externa a um amplificador para cancelar o efeito da realimentação interna (no interior do transistor).	
Offset	Erro na saída de um amplificador operacional ocasionado por desbalanços no circuito de entrada.	
Onda contínua	Tipo de modulação onde a portadora é ligada e desligada seguindo um dado padrão como o código Morse. A sigla significa *continuous wave*.	CW
Ondulação	Componente CA existente na saída de uma fonte de alimentação CC.	
Optoisolador	Dispositivo de isolação que utiliza luz para conectar a saída à entrada. É utilizado em casos onde deve haver uma resistência elétrica extremamente alta entre a saída e a entrada.	
Oscilador	Circuito eletrônico que gera formas de onda CA e frequências variadas a partir de uma fonte CC.	
Oscilador Clapp	Oscilador Colpitts sintonizado em série conhecido por sua ótima estabilidade de frequência.	
Oscilador Colpitts	Circuito que normalmente emprega um tanque capacitivo com *taps*.	
Oscilador controlado numericamente	Outro termo utilizado para designador o sintetizador digital direto (DDS). A sigla significa *numerically-controlled oscillator*.	NCO

Termo	Definição	Símbolo ou Abreviação
Oscilador controlado por tensão	Circuito oscilador onde a frequência de saída é função de uma tensão de controle CC. A sigla significa *voltage-controlled oscillator*.	VCO
Oscilador de frequência de batimento	Circuito receptor de rádio que fornece um sinal portador para o código de demodulação ou transmissores com banda lateral única.	BFO
Oscilador Hartley	Circuito conhecido pela utilização de tanque indutivo com *taps*.	
Osciladores com frequência variável	Oscilador com frequência de saída ajustável. A sigla significa *variable-frequency oscillator*.	VFO
Osciladores de relaxação	Osciladores caracterizados por componentes de temporização *RC* para controlar a frequência do sinal de saída.	
Placa de circuito impresso	Lâmina com revestimento de cobre sobre uma superfície isolante como fibra de vidro ou resina epoxy. Partes do cobre são removidas, deixando apenas as conexões dos componentes eletrônicos que constituem circuitos completos.	PCI
Polarização	Tensão ou corrente de controle aplicada em um circuito ou dispositivo eletrônico.	
Ponto de operação	Condição média de um circuito determinada por uma tensão ou corrente de controle. Também é denominado ponto quiescente.	
Portador	Carga ou partícula em movimento em um dispositivo eletrônico que mantém o fluxo de corrente. O termo também pode se referir a um sinal de rádio ou televisão não modulado.	
Portadores majoritários	Correspondem aos elétrons em um semicondutor do tipo N. Em um semicondutor tipo P, são representados pelas lacunas.	
Portadores minoritários	Correspondem aos elétrons em um semicondutor do tipo P. Em um semicondutor tipo N, são representados pelas lacunas.	
Processamento digital de sinais	Sistema que utiliza conversores A/D e D/A juntamente com um microprocessador para alterar as características de um sinal analógico. A sigla significa *digital signal processor*.	DSP
Produto ganho-largura de banda	Alta frequência na qual o ganho do amplificador é 0 dB (unitário)	$f_{unitário}$
Proteção *crowbar*	Circuito de proteção utilizado para queimar um fusível ou abrir o circuito da fonte de alimentação no caso da ocorrência de sobretensões.	

Termo	Definição	Símbolo ou Abreviação
Push-pull	Circuito que utiliza dois dispositivos, onde cada um dos mesmos atua durante metade da oscilação completa do sinal.	
Quadratura	Relação de defasagem de 90° entre dois sinais.	
Quantização	Processo de conversão de um sinal contínuo em um sinal discreto (também conhecido por conversão analógica digital ou A/D).	
Razão de rejeição de modo comum	Relação entre o ganho diferencial e o ganho de modo comum em um amplificador. Mede a capacidade de rejeitar um sinal de modo comum e é normalmente expresso em decibéis. A sigla significa *common-mode rejection ratio*.	CMRR
Realimentação	Aplicação de parte do sinal de saída de um circuito novamente na entrada. Existente em sistemas de malha fechada, onde uma saída é conectada a uma entrada.	
Recursivos	Filtro que utiliza realimentação. Em um sistema DSP, a saída exibirá resposta de impulso infinito (IIR). A resposta de um sistema IIR decresce exponencialmente após sua entrada se tornar nula.	
Rede de acesso local sem fio	Sistema de comunicação em radiofrequência que estabelece uma comunicação entre dispositivos digitais e sistemas. A sigla significa *wireless local area network*.	WLAN
Rede de avanço-atraso	Circuito que fornece amplitude máxima e deslocamento de fase para uma dada frequência denominada ressonante. Produz ângulos de avanço e de atraso abaixo e acima da frequência de ressonância, respectivamente.	
Rede duplo T	Circuito que contém dois ramos arranjados na forma da letra *T*, podendo ser empregado como filtro *notch* ou controlar a frequência de um oscilador.	
Região ativa	Região de operação entre a saturação e o corte. A corrente em um dispositivo ativo é função da polarização de controle.	
Regulador	Circuito ou dispositivo utilizado para manter uma dada grandeza constante.	
Regulador de tensão	Circuito utilizado na estabilização da tensão.	
Relação intrínseca de afastamento	Em um transistor de unijunção, representa a relação de tensão necessária para disparar e levar o transistor à tensão total aplicada em seus terminais.	η
Rendimento	Relação que indica a potência útil de saída extraída a partir da entrada.	η

Termo	Definição	Símbolo ou Abreviação
Resistência série efetiva	Resistência parasita de um componente. É normalmente mais evidente em capacitores eletrolíticos, que desenvolvem alta resistência e podem dissipar potência considerável. A sigla significa *effective series resistance*.	ESR
Resistor de drenagem	Carga fixa utilizada para descarregar (drenar) filtros.	
Resistores *swamping*	Resistor utilizado para minimizar diferenças em componentes individuais. Podem ser utilizados para garantir o balanço ou divisão da corrente em dispositivos conectados em paralelo.	
Resposta ao impulso finita	A saída do sistema sempre é reduzida a zero depois que a entrada retorna a zero (sistema DSP sem realimentação). A sigla significa *finite impulse response*	FIR
Retificação	Processo de conversão de corrente alternada em corrente contínua.	
Retificador controlado de silício	Dispositivo utilizado no controle de temperatura, luminosidade ou velocidade de um motor. A condução ocorre do catodo para o anodo quando o dispositivo é disparado. A sigla significa *silicon-controlled rectifier*.	SCR
Ruído	Porção indesejada ou inteferência em um sinal.	
Saturação	Condição na qual um dispositivo como um transistor permanece ativado. Quando um dispositivo encontra-se saturado, o fluxo de corrente é limitado por uma carga externa conectada em série com o mesmo.	
Saturação forte	Estado no qual um dispositivo como um transistor possui um sinal de entrada maior que o necessário para mantê-lo plenamente ativo.	
Saturação fraca	Situação limite na qual um dispositivo como um transistor possui um sinal de entrada suficiente apenas para permanecer em condução plena.	
Schmitt *trigger*	Amplificador com histerese utilizado no condicionamento de sinais em circuitos digitais.	
Seletividade	Capacidade de um circuito selecionar frequências de interesse existentes entre uma ampla faixa de frequência.	
Semicondutor óxido metálico	Dispositivo semicondutor discreto ou integrado que utiliza um metal e um óxido (dióxido de silício) como parte importante de sua estrutura. A sigla significa *metal oxide semiconductor*.	MOS
Semicondutor óxido metálico complementar	Circuitos integrados que contêm transistores de canais N e P. A maioria dos circuitos integrados utiliza esta estrutura. A sigla significa *complementary metal oxide semiconductor*.	CMOS

Termo	Definição	Símbolo ou Abreviação
Semicondutores	Categoria de materiais que possuem quatro elétrons de valência e características elétricas intermediárias entre condutores e isolantes.	
Sensibilidade	Capacidade de um circuito de responder a sinais fracos.	
Série de Fourier	Número de ondas senoidais que devem ser somadas entre si para sintetizar uma dada função periódica.	
Servomecanismo	Circuito de controle que regula o movimento ou a posição.	
Silício	Elemento químico que consiste em um material semicondutor utilizado na fabricação da maioria absoluta dos dispositivos de estado sólido como diodos, transistores e circuitos integrados.	
Simetria complementar	Circuito projetado com dispositivos que possuem polaridades opostas, como transistores NPN e PNP.	
Sinal contínuo	Sinal com número infinito de amplitudes (também conhecido como sinal analógico).	
Sinais discretos	Sinal com número limitado de amplitudes (também chamado de sinal digital).	
Sinal modulado por código de pulso	Um sinal é representado por uma série de números binários, sendo que tais sinais são encontrados na saída de conversores analógicos-digitais. Esses sinais são encontrados na forma serial (1 *bit* por vez) ou paralela (8, 16, 24 ou 32 bits por vez). A sigla significa *pulse-code modulation*.	PCM
Sintetizador de frequências	Método de geração de muitas frequências exatas sem recorrer a múltiplos osciladores controlados por cristal. Baseia-se normalmente em tecnologia PLL ou DDS.	
Sintetizador digital direto	Método de geração de formas de onda baseado em uma tabela de busca e um acumulador de fase. A sigla significa *direct digital synthesis*.	DDS
Sistema multitaxa	Sistema DSP onde mais de uma frequência de amostragem é utilizada ou alterada por meio de interpolação, decimação ou ambos os processos.	
Sistemas embarcados	Sistemas onde *hardware* e *software* são combinados em um único CI ou vários CIs.	
Slew rate	Capacidade de um circuito de produzir uma ampla variação na saída em um curto período de tempo.	
Super-heteródino	Receptor que utiliza o processo de conversão de frequência heteródino para converter a frequência de um dado sinal de entrada em uma frequência intermediária.	
Supressores de radiofrequência	Bobina utilizada para eliminar ou bloquear frequências de rádio (altas) A sigla significa *radio-frequency choke*.	RFC

Termo	Definição	Símbolo ou Abreviação
Tap	Coeficiente utilizado em um filtro digital.	
Tecnologia de montagem sobre superfície	Método de fabricação de circuitos impressos no qual os terminais dos componentes são soldados lateralmente sobre a placa, sem atravessar orifícios existentes na superfície. A sigla significa *surface-mount technology*.	SMT
Terra virtual	Ponto não aterrado de um circuito que atua como um terminal de terra	
Tiristores	Termo genérico utilizado para representar dispositivos de controle como retificadores controlados a silício e triacs.	
Traçador de curvas	Dispositivo eletrônico utilizado para traçar curvas características em um tubo de raios catódicos.	
Transdutor	Dispositivo que converte um efeito físico em um sinal elétrico (a exemplo de um microfone). O termo pode também ser utilizado para designar um dispositivo que converte um sinal elétrico em um efeito físico (a exemplo de um motor).	
Transformada de Fourier	Procedimento matemático que converte sinais no domínio do tempo para o domínio da frequência.	
Transformada de Hilbert	Operação desempenhada por um sistemas DSP que desloca (ou defasa) um sinal discreto em 90°.	
Transformada discreta de Fourier	Procedimento matemático que converte um sinal discreto no domínio do tempo em um sinal discreto no domínio da frequência. A sigla significa *discrete Fourier transform*.	DFT
Transformada discreta de Fourier inversa	Procedimento matemático que converte um sinal no domínio da frequência para um sinal no domínio do tempo.	
Transformada rápida de Fourier	Procedimento de cálculo mais rápido que converte sinais discretos no domínio do tempo em sinais discretos no domínio da frequência. Baseia-se em um método eficiente de decomposição de números utilizando potências de dois. A sigla significa *fast Fourier transform*.	FFT
Transformador ferro-ressonante	Tipo especial de transformador de alimentação que emprega um capacitor ressonante e um núcleo saturado para obter regulação tanto na carga quanto na entrada.	
Transistor	Grupo de dispositivos de estado sólido de controle ou amplificação que normalmente possui três terminais.	
Transistor de efeito de campo	Dispositivo de estado sólido que emprega uma tensão de terminal (gatilho) para controlar a resistência do canal semicondutor.	FET

Termo	Definição	Símbolo ou Abreviação
Transistor de unijunção	Transistor utilizado em aplicações de controle e temporização. O dispositivo é repentinamente ligado quando a tensão do emissor atinge a tensão de disparo. A sigla significa *unijunction transistor*.	UJT
Transistor de unijunção programável	Dispositivos de resistência negativa utilizados em circuitos de temporização e controle, sendo disparados (ligados) por uma tensão pré-determinada que é estabelecida por dois resistores. Esses dispositivos substituíram os transistores de junção unipolar, que não são programáveis. A sigla significa *programmable unijunction transistor*.	PUT
Transistor série de passagem	Transistor conectado em série com a carga para controlar a tensão ou a corrente na carga.	
Transitório da rede CA	Tensão anormalmente alta de curta duração que surge na rede de alimentação CA.	
Triac	Dispositivo bidirecional de controle em onda completa que é equivalente à conexão de dois retificadores controlados a silício em antiparalelo (chave CA triodo).	
Varistores	Resistor não linear cuja resistência é uma função da tensão aplicada em seus terminais.	
Varistores de óxido metálico	Dispositivo utilizado para proteger circuitos e equipamentos sensíveis de transitórios da rede CA. A sigla significa *metal oxide varistor*.	MOV

Créditos das fotos

Prefácio

Página x (à esquerda): © Cindy Lewis; p. x (à direita): © Lou Jones.

Capítulo 2

Página 57, p. 62 (à esquerda): Cortesia de Tektronix; **p. 62 (no meio):** © Judith Collins/Alamy RF; **p. 62 (à direita):** Cortesia de Tektronix; **p. 69 (à esquerda):** Cortesia de Sony Electronics, Inc.; **p. 69 (à direita), p. 309:** © Judith Collins/Alamy RF.

Capítulo 3

Página 100: Cortesia de Vectron International.

Capítulo 4

Página 127 (canto superior esquerdo), p. 127 (canto superior direito), p. 127 (canto inferior esquerdo): Cortesia de Ericsson, Inc.; **p. 127 (no centro à direita):** © Don MacKinnon/Getty Images; **p. 127 (canto inferior direito):** Cortesia de Ericsson, Inc.; **p. 128 (no interior da figura, no canto superior esquerdo):** Cortesia de Magellan; **p. 128 (foto principal):** AP/Wide World Photos; **p. 128 (no interior da figura, no canto inferior esquerdo):** © Mark Reinstein/The Image Works; **p. 128 (no interior da figura, no canto inferior direito):** Cortesia de Casio; **p. 145:** Freescale Semiconductor; **p. 148:** Cortesia de Fluke.

Capítulo 5

Página 186: Cortesia de Onkyo; **p. 187:** Cortesia de Agilent Technologies, Inc. **p. 188 (à esquerda):** © Mark Joseph/Digital Vision/Getty; **p. 188 (à direita):** © Jeff Maloney/Vol. 39 Photodisc/Getty Images;

Capítulo 6

Página 213: © Blair Seitz/Photo Researchers, Inc.

Capítulo 8

Página 308: Cortesia de Pioneer Electronics; **p. 309:** Cortesia de Boeing Satellite Systems, Inc.

Índice

A

Ação do circuito tanque, 96-97
AD9850, 113-115
ADMC401, 286
AFC, 134-136
AGC, 130-131
AGC direto, 130-131
AGC reverso, 130-131
Ajuste de *offset*, 12-14
Alargador de pulso, 161
Alinhamento, 142-143
Alto valor de Q, 100-101
AM, 120-124
Ambiente estéril, 153
Amortecimento crítico, 202-204
Amostra, 254-256
Amostragem e retenção, 170-171
Amp op. *Veja* amplificador operacional (amp op).
Amp op BICMOS, 13-14
Amp op de alto desempenho, 26
Amp ops BIFET, 11-14
Amp ops programáveis, 12-13
Amplificador
    amp op. *Veja* amplificador operacional.
    buffer, 16-17
    diferencial, 1-11
    inversor, 18-21
    não inversor, 16-17, 20-21
    pequenos sinais. *Veja* amplificador de pequenos sinais.
    rendimento. *Veja* rendimento.
Amplificador com quatro estágios, 69-71
Amplificador de erro, 200-202, 220-221
Amplificador de grandes sinais, rendimento. *Veja* rendimento.
Amplificador de pequenos sinais realimentação negativa. *Veja também* realimentação negativa.
Amplificador diferencial, 1-11
    alimentação bipolar, 1-2
    análise, 5-11
    CMRR, 4-6
    ganho de modo comum, 7-8
    ganho diferencial, 7-8
    polarização com fonte de corrente, 10-11
    sinal de modo comum, 2-4
Amplificador não inversor com acoplamento CA, 19-21
Amplificador operacional (amp op), 1-50
    ajuste de *offset*, 12-14
    amplificador diferencial, 1-11. *Veja também* amplificador diferencial.
    amplificador inversor, 18-21
    amplificador não inversor, 16-17, 20-21
    amplificador somador, 26-27
    amplificador subtrator, 26-27
    BIFET, 11-12
    buffer, 16-17
    busca de problemas, 75-78
    capacitância intereletrodos, 23-24
    características, 11-12
    circuito integrado, 13-14
    circuitos com alimentação única, 44
    CMRR, 4-6
    comparador, 37-40, 44-46
    compensação externa, 26
    compensado internamente, 24-25
    condicionamento de sinais, 42-43
    diagrama de Bode, 21-22
    distorção, 14-15
    efeito Miller, 23-24
    efeitos da frequência, 22-26
    encapsulamento plástico, 4-5
    entrada inversora, 12-13
    entrada não inversora, 11-12
    erro de *offset* CC, 12-13
    filtros, 28-35
    filtros ativos, 28-40
    fórmulas, 48
    ganho, 16-23
    histerese, 42-43
    integrador, 37-42
    largura de banda de pequenos sinais, 22-23
    largura de banda de potência, 14-15
    latch-up (travamento), 75-77
    produto entre ganho e largura de banda, 22-23
    programável, 12-13
    realimentação negativa, 21-22
    realimentação positiva, 24-25
    rede de atraso *RC*, 22-24
    retificador, 35-40
    Schmitt *trigger*, 41-44
    seguidor de tensão, 16-17
    símbolo esquemático, 13-14
    slew rate, 14-15
    tensão de operação, 20-21
Amplificador RF estabilizado, 108-109
Amplificadores *buffer*, 16-17, 97-98
Analisador de espectro, 120-122
Analisador de espectro em tempo real, 265-267
Analisador de rede Fluke OptiView, 144-145
Analisador lógico, 292-293
Análise da resistência, 62-63
Análise da tensão, 60-62
Análise de corrente, 61-62

Análise RF do local, 144-145
Anodo, A9-A10
Aplicações da eletrônica híbrida, 44-46
Aplicações da tecnologia *boundary scan*, 80-83
Areia, 153
Aumento da frequência em uma década, 20-21
Avalanche térmica, 230-232
AVC, 130-131

B

Balanças digitais de banheiro, 172-174
Banda lateral, 120-122
Banda lateral dupla com portadora suprimida (DSBSC), 136-137
Banda lateral inferior (LSB), 120-122
Banda lateral simples (SSB), 134-138, 281-282
Banda lateral superior (USB), 120-122
BFO, 137-138
Blindagem, 107-108
Bluetooth, 125, 139-141
Boeing Satellite Systems (BBS), 297
Boundary scan, 78-83
Brownout, 213-214
Busca de problemas, 51-85
   amp op, 75-78
   analisador lógico, 292-293
   análise da corrente, 61-62
   análise da resistência, 62-63
   análise da tensão, 60-62
   boundary scan, 78-83
   carga fantasma, 64-65
   CI, 178-182
   circuitos de controle, 207-209
   DDS, 112-115
   defeitos intermitentes, 72-75
   diagramas de bloco *versus* diagramas esquemáticos, 65-67
   distorção, 69-73
   emulador, 292-294
   encaixe de terminais (*lead dress*), 248-249
   ESD, 54-58
   estático, 54-58
   falta CA, 62-63
   fontes chaveadas, 245-246
   fontes de alimentação reguladas, 242-249
   injeção do sinal, 58-61
   literatura de manutenção, 53-54
   método da cama de pregos, 78-80
   notebook de laboratório, 292-293
   o que você deve saber sobre, 53-54

   oscilador, 109-111
   receptor de rádio, 139-145
   regra dos 10%, 52-53
   ruído, 69-73
   saída baixa, 63-68
   saída reduzida, 63-68
   sem saída, 58-63
   sinais CA, 58-60
   sistema DSP, 290-297
   sobreaquecimento, 54-55
   teste automatizado, 77-83
   teste de circuitos analógicos, 80-83
   teste de *click*, 60-61
   traçado do sinal, 60-61, 71-72
   transitórios, 75-76
   travamento (*latch-up*), 75-77
   verificação elétrica, 53-54
   verificações preliminares, 51-58
   WLAN, 139-141, 143-144
Busca de problemas após o processo de produção, 77-80
Busca de problemas na produção, 77-78

C

Cabo blindado, 69-71
Cadeia de sinal, 58-60
Cadeia de varredura, 78-80
Calor, 75-76
Camada epitaxial, 156
Capacitância
   intereletrodo, 23-24
Capacitância entre eletrodos, 23-24
Capacitor
   com taps, 97-98
   de retenção, 170-171
   desvio. *Veja* capacitor de desvio.
   em ressonância, 214-215
   trimmer, 129-130
Características de técnicos bem sucedidos, 208-209
Carga exclusivamente CA, 207-208
Carga fantasma, 64-65
Carga resistiva, 207-208
Carregador de bateria controlado a SCR, 193-194
Catodo, A9-A10
Chave a dois transistores, 187-188
Chave com gatilho, 188-189
Chave eletrônica, 187-188
Chave estática, 194-196
Chave estática de três posições, 195-196
Chips com integração em escala muito grande (VLSI), 169-170
Chips VLSI, 169-170

CI. *Veja* circuito integrado (CI).
CI amplificador de áudio de potência, 164-165
CI com sinais mistos TLC04MF4A-50, 176-177
CI Comparador, 44-46
CI híbrido, 158
CI receptor FM, 165
CI regulador de tensão, 151-152, 223-224
CI temporizador NE555, 158-163
Circuito AGC, 67-68
Circuito amplificador diferencial, 5-6
Circuito com proteção por curto-circuito, 230-232
Circuito com realimentação múltipla, 33-34
Circuito de comutação classe A com SCR, 190-191
Circuito de comutação classe B com SCR, 190-191
Circuito de comutação classe C com SCR, 190-191
Circuito de comutação classe D com SCR, 190-193
Circuito de comutação classe E com SCR, 190-191
Circuito de comutação classe F com SCR, 190-191
Circuito de controle com diac-triac, 198-199
Circuito de controle com reostato, 186-187
Circuito de cruzamento por zero, 195-196
Circuito de elevação da corrente, 224-225
Circuito dobrador em ponte, 241-242
Circuito integrado (CI), 149-184
   amostragem e retenção, 170-171
   busca de problemas, 178-182
   CI híbrido, 158
   circuitos discretos, 149-150
   CIs analógicos, 164-165
   CIs com sinais mistos, 166-178
   confiabilidade, 150-151
   conversão A/D, 169-174
   conversão D/A, 172-176
   conversor *flash*, 170-173
   decodificação em tom, 166-167
   detector FM, 166-167
   dispositivos com capacitor chaveado, 174-178
   fabricação, 153-158
   formulário, 183-184
   nomenclatura, 181-182

PLL, 166-167
  sinal de referência, 168-169
  sintetizador de frequência, 167-168
  temporizador 555, 158-163
  tipos de encapsulamentos, 150-152
Circuito integrador, 37-40
Circuito integrador de luz, 40-41
Circuito PWM de controle de corrente, 205-206
Circuito sintonizado, 126-127
Circuito tanque, 96-97, 241-242
Circuitos amplificadores inversores, 19-20
Circuitos com alimentação única, 44
Circuitos cristais, 100-102
Circuitos de atraso, 202-205
Circuitos de avanço, 204-205
Circuitos de disparo do triac, 197-199
Circuitos de sobrecorrente, 228-230
Circuitos detectores FM, 134-136
Circuitos discretos, 149-150
Circuitos *flywheel*, 96-97
Circuitos integrados amplificadores operacionais, 13-14
Circuitos integrados reguladores de tensão, 223-224
Circuitos *LC*, 96-99
Circuitos *RC*, 90-96
Circuitos *snubber*, 195-196
CIs analógicos, 164-165
CIs com sinais mistos, 166-178
CMRR, 4-6
Código de termômetro, 171-173
Coeficiente, 254-256, 259-261
Comparador, 37-40, 44-46
Comparador em janela, 46
Comparador LM311, 44-46
Compensação em frequência, 106-107
Compensação externa, 26
Compensação interna, 24-25
Complemento de 2, 288-289
Componente em quadratura, 282-283
Componentes em fase, 282-283
Componentes especiais, 248-249
Computadores industriais, 207
Comunicação forçada, 190-191
Comunicação por meio da rede CA, 190-191
Comunicações, 119-147
  AGC, 130-131
  alinhamento, 142-143
  análise RF do local, 144-145
  banda lateral única (SSB), 134-138
  BFO, 137-138
  busca de problemas, 139-145
  circuito sintonizado, 126-127

detector de faixa, 134-136
discriminação, 133-135
FDM, 138-139
frequência intermediária (IF), 128-129
interferência, 142-143
interferência de imagem, 129-130
ISI, 144-145
limitador, 133-135
modulação em amplitude (AM), 120-124
modulação em frequência (FM), 132-136
modulação-demodulação, 119-120
modulador balanceado, 136-137
monitoramento, 127-128
oscilador, 128-129
receptor, 126-128
receptor super-heteródino, 128-131
receptor TRF, 127-128
rejeição de imagem, 129-130
seletividade, 126-127
sensibilidade, 126-127
sinais AM, 120-124
sinal DSBSC, 136-137
WLAN, 138-141
Comutação, 190-193
Condicionamento de sinais, 42-43
Conexão em cascata, 276-278
Conexão térmica, A4-A5
Configuração inversora, 238-239
Construção de um transformador de potência linear, 214-215
Controlador lógico programável (PLC), 190-191
Controle da chave, 186-187
Controle da tensão, 186-187
Controle de frequência automático (AFC), 134-136
Controle de ganho automático (AGC), 130-131
Controle de torque, 202-203
Controle de volume automático (AVC), 130-131
Controle do ângulo de condução, 190-191
Conversão A/D, 40-41, 169-174
Conversão analógica-digital (A/D), 40-41, 169-170
Conversão D/A, 172-176
Conversão de um sinal contínuo em um sinal discreto, 237-238
Conversão digital-analógica (D/A), 172-176
Conversor, 238-242
Conversor D/A de 4 bits, 174-175

Conversor de onda senoidal, 241-242
Conversor de onda senoidal com frequência controlado, 241-242
Conversor de tensão com capacitor chaveado, 174-176
Conversor de tensão em frequência, 37-40
Conversor *flash*, 170-173
Corrosão, 153-154
CRC, 144-145
Cristal de quartzo, 100
Cristal de sobretom, 101-102
Cristal oscilador, 100-101
Curva característica SCR, 188-189
Curva característica volt-ampère do SCR, 188-189

D

DDS, 110-115
Decodificação em tom, 166-167
Decodificador em tom PLL, 167-168
Defeito latente ESD, 56
Defeitos intermitentes sensíveis à tensão, 73-75
Defeitos térmicos intermitentes, 73-74
Deflexão eletrostática, A10
Deflexão magnética, A10
Demodulação, 122-123
Deposição, 153
Derivador, 204-205
Derivar, 159-160
Descarga eletrostática, 54-58
Descarga estática, 54-58
Descontinuidades, 263-264
Detecção, 122-123
Detector a transistor, 123-124
Detector AM, 122-123
Detector de fase, 166-167
Detector de largura de pulso, 134-136
Detector de passagem por zero, 37-40
Detector de produto, 137-138
Detector de quadratura, 134-136
Detector de razão, 134-136
Detector FM, 166-167
Detector PLL, 134-136
DFT, 265-267
Diac, 198-199
Diagrama de blocos DDS, 111-112
Diagrama de blocos gerais de um servomecanismo, 204-205
Diagrama de Bode, 20-22
Diagrama de Bode do amp op, 21-22
Difusão da isolação, 156

Digitalizador, 80-83
Diodo
  como detector, 123-124
Diodo com quatro camadas, 188-189
Diodo de roda livre, 205-206
Diodo *varicap*, 99
DIP, 150-152
Discriminação, 133-135
Dispositivo com desligamento por gatilho (GTO), 199-200
Dispositivo de disparo, 198-199
Dispositivo intermitente, 72-75
Dispositivos com capacitores chaveados, 174-178
Dispositivos de onda completa, 194-200
Dispositivos eletrônicos de controle
  busca de problemas, 207-209
  circuito de controle com reostato, 186-187
  controle da chave, 186-187
  controle de tensão, 186-187
  controle de torque, 202-203
  diac, 198-199
  dispositivos de onda completa, 194-200
  GTO, 199-200
  PWM, 205-206
  realimentação, 200-208
  SCR, 187-194
  servomecanismo, 200-204
  SSR, 195-196
  triac, 194-195
Dispositivos não lineares, 123-124
Dispositivos Polyswitch, 74-75
Dispositivos termiônicos, A9-A10
Distorção
  busca de problemas, 69-73
  receptor de rádio, 141-142
  slew-rate, 14-15
Distorção de slew rate, 14-15
Domínio da frequência, 120-122, 262-263
Domínio do tempo, 120-122, 262-263
Domínio s, 276-278
Domínio z, 276-278
Dopagem, 153
DSP. *Veja* processamento digital de sinais (DSP).
DSP56305, 139-141

E

Efeito Miller, 23-24
Em fase, 88-89
EMI, 12-13, 241-242, 247-249

Emissão termiônica, A9-A10
Emulador, 292-294
Encaixe de terminais (*lead dress*), 248-249
Encapsulamento em linha dupla (DIP), 150-152
Encapsulamentos plásticos de amp ops, 4-5
Entrada inversora, 12-13
Entrada não inversora, 11-12
Epitaxial, 156
Erro de *offset* CC, 12-13
Erro de polarização, 71-72
ESD, 54-58
Especificações
  CI, 181-182
  filtro passivo, 28-29, 32-33
  passivação, 153-154
Estação de trabalho protegida contra ESD, 57
Expressões. *Veja* fórmulas.

F

Fabricação de CIs, 153-158
Falta CA, 62-63
Fator indicador de reação da peça (WPI), A5-A6
Fator Q do cristal, 100-101
f_b, 20-21
FCC, 122-123
Fcem do motor, 200-202
FDM, 138-139
FDM ortogonal, 138-139
Federal Communications Commission (FCC), 122-123
Ferramentas de dessoldagem a vácuo, 73-74
Ferro de solda, 73-74
Ferros de solda, A4-A5
FFT, 265-267
Filtro,
  amp op, 28-35
  anti-aliasing, 254-256
  anti-imaging, 256-257
  ativo, 28-29, 36-40
  boxcar, 259-260
  brickwall, 28-29
  com capacitor chaveado, 178
  de Butterworth, 29-33
  de Chebyshev, 29-33, 256-257
  de Hilbert, 282-283
  definição, 28-29
  digital, 268-269
  FIR, 268-278
  IIR, 274-278

  média móvel, 259-261
  passa-baixa, 28-29, 32-34
  passa-faixa, 33-34, 276-278
  passivo, 28-29
  RC, 29-31
  real, 28-29
  rejeita-faixa, 33-35, 277-278
Filtro de Bessel, 30-32
Filtro de reconstrução, 254-257
Filtro elíptico, 30-32
Filtro passa-alta, 32-33
Filtro passa-baixa FIR com nove *taps*, 268-269
Filtro passa-baixa *LC*, 32-33
Filtro passa-baixa *RC* em cascata, 29-30
Filtro passa-faixa, 33-35
Filtro *RC*, 29-30
Filtro *RC* em cascata, 29-31
Filtro rejeita-faixa, 33-35
Filtros convoluídos, 279
Filtros em cascata, 279
Filtros maximamente planos, 30-32
Filtros passa-alta de quarta ordem, 32-33
Filtros passa-baixa de quarta ordem, 29-31
Filtros recursivos, 274-275
Firmware, 290-291
Flip-flop com oscilação livre, 104-105
Flutuante, 293-294
Fluxo, A2-A5, A7
Fluxo de dados, 113-114
FM, 132-136, 285-286
Fonte de alimentação bipolar, 1-2
Fonte de alimentação dual, 1-2
Fonte de alimentação dual com baterias, 2-4
Fonte de alimentação *flyback*, 245-247
Fonte de alimentação ininterrupta (UPS), 215-216
Fonte de alimentação protegida por varistor, 234-235
Fonte de alimentação regulada com realimentação, 220-221
Fonte de corrente, 8-9
Fontes de alimentação reguladas, 213-252
  avalanche térmica, 230-232
  busca de problemas, 242-249
  CI regulador de tensão, 223-224
  circuito de elevação de corrente, 224-225
  circuito de proteção por curto-circuito, 230-233

circuito dobrador em ponte, 241-242
configuração inversora, 238-239
conversor, 238-242
conversor de onda senoidal, 241-242
limitação de corrente, 226-234
MOV, 231-234
regulação cruzada, 224-225
regulação da carga, 216-217
regulação da rede CA, 213-215
regulação de tensão em malha aberta, 213-219
regulação de tensão em malha fechada, 220-225
regulação linear, 234-235
regulador abaixador, 234-238
regulador chaveado, 234-242
regulador elevador, 238-239
Regulador negativo, 218-219
regulador zener amplificado, 218-219
transitórios da rede, 231-233
varistor, 231-233
Forma de onda
 amostragem e retenção, 256-257
 comutação do retificador controlado de silício, 192-193
 dente de serra, 102-103
 fonte de alimentação *flyback*, 246-247
 modulação em frequência, 132-133
 pulso, 102-103
 quadrada, 104-105
 retangular, 104-105
 retificador ativo, 37-38
 SCR, 189-190, 192-193
 triac, 197-198
 triangular, 71-72
Formas de onda do retificador controlado de silício (SCR), 192-193
Fórmulas
 amp op, 48
 CI, 183-184
 oscilador, 116
Fotolitografia, 153-154
Fotomáscara, 153-154
Fourier, Joseph, 253-254
f_t, 90-91
Frequência de amostragem, 265-267
Frequência de Nyquist, 268
Frequência de quebra, 20-21
Frequência de ressonância, 90-91
Frequência fundamental, 262-263
Frequência intermediária (IF), 128-129
Frequências de soma e diferença, 123-124, 128-129

Função sinc, 270-272
Função *sinc* truncada, 271-273
Funções periódicas, 262-263
$f_{unitário}$, 22-23

G

Ganho
 amp op, 16-23
 baixo, 66-68
 de modo comum, 7-8
 diferencial, 7-8
 servomecanismo, 202-204
Glitch, 44-46
GPS, 125
Grade de controle, A9-A10
Grampeamento de frequência, 247-249
Gravador de fita cassete, 223-224
GTO, 199-200

H

Harmônicas, 101-102
Heteródino, 128-129
Histerese, 42-43

I

IBM, 297
IDFT, 268
IEEE 1149.1, 78-80
IEEE 1149.4, 80-83
Impedância de entrada, 20-21
Indutor com *taps*, 96-97
Injeção de sinais, 60-61
Inserção de zero, 280-281
Instabilidade, 24-25
Integração, 37-40
Integrador, 37-42, 202-204
Integrador com amp op, 37-42
Integrador com capacitor chaveado, 175-176
Interconexão, 91-92
Interferência, 142-143
Interferência eletromagnética (EMI), 12-13, 241-242, 247-249
Interferência intersimbólica (ISI), 144-145
Interferência na imagem, 129-130
Interferência por radiofrequência (RFI), 198-199
Interrupção da entrada, 297
Intervalo de strobe, 44-46
Ionosfera, 130-131
ISI, 144-145

J

Janela, 44-46
Janela Blackman, 271-272, 274-275
Janela retangular, 271-272, 274-275
Janela triangular, 271-272, 274-275
Joint test action group (JTAG), 78-81
Junção de solda, 293-294

L

Laplace, Pierre-Simon, 253-254
Largura de banda, 122-123
Largura de banda de pequenos sinais, 22-23
Largura de banda de potência, 14-15
Largura do pulso de saída, 159-160
Latch, 188-189
LDR, 41-42
Limitação de corrente, 226-234, 227-230
Limitação de corrente convencional, 227-228
Limitação de tensão, 226-227
Limitador, 133-135
Limite de Nyquist, 268
Lingotes, 153
Literatura sobre manutenção, 53-54
LM308, 16
LM318, 16
LM741C, 13-14, 16
LSB, 120-122
LTP, 41-42
Luminária de mesa, 73-74

M

Malha aberta, 16
Malha de captura de fase (PLL), 166-167
Malha de terra, 242-243
Malha fechada, 16
Massa térmica relativa, A4-A5
Material fotossensível, 153
Material piezoelétrico, 100
MC33364, 246-249
MCP616, 16
Medições flutuantes, 54-55
Memória de apenas leitura (ROM), 290-291
Memória não volátil, 290-291
Metalização, 153
Método da cama de pregos, 78-80
Micrômetros, 172-174
Mixação, 128-129
Mixer, 26-27

Mixer de áudio, 26-27
Modo astável, 161
Modo de atraso, 161-162
Modo de condução contínua, 246-247
Modo de condução crítica, 246-247
Modo de condução descontínua, 246-249
Modo de contagem crescente, 166-167
Modo de contagem decrescente, 166-167
Modo de oscilação livre, 161
Modo Hiccup, 247-249
Modo monoestável, 159-160
Modulação, 119-120
Modulação com onda contínua, 120-121
Modulação CW, 120-121
Modulação em amplitude (AM), 120-124
Modulação em frequência (FM), 132-136, 285-286
Modulação por largura de pulso (PWM), 205-206, 236-238
Modulação-demodulação, 119-120
Modulador balanceado, 136-137
Modulador balanceado a diodos, 137-138
Modulador de frequência, 132-133
Modulador em amplitude, 120-122
Molhagem, A2-A3
MOSFET com gatilho duplo, 130-131
Motorboating (ruído de lancha), 71-72
MOV, 231-234
Multiplexação com divisão de frequência (FDM), 138-139
Multivibrador astável, 104-105

N
Neutralização, 107-108
Nomenclatura de CIs, 181-182
Notebook de laboratório, 292-293

O
Ohmímetro, 62-63
802.11b, 138-139
802.11a, 138-139
802.11g, 138-139
Onda de rádio, 119-120
Onda quadrada, 161-162
Onda retangular, 104-105
Ondulação excessiva, 69-70
OPA727, 16
Ordem do filtro (FIR), 268

Ordem do filtro de Chebyshev, 256-257
Oscilação audível CA, 2-4, 69-71
Oscilação audível na frequência da rede CA, 2-4
Oscilações indesejadas, 106-109
Oscilador, 87-117
 BFO, 137-138
 busca de problemas, 109-111
 características, 87-90
 circuito tanque, 96-97
 circuitos cristal, 100-102
 circuitos LC, 96-99
 circuitos RC, 90-96
 Clapp, 97-99
 Colpitts, 97-98
 controlados numericamente, 111-112
 cristal, 100-101
 DDS, 110-115
 de relaxação, 102-106
 deslocamento de fase, 92-93
 de sobretom, 101-102
 formulário, 116
 Hartley, 96-98
 multivibrador astável, 104-105
 neutralização, 107-108
 oscilações indesejadas, 106-109
 realimentação, 87-90
 realimentação indesejada, 107-108
 receptores super-heteródinos, 147
 rede duplo T, 94-95
Oscilador com frequência variável (VFO), 89-92
Oscilador controlado por tensão (VCO), 99, 168-169, 241-242
Oscilador de frequência de batimento (BFO), 137-138
Oscilador de relaxação, 102-106
Oscilador ponte de Wien, 91-92
Oscilocópio com sinais mistos 54642D, 181-182
Osciloscópio, 120-122

P
Pentodo, A9-A10
Placas de circuito com orifícios pequenos, 293-294
PLL, 166-167
Polarização
 fonte de corrente, 10-11
Ponte de Wien, 91-92
Ponteira do osciloscópio, 290-291, 293-294
Ponto do limite inferior (LTP), 41-42

Ponto limite superior (UTP), 41-42
Pontos limite, 41-42
Portadora, 120-122
Potenciômetro digital, 166-167
Preenchimento com zeros, 280-281
Pregos virtuais, 78-80
Prevenção de ESD na área de trabalho, 57
Problemas. *Veja* busca de problemas.
Processador com ponto fixo, 288-290
Processador de controle de movimento com DSP, 287
Processador digital de comunicações Thuraya, 297
Processadores de ponto flutuante, 288-290
Processamento digital de sinais
 busca de problemas, 290-297
 ciclos limites, 297
 deslocamento de fase, 269-270
 erro de quantização, 288
 erro de reinicialização, 294-295
 filtros de média móvel, 259-261
 frequências negativas, 268-270
 funções da janela, 271-272, 274-275
 interromper entrada, 297
 MAC, 254-256, 259-261
 método de sincronização por janela, 271-272
 quantização, 254-255
 sistema típico, 254-255
 sistemas multitaxa, 280-281
 transdutor, 254-255
 transformada de Laplace, 276-278
Processamento digital de sinais (DSP), 253-300
 aplicações, 280-281
 chips de ponto fixo/ponto flutuante, 288-290
 convolução, 259-261
 decimação, 284-285
 fenômeno de Gibb, 263-264, 271-272
 filtro *anti-aliasing*, 254-256
 filtro *anti-imaging*, 256-257
 filtro passa-faixa, 276-278
 filtro rejeita-faixa, 277-278
 filtros FIR, 268-278
 filtros IIR, 274-278
 interpolação, 280-282
 projeto de filtro digital, 268-281
 resposta ao impulso, 270-272
 sinais contínuos/discretos, 254-255
 sistemas adaptativos, 261
 teoria de Fourier, 262-268

transformação bilinear, 276-278
transformada de Fourier, 265-267
transformada de Hilbert, 282-283
Processo *ball-bonding*, 153-155
Produto entre ganho e largura de banda, 22-23
Projeto com filtros biquadrados, 276-278
Proteção contra sobretensões, 230-232
Proteção da carga do retificador controlado de silício (SCR), 193-194
Proteção por curto-circuito, 230-233
Pulso de disparo com acoplamento CA, 159-160
Pulso de gatilho, 189-190
PUT, 103-104
PWM, 205-206, 236-238

R

Radiointerferência, 142-143
Radiotelegrafia, 119-120
Rastreamento, 127-128
Razão cíclica, 161-162, 236-238
Razão de rejeição de modo comum (CMRR), 4-6
Realimentação,
　circuitos de controle, 207-208
　indesejada, 107-108
　negativa. *Veja* realimentação negativa.
　oscilador, 87-90
　positiva, 24-25, 88-89
　regulação de tensão em malha fechada, 220
Realimentação em fase, 88-89
Realimentação negativa, amp op, 21-22
Receptor, 126-128
Receptor de radiofrequência (TRF) sintonizado, 127-128
Receptor FM sintonizado PLL, 168-169
Receptor super-heteródino, 128-131
Receptor TRF, 127-128
Reconhecimento da taxa de transferência de calor, A5-A6
Rede com atraso dominante, 24-25
Rede com atraso múltiplo, 24-25
Rede de acesso local sem fio (WLAN), 138-141
Rede de atraso RC, 22-24
Rede de atraso-avanço, 90-91
Rede de duplo T, 94-95
Rede *snubber RC*, 195-196
Redes de atraso, 22-25

Redes de compensação de fase, 202-204
Regra dos 10%, 52-53
Regulação cruzada da fonte de alimentação, 224-225
Regulação da carga, 216-217
Regulação da rede CA, 213-215
Regulação de tensão. *Veja* fontes de alimentação reguladas.
Regulação de tensão em malha aberta, 213-219
Regulação de tensão em malha fechada, 220-225
Regulação linear, 234-235
Regulador abaixador, 234-238
Regulador amplificado negativo, 219
Regulador elevador, 238-239
Regulador negativo, 218-219
Regulador *shunt* zener, 216-217
Regulador zener amplificado, 218-219
Reguladores chaveados, 234-242
Rejeição da imagem, 129-130
Rejeição de modo comum, 3-6
Relação intrínseca de corte, 103-104
Relé de estado sólido (SSR), 195-196
Rendimento
　circuito de controle com reostato, 186-187
　regulador, 234-235
Reostato, 185-186
Resfriadores com tubo pulverizador, 73-74
Resistor
　LDR, 41-42
　pull-up, 44-46
　swamping, 230-232
Resistor dependente de luz (LDR), 41-42
Resposta ao impulso finita, 270-272
Ressonância em paralelo, 100
Ressonância série, 100
Retificador, 35-40
Retificador controlado de silício (SCR), 187-194
Retificador dobrador, 2-4
Retificador Schottky, 241-242
RFI, 198-199
Rigidez, 202-204
ROM, 290-291
Ruído. *Veja também* distorção.
　busca de problemas, 69-73
　erro de polarização, 71-72
　fontes de alimentação reguladas, 243-245
　fontes de chaveadas, 241-242

motorboating (ruído de lancha), 71-72
ondulação em excesso, 69-70
oscilação audível CA, 69-71
quantização, 288
sistemas DSP, 297

S

Saída ajustável, 223-224
Saída baixa, 63-68
Saída com terminação única, 2-4, 11-12
Saída diferencial, 2-4
Saída reduzida, 63-68
Satélite de posicionamento global (GPS), 125
Saturação do núcleo, 215-216
Schmitt *trigger*, 41-44
SCR, 187-194
Seguidor de emissor, 65-67
Seguidor de tensão, 16-17
Seletividade, 126-127
Sem saída, 58-63
Sensibilidade, 126-127
Série de Fourier, 262-263
Série de reguladores 78XX, 223-225
Servomecanismo, 200-204
Servomecanismo de posicionamento, 202-203
Símbolo da convolução, 259-261
Símbolo de proteção contra ESD, 56
Símbolo de susceptibilidade a ESD, 56
Símbolo do inversor Schmitt *trigger*, 42-43
Simetria dos coeficientes, 269-270
Sinais AM, 120-124
Sinais de rádio. *Veja* comunicações.
Sinal analógico, 254-255
Sinal contínuo, 169-170, 254-255
Sinal de clock, 94-95
Sinal de modo comum, 2-4
Sinal de referência, 168-169
Sinal discreto, 169-170, 254-255
Sinal DSBSC, 136-137
Sintetizador de frequência, 101-102, 167-168
Sintetizador digital direto (DDS), 110-115
Sistema alvo, 293-294
Sistema de controle de torque do motor, 202-203
Sistemas 802.11, 138-139
Sistemas adaptativos, 205-206
Sistemas DSP adaptativos, 261
Sistemas DSP com alta resolução, 290

Sistemas embarcados, 290-291
Slew rate, 14-15
SMT, 151-152, 293-294
Sobreamostragem, 280-281
Software adaptativo, 286
Solda 50/50, A1-A2
Solda 60/40, A1-A2
Solda eutética, A2-A3
Solda/processo de soldagem, A1-A7
   ação de molhagem, A2-A3
   controle do aquecimento de uma junção, A4-A6
   definição, A1-A2
   ferros de solda, A4-A5
   fluxo, A2-A5, A7
   natureza da solda, A1-A3
   realizando uma conexão de solda, A7
   remoção do fluxo, A7
   seleção do ferro de solda, A5-A7
   vantagens, A1-A2
Soprador térmico, 73-74
SSB, 134-138
SSR, 195-196
Subamortecido, 202-204
Subamostragem, 284-285
Suominen, Edwin, 292-293
Superamortecido, 202-204
Superaquecimento, 54-55

T

Tacômetro, 200-202
Tamanho do passo, 172-174
Tap, 268
Taxa de realimentação, 96-97
Técnicos bem sucedidos, 208-209
Tecnologia *boundary* scan analógica, 83
Tecnologia de montagem em superfície (SMT), 151-152, 293-294
Temporizador 555, 158-163
Tensão de operação, 20-21
Tensão de referência, 220-221
Teorema
   da amostragem de Shannon, 268, 298-299
Terra virtual, 19-20, 26-27
Test pod, 292-293
Teste automatizado, 77-83
Teste com ohmímetro
   modo de disparo único, 159-160
Teste com ponteira, 153, 155
Teste de circuitos analógicos, 80-83
Teste de *click*, 60-61
Tetrodo, A9-A10
Tipos de encapsulamento de CIs, 150-152
Tiristor, 194-195, 199-200
TL070, 16
TL080, 16
TLC277, 16
TLC27L7, 16
Tornos controlados por computador, 207
Traçado de sinais, 60-61, 71-72
Transformada discreta de Fourier (DFT), 265-267
Transformada discreta de Fourier inversa (IDFT), 268
Transformada rápida de Fourier (FFT), 265-267
Transformador ferroressonante, 214-216
Transistor
   chaveamento, 234-235
   driver, 230-232
   série de passagem, 218-219

Transistor série de passagem, 218-219
Transistores de acionamento, 230-232
Transitórios, 75-76, 231-233
Transitórios de linha, 195-196, 231-233
Transmissor CW, 120-121
Transmissor de rádio, 120-121
Travamento (*latch-up*), 75-77
Três estados, 293-295
Triac, 194-195

U

UJT programável (PUT), 103-104
UPS, 215-216
USB, 120-122
UTP, 41-42

V

Válvula triodo a vácuo, A9-A10
Variáveis s, 276-278
Varistor, 231-233
Varistor a óxido semicondutor metálico (MOV), 231-234
VCO, 89-90, 99, 168-169, 241-242
Vectron International, 100
Velocity servo, 200-202
Verificação de erro. *Veja* busca de problemas.
Verificação de redundância cíclica (CRC), 144-145
Verificação elétrica, 53-54
Verificações preliminares, 51-58
VFO, 89-92

W

WLAN, 138-141